当代杰出青年科学文库

原生高砷地下水

（上册）

王焰新 等 著

科学出版社

北京

内 容 简 介

本书分上、中、下三篇，主要包括三个方面的内容：原生高砷地下水形成与分布机理、高砷地下水修复技术研发与示范、高砷地下水研究方法。系统总结全球尺度原生高砷地下水分布规律及内在机制，提出高砷地下水成因的新模型；详细阐述原生高砷地下水修复与改良的主要方法与技术，丰富和完善地下水污染修复理论与技术方法体系；开展详细的同位素地球化学与生物地球化学研究，发展水文地球化学方法体系，推动学科的创新发展。

本书可供水文地质、地下水科学与工程、环境科学与工程、水利工程等专业的本科生、研究生以及从业人员参考阅读。

审图号：GS（2019）4973 号

图书在版编目（CIP）数据

原生高砷地下水.上册/王焰新等著.—北京：科学出版社，2022.4
（当代杰出青年科学文库）
ISBN 978-7-03-062867-1

Ⅰ.① 原… Ⅱ.① 王… Ⅲ. ① 砷-地下水污染-研究 Ⅳ.① X523

中国版本图书馆 CIP 数据核字（2019）第 242501 号

责任编辑：何　念/责任校对：高　嵘
责任印制：彭　超/封面设计：陈　敬

科学出版社 出版
北京东黄城根北街 16 号
邮政编码：100717
http://www.sciencep.com
武汉精一佳印刷有限公司印刷
科学出版社发行　各地新华书店经销
*
开本：B5（720×1000）
2022 年 4 月第　一　版　　印张：30 1/4
2022 年 4 月第一次印刷　　字数：607 000
定价：328.00 元
（如有印装质量问题，我社负责调换）

序

高砷地下水指的是砷含量已超过人类饮用水可接受水平（As 质量浓度≥10 μg/L）的地下水，长期饮用会导致人体慢性砷中毒。尽管高砷地下水不宜作为人畜的饮用水源，但在全球许多缺水贫困地区，它可能是唯一的供水水源；尽管砷富集于地下水中，但它在自然和人类活动影响下可进入相邻的含水层、地表水体和土壤中，进而威胁人类的饮水安全、农产品和水产品安全，乃至生态安全。资料显示，目前高砷地下水已在全球 70 多个国家和地区被发现，威胁着约 1.5 亿人的饮水安全，我国有近 2000 万人口暴露在高砷地下水分布区。因此，高砷地下水是一个全球性环境地质问题，也是世界各国政府高度关注的民生问题，更是国际水文地质学界研究的热点和前沿问题。

高砷地下水常常是地球系统经过漫长地质演化而形成的。砷是一种典型的变价元素，可以固、液、气三种形态存在，常与硫、铁、铜、镍、锑等元素共生，已发现的含砷硫化物、氧化物等矿物有 300 多种。岩石矿物中的砷通过复杂的水循环过程和水-岩相互作用在地下水系统中迁移、转化和富集，并受地质、气候、人类活动等多种因素控制。高砷地下水在成因上具有多源性、多过程性和多界面性，空间分布上具有高度的地域性、多组分共生性和非均质性。高砷地下水的形成分布规律及水质改良技术研究也因此成为国际水文地质学界的难点。

王焰新教授领导其团队，在国家杰出青年科学基金项目、国家自然科学基金重点项目、国家高技术研究发展计划（863 计划）课题、国土资源大调查项目、科技部国家国际合作专项项目等持续资助下，围绕高砷地下水成因、砷的水文生物地球化学过程、高砷地下水水质改良等重大科技问题，在海河流域、黄河流域和长江流域等地开展了长期的跨学科创新研究，相关成果在国内外产生了广泛的学术影响。

王焰新教授领导的团队是将我国大同盆地、江汉平原等高砷地下水典型分布区推进国际热点研究区的核心力量。该团队提出了高砷地下水赋存的基本模式和成因新理论，发展了基于 As-S-Fe 体系的水-岩相互作用机理，揭示了南亚、东南亚和东亚高砷的区域分布规律，建立了高砷地下水分布区地下优质淡水的靶区圈定方法与高效开发及保护技术体系，研发了人工调控含水层物化条件使地下水中的砷以晶体态或非晶体态矿物形式被原位“固定”于含水介质中的原位水质改良新技术，研制了菱铁矿、沸石、纳米矿物材料除砷等一系列基于天然岩矿材料的取水井反滤层或渗透性反应墙滤料配方。上述成果得到国内外同行的高度认可，提出的高砷地下水成因理论得到了国际同类研究的大量引证，研发的关键技术和关键材料在国内外多个地区和场地得到了推广应用，从而为我国高砷地下水分布区居民的“脱贫解困解疾”贡献了水文地质工作者的“学科智慧”，为破解高砷地下水分布区安全供水这一世界性环境地质问题提供了“中国方案”。

该书是王焰新教授及其领导的团队近 20 年高砷地下水研究成果的系统总结和理论升华。全书以地球系统科学理论为指导，按照“原生高砷地下水形成与分布机理”“高砷地下水修复技术研发与示范”“高砷地下水研究方法”三篇共 20 章布局，119 余万字。该书布局宏大、结构合理、内容全面、数据翔实、语言简练、图文并茂，是系统总结我国高砷地下水研究成果和最新进展的一部力作。

在此，我衷心地祝贺该书经过作者们近两年的艰苦努力而终于正式出版问世。我相信，该书将为推动我国水文地质学创新发展发挥重要作用。

中国科学院院士

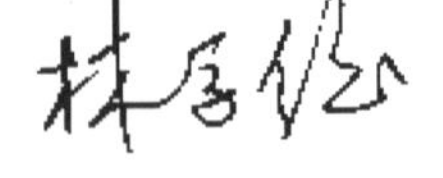

2018 年 1 月 20 日于长春

前　言

砷在地球环境中广泛分布，被世界卫生组织列为人类第一类致癌物。因长期饮用原生高砷地下水（地质成因的砷质量浓度超过世界卫生组织推荐饮用水标准 10μg/L 的地下水），全球有 70 多个国家超过 1 亿人口直接受暴露或罹患地方性砷中毒，孟加拉国、印度、越南、柬埔寨、缅甸和中国等亚洲国家问题尤为严重。与原生高砷地下水有关的水资源可持续利用和供水安全问题，是各国面临的世界性难题。

我自 1995 年开始关注高砷地下水问题，1998 年赴加拿大滑铁卢大学在国际著名水文地球化学家 Eric Reardon 教授指导下从事合作研究，系统收集了当时国际上有关孟加拉国等地高砷地下水的研究成果，开展了利用岩矿材料去除水中砷的实验研究。1999 年 9 月回国后，我在承担的国家自然科学基金重点项目支持下，带领研究生在山西省大同盆地，开始了我国典型原生高砷地下水分布区环境水文地质研究的艰难探索之旅。近 20 年来，我们的研究区域包括：海河流域的大同盆地、黄河流域的河套盆地、长江流域的江汉盆地等，还与印度学者合作开展了印度高砷地下水与中国高砷地下水水文地球化学对比研究。除这些高砷孔隙地下水外，我们还研究了西藏、云南的富砷地热流体及其环境效应。

原生高砷地下水具有如下特点。①区域性：与点源污染所致“污染羽”不同，它是岩石（或沉积物）矿物中的砷通过水-岩相互作用和水循环作用，在特定地质单元内迁移转化形成的区域性自然现象；②复杂性：受地质、水文、气候等多因素影响，砷的来源和迁移富集过程难以识别，时空分布呈现高度变异性；③伴生性：在分布格局上常出现多种原生劣质地下水（高砷、高氟、高碘、高盐度地下水等）的相互伴生，原生高砷地下水多分布在我国缺水地区和贫困人口片区，与人民群众的缺水、贫困、地方病等主要民生问题伴生。

近几十年来，国内外学者围绕原生高砷地下水进行了大量研究，但仍存在两大关键难题亟待解决：①如何揭示原生高砷地下水的形成分布规律？②如何绿色、经济、高效改良原生劣质地下水，以变害为利、增加这些缺水地区的可利用水资源量？我们针对这两大难题开展了长期的探索实践，力图为破解原生高砷地下水分布区安全供水这一世界性环境地质问题提供“中国方案”。

贯穿我们研究工作的一个核心、基础性科学问题，是如何科学认知、精细刻画砷在地下水系统中的迁移转化行为。我们以地球系统科学和水-岩相互作用理论为指导，发展并集成先进的分析、示踪、模拟技术手段，通过持续20年的跨学科交叉融合和环境水文地质理论方法的推陈出新，在地下水系统中砷的迁移转化机理、水质改良技术、方法学等方面取得了系统性的研究成果，我的研究团队已经成为全球高砷地下水研究领域近20年发表SCI期刊论文最多的三个主要团队之一。

本书是这些研究成果的总结，更是我的研究团队集体智慧的结晶。全书按机理、修复和研究方法的研究逻辑分为上、中、下三篇，共计20章，110余万字。各篇各章的执笔人分别是：上篇的第1章，邓娅敏，王焰新；第2章，谢先军，顾延生；第3章，谢先军，王焰新；第4章，郭华明；第5章，郭华明，谢先军；第6章，谢作明；第7章，谢先军；第8章，甘义群，王焰新；第9章，邓娅敏，甘义群；第10章，郭清海；中篇的第11章，袁松虎；第12章，田熙科；第13章，袁松虎；第14章，谢先军，苏春利；第15章，王焰新，谢先军；下篇的第16章，马腾，邓娅敏；第17章，苏春利，谢先军，郭伟；第18章，谢先军，苏春利；第19章，谢先军，甘义群；第20章，李平。王焰新负责前言的写作及全书章节构思和统稿工作，甘义群协助王焰新完成日常协调和统稿工作，邓娅敏、谢先军参与统稿工作。我和研究团队成员指导的数十位研究生在研究工作中做出重要贡献，其中，皮坤福、李俊霞、段艳华、钱坤和黄爽兵博士参与了部分章节部分内容的写作。林学钰院士欣然应邀为本书作序，给我们以莫大的激励与鞭策。

在20余年的研究工作中，我们得到了很多前辈、领导、同行、同事的帮助和指导。张宗祜院士生前多次耳提面命，鼓励我开展高砷、高氟地下水研究；林学钰、薛禹群、袁道先、汪集旸4位院士和我的恩师沈照理教授长期关心、指导我们的研究工作。我们还要特别感谢以下领导和专家长期以来给予的关心和支持：国家自然科学基金委员会副主任刘丛强院士；原国土资源部汪民副部长；中国地质调查局钟自然局长、李金发副局长，及武选民、文冬光、郝爱兵、李文鹏、韩子夜、张福存研究员；中国地质大学（北京）王成善院士，及王广才、刘菲、董海良教授；武汉大学夏军院士；南京大学吴吉春教授；南方科技大学郑春苗、郑焰教授；长安大学王文科教授；吉林大学赵勇胜、苏小四、许天福教授；山西省地质勘查局王润福、闫世龙高工；山西省水利厅原厅长潘军锋、副厅长解方庆，及武全胜、邓安利高工；山西省万家寨引黄工程管理局原局长菅二拴先生；中国地质大学（武汉）殷鸿福、金振民院士。我们的研究工作始终得到国际同行的大力支持和积极参与，需要特别感谢的是：美国斯坦福大学的Scott Fendorf教授，加州大学伯克利分校的 Donald DePaolo 院士，哥伦比亚大学 Alexander van Geen 研究员，蒙大拿州立大学的 Timothy McDermott 教授，圣路易斯华盛顿大学的 Daniel Giammar 教授，东北大学的 Akram N. Alshawabkeh 教授，美国地质调查局的 Kirk Nordstrom 博士、Yousif Kharaka 博士、Richard Wanty 研究员；加拿大滑铁卢大学的 Eric Reardon 教授，及 John Cherry、Robert Gillham 和 Philippe van Cappellen 院士；德国卡尔斯鲁厄理工学院的 Doris Stuben、Stefan Norra 教授；英国伦敦大学学院的 John McArthur 教授，曼彻斯特大学 David Polya 教授；丹麦与格陵兰地质调查局 Dieke Postma 博士；俄罗斯科学院维纳斯基地球化学与分析化学研究所的 Boris N. Ryzhenko 教授，托木斯克理工大学的 Stepan Shvartsev 教授；印度理工学院孟买分校的 Dornadula Chandrasekharam 教授。

我们 20 余年的研究工作得到了国家自然科学基金委、科学技术部、教育部、中国地质调查局、山西省水利厅、山西省财政厅、山西省万家寨引黄工程管理局的资助和支持。尤其是国家自然科学基金委的 30 余项面上项目、10 余项青年基金项目、2 项重点项目（49832005、40830748）、3 项优秀青年科学基金项目（41222020、41522208、41722208）、1 项国家杰出青年科学基金项目（40425001）、1 项重大国际合作与交流项目（41120124003）、1 项创新研究群体项目（41521001）的支持，使我们得以长期专注该领域，持续、稳定地开展基础研究。借此机会，向上述机构致以衷心的感谢！

我们期待着学界和读者们对本书的批评指正。如果本书能够助推我国水文地质及相关交叉学科的创新发展，或能够启迪青年学者的思维，或能够丰富读者的知识，虽历时两年多、几易其稿，平添出几缕银发，内心定是充满喜悦之情的。

王焰新

2018 年 1 月 18 日于南望山麓

目 录

上篇　原生高砷地下水形成与分布机理

上篇

原生高砷地下水形成与分布机理

绪　论　第1章

1.1　高砷地下水的危害

砷（As）是自然界中一种有毒元素，在自然界的 200 多种矿物中均有发现。岩石和沉积物中的砷在生物地球化学和水文地质作用下会进入地下水中（Fendorf et al., 2010）。当地下水中的砷质量浓度超过世界卫生组织（World Health Organization，WHO）推荐的饮用水标准 10 μg/L 时，便可认为是高砷地下水（WHO, 2011）。人体过量摄入砷会导致一系列的健康危害，包括急性心肌梗死，慢性色素沉着过度、高度角质化、肢体坏疽、结节瘤，甚至皮肤癌、肺癌、膀胱癌和肾癌等诸多致命疾病（Sharma et al., 2014）。据统计，高砷地下水在全球范围内六大洲、70 余个国家均有分布，直接受暴露或危害人口超过 1 亿（Ravenscroft et al., 2009）。其中，印度、孟加拉国、越南、柬埔寨、缅甸和中国等国家受灾尤为严重（Guo et al., 2013; Fendorf et al., 2010）。仅就中国而言，约 2 000 万人口正遭受高砷地下水的威胁（Rodríguez-Lado et al., 2013）。高砷地下水问题已然成为全球性公众健康事件，并受到研究者的广泛关注和高度重视。

1.1.1　环境中的砷

自然界中的砷广泛分布于大气、水、土、岩石和生物体中。目前，学界普遍认为环境中的砷主要来源于人类活动（如铜、铁、铅、锌等金属的冶炼，木材和煤炭的焚烧，化工生产，含砷矿床的开采，含砷农药的使用，含砷废物的不合理弃置等）或天然过程（如火山活动、地表岩石风化，地表/地下水-沉积物系统中的含砷矿物对砷的释放等）。不同环境介质中砷浓度的情况如表 1-1-1 所示。

表 1-1-1　不同环境介质中的砷浓度（US EPA，2000）

环境介质	单位	砷浓度范围
空气	ng/m^3	1.5～53
大气降雨（源自未被污染的海洋）	μg/L	0.019
大气降雨（源自陆地）	μg/L	0.46

续表

环境介质	单位	砷浓度范围
河流	μg/L	0.20～264
湖水	μg/L	0.38～1 000
地下水（井水）	μg/L	1.0～1 000
海水	μg/L	0.15～6.0
土壤	mg/kg	0.1～1 000
河流沉积物	mg/kg	5.0～4 000
湖泊沉积物	mg/kg	2.0～300
岩浆岩	mg/kg	0.3～113
变质岩	mg/kg	0.0～143
沉积岩	mg/kg	0.1～490

1.1.2 含水层中的砷

含水层沉积物中砷的质量分数通常较低，如第四系松散沉积物典型值为 5～10 mg/kg（Smedley and Kinniburgh, 2002）；但在某些盆地或三角洲地区，沉积物砷质量分数会显著升高，例如，在我国大同盆地，高砷含水层中沉积物砷质量分数高达 51.5 mg/kg，平均值为 22.8 mg/kg（Xie et al., 2013）。根据地质演化历程不同，含水层中固相砷的宿主矿物包括砷黄铁矿、硫化砷矿、含砷金属氧化物/氢氧化物、黏土矿物和有机质等（O'Day, 2006）。研究表明，大多数含水层中砷主要与铁（Fe）氧化物/氢氧化物矿物相结合，砷可极度聚集，如赤铁矿和水铁矿中的砷/铁质量比值分别可达 160 mg/kg 和 76000 mg/kg（Deng et al., 2011；谢先军, 2008）。

根据含水层类型的不同，水中砷质量浓度往往差异显著，从低于 0.5 μg/L 到超过 5000 μg/L，天然热水中的砷质量浓度甚至达到 50 mg/L 以上（Smedley and Kinniburgh, 2002）。高砷地下水（As 质量浓度>10 μg/L）大多见于干旱-半干旱的内陆盆地和湿热的河流三角洲，也见于沿海和内陆平原地带（Guo et al., 2013; Nordstrom, 2002）。在内陆盆地，高砷地下水常发生于由冲积或湖积沉积物构成的第四系浅层含水层（Guo et al., 2012; Wang et al., 2009）。在这些盆地区域，低矮平坦的地貌导致区域水力梯度较低，由细砂、粉细砂和粉土等构成的含水层介质通常渗透性较弱（渗透系数 K 通常小于 5 m/d）。这些因素的综合结果是地下水流滞缓，冲刷作用十分有限，有利于还原性地下水环境的形成，但不利于砷的物理冲洗和运移。在河流三角洲地带，高砷地下水多赋存于构造沉降促成的第四系浅层河积或海积非承压或半承压含水层（Postma et al., 2010; Ahmed et al., 2004）。受海侵影响，海洋沉积物可能与河流沉积物相互交错层叠，含水层介质主要由粉细砂、粉土和粉黏等组成，同时含有丰富的天然有机质。同样，较低的区域水力梯度和缓滞的地下水流速有利于强还原性含水层环境的形成。

高砷地下水在局部或区域范围内呈补丁状、条状或面状分布，砷含量表现出高度的空间变异性（Smedley and Kinniburgh, 2002）。例如，在我国呼和浩特盆地，高砷地下水通常发生于富含天然有机质的冲积扇和湖积平原的过渡地带，地下水砷质量浓度从小于 10 μg/L 到 1 860 μg/L，即使在近距离内砷质量浓度也会有数量级的差别（Smedley et al., 2003）。在我国河套盆地，高砷地下水呈条带形分布于盆地沉降中心的半承压浅层含水层，地下水砷质量浓度在 1～970 μg/L，沿地下水流向呈现大幅度波动（Guo et al., 2013, 2008）。在我国大同盆地，地下水砷质量浓度为 2～1 300 μg/L，高砷地下水呈面状分布于盆地中心低洼带的含水层中，即使在同一深度内砷质量浓度显著分散（Wang et al., 2009; Xie et al., 2008）。在孟加拉三角洲，砷质量浓度在 30～330 μg/L 变化，高砷地下水呈补丁状分布于河流中下游的半承压或承压含水层中，砷质量浓度分布高度不均匀（Charlet et al., 2007）。在越南红河三角洲，砷质量浓度在 5～500 μg/L 波动，高砷地下水主要分布于中央区域靠近红河干流的浅层含水层中，但即使在数百米范围内砷质量浓度也会相差两个数量级（Postma et al., 2007）。

综合来看，不论在内陆盆地还是在沿海河流三角洲，天然高砷地下水通常发生于碱性和还原性的地下水环境中，水化学具有一定的规律性。这些高砷地下水的 pH 基本在 7～9 波动，局部可达 9 以上，氧化还原电势（redox potential，ORP，常以 Eh 值表示）多为负值，甚至低至−300 mV，HCO_3^- 质量浓度普遍较高（500～2 000 mg/L），而 NO_3^- 与 SO_4^{2-} 质量浓度相对偏低甚至不可检出（Wang et al., 2014; Guo et al., 2013; Charlet and Polya, 2006）。沉积物和地下水常常富含生物易降解的天然有机质[如在大同盆地分别达 1.0%（质量分数）和 100 mg/L（质量浓度）]，为氧化还原反应提供了可用电子供体，极大地促进了含水层还原环境的形成（McArthur et al., 2004）。

1.1.3 砷暴露与人体健康

在环境科学研究领域，砷是公认的环境中危害性最大的致癌物质之一。早在 1968 年，世界卫生组织就在其颁布的环境污染报告中把砷排在有害污染物的首位。砷暴露主要分为急性砷暴露和慢性砷暴露。人体砷暴露的途径主要包括呼吸吸入、食物和饮水摄入、经皮肤吸收，根据砷进入人体的多少可以引起急性或慢性砷中毒。急性砷中毒多见于消化道，主要表现为立即出现的呕吐，食道、腹部疼痛出血及血性便等，抢救不及时可能造成死亡。慢性砷中毒症状和体征对于不同个体和不同地域的人是有差异的。一般在砷进入机体后，经过十几年甚至几十年的蓄积才发病，其对健康的危害是多方面的，砷进入人体后随血液流动分布于全身各组织器官，可引发多器官组织和功能上的异常改变。研究表明，砷的摄入可增加心血管系统（高血压、贫血、血小板减少症等）、呼吸系统（慢性咳嗽、慢性支气管炎）、胃肠系统、生殖系统、外周血管、脑血管病变、周围神经病变、2型糖尿病及内脏肿瘤（肺癌、肾癌、膀胱癌、结肠癌）等的患病风险，其中皮肤病损是最常见的表现之一。

1. 心血管系统

长期暴露于高砷饮用水的环境中与心血管疾病的发展息息相关（Henke, 2009; Wang et al., 2007; Navas-Acien et al., 2005）。世界范围内因各种病因的心血管疾病导致死亡的概率很高。许多流行病学研究表明，砷暴露与心血管系统疾病的发展存在量变关系。颈动脉粥样硬化和心电图异常是长期暴露于高砷饮用水的环境引起的亚临床失常（Wang et al., 2007）。长期砷暴露的临床结果还包括周围性血管疾病、缺血性心脏病和脑血管疾病。

1）周围血管疾病

Tsai 等（1999）研究了中国台湾省西南部人群中周围性血管疾病死亡率与饮用水中砷暴露之间的关系。在年龄调整后，周围血管疾病的标准化死亡比在砷暴露人群中比在对照人群中显著增加，男性标准化死亡比为 3.56，女性标准化死亡比为 2.3。当饮用水源变为砷含量较低的水源时，砷暴露的台湾人群中周围性血管疾病死亡率降低（Yang, 2006）。在其他国家，如墨西哥和智利，周围性血管疾病在暴露于饮用高砷水环境中的人群中还存在增加的趋势（NRC，1999）。

乌脚病是 20 世纪 50 年代末期中国台湾省西南沿海地区特有的末梢血管阻塞疾病，因患者双足发黑而得名（Tseng, 2005; Tseng et al., 2005）。该疾病的发病率每 1 000 人中 6.5～18.9 人不等。乌脚病的一些早期症状包括四肢麻木、寒冷及间歇性跛行或外周动脉的缺失，这些症状可发展成溃疡、坏疽，严重时将导致自发性截肢。乌脚病是由饮用原生高砷地下水或被砷污染的深自流井水引起的。这些井水中的砷质量浓度的中位值范围为 0.7～0.93 mg/L。自流井水中的腐殖质对乌脚病没有作用（Yu et al., 2002）。

2）缺血性心脏病

当对心肌的氧供应减少时导致缺血性心脏病。Chen 等（1996）在对中国台湾省西南部地方性砷中毒的几个村庄的居民进行的生态研究调查发现，在校正其他风险因素后，如年龄和吸烟情况，随着砷暴露的增加，缺血性心脏病的累积死亡率增加。当砷暴露<0.1 mg/L，死亡率为3.5%，砷暴露≥0.6 mg/L时，死亡率翻倍达到6.6%。

3）脑血管疾病

在中国台湾省地区饮用高砷地下水导致脑血管疾病的相对风险范围为1.2～2.7（每1 000个暴露个体对1 000个未暴露个体）（Navas-Acien et al., 2006）。Tsai等（1999）对中国台湾省西南部地方性砷中毒地区的人群和没有居住在该病区的参考人群进行了对比研究：在砷暴露人群中，男性脑血管疾病死亡率的相对危险度为1.14，女性为1.24。

4）动脉粥样硬化

动脉粥样硬化是动脉血管壁的内膜对有害刺激的致病性反应，其特征在于脂质沉积在血管壁中，导致血管壁变窄，可发展为缺血性心脏病。高砷饮用水环境的砷暴露与动脉粥样硬化高发存在剂量-反应关系。在横断面研究中，Wang等（2002）使用双向超声检查评估了中国台湾省西南部地方性砷中毒地区人群的动脉粥样硬化情况。在调整其他风险因素（吸烟情况、酒精消耗、血清胆固醇等）后，对于累积砷暴露为0.2～19.9 mg/（L·a）和≥20 mg/（L·a）引起的动脉粥样硬化的危险度分别为1.8和3.1。

5）高血压

长期砷暴露也与高血压相关（Chen et al., 2007）。在横断面研究中，Chen等（1995）发现高血压的患病率从对照人群的5%增加到累积砷暴露量最高[18.5 mg/（L·a）]人群的29%。Kwok等（2007）对中国内蒙古育龄妇女进行了横断面研究，参与者（8790名孕妇）饮用水中砷质量浓度较中国台湾省西南部地方性砷中毒地区低，在控制年龄和体重后，暴露于砷质量浓度为12～50 μg/L、51～100 μg/L和>100 μg/L的平均收缩压分别增加1.9 mmHg、3.9 mmHg和6.8 mmHg（$1\ \mathrm{mmHg} = 1.333\,22\times10^2$ Pa），这种收缩压的增加在砷暴露下具有统计学显著性，平均舒张压也随着砷暴露而显著增加，但增幅较小。

2. 内分泌系统

成人中2型糖尿病（非胰岛素依赖型糖尿病）与长期饮用高砷水相关（Henke, 2009; Chen et al., 2007）。Lai等（1994）、Tseng等（2000）在中国台湾省和Rahman等（1998）在孟加拉国对这种疾病进行了流行病学的研究。Lai等（1994）发现在饮用高砷水村庄的居民中患糖尿病的比例是台湾一般人群的两倍。与对照群体相比，考虑糖尿病的危险因素（如体重指数和身体活动）后，累积砷暴露为0.1～15 mg/（L·a）和≥15 mg/（L·a）的多变量比值分别为6.6和10。Tseng等

（2000）的团队研究中发现糖尿病的发病率与年龄、体重指数和累积砷暴露有关。在校正年龄和体重指数后，与累积砷暴露 < 17 mg/（L·a）相比，累积砷暴露 > 17 mg/（L·a）患病的相对风险为 2.1。Rahman 等（1998）在横断面研究中发现，与对照群体相比，时间加权平均砷水平分别为< 0.5 mg/L、0.5～1 mg/L 和> 1 mg/L 时对应的糖尿病患病率比为 2.6、3.9 和 8.8。

在对实验和流行病学数据的系统评价中，Navas-Acien 等（2006）认为现有的证据不足以证明砷在糖尿病发展中所起的作用。根据对砷暴露严重的中国台湾省和孟加拉国的研究，发展糖尿病的风险为 2.5。然而，由于研究的类型不同难以对比，特别是暴露的特征，很难解释砷暴露与糖尿病之间的关联。此外，职业研究表明砷暴露时糖尿病的发病率有过增加和减少。一般人群中通常有较低的砷暴露，但糖尿病的发病率是不确定的。

3. 肝脏系统

100 多年前人们已经知道砷对肝脏的影响（Hutchinson, 1895）。砷的治疗用途导致患者出现腹水的症状。据报道，长期使用 Fowler's 溶液（含 1%亚砷酸钾的补剂）会引发非肝硬化性门静脉高压症（Huet et al., 1975）。Mazumder（2005）观察到来自印度西孟加拉邦地方性砷中毒病中 77%的肝肿大患者与饮用砷污染水有关。几个肝肿大患者的肝功能测试显示血清酶升高。进一步研究表明，肝损害主要表现为非肝硬化门静脉纤维化，纤维化患者肝脏中砷水平显著升高。然而，肝脏中砷水平与纤维化的严重程度或饮用水中砷质量浓度之间并没有相关性。在控制酒精摄入和暴露于病毒和寄生虫等因素后，与对照群体（砷质量浓度<50 μg/L）相比，饮用水砷质量浓度>50 μg/L 的研究群体中有相当一部分（10.2%）患有肝肿大。男性和女性肝肿大的发病率与饮用水中砷暴露程度之间存在线性关系，在男性中这种线性关系更显著。

4. 神经系统

慢性砷暴露可导致周围神经炎和周围神经病变以及中枢神经系统疾病，如智力功能受损（Henke, 2009）。在砷冶炼厂工人、英国饮用啤酒者和孟加拉国饮用高砷水的儿童中观察到长期饮用高砷水对神经系统的影响（Wasserman et al., 2004; de Wolff and Edelbroek, 1994; Feldman et al., 1979）。周围神经病变涉及感观和运动纤维，并且通过节段性脱髓鞘的逆死性轴突来辨认（de Wolff and Edelbroek, 1994）。19 世纪，英国北部发生的由砷暴露引起的周围神经炎是一个典型案例。砷的来源是砷黄铁矿，由砷黄铁矿制备硫酸，该酸用于制备在酿造啤酒过程中使用的糖，当地居民喝了被砷污染的啤酒导致四肢疼痛无力、手指脚趾发麻、行走困难和其他症状（de Wolff and Edelbroek, 1994）。Wasserman 等（2004）报道孟加拉国中暴露于砷质量浓度大于 50 g/L 饮用水的儿童智力测试分数与暴露于饮用水中砷质量浓度较低的儿童相比明显降低。

5. 皮肤

与慢性砷暴露相关的最早已知的副作用是皮肤损伤（Yoshida, et al., 2004），包括皮肤色素改变、皮肤角化和皮肤癌等。在中国台湾省西南部，色素沉着和角化病的患病率分别为 18%和 7%（Henke, 2009; Tseng et al., 1968）。皮肤最常见的变化是色素沉着过度，是由黑色素细胞中黑色素增加引起的（Maloney, 1996）。色素沉着过度可以发生在身体任何部位，以躯干为主，尤其在非暴露部分（腰腹）比较明显。皮肤色素沉着和色素脱失病变常同时存在，使躯干皮肤呈花皮状（花肚皮）。皮肤角化以掌跖角化为主，其他如躯干、四肢也可以出现角化斑。一些个体具有色素减退的区域，呈现“雨滴”的外观，在消耗砷污染的水的个体的手掌和脚掌上特征性地观察到角化变性丘疹。这些病变可能发生在砷暴露后 3～30 a 的任何地方（Maloney, 1996; Shannon and Strayer, 1989）。

6. 发育

砷可以通过母亲血液转移到胎盘和发育的胎儿中。砷是否影响人类发育尚存在争议（Henke, 2009; Vahter, 2008; Wang et al., 2006; Desesso, 2001; Desesso et al., 1998）。已知给啮齿动物母体肠胃外投以一定剂量的砷会导致后代中的畸形，主要体现为神经管缺陷。然而，在通过口腔喂食、吸入或饮食暴露于砷的啮齿动物和通过口腔喂食的兔子中并没有观察到这些畸形（Desesso et al., 1998）。最近的研究表明，怀孕的大鼠暴露于饮用水中的无毒剂量的无机 As（III）导致胎儿大脑发育和后代行为的缺陷（Chattopadhyay et al., 2002; Rodríguez-Lado et al., 2002）。

在人类开始饮用高砷水后，关于不良妊娠的报道陆续增加，如自发性流产、难产、早产、出生体重低和婴儿死亡率增加（Ahmad et al., 2001; Hopenhayn-Rich et al., 2000）。Ahmad 等（2001）对孟加拉国育龄妇女进行了横断面研究，饮用砷质量浓度>0.05 mg/L 的水至少 5 年的暴露人群比非暴露人群(砷质量浓度<0.02 mg/L）不良妊娠的比例显著增加。在一项回顾性研究中报道了智利两个城市中婴儿死亡率，分别为暴露于饮用水中的砷质量浓度高的城市（安托法加斯塔）和砷质量浓度低的城市（瓦尔帕莱索）。在调整地理位置和时间之后，发现砷暴露与婴儿死亡率之间相关性明显，胎儿死亡率[相对危险度（relative risk，RR）] = 1.7，新生儿死亡率 RR = 1.53，出生后死亡率 RR = 1.26（Hopenhayn-Rich et al., 2000）。总体而言，子宫内砷暴露与人类发育之间的潜在关系还需要更多的研究，更好地控制混合

因素（如暴露于其他金属、孕期营养和吸烟）将有助于确定这两者之间的关系。

7. 其他器官

据报道，饮用高砷水会影响人体的肺部（Mazumder et al., 2005），主要症状为支气管扩张，是一种由炎症或阻塞引起的支气管或细支气管的慢性扩张。砷也会影响血液、生殖和免疫系统（Henke, 2009; ATSDR，2007；WHO，2001；NRC，2001，1999）。

8. 癌症

砷是国际癌症研究机构（International Agency for Research on Cancer, IARC）确认的人类致癌物之一，被世界各地的监管和公共卫生组织公认为人类致癌物。这种识别或分类基本上基于流行病学数据。大多数研究集中在中国台湾省，其饮用水源暴露于高砷环境，或集中于冶炼厂工人的职业研究。最近在其他国家和地区的相关研究也越来越多，如印度、孟加拉国、墨西哥和智利等，这些地区已经或曾经饮用原生高砷地下水。砷暴露的人群中最常见的肿瘤是皮肤癌、肺癌和膀胱癌，其他器官包括肝、肾和前列腺也可能受砷暴露的影响（Henke, 2009; ATSDR，2007；WHO，2001；NRC，2001，1999）。

1）皮肤癌

在砷暴露区最常见的皮肤肿瘤是鲍恩（Bowen）病和鳞状细胞癌、基底细胞癌（Maloney, 1996; Shannon and Strayer, 1989）。这些肿瘤可能在砷暴露后 6～20 a 发育（平均潜伏期为 14 a）（Shannon and Strayer, 1989）。鲍恩病或原位癌是鳞状细胞癌的预侵袭形式。它是由砷诱导的最常见形式的皮肤癌（Maloney, 1996）。鲍文氏病肿瘤可以在身体的任何部分观察到，但通常出现在不受阳光照射的身体躯干部位。病变可以是孤立的，但通常是多灶的和随机分布的。损伤可以是尖锐的划界的圆形或不规则斑块（1 mm～> 10 cm）（Shannon and Strayer, 1989）。由砷暴露引起的鳞状细胞癌可以从头合成或从砷角化病或鲍恩病发展，由鲍恩病发展的细胞比从砷角化病发展的细胞更具攻击性。虽然鳞状细胞癌可以在任何部位发展，但它们通常存在于四肢上（Shannon and Strayer, 1989）。砷诱导的基底细胞癌组织学上类似于与砷暴露无关的基底细胞癌，后者通常是由过度暴露于太阳造成的，通常在颈部和头部被发现。与砷相关的基底细胞癌通常是多重的，往往在不受阳光照射的身体躯干部位出现。

在台湾西南部饮用高砷水的人群中，Tseng 等（1968）对皮肤癌的发展进行了横断面调查。在所有年龄（20～70 多岁）中，皮肤癌的患病率为 10.6‰（人口：40421）。男性的患病率高于女性（16.1∶5.6）。随着年龄的增长，皮肤癌的患病率增加。当研究参与者按村和暴露情况（<0.3 mg/L、0.3～0.6 mg/L 和>0.6 mg/L）分组时，皮肤癌存在剂量-反应关系。对于男性和女性，在砷暴露增加和皮肤癌的发病率之间存在剂量-反应关系。

Hsueh 等（1995）对另一个台湾人群进行了横断面调查，发现皮肤癌和慢性砷暴露之间存在显著趋势。慢性砷暴露包括在砷暴露地区的生活时间、饮用自流井水的持续时间、平均砷暴露和累积砷暴露[μg/（g・a）]。此外，在进行的多重逻辑回归分析中，该群体中慢性肝病和营养不良的风险因素在统计学存在显著性差异，肝功能和营养状况可能在由砷暴露引起的皮肤癌中起重要作用。

2）肺癌

流行病学证据表明：吸入无机砷会增加肺癌的风险（ATSDR，2007；WHO，2001；NRC，1999）。Lee-Feldstein（1986）研究了在铜冶炼厂雇用的工人。在 1925～1947 年雇佣的工人中，平均砷暴露 0.5 mg/m^3 下呼吸癌死亡的标准化死亡比（standard mortality ratio，SMR）为 203，平均砷暴露 7 mg/m^3 下呼吸癌死亡的 SMR 为 292，平均砷暴露 0.5 mg/m^3 下呼吸癌死亡的 SMR 为 444。Enterline 等（1987）报道，在不同的冶炼厂，呼吸道癌症的 SMR 从 144[砷暴露水平为 400 μg/（m^3・a）]升至 477[砷暴露水平为 59 000 μg/（m^3・a）]。在暴露的工人中似乎没有一种特定细胞类型的肺癌（ATSDR, 2007）。已经发现几种肿瘤类型（如表皮样癌、小型癌症和腺癌）在通过吸入暴露于砷后都增加。

最近，已经提出了环境砷暴露和肺癌之间的关联。Ferreccio 等（2000）对在饮用高砷水的智利人口进行了病例对照研究。通过调整几个干扰因子（吸烟者和炼钢工人），得到砷暴露平均时长 65 年的肺癌的优势比变化范围为 1（当暴露小于 10 μg/L 时）～9（当暴露为 200～400 μg/L 时）。

3）膀胱癌

皮肤癌和饮用高砷地下水在医疗过程中发现均与膀胱癌有关。Cuzick 等（1992）的团队在研究中，跟踪用 Fowler's 溶液（亚砷酸钾）治疗（2 周至 12 年）的一组英国个体的健康状况。在该组中存在明显过量的膀胱癌死亡率（预期 1.6 次，观察到 5 次，SMR 为 3.1）。这些个体摄取的砷的总量范围为 224～3 325 mg。从第一次接触到死亡的潜伏期为 10～20 a。此外，对该患者群体的子队列和死于所有类型的癌症的个体检查砷角化病，发现所有死于癌症的患者都有砷角化病，这表明砷角化病可作为慢性砷暴露后内部癌症易感性的生物标志物。

在台湾省西南部某群体的生态研究中，Wu 等（1989）报道了年龄校正后的膀胱癌死亡率的显著剂量-反应关系。饮用水中的平均砷质量浓度为< 0.3 mg/L、0.3～0.59 mg/L 和 0.6 mg/L 时会分别造成 23、61 和 93 名男性（每 100 000 人）死亡，以及 26、57 和 111 名女性死亡（每 100 000 人）。

1.1.4 高砷地下水与地砷病

在一般情况下，环境中的砷污染常导致慢性砷中毒，即高砷环境中的居民经不同途径长期（2 个月以上）摄入过量砷化物后出现不同程度的人体病变的过程，典型症状有消化系统紊乱、神经衰弱、皮肤病变等，临床表现为体弱、疲乏、记忆力下降、掌跖角化、躯干色素异常、肝肿大、肢体血管痉挛等，严重者出现贫血、黄疸、肝硬化。如果地质环境中砷含量天然异常，并由此导致砷异常区中的居民患有相关病症，那么称为地方性砷中毒（地砷病）——一种以皮肤色素脱色、掌跖角化和癌变为主要特征的慢性中毒病症（王连方，1997；林年丰，1991；刘鸿德和曹学义，1988）。

高砷地下水引起的地方性砷中毒问题是世界性的环境问题，直接危害人体健康。全球有 70 多个国家和地区超过 1 亿人的饮水安全受到高砷地下水的威胁（表 1-1-2），我国受威胁人口约为 1 960 万，是除孟加拉国以外，地方性砷中毒最严重的国家之一（表 1-1-3）。高砷地下水导致地方性疾病的蔓延，全世界数亿人口正面临癌症和其他与砷相关疾病的威胁。在南亚和东亚，其影响尤为令人震惊，水中的砷已成为最大环境健康灾难（Bhattacharya et al., 2007）。

表 1-1-2　全球砷中毒患病人数及暴露人口统计表

（Ahoulé et al., 2015; Chakraborti, 2011; Peter et al., 2009）

国家		最高砷质量浓度/（μg/L）	暴露人口/百万		高砷地下水灌溉
			As 质量浓度>50	As 质量浓度>10 μg/L	
亚洲	阿富汗	500	—	0.5	—
	孟加拉国	4 000	27.0	50.0	是
	柬埔寨	1 700	0.5	0.6	—
	中国	4 440	5.6	14.7	是
	印度	3 700	11.0	30.0	—
	缅甸	630	2.5	>2.5	—
	尼泊尔	2 620	0.55	2.5	是
	巴基斯坦	1 900	2.0	5.0	是
	越南	3 050	1.5	>1.5	—
欧洲	克罗地亚	612	0.2	0.2	—
	法国	100	0.02	0.2	—
	匈牙利	4 000	0.5	>0.5	—

续表

国家		最高砷质量浓度 /（μg/L）	暴露人口/百万		高砷地下水灌溉
			As 质量浓度>50 μg/L	As 质量浓度>10 μg/L	
北美洲	墨西哥	624	0.4	2.0	是
	美国	33 000	3.0	29.6	—
南美洲	阿根廷	4 500	2.0	2.0	是
	玻利维亚	1 000	0.025	>0.025	—
	智利	2 000	0.5	>0.5	—
	萨尔瓦多	770	0.3	>0.3	—
非洲	加纳	1 760	—	1.5	—
大洋洲	新西兰	1 320	—	0.1	—

表 1-1-3 中国地方性砷中毒患病人数及暴露人口统计表（国家卫生和计划生育委员会, 2016; 汤洁 等, 2013; 王秀红 等, 2008; 邓斌 等, 2004; 周金水 等, 2004）

省份	病区县		病区村 /个	病区村人口 /万人	患病人数 /人
	个数	人口 / 万人			
山西	15	629.5	157	23.1	3 965
内蒙古	28	513.2	1 454	38.5	7 275
吉林	7	338.3	361	15.3	511
江苏	5	407.5	37	8.0	59
安徽	13	1 105.0	95	13.1	71
河南	6	519.9	26	4.7	—
湖北	1	120.2	53	7.7	4
云南	10	339.1	43	5.5	31
陕西	9	115.0	17	1.8	—
甘肃	8	157.2	65	4.6	279
青海	4	37.3	22	0.1	364
宁夏	6	208.2	156	3.7	249
新疆	11	283.4	454	35.0	49
浙江	17	33.1	107	—	1
山东	4	57.6	490	4.8	11
四川	1	6.9	4	1.2	62
台湾	—	—	—	200.0	2 306

注：陕西省、贵州省为燃煤型砷中毒，未列入表格。

当高砷地下水存在并将其用来饮用的时候，它成为人类砷暴露的一个重要途径。由于含水层中的地球化学反应，地下水是各类水源中最容易富集砷的水体。长期饮用高砷地下水会导致人体出现皮肤色素异常、角质化、皮肤癌、内脏癌等慢性砷中毒，也会引起心血管病和阻碍儿童大脑的发育，对人体健康造成极大的危害。人类发现高砷地下水的问题已经有相当长一段时期，著名的高砷地下水地区存在于阿根廷、智利、中国、匈牙利、墨西哥。19 世纪 60 年代，波兰一矿区的饮用水源被砷污染而影响健康的事件是最早的案例。当地健康问题是由当地水源被含砷硫化矿物氧化后污染所致（Tseng et al., 1968）。1917 年首次记载了阿根廷中部出现的与砷有关的健康问题，中国的台湾省和智利于 20 世纪 60 年代首次确认砷污染问题（Smith et al., 1998; Tseng et al., 1968），其中台湾的“乌脚病”事件为中国首例发现的高砷地下水危害案例。

近年来，根据日益增加的有关砷慢性毒性的证据，饮用水中砷质量浓度的推荐值和国家标准都已降低。20 世纪 80 年代，世界卫生组织推荐的饮用水砷质量浓度的上限为 50 μg/L（WHO，1984），到 90 年代，该组织进一步把饮用水砷质量浓度的上限降低为 10 μg/L（WHO，1996）。随后，许多西方国家的监管部门按照这一建议也降低了他们饮用水砷质量浓度的限值。2000 年，欧洲共同体饮用水中砷的最大可接受质量浓度降低到 10 μg/L。2001 年，美国国家环境保护局的饮用水中砷的最高允许浓度（maximum concentration limit, MCL）也被降低至 10 μg/L。随着砷污染范围逐步扩大，危害日趋严重，引起了国家政府部门的高度重视，2007 年我国最新发布的《生活饮用水卫生标准》（GB 5749—2006）已将砷质量浓度的限定值由 50 μg/L 降为 10 μg/L。

除饮用高砷地下水之外，人体健康也因高砷地下水灌溉通过食物链暴露在砷危害中。在高砷地下水的国家和地区，当地居民不仅饮用砷污染的地下水，而且还用这种污染水灌溉食用农作物。例如，在孟加拉国，地下水抽取量的大约 95%被用于灌溉，主要用于旱季稻的生产，每年通过灌溉水进入稻田的砷大约为 1 000 t，大约 75%的农田需要用砷污染的地下水进行灌溉，而 83%的灌溉农田用于水稻的种植（Abedin et al., 2002; Dey et al., 1996）。用这种地下水灌溉水稻田，在不到 10 年时间就可使 0～15 cm 土层中砷的质量分数提高到 83 mg/kg，而当地土壤砷背景值仅为 4～8 mg/kg。生长在砷污染水稻土中的稻米很容易积累高浓度的砷，对人体健康构成潜在威胁。

1.1.5 地砷病的地理分布

地方性砷中毒可分为饮水型、饮茶型及燃煤型三类。本书主要讨论由饮用高砷地下水导致的饮水型地砷病，据统计，高砷地下水在全球范围内六大洲中 70 余个国家均有分布，直接受暴露或危害人口超过 1 亿人（Ravenscroft et al., 2009）。其中，印度、孟加拉国、越南、柬埔寨、缅甸和中国等国家受灾尤为严重（Guo et al., 2013; Fendorf et al., 2010）。仅就中国而言，约 1960 万人口正遭受高砷地下水的威胁（Rodríguez-Lado et al., 2013）。

地砷病的地理区域分布差异受地质、社会经济条件、遗传等多因素的影响。

地质因素会影响地砷病的地理分布。例如，水化学的差异会影响砷及其他有毒元素的浓度随时间的变化。大多数关于慢性砷中毒影响的长期流行病学证据来自智利、阿根廷和中国台湾。值得一提的是，这三个地方代表了不同的地球化学环境和水文地质条件。台湾“乌脚病”的案例在地区的水文地质条件上类似于孟加拉盆地，均为强还原地下水，但在孟加拉国尽管暴露水平高，但未确定非皮肤病症状，仅诊断出一例“乌脚病”（Saha, 2003）。阿根廷则为氧化型高砷含水层，地下水 pH 很高。在智利，砷则来自受地热输入影响的含水层，特别是在裂谷区。

除了地质因素，社会经济的发展情况对砷中毒也有影响，包括营养状况、饮食和烹饪方法、生活方式、医保条件和治疗的经济能力。在智利、阿根廷、匈牙利、中国和孟加拉国，已经发现了最广泛的非特异性症状。相比之下，美国和大多数欧洲国家的症状不明显，可能在很大程度上归因于营养因素的差异。营养因素通过饮食和烹饪习惯导致高砷摄入，或通过营养不良和饮食缺乏，使个人更容易感染疾病。在南亚灌溉水稻经济中，这些因素可能一起发挥作用。贫困者遭受更严重的砷中毒症状，而贫困和营养不良通常是同时存在的。在印度西孟加拉邦的生态研究中，Mitra 等（2004）表明饮食缺乏使皮肤更容易损伤。他们的结果表明与钙[优势比（odds ratio，OR）为 1.89]、动物蛋白（OR 为 1.94）、叶酸（OR 为 1.67）和纤维（OR 为 2.20）缺乏显著相关。然而，鉴于饮食带来的风险水平相对较小，他们建议优先考虑减少砷暴露，而不是改变饮食。同样，在中国台湾省西南地区，“乌脚病”的流行率与吃鸡蛋、肉类和蔬菜的频率成反比（Chen et al., 1988）。这些结果表明，贫穷导致的营养不良可能是解释地砷病高发的重要因素。在生活方式上，从事的职业、经济条件也是影响地砷病发病的原因之一。例如，在中国山西大同，地砷病常见于农村居民，同一户中男性患病多于女性，其原因为男性因活动强度大而更多、更频繁地饮用水（往往为高砷地下水）。

种群之间的遗传差异影响砷中毒的易感性。例如，人的基因可能有助于决定在接触砷之后中毒的可能性的大小。由印度化学生物学研究所的 Giri 领导的研究把特定基因和人类对砷中毒的易感性联系起来。Giri 的研究组研究了印度西孟加拉邦的 400 多人，这个地区饮用水中的砷质量浓度是世界卫生组织的安全标准上限的 5～80 倍。他们发现缺少一种称作 GSTM1 基因的人们不太容易出现皮肤损伤，而皮肤损伤是砷中毒的最常见症状。Giri 指出，科学家已知 GSTM1 在分解香烟的有毒化合物的过程中发挥了作用。但是拥有这种基因的人们因为砷中毒而产生皮肤损伤的风险反而显著增高（Ghosh et al., 2006）。

1.2 全球原生高砷地下水的分布

原生高砷地下水在全球范围内分布广泛，遍布于亚洲、欧洲、北美洲、南美洲、非洲、大洋洲和太平洋岛屿的70多个国家，230多个区域（图1-2-1和表1-2-1）。初步统计，饮用砷质量浓度大于50 μg/L水体的人口达到5 700万，饮用砷质量浓度大于10 μg/L水体的人口达到13 700万。其中，亚洲地区受影响人口最多，达到1亿以上，印度、孟加拉国、越南、柬埔寨、缅甸和中国等国家受灾尤为严重（Guo et al., 2013; Fendorf et al., 2010）。

表1-2-1 全球典型高砷地下水分布区水文地质特征概要

地下水环境/含水层特点	典型区域	含水层条件	高砷地下水水化学特征	砷活化的主要机制
强还原地下水	冲积物/三角洲含水层、孟加拉国、印度、中国的北方和台湾、缅甸、尼泊尔、匈牙利、罗马尼亚	年轻（第四纪）沉积物，地下水的流速缓慢，含水层的低端；快速积累的沉积物	高Fe（>1 mg/L）、Mn（>0.5 mg/L），高NH_4^+-N（>1 mg/L），高HCO_3^-（>500 mg/L）；低NO_3-N（<1 mg/L），低SO_4^{2-}（<5 mg/L）；通常高P（>0.5 mg/L）；有时高浓度的溶解有机质包括腐殖酸；以三价砷为主	砷由金属氧化物还原脱附，由铁、锰氧化物中分离；砷和其他阴离子（包括PO_4^{3-}、HCO_3^-）之间可能的竞争；生物地球化学过程
氧化性，高pH地下水	内陆盆地或封闭的盆地（干旱和半干旱地区）：阿根廷、墨西哥、美国西部的部分地区、智利部分地区	年轻的第四纪沉积物，地下水的流速缓慢，含水层的低端	pH通常大于8，高HCO_3^-（>500 mg/L），低Fe、Mn，相应的含有高F、U、B、V、Mo、Se；有的地下水因为蒸发而呈现高盐度；以五价砷为主	砷和其他形成含氧离子的元素（特别是铁和锰）等从金属氧化物脱吸；蒸发浓缩；生物地球化学过程
地热影响的地下水	堪察加、智利、阿根廷、美国西部、日本、中国、新西兰的部分地区	任何受地热输入影响的含水层，特别是在裂谷区和岩浆-火山活动区	高Si、B、Li，往往盐度较高；高pH（>7）；地下水温度高	富砷的地热流体向浅层地下水系统排泄
硫化物矿化区/矿区的地下水	美国、加拿大、英国西南、泰国、韩国、波兰、希腊、加纳、津巴布韦、巴西的部分地区	在结晶岩的裂隙或冲积砂矿床中的地下水	氧化或弱还原条件；高SO_4^{2-}（通常每升数百毫克或更高）；酸性、痕量金属（镍、铅、锌、铜、镉）浓度较高	硫化物矿物的氧化

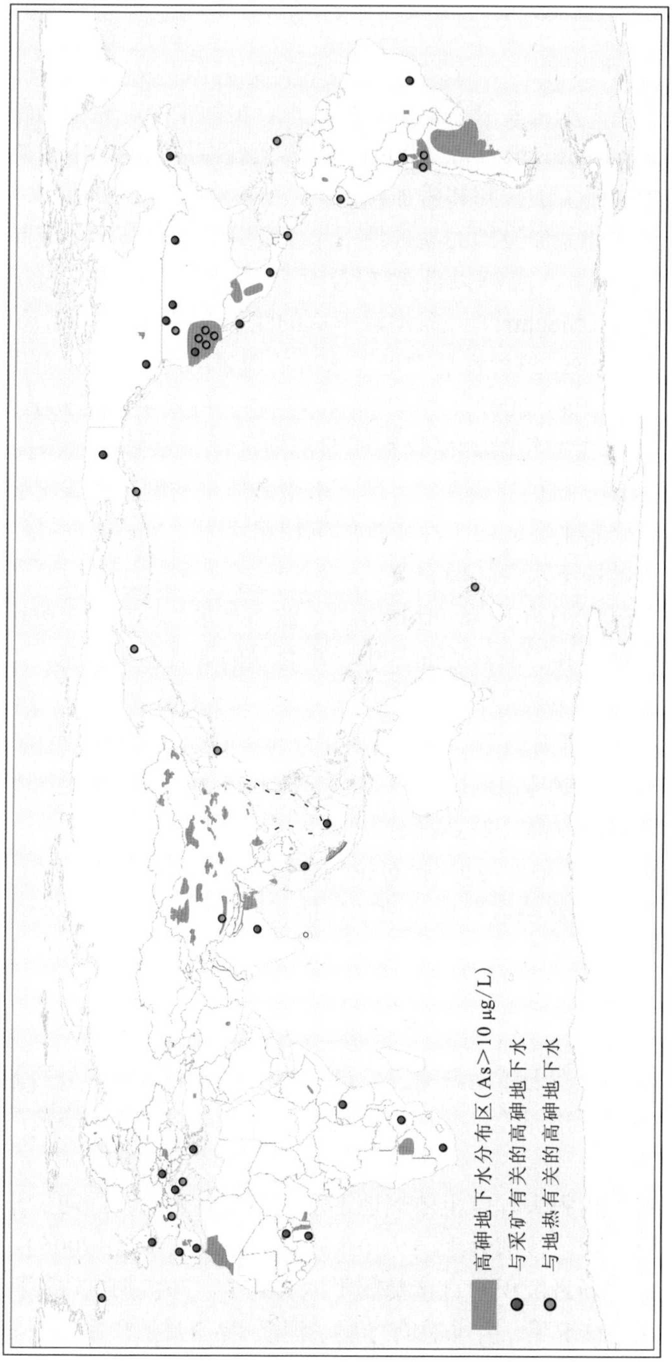

图 1-2-1 全球高砷地下水的分布图（Ravenscroft et al., 2009; Smedley et al., 2002）

1.2.1 亚洲

1. 南亚

在南亚，高砷地下水主要分布于孟加拉盆地、恒河平原、布拉马普特拉河平原和印度河平原（Ravenscroft et al., 2009）。世界上规模最大的地下水砷异常发现于恒河三角洲的印度西孟加拉邦和孟加拉国。

印度西孟加拉邦和孟加拉国的高砷地下水主要分布于喜马拉雅隆起带以南，印度洋孟加拉（Bengal）海湾以北的布拉马普特拉河（Brahmaputra）、恒河（Ganges）、梅克纳河（Meghna）三条河流形成的浅、中层全新世冲洪积及三角洲含水层中，呈条带状分布，该含水层中地下水砷的质量浓度变化大，范围为<0.5～3 200 μg/L（Smedley et al., 2002）。在浅部含水层中，砷质量浓度大于 10 μg/L 地下水几乎分布于整个孟加拉国，尽管在西北部地区地下水砷质量浓度大部分低于 50 μg/L。但在范围广阔的富砷带上，地下水中砷质量浓度存在着明显的空间变异性。地下水砷的分布主要取决于冲积物的沉积相特征（Ahmed et al., 2004），砷源主要与恒河流域的地下水古环境有关。

在恒河平原，自 2003 年以来，比哈尔邦、波杰布尔、北方邦和贾坎德邦先后发现了高砷地下水的存在。对波杰布尔中一个村里的调查结果显示，82%的水井中砷的质量浓度大于 10 μg/L。

在布拉马普特拉河平原，高砷地下水主要分布于布拉马普特拉河的中部流域，包括阿萨姆邦东北部的德马杰地区、西隆南部的卡仁甘杰地区和曼尼普尔地区。尽管这些地区砷质量浓度高，但是没有发现砷中毒患者。

在印度河平原，地质条件与恒河-布拉马普特拉河系统较为相似，但气候属于干旱-半干旱环境。受砷影响最严重的地区包括印度的旁遮普、巴基斯坦的巴哈瓦尔布尔、木尔坦及信德省等。

2. 东南亚

高砷地下水主要分布于越南红河三角洲、越南—柬埔寨—老挝的湄公河冲洪积平原、伊洛瓦底江三角洲等，并且湄公河和红河三角洲的含水层被广泛开发作为饮用水的水源。

在越南，首都河内很大程度上依赖地下水作为公共供水。红河三角洲局部地区的全新世沉积物形成了浅部含水层（10～15 m）（Agusa et al., 2006）。没有全新世沉积物时，老的更新世沉积物直接暴露于地表之上。与孟加拉国不同，即使在全新世沉积物存在的情况下，并非总有一层淤泥质-黏土质层出露地表。全新世的沉积物通常被几米厚的黏土层与下伏的更新世沉积物分开，但是在这些黏土层中间存在“天窗”，使全新世和更新世含水层之间仍能保持水压的连续性。沉积物总厚度一般为 100～200 m。Bac Bo 平原、河内市等地下水砷质量浓度最高可达 430 μg/L（Berg et al., 2001）。这些三角洲地区的地下水通常是强还原性的，高浓度砷主要存在于 Br、NH_4^+ 和溶解性有机碳（dissolved organic carbon, DOC）浓度高的地下水中。

在越南—柬埔寨—老挝的湄公河冲洪积平原，高砷地下水主要分布于湄公河和 Bassac 河的泛滥平原（Buschmann et al., 2007）、老挝的占巴塞省、沙拉湾省（湄公河流域）和阿速坡省（UNICEF, 2004）。地下水的砷质量浓度为 1～1610 μg/L（平均为 217 μg/L）。地下水砷质量浓度呈现出很大的季节变化，在雨季大部分采样点上砷质量浓度较低。

在伊洛瓦底江三角洲，高砷地下水的分布情况与孟加拉国和越南类似，主要分布在缅甸南部，如 Kyonpyaw、Thabaung、Hinthada、Laymyathna 等地区（Tun, 2003）。

3. 中国

高砷地下水主要分布在内蒙古、新疆、山西、吉林、江苏、安徽、山东、河南、湖南、湖北、云南、贵州、台湾等省份的 40 个县（旗、市）（图 1-2-2）。

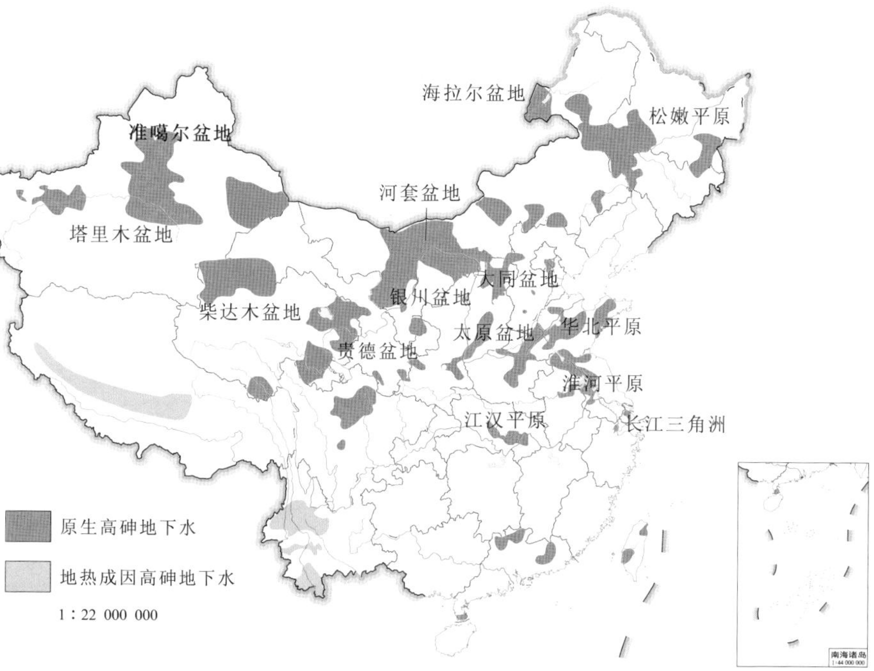

图 1-2-2 中国高砷地下水的分布图

（据 Wen et al., 2013；Guo et al, 2013；He and Charlet, 2013 修编）

在新疆的天山以北、准噶尔盆地南部的奎屯123团地下水砷污染严重，自流井水砷质量浓度范围在70～830 μg/L（罗艳丽 等, 2006）。高砷水点分布以准噶尔盆地西南缘最为集中，西起艾比湖，东到玛纳斯河东岸的莫索湾（王连方 等，2002）。地下水中砷质量浓度随着海拔高度下降而上升，呈谱带状分布。

在内蒙古，高砷地下水分布于呼和浩特与阿拉善盟的平原范围内，在阴山山脉与黄河及其支流大黑河之间形成了一条长约500 km，宽10～40 km的高砷地带，包括阿拉善盟的阿左旗、巴彦淖尔市的磴口县、杭锦后旗、临河市、五原县、乌拉特前旗、乌拉特中旗、乌拉特后旗，包头市的土右旗、呼和浩特市的土左旗、托克托县及赤峰市克什克腾旗（金银龙 等，2003）。在此高砷地带内又形成了各自独立的块状与灶状分布。在呼和浩特盆地，主要受还原环境的影响，地下水砷质量浓度高达1 500 μg/L，60%～90%的砷以As（III）形式存在（Smedley et al., 2003）。在盆地的低洼处，情况更糟。在一些大口井中，地下水的砷质量浓度也较高（达到560 μg/L）。由于蒸发浓缩作用的影响，浅层地下水中盐分和F^-浓度均较高，尽管F^-和As之间并不具有相关性（Smedley et al., 2003）。在河套盆地，浅层地下水砷质量浓度在1.1～969 μg/L，90%以上的砷以As（III）形式存在（Guo et al., 2013, 2008; 郭华明 等, 2010; 杨素珍 等, 2008）。

在山西省，高砷地下水主要分布于大同和晋中两大盆地。在大同盆地高砷区以带状分布，带宽约15 km，长约90 km，面积达1 350 km^2。高砷水主要埋深为20～50 m不等，部分地区埋深达100 m以上。从朔城区至应县段呈连续分布，怀仁至天镇段呈断续分布，主要集中于桑干河和黄水河的右岸。地下水砷质量浓度最高达到2.0～1 300 μg/L （Xie et al., 2009）。晋中盆地高砷区分布在磁窑河和文峪河流域两岸，呈块状分布，长约40 km，宽约20 km，面积达800 km^2。地下水砷质量浓度最高达到500 μg/L。另外，高砷地下水在运城盆地也有分布（Currell et al., 2011）。

在吉林省，高砷地下水主要分布在松嫩平原的通榆县、洮南市。高砷区总人口为58 859人，砷暴露人口为3 779人（金银龙 等，2003）。在垂向上，砷主要富集在深度小于20 m的潜水和深度在20～100 m的白土山组浅层承压水中。水平方向上，水砷质量浓度为10～50 μg/L的潜水主要分布在山前倾斜平原的扇前洼地及与霍林河接壤的冲湖积平原内（Bian et al., 2012）。水砷质量浓度大于100 μg/L的高砷水主要分布在新兴乡、四井子乡沿霍林河河道区域（卞建民 等，2009）。砷质量浓度波动范围为50～360 μg/L，均值为96 μg/L（卢振明 等，2004）。

在宁夏，高砷地下水主要集中在宁夏北部沿贺兰山东麓的平罗县、惠农区。高砷区呈两个条带分布于冲湖积平原区：西侧条带位于山前冲洪积平原前缘的湖积平原区，在全新世早期为古黄河河道；东侧条带靠近黄河的冲湖积平原区，在全新世晚期为黄河故道，平行于黄河分布。垂向上地下水砷质量浓度随深度增加而降低，高砷地下水一般赋存于10～40 m的潜水含水层（约177 μg/L）；第一、第二承压水大部分地区未检出或质量浓度低于 10 μg/L（Han et al., 2013; 张福存 等, 2010）。两地共发现486例可疑病例和轻度病例，患者病情较轻，多无明显症状，只有体检时才发现皮肤有色素改变（金银龙 等，2003）。

在青海省，贵德县、囊谦县、互助县、德令哈市、尖扎县、化隆县、循化县、河南县、泽库县、同仁县和平安区等存在砷质量浓度高于 10 μg/L 的地下水。其中，贵德县地下水砷质量浓度最高达到312 μg/L，主要分布在杨家和保宁。

在安徽省，砀山县、天长市、五河县和淮南市存在砷质量浓度高于 50 μg/L 的地下水。其中砀山县地下水砷质量浓度最高，最大可达 1 146 μg/L。高砷水主要存在于 20～30 m 的含水层中。由于高砷水主要用于农业灌溉，砷中毒患者较少，仅在五河县的临北乡宣滩自然村发现几例中度砷中毒患者（金银龙 等，2003）。

在北京市，远郊区县顺义和通州存在砷质量浓度大于50 μg/L 的地下水。在顺义区，地下水砷质量浓度超标率（> 50 μg/L）为6.54%，最高质量浓度可达143 μg/L，未发现砷中毒患者。

在广东省的珠江三角洲地区，也存在高砷地下水。地下水砷质量浓度在2.8～161 μg/L（Wang et al., 2012; 黄冠星 等，2010）。地下水处于还原环境，且呈中性或弱碱性。该地区高砷地下水的显著特点是 NH_4^+ 和有机质质量浓度高（分别高达390 mg/L 和36 mg/L）（Jiao et al., 2010）。

在江苏—上海的长江三角洲南部，南通—上海段第 I 承压水中砷质量浓度严重超过国家饮用水卫生标准（大于50 μg/L）（陈锁忠，1998）。这一带地下水的还原性相对较强。高砷地下水中 Fe^{2+}质量浓度普遍较高，多数大于10mg/L（陈锁忠, 1998; 顾俊和镇银，1995）。地下水砷质量浓度高时，相应 Fe^{2+}质量浓度也较高。在长江南京段，沿岸5km内地下水中的砷质量浓度普遍高于远离长江的地下水（于平胜，1999）。

在湖北省的江汉平原发育高砷地下水，主要分布于仙桃市和洪湖市。在仙桃地区的调查表明，调查的848眼井中有115眼井砷质量浓度超出了50 μg/L（陈兴平 等，2007; 汪爱华和赵淑军，2007）。地下水中砷的最大质量浓度可达2 010 μg/L。

1.2.2　欧洲

匈牙利、罗马尼亚、斯洛文尼亚和克罗地亚周边地区存在高砷地下水。在匈牙利，高砷地下水广泛分布于匈牙利大平原的冲积层中，平原面积大约为 11×10^4 km^2，特别是沿着多瑙河支流 Maros 和 Duna-Tisza 河分布。在匈牙利边界附近的特兰西瓦尼亚的 Bihor 和 Arad 村，地下水砷质量浓度可达176 μg/L。在罗马尼亚的西部和匈牙利的东部，地下水砷质量浓度为<0.5～240 μg/L，并以As(III)为主（Rowland et al., 2011）。在斯洛文尼亚的西南部，高砷地下水分布相对较广，大约有 1.2%地下水源砷质量浓度超过 10 μg/L（Rapant and Krčmová, 2007）。在克罗地亚东部，与匈牙利相邻处，Osijek、Cepin 和 Andrijasevci 等小镇周边，饮用水中砷质量浓度较高，最大可达 612 μg/L。

在芬兰，高砷地下水主要赋存于基岩裂隙水中。在芬兰西南部的 Pirkanmaa、豪基普达斯（Haukipudas）等地区，发现有砷质量浓度大于 10 μg/L 的地下水。在德国，高砷地下水主要分布在巴伐利亚州的 Frankonia 地区和下萨克森州的索灵山地区，这些地区出露不同类型的砂岩。在英国，高砷地下水主要存在于砂岩含水层中。其中，三叠纪的 Sherwood 砂岩含水层受砷的影响最大。该砂岩含水层是英国中部和西北部地区的主要水源。在法国，砷质量浓度大于 50 μg/L 的地下水主要存在于中央高原、孚日山脉和比利牛斯山脉附近，而砷质量浓度为 10～50 μg/L 的地下水主要存在于阿基坦和中央区域的沉积盆地中。当土壤砷质量分数大于 60 mg/kg 时，地下水的砷质量浓度很可能高于 10 μg/L。在西班牙，高砷地下水存在于马德里盆地和杜罗河盆地。马德里盆地中，地下水砷的平均质量浓度为 25 μg/L，最大达到 90 μg/L（Hernández-García and Custodio, 2004）。在杜罗河盆地，地下水砷质量浓度在 20～613 μg/L，平均质量浓度为 41 μg/L（Gómez et al., 2006）。在意大利，高砷地下水主要存在于大波河盆地（伦巴第、艾米利亚-罗马涅和威尼托地区的大波河、阿达河、阿迪杰河和里诺河流域）的冲积平原含水层中。地下水砷质量浓度最高达到 1 300 μg/L。在希腊北部，发现砷质量浓度大于 10 μg/L 的地下水，占 13.6%。这些地下水主要存在于萨洛尼卡省内。

1.2.3 北美洲

在美国西南部盆岭区（包括亚利桑那州、新墨西哥州、内华达州和加利福尼亚州）的冲积盆地中存在高砷地下水。在亚利桑那州盆岭区，高质量浓度的砷是该地区封闭盆地地下水的特征之一。高砷地下水出露于冲洪积含水层的氧化环境中，24 个盆地中发现砷质量浓度大于 50 μg/L 的地下水，最大质量浓度达到 1 300 μg/L。这些盆地受下陷作用的影响，边缘沉积了新近系和近代扇砾岩，并逐渐过渡到中心的粉砂、黏土和蒸发岩。在内华达州，至少有 1 000 眼民用井砷质量浓度超过 50 μg/L。高质量浓度的 As 和 U 被认为与蒸发浓缩作用和氧化还原电位导致金属氧化物的解吸附作用等有关。在加利福尼亚州的图莱里盆地，含水层的氧化还原条件差异很大，高砷水既存在于氧化环境中，也存在于还原环境中。盆地中的地下水受蒸发浓缩作用的影响，往往含有很高的总溶解固体（total dissolved solids, TDS）。

高砷地下水还存在于冰积和冲冰积含水层中，主要分布于哈得孙湾—大湖地区。该地区覆盖了美国的密歇根州、明尼苏达州、艾奥瓦州和北达科他州，以及加拿大的萨斯喀彻温省。砷的最大质量浓度达 220 μg/L。含水层以冰水沉积物砂和砾石为主，中间夹杂一些黏土。

低-中质量浓度砷存在于美国的新英格兰、新不伦瑞克和加拿大新斯科舍省的基岩裂隙水中。在美国的新英格兰，地下水砷的最大质量浓度达 408 μg/L，超过 30%的地下水砷质量浓度大于 50 μg/L。在加拿大新斯科舍省，地下水砷的最大质量浓度达 1 050 μg/L，超过 13%的地下水砷质量浓度大于 50 μg/L。在这些地区，基岩岩性对地下水砷质量浓度有重要影响。威斯康星州西部、俄克拉何马州和宾夕法尼亚州的砂岩含水层中赋存有高砷地下水。威斯康星州西部地下水中砷的富集被认为与硫化物矿物的氧化有关，其砷质量浓度最大可达 12 000 μg/L。解吸附是俄克拉何马州、宾夕法尼亚州高砷地下水形成的主要原因，其砷质量浓度可达 232 μg/L。华盛顿州的高砷地下水主要赋存于玄武岩含水层中，主要分布在 Granite Falls 周边。而在加拿大不列颠哥伦比亚省的 Bowen 岛，高砷地下水存在于侏罗纪变质沉积岩和变质火山岩含水层中，地下水砷的最大质量浓度达到 10 000 μg/L。

在墨西哥北部，高砷地下水主要分布于索诺拉和下加利福尼亚，赋存于冲洪积含水层中，砷的最大质量浓度达到 410 μg/L。在墨西哥中部，高砷地下水主要分布于 Rio Verde、Region Lagunera 和 Zimapán 河谷，赋存于冲洪积含水层和灰岩裂隙含水层或火山岩裂隙含水层中，最大砷质量浓度达到 1 100 μg/L。

1.2.4 南美洲

南美洲高砷地下水主要存在于安第斯山、太平洋干旱滨海平原、亚马孙热带河盆地和半干旱 Chaco-Pampean 平原。南美西部富砷的主要原因是火山活动及冲洪积和风积物中火山物质。Chaco-Pampean 平原位于安第斯山和 Rio Paraña 山之间，包括了阿根廷、巴拉圭、乌拉圭和玻利维亚等部分区域，面积达 100×10^4 km^2。该区域地下水是主要的用水水源。Pampean 黄土是主要的高砷地下水含水层。高砷地下水主要分布于阿根廷的 Corodoba、Salta、La Pampa、Santiago del Estero、Tucuman 及 Bueno Aires 等地区（Rahman et al., 2006; Warren et al., 2005; Mandal and Suzuki, 2002; Smedley et al., 2002; Grimolizzi and Martin, 1989）。阿根廷高砷水是由阿尔岱斯火山形成的地质原因以及干燥内陆流域的地理环境所致，尤其沉积物中的氧化矿物（Fe 和 Mn 的氧化物）被认为是地下水中砷的主要来源。在太平洋干旱滨海平原，高砷地下水存在于智利北部 Region II 地区的安托法加斯塔、伊基克、托科皮亚、阿里卡及卡拉马（Rahman et al., 2006; Yamasaki and Hata, 2000），巴西的 São Paulo（Campos, 2002），秘鲁的 Rio Locumba 以及厄瓜多尔的 Rio Tambo。在智利北部发现砷质量浓度最大可达 21 000 μg/L，并发现了与饮用水砷有关的健康问题，典型的症状有皮肤色素变化、角质化、鳞状细胞癌（皮肤癌）、心血管疾病以及呼吸道疾病。

1.2.5 非洲

非洲的加纳、博茨瓦纳、喀麦隆、布基纳法索、埃塞俄比亚、乌干达和尼日利亚发现高砷地下水。加纳是首个报道高砷地下水的非洲国家（Smedley, 1996）。高砷地下水多存在于加纳西南部的金矿周边（Ashanti 金矿和 Obuasi 金矿）。在 Ashanti、Western、Brong Ahafo、Northern、Upper West 和 Upper East 地区，也发现了高砷地下水。砷的最大质量浓度达 557 μg/L。不同区域地下水砷的来源存在差异，有些来源于硫化物矿物的氧化，有些来源于铁氧化物矿物的还原。在博茨瓦纳，高砷地下水被发现于奥卡万戈河的内陆三角洲（Okavango Delta），高砷含水层为冲洪积—湖积砂层，砷的最大质量浓度达 117 μg/L，并以 As（III）为主（Huntsman-Mapila et al., 2006）。在布基纳法索，高砷地下水分布于 Yatenga 和 Lorum 的北部区域，靠近马里边界，地下水砷质量浓度最大为 1 630 μg/L。在喀麦隆西南部的 Ekondo Titi 区域，高砷地下水存在于滨海冲积含水层中，砷的最大质量浓度达 2 000 μg/L。在尼日利亚，高砷地下水分布于尼日利亚南部的 Niger River 三角洲，砷的最大质量浓度达 1 100～3 100 μg/L（Gbadebo, 2005）

1.2.6 大洋洲

在澳大利亚，高砷地下水主要存在于北澳大利亚的新南威尔士（O'Shea et al., 2007; O'Shea, 2006; Smith et al., 2006; Smith et al., 2003）和西澳大利亚（Appleyard et al., 2006）。

在北澳大利亚的新南威尔士的 Stuarts Point，高砷地下水主要存在于全新世滨海砂质含水层及下伏基岩裂隙含水层中，含水层厚度达几米至 40 m。在两处不同深度的含水层中发现高砷富集。在 10～11 m 处，为砂质含水层夹带黏土夹层，该含水层中砷的最大质量浓度达到 85 μg/L，As（V）占主导地位。25 m 以下，下伏基岩中出露二叠纪富含 Ag-As 砂岩和花岗岩，该含水层中砷的最大质量浓度为 337 g/L，As（III）占主导地位。227 件地下水样品中 37%超过世界卫生组织推荐的饮用水砷质量浓度标准 10 μg/L。高砷地下水通过灌溉使当地农作物中砷含量增加。Stuarts Point 地区的砷来源于矿化的含砷酸盐辉锑矿（Sb_2S_3），受全新世时期风化搬运作用迁移至 Stuarts Point 含水层中。深层含水层中（>20 m）中砷质量浓度增加，并发现与海水入侵有关。还原环境条件下的铁氢氧化物的还原性溶解和砷酸盐黄铁矿的沉淀控制了地下水中砷的迁移转化。

在西澳大利亚的珀斯的 Swan 滨海平原，在一非承压含水层中检测到砷质量浓度高达 7 000 μg/L。浅部含水层砷由于硫化物的氧化被释放，而在深部含水层则由于还原性溶解在地下水中富集。在浅部含水层，地下水砷质量浓度一般为几十微克每升，个别达到 800 μg/L，且随着时间而降低。在深部含水层，地下水砷质量浓度在 5～15 μg/L。

在新西兰，高浓度的砷主要分布于多个地热田、地热水中（Mroczek, 2005; Phoenix et al., 2005; Aggett and O'Brien, 1985; Hedenquist and Henley, 1985），已发现地热水中砷质量浓度高达 9000 μg/L（Webster and Nordstrom, 2003），接受了 Wairakei、Ohaaki、Orakeikorako 和 Atiamuri 地区地热田、地热水的河水和湖水砷质量浓度可达 121 μg/L（Robinson et al., 1995）。地热流体输入的下游地区砷的质量浓度显著降低。在新西兰的北岛，中部火山高原地热中砷质量浓度达 8 500 μg/L。受地热砷的影响，Waiotapu 山谷中泉水的砷质量浓度达到 2 000 μg/L；有些饮水井中的砷质量浓度超过 50 μg/L。受影响区限于 30 个农场，面积小于 1 000 hm^2（1 hm^2 = 10 000 m^2）。在南岛，高砷地下水主要分布于 Wairoa 河平原的 Rarangi 区。受海相黏土层的限制，下伏 Wairoa 含水层为承压含水层，地下水砷质量浓度可达 21 μg/L。在 Rarangi 浅部含水层中，砷质量浓度最高为 43 μg/L。

1.3 我国原生高砷地下水的分布

在中国大陆地区，高砷地下水主要分布在北方干旱-半干旱内陆盆地、南方冲洪积平原及河流三角洲和西南地热区。北方干旱-半干旱内陆盆地主要包括新疆准噶尔盆地、山西大同盆地、内蒙古河套盆地、吉林松嫩平原、宁夏银川盆地等。南方冲洪积平原及河流三角洲主要包括江汉平原、珠江三角洲、长江三角洲等。地热流体中普遍存在高浓度砷，西南地热区主要分布在西藏、青海、云南、四川。

1.3.1 北方干旱-半干旱内陆盆地

1. 新疆准噶尔盆地

中国大陆最早在新疆发现高浓度砷的问题。新疆高砷影响的区域主要在准噶尔盆地西南部，准噶尔盆地从中生代以来就是一个下沉的区域，其中包括稳定连续的上部第四纪沉积物。北疆地区水砷高于南疆地区，在北疆地区，高砷水点分布以准噶尔盆地西南缘最为集中，西起艾比湖，东到玛纳斯河东岸的莫索湾（约 250 km）（王连方 等，2002），呈现大致平行于天山走向的深层地下水高砷地理带。高砷地下水水源区向西成片分布，水砷浓度较高，尤其是在乌苏市北部地区的奎屯垦区和乌苏市北部一带形成砷中毒病区或潜在病区，向东为点状分布，水砷浓度也较西段低。地下水中砷浓度随着海拔高度下降而上升，呈谱带状分布，平原水库周围存在低砷水圈。

20 世纪 60 年代之前，当地居民饮用河渠水，在 20 世纪 60 年代当地人开始打井开采并饮用地下水，20 世纪 70 年代初，居民中不明原因出现了大批胸、腹部皮肤黑白相间的斑点和手足长满鸡眼或菜花状疙瘩的患者，全身疼痛难忍、疲乏不适，严重的患者还出现了心血管病变，甚至发生严重癌变。1980 年，新疆流行病学研究所发现是饮用水含砷量过高所引起的地方性砷中毒，将其确定为中国大陆第一起大面积地方性砷中毒案例。高砷水多为深井水，砷中毒患者多见于曾饮用深井水者。在天山以北、准噶尔盆地南部的奎屯 123 团地下水砷污染严重，自流井水中砷质量浓度为 70～830 μg/L（罗艳丽 等，2006），砷质量浓度随深度增加而升高（Wang and Huang, 1994）。相比之下，浅层地下水或地表水中砷质量浓度较低（从小于 10 μg/L 到 68 μg/L）。新疆病区地势低洼，受离子淋溶-蓄积规律影响较高。天山山脉富含砷矿物，为地下水提供了砷源（王连方 等，2002）。由第四系河流冲积物（细颗粒）组成的含水层有利于砷的富集，因此，可推断病区水砷浓度高主要受地质、矿床等自然因素影响。

2. 山西大同盆地

大同盆地位于山西省北部，由山西地堑系的北端呈北东—南西向展布，是一个新生代断陷盆地。盆地东西长 250 km，南北宽 330 km，南、西和北三面环山，覆盖总面积约 7 400 km^2。大同盆地的海拔大部分为 1 000～1 100 m。由盆地边缘向盆地中心依次为：冲沟分割的洪积台地、洪积倾斜平原、湖积冲积平原、河谷冲积平原等地貌类型。局部低洼地带有盐碱化现象。盆地基底为前寒武纪变质岩系，唯朔县以东是奥陶纪灰岩。基底地形起伏，在地表有明显反映，如黄花梁隆起，将盆地分为南（山阴）北（大同）两部分。盆地内松散层以上新统最早，可见盆地形成在古近纪以后。第四系最大沉积厚度约 700 m。该区属东亚季风区，冬季受内蒙古高压控制，气候寒冷干燥，夏季受海洋气团影响，气候温暖湿润，降雨多集中于 7、8 月。日照充足、干燥少雨、风期长、风沙大、蒸发作用强烈。多年平均降水量不足 400 mm，且大多集中在 7、8 月。多年平均蒸发量则保持 2 000 mm 以上，属温带半干旱地区干草原栗钙土地带。地形封闭，地势低洼平坦，为低洼、封闭的地形地貌。含水层结构复杂，地下水径流滞缓，富含有机质的还原性地下水化学环境。桑干河是该盆地主干河流，发源于盆地西南宁武县的管涔山，由西南向东北贯穿整个盆地。

大同盆地是世界范围内十分典型的内陆盆地型原生高砷地下水分布区（图 1-3-1）。该地区大面积分布的高砷地下水使得数万当地居民表现出慢性砷中毒症状。过去十余年中，针对该区域砷中毒等区域性疾病已开展了大量与砷有关

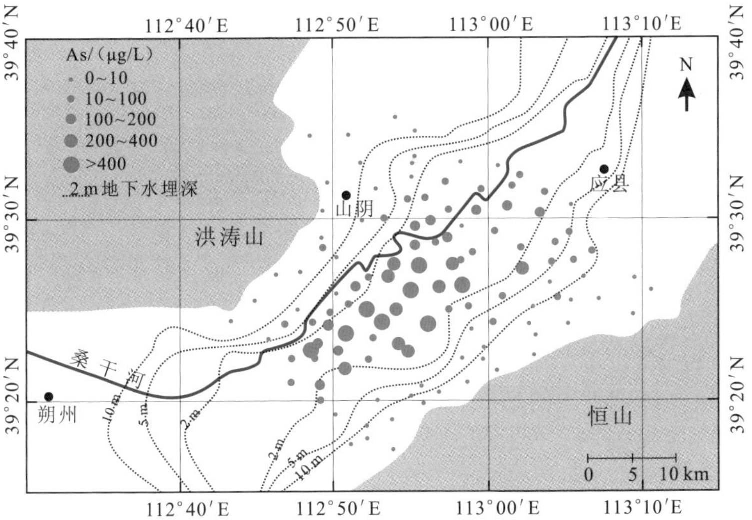

图 1-3-1 山西大同盆地高砷地下水的分布图（Xie et al., 2008）

的水文地球化学行为特征研究（苏春利，2006; Guo and Wang, 2005; 李军 等，2006; Guo et al., 2003; 郭华明 等，2003; 王敬华 等，1998）。大同盆地富砷地下水，尤其是朔州市山阴县最早于 19 世纪 90 年代发现并报道了饮水型砷中毒事件（郭华明 等，2003）。该病的流行发生在 20 世纪 80 年代中期居民把饮用水源从 10 m 以内的大口井转变为 20～40 m 的压把井之后的 5～10 a。目前，已发现地下水中砷的最高质量浓度达 1 820 μg/L，特别是桑干河南岸的山阴城、黑疙瘩、后所、马营庄、薛圐圙等乡镇，地下水中砷的平均质量浓度高达 300 μg/L，远高于国家饮用水砷质量浓度标准 10 μg/L。有关该区域地方病调查结果表明，约 16.49%地下水中砷质量浓度超过 50 μg/L，26.37%砷中毒人群尿液中的砷质量浓度超过国家标准（李军 等，2006）。地下水中砷质量浓度随深度有逐渐升高的趋势。在地方病普查中，216 人发现患有明显砷中毒症状，18 个村庄地下水中砷质量浓度超标，约 16482 村民生活于高砷环境中。

大同盆地高砷地下水主要存在于全新世冲积平原及湖相沉积含水层中，大体以条带状分布于大同盆地中南部，沿朔州—山阴—应县一带分布，覆盖范围长约 90 km、宽约 6 km，盆地其他地区偶见高砷地下水点状分布。砷质量浓度表现出高度的空间变异性，在水平方向上，砷质量浓度沿地下水水流路径逐渐升高。从山前倾斜平原到盆地中部冲洪积平原，水砷质量浓度递增，主要分布在大同盆地的桑干河与黄水河的河间洼地及山前倾斜平原与洪积-冲湖积平原的交接洼地（裴捍华 等，2005）。砷质量浓度变化大，高度不均匀。盆地范围内地下水中砷质量浓度可低至 1 μg/L 以下，最高可达 1 820 μg/L，即使在数百米的距离内，也会呈现数量级的差别，高砷水井多以星点状分布，不同砷质量浓度的水井交替存在（苏春利，2006）。在垂向上，高砷地下水多集中于浅层含水层，在 15～150 m 深度范围内，均有高砷地下水的存在，但多集中在 15～50 m 深度范围内。极高砷质量浓度水常出现在 20～40 m 的浅层含水层中，少数分布在 100～150 m 深的地下水中也含有相当高的砷质量浓度，深度小于 100 m 的地下水中砷质量浓度普遍高于深度大于 100 m 的地下水中砷的质量浓度（谢先军，2008）。高砷地下水呈碱性和强还原性，在高砷地下水频发的盆地中央地带，地下水多呈碱性，地下水 pH 绝大多数在 7.5 以上，平均值大于 8，部分水样的 pH 甚至达 9 以上。高砷地下水表现为强还原性，Eh 值最低可达约-300 mV。

大同盆地高砷地下水的形成是多过程耦合作用的结果。大同盆地高砷地下水为地质成因（王焰新 等，2010），砷的原生物源很可能是藏于石炭纪—二叠纪煤系中的固相砷，随着盆地演化过程，风化、搬运和沉积等作用导致砷在浅层含水层中逐渐聚集。在沉积过程中，砷主要通过共沉淀或吸附作用与铁氧化物/氢氧化物结合，进入含水层（苏春利 等，2009）。砷的迁移受到吸附和解吸过程的控制，氧化还原反应是砷迁移转化的主导过程，其中铁氧化物/氢氧化物还原溶解主导，铁氧化物/氢氧化物和硫酸盐还原并存。有机质的微生物降解是氧化还原反应和砷释放过程的主要驱动力，灌溉水的入渗和径流冲洗也是控制地下水系统中砷释放的重要过程（Xie et al., 2012）。

3. 内蒙古河套盆地

河套盆地位于内蒙古西部，是内蒙古最重要的粮食生产区之一，地理坐标为北纬 40°10′～41°20′，东经 106°10′～109°30′，东西长约 250 km，南北宽约 60 km，总面积约 13 000 km^2，西到贺兰山，东至呼和浩特市以东，北到狼山、大青山，南临黄河，是鄂尔多斯高原与贺兰山、狼山、大青山间的陷落地区，海拔 900～1 200 m。该区属于暖温带大陆性季风气候，四季分明，年温差大，干旱少雨且蒸发强烈，年平均降雨量为 159.8 mm，蒸发量一般为 2 000～2 500 mm，远大于降水量。河套盆地在构造上属于华北地台鄂尔多斯台向斜的一部分，为形成于侏罗纪晚期的中新生代断陷盆地（高存荣 等，2010）。受喜马拉雅运动影响，盆地长期强烈下沉，沉积了巨厚的中新生代地层，形成了以内陆湖相为主的细粒碎屑沉积物。

内蒙古河套盆地是我国大陆砷中毒的典型地区。20 世纪 80 年代以前，该地区每个村庄都有 2～4 个埋深 3～5 m 的挖井来提供饮用水。由于浅层水 TDS 质量浓度大部分超过了 1 000 mg/L，所以村民弃用了挖井而改用深一些的手压井，一般深度为 15～30 m（汤洁 等，1996）。该深度范围的地下水一般 TDS 质量浓度较低，但是却含有高质量浓度的砷（>50 μg/L）。20 世纪 90 年代，该地区由于饮用水源的改变导致的砷中毒地方病被报道（汤洁 等，1996）。据调查，河套当地饮水型地方性砷中毒患病率达 15.54%，各病区村病情轻重悬殊，检出率最高达 73.4%，最低为 1.2%。受影响范围超过 3 000 km^2，受影响人口超过 100 万，40 万人饮用高砷水，病区主要包括 19 个乡镇，近 100 个自然村。

河套盆地高砷地下水主要存在于浅层冲积相-湖泊沉积相含水层，砷质量浓度变化范围很大，达到<1.0～572 μg/L（Deng et al.，2009; He et al.，2009; Guo et al.，2008）。在水平方向上，高砷地下水主要分布在巴彦淖尔市临河区的狼山镇、白脑包镇；杭锦后旗的沙海镇、双庙镇、三道桥镇、蛮会镇；五原县的塔尔湖镇、胜丰镇，具有明显的地带性，主要位于盆地沉降中心带。分布形态上局部多呈不规则的片状，但从全区看，总体为不连续的呈东西向展布的条带状（图 1-3-2），从西向东有 5 片高砷水分布，分别是双庙—三道桥、沙海—蛮会、白脑包—狼山、塔尔湖和胜丰，其中中西部砷质量浓度最高，如狼山、白脑包的水砷质量浓度均值为 153 μg/L，沙海、蛮会一带水砷均值为 139 μg/L。短距离内砷质量浓度变化显著，如杭锦后旗的沙海镇、临河区狼山镇，地下水砷质量浓度分别高达 482 μg/L 和 572 μg/L，砷中毒现象也最为严重，而邻村有时甚至仅隔一条马路，砷质量浓度却相差悬殊，检测最低值为 2.3 μg/L。在垂直方向上，在一定的深度范围内，随着深度的增加水中砷质量浓度增大，而且高砷水井井深基本上都为 20～35 m。

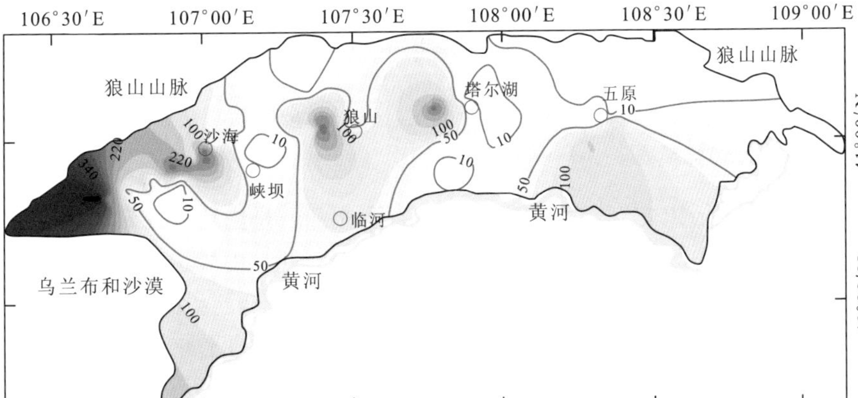

图 1-3-2 河套盆地地下水砷质量浓度等值线图（杨素珍, 2008）

河套盆地地下水主要赋存于第四系冲洪积-冲湖积相含水层中。沉积物主要以冲洪积砂、砂质淤泥、富含有机质的冲湖积相砂质淤泥、淤泥质黏土组成。研究区含水层多层交错，形态复杂、成因类型多。河套盆地地势高而地形平缓，水力坡度小，地下水水平径流不畅，含水层颗粒细，厚度大，降水稀少，蒸发强烈，地层含盐量高，咸水广布。引黄量大，使地下水位抬升，蒸发强烈使土壤积盐，成为导致土壤盐渍化的主要影响因素（内蒙古自治区水文地质队，1982）。这种自然条件使该地区地下水表现出以垂直交替为主的循环特征。河套盆地地下水补给来源主要为垂向补给和侧向补给。大气降水和农田灌溉回水垂向补给，北部山区裂隙水的补给及南部黄河侧渗为地带性侧向补给，地下水径流滞缓。本区含水层半封闭，地下水埋藏浅，浅层水径流条件差，排泄主要通过蒸发和人工抽取（徐剑峰，1989）。长期以湖相沉积为主的古地理环境以及封闭的构造条件，形成了以还原为主的地球化学环境，造成本区大范围脱硫酸作用，使地下水硫酸盐被还原，导致地下水中 H_2S、CH_4 等气体及有机质含量高，地下水类型以低矿化度的 Na-HCO_3 型水和高矿化度的 Na-Cl 型水为主，具备了形成 As（III）的水文地球化学环境（汤洁 等，1996；内蒙古自治区水文地质队，1982）。

河套盆地地层中的砷主要来源于 3 个方面：一是周围的山区特别是西部含有高砷硫铁矿矿床的山区；二是平原深部曾与西部山体硫化物矿床为一体的结晶基地；三是黄河携带来的部分胶体沉积物。砷在地层中的聚集是胶体作用、生物作用和氧化作用的结果，断裂运移聚集模式，河、湖水胶体作用聚积模式和蒸发浓缩再聚集模式使砷在河套盆地不同区域与空间地层中聚集。地下封闭的还原环境、脱硫酸作用和大量灌溉水的入渗使地层中的砷从吸着态转化为游离态，在地下水动力的作用下进入地下水中，形成了高砷地下水。高砷地下水具有独特的水化学特性，这种水化学特性受特定的水文地球化学环境所控制。各种水文地球化学作用（包括生物地球化学作用、吸附、沉淀、氧化还原等）决定着地下水系统中砷的迁移和转化。

4. 吉林松嫩平原

松嫩平原位于黑龙江省西南部和吉林省西北部，是由松花江和嫩江冲积而成的平原，面积 18.3×10^4 km^2，是一个四周高、中间低、由周边向中部缓慢倾斜的半封闭式、不对称盆地。西、北、东三面分别为大兴安岭、小兴安岭、张广才岭及长白山丘陵山地，南部由微隆起的松辽分水岭与西辽河平原相连。2002 年在松嫩平原的西南部发现砷中毒新病区。高砷地下水主要分布在通榆县和洮南市，当地居民大多以潜水作为饮水水源，部分饮用承压水（汤洁 等，2010）。高砷地下水的分布具有明显的水平分带性和垂直分带性（Bian et al., 2012）。在水平方向上，地下水中砷质量浓度为 10～50 μg/L 的潜水主要分布在山前倾斜平原的扇前洼地及与霍林河接壤的冲湖积平原内。在垂向上，砷主要富集在深度小于 20 m 的潜水和深度在 20～100 m 的白土山组浅层承压水中。砷质量浓度大于 100 μg/L 的高砷水主要分布在新兴乡、四井子乡沿霍林河河道区域（卞建民 等，2009）。通过在重点砷中毒疑似病区的调查发现，地下水中砷的超标率为 46.65%，砷质量浓度为 50～360 μg/L，均值为 96 μg/L（卢振明 等，2004）。在地形极为平缓的低平原区，含水层以湖积相沉积的粉细砂为主，各含水层之间有黏土、亚黏土隔水层，地下水径流不畅，水位埋深变浅，导致高砷地下水的富集（卞建民 等，2009）。

5. 宁夏银川盆地

宁夏银川盆地南起青铜峡，北至石嘴山，西依贺兰山，东靠鄂尔多斯盆地西缘，南北长 165 km，东西宽 42～60 km，总面积 7 790 km^2。银川于 1995 年发现有地方性砷中毒病区和砷中毒患者（胡兴中，1999）。高砷地下水主要分布在银川平原北部，又称银北平原，沿贺兰山东麓的黄河冲积平原与山前洪积扇地带呈 2 个条带分布于冲湖积平原区：西侧条带位于山前冲洪积平原前缘的湖积平原区，在全新世早期为古黄河河道；东侧条带靠近黄河的冲湖积平原区，在全新世晚期为黄河故道，平行于黄河分布（谭卫星 等，2006）。地下水中砷质量浓度为 20～200 μg/L，且东北部砷质量浓度普遍高于南部（田春艳和张福存，2010；谭卫星 等，2006；胡兴中，1999）。在垂向上，地下水中砷质量浓度随深度增加而降低，高砷地下水一般赋存于 10～40 m 的潜水含水层（砷质量浓度为<1.0 μg/L～177 μg/L）；第一、二承压水大部分地区未检出砷或检出砷质量浓度低于 10 μg/L（Han et al., 2013；张福存 等，2010）。高砷地下水呈中性-弱碱性，为 HCO_3-Na-Ca、Cl-HCO_3-Ca、Cl-HCO_3-Na、Cl-HCO_3-Na-Ca 型水，氧化还原电位较低（Guo and Guo, 2013；韩双宝 等，2010）。引黄灌溉的黄河水和平原西部的煤系地层是平原内地下水中砷的主要来源，特殊的古地理环境特征、地下水径流条件、氧化还原环境等被认为是地下水中砷富集的重要因素（田春艳和张福存，2010）。地下水中砷质量浓度随水位改变呈现出动态变化特征（Han et al., 2013）。

1.3.2 南方冲洪积平原及河流三角洲

1. 江汉平原

江汉平原位于湖北省中南部的长江中游地区，是由长江和汉江冲积而成的平原，西起枝江，东迄武汉，北至钟祥，南与洞庭湖平原相连。该区属于北亚热带湿润季风气候区，四季分明，降雨量充沛，多年平均降雨量在 1 000～1 300 mm，地下水埋深浅。其西、北、东三面环山，南部为孤山丘陵，为一个大型半封闭式盆地。地势由边缘向中心呈阶梯式下降、倾斜，并且由西向东缓倾。

2005 年在沙湖原种场南洪村三组发现了湖北省首例饮水型地方性砷中毒病例，南洪村砷中毒患者 2 人，高砷暴露人口 467 人，其中儿童 129 人（汪爱华和赵淑军，2007）；2006～2007 年卫生防疫部门对以仙桃市为中心的 19 个县市的民用水井开展了地方性砷中毒筛查，结果显示地下水砷超标的水井 863 口，分布在 12 个县市的 179 个自然村，水砷最高质量浓度高达 2.012 mg/L，高砷暴露人口达 1 091 人（陈兴平 等，2007；汪爱华和赵淑军，2007）。2010 年在黄家口镇姚河村发现砷中毒患者 5 人，分布于 3 户，年龄最大 67 岁，最小 52 岁。男性 3 例，女性 2 例，掌跖角化程度严重，身躯皮肤色素沉着、色素脱失明显。饮用高砷地下水年限在 5～22 a。患者家中井深均在 25 m 左右，井水最高砷质量浓度达到 2 320 μg/L，超过国家安全饮用水标准 200 倍。洪湖市高砷暴露人口 478 人，儿童 158 人。现砷中毒病区均已完成了改水工程，弃用了高砷水源。

江汉平原广泛分布有浅层高砷地下水（深度在 15～45 m），砷质量浓度最高达 2.33 mg/L（图 1-3-3），集中分布在通顺河—东荆河的南北两岸，以及长江河道拐弯处，与长江古河道的演化密切相关。其分布规律受第四纪沉积环境演化与河湖变迁导致的地貌差异控制，高砷物源有可能来自长江源区。高砷地下水主要分布在仙桃和洪湖北部地区，潜江和监利局部地区有零星分布。总体上呈点状分布，距离很近的采样点其砷质量浓度可能相差很大，最高值达到 2 330 μg/L（Gan et al., 2014）。垂向上，研究区内采集的地下水水样，均取自 4～150 m 的民井和机井，包括深度小于 10 m 敞口井、井深 60～150 m 的集中供水机井。大部分深度为 15～40 m

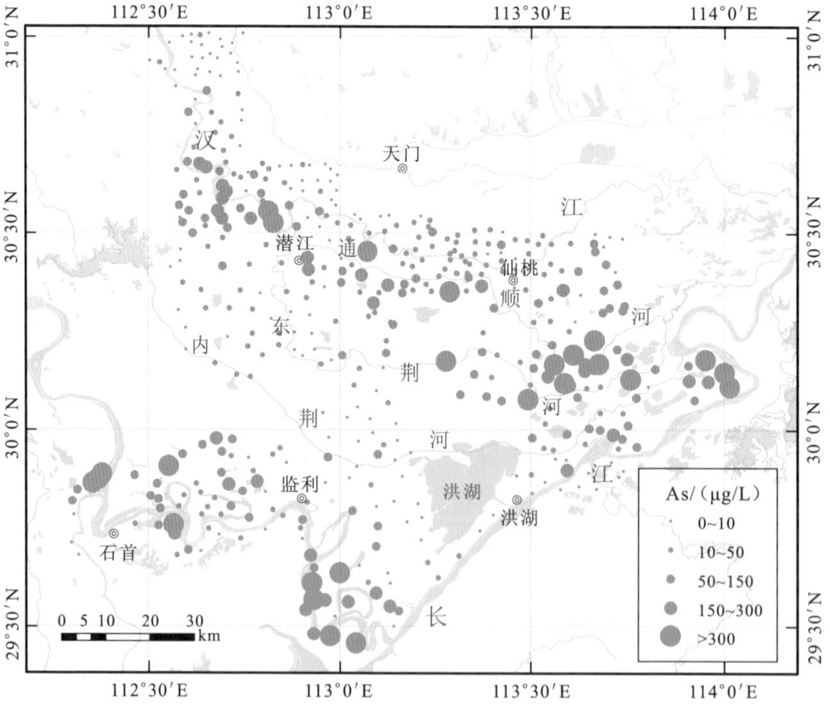

图 1-3-3　江汉平原典型地区浅层高砷地下水分布图

的浅井（手压井及小口径机井），是高砷水分布最为集中的深度，也是当地老百姓打井的主要取水层位，水砷质量浓度大都在 50～200 μg/L，局部地区地下水中砷质量浓度极高达 2150 μg/L。在深度小于 10 m 或大于 40 m 的层位，水砷质量浓度明显降低。高砷地下水以 HCO_3-Ca-Mg 型为主。相对于内陆干旱盆地，地下水 TDS 较低（0.5～1.0 g/L）。

江汉平原潜水和孔隙承压水中单甲基砷酸（MMA）和二甲基砷酸（DMA）质量浓度均低于检出限（0.15 μg/L），江汉平原地下水中颗粒态 As 质量浓度较低，大多介于 0.03～1.80 μg/L，占总砷的比例仅为 0.2%～10.2%。丰水期砷形态以 As(III) 为主，As（III）占总砷的比例为 36.09%～98.39%，地下水中 As（III）质量浓度最高可达 1 984 μg/L，As（V）占总砷的比例为 0%～62.29 %；枯水期砷的形态以 As（V）为主，As（V）占总砷的比例最高可达 90.53%，平均值为 78.48%。

pH 和氧化还原条件是控制地下水中砷富集的重要因素。地下水中三价砷和五价砷的比例随氧化还原条件而变化，而氧化还原条件取决于含水层中具氧化还原活性的物质含量，特别是有机碳和潜在的氧化剂（氧、硝酸盐、硫酸盐等）的含量。微生物在这些氧化还原反应中扮演着关键角色。江汉平原地下水中浓烈的 H_2S 气味、偏负的氧化还原电位、高浓度的 DOC、HCO_3^- 及低浓度的 NO_3^-、SO_4^{2-} 指示了该区典型的富含有机质的还原性地下水环境。

地下水砷含量和形态与地下水位波动存在明显的响应关系：雨季开始后随着地下水位抬升，地下水还原环境增强，As（V）和 Asp（颗粒态砷，particulate arsenic）转化成 As（III），颗粒态铁大幅降低，导致水中溶解的砷和铁大幅增加，地下水砷含量在雨季达到最高且 As（III）所占比例达到 90%；雨季结束后随着水位逐渐降低，地下水中 As（III）所占比例和溶解的砷含量下降。农业活动对浅层潜水砷形态季节性变化有明显的影响。孔隙承压水的砷形态分布变化较浅层潜水幅度大，其变化与水位波动存在滞后效应。自然或人为活动引起的地下水位季节性变化改变了含水层的氧化还原环境，补给水源与地下水之间的混合过程带来新的物质输入促进地下水系统中砷的迁移转化（邓娅敏 等，2015）。

2. 珠江三角洲

珠江三角洲也存在高砷地下水。地下水处于还原环境，且呈中性或弱碱性，地下水中砷质量浓度为 2.8～161 μg/L（Wang et al., 2012; 黄冠星 等，2010）。该地区高砷地下水的显著特点是 NH_4^+ 和有机质质量浓度高（分别高达 390 mg/L 和 36 mg/L）（Jiao et al., 2010），而 NO_3^-、NO_2^- 质量浓度低（Wang et al., 2012）。盐分含量对砷的富集并无显著影响。地下水中砷的主要来源为含水介质中原生砷的释放，以及地表灌溉污水的入渗补给（黄冠星 等，2010），沉积物中有机质的矿化及铁氧化物的还原性溶解也是地下水中砷富集的主要过程（Wang et al., 2012）。

3. 长江三角洲

长江三角洲高砷地下水也普遍存在。20 世纪 70 年代以来在长江三角洲南部南通—上海段第一承压水中相继发现砷质量浓度大于 50 μg/L，严重超过国家饮用水卫生标准（陈锁忠，1998）。在长江南京段，沿岸 5 km 内地下水中砷质量浓度普遍高于远离长江的地下水（于平胜，1999）。浅层地下水（潜水）中砷质量浓度普遍较低（小于 4.0 μg/L）。这一带地下水的还原性相对较强，高砷地下水中 Fe^{2+} 质量浓度普遍较高，多数大于 10 mg/L（陈锁忠，1998; 顾俊和镇银，1995）。地下水中砷质量浓度高时，相应 Fe^{2+} 质量浓度也较高。长江三角洲南部地下水中砷质量浓度高的主要原因是在还原环境中 AsO_3^{4-} 还原为 AsO_3^{3-} ，而且与砷酸盐相结合的高价铁还原成比较容易溶解的低价铁形式（曾昭华，1996）。

1.3.3 西南地区地热来源的砷

1. 西藏

西藏位于中国的西南边陲，青藏高原的西南部，面积 122.84×10^4 km^2，平均海拔 4 000 m 以上，是国内地热活动最强烈的地区，地热蕴藏量居国内首位，各种地热显示达 700 多处。西藏地热活动区位于地中海—喜马拉雅地热带中，高温地热资源占全国地热总量的 80%，地热资源主要分布在青藏铁路沿线的拉萨—尼木—羊八井—那曲—错那湖一带，地热显示以温泉（群）、沸泉（群）、间歇泉、水热爆炸、热水河等为主。西藏境内，主要的地热显示区有羊八井地热田、谷露地热田、查布地热田等。西藏地区地热水中在 20 世纪 70 年代中曾发现砷质量浓度最高达到 125.6 mg/L（张知非 等，1982），西藏地热水中的砷质量浓度之高实属罕见。在沿雅鲁藏布江地区的地热水中，地热水中的砷质量浓度已经远远超过 WHO 规定值。最高值出现在查布间歇泉水样中，为 5.06 mg/L，超过 WHO 规定值的 500 倍之多。查布间歇泉出现在雅鲁藏布江以北，周围多沸泉，喷出高度距地面约 15 m，随处可见泉华分布，为我国第二大间歇喷泉区。与其相邻的第二喷泉中的砷质量浓度也极高，该喷泉出水量比查布间歇泉更大，泉水直接汇入查布河中。我国西藏羊八井热田的地热流体的砷质量浓度最高可达 5 700 μg/L（Guo et al., 2007），而羊八井地热电厂的富砷地热废水则直接排入了区内最大的地表水体——藏布曲（河），藏布曲（河）河水和堆龙德庆曲（河）河水均为两流域内居民重要的饮用水源。地热水中砷质量浓度由北向南大致逐渐降低，最低值为 0.02 mg/L 出现在茶卡地热水中。这些地热水的 pH 介于 7.3～9.6，弱碱性地热水有利于砷富集（张庆 等，2014）。

2. 青海

在青海省，贵德县、囊谦县、互助县、德令哈市、尖扎县、化隆县、循化县、河南县、泽库县、同仁县和平安区等存在砷质量浓度高于 10 μg/L 的地下水。青海省高砷水源分布以黄河流域新生代盆地为主，其中，贵德盆地位于青海省海南州东南部，东西宽 63.4 km，南北长 90.6 km。盆地四面环山，面平均海拔约 3 100 m。黄河东西横贯盆地，从盆地面上下切了 900 m，构成当地的侵蚀基准面，南北两侧支沟河流同时汇入黄河。特别东、西二河，于贵德县东、西两侧分别汇入黄河，形成三河平原（包括河东、河西、河阴三乡）。青海贵德盆地是典型高砷地下水分布区，该区现有 5.9 万人不同程度地受到饮水型砷中毒威胁。该地多年平均气温仅 7.2 ℃，而富含砷的地下水水温多在 5～70 ℃，属于较少见的高砷低温地热水地区。贵德县地下水砷质量浓度最高达到 312 μg/L，主要分布在杨家和保宁。高砷水源类型以井水为主（占 2.19%，多数为深井水，井深 40～400 m），之后分别为泉水（0.64%）、河水（0.49%）、自来水（0.40%，多数为人畜饮水工程项目，部分地区自来水砷质量浓度达 0.06～0.79 mg/L）（安永清 等，2010）。高砷地下水主要受控于地质构造作用；盆地的地热异常促进了地下水中砷的迁移和富集；此外，高温伴生的偏碱性的还原环境导致吸附砷的胶体和氧化物变得不稳定，易被还原形成较为活泼的离子组分，促使吸附在它们上面的含砷化合物进入地下水，加剧了地热水中砷的释放，最终导致水中砷质量浓度增加（廖媛 等，2013）。

3. 云南

云南省地方病防治所 2005 年首次对全省 7 个州（市）的 16 个县（市、区）进行了近 1 万个居民饮用水样的水砷筛查工作（杨桂荣 等，2011）。高砷区主要分布在临沧市耿马县，以手压井水为主，分布在芒畔、罕宏上寨和芒坑自然村。此外，思茅区（镇沅县、翠云区）、西双版纳州的勐腊县和大理州的洱源县也筛查出部分高砷水。水中砷质量浓度最高达 200 μg/L。2014 年云南省地方病防治所更加全面地调查了 35 个县（市、区）的 8 585 个自然村，目前确定水源性高砷地区分布在 3 个州（市）的 11 个县 45 个自然村，分别为大理州的弥渡县、剑川县、大理市、祥云县、宾川县、巍山县、鹤庆县，临沧市的耿马县、云县，普洱市的镇沅县、思茅区，其中思茅、镇沅、云县位于澜沧江周边（王安伟 等，2014）。值得一提的是，在云南腾冲热海和瑞滇地区，热泉水中砷的质量浓度都很高，最高达 1 350 μg/L（Guo et al., 2017），这些受热泉影响的地表水、地下水被当地居民饮用后，都会对人体的健康造成伤害（刘虹 等，2009）。

参 考 文 献

安永清, 姜泓, 李生梅, 等, 2010. 2004—2007 年青海省农村居民饮水砷筛查报告 [J]. 中华地方病学杂志, 29(4): 451-451.

卞建民, 汤洁, 封灵, 等, 2009. 吉林西部砷中毒区水文地球化学特征 [J]. 水文地质工程地质, 36(5): 80-83.

陈锁忠, 1998. 长江下游沿岸(南通—上海段)第 I 承压水砷超标原因分析 [J]. 江苏地质, 22(2): 101-106.

陈兴平, 邓云华, 张裕曾, 等, 2007. 湖北南洪村饮水砷含量及砷中毒调查 [J]. 中国地方病防治杂志, 22(4): 281-282.

邓斌, 杨小静, 邓佳云, 等, 2004. 四川省金川县饮水型砷中毒流行病学调查 [J]. 预防医学情报杂志, 20(4): 370-372.

邓娅敏, 王焰新, 李慧娟, 等, 2015. 江汉平原砷中毒病区地下水砷形态季节性变化特征 [J]. 地球科学(中国地质大学学报）, 26(11): 876-1886.

高存荣, 刘文波, 刘滨, 等, 2010.河套平原第四纪沉积物中砷的赋存形态分析 [J].中国地质, 37(3):760-770.

顾俊, 镇银, 1995. 南通市区部分地下水富砷及其成因初探 [J]. 中国公共卫生, 11(4): 174.

郭华明, 王焰新, 李永敏, 2003.山阴水砷中毒区地下水砷的富集因素分析 [J].环境科学(4):60-67.

郭华明, 张波, 李媛, 等, 2010. 内蒙古河套平原高砷地下水中稀土元素含量及分异特征 [J]. 地学前缘, 17(6): 59-66.

国家卫生和计划生育委员会, 2016. 2015 年地方性砷中毒(水型)防治情况 [M]//国家卫生和计划生育委员会.中国卫生和计划生育统计年鉴.北京: 中国协和医科大学出版社.

韩双宝, 张福存, 张徽, 等, 2010. 中国北方高砷地下水分布特征及成因分析 [J]. 中国地质, 37(3): 747-753.

胡兴中, 1999. 宁夏北部地方性砷中毒流行病学调查分析 [J]. 中国地方病学杂志, 18(1): 23-25.

黄冠星, 孙继朝, 荆继红, 等, 2010. 珠江三角洲典型区水土中砷的分布 [J]. 中山大学学报(自然科学版), 49(1): 131-137.

金银龙, 梁超轲, 何公理, 等, 2003. 中国地方性砷中毒分布调查（总报告）[J]. 卫生研究, 32(6): 519-540.

李军, 程晓天, 王正辉, 等, 2006.山西大同盆地地方性砷中毒病区饮用水的水砷价态暴露研究 [J].中国地方病学杂志(1):64-66.

廖媛, 马腾, 陈柳竹, 等, 2013. 青海贵德盆地高砷低温地热水水化学特征 [J]. 水文地质工程地质, 40(4): 121-126.

林年丰, 1991. 医学环境地球化学 [M]. 长春: 吉林科学技术出版社.

刘虹, 张国平, 金志升, 等, 2009. 云南腾冲地区地热流体的地球化学特征 [J]. 矿物学报(4):496-501.

刘鸿德, 曹学义, 1988. 砷及地方性砷中毒的有关特征概述[J]. 国外医学地理分册(2): 49-52.

卢振明, 佟建冬, 张秀丽, 等, 2004. 吉林省地方性砷中毒病区分布[J]. 中国地方病防治杂志, 19(6): 357-358.

罗艳丽, 蒋平安, 余艳华, 等, 2006. 土壤及地下水砷污染现状调查与评价:以新疆奎屯123团为例[J]. 干旱区地理, 29(5): 705-709.

内蒙古自治区水文地质队, 1982. 内蒙古巴盟河套平原土壤盐渍化水文地质条件及其改良途径研究[R]. 呼和浩特: 内蒙古自治区水文地质队: 22-26.

裴捍华, 梁树雄, 宁联元, 2005. 大同盆地地下水中砷的富集规律及成因探讨[J]. 水文地质工程地质, 32(4): 65-69.

苏春利, 2006. 大同盆地区域水文地球化学与高砷地下水成因研究[D].武汉: 中国地质大学(武汉).

苏春利, HLAING W, 王焰新, 等, 2009. 大同盆地砷中毒病区沉积物中砷的吸附行为和影响因素分析[J]. 地质科技情报, 28(3): 120-126.

谭卫星, 马天波, 陈建杰, 等, 2006. 宁夏地方性砷中毒流行分布[J]. 宁夏医学杂志, 28(12): 898-900.

汤洁, 林年丰, 卞建民, 等, 1996. 内蒙河套平原砷中毒病区砷的环境地球化学研究[J]. 水文地质工程地质(1): 49 -54.

汤洁, 卞建民, 李昭阳, 等, 2010. 高砷地下水的反向地球化学模拟: 以中国吉林砷中毒病区为例[J]. 中国地质, 37(3): 754-759.

汤洁, 卞建民, 李昭阳, 等. 2013. 中国饮水型砷中毒区的水化学环境与砷中毒关系[J]. 生态毒理学报, 8(2): 222- 229.

田春艳, 张福存, 2010. 宁夏银北平原地下水中砷的分布特征及其富集因素[J]. 安全与环境工程, 17(2): 22-25.

汪爱华, 赵淑军, 2007. 湖北省仙桃市地方性砷中毒病区水砷调查与分析[J]. 中国热带医学, 7(8): 1486-1487.

王安伟, 叶枫, 张浩伟, 等, 2014. 云南省饮用水源高砷地区分布调查[J]. 医学信息, 27(9): 92-93.

王连方, 1997. 地方性砷中毒与乌脚病[M]. 乌鲁木齐: 新疆科技卫生出版社.

王连方, 郑宝山, 王生玲, 等, 2002. 新疆水砷及其对开发建设的影响 (综合报告)[J]. 地方病通报, 17(1): 21-24.

王敬华, 赵伦山, 吴悦斌, 1998.山西山阴、应县一带砷中毒区砷的环境地球化学研究[J].现代地质(2):94-99.

王秀红, 边建朝, 相有章, 等. 2008.山东省黄河下游流域高砷水源筛查及受威胁人口流行病学调查[J].中国地方病学杂志, 27(5):529-531.

王焰新, 苏春利, 谢先军, 等, 2010. 大同盆地地下水砷异常及其成因研究[J]. 中国地质(3): 771-780.

谢先军, 2008. 大同盆地浅层地下水环境中砷的来源与迁移转化规律研究[D]. 武汉: 中国地质大学(武汉).

徐剑峰, 1989. 河套平原水文特征[J].水文(6):50-53.

杨桂荣, 叶枫, 杨春光, 等, 2011. 云南省首次水砷含量筛查结果分析[J]. 中国地方病防治杂志, 26(1): 43-45.

杨素珍, 2008.内蒙古河套平原原生高砷地下水的分布与形成机理研究[D].北京: 中国地质大学(北京): 123.

杨素珍, 郭华明, 唐小惠, 等, 2008. 内蒙古河套平原地下水砷异常分布规律研究[J]. 地学前缘, 15(1): 242-249.

于平胜, 1999. 长江南京段沿岸地下水中砷的含量分析[J]. 江苏卫生保健, 1(1):44.

曾昭华, 1996. 长江中下游地区地下水中化学元素的背景特征及形成[J]. 地质学报, 70(3): 262-269.

张庆, 谭红兵, 渠涛, 等, 2014. 西藏地热水中典型有害元素对河流水质的影响[J]. 水资源保护, 30(4): 23-29.

张知非, 朱梅湘, 刘时彬, 等, 1982. 西藏水热地球化学的初步研究[J]. 北京大学学报(自然科学版)(3): 90-98.

张福存, 文冬光, 郭建强, 等, 2010. 中国主要地方病区地质环境研究进展与展望[J]. 中国地质, 37(3):551-562..

周金水，朱文明，黄学敏，等, 2004. 浙江省地方性砷中毒调查[J].浙江预防医学, 16(7):1-2.

ABEDIN M J, CRESSER M S, MEHARG A A, et al., 2002. Arsenic accumulation and metabolism in rice (Oryza sativa L.) [J]. Environmental science and technology, 36(5): 962-968.

ATSDR (Agency for Toxic Substances and Disease Registry), 2007. Toxicological profile for arsenic [Z].U.S. Department of Health and Human Services. [S.l.]: [s.n.].

AGGETT J, O'BRIEN G A, 1985. Detailed model for the mobility of arsenic in lacustrine sediments based on measurements in Lake Ohakuri [J]. Environmental science and technology, 19(3): 231-238.

AGUSA T, KUNITO T, FUJIHARA J, et al., 2006. Contamination by arsenic and other trace elements in tube-well water and its risk assessment to humans in Hanoi, Vietnam [J]. Environmental pollution, 139(1): 95-106.

AHMAD S A, SALIM ULLAH SAYED M H, BARUA S, et al., 2001. Arsenic in drinking water and pregnancy outcomes [J]. Environmental health perspectives, 109(6): 629-631.

AHMED K M, BHATTACHARYA P, HASAN M A, et al., 2004. Arsenic enrichment in groundwater of the alluvial aquifers in Bangladesh: an overview [J]. Applied geochemistry, 19(2): 181-200.

AHOULÉ D G, LALANNE F, MENDRET J, et al., 2015. Arsenic in African waters: a review [J]. Water, air, and soil pollution, 226(9):302.

APPLEYARD S J, ANGELONI J, WATKINS R, 2006. Arsenic-rich groundwater in an urban area experiencing drought and increasing population density, Perth, Australia [J]. Applied geochemistry, 21(1): 83-97.

BERG M, TRAN H C, NGUYEN T C, et al., 2001. Arsenic contamination of groundwater and drinking water in Vietnam: a human health threat [J]. Environmental science and technology, 35(13): 2621-2626.

BHATTACHARYA P, WELCH A H, STOLLENWERK K G, et al., 2007. Arsenic in the environment: biology and chemistry [J]. Science of the total environment, 379(2/3):109-120.

BIAN J, TANG J, ZHANG L, et al., 2012. Arsenic distribution and geological factors in the western Jilin Province, China [J]. Journal of geochemical exploration, 112: 347-356.

BUSCHMANN J, BERG M, STENGEL C, et al., 2007. Arsenic and manganese contamination of drinking water resources in Cambodia: coincidence of risk areas with low relief topography [J]. Environmental science and technology, 41(7): 2146-2152.

CAMPOS V, 2002. Arsenic in groundwater affected by phosphate fertilizers at Sao Paulo, Brazil [J]. Environmental geology, 42(1): 83-87.

CHAKRABORTI D, 2011. Arsenic: occurrence in groundwater [M]//NRIAGU J O. Encyclopedia of environmental health.Amsterdam:Elsevier:165-180.

CHARLET L, POLYA D A, 2006. Arsenic in shallow, reducing groundwaters in southern Asia: an environmental health disaster [J]. Elements, 2(2): 91-96.

CHARLET L, CHAKRABORTY S, APPELO C A J, et al., 2007. Chemodynamics of an arsenic "hotspot" in a West Bengal aquifer: a field and reactive transport modeling study [J]. Applied geochemistry, 22(7): 1273-1292.

CHATTOPADHYAY S, BHAUMIK S, NAG CHAUDHURY A, et al., 2002. Arsenic induced changes in growth development and apoptosis in neonatal and adult brain cells in vivo and in tissue culture[J]. Toxicology letters, 128(1/3):73-84.

CHEN C J, WU M M, LEE S S, et al., 1988. Atherogenicity and carcinogenicity of high-arsenic artesian well water: Multiple risk factors and related malignant neoplasms of blackfoot disease[J]. Arteriosclerosis: an official journal of the American heart association, Inc., 8(5):452-460.

CHEN C J, HSUEH Y M, LAI M S, et al., 1995. Increased prevalence of hypertension and long-term arsenic exposure [J]. Hypertension, 25(1): 53-60.

CHEN C J, CHIOU H Y, CHIANG M H, et al., 1996. Dose-response relationship between ischemic heart disease mortality and long-term arsenic exposure [J]. Arteriosclerosis, thrombosis, and vascular biology, 16(4): 504-510.

CHEN C J, WANG S L, CHIOU J M, et al., 2007. Arsenic and diabetes and hypertension in human populations: a review [J]. Toxicology and applied pharmacology, 222(3): 298-304.

CURRELL M, CARTWRIGHT I, RAVEGGI M, et al., 2011. Controls on elevated fluoride and arsenic concentrations in groundwater from the Yuncheng Basin, China [J]. Applied geochemistry, 26(4): 540-552.

CUZICK J, SASIENI P, EVANS S, 1992. Ingested arsenic, keratoses, and bladder cancer [J]. American journal of epidemiology, 136(4): 417-421.

DE WOLFF F A, EDELBROEK P M, 1994. Neurotoxicity of arsenic and its compounds [M]//DE WOLFF F A. Handbook of clinical neurology: Intoxications of the nervous system, Part I.Amsterdam:Elsevier:283-291.

DENG Y, WANG Y, MA T, et al., 2009. Speciation and enrichment of arsenic in strongly reducing shallow aquifers at western Hetao Plain, northern China [J]. Environmental geology, 56(7): 1467-1477.

DENG Y, WANG Y, MA T, et al., 2011. Arsenic associations in sediments from shallow aquifers of northwestern Hetao Basin, Inner Mongolia [J]. Environmental earth sciences, 64(8): 2001-2011.

DEY M M, , MIAH M N I, MUSTAFI B A A, et al., 1996. Rice production constraints in Bangladesh: implications for further research priorities [M]//EVENSON R E, HERDT R W, HOSSAIN M.Rice research in Asia: progress and priorities.Wallingford:CAB International and International Rice Research Institute.

DESESSO J M, 2001. Teratogen update: inorganic arsenic [J].Teratology, 64(3): 170-173.

DESESSO J M, JACOBSON C F, SCIALLI A R, et al., 1998. An assessment of the developmental toxicity of inorganic arsenic [J]. Reproductive toxicology, 12(4): 385-433.

ENTERLINE P E, HENDERSON V L, MARSH G M, 1987. Exposure to arsenic and respiratory cancer: a reanalysis [J]. American journal of epidemiology, 125(6): 926-938.

FELDMAN R G, NILES C A, KELLY-HAYES M, 1979. Peripheral neuropathy in arsenic smelter workers [J]. Neurology, 29(7): 939-944.

FENDORF S, MICHAEL H A, VAN GEEN A, 2010. Spatial and temporal variations of groundwater arsenic in South and Southeast Asia [J]. Science, 328(5982): 1123-1127.

FERRECCIO C, GONZ´ALES C, MILOSAVJLEVIC V, et al., 2000. Lung cancer and arsenic concentrations in drinking water in Chile [J]. Epidemiology, 11(6): 673-679.

GAN Y, WANG Y, DUAN Y, et al., 2014. Hydrogeochemistry and arsenic contamination of groundwater in the Jianghan Plain, central China [J]. Journal of geochemical exploration, 138: 81-93.

GBADEBO A M, 2005. Occurence and fate of arsenic in the hydrogeological systems of Nigeria [C]//2005 Salt Lake City Annual Meeting. [S.l.]: [s.n.].

GHOSH P, BASU A, MAHATA J, et al., 2006. Cytogenetic damage and genetic variants in the individuals susceptible to arsenic - induced cancer through drinking water [J]. International journal of cancer, 118(10): 2470-2478.

GÓMEZ J J, LILLO J, SAHÚN B, 2006. Naturally occurring arsenic in groundwater and identification of the geochemical sources in the Duero Cenozoic Basin, Spain [J]. Environmental geology, 50(8): 1151-1170.

GRIMOLIZZI O M, MARTIN A P, 1989. Concentraciones de Arsenico en aguas subterraneas de la región semiarida de Santiago del Estero, Argentina (Arsenic concentrations in the groundwaters of the semi-arid region of Santiago del Estero, Argentina) [J]. Geofisica, 45:157-168.

GUHA MAZUMDER D N, 2005. Effect of chronic intake of arsenic-contaminated water on liver [J]. Toxicology and applied pharmacology, 206(2): 169-175.

GUO H, WANG Y, 2005. Geochemical characteristics of shallow groundwater in Datong basin, northwestern China [J]. Journal of geochemical exploration, 87(3):109-120.

GUO Q, GUO H, 2013. Geochemistry of high arsenic groundwaters in the Yinchuan basin, PR China [J]. Procedia earth and planetary science, 7: 321-324.

GUO H, WANG Y, SHPEIZER G, et al., 2003. Natural occurrence of arsenic in shallow groundwater, Shanyin, Datong Basin, China [J]. Journal of environmental science and health: Part A, 38(11): 2565-2580.

GUO Q, WANG Y, LIU W, 2007. Major hydrogeochemical processes in the two reservoirs of the Yangbajing geothermal field, Tibet, China [J]. Journal of volcanology and geothermal research, 166(3/4): 255-268.

GUO H, YANG S, TANG X, et al., 2008. Groundwater geochemistry and its implications for arsenic mobilization in shallow aquifers of the Hetao Basin, Inner Mongolia [J]. Science of the total environment, 393(1): 131-144.

GUO H, ZHANG Y, XING L, et al., 2012. Spatial variation in arsenic and fluoride concentrations of shallow groundwater from the town of Shahai in the Hetao basin, Inner Mongolia [J]. Applied geochemistry, 27(11): 2187-2196.

GUO H, LIU C, LU H, et al., 2013. Pathways of coupled arsenic and iron cycling in high arsenic groundwater of the Hetao basin, Inner Mongolia, China: An iron isotope approach [J]. Geochimica et cosmochimica acta, 112: 130-145.

GUO H, WEN D, LIU Z, et al., 2014. A review of high arsenic groundwater in Mainland and Taiwan, China: distribution, characteristics and geochemical processes [J]. Applied geochemistry, 41: 196-217.

GUO Q, PLANER-FRIEDRICH B, LIU M, et al., 2017. Arsenic and thioarsenic species in the hot springs of the Rehai magmatic geothermal system, Tengchong volcanic region, China [J]. Chemical geology, 453: 12-20.

HAN S, ZHANG F, ZHANG H, et al., 2013. Spatial and temporal patterns of groundwater arsenic in shallow and deep groundwater of Yinchuan Plain, China [J]. Journal of geochemical exploration, 135: 71-78.

HE J, CHARLET L, 2013. A review of arsenic presence in China drinking water [J]. Journal of hydrology, 492: 79-88.

HE J, MA T, DENG Y, et al., 2009. Environmental geochemistry of high arsenic groundwater at western Hetao plain, Inner Mongolia [J]. Frontiers of earth science in China, 3(1): 63.

HENKE K, 2009. Arsenic: environmental chemistry, health threats and waste treatment [M]. New Jersey: John wiley & Sons.

HEDENQUIST J W, HENLEY R W, 1985. Hydrothermal eruptions in the Waiotapu geothermal system, New Zealand; their origin, associated breccias, and relation to precious metal mineralization [J]. Economic geology, 80(6): 1640-1668.

HERNÁNDEZ-GARCÍA M E, CUSTODIO E, 2004. Natural baseline quality of Madrid Tertiary Detrital Aquifer groundwater (Spain): a basis for aquifer management [J]. Environmental geology, 46(2): 173-188.

HOPENHAYN-RICH C, BROWNING S R, HERTZ-PICCIOTTO I, et al., 2000. Chronic arsenic exposure and risk of infant mortality in two areas of Chile [J]. Environmental health perspectives, 108(7): 667-673.

HUET P M, GUILLAUME E, COTE J, et al., 1975. Noncirrhotic presinusoidal portal hypertension associated with chronic arsenical intoxication [J]. Gastroenterology, 68(5): 1270-1277.

HUNTSMAN-MAPILA P, MAPILA T, LETSHWENYO M, et al., 2006. Characterization of arsenic occurrence in the water and sediments of the Okavango Delta, NW Botswana [J]. Applied geochemistry, 21(8): 1376-1391.

HUTCHINSON J, 1895. Diet and therapeutics [J]. Archives of surgery, 6:389-395.

HSUEH Y M, CHENG G S, WU M M, et al., 1995. Multiple risk factors associated with arsenic-induced skin cancer: effects of chronic liver disease and malnutritional status [J]. British journal of cancer, 71(1): 109.

JIAO J J, WANG Y, CHERRY J A, et al., 2010. Abnormally high ammonium of natural origin in a coastal aquifer-aquitard system in the Pearl River Delta, China [J]. Environmental science and technology, 44(19): 7470-7475.

KWOK R K, MENDOLA P, LIU Z Y, et al., 2007. Drinking water arsenic exposure and blood pressure in healthy women of reproductive age in Inner Mongolia, China [J]. Toxicology and applied pharmacology, 222(3): 337-343.

LAI M S, HSUEH Y M, CHEN C J, et al., 1994. Ingested inorganic arsenic and prevalence of diabetes mellitus [J]. American journal of epidemiology, 139(5): 484-492.

LEE-FELDSTEIN A, 1986. Cumulative exposure to arsenic and its relationship to respiratory cancer among copper smelter employees [J]. Journal of occupational medicine: official publication of the Industrial Medical Association, 28(4): 296-302.

MALONEY M E, 1996. Arsenic in dermatology [J]. Dermatologic surgery, 22(3): 301-304.

MANDAL B K, SUZUKI K T, 2002. Arsenic round the world: a review [J]. Talanta, 58(1): 201-235.

MAZUMDER D N G, STEINMAUS C, BHATTACHARYA P, et al., 2005. Bronchiectasis in persons with skin lesions resulting from arsenic in drinking water [J]. Epidemiology, 16(6): 760-765.

MCARTHUR J M, BANERJEE D M, HUDSON-EDWARDS K A, et al., 2004. Natural organic matter in sedimentary basins and its relation to arsenic in anoxic Groundwater: the example of West Bengal and its worldwide implications [J]. Applied geochemistry, 19(8): 1255-1293.

MITRA S R, MAZUMDER D N G, BASU A, et al., 2004. Nutritional factors and susceptibility to arsenic-caused skin lesions in West Bengal, India [J]. Environmental health perspectives, 112(10): 1104-1109.

MROCZEK E K, 2005. Contributions of arsenic and chloride from the Kawerau geothermal field to the Tarawera River, New Zealand [J]. Geothermics, 34(2): 218-233.

NAVAS-ACIEN A, SHARRETT A R, SILBERGELD E K, et al., 2005. Arsenic exposure and cardiovascular disease: a systematic review of the epidemiologic evidence [J]. American journal of epidemiology, 162(11): 1037-1049.

NAVAS-ACIEN A, SILBERGELD E K, STREETER R A, et al., 2006. Arsenic exposure and type 2 diabetes: a systematic review of the experimental and epidemiologic evidence [J]. Environmental health perspectives, 114(5): 641-648.

NORDSTROM D K, 2002. Worldwide occurrences of arsenic in Ground water [J]. Science, 296: 2143-2145.

NRC(National Research Council), 1999. Arsenic in Drinking Water [Z]. Washington D. C.:National Research Councils.

NRC(National Research Council), 2001. Arsenic in Drinking Wate: 2001 Update [Z]. Washington D. C.:National Research Councils.

O'DAY P A, 2006. Chemistry and mineralogy of arsenic [J]. Elements, 2(2): 77-83.

O'SHEA B, JANKOWSKI J, SAMMUT J, 2007. The source of naturally occurring arsenic in a coastal sand aquifer of eastern Australia [J]. Science of the total environment, 379(2/3): 151-166.

O'SHEA B M, 2006. Delineating the source, geochemical sinks and aqueous mobilisation processes of naturally occurring arsenic in a coastal sandy aquifer, Stuarts Point [D]. Sydney:University of New South Wales.

PETER R, HUGH B, KEITH R, 2009. Arsenic pollution: a global synthesis [M].New York:Wiley-Blackwell.

PHOENIX V R, RENAUT R W, JONES B, et al., 2005. Bacterial S-layer preservation and rare arsenic-antimony-sulphide bioimmobilization in siliceous sediments from Champagne Pool hot spring, Waiotapu, New Zealand [J]. Journal of the geological society, 162(2): 323-331.

POSTMA D, LARSEN F, HUE N T M, et al., 2007. Arsenic in groundwater of the Red River floodplain, Vietnam: controlling geochemical processes and reactive transport modeling [J]. Geochimica et cosmochimica acta, 71(21): 5054-5071.

POSTMA D, JESSEN S, HUE N T M, et al., 2010. Mobilization of arsenic and iron from Red River floodplain sediments, Vietnam [J]. Geochimica et cosmochimica acta, 74(12): 3367-3381.

RAHMAN M, TONDEL M, AHMAD S A, et al., 1998. Diabetes mellitus associated with arsenic exposure in Bangladesh [J]. American journal of epidemiology, 148(2): 198-203.

RAHMAN M M, SENGUPTA M K, CHOWDHURY U K, et al., 2006. Arsenic contamination incidents around the world [M]//NAIDU R, SMITH E, OWENS G, et al., Managing Arsenic in the Environment: From Soil to Human

Health. Collingwood:CSIRO Publishing: 3-30.

RAPANT S, KRČMOVÁ K, 2007. Health risk assessment maps for arsenic groundwater content: application of national geochemical databases [J]. Environmental geochemistry and health, 29(2): 131-141.

RAVENSCROFT P, BRAMMER H, RICHARDS K, 2009. Arsenic pollution: a global synthesis [M]. New York:Wiley-Blackwell.

ROBINSON B, OUTRED H, BROOKS R, et al., 1995. The distribution and fate of arsenic in the Waikato River system, North Island, New Zealand [J]. Chemical speciation and bioavailability, 7(3): 89-96.

RODRÍGUEZ V M, CARRIZALES L, MENDOZA M S, et al., 2002. Effects of sodium arsenite exposure on development and behavior in the rat [J]. Neurotoxicology and teratology, 24(6): 743-750.

RODRÍGUEZ-LADO L, SUN G, BERG M, et al., 2013. Groundwater arsenic contamination throughout China [J]. Science, 341(6148): 866-868.

ROWLAND H A L, OMOREGIE E O, MILLOT R, et al., 2011. Geochemistry and arsenic behaviour in groundwater resources of the Pannonian Basin (Hungary and Romania) [J]. Applied geochemistry, 26(1): 1-17.

SAHA K C, 2003. Saha's grading of arsenicosis progression and treatment[M]//EFFECTS V, CHAPPELL W R, ABERNATHY C O. Arsenic exposure and health effects V. Amsterdam: Elsevier Science: 391-414.

SCHULMAN A E, 2000. Arsenic occurrence in public drinking water supplies:EPA-815-R-00-023 [R].Washington D.C.:Environmental Protection Agency.

SHANNON R L, STRAYER D S, 1989. Arsenic-induced skin toxicity [J].Human toxicology, 8(2): 99-104.

SHARMA A K, TJELL J C, SLOTH J J, et al., 2014. Review of arsenic contamination, exposure through water and food and low cost mitigation options for rural areas [J]. Applied geochemistry, 41: 11-33.

SMEDLEY P L, 1996. Arsenic in rural groundwater in Ghana: part special issue: hydrogeochemical studies in sub-Saharan Africa [J]. Journal of African earth sciences, 22(4): 459-470.

SMEDLEY P L, KINNIBURGH D G, 2002. A review of the source, behaviour and distribution of arsenic in natural waters [J]. Applied geochemistry, 17(5): 517-568.

SMEDLEY P L, NICOLLI H B, MACDONALD D M J, et al., 2002. Hydrogeochemistry of arsenic and other inorganic constituents in groundwaters from La Pampa, Argentina [J]. Applied geochemistry, 17(3): 259-284.

SMEDLEY P L, ZHANG M, ZHANG G, et al., 2003. Mobilisation of arsenic and other trace elements in fluviolacustrine aquifers of the Huhhot Basin, Inner Mongolia [J]. Applied geochemistry, 18(9): 1453-1477.

SMITH A H, GOYCOLEA M, HAQUE R, et al., 1998. Marked increase in bladder and lung cancer mortality in a region of Northern Chile due to arsenic in drinking water [J]. American journal of epidemiology, 147(7): 660-669.

SMITH J V S, JANKOWSKI J, SAMMUT J, 2003. Vertical distribution of As (III) and As (V) in a coastal sandy aquifer: factors controlling the concentration and speciation of arsenic in the Stuarts Point groundwater system, northern New South Wales, Australia [J]. Applied geochemistry, 18(9): 1479-1496.

SMITH J V S, JANKOWSKI J, SAMMUT J, 2006. Natural occurrences of inorganic arsenic in the Australian coastal groundwater environment [M]// NAIDU R, SMITH E, OWENS G. Managing arsenic in the environment: from soil to human health. Collingwood:CSIRO Publishing:129-153.

TSAI S M, WANG T N, KO Y C, 1999. Mortality for certain diseases in areas with high levels of arsenic in drinking water [J]. Archives of environmental health: an international journal, 54(3): 186-193.

TSENG C H, 2005. Blackfoot disease and arsenic: a never-ending story [J]. Journal of environmental science and health, 23(1): 55-74.

TSENG W P, CHU H M, HOW S W, et al., 1968. Prevalence of skin cancer in an endemic area of chronic arsenicism in Taiwan [J]. Journal of the national cancer institute, 40(3): 453-463.

TSENG C H, HUANG Y K, HUANG Y L, et al., 2005. Arsenic exposure, urinary arsenic speciation, and peripheral vascular disease in blackfoot disease-hyperendemic villages in Taiwan [J]. Toxicology and applied pharmacology, 206(3): 299-308.

TSENG C H, TAI T Y, CHONG C K, et al., 2000. Long-term arsenic exposure and incidence of non-insulin-dependent diabetes mellitus: a cohort study in arseniasis-hyperendemic villages in Taiwan [J]. Environmental health perspectives, 108(9): 847-851.

TUN T N, 2003. Arsenic contamination of water sources in rural Myanmar [C]//29th WEDC International Conference: Towards the Millennium Development Goals. Abuja: WEDC:219-221.

UNICEF (United Nations Children's Fund), 2004. Arsenic contamination in groundwater and drinking water quality surveillance Lao PDR [Z]. New York:United Nations Children's Fund.

US EPA(US Environmental Protection Agency), 2000. Proposed Revision to Arsenic Drinking Water Standard [Z]. http://www.epa.gov/safewater/arsenic.html.

VAHTER M, 2008. Health effects of early life exposure to arsenic [J]. Basic and clinical pharmacology and toxicology, 102(2): 204-211.

WANG L F, HUANG J Z, 1994. Chronic arsenism from drinking water in some areas of Xinjiang, China [M]//NRIAGU J O.Arsenic in the environment, Part II: human health and ecosystem effects. New York:John Wiley:159-172.

WANG C H, JENG J S, YIP P K, et al., 2002. Biological gradient between long-term arsenic exposure and carotid atherosclerosis [J]. Circulation, 105(15): 1804-1809.

WANG A, HOLLADAY S D, WOLF D C, et al., 2006. Reproductive and developmental toxicity of arsenic in rodents: a review [J]. International journal of toxicology, 25(5): 319-331.

WANG C H, HSIAO C K, CHEN C L, et al., 2007. A review of the epidemiologic literature on the role of environmental arsenic exposure and cardiovascular diseases [J]. Toxicology and applied pharmacology, 222(3): 315-326.

WANG Y, SHVARTSEV S L, SU C, 2009. Genesis of arsenic/fluoride-enriched soda water: a case study at Datong, northern China [J]. Applied geochemistry, 24(4): 641-649.

WANG Y, JIAO J J, CHERRY J A, 2012. Occurrence and geochemical behavior of arsenic in a coastal aquifer-aquitard system of the Pearl River Delta, China [J]. Science of the total environment, 427: 286-297.

WANG Y, XIE X, JOHNSON T M, et al., 2014. Coupled iron, sulfur and carbon isotope evidences for arsenic enrichment in groundwater[J]. Journal of hydrology, 519: 414-422.

WARREN C, BURGESS W G, GARCIA M G, 2005. Hydrochemical associations and depth profiles of arsenic and fluoride in Quaternary loess aquifers of northern Argentina[J]. Mineralogical magazine, 69(5): 877-886.

WASSERMAN G A, LIU X, PARVEZ F, et al., 2004. Water arsenic exposure and children's intellectual function in Araihazar, Bangladesh[J]. Environmental health perspectives, 112(13): 1329-1333.

WEBSTER J G, NORDSTROM D K, 2003. Geothermal Arsenic[M]//WELCH A H, STOLLENWERK K G. Arsenic in groundwater: geochemistry and occurrence. New York:Kluwer Academic Publishers:101-125.

WEN D, ZHANG F, ZHANG E, et al., 2013. Arsenic, fluoride and iodine in groundwater of China. Journal of geochemical exploration, 135: 1-21.

WHO(World Health Organization), 1984. Guidelines or drinking water quality[S]. Geneva:World Health Organization.

WHO(World Health Organization), 1996. Guidelines for drinking-water quality [S].2nd ed. Geneva:World Health Organization.

WHO(World Health Organization), 2001.Arsenic and Arsenic Compounds:environmental Health Criteria224[S]. 2nd ed. Geneva:World Health Organization.

WHO(World Health Organization), 2011. Guidelines for drinking-water quality [S]. 4th ed.Geneva:World Health Organization.

WU M M, KUO T L, HWANG Y H, et al., 1989. Dose-response relation between arsenic concentration in well water and mortality from cancers and vascular diseases[J]. American journal of epidemiology, 130(6): 1123-1132.

XIE X, WANG Y, SU C, et al., 2008. Arsenic mobilization in shallow aquifers of Datong Basin: hydrochemical and mineralogical evidences[J]. Journal of geochemical exploration, 98(3): 107-115.

XIE X, ELLIS A, WANG Y, et al., 2009. Geochemistry of redox-sensitive elements and sulfur isotopes in the high arsenic groundwater system of Datong Basin, China[J]. Science of the total environment, 407(12): 3823-3835.

XIE X, WANG Y, SU C, et al., 2012. Influence of irrigation practices on arsenic mobilization: evidence from isotope composition and Cl/Br ratios in groundwater from Datong Basin, northern China[J]. Journal of hydrology, 424: 37-47.

XIE X, JOHNSON T M, WANG Y, et al., 2013. Mobilization of arsenic in aquifers from the Datong Basin, China: evidence from geochemical and iron isotopic data[J]. Chemosphere, 90(6): 1878-1884.

YANG C Y, 2006. Does arsenic exposure increase the risk of development of peripheral vascular diseases in humans?[J]. Journal of toxicology and environmental health: Part A, 69(19): 1797-1804.

YAMASAKI Y, HATA Y, 2000. Changes and their factors of concentrations of Arsenic and Boron in the process of groundwater recharge in the Lower Lluta River Basin, Chile [J]. Journal of groundwater hydrology, 42: 341-353.

YOSHIDA T, YAMAUCHI H, SUN G F, 2004. Chronic health effects in people exposed to arsenic via the drinking water: dose–response relationships in review[J]. Toxicology and applied pharmacology, 198(3): 243-252.

YU H S, LEE C H, CHEN G S, 2002. Peripheral vascular diseases resulting from chronic arsenical poisoning[J]. The Journal of dermatology, 29(3): 123-130.

第 2 章 原生高砷地下水系统的物源与沉积环境

2.1 地下水中砷的来源

2.1.1 主要含砷矿物

自然界中，有 200 余种含砷矿物，砷在这些矿物中主要以单质砷、砷化物、硫化物、氧化物、砷酸盐和亚砷酸盐等形式赋存，其余以其衍生矿物为主，但在自然界较稀少。自然界中砷与过渡金属，如 Pb、Au、Sb 和 Mo 等具有相似的地球化学行为，在矿物相中常与上述金属元素共生。自然界中，赋存量最多的含砷矿物为砷黄铁矿，与砷的其他硫化矿物如雄黄、雌黄等类似，多形成于地壳高温环境中。低温沉积环境中也发现有自生砷黄铁矿的赋存。研究表明，雌黄可形成于微生物介导下的沉积环境中。砷黄铁矿赋存量远低于砷搭载的黄铁矿，后者是最重要的砷资源。

赋存于金矿沉积环境下的砷黄铁矿，最初主要形成于温度≥100 ℃地热流体中，接着形成少量单质砷及含砷黄铁矿。雄黄和雌黄一般来源于后者。区域性硫化矿物分布区可观测到上述矿物共存现象，砷黄铁矿可衍生出雄黄、雌黄及砷黄铁矿。

虽不是主要组分，但砷可常见于各种类型的矿物中。因砷同硫的化学性质相似，因此，最常见的矿物为硫化砷矿物，以砷黄铁矿为主。砷在黄铁矿、黄铜矿、方铅矿和白铁矿中的质量分数差异较大，质量分数最高可达 10%（表 2-1-1）。砷可通过类质同相形式赋存于硫化矿物晶体结构中。黄铁矿是低温沉积环境中的主要矿物相，在近代地球化学循环中扮演一个重要角色，其可存在于河流、湖泊、海洋、含水层沉积物中。在特定沉积物环境下可形成草莓状黄铁矿，在上述形成过程中，部分 As 可进入矿物相中。在有氧条件下，黄铁矿不稳定可被氧化为铁氧化物，并伴随有硫酸根的形成和释放。作为富硫煤的组成部分之一，黄铁矿是导致酸雨、矿山酸性排水及煤矿区砷污染的主要原因。

表 2-1-1　常见岩石矿物中的砷质量分数（Smedley and Kinniburgh, 2002）

矿物		砷质量分数范围/（mg/kg）	数据来源
硫化物矿物	黄铁矿	100～77 000	Baur 和 Onishi（1969）；Arehart 等（1993）
	磁黄铁矿	5～100	Boyle 和 Jonasson（1973）
	白铁矿	20～126 000	Dudas（1984）；Fleet 和 Mumin（1997）
	方铅矿	5～10 000	Baur 和 Onishi（1969）
	闪锌矿	5～17 000	Baur 和 Onishi（1969）
	黄铜矿	10～5 000	Baur 和 Onishi（1969）
氧化物矿物	赤铁矿	高达 160	Baur 和 Onishi（1969）
	亚铁氧化物	高达 2 000	Boyle 和 Jonasson（1973）
	三价铁氧化物	高达 76 000	Pichler 等（1999）
	磁铁矿	2.7～41	Baur 和 Onishi（1969）
	钛铁矿	<1	Baur 和 Onishi（1969）
硅酸盐矿物	石英	0.4～1.3	Baur 和 Onishi（1969）
	长石	<0.1～2.1	Baur 和 Onishi（1969）
	黑云母	1.4	Baur 和 Onishi（1969）
	角闪石	1.1～2.3	Baur 和 Onishi（1969）
	橄榄石	0.08～0.17	Baur 和 Onishi（1969）
	辉石	0.05～0.8	Baur 和 Onishi（1969）
碳酸盐矿物	方解石	1～8	Boyle 和 Jonasson（1973）
	白云石	<3	Boyle 和 Jonasson（1973）
	菱铁矿	<3	Boyle 和 Jonasson（1973）
硫酸盐矿物	石膏/硬石膏	<1～6	Boyle 和 Jonasson（1973）
	重晶石	<1～12	Boyle 和 Jonasson（1973）
	黄钾铁矾	34～1 000	Boyle 和 Jonasson（1973）
其他矿物	磷灰石	<1～1 000	Baur 和 Onishi（1969），Boyle 和 Jonasson（1973）
	岩盐	<3～30	Stewart（1963）
	萤石	<2	Boyle 和 Jonasson（1973）

通过吸附或晶格搭载，砷可赋存于多种氧化及水合金属氧化物矿物中。由表 2-1-1 可看出，在部分铁氧化物矿物中砷质量分数较高。水合铁氧化物对砷酸盐的吸附能力极强，即使在砷质量分数较低的溶液中，也可吸附一定量的砷。铝和锰的氧化水合物对砷的吸附能力也较强。砷也可被吸附在黏土矿物边缘及方解石表面，但其吸附量远低于铁氧化物。上述吸附过程是造成自然界水中砷质量分数较低的重要原因。

在磷酸盐矿物中，砷的质量分数也不尽相同，磷灰石中砷质量分数最高可达 1 000 mg/kg。但由于自然界中磷酸盐矿物相对于氧化物的矿物较为稀少，所以在大多数沉积物中磷酸盐矿物对于砷质量分数贡献较小。在很多矿物晶格中，砷可代替 Si^{4+}、Al^{3+}、Fe^{3+}和 Ti^{4+}存在于各类矿物中，所以很多硅酸盐矿物中砷质量分数通常低于 1 mg/kg。此外，碳酸盐矿物也含有一定量的砷，一般小于 10 mg/kg（表 2-1-1）。

2.1.2 岩石、沉积物和土壤中的砷

1. 火成岩

火成岩中砷质量分数通常较低，平均质量分数为 1.5 mg/kg（表 2-1-2），但通常都小于 5 mg/kg。火山碎屑岩砷质量分数最高，约为 5.9 mg/kg。总体来说，不同火成岩中砷质量分数差别不大。火山岩，尤其是火山灰，可直接导致地下水中砷的富集。

表 2-1-2　岩石、沉积物、土壤和其他地表沉积物砷的质量分数（Smedley and Kinniburgh, 2002）

岩石/沉积物类型		砷平均质量分数（范围）/（mg/kg）	分析编号	数据来源
火成岩	超基性岩石（橄榄岩、纯橄榄岩、金伯利岩等）	1.5（0.03～15.8）	40	
	基性岩（玄武岩）	2.3（0.18～113）	78	
	基性岩（辉长岩、辉绿岩）	1.5（0.06～28）	112	Onishi 和 Sandell（1955）；
	中性岩（安山岩、粗面岩二长安山岩）	2.7（0.5～5.8）	30	Baur 和 Onishi（1969）；
	中性岩（闪长岩、花岗闪长岩、正长岩）	1.0（0.09～13.4）	39	Boyle 和 Jonasson（1973）；
	酸性岩（流纹岩）	4.3（3.2～5.4）	2	Ure 和 Berrow（1982）；
	酸性岩（花岗岩、半花岗岩）	1.3（0.2～15）	116	Riedel 和 Eikmann（1986）
	酸性岩（松脂岩）	1.7（0.5～3.3）		
	火山碎屑岩	5.9（2.2～12.2）	12	

续表

	岩石/沉积物类型	砷平均质量分数（范围）/（mg/kg）	分析编号	数据来源
变质岩	石英岩	5.5（2.2～7.6）	4	Boyle 和 Jonasson（1973）
	角页岩	5.5（0.7～11）	2	
	千枚岩/板岩	18（0.5～143）	75	
	片岩/片麻岩	1.1（<0.1～18.5）	16	
	角闪岩和绿岩	6.3（0.4～45）	45	
沉积岩	海相页岩/泥岩	3～15（≤490）		Onishi 和 Sandell（1955）；Baur 和 Onishi（1969）；Boyle 和 Jonasson（1973）；Cronan（1972）；Riedel 和 Eikmann（1986）；Welch 等（1988）；Belkin 等（2000）
	页岩（大西洋中部海脊）	174（48～361）		
	非海相页岩/泥岩	3.0～12		
	砂岩	4.1（0.6～120）	15	
	石灰岩/白云石	2.6（0.1～20.1）	40	
	磷灰石	21（0.4～188）	205	
	铁富集沉积物	1～2 900	45	
	蒸发岩（石膏/硬石膏）	3.5（0.1～10）	5	
	煤	0.3～35 000		
	沥青页岩（德国铜页岩）	100～900		
松散沉积物	混合	3（0.6～50）		Azcue 和 Nriagu（1995）
	冲积沙（孟加拉国）	2.9（1.0～6.2）	13	BGS 和 DPHE（2001）
	冲积泥/黏土（孟加拉国）	6.5（2.7～14.7）	23	BGS 和 DPHE（2001）
	河床沉积物（孟加拉国）	1.2～5.9		BGS 和 DPHE（2001）
	湖泊沉积物（苏必利尔湖）	2.0（0.5～8.0）		Allan 和 Ball（1990）
	湖泊沉积物（不列颠哥伦比亚）	5.5（0.9～44）	119	Cook 等（1995）
	冰川沉积物（不列颠哥伦比亚）	9.2（1.9～170）		Cook 等（1995）
	河流沉积物的世界均值	5		Martin 和 Whitfield（1983）
	溪流和湖泊的淤泥（加拿大）	6（<1～72）	310	Boyle 和 Jonasson（1973）
	黄土泥浆（阿根廷）	5.4～18		Arribére 等（1997）；Smedley 等（2002）
	大陆边缘沉积物（黏土，部分缺氧）	2.3～8.2		Legeleux 等（1994）
土壤	混合	7.2（0.1～55）	327	Boyle 和 Jonasson（1973）
	泥炭和沼泽土壤	13（2～36）	14	Ure 和 Berrow（1982）
	酸性硫酸盐土壤（越南）	6～41	25	Gustafsson 和 Tin（1994）
	酸性硫酸盐土壤（加拿大）	1.5～45	18	Dudas（1984）；Dudas 等（1988）
	靠近硫化沉积物的土壤	126（2～8 000）	193	Boyle 和 Jonasson（1973）

续表

	岩石/沉积物类型	砷平均质量分数（范围）/（mg/kg）	分析编号	数据来源
受污染的地表沉积物	矿业污染的湖泊沉积物（不列颠哥伦比亚）	342（80～1 104）		Azcue 等（1994）；Azcue 和 Nriagu（1995）
	矿业污染的水库沉积物（美国蒙大拿州）	100～800		Moore 等（1988）
	尾矿渣（不列颠哥伦比亚）	903（396～2 000）		Azcue 和 Nriagu（1995）
	土壤和尾矿污染土壤（英国）	120～52 600	86	Kavanagh 等（1997）
	尾矿污染土壤（美国蒙大拿州）	≤1 100		Nagorski 和 Moore（1999）
	工业污染的潮间带沉积物（美国）	0.38～1 260		Davis 等（1997）
	化工厂的土壤（美国）	1.3～4 770		Hale 等（1997）
	下水道烂泥	9.8（2.4～39.6）		Zhu 和 Tabatabai（1995）

2. 变质岩

变质岩中砷质量分数同其变质作用之前的母岩砷质量分数有关。多数变质岩中砷质量分数通常低于 5 mg/kg。泥质岩石，如板岩、千枚岩中砷质量分数最高，约为 18 mg/kg（表 2-1-2）。

3. 沉积岩

沉积岩中砷质量分数为 5～10 mg/kg，略高于自然界及火成岩中砷的平均质量分数。砂岩主要成分为石英和长石，因此砷质量分数最低。砂岩砷平均质量分数约为 4.1 mg/kg，但也有研究估算其砷质量分数仅为 1 mg/kg。

黏土沉积岩中砷质量分数高于砂岩，且变化范围较大，平均质量分数为 13 mg/kg。硫化物、氧化物、有机质和黏土中砷质量分数均较高。黑色页岩因黄铁矿质量分数较高，因此，砷质量分数也较高。受海侵影响的黏土沉积物较未受海侵影响的沉积物砷质量分数要高，这可能与海岸沉积物颗粒较细及硫化物和黄铁矿质量分数较高有关。海水中页岩硫质量分数较高，其砷质量分数可高达 174 mg/kg。

煤和沥青沉积物中砷质量分数变化范围较大，且质量分数较高。德国富含有机质页岩样品含砷为 100～900 mg/kg。部分煤矿样品中砷质量分数可高达 35 000 mg/kg，大多数样品中砷质量分数为 2.5～17 mg/kg。碳酸盐岩因含砷矿物较少，所以砷质量分数较低。

铁矿石和铁富集岩石中砷质量分数最高。部分学者研究发现，苏联黑铁矿-鲕状绿泥石中砷质量分数为 800 mg/kg，在铁富集矿石中砷质量分数高达 2 900 mg/kg。磷钙土中砷质量分数也较高，约为 400 mg/kg。

4. 松散沉积物

松散沉积物砷质量分数和沉积物岩中砷质量分数较一致。泥和黏土相比砂岩和碳酸盐岩砷质量分数高。松散沉积物中砷质量分数为 3～10 mg/kg，沉积物中矿物种类与结构不同，其质量分数则不同。黄铁矿和铁氧化物质量分数较高，砷质量分数通常也较高。河流冲积沉积物因硫化物质量分数较高其砷质量分数也较高。英国威尔士河冲积沉积物中砷质量分数为 5～8 mg/kg。同样，河流沉积物中砷质量分数也较高，如恒河流域沉积物平均值为 2.0 mg/kg（变化范围 1.2～2.6 mg/kg）；雅鲁藏布江砷质量分数平均值为 2.8 mg/kg（变化范围 1.4～5.9 mg/kg）；梅克纳河砷质量分数平均值为 3.5 mg/kg（变化范围 1.3～5.6 mg/kg）。

湖泊沉积物中砷质量分数变化范围为 0.9～44 mg/kg，平均值为 5.5 mg/kg。冰川沉积物中砷质量分数为 1.9～170 mg/kg，平均值为 9.2 mg/kg。近岸和湖水还原环境边界下沉积物中砷质量分数也相对较高。在湖水还原环境边界下 30 cm 深度内，还原性强，砷质量分数高。湖水不同深度沉积物中，砷质量分数不同，变化范围为 2.3～8.2 mg/kg。

5. 土壤

土壤中砷质量分数一般为 0.1～55 mg/kg。土壤中砷质量分数的世界平均值为 7.2 mg/kg，美国土壤砷质量分数平均值为 7.4 mg/kg。因还原条件下硫化物相较多，所以泥炭和沼泽土壤中砷质量分数较高，平均质量分数为 14 mg/kg（表 2-1-2）。泥炭和沼泽土壤中砷质量分数较高，平均值为 13 mg/kg。在硫化物矿物脉中，如黄铁矿页岩，由于黄铁矿氧化形成的硫酸盐质土壤通常也可造成砷的富集。在加拿大，富黄铁矿页岩风化后形成的酸性富硫酸盐土壤砷质量分数高达 45 mg/kg。挥发或淋滤作用下形成的土壤中砷质量分数较低，为 1.5～8.0 mg/kg。在越南湄公河三角洲酸性富硫酸盐土壤砷质量分数较高，为 41 mg/kg。

虽然土壤中砷主要来源为地质成因，其质量分数在一定程度上取决于风化前母岩成分，此外也会受到当地工业（如熔炼、化石燃料的燃烧）和农业（杀虫剂和硫酸盐化肥的使用）的影响。有研究表明，在使用砷农药的果园土壤中砷质量分数可高达 366～732 mg/kg。

2.1.3　受污染的地表沉积物

受矿业活动（包括尾矿、污水、废气）污染的沉积物和土壤中，砷质量分数高于背景值。尾矿渣和受其污染土壤，砷平均质量分数可以高达数千毫克每千克（表 2-1-2）。不仅在富砷硫化物矿物中可观察到高砷质量分数，在其次生砷酸铁矿物及铁氧化物矿物中砷质量分数也较高。尾矿中硫化矿物易发生氧化反应，氧化环境下次生矿物在地下水及地表水中溶解度变化较大。臭葱石（$FeAsO_4 \cdot 2H_2O$）是常见的硫化物氧化产物，其溶解度认为是硫化物氧化环境中控制液相砷质量分数的主要因素。在大多数地下水中，臭葱石处于亚稳定状态，可溶解形成铁氧化物并释放砷至溶液中。不同 Fe-As 矿物溶解度不同，与矿物种类有一定关系。完全溶解和不完全溶解、吸附和解吸过程在分析矿物溶解度关系时难以完全分清楚。结合在铁氧化物上的砷相对稳定，尤其在氧化环境中。

2.1.4 全新统冲积含水层的高砷地下水

更新统末期大陆冰川退却可导致海平面和河床的上升，而全新统冲积层沉积物是地下水砷的主要来源。由此，大量研究结果表明，砷主要来源于山岳带和冰川期沉积物，其再经历一系列（生物）地球化学过程而产生富砷沉积物与高砷地下水。该过程可以通过地质-生物-水文砷模型（GBH-As）来刻画。

虽然近期研究已将 Fe 和 As 的天然生物地球化学循环与砷在浅层地下水中的广泛分布紧密联系，但控制 As 活化、迁移、物源的生物地球化学过程还缺乏系统性认识。As 的主要来源是盆地边缘含砷矿物的风化。在有氧环境中，Fe（III）和 Mn（IV）氧化物的吸附可造成地表水体砷含量的降低，但在厌氧条件下，Fe（III）和 Mn（IV）氧化物的还原可造成液相砷含量的升高。在强还原条件下，硫酸盐还原菌（SRB）也可通过促进铁硫化物形成去除液相中的 As。因此，微生物介导的氧化还原过程可导致固体与液相间 As 的循环。下面通过两个高砷地下水分布区对 GBH-As 模型进行说明：一个为南亚地区原生高砷地下水，为全新世冲积含水层；另一个为冰川沉积含水层。结合前人研究成果，可系统总结全新统冲积含水层砷由风化、吸附和微生物介导的生物地球化学循环过程。

1. 全新统冲积含水层原生高砷地下水

在孟加拉国、印度、越南、中国、匈牙利、美国等地的冲积含水层中，均出现了砷质量浓度大于 10 μg/L 的高砷地下水。孟加拉国和印度西孟加拉邦位于包括临近喜马拉雅山脉东部在内的三角洲盆地，其形成于喜马拉雅山脉造山时期，在新生代东喜马拉雅山造山时期隆升 20 km。两个主要的喜马拉雅山脉的河流系统，恒河和雅鲁藏布江，是该区域最主要的河流网络。如今的恒河-雅鲁藏布江三角洲可能形成于 11 000～7 000 年的冰川-间冰期过渡期。孟加拉国大部分区域，在更新世和全新世的地下水位在 50～100 m。

全新世和更新世冲积含水层中的地下水，主要有 3 种水化学类型（图 2-1-1）。全新世含水层地下水有较高的 Eh 值，较低的 As 和 Fe 含量，如图 2-1-1 A 区所示。更新世含水层一般处于弱还原环境，没有可吸附砷的有机质及 Fe 和 Mn 氢氧化物矿物赋存，其地下水特征见图 2-1-1 B 区，Fe^{2+}和 Mn^{2+}含量较高，同时，砷含量也较高。全新世沉积相地下水中常富含有机物质，如泥炭，其氧化还原环境可由厌氧 Fe 和 Mn 还原菌影响控制。强还原环境的地下水位于图 2-1-1 C 区，砷的含量低。但如果地下水系统中硫酸盐含量较低，则其还原形成的少量 Fe-S 沉淀仅可从液相去除部分 As。

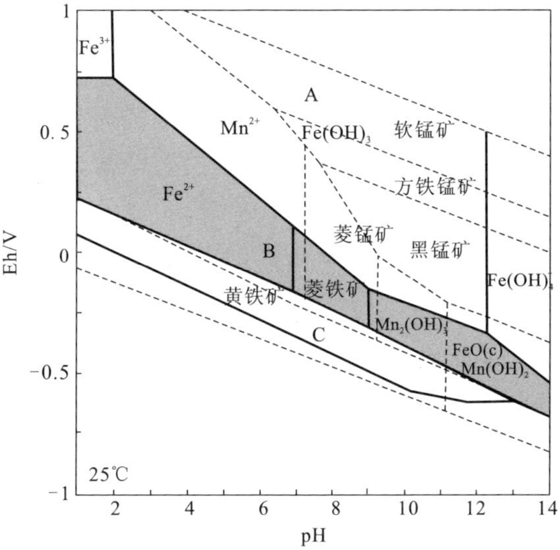

图 2-1-1　Fe-Mn-S-HCO_3-H_2O 体系的 Eh-pH 图（Saunders et al., 2005）

离子活度：$Fe^{2+}=10^{-4.5}$，$Mn^{2+}=10^{-4.1}$，$SO_4^{2-}=10^{-3.4}$，$HCO_3^-=10^{-2.6}$；A、B、C 分别代表氧化、弱还原、强还原环境地下水

研究表明在河流系统中，As 通过吸附作用赋存于 Fe（Mn）氢氧化物矿物表面。河流沉积物和有机残留物的共沉淀可形成还原环境，如图 2-1-1“B 类”地下水，此环境利于砷的释放。在印度和孟加拉国，取水井常位于 50～150 m 深度，因此，主要抽取“B 类”地下水。

虽然有越来越多的学者认为 Fe（Mn）氧化物/氢氧化物的还原性溶解是造成全新世冲积含水层中 As 释放的主要过程，但砷的最终来源尚未明确。近期研究表明，基岩可能在地下水砷的物源中扮演极其重要的角色。砷的地壳丰度约为 2 mg/kg，且各种矿物质均含有少量 As。因此，各种岩石类型的风化均可造成 As 释放到水圈中，而侵蚀、构造运动（如喜马拉雅山）及间冰期均可加速全新世岩体风化，促使该部分砷进入水循环中。

2. 冰川沉积含水层原生高砷地下水

全新世冲积含水层中高砷地下水的空间分布与更新世的大陆或高山冰川快速构造隆升存在一定的地理相关性，特别是在南亚地区（图 2-1-2）。结合构造运动（如全新世全球变暖和冰川退缩）的空间分布和时间序列，可提出以下假设：在全新世变暖前，更新世造山运动时基岩强烈的机械剥蚀和冰川沉积物的化学风化，使得赋存其中的砷释放至水圈，同时一系列生物地球化学过程导致全新世冲积含水层砷的富集。

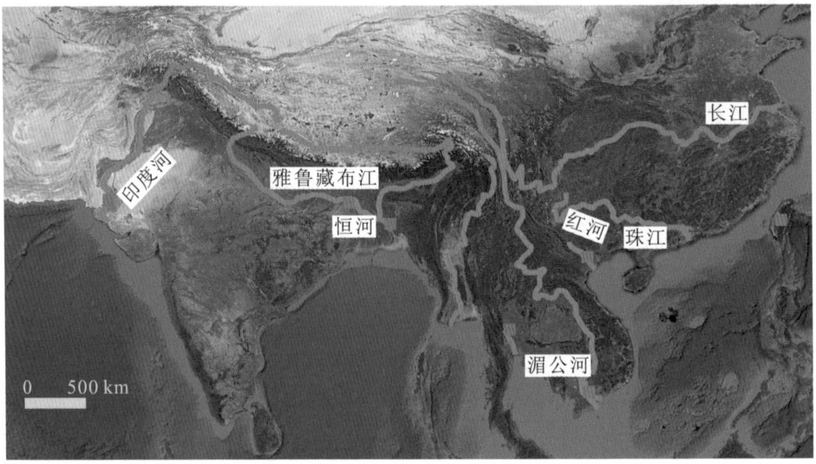

图 2-1-2 全新世冲积层中高砷地下水空间分布图（Saunders et al., 2005）

黄色区域是被南亚更新世冰川覆盖的地区。高砷地下水（红色方块）主要分布在孟加拉国、西孟加拉邦（印度）、巴基斯坦、越南、泰国和中国（华南地区），与大冲积或由冰川溢洪道形成泛滥平原相关联。高砷地下水也发育于北部冰川流出区（未示出），包括中国的内蒙古、新疆和山西

近期研究表明，在欧洲和北美洲地区，地下水中砷的富集同冰川沉积物呈现出密切联系。例如，匈牙利大部分地区，在阿尔卑斯和喀尔巴汗之间充填了冲积和冰川沉积物，且地下水 As 含量异常。在阿拉斯加的库克湾盆地，也观测到这种现象（图 2-1-3）。在加拿大的萨斯喀彻温省，许多冰川草原地下水中砷质量浓度大于 100 μg/L，同样，华盛顿地区是美国地下水 As 质量浓度最高的地区之一，其地下水也来自冰川含水层中。明尼苏达州冰川含水层中也发现有砷富集的现象。

GBH-As 模型的本质是包含一系列事件，包括水源处含 As 矿物（硫化物和硅酸盐）的风化造成 As 的释放、河流沉积相中的 Fe-Mn 氢氧化物吸附 As、在有机物和微生物促使下 Fe-Mn 氢氧化物的还原性溶解。大陆地壳的“正常”风化及相应的砷迁移过程是否一定导致河流冲积平原地下水中砷质量浓度的升高，尚需进一步研究。上述过程 As 的迁移量受气候及风化速率影响与控制，构造隆起运动下

的机械风化及冰川侵蚀过程可促使富砷含水介质的形成，而对此“推波助澜”的是：大陆和冰川的退缩为松散沉积物的形成提供物源，海平面的上升促使大规模全新世沉积平原的形成。

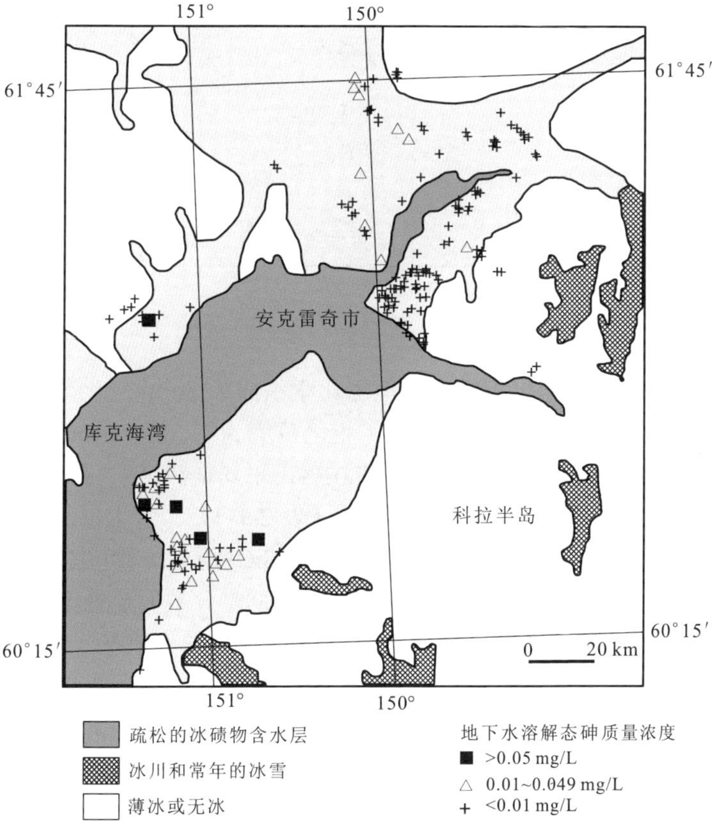

图 2-1-3　阿拉斯加库克湾盆地冰川丘陵和高砷地下水的地理分布（Saunders et al., 2005）

2.1.5　山西大同盆地地下水系统中砷的来源

大同盆地高砷地下水主要赋存于全新世冲积平原及湖相沉积含水层中，其典型特征为强还原。目前，已发现地下水中砷的最高质量浓度达 1 820 μg/L，特别是桑干河南岸的山阴城、黑疙瘩、后所、马营庄、薛圙圐等乡镇，地下水中砷的平均质量浓度高达 300 μg/L，远高于中国饮用水砷质量浓度标准 10 μg/L。过去二十年中，针对该区域砷中毒等区域性疾病已开展大量砷的水文地质和地球化学研究（Su, 2006; Guo and Wang, 2005; Li et al., 2005; Guo et al., 2003; Zhang and Zhao, 2000; Wang et al., 1998; 王敬华和赵伦山，1998）。大同盆地边的基岩中砷质量分数情况如表 2-1-3 所示。

表 2-1-3　大同盆地边的基岩中砷质量分数（Zhang and Zhao, 2000）

地质年代	岩石类型	质量分数/（mg/kg）
新近纪	玄武岩	1.5
二叠纪	砂岩-煤	3.4
奥陶纪	泥岩	2.4
寒武纪	页岩	1.6
奥陶纪	灰岩	1.0
侏罗纪	砂岩	1.4
太古代	片麻岩	12.4

1. 沉积物化学组成

在大同盆地典型高砷沉积物主要地球化学组成为 SiO_2（变化范围为 28.57%～73.68%，平均值为 59.04%）、Al_2O_3（变化范围为 7.30%～15.83%，平均值为 11.96%）、CaO（变化范围为 3.31%～29.01%，平均值为 7.75%）和 Fe_2O_3（变化范围为 2.62%～6.62%，平均值为 4.31%）（表 2-1-4）。含水层沉积物 SiO_2 平均质量分数低于澳大利亚后太古代页岩（PAAS）SiO_2 质量分数（图 2-1-4），Al_2O_3 质量分数均低于 PAAS（18.9%）。与此相反，CaO 质量分数明显高于 PAAS（1.3%），Fe_2O_3 质量分数一般低于 PAAS（5%）。大多数样品总有机碳（TOC）质量分数较低，低于检出限（6.25%）。沉积物砷质量分数变化范围为 2.45～27.38 mg/kg，平均值为 9.54 mg/kg，与近代松散沉积物砷的平均质量分数相近。

表 2-1-4　大同盆地沉积物主量元素组成（Xie et al., 2014）　　（单位：%）

	SiO_2	TiO_2	Al_2O_3	Fe_2O_3	MnO	MgO	CaO	Na_2O	K_2O	P_2O_5	LOI	CIA	TOC
最大值	73.68	0.74	15.83	6.62	0.16	5.45	29.01	2.19	2.78	0.19	26.82	63.00	6.25
最小值	28.57	0.36	7.30	2.62	0.03	1.34	3.31	0.48	1.21	0.08	3.90	19.00	0
平均值	59.04	0.60	11.96	4.31	0.10	2.40	7.75	1.50	2.30	0.10	9.50	51.80	0.60
标准偏差	9.48	0.08	1.69	0.95	0.02	0.67	4.61	0.40	0.26	0.02	4.61	8.25	1.17

注：LOI 指极限氧指数；CIA 指化学风化指数。

统计学结果表明，大同盆地沉积物中 As 与部分元素呈较好的相关性，Fe（相关系数 $R^2=0.74$；置信度 $\alpha=0.05$）、Al（$R^2=0.69$；$\alpha=0.05$）、P（$R^2=0.61$；$\alpha=0.05$）、Rb（$R^2=0.62$；$\alpha=0.05$）。As 同 Fe 较好的正相关性表明砷可能同次生铁矿物的形成有关，如沉积物中铁的碳酸盐、铁氢氧化物。在钻孔沉积物中，Fe 和 As 含量

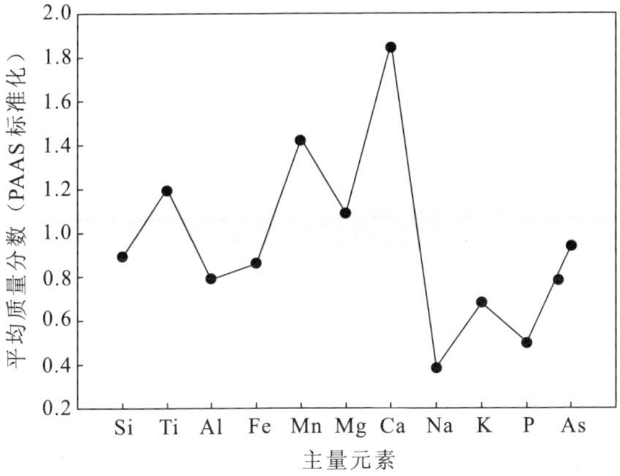

图 2-1-4　采用 PAAS 标准化后大同盆地沉积物主量及砷平均质量分数分布图（Xie et al., 2014）

低可能是由于铁的氧化物/氢氧化物还原性溶解，造成 As 及 Fe 释放至地下水中。Al 和 As 质量分数呈明显的正相关性，表明黏土矿物也可能是砷的来源。铁氧化物附着于黏土矿物表面，该现象在恒河平原沉积物中可观测到。铁氧化物/氢氧化物覆盖的黏土矿物可能会吸附砷或形成与砷的共沉淀，导致黏土矿物中砷的富集。沉积物样品中总砷和铁、铝的正相关也从侧面反映出大同盆地黑云母是砷的载体之一。氧化还原条件的周期性变化可促进砷搭载黑云母的化学风化。

Rb 对环境变化较为敏感，可通过化学风化进入液相中。但大多数溶解性 Rb 可吸附并固定于次生矿物中，如铁氧化物/氢氧化物，这也解释了经历化学风化后的沉积物较原岩更为富集 Rb。一般来说，强烈的化学风化会使沉积物中 Rb 含量升高。对研究区含水层沉积物而言，化学风化利于沉积物中铁氧化物/氢氧化物的富集。因此，沉积物中 As 与 Rb 较好的相关性可能同次生矿物对二者较强的吸附能力有关，如在强化学风化过程中形成的铁氧化物/氢氧化物。

2. 沉积物物源识别

基岩的风化，包括新太古代恒山杂岩、古生代晚期灰岩和二叠纪到白垩纪碎屑岩，形成了覆盖大同盆地的松散沉积物。砷搭载的矿物体被认为是含水层沉积物中砷的主要来源。为查明沉积过程对含水层沉积物砷富集的影响，进行了钻孔沉积物的微量组分分析。微量元素，如稀土元素（REE）、Y，不参与矿物结构，反吸附于黏土表面或层间阳离子键位上，因此，它们同成矿过程及宏量化学组分无直接联系，而可对沉积物来源及化学风化起到一定指示意义。在沉积岩中，碎屑岩和黏土是 REE 和 Y 的主要载体。碎屑岩和黏土不易被风化，因此，依据 REE 和 Y 可推断原岩区岩性组分，这些组分也可指示沉积物来源。REE 和 Y 的测试数据如表 2-1-5 所示。整个钻孔沉积物的 REE 组成（经 PAAS 校正）均相似（图 2-1-5）。另外，沉积物样品 $(La/Yb)_N$ 仅在 0.7～1.0 变化，REE 的分布模式和 $(La/Yb)_N$ 比值表明，大同盆地沉积物在垂向上具有相似的物源特征。

表 2-1-5　大同盆地沉积物微量及稀土元素组成（Xie et al., 2014）　（单位：mg/kg）

项目	Rb	Cr	As	V	Co	Ni	Se	Sr	Y	La	Ce	Pr
最大值	131.4	486.2	27.4	125	22.8	71	8.6	1 150.1	27.2	38.153	78.622	9.07
最小值	60.9	21.4	2.5	36	5.2	5	1.5	140.5	12.4	16.433	33.857	3.885
平均值	90.3	129.2	9.4	70.3	12.1	27.6	4.0	278.8	19.9	26.577	55.487	6.195
标准偏差	15.83	86.49	4.21	18.20	3.17	11.71	2.07	170.68	3.7	4.63	9.68	1.07
项目	Nd	Sm	Eu	Gd	Tb	Dy	Ho	Er	Tm	Yb	Lu	La/Yb
最大值	34.593	6.733	1.408	7.17	0.96	5.39	1.08	3.2	0.47	3.053	0.46	1.1
最小值	15.035	3.049	0.658	3.249	0.442	2.429	0.481	1.454	0.202	1.327	0.209	0.6
平均值	24.611	4.945	0.961	4.952	0.700	3.944	0.767	2.367	0.346	2.262	0.334	0.9
标准偏差	4.32	0.84	0.18	0.89	0.13	0.72	0.14	0.42	0.06	0.41	0.06	0.1

硅质碎屑岩的地球化学组成对确定沉积物物源矿物特征可起到非常重要的作用。有研究运用主量元素来识别沉积物的不同物源特征。图 2-1-6 表明几乎所有钻孔沉积物样品均位于沉积岩区域，只有少部分样品分布于火成岩区域，说明大多数样品来源于沉积岩，且经历了同样的沉积循环。

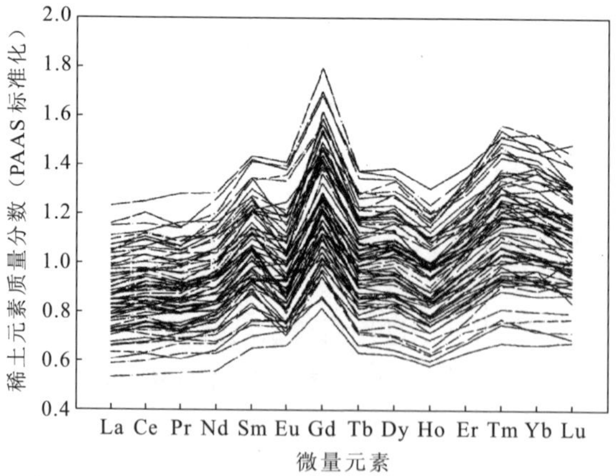

图 2-1-5　大同盆地沉积物微量元素经 PAAS 校正后分布水平（Xie et al., 2014）

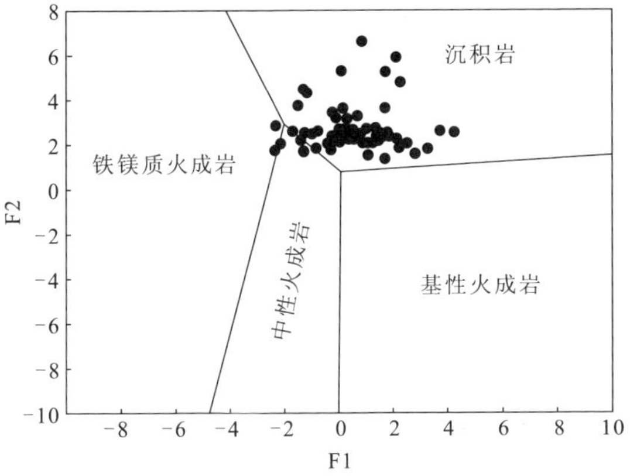

图 2-1-6　大同盆地沉积物物源识别图（Xie et al., 2014）

$F1=30.638TiO_2/Al_2O_3-12.541Fe_2O_{3\,(Total)}\,Al_2O_3+7.329MgO/Al_2O_3+12.031Na_2O/Al_2O_3+35.402K_2O/Al_2O_3-6.382$；

$F2=56.500\,TiO_2/Al_2O_3-10.897\,Fe_2O_{3\,(Total)}/Al_2O_3+30.875MgO/Al_2O_3-5.404\,Na_2O/Al_2O_3+11.112\,K_2O/Al_2O_3-3.89$

在基岩中，Ti/Al 比值变化较大，但二者均被认为不受风化、搬运和成岩过程影响。因此，可选取 TiO_2/Al_2O_3 比值作为判定沉积物和沉积岩来源的标准。SiO_2/TiO_2-TiO_2/Al_2O_3 和 SiO_2/Al_2O_3-TiO_2/Al_2O_3 关系图（图 2-1-7）表明，沉积物主要来源于碎屑岩。部分样品中 SiO_2 质量分数较高可能与火成岩成分的输入有关。SiO_2/TiO_2- TiO_2/Al_2O_3、SiO_2/Al_2O_3-TiO_2/Al_2O_3 的正相关关系表明，砂和泥在沉积过程中发生了混合。因此，SiO_2/TiO_2-TiO_2/Al_2O_3 关系图进一步说明二叠纪到白垩纪碎屑岩的出露，包括砂岩、页岩和煤，可能是该处钻孔沉积物的主要物源。

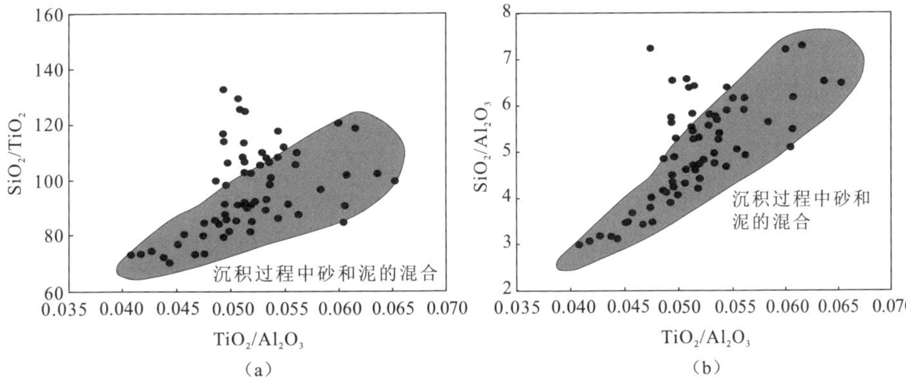

图 2-1-7　大同盆地沉积物 TiO_2/Al_2O_3-SiO_2/TiO_2（a）及 TiO_2/Al_2O_3-SiO_2/TiO_2（b）关系图（Xie et al., 2014）

基于以上主量和微量元素分析表明，大同钻孔沉积物有相似的物源，来自二叠纪至白垩纪沉积岩。该结论与本研究区高砷含水层沉积物中锆石的 U-Pb年代测定结果表现出高度的相似性。

3. 富砷沉积物风化强度表征

风化过程可分为早期 Na 和 Ca 淋溶阶段、中期 K 淋溶阶段及后期的 Si 溶解阶段。该风化序列可通过 Al_2O_3-CaO+Na_2O-K_2O（A-CN-K）三角图予以表征。A-CN-K（图 2-1-8）表明大同沉积物样品处于早期 Na 和 Ca 淋溶阶段，以斜长石风化产物高岭石、伊利石和蒙脱石为主。因此，风化趋势线近平行于 A-CN-K 三角形中的 A-CN 线（图 2-1-8）。图 2-1-8 也表明不同深度的沉积物经历了不同程度的化学风化。

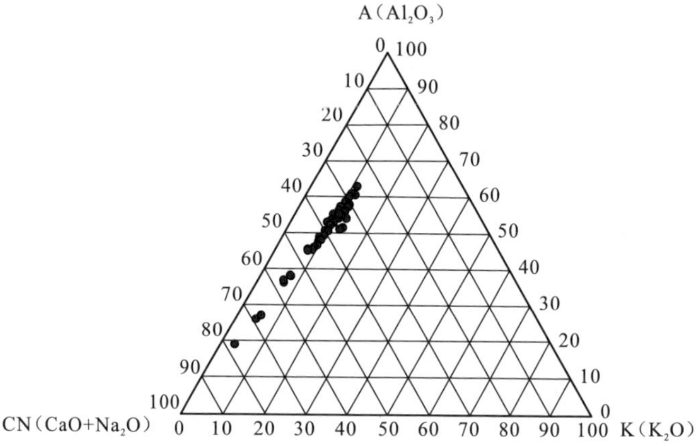

图 2-1-8　A-CN-K（Al_2O_3-CaO+Na_2O-K_2O）三角分布图

为了解钻孔沉积物化学风化强度的变化趋势，对一些指示性参数，如化学风化指数（chemical index of alteration，CIA）进行了计算。其计算采用以下计算公式：$CIA=[Al_2O_3/（Al_2O_3 + CaO^* + Na_2O + K_2O）]\times100$，其中 CaO^*是硅酸盐矿物 CaO 的含量。早期研究表明，矿物风化阶段分为：初期（CIA＝50～60）、中期（CIA＝60～80）及晚期（CIA＞80）。CIA 值沿钻孔由地表至下可观察到明显变化趋势（图 2-1-9），CIA 值高值区主要分布于 35～88 m 沉积物（图 2-1-9），而浅层及深层沉积物有相对较低的 CIA 值。CIA 值的波动性变化特征表明不同深度的钻孔沉积物经历不同程度的化学风化。35～88 m 沉积物经历较高强度的化学风化，依据 CIA 值，整个钻孔沉积物可分为三部分：上部深度小于 35 m，中间深度 35～88 m 及下部深度大于 88 m，分别对应于晚全新世、中全新世及晚更新世—中更新世。

氧化还原敏感元素（如 V、Ni）已被广泛应用于指示多时间尺度富含有机质的古沉积氧化还原环境。由于这些元素和高分子量有机物之间的强结合能力，经沉积后，沉积物 V 和 Ni 含量可保留不变。因此，沉积物 V 和 Ni 含量可指示沉积时的环境条件。氧化还原条件的循环可促进沉积物的化学风化并改变氧化还原敏感在沉积物中的含量。因此，沉积物 Ni 和 V 含量可提供关于化学风化程度的重

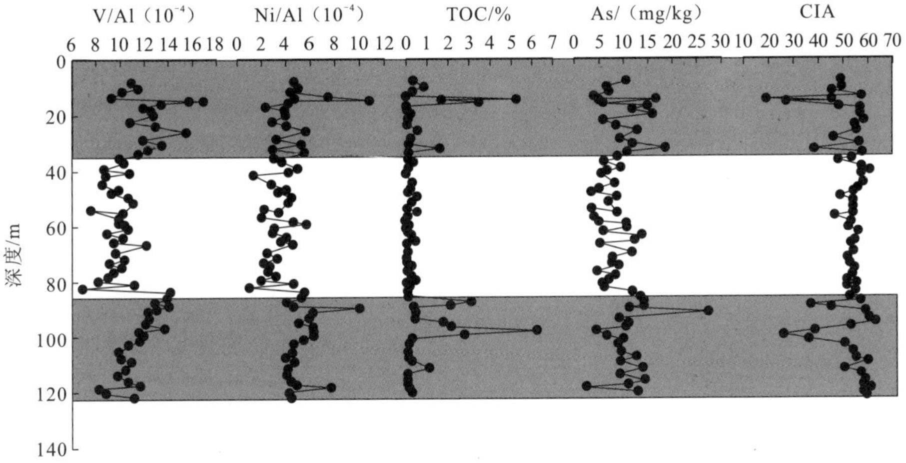

图 2-1-9　大同盆地沉积物 V/Al、Ni/Al、TOC 及 As 垂向分布图（Xie et al., 2014）

要信息。由于沉积物中有机物的分解，较强的化学风化可导致 Ni 和 V 含量较低。根据 V/Al、Ni/Al 和 TOC 含量的垂向分布，V/Al 和 Ni/Al 低值区位于 35～88 m，表明其经历较强的化学风化，同上述的 CIA 特征得出结论相一致。

4. 物源及风化强度对沉积物中砷分布的指示

大同盆地的高砷地下水主要分布在地表以下 5～80m 深度内的浅层含水层中。沉积物的岩性特征表明其来源为 30～50m 及 68～88m 两个含水层（图 2-1-9）。据前人研究成果，地下水中 As 质量浓度检测数据为 45m（148μg/L）、70m（299μg/L）和 85m（260μg/L）。

如上所述，沉积物中的As质量分数与现代松散沉积物的平均值相当。在钻孔沉积物垂向分布中可以观察到As质量分数的变化（图 2-1-9）。35～88 m沉积物 As 质量分数（平均：4.56 mg/kg）低于浅层（平均：10.37mg/kg）及深层（平均：11.23 mg/kg）沉积物。因其来源未定，钻孔中部较低的 As 质量分数令人费解。如上所述，该段经历了强烈的化学风化，有利于沉积物中铁氧化物/氢氧化物的积累。前期研究表明铁氧化物/氢氧化物是研究区含水层沉积物中 As 的主要载体。铁氧化物/氢氧化物的还原性溶解被认为是促进地下水砷富集的关键机制。该过程可解释部分沉积物中砷的低含量特征。

钻孔的所有沉积物具有相类似的物源。因此，沉积物 As 的垂向变化可完全归因于沉积物沉积期间的化学风化程度。沉积物砷质量分数与 V/Al、Ni/Al 和CIA （图 2-1-9）的地球化学特征有相似的垂直变化特征，表明化学风化决定了沉积物As的空间分布。

如上所述，钻孔沉积物中 As 和 Fe 含量有较好的正相关关系。化学风化可造成铁氧化物/氢氧化物形态转化。硅酸盐矿物化学风化释放的二价铁经氧化沉淀为无定形态的铁氧化物矿物，如水铁矿。在此期间同时发生铁氧化物矿物相的转变。在松散沉积物中常可见无定形及结晶态铁氧化物矿物。高砷沉积物的化学提取结果表明，无定形态及结晶态铁氧化物矿物是含水层沉积物中 As 的主要赋存载体。因此，通过风化和沉积过程控制沉积物中无定形态和结晶态铁氧化物矿物的赋存，进而通过共沉淀及吸附形式影响沉积物中 As 的分布。因此，强烈的化学风化有利于沉积物形成无定形态和结晶态铁氧化物矿物，进而使得沉积物中富集 As，该过程可用来解释观察到的 As 和化学风化指数间的关系（图 2-1-9）及 Fe 和 As 之间明显的相关关系。As 搭载的无定形态和结晶态铁氧化物矿物的生物/非生物还原性溶解，进而造成地下水中 As 的富集。前期化学提取及 Fe 同位素结果已发现有结晶态 Fe（III）及无定形 Fe 矿物相还原性溶解。上述过程也可解释在 35～88 m 的沉积物相对较低的 As 和 Fe 含量。

2.2　全球高砷含水层的沉积地层学特征

全球高砷地下水一般形成于内陆湖盆、冲洪积平原或三角洲平原（表 2-2-1），且发育有不同粒度组合的湖沼相沉积层、三角洲沉积层或冲洪积层等，这些沉积物分布于平坦低洼的地下水滞留区或排泄区，其中往往富含有机质，为还原环境（郭华明 等，2007）。在孟加拉国和印度西孟加拉邦上部 50 m 钻孔岩芯样品中发现了高浓度的砷，高砷含水层为全新统灰色黏土、粉砂和细砂层，偶夹泥炭和砾石层，为布拉马普特拉河、恒河、梅克纳河沿岸漫滩冲积作用、湖沼沉积产物，至下游入海口为三角洲平原的冲积物和湖沼积物（Ahmed et al., 2004），且上部含水层沉积物颜色多为灰色至黑灰色，而深部含水层的颜色多为灰黄色至棕色。石英、长石、云母、角闪石、石榴子石、蓝晶石、电气石、磁铁矿、钛铁矿是含水层沉积物中的主要矿物。在浅层含水层中，黑云母和钾长石占优势；而在深层含水层中，长石、斜长石、石榴子石更为丰富，反映了物源的变化。越南红河三角洲高砷含水层为上更新统、全新统黏土、砂层偶夹透镜状泥炭层，为典型三角洲平原沉积物，以冲积、湖沼积为主，受到潮汐作用影响（Winkel et al., 2011）。山西大同盆地高砷含水层为更新统浅灰色、深灰色粉砂质黏土、粉砂互层，全新统黄褐色、浅灰色黏土质粉砂与粉砂质黏土，为盆地中心低洼处湖积、冲积作用形成的沉积物（Gu et al., 2015; Xie et al., 2014）。河套盆地高砷含水层为全新统地层，为一套由湖沼向黄河泛滥相过渡的沉积物，主要岩性为黄色黏性土与粉、细砂互层，多以黏土质粉砂及粉砂质黏土、黏土为主，厚度 10～50 m。该地层是盆地内部低洼地形处湖积、冲积作用的产物。与山西大同盆地和河套盆地相似，江汉平原高砷含水层为上更新统、全新统青灰-深灰色淤泥层、淤泥质粉砂层和灰黄色黏土层，为地质历史时期河间洼地形成的湖积物和冲积物（顾延生 等，2009）。此外，北美阿拉斯加地区高砷含水层为全新统冲积物、冰碛物，其物源受到晚更新世末次冰期以来的构造抬升、风化和冰碛作用的影响，冰后期以来，全新世暖期的冰川融水冲积作用影响巨大（Saunders et al., 2005）。

表 2-2-1　全球主要地区高砷地下水含水层地层特征与成因统计

地区（文献来源）	地层	成因	高砷赋存环境特征
孟加拉国和印度西孟加拉邦（Ahmed et al., 2004）	全新统灰色黏土、粉砂和细砂层，偶夹泥炭和砾石层	冲积作用为主（含三角洲平原），偶夹湖沼相	高砷赋存于浅层约 50 m 以上的细粒沉积物和泥炭层中
越南红河三角洲（Winkel et al., 2011）	上更新统、全新统黏土、砂层偶夹透镜状泥炭层	冲积、湖沼积为主，受到潮汐作用影响	高砷赋存于浅层约 50 m 以上细粒沉积物，富含有机质，还原环境
山西大同盆地（Xie et al., 2014）	更新统浅灰色、深灰色粉砂质黏土、粉砂互层，全新统黄褐色、浅灰色黏土质粉砂与粉砂质黏土	湖积、冲积作用	高砷赋存于 0～40 m、80～120 m 段细粒沉积物，富含有机质，还原环境
河套盆地（高存荣 等，2014，2010）	全新统黄色、灰黑色黏土与粉、细砂互层	湖积、冲积作用	高砷赋存于 50 m 以上细粒沉积物，含有机质，还原环境
江汉平原（甘义群 等，2014）	上更新统、全新统青灰-深灰色淤泥层、淤泥质粉砂层、灰黄色黏土层	湖积、冲积作用	高砷赋存于 60 m 以上细粒沉积物，富含有机质，还原环境
美国阿拉斯加冰川覆盖区（Saunders et al., 2005）	全新统冲积物、冰碛物	冰、水混合作用	高砷赋存于含有机质的全新统冲积物，中度还原环境

综上所述，高砷地下水的含水层主要来自第四系更新统和全新统地层，一般分布于河谷或盆地地形低洼的河间洼地、漫滩、湖沼、三角洲平原等处（Winkel et al., 2011; Ahmed et al., 2004），一般为环境封闭、地下水流动滞缓且富含有机质的环境。沉积物成因多样，可见冲洪积相、湖沼积相、三角洲平原相等，少数见于晚更新世—全新世受到构造活动、风化作用和冰川混合影响的冰水冲积区（Saunders et al., 2005）。

2.3 内陆湖相环境

2.3.1 内陆湖

1. 内陆湖的特征

湖泊面积小，水体流通性差，区域气候条件对湖泊的影响很明显，如气候冷热和干湿的变化引起母岩风化速度和产物、河流流量和泥沙含量、湖水蒸发和湖面涨缩的变化，相应地引起湖泊水动力和地球化学条件的变化，使湖泊沉积的分布范围和厚度、岩性和相带、有机质类型和含量都有所不同。此外，当靠近海洋的近海湖泊与海洋间存在连通的通道时，全球性海平面变化也将引起湖泊水体的变化。总之，区域构造、地形、气候和物源对湖泊沉积环境及其相应沉积物的控制比对海洋更为直接和明显，其中，构造和气候是对湖泊的形态和水体地球化学条件的主控因素。构造可以控制湖泊的规模、形态、地貌起伏特征等，气候则控制了湖泊水体的水位、地球化学条件等。在不同大地构造区、不同气候区、不同的地理和物源区，湖泊沉积具有相当大的差别（姜在兴，2010）。

2. 中国内陆湖相高砷地下水分布

在中国大陆地区，内陆湖相高砷地下水主要分布在干旱-半干旱的内陆盆地。中国内陆干旱盆地主要包括新疆准噶尔盆地、山西大同盆地、内蒙古呼和浩特盆地和河套盆地、吉林松嫩盆地、宁夏银川盆地等。特殊的古地理环境特征、地下水径流条件、氧化还原环境等被认为是内陆湖相地下水砷富集的重要因素。新疆准噶尔盆地的北疆地区，高砷水分布以准噶尔盆地西南缘最为集中，西起艾比湖，东到玛纳斯河东岸的莫索湾。山西大同盆地高砷地下水主要赋存于更新统古湖相沉积物中。内蒙古呼和浩特盆地和河套盆地的高砷水主要存在于上更新统—全新统冲湖积含水层中。吉林松嫩平原高砷含水层以上更新统—全新统湖积相粉细砂为主，各含水层之间有黏土、亚黏土隔水层，地下水径流不畅，水位埋深变浅，导致地下水中砷和氟的富集。宁夏银川盆地高砷地下水含水层为山前冲洪积平原前缘的全新统湖积物，受到黄河河道冲积的影响。

2.3.2 内陆湖盆环境与高砷富集的联系

大范围的高砷地下水经常存在于两种典型的环境中：一种是干旱或半干旱地区的内陆或封闭盆地，且发育有细粒湖沼相沉积层或冲洪积层等；另一种是由低洼地形区冲积、湖积、三角洲沉积层形成的处于强还原条件下的含水层。以上两种形成环境均倾向于晚第四纪时期的沉积物，且沉积物中往往富含有机质，为还原环境，由于地势低平、地下水流动迟缓，含水层水流更新交替缓慢，为地下水砷富集提供了良好的条件（郭华明 等，2007）。总之，构造运动、气候条件、湖盆内部的水文及物理、化学和生物特征对高砷地下水的形成具有重要的影响。内陆湖盆的构造成因以断陷型为主，如大同盆地为一新生代断陷盆地，河套盆地为形成于侏罗纪晚期的中新生代断陷盆地。内陆湖盆位于干旱-半干旱区，多年平均降水量 400 mm 左右，多年水面蒸发量 1 880 mm，为降水量的 4.7 倍，蒸发浓缩作用影响高砷地下水的化学特征。封闭的、地下水流动滞缓的、富含有机质的环境有利于地下水中砷的富集。内陆湖盆的氧化还原条件对地下水中砷的富集起着至关重要的作用，地下水中氧化还原电位越低，砷质量浓度相应越高。在氧化环境中，地下水中的砷的化合物（砷酸盐或亚硝酸盐）会被胶体或铁（锰）氧化物或氢氧化物吸附，导致地下水中的砷含量极低，但在还原环境中时，胶体变得不稳定或铁（锰）的氢氧化物被还原，它们形成了更为活跃的离子组分，而溶入地下水中。pH 是影响内陆湖盆地下水中砷活性的一个重要因素，砷在地下水中（pH 为 4～9），主要以砷酸盐或亚砷酸盐的形式存在；许多有机酸，如柠檬酸、醋酸、甲酸及腐殖酸等，能促进金属元素在地下水中的迁移，生物等有机质供给与铁锰及砷的还原释放有关；地下水系统中的微生物活动会影响含水层中砷的释放，也严重影响砷的反应动力学特性，微生物活动产生的生物酶可大大改变不同形态砷的生化反应速率，且微生物的新陈代谢可加速元素的转化和循环。

2.4　三角洲环境

2.4.1　三角洲的形成与发育

三角洲是指河流与海洋、湖泊的汇合处（在河口附近）所形成的锥形碎屑沉积体，通常所称的三角洲大多是指海洋三角洲，它是河流流水与海洋波浪和潮汐共同作用的产物。三角洲的规模可自几平方公里到几千平方公里，其规模大小主要取决于河流的大小，如我国的长江三角洲面积约 5 180 km^2。

世界上著名的三角洲有恒河—布拉马普特拉河三角洲（孟加拉国、印度）8×10^4 km^2，长江三角洲（中国）5×10^4 km^2，湄公河三角洲（柬埔寨、越南）4.4×10^4 km^2，尼日尔河三角洲（尼日利亚）3.6×10^4 km^2，伊洛瓦底江三角洲（缅甸）3×10^4 km^2，勒拿河三角洲（俄罗斯）3×10^4 km^2，密西西比河三角洲（美国）2.6×10^4 km^2，奥里诺科河三角洲（委内瑞拉）2.6×10^4 km^2，尼罗河三角洲（埃及）2.4×10^4 km^2，伏尔加三角洲（俄罗斯）189 85 km^2。

影响三角洲形成和发育的因素主要有以下几种：①河流的流速、泄水量、搬运泥沙量；②注入和蓄水体的相对密度大小；③沉积介质作用类型（河流、波浪、潮汐、海流）和强度；④沉积盆地的构造性质，其中包括沉积盆地的稳定性、沉降速度和海水进退等。

由于河口沙坝的堆积阻截，水流受到阻挡，当能量累积到一定程度时，水流势必向两侧方向冲刷，形成分支流，并在其外侧形成新的水下天然堤。分支流河道再向前发展，又会在两个分支流河道口出现两个新分支流河口砂坝，而将分支流河道再度分流，形成次一级分支流河道，并向外扩展。由于这一过程不断重复发展，三角洲就不断地向海方向推进，其结果便形成了分支流发育的三角洲平原（陈建强 等，2004）。

2.4.2 世界范围三角洲高砷地下水分布情况

1. 中国三角洲

1）珠江三角洲

珠江三角洲存在高砷地下水，地下水中砷质量浓度为 2.8～161 μg/L。地下水处于还原环境，且呈中性或弱碱性。该地区高砷地下水的显著特点是：NH_4^+ 和有机质质量浓度高（分别为 390 mg/L、36 mg/L），而 NO_3^- 和 NO_2^- 质量浓度低，盐分含量对砷的富集并无显著影响。黄冠星等（2010）认为，地下水中砷的主要来源为含水介质中原生砷的释放及地表灌溉污水的入渗补给，而 Wang 和 Jiao（2014）认为沉积物中有机物的矿化及 Fe 羟基氧化物的还原性溶解是地下水中砷富集的主要过程。

2）长江三角洲

长江三角洲高砷地下水普遍存在。20 世纪 70 年代以来相继发现长江三角洲南部南通—上海段第一承压水中砷质量浓度大于 50 μg/L，严重超过国家饮用水卫生标准。这一带地下水的还原性较强，高砷地下水中 Fe^{2+} 质量浓度普遍较高，多数大于 10 mg/L。地下水中砷质量浓度高时，相应 Fe^{2+} 质量浓度也较高（郭华明 等，2013）。

2. 恒河—布拉马普特拉河三角洲高砷地下水分布

在过去三十年中，孟加拉国恒河—布拉马普特拉河三角洲冲积含水层地下水中的溶解砷的高浓度已经引起数百万人严重的健康问题（Harvey et al., 2006; Ahmed et al., 2004；Zheng et al., 2004; BGS and DPHE，2001; Nickson et al., 2000; Smith et al., 2000），高砷地下水最广泛的是印度西孟加拉邦和孟加拉国，在 Manikganj 地区发现广泛的高砷地下水分布，其沉积物中的砷质量分数范围为 0.3～8.8 mg/kg。Manikganj 地区 MG、MN 钻孔中的砷平均质量分数分别为 2.2 mg/kg 和 1.7 mg/kg，且 9 m、15 m 深度砷质量分数分别为 7.7 mg/kg、3.7 mg/kg（Shamsudduha et al., 2008）。

3. 越南红河三角洲高砷地下水分布

Winkel 等（2011）在越南红河三角洲全新统含水层中发现了高砷水，私人井主要从全新统含水层中提取水，而城市供水设施的井则从更新统含水层提取水。在 Bac Bo 平原、河内市等地下水砷质量浓度最高可达 430 μg/L，高质量浓度砷主要存在于 Br 和 DOC 质量浓度高的地下水中（Berg et al., 2001）。最高砷质量浓度存在于现代红河河道的西南，三角洲平原的边界沿西北—东南方向的 20 km 宽的条带，与古红河河道（9 000 a BP）的位置一致。在伊洛瓦底江三角洲，高砷地下水分布情况与孟加拉国和越南类似，主要分布在缅甸南部，如 Kyonpyaw、Thabaung、Hinthada、Laymyathna 等地区（郭华明 等，2014）。

2.5　冲洪积平原环境

河流是陆地表面上经常或间歇有水流动的线性天然水道，是陆地上最活跃、最有生气的侵蚀、搬运和沉积地质营力。冲积平原是河流沉积作用形成的平原地貌。在河流的下游，水流没有上游急速，上游侵蚀的大量泥沙到了下游后因流速不足以携带泥沙，结果这些泥沙便沉积在下游。尤其当河流发生洪水时，泥沙在河的两岸沉积，冲积平原便逐渐形成。冲积平原上的河流经常改道，在平原上留下许多古河道的遗迹，并常保留一些沙堤、沙坝、迂回扇、牛轭湖、决口扇和洼地等地貌和沉积物。洪积平原是指干旱地区山前地带由一系列洪积扇不断扩大伸展组合而成的平原。洪积平原的组成物质分选不良，粗细混杂，碎屑物质多带棱角，磨圆度不佳，山前洪积平原由于周期性的干燥，常含有可溶盐类物质。

2.5.1　冲积相与洪积相

冲积相，又称河流相，是陆相沉积类型之一，指由于河流或其他径流作用形成的一套沉积物或沉积岩。河流的侵蚀作用使河谷不断地加深和拓宽，导致河床的左右迁移。河流源源不断地把沉积物由陆地搬运到湖泊和海洋中去，同时在搬运过程中形成了广泛的河流沉积。

洪积相，又称冲积扇相，是陆相沉积类型之一。当山谷中的季节性洪水进入盆地时，由于坡降变缓，水的流速急剧降低，水流分散，形成许多分流河道，由于洪水所携带的大量碎屑物质便在山口外，顺坡向下堆积，形成冲积扇沉积（姜在兴，2010）。

2.5.2 世界范围冲洪积平原高砷地下水分布情况

1. 亚洲

1）东亚

中国是东亚地区典型的原生高砷地下水国家之一。中国冲洪积平原环境高砷地下水主要位于北京市远郊区县顺义和通州，湖北省的江汉平原。在顺义区，地下水砷质量浓度超标率（> 50 μg/L）为 6.54%，最高质量浓度可达 143 μg/L。江汉平原的高砷地下水主要分布于仙桃市和洪湖市，在仙桃地区的调查表明，调查的 848 眼井中有 115 眼井砷质量浓度超出了 50 μg/L，地下水中砷的最高质量浓度可达 2 010 μg/L。

2）南亚

南亚冲洪积平原环境高砷地下水主要位于恒河平原、布拉马普特拉河平原和印度河平原，在恒河平原，自 2003 年以来，比哈尔、波杰布尔、北方邦和恰尔康得邦先后发现了高砷地下水的存在，对波杰布尔中一个村里的调查结果显示，82% 的水井中砷的质量浓度大于 10 μg/L。在印度河平原，地质条件与恒河—布拉马普特拉河系统较为相似，但气候属于干旱-半干旱环境。受砷影响最严重的地区包括印度的旁遮普、巴基斯坦的巴哈瓦尔布尔、木尔坦及信德省等。在布拉马普特拉河平原，高砷地下水主要分布于布拉马普特拉河的中部流域，包括阿萨姆邦东北部的德马杰地区、西隆南部的卡仁甘杰地区和曼尼普尔区（郭华明 等，2014）。

3）东南亚

东南亚冲洪积平原环境高砷地下水主要位于越南—柬埔寨—老挝的湄公河冲洪积平原，老挝的占巴塞省、沙拉湾省（湄公河流域）和阿速坡省。

2. 欧洲

欧洲冲洪积平原环境高砷地下水主要位于匈牙利和意大利。在匈牙利，高砷地下水广泛分布于匈牙利大平原的冲积层中，特别是沿着多瑙河支流 Maros 和 Duna-Tisza 河分布。在意大利，高砷地下水主要在伦巴第、艾米利亚—罗马涅和威尼托地区的大波河、阿达河、阿迪杰河和里诺河流域的冲积平原含水层中，地下水砷质量浓度最高可达 1 300 μg/L。

3. 北美洲

北美洲冲洪积平原环境高砷地下水主要位于墨西哥北部和中部。在墨西哥北部，分布于索诺拉和下加利福尼亚，赋存于冲洪积含水层中，砷的最大质量浓度达到 410 μg/L。在墨西哥中部，高砷地下水主要分布于 Rio Verde、Region Lagunera 和 Zimapan 河谷，赋存于冲洪积含水层和灰岩裂隙含水层或火山岩裂隙含水层中，最高砷质量浓度达到 1 100 μg/L。

4. 南美洲

南美洲冲洪积平原环境高砷地下水主要存在于太平洋干旱滨海平原。位于智利北部 Region II 地区的安托法加斯塔、伊基克、托科皮亚、阿里卡及卡拉马，秘鲁的 Rio Locumba 及厄瓜多尔的 Rio Tambo，这些地区砷的最高质量浓度达 2 000 μg/L。

5. 非洲

非洲冲洪积平原环境高砷地下水存在于奥卡万戈河的内陆三角洲，高砷含水层为冲洪积-湖积砂层；砷的最高质量浓度达 117 μg/L，并以 As（III）为主。在喀麦隆西南部的 Ekondo Titi 区域，高砷地下水存在于滨海冲积含水层中（郭华明 等，2014）。

2.5.3　冲洪积平原与高砷富集的关系

柬埔寨湄公河和 Bassac 河（在湄公河西向与之平行的河流）沿岸形成的冲积平原的地下水化学分析表明，两条河流之间较为平坦的“中部”区域具有显著高于湄公河东岸和 Bassac 河西岸的地下水 As 浓度，具有较低的 Eh 值和较高的 DOC、NH_4^+、HCO_3^-、PO_4^{3-} 和 Fe（II）浓度，几乎所有的无机氮存在于还原状态的 NH_4^+ 中。因此，该区域的地下水本质上是还原状态的，且 pH＞7.3，中性偏碱性的 pH 条件有利于砷的解吸附作用，柬埔寨湄公河冲洪积平原的高砷富集是还原条件造成的（Buschmann et al., 2007），洪水将大量的有机质携带到湄公河泛滥平原中，促进了五价砷还原为三价砷（Phan et al., 2010）。老挝的中部和南部洪泛区地下水的高砷情况与那些有还原环境冲积含水层的湄公河国家类似，如柬埔寨和越南（Chanpiwat et al., 2011）。冲洪积平原砷富集的主要因素有：冲洪积平原的含水层中形成还原性地下水，五价砷多被还原为三价砷；冲洪积平原地势平坦，地下水流速小；河流或洪水从上游携带的物源沉积下来，在冲洪积平原还原环境下沉积物中的砷被解吸，增加了地下水中砷的含量（Lear et al., 2007）。

2.6　区域环境演化与高砷地下水的形成

大约 20 Ma 前，冰开始在南极积累，2.4 Ma 前，北半球冰盖形成，冰雪积累形成冰盖过程十分缓慢，但后来冰川融化、冰盖退缩的过程十分迅速。大约 2.6 Ma

前地球进入第四纪，其气候变化特点为冰期—间冰期旋回。最近一个旋回开始于约 0.12 Ma 前，末次间冰期时地球气候与现代的温暖程度相当。晚更新世是中国大陆第四纪以来最干冷的时期，青藏高原隆起，对来自西面的水汽和印度洋的暖湿气团的屏障作用越发加强，西北地区降水明显减少。至 2.3 万年前达到最冷，称为末次冰盛期。末次冰消期是末次冰期向冰后期转化的一个过渡时期，表现特征为快速且不稳定的波动性升温，在此阶段，北半球大冰盖消融，洋面快速回升，大气 CO_2 浓度迅速升高，同时发生了一系列气候突变事件（Lambeck and Chappell，2001）。加勒比海珊瑚礁证据表明末次冰消期以来有三阶段海平面迅速上升超过 45 mm/a，每起事件的发生均由体积巨大的融冰水流进海洋而引起海平面上升（图 2-6-1）（Blanchon and Shaw，1995）。北半球高纬地区——北大西洋地区与格陵兰地区的研究表明末次冰期气候表现为一系列的快速气候突变事件（即 Heinrich 与 Younger Dryas 冷事件、Dansgaard-Oeschger 暖事件）（管清玉 等，2007）。末次冰期黄土高原冬季风存在千年尺度高频振荡的特征，冬季风的加强可以与极地北大西洋的 Heinrich 事件对比。末次冰期堆积的中国马兰黄土含有与极地北大西洋千年尺度古气候变化相关的信息证明末次冰期中国黄土记录的古气候与北大西洋地区岩芯及冰芯记录的千年尺度的古气候变化具有遥相关性（图 2-6-1）。青藏高原古里雅冰芯记录、青藏高原和其北侧的高湖面记录、植被变化记录指示 40～30 ka BP 即末次冰期间冰阶或深海氧同位素 3 阶段（MIS3）后期青藏高原出现了异常的温暖湿润气候，温度高于现代 2～4 ℃，降水有 4 成至成倍以上的增长，代表着一次特强的夏季风事件，推测其动力一方面为高原夏季低气压强盛，增大了对夏季风的吸引力，另一方面为热带洋面的旺盛蒸发，助长了西南季风携带丰富水汽吹越青藏高原。特强夏季风形成背景是 40～30 ka BP 正值 20 ka 左右岁差周期的太阳高辐射阶段，青藏高原接受的辐射增强加大了高原与印度洋中南部的热力对比（施雅风 等，1999）。中国东部石笋氧同位素同样记录了末次冰期以来高分辨率的古气候变化时间序列，不仅反映了东亚夏季风降水历史中的 Heinrich 事件，而且发现末次冰期东亚夏季风活动区气候变化同样存在着 Dansgaard-Oeschger 旋回（简称 DO），与极地 GRIP 冰芯记录有良好的对比关系，石笋记录的较长时间 60～30 ka BP 的东亚夏季风强盛记录不仅与青藏高原 MIS3 阶段特强夏季风事件有关，而且 60～40 ka BP 的潮湿气候对长江中下游的古湖沼湿地的沉积演化产生了重要的影响（Wang et al., 2001; 汪永进 等，2000）。距今 25 ka 全球进入末次冰期海平面快速下降阶段，大约在距今 23～19 ka 进入末次盛冰期最低海面时期（Mix et al., 2001; Fleming et al., 1998），中国东部陆架的海平面比现在低 130 多米（彭阜南 等，1984; 朱永其 等，1979），随后海平面逐渐上升，尤其是末次冰消期海平面的快速上升，将中国东部陆架淹没。此后，随着气候的暖湿和海平面的上升，陆相盆地内的湖沼沉积环境发生了翻天覆地的变化（图 2-6-2）。

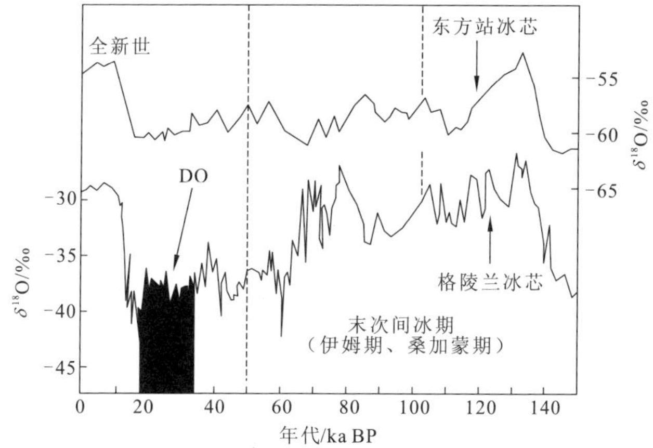

图 2-6-1　晚更新世气候变化记录的格陵兰和南极冰芯的 $\delta^{18}O$ 记录（布莱恩特，2004）

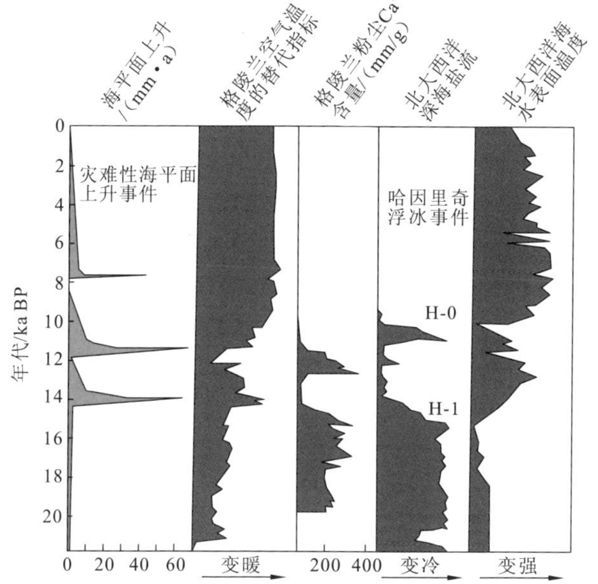

图 2-6-2　末次冰消期时北半球大气、海洋和冰盖的相互关系（布莱恩特，2004）

地质历史时期以来，构造运动和气候变化是影响盆地沉积环境演化的两大因素。已有研究表明，末次冰盛期以来的构造抬升、气候变化、水文过程、风化作用、生物作用和沉积作用的耦合与第四纪高砷地下水的形成环境关系密切（Saunders et al., 2005）。世界多个地区的水文地球化学和地质学证据表明，高砷地下水的形成环境与晚更新世末次冰盛期干冷气候向全新世暖湿气候环境转变有关（图 2-6-2）。末次冰消期以来全球变暖、海平面上升对世界各地主要谷地、盆地和三角洲平原沉积演化产生了深刻影响，为高砷地下水形成环境的产生提供了基础物质条件，如静水或弱水流环境下的漫滩-湖沼往往沉积细粒的砂土，生物大量繁盛，有机质丰富，且处于还原环境等。下面以孟加拉盆地、江汉盆地、大同盆地为例，分析区域环境演化与高砷地下水形成的关系，阐述高砷地下水的形成与第四纪全球变化的关联。

2.6.1 孟加拉盆地 1.8 万年来沉积环境演化与高砷地下水形成：以 Manikganj 地区为例

孟加拉盆地是发育在印度次大陆东北侧较典型的残留洋盆地，该盆地第四纪沉积模式不同于新近纪—古近纪和古老地质时代。孟加拉盆地的老沉积物中并没有发现砷的存在，高砷地下水的出现与孟加拉盆地晚第四纪独特的地质地貌、第四纪沉积环境演化发育过程显著相关，而盆地第四纪沉积和河流动力学又受全球气候变化、喜马拉雅山隆起和构造沉降的控制。以孟加拉盆地 Manikganj 地区为代表，地表以下 10～80 m 的含水层平均砷质量浓度为 35 μg/L，存在 3 期高砷事件，分别对应 14 cal ka BP、8.6 cal ka BP、5.8 cal ka BP 左右发生的季风增强、海平面升高和沉积响应事件（图 2-6-3，图 2-6-4）。

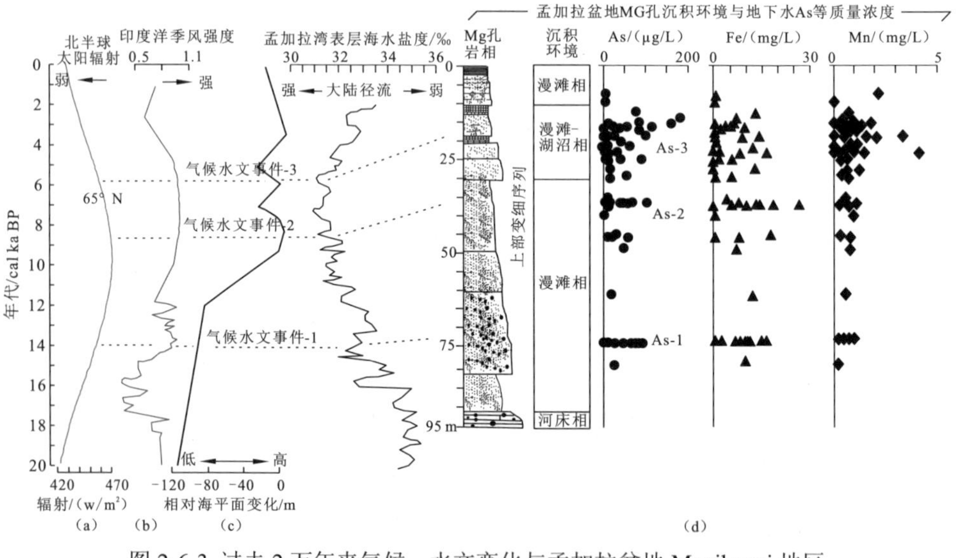

图 2-6-3 过去 2 万年来气候、水文变化与孟加拉盆地 Manikganj 地区沉积演化、高砷地下水事件综合对比

（a）北半球太阳辐射（Berger，1978）；（b）印度洋季风强度指数（Zonneveld et al., 1997）；（c）全球海平面变化（Waelbroeck et al., 2002）；（d）孟加拉湾表层海水盐度（Lupker et al., 2013）、孟加拉盆地 MG 孔沉积与地下水 As 等质量浓度（Shamsudduha et al., 2008）

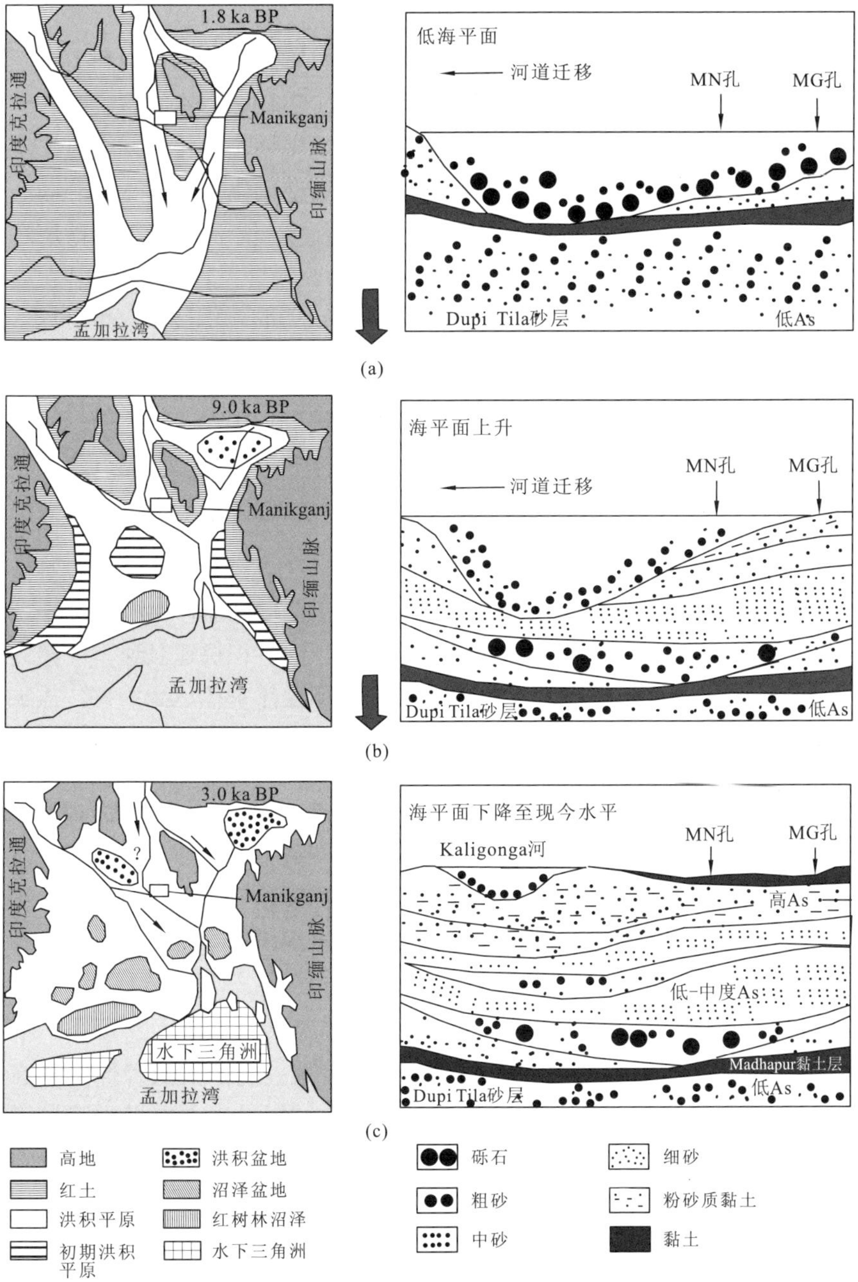

图 2-6-4　孟加拉盆地 1.8 万年来古地理重建及 Manikganj 地区高砷地下水形成示意图（Shamsudduha et al., 2008）

（a）低海平面下切河谷沉积；（b）快速上升海平面与河床、泛滥平原沉积物充填；（c）海平面下降、现代三角洲出现、泥炭和红树林湿地及含高砷地下水细粒沉积物发育在 Manikganj 地区，高度氧化和风化形成的 Dupi Tila 砂层构成了深部的无砷含水层（> 100 m），这可能是晚上新世至早更新世辫状河环境沉积地层（Reimann and Hiller, 1993），Dupi Tila 砂层黄褐色到橙褐色沉积物主要由石英、长石、云母和一些重矿物组成，有机质少，而上覆的全新世沉积物颗粒较细，颜色为灰、深灰色，有机质高。中更新世以来，盆地中部发育高度风化残积型 Madhupur 黏土层。晚更新世以来，由于末次冰盛期低海平面的影响，位于 Dupi Tila 砂层之上的 Madhupur 黏土层自末次冰盛期至早全新世遭到剧烈侵蚀，18 cal ka BP 左右受到末次冰盛期干冷气候、低海平面的影响，使得 Dupi Tila 含水层被充分冲刷，铁的氢氧化物重结晶，于地形低洼处形成河床相沉积。比较有意义的是，14 cal ka BP 左右随着末次冰消期北半球太阳辐射的增强，印度洋季风出现异常强盛期，随后孟加拉湾海平面迅速升高，大陆入海径流量加大，海水盐度降低。在丰富的降水背景下，Manikganj 地区末次冰消期沉积物由中等砾石层向粗砂层转变。河床、河漫滩形成的相对较粗的富含有机质的细砂层蕴含了第 1 次高砷事件（图 2-6-3，图 2-6-4）。随后在早全新世暖湿的气候环境下，降水继续增加，喜马拉雅地区至研究区开启了快速堆积模式（Goodbred Jr and Kuehl，2000），钻孔样品中部分破碎棱型石英晶体和橄榄石等极不稳定矿物的出现表明沉积快速且速率非常高。值得关注的是，8.6 cal ka BP 处于全新世大暖期，印度洋季风达到鼎盛，孟加拉湾海平面升高至最高水平，大陆入海径流量达最大，海水盐度最低，暖湿的气候环境促进了 Manikganj 地区漫滩相富含有机质的细粒沉积物发育，同时造就了第 2 次高砷事件（图 2-6-3，图 2-6-4）。值得一提的是，5～6 cal ka BP 时期季风开始减弱，但地表降水仍然丰富，大陆入海径流量大，海水盐度低，海平面又处于一个上升期，沼泽盆地和红树林沼泽在孟加拉盆地内部至沿海平原上发育，Manikganj 地区 MG 孔、MN 孔向上变细的沉积序列记录了该时期游荡性河流环境沉积物，以中细砂、河漫滩黏土和一些泥炭为主（Ahmed et al., 2004）。细砂和粉质黏土形成了浅层冲积含水层，该含水层中含砷质量浓度高，其上下均为细粒的黏土和泥炭层分隔，因而空间上形成了类似三明治式的岩性组合模式，尽管位于较浅的深度，但由于微生物介导的还原溶解过程、有机物降解、积累和还原条件诱使砷从铁的氢氧化物中释放出来，于 5.8 cal ka BP 左右产生了第 3 次高砷事件（图 2-6-3，图 2-6-4），该时期丰富的降水和海平面升高的原因尚待深入研究。

总之，孟加拉盆地中部 Manikganj 地区地下水地球化学、第四纪沉积物特征与化学、含水层沉积物岩石学、矿物学综合研究结果表明浅层冲积含水层（<100 m）砷质量浓度的升高与灰色细粒、富含有机质的河漫滩不同粒度沉积物及黏土、泥炭层出现及空间配置有关，而区域沉积环境的演化往往对全球环境变化如季风强

度、海平面升降及新构造运动等关系紧密。因此，孟加拉盆地 Manikganj 地区 3 期高砷地下水事件的出现具有重要的生态环境和全球变化意义。

2.6.2　江汉盆地末次冰期以来古环境演化与高砷地下水形成

江汉盆地是白垩纪和新生代时期形成的裂陷盆地，据沉积建造、地层分布、岩浆及构造等资料分析，盆地经历了白垩纪至古近纪的裂陷过程，新近纪和第四纪为重新沉降期，形成了现今的盆地构造地貌景观。新生代以来，江汉盆地新构造运动表现为周缘山地拱曲抬升隆起，山前或平原周边以掀斜为主，盆地腹部呈下沉趋势，故新生代以来江汉盆地沉降中心不断南移（Zhao et al., 2010）。古近纪沉降中心在潜江凹陷的蚌湖、周矶一带，渐新世与中新世之交，随着长江贯通东流，江汉盆地内陆河湖沉积格局打破，奠定了江汉平原的雏形（Zheng et al., 2013）。新近纪沉降中心向西南移至熊口、浩门，更新世沉降中心在潜江、仙桃一带（张德厚，1994）。1928～1953年重复水准测量表明现代沉降中心在枝城—监利一带（湖北省地质调查院，2003）。

总之，第四纪时期江汉盆地间歇性沉降，其沉降幅度在300 m以上，为泥沙沉积提供良好的构造环境，而且还汇聚流域来水。江汉平原又是盆地型平原，为地表径流提供良好的汇聚环境，其地表径流量达$7\,178.99\times10^{8}\,m^{3}$，因而易成为“水袋子”，如此丰富的地表径流必然携带大量的泥沙进入第四纪江汉构造湖盆（刘昌茂和刘武，1993）。水泽大湖湖盆地貌在如此大量泥沙沉积下日益淤高，湖盆容积日渐收缩，大湖面积则日益缩小，并逐渐解体化整为零，平原也随之扩大。由此可见，水泽大湖演变到泛滥平原阶段，就已经是古大湖消亡和江汉平原形成的前夕，但当时依然是大湖连片，河湖不分，到处湖水茫茫一片水乡景象。宋代以来人类大规模挽堤围垸活动加速了江汉湖群萎缩与消亡进程（顾延生 等，2013），特别是1650年荆江大堤堵住最后一个穴口连成整体后，隔断了长江与江汉湖群的联系，从此防洪大堤——这一人工系统进入江湖关系，并在相当程度上控制着江湖关系的发展（Yin et al., 2007; 张修桂，1980）。此外，已有研究表明，第四纪古气候变化显著影响了江汉盆地沉积环境演化。神农架高山泥炭古水文重建研究表明异常湿润期与泥炭、湖沼沉积发育相关，当时丰富的降水对古云梦泽沉积的发育及楚文化的起源、发展，以及古代江汉平原农业、宗教和军事等产生了深远的影响（Xie et al., 2013）。然而，过去几十年来，江汉盆地末次冰期以来的沉积环境演化的详细资料较少，仅施之新（1997）在江陵江47号钻孔46.6～2.2 m层位发现了丰富的硅藻化石，指示了该地区晚更新世早期至全新世中期沉积环境为泛滥平原中的湖泊或沼泽环境。

仙桃沙湖地区 JH002 钻孔上部 12 m 以全新统郭河组（Qh*g*）灰黄色黏土为主，可见白云母、腹足螺类，为漫滩-湖相沉积。下部 33 m 由上更新统沙湖组（Qp_3s）青灰-深灰色薄层砾石层、砂层和青灰-深灰色淤泥层、淤泥质粉砂层组成，富含有机质，为湖沼相沉积。钻孔沉积记录表明，江汉盆地东部仙桃地区（长江与汉水之间的河间洼地）自晚更新世中晚期以来发育了良好的湖沼相沉积环境（图 2-6-5），钻孔沉积物为深灰色、灰黑色淤泥质黏土、砂土发育，富有机质，激光粒度分析曲线指示该时期为湖沼沉积环境，同时与地下水高砷所在含水层位相对应（甘义群 等，2014），黏土矿物气候指数指示该时期为温凉湿润环境，磁化率的下降与沉积物中铁磁性氧化物的减少及高砷出现有关。与江陵地区钻孔硅藻记录的湖相环境一致（施之新，1997），仙桃地区 MIS3 时期湖沼环境的出现与中国东部石笋记录的夏季风兴盛和海平面升高有关，同时也与青藏高原和其北侧的高湖面记录、MIS3 后期青藏高原异常的温暖湿润气候具有一致性（Wang et al., 2001; 施雅风 等，1999），异常强盛的东亚季风带来了丰富降水，造就了江陵和仙桃沙湖地区广泛发育的湖沼沉积，由于气候的干湿变化及水位的波动，湿地沉积物的粒度粗细变化呈明显的三明治模式，即两细（淤泥或黏土）夹一粗（粉砂或砂土），进而塑造了高砷地下水的形成环境即富有机质（颜色偏深）、水流缓或不畅（低洼排泄区）、还原环境（磁化率偏低）、细粒沉积物、生物繁盛（生物遗存丰富、TOC 高）等（图 2-6-5）（顾延生 等，2018）。

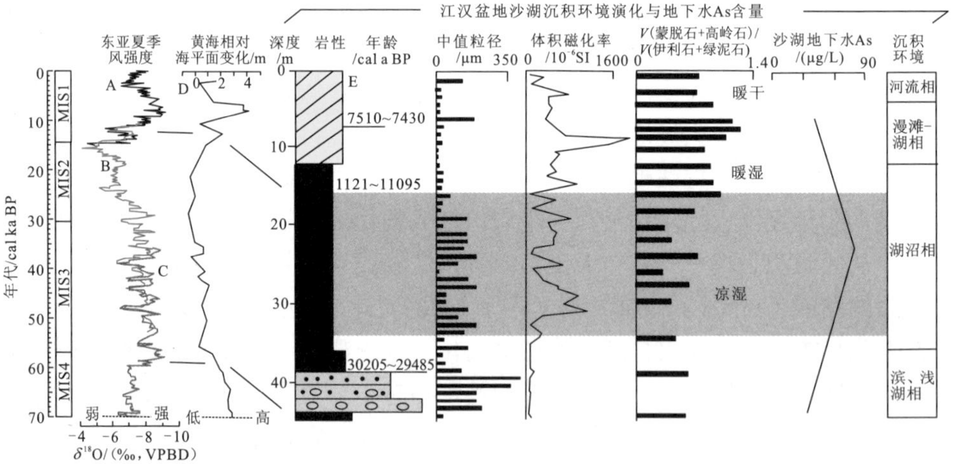

图2-6-5　过去7万年来东亚夏季风演化、黄海海平面变化与江汉盆地东部沉积环境演化及高砷含水层综合对比（顾延生 等，2018）

（A）东亚夏季风强度（Dykoski et al., 2005）；（B、C）南京葫芦洞石笋氧同位素（Wang et al., 2001）；（D）黄海海平面变化（Yi et al., 2012）；（E）沙湖高砷水（甘义群 等，2014）

2.6.3　大同盆地更新世沉积环境演化与高砷地下水形成：以东兴寨 ZK09 孔为例

1. 盆地演化历史

湖泊沉积动力学对构造与气候变化响应敏感，大同盆地新生代以来湖泊沉积发育，构造运动、气候变化和火山活动等是影响盆地演化的重要因素。首先是新生代喜马拉雅运动奠定了大同地堑盆地的雏形，上新世末—早更新世初出现了统一的大同-阳原古湖，早更新世为湖泊发育和火山活跃阶段。中更新世时，大同-阳原盆地发生了第二次湖泊扩张，中更新世中晚期，构造运动活跃，大同盆地又发生数次火山喷发活动，在山西地台总体上升的影响下，大同盆地也随之上升，大同—阳原盆地东高西低的地势逐渐变为西高东低，此时古湖面积已大为缩小，大同盆地上游出现了现在桑干河的雏形（裴静娴，1981）。晚更新世末期，石匣峡谷被切开，引起水系发生变化，造成河流向东流去，导致湖水外泄，从而使历时二百余万年的大同-阳原古湖至晚更新世末消亡（周廷儒 等，1991）。

2. 中更新世以来古气候与沉积环境演化

湖泊沉积动力学对构造、气候旋回的响应敏感，大同盆地新生代以来湖泊沉积发育，构造运动、气候变化和火山活动等是影响盆地演化的重要因素。中更新世以来，大同盆地山阴古湖的形成、演化与古气候变化关系密切。东兴寨ZK09钻孔沉积记录了山阴古湖800 ka来形成、萎缩与消亡的过程，其中温暖湿润气候往往对应深水湖沉积，干冷气候对应滨浅湖、浅水湖沉积，70 ka以来由于气候进一步干旱，沉积环境为河流和风成环境（图2-6-6）（Gu et al., 2015）。总之，气候变化对湖泊演化影响至关重要，大同盆地古湖沉积序列对气候变化具有良好的响应，温暖潮湿气候与湖泊扩张、寒冷干旱气候与湖泊萎缩相关联。自中更新世至晚更新世，古湖经历了两次扩张和收缩，至晚更新世由于气候干冷化和石匣峡谷被切开引起水系发生变化，造成河流向东流去，导致大同-阳原盆地湖水外泄，古湖彻底消失，河流系统和风成堆积发育。

3. 高砷地下水与第四纪沉积环境关联

已有研究显示大同盆地第四纪（湖泊）沉积演化及沉积物空间配置格局与地下水形成环境具有一定的关联性，该沉积环境格局控制着盆地地下水的水动力条件，同时也严重影响着盆地地下水水化学特性。因此，研究盆地沉积环境的演化过程对于研究盆地地下水环境的变化、地下水的形成与分布、水化学特性的形成及演化等有重要指导意义（杨勇和郭华明，2003）。

中更新世以来湖泊的扩张与萎缩造成湖泊沉积的砂层、砂砾层与黏土层交替堆积，形成多个被黏土层分隔的含水砂层。中更新世晚期以来大同盆地古湖泊肢解为众多小湖盆的过程中，湖泊沉积环境和水体地球化学特征受到气候的影响，这些湖盆面积较小且水位较浅，在干燥气候条件下，湖泊水体不断浓缩、咸化，并逐渐干涸。在湖泊消亡过程中，由于湖泊水体经历了淡水—微咸水—半咸水—咸水的阶段，咸水湖泊环境的出现与地下水砷的分布、迁移等关系密切，可能是大同盆地下水砷富集的主要控制因素，所以该时期湖积物是地下水中砷异常的主要地层载体。800 ka 来气候的干旱化不仅影响到大同盆地湖泊水位和沉积环境演化，而且改变了湖泊水化学、生物组合的变化。800 ka 来大同盆地经历了 3 期明显的干旱期，其中 500～400 ka、300～70 ka 发生的两期气候干旱化事件对湖泊水文和沉积环境影响深刻，分别对应了 2 期气候水文事件和 2 期高砷事件，整体表现为高砷含水层粒度较粗（滨浅湖相），其上下均为细粒沉积物（深湖相或浅湖相）封闭，且高砷含水层内有机质丰富，TOC 高，磁化率偏低（图 2-6-6）。干旱—半干旱的气候、封闭—半封闭的地球化学环境以及富含有机质的湖相沉积物为砷的富集提供了有利条件，较强的水化学还原环境是促使其他形态砷向亚砷酸盐转化即毒性增强的主要原因（王焰新 等，2010）。

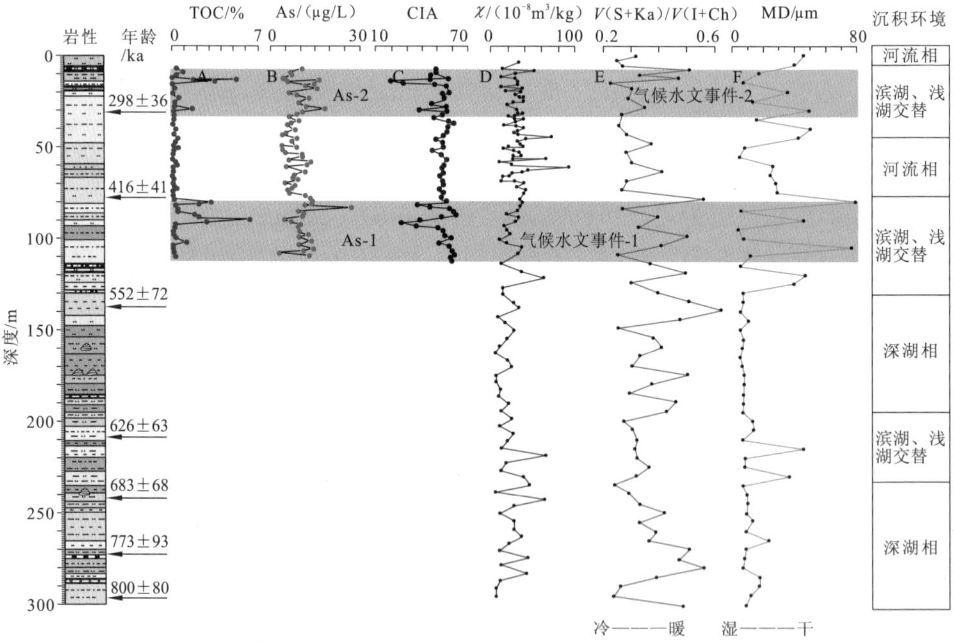

图2-6-6　中更新世以来大同盆地湖泊沉积环境演化与高砷含水层、TOC、CIA综合对比

（A～C）大同盆地沉积物TOC、地下水As质量浓度和CIA（Xie et al., 2014）；（D～F）大同盆地沉积物磁化率*x*、黏土矿物含量比值、中值粒径MD（Gu et al., 2015）；Ka为高岭石；I为伊利石；S为蒙脱石；Ch为绿泥石

参 考 文 献

布莱恩特 E, 2004. 气候过程和气候变化[M]. 刘东生, 等, 编译. 北京: 科学出版社.

陈建强, 周洪瑞, 王训练, 2004. 沉积学及古地理学教程[M]. 北京: 地质出版社.

甘义群, 王焰新, 段艳华, 等, 2014. 江汉平原高砷地下水监测场砷的动态变化特征分析[J]. 地学前缘, 21(4): 37-49.

高存荣, 刘文波, 刘滨, 等, 2010. 河套平原第四纪沉积物中砷的赋存形态分析[J]. 中国地质, 37(3): 760-770.

高存荣, 刘文波, 冯翠娥, 等, 2014. 干旱、半干旱地区高砷地下水形成机理研究: 以中国内蒙古河套平原为例[J]. 地学前缘, 21(4): 13-29.

顾延生, 葛继稳, 黄俊华, 等, 2009. 2 万年来气候变化人类活动与江汉湖群演化[M]. 北京: 地质出版社.

顾延生, 李贶家, 秦养民, 等, 2013. 历史时期以来人类活动与江汉湖群生态环境演变[J]. 地球科学, 38(增刊 1): 133-144.

顾延生, 管硕, 马腾, 等, 2018. 江汉盆地东部第四纪钻孔地层与沉积环境[J]. 地球科学(中国地质大学学报), 43(11): 3989-4000.

管清玉, 潘保田, 邬光剑, 等, 2007. 末次冰期东亚季风快速波动的模式与成因[J]. 沉积学报, 25(3): 429-436.

郭华明, 杨素珍, 沈照理, 2007. 富砷地下水研究进展[J]. 地球科学进展, 22(11): 1109-1117.

郭华明, 郭琦, 贾永锋, 等, 2013. 中国不同区域高砷地下水化学特征及形成过程[J]. 地球科学与环境学报, 35(3): 83-96.

郭华明, 倪萍, 贾永锋, 等, 2014. 原生高砷地下水的类型、化学特征及成因[J]. 地学前缘, 21(4): 1-12.

湖北省地质调查院, 2003. 长江中游主要水患区环境地质调查评价报告[R]. 武汉: 湖北省地质调查院.

黄冠星, 孙继朝, 荆继红, 等, 2010. 珠江三角洲典型区水土中砷的分布[J]. 中山大学学报(自然科学版), 49(1): 131-137.

姜在兴, 2010. 沉积学: 第 2 版[M]. 北京: 石油工业出版社.

刘昌茂, 刘武, 1993. 第四纪江汉平原湖群的演变[J]. 华中师范大学学报(自然科学版) (4): 533-536.

裴静娴, 1981. 大同地区火山岩流烘烤沉积物的热发光年龄测定[J]. 科学通报, 26(16): 1003-1005.

彭阜南, 眭良仁, 梁居廷, 等, 1984. 关于东海晚更新世最低海平面的论据[J]. 中国科学: B 辑化学 生物学 农学 医学 地学(6): 555-563.

施雅风, 刘晓东, 李炳元, 等, 1999. 距今 40～30 ka 青藏高原特强夏季风事件及其与岁差周期关系[J]. 科学通报, 44(14): 1475-1480.

施之新, 1997. 江汉平原 47 号钻孔中化石硅藻及其在古环境分析上的意义[J]. 植物学报, 39(1): 68-76.

汪永进, 吴江谨, 吴金全, 等, 2000. 末次冰期南京石笋高分辨率气候记录与 GRIP 冰芯对比[J]. 中国科学: D 辑, 30(5): 533-539.

王敬华, 赵伦山, 1998. 山西山阴, 应县一带砷中毒区砷的环境地球化学研究[J]. 现代地质, 12(2): 243-248.

王焰新, 郭华明, 阎世龙, 等, 2004. 浅层孔隙地下水系统环境演化及污染敏感性研究[M]. 北京: 科学出版社.

王焰新, 苏春利, 谢先军, 等, 2010. 大同盆地地下水砷异常及其成因研究[J]. 中国地质, 37(3): 771-780.

杨勇, 郭华明, 2003. 大同盆地地下水环境演化分析[J]. 岩土工程技术(2): 107-111.

张德厚, 1994. 江汉盆地新构造与第四纪环境变迁[J]. 地壳形变与地震, 14(1): 74-80.

张修桂, 1980. 云梦泽的演变与下荆江河曲的形成[J]. 复旦学报(社会科学版)(2): 40-48.

周廷儒, 李华章, 刘清泗, 等, 1991. 泥河湾盆地新生代古地理研究[M]. 北京: 科学出版社: 1-162.

朱永其, 李承伊, 曾威开, 等, 1979. 关于东海大陆架晚更新世最低海面[J]. 科学通报(7): 317-320.

AGUSA T, KUNITO T, FUJIHARA J, et al., 2006 Contamination by arsenic and other trace elements in tube-well water and its risk assessment to humans in Hanoi, Vietnam[J]. Environmental pollution, 139(1): 95-106.

AHMED K M, BHATTACHARYA P, HASAN M A, et al., 2004. Arsenic enrichment in groundwater of the alluvial aquifers in Bangladesh: an overview[J]. Applied geochemistry, 19(2): 181-200.

AKAI J, IZUMI K, FUKUHARA H, et al., 2004. Mineralogical and geomicrobiological investigations on groundwater arsenic enrichment in Bangladesh[J]. Applied geochemistry, 19 (2): 215-230.

ALLAN R J, BALL A J, 1990. An overview of toxic contaminants in water and sediments of the Great Lakes Part I[J]. Water quality research journal, 25(4): 387-505.

AREHART G B, CHRYSSOULIS S L, KESLER S E, 1993. Gold and arsenic in iron sulfides from sediment-hosted disseminated gold deposits; implications for depositional processes[J]. Economic geology, 88(1): 171-185.

ARRIBÉRE M A, COHEN I M, FERPOZZI L H, et al., 1997. Neutron activation analysis of soils and loess deposits, for the investigation of the origin of the natural arsenic-contamination in the Argentine Pampa[J]. Radiochimica acta, 78(s1): 187-192.

AZCUE J M, NRIAGU J O, 1995. Impact of abandoned mine tailings on the arsenic concentrations in Moira Lake, Ontario[J]. Journal of geochemical exploration, 52(1/2): 81-89.

AZCUE J M, MUDROCH A, ROSA F, et al., 1994. Effects of abandoned gold mine tailings on the arsenic concentrations in water and sediments of Jack of Clubs Lake, BC[J]. Environmental technology, 15(7): 669-678.

BAUR W H, ONISHI B M H, 1969.Arsenic[M]//WEDEPOHL K H. Handbook of geochemistry. Berlin: Springer-Verlag: 3301-3305.

BELKIN H E, ZHENG B, FINKELMAN R B, 2000. Human health effects of domestic combustion of coal in rural China: a causal factor for arsenic and fluorine poisoning[C]//2nd World Chinese Conf. Geological Sciences, Extended Abstr. , August 2000, Stanford Univ. [S. l.]: [s. n.]: 522-524.

BERG M, TRAN H C, NGUYEN T C, et al., 2001. Arsenic contamination of groundwater and drinking water in Vietnam: a human health threat[J]. Environmental science and technology, 35(13): 2621-2626.

BERGER A L, 1978. Long-term variations of caloric insolation resulting from the earth's orbital elements 1[J]. Quaternary research, 9(2): 139-167.

BGS(British Geological Survey), DPHE [Department of Public Health Engineering (Bangladesh)], 2001. Arsenic contamination of groundwater in Bangladesh[R/OL]. (2010-11-05)[2017-06-19]. http: //nora. nerc. ac. uk/id/eprint/ 11986.

BLANCHON P, SHAW J, 1995. Reef drowning during the last deglaciation: evidence for catastrophic sea-level rise and ice-sheet collapse [J]. Geology, 23(1): 4-8

BOYLE R W, JONASSON I R, 1973. The geochemistry of antimony and its use as an indicator element in geochemical prospecting [J]. Journal of geochemical exploration, 20(3): 223-302.

BUSCHMANN J, BERG M, STENGEL C, et al., 2007. Arsenic and manganese contamination of drinking water resources in Cambodia: coincidence of risk areas with low relief topography [J]. Environmental science and technology, 41(7): 2146-2152.

CHANPIWAT P, STHIANNOPKAO S, CHO K H, et al., 2011. Contamination by arsenic and other trace elements of tube-well water along the Mekong River in Lao PDR [J]. Environmental pollution, 159(2): 567-576.

COOK S J, LEVSON V M, GILES T R, et al., 1995. A comparison of regional lake sediment and till geochemistry surveys: a case-study from the Fawnie Creek area, Central British Columbia [J]. Exploration and mining geology, 4: 93-110.

CRONAN D S, 1972. The mid-Atlantic Ridge near 45° N, XVII: Al, As, Hg, and Mn in ferriginous sediments from the median valley, Canadian [J]. Journal of earth sciences, 9: 319-323.

DYKOSKI C A, EDWARDS R L, CHENG H, et al., 2005. A high-resolution, absolute-dated Holocene and deglacial Asian monsoon record from Dongge Cave, China [J]. Earth and planetary science letters, 233(1/2): 71-86.

DAVIS A, DE CURNOU P, EARY L E, 1997. Discriminating between sources of arsenic in the sediments of a tidal waterway, Tacoma, Washington [J]. Environmental science and technology, 31: 1985-1991.

DUDAS M J, 1984. Enriched levels of arsenic in post-active acid sulfate soils in Alberta [J]. Soil science society of America journal, 48: 1451-1452.

DUDAS M J, WARREN C J, SPIERS G A, 1988. Chemistry of arsenic in acid sulfate soils of northern Alberta [J]. Communications in soil science and plant analysis, 19: 887-895.

FLEET M E, MUMIN A H, 1997. Gold-bearing arsenian pyrite and marcasite and arsenopyrite from Carlin Trend gold deposits and laboratory synthesis [J]. American mineralogist, 82: 182-193.

FLEMING K, JOHNSTON, P, ZWARTZ D, et al., 1998. Refining the eustatic sea-level curve since the Last Glacial Maximum using far-and intermediate-field sites [J]. Earth and planetary science letters, 163(1/4): 327-342.

GOODBRED JR S L, KUEHL S A, 2000. The significance of large sediment supply, active tectonism, and eustasy on margin sequence development: Late Quaternary stratigraphy and evolution of the Ganges-Brahmaputra delta [J]. Sedimentary geology, 133(3/4): 227-248.

GU Y S, HONG H L, XIE X J, et al., 2015. Climate control on the palaeo-lake evolution in the southern Datong Basin, North China: Evidence from 800-ka core records [J]. Quaternary international, 374: 85-92.

GUO H M, WANG Y X, 2005. Geochemical characteristics of shallow groundwater in Datong basin, northwestern China [J]. Journal of geochemical exploration, 87: 109-120.

GUO H M, WANG Y X, SHPEIZER G M, et al., 2003. Natural occurrence of arsenic in shallow groundwater, Shanyin,

Datong Basin, China [J]. Journal of environmental science and health, part A, 38(11): 2565-2580.

GUSTAFSSON J P, TIN N T, 1994. Arsenic and selenium in some Vietnamese acid sulfate soils [J]. Science of the total environment, 151: 153-158.

HALE J R, FOOS A, ZUBROW J S, et al., 1997. Better characterization of arsenic and chromium in soils: a field-scale example [J]. Journal of soil contamination, 6: 371-389.

HARVEY C F, ASHFAQUE K N, YU W, et al., 2006. Groundwater dynamics and arsenic contamination in Bangladesh [J]. Chemical geology, 228(1/3): 112-136.

KAVANAGH P J, FARAGO M E, THORNTON I, et al., 1997. Bioavailability of arsenic in soil and mine wastes of the Tamar Valley, SW England [J]. Chemical speciation and bioavailability, 9: 77-81.

LAMBECK K, CHAPPELL J, 2001. Sea level change through the last glacial cycle [J]. Science, 292: 679-686.

LEAR G, SONG B, GAULT A G, et al., 2007. Molecular analysis of arsenate-reducing bacteria within Cambodian sediments following amendment with acetate [J]. Applied and environmental microbiology, 73 (4): 1041-1048.

LEGELEUX F, REYSS J L, BONTE P, et al., 1994. Concomitant enrichments of uranium, molybdenum and arsenic in suboxic continental-margin sediments [J]. Oceanologica acta, 17: 417-429.

LI J, WANG Z, CHENG X, et al., 2005. Investigation of the epidemiology of endemic arsenism in ying county of shanxi province and the content relationship between water fluoride and water arsenic in aquatic environment [J]. Chinese journal of endemiology, 24(2): 183-185.

LUPKER M, FRANCE-LANORD C, GALY V, et al., 2013. Increasing chemical weathering in the Himalayan system since the Last Glacial Maximum [J]. Earth and planetary science letters, 365: 243-252.

MARTIN J M, WHITFIELD M, 1983. The significance of the river input of chemical elements to the ocean [M]//WONG C S, BOYLE E, BRULAND K W, et al. Trace metals in seawater. New York: Plenum Press: 265-296.

MIX A C, BARD E, SCHNEIDER R, 2001. Environmental processes of the ice age: land, oceans, glaciers (EPILOG) [J]. Quaternary science reviews, 20(4): 627-657.

MOORE J N, FICKLIN, W H, JOHNS C, 1988. Partitioning of arsenic and metals in reducing sulfidic sediments [J]. Environmental science and technology, 22: 432-437.

NAGORSKI S A, MOORE J N, 1999. Arsenic mobilization in the hyporheic zone of a contaminated stream [J]. Water resource research, 35: 3441-3450.

NICKSON R T, MCARTHUR J M, RAVENSCROFT P, et al., 2000. Mechanism of arsenic release to groundwater, Bangladesh and West Bengal [J]. Applied geochemistry, 15(4): 403-413.

ONISHI H, SANDELL E B, 1955. Geochemistry of arsenic [J]. Geochimica et cosmochimica acta, 7: 1-33.

PHAN K, STHIANNOPKAO S, KYOUNGWOONG K, et al., 2010. Health risk assessment of inorganic arsenic intake of Cambodia residents through groundwater drinking pathway [J]. Water research, 44 (19): 5777-5788.

PICHLER T, VEIZER J, HALL G E M, 1999. Natural input of arsenic into a coral reef ecosystem by hydrothermal fluids and its removal by Fe(III) oxyhydroxides [J]. Environmental science and technology, 33: 1373-1378.

REIMANN K U, HILLER K, 1993. Geology of Bangladesh [M]. Berlin: G. Borntraeger.

RIEDEL F N, EIKMANN T, 1986. Natural occurrence of arsenic and its compounds in soils and rocks [J]. Wissensch umwelt , 3-4: 108-117.

SAUNDERS J A, LEE M K, UDDIN A, et al., 2005. Natural arsenic contamination of Holocene alluvial aquifers by linked tectonic, weathering, and microbial processes [J]. Geochemistry, geophysics, geosystems, 6(4): 1-7.

SHAMSUDDUHA M, UDDIN A, SAUNDERS J A, et al., 2008. Quaternary stratigraphy, sediment characteristics and geochemistry of arsenic-contaminated alluvial aquifers in the Ganges-Brahmaputra floodplain in central Bangladesh [J]. Journal of contaminant hydrology, 99 (1/4): 112-136.

SMEDLEY P L, KINNIBURGH D G, 2002. A review of the source, behaviour and distribution of arsenic in natural waters [J]. Applied geochemistry, 17(5): 517-568.

SMEDLEY P L, NICOLLI H B, MACDONALD D M J, et al., 2002. Hydrogeochemistry of arsenic and other inorganic constituents in groundwaters from La Pampa, Argentina [J]. Applied geochemistry, 17: 259-284.

SMITH A H, LINGAS E O, RAHMAN M, 2000. Contamination of drinking-water by arsenic in Bangladesh: a public health emergency [J]. Bulletin of the World Health Organization, 78: 1093-1103.

STEWART F H, 1963. Chap Y: Marine evaporites [G]//FLEISCHER M. Data of Geochemistry. 6th ed: US Geological Survey Professional Paper: 1-53.

SU C L, 2006. Regional hydrogeochemistry and genesis of high arsenic groundwater at Datong Basin, Shanxi Province, China [D]. Wuhan: China University of Geosciences, Wuhan.

URE A, BERROW M, 1982. Chapter 3: The elemental constituents of soils [M]// BOWEN H J M. Environmental chemistry. London: Royal Society of Chemistry: 94-203.

WAELBROECK C, LABEYRIE L, MICHEL E, et al., 2002. Sea-level and deep water temperature changes derived from benthic foraminifera isotopic records [J]. Quaternary science reviews, 21(1/3): 295-305.

WANG Y, JIAO J J, 2014. Multivariate statistical analyses on the enrichment of arsenic with different oxidation states in the Quaternary sediments of the Pearl River Delta, China [J]. Journal of geochemical exploration, 138: 72-80.

WANG J H, ZHAO L S, WU Y B, 1998. Environmental geochemical study on arsenic in arseniasis areas in Shanyin and Yingxian, Shanxi Province [J]. Geoscience, 12: 243-248.

WANG Y J. , CHEN H, EDWARDS R L, et al., 2001. A high-resolution absolute-dated late Pleistocene monsoon record from Hulu Cave, China [J]. Science, 294(5550): 2345-2348.

WELCH A H, LICO M S, HUGHES J L, 1988. Arsenic in ground-water of the Western United States [J]. Ground water, 26: 333-347.

WINKEL L H E, TRANG P T K, LAN V M, et al., 2011. Arsenic pollution of groundwater in Vietnam exacerbated by deep aquifer exploitation for more than a century [J]. Proceedings of the national academy of sciences, 108 (4): 1246-1251.

XIE S C, EVERSHED R P, Huang X Y, et al., 2013. Concordant monsoon-driven postglacial hydrological changes in peat and stalagmite records and their impacts on prehistoric cultures in central China [J]. Geology, 41(8): 827-830.

XIE X, WANG Y, ELLIS A, et al., 2014. Impact of sedimentary provenance and weathering on arsenic distribution in aquifers of the Datong basin, China: constraints from elemental geochemistry [J]. Journal of hydrology, 519: 3541-3549.

YI L, YU H J, ORTIZ J D, et al., 2012. A reconstruction of late Pleistocene relative sea level in the south Bohai Sea, China, based on sediment grain-size analysis [J]. Sedimentary geology, 281: 88-100.

YIN H F, LIU G R, PI J G, et al., 2007. On the river-lake relationship of the middle Yangtze reaches [J]. Geomorphology, 85(3/4): 197-207.

ZHANG Q X, ZHAO L Z, 2000. The study and investigation on endemic arseniasis in Shanxi [J]. Chinese journal of endemiology, 19: 439-441.

ZHAO C Y, SONG H B, QIAN R Y, et al., 2010. Research on tectono-thermal evolution modeling method for superimposed basin with the jianghan basin as an example [J]. Chinese journal of geophysics, 53: 92-102.

ZHENG Y, STUTE M, VAN GEEN A, et al., 2004. Redox control of arsenic mobilization in Bangladesh groundwater [J]. Applied geochemistry, 19(2): 201-214.

ZHENG H B, CLIFT P D, WANG P, et al., 2013. Pre-Miocene birth of the Yangtze River [J]. Proceedings of the national academy of sciences, 110: 7556-7561.

ZHU B J, TABATABAI M A, 1995. An alkaline oxidation method for determination of total arsenic and selenium in sewage sludges [J]. Journal of environmental quality, 24: 622-626.

ZONNEVELD K, GANSSEN G, TROELSTRA S, et al., 1997. Mechanisms forcing abrupt fluctuations of the Indian Ocean summer monsoon during the last deglaciation [J]. Quaternary science reviews, 16(2): 187-201.

砷迁移转化的氧化还原过程　第3章

3.1　概　　述

地下水系统中的生物作用和元素循环与电子转移（或氧化还原）反应直接相关。理解生物地球化学氧化还原过程对于揭示地下水系统中砷的迁移转化和开发水质改良方法至关重要。在微生物参与下，活性有机碳或无机化合物（电子供体）与电子受体（包括硝酸盐、含砷铁氧化物矿物和硫酸盐等）发生氧化还原耦合，能量得到释放和储存（Christensen et al., 2000）。许多常量和微量元素的生物地球化学循环受到氧化还原过程的驱动，如碳（C）、氮（N）、硫（S）、铁（Fe）和锰（Mn）的循环，以及一些氧化还原敏感的微量元素，如砷（As）的地球化学循环（Borch et al., 2010）。氧化还原过程在含砷矿物相的形成和溶解过程中起着关键作用（Gorny et al., 2015）。氧化还原过程也决定了砷及与之相关的元素，如铁、锰、碳、磷、氮和硫的化学形态、生物有效性、毒性和迁移性。此外，砷及其化合物的生物地球化学行为可能直接或间接地耦合了天然有机物（natural organic matter, NOM）及矿物相的氧化还原转化，特别是铁（Fe）和锰（Mn）的（氢）氧化物、含铁黏土矿物和铁硫化物（Doerfelt et al., 2016; Mladenov et al., 2015, 2010; Zhao et al., 2011; Polizzotto et al., 2008）。

关于氧化还原过程的认识，可为高砷地下水水质改良提供新思路，例如，高砷地下水的氧化还原异位处理和地下水中砷的原位固定（Baken et al., 2015; Xie et al., 2015; Brunsting and McBean, 2014; Wang et al., 2014b）。因此，理解地下水环境中的生物地球化学氧化还原过程，对于预测高砷地下水的演化趋势、保护水质与生态系统健康至关重要（Polizzotto et al., 2008）。因此，本章重点探讨控制高砷地下水形成和砷迁移转化的重要生物地球化学氧化还原过程，并对该领域的研究趋势进行展望。

3.2　氧化还原反应序列

几乎所有的地球生命均从氧化还原过程获得能量。生物量的生产更需要通过电子的转移使得碳、氮、硫、铁和锰等进入适合的价态，以利于生物分子的组合。生物氧化还原活动一方面控制了地表高度的氧化环境，另一方面促进了下伏含水层中高度还原环境的形成，使得其富含亚铁、硫化物和甲烷等还原性组分。全球范围内，大量的电子供体与电子受体的结合以及充足的碳源供给，催生了微生物生态和代谢多样性，其丰富程度之高，即使至今仍在不断发掘之中（Delong and Pace, 2001）。氧化还原序列随时随地都能出现，如在浅表土壤层、河边地带、沿海沼泽、浅含水层、污染羽、湖泊、河口等。在不同时空上，沿着氧化还原序列发生的氧化还原反应取决于氧化还原对的化学组成、微生物活性和势能，如图 3-2-1 所示。

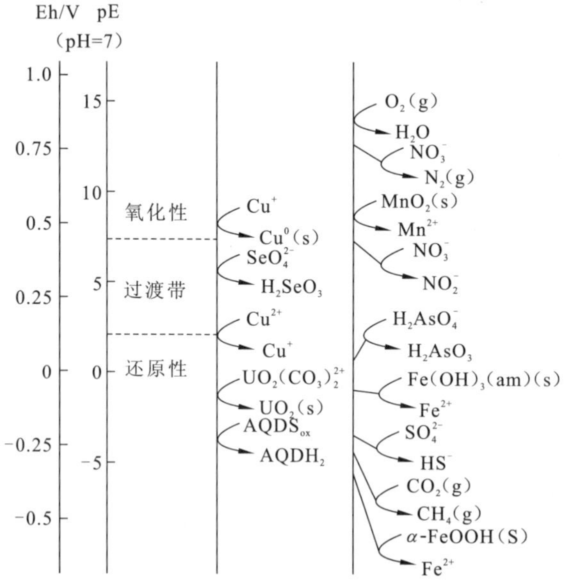

图 3-2-1　天然环境中常见氧化还原反应序列（pH = 7）（Borch et al., 2010）

碳循环受到产氧光合作用的驱动，产氧光合作用通过利用水中的电子来固定二氧化碳，随之产生氧气。非产氧光合作用和化能光自养型固碳可能是局部生物质的重要来源，尤其是在极端的环境中（D'Hondt et al., 2002）。沉积物中有机质和其他生物来源的还原性物质[如黄铁矿（FeS_2）]的埋藏，以及随后的隆升和在地表的风化氧化，是地质时间尺度上控制大气组成乃至地球气候的关键过程之一（Berner, 1999）。

环境中氮的行为与碳的氧化还原过程密切相关。氮表现出多种氧化态。氮的许多氧化还原过程均在微生物参与下进行，例如固氮、硝化、反硝化、硝酸盐异化还原成铵盐及厌氧氨氧化。这些微生物过程影响着氮的有效性，因此也从局部到整体上影响着有机物的循环（Smith et al., 2001; Postma et al., 1991）。氮的氧化还原循环同时和铁、硫及砷的氧化还原循环存在联系。例如，反硝化作用与黄铁矿氧化的耦合也许是受化肥污染的含水层中去除硝酸盐的重要途径（Postma et al., 1991）。然而，该过程中产生的硫酸盐也可促进硫酸盐的微生物还原，这反过来可能会导致硫化物诱导下的铁（氢）氧化物的还原性溶解，随之释放出吸附的砷（Senn and Hemond, 2002）。上述过程很好地说明了生物地球化学氧化还原循环的高度耦合性。

铁作为地表环境中最为丰富的过渡金属，在环境生物地球化学中扮演着十分重要的角色。铁的氧化态[Fe（III）]在强酸性条件下可溶，但在近中性 pH 条件下会沉淀形成铁（氢）氧化物。许多微量元素（包括砷）和污染物强烈吸附到这些铁矿物表面（Giménez et al., 2007）。铁（氢）氧化物的表面同时催化许多重要的氧化还原转化的进行（表 3-2-1）。在还原性条件中，铁（氢）氧化物可被非生物还原，如被硫化物还原（Dos and Stumm, 1992），随之释放吸附的砷。另外，铁矿物可以作为终端电子受体使铁还原菌进行异化反应（Islam et al., 2004）。淡水和海洋环境中普遍存在的生物能够将有机物或氢的细胞质氧化并和难溶铁矿物的胞外还原耦合在一起，从而通过电子传递磷酸化作用来获得生长所需的能量（Dichristina et al., 2005）。铁矿物的还原产生溶解态的 Fe（II）和大量的次生矿物，包括蓝铁矿[$Fe_3(PO_4)_2$]、Fe（II）-Fe（III）混合矿物[如磁铁矿（Fe_3O_4）]和绿锈[Fe（II）-Fe（III）层状双氢氧化物]。溶解态、吸附态和固态的 Fe（II）可作为各种非生物氧化还原过程中的强效还原剂（Lloyd et al., 2000）。

表 3-2-1　常见元素/化合物及其主要氧化态和一般还原/氧化途径（改自 Borch et al., 2010）

元素	氧化态[a,b,c]	一般氧化机理[d]	一般还原机理[d]	元素特性注释
硫	−2、−1、−0、4、6[c]	A，B	B（Dis）硫酸盐还原菌	所有生物必需营养素，与亲铜金属形成硫化物
硒	−2、0、4[b]、6[b,c]	A（如锰氧化物），B（缓慢）	A[如 Fe（II）]，B（Dis、Det）	与硫类似，动物和人类必需营养素，但不是所有的植物必需
铁	2[c]、3	A（主要在中性和碱性 pH 中），B（在低和中性 pH 中；在有氧或缺氧条件下）	A（硫化物或还原性腐殖质存在），B（Dis）	Fe（III/II）-（氢）氧化物是重要的吸附剂和氧化还原反应的表面催化剂
锰	2、3、4	A（主要在碱性 pH 中），B（酸性到中性 pH）	B（Dis）	Mn（IV/II）-（氢）氧化物重要吸附剂和氧化还原反应表面催化剂
钴	2[b]、3	A（如锰氧化物）	B（Dis）	可成为放射性污染的组分

续表

元素		氧化态[a,b,c]	一般氧化机理[d]	一般还原机理[d]	元素特性注释
铜		0、1、2	A	A（如Fe^{2+}，有机酸），B[细胞中的Cu（I）、Cu（0）生物矿化]	有氧环境中大部分是Cu(II)，必需营养素，对微生物毒性极大，用作杀菌剂
铬		3、6[b,c]	A（二氧化锰）	A[Fe（II）、Fe^{2+}、S^{2-}，还原性有机质]，B（Dis）	通常是工业副产品，蛇纹岩中富含Cr（III）
汞		0[b,c]、1[b,c]、2[b,c]	A	A，B	剧毒，特别是甲基汞，可在食物链中生物富集
锝		4[b]、7[b,c]	A[O_2、NO_3^-、Mn（IV）氧化物]	A[Fe（II）、Fe^{2+}、S^{2-}、还原性有机质]，B（Dis）	在（以前的）核武器生产厂里最常见
准金属	砷	−3、−2、−1、0、1、3[b,c]、5[b]	A[O_2/MnO_2；O_2/Fe（II）；Fe（IV）通过H_2O_2 Fenton反应]，B（O_2、NO_3^-、光能型）	A（硫化物，主要在中等酸性条件下），B（Det、Dis）	亚洲东南部饮用水中主要的污染物
	锑	0、3[b]、5[b,c]	A，B（与砷类似）	A（如绿锈、磁铁矿、巯基化合物），B（生物矿物）	靶场中常见污染物，用作阻燃剂
锕系元素	铀	4[b]、6[b,c]	A[O_2、NO_3^-、Mn（IV）氧化物、Fe（氢）氧化物]，B（NO_3^-）	A[Fe（II）、S^{2-}、还原性有机质]，B（Dis）	在矿区和核武器生产厂最常见
	钚	3[b,c]、4[b]、5[b]、6[b,c]	A[Mn（IV）氧化物]	A[Fe（II）、S^{2-}、还原性有机质]，B（Dis）	在（以前的）核武器生产厂里最常见
有机物	四氯化碳	NA	A（光催化）	A[如还原性腐殖质、硫化物、FeS、Fe（II）/Fe（III）体系、零价铁]，B	常见的地下水污染物
	硝基苯	NA	A（臭氧、光催化、Fenton），B（需氧）	A[如Fe（II）/Fe（III）体系、还原性黏土、零价铁]，B	以前的监测器生产厂里常见

注：a 仅主要的氧化态与环境相关；b 通常剧毒；c 通常迁移性最强；d 非生物的（A）、生物的（B）、解毒作用（Det）、异化作用（Dis）。

Fe（II）的氧化可在需氧或厌氧细菌的参与下进行。Fe（II）的微生物氧化在低pH和化学氧化剂缺乏的环境中普遍存在。在近中性的pH条件下，需氧Fe（II）氧化菌须与Fe（II）的快速氧化作用竞争。因此，它主要在低氧条件下活跃，特别是在有氧-厌氧界面（Druschel et al., 2008），如滞水土壤中植物根部周围。光能细菌和硝酸盐铁氧化细菌可介导中性厌氧环境中Fe（II）的氧化，此时亚硝酸盐和 Mn（IV）氧化物可作为 Fe（II）的化学氧化剂（Kappley and Straub, 2005）。

锰氧化物矿通常以包覆层和细粒凝结物存在于环境中（Post, 1999）。它们由于具有大的比表面积表现出远超于自身丰度的化学作用。锰氧化物也是砷的有效吸附剂，此外，它还参与一系列的氧化还原反应中。例如，水钠锰矿（δ-MnO_2）直接氧化 Se（IV）为 Se（VI）、氧化 Cr（III）为 Cr（VI）及氧化 As（III）为 As（V）（Post, 1999）。Mn（II）的氧化可发生于多种多样的环境中，同时能被一系列的细菌和真菌所催化（Miyata et al., 2006; Hastings and Emerson, 1986）。Mn（II）生物氧化的初始产物一般结晶较差，或者是层状 Mn（IV）氧化物矿，而最终的矿物形态通常由 Mn（II）氧化时和之后的地球化学条件决定（Webb et al., 2013）。微生物介导下的 Mn（II）氧化通常被认为是环境中锰氧化物的主要来源（Tebo et al., 2004；Nealson et al., 1988）。

天然水体中，Fe（III）和 Mn（III，IV）矿物表面的结构和活性受到无机吸附质和 NOM 的影响（Bauer and Kappler, 2009; Borch et al., 2007）。腐殖质具有氧化还原活性并能够被微生物还原。它们可作为细胞和矿物间的电子穿梭体以促进 Fe（III）矿物的微生物还原（Kappler et al., 2004）。NOM、磷酸盐和重碳酸盐在 Fe（III）和 Mn（IV）矿物表面的强烈吸附可能会导致砷的释放，但也可能限制矿物与微生物的接触，使得矿物免受酶促还原作用的影响（Borch et al., 2007）。腐殖质可通过与金属离子的络合及在矿物表面的吸附，进一步影响铁和锰矿物的形成（生物矿化），并可导致结晶矿物的产生量减少（Jones et al., 2009; Eusterhues et al., 2008）。

生物地球化学氧化还原过程深刻影响着砷的环境归趋。砷的迁移性、生物有效性、毒性和环境归宿受控于生物地球化学转化，这些过程一方面可形成或者破坏砷载体矿物，另一方面可改变砷的价态和化学形态（Polizzotto et al., 2005）（图 3-2-2，表 3-2-1）。地下水中溶解态砷的浓度与铁（氢）氧化物的存在密切相关，这些铁（氢）氧化物可强烈吸附亚砷酸盐[As（III）]和砷酸盐[As（V）]（Dixit and Hering, 2003）。从还原性地下水中高浓度溶解态砷和 Fe（II）的并存可知，Fe（III）（氢）氧化物的还原溶解导致了原生高砷水的形成（Islam et al., 2004）（图 3-2-2）。研究表明，砷-水铁矿系统中微生物硫化物的形成促使了含砷水铁矿的转化和溶解（Kocar et al., 2010）。在这个过程中，砷在次生矿物相中重新分配，并与磁铁矿和残余水铁矿结合在一起，而非绿锈或铁硫化物。微生物对 Fe（III）的直接还原作用可以促使砷吸附到次生铁矿物上被固定（Tufano and Fendorf, 2008）（图 3-2-2）。当含水层沉积物富含 Fe（III）氢氧化物时，只有持续长久的还原条件才可能导致矿物相的完全消耗，随后砷发生迁移。

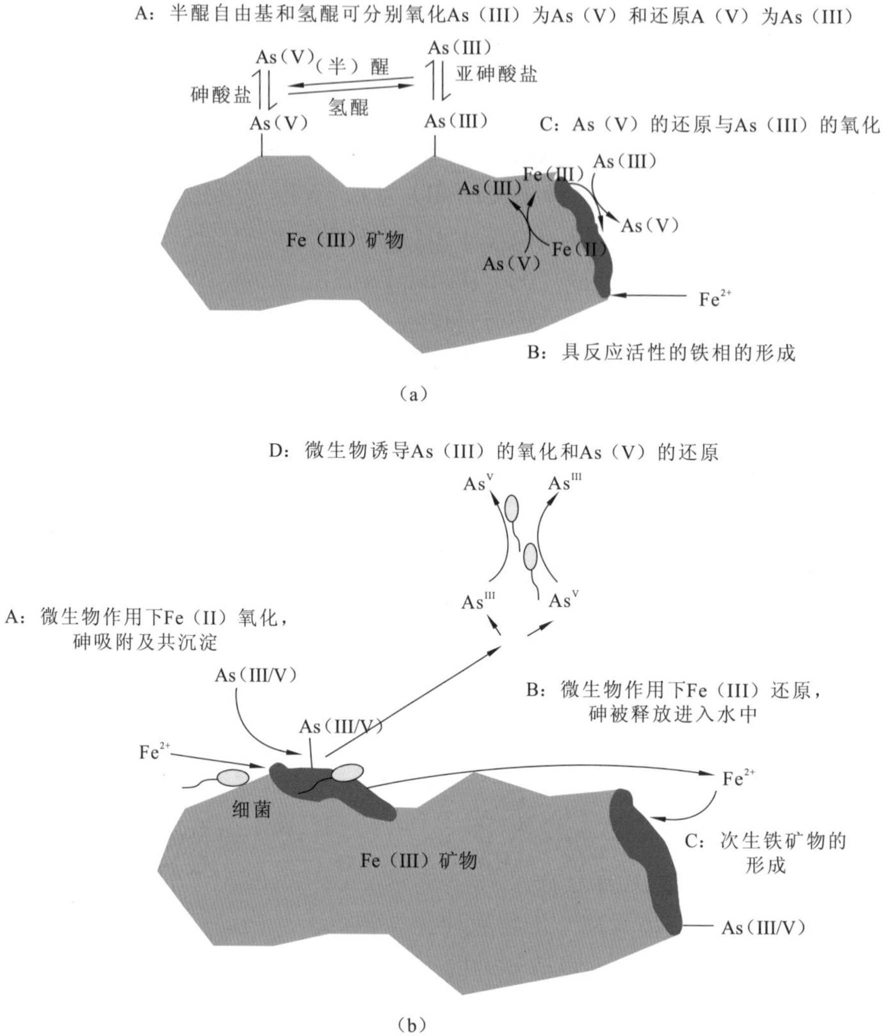

图 3-2-2　影响环境中砷归趋的非生物过程（a）和生物氧化还原过程（b）（Borch et al., 2010）

含氧近中性条件下，非生物和生物 Fe（II）氧化产生难溶性 Fe（III）矿物，它可有效固定砷（Thoral et al., 2005）（图 3-2-2）。然而，非产氧光能自养菌、硝酸盐还原菌和 Fe（II）氧化菌均能够耐受高浓度的砷，为砷与 Fe（III）矿物进行多种形式的共沉淀提供可选的途径（Hohmann et al., 2010）。总之，砷的迁移受控于 Fe（III）和 Fe（II）的生物地球化学氧化还原循环。

砷的移动性和毒性不仅受到吸附剂的影响，也受到其氧化还原价态的影响。一般认为，亚砷酸盐比相应的砷酸盐更具活性和毒性。As（V）到 As（III）的微生物还原有助于砷的迁移（Tufano et al., 2008）。某些生物地球化学过程可以直接或间接地促使砷的氧化还原转化（图 3-2-2）。例如，在铁反应墙中（Su and Puls, 2004），或在 Fe（II）-针铁矿体系中（Amstaetter et al., 2010），以及 H_2O_2-Fenton 反应中促进 Fe（IV）生成时（Hug and Leupin, 2003），均观测到了 As（III）的非生物氧化。细菌也能通过还原 As（V）或氧化 As（III）来改变砷的价态，直接控制砷的移动性和毒性。这些微生物参与下的砷氧化还原转化可以是异化过程的一部分，也可能是微生物解毒机理的重要过程之一（Kulp et al., 2008; Oremland and Stolz, 2005）。微生物可能进一步间接诱导 As（III）的氧化和 As（V）的还原。尤其是，微生物能够产生具反应活性的有机或无机化合物，这些化合物随后与 As（V）或 As（III）发生氧化还原反应。研究证明，腐殖质和腐殖质-醌类化合物中的半醌自由基和氢醌可分别氧化 As（III）为 As（V）和还原 As（V）为 As（III）（Jiang et al., 2009; Redman et al., 2002）。这类半醌和氢醌来自于腐殖质的微生物还原，它们在微生物还原 Fe（III）矿物的电子传递中起到重要的作用。另外，砷的价态可在 Fe（II）-Fe（III）矿物反应体系发生改变，例如，Fe（II）-针铁矿体系可导致 As（III）的氧化（Amstaetter et al., 2010）。当微生物还原 Fe（III）矿物产生的 Fe（II）吸附到剩余的 Fe（III）矿物上时，这些具有反应活性的铁相就可形成。

氧化还原反应序列中还包括一些具有氧化还原活性的微量金属元素，如铬、铜、钴、银、锝和汞等，能以多种价态形式存在（表 3-2-1）。它们的还原转化可能以化学的方式进行，如 Cu（II）被 Fe（II）还原成 Cu（I）（Matocha et al., 2005）或 H_2S（Pattrick et al., 1997），Cu（II）、Ag（II）和 Hg（II）被含 Fe（II）的绿锈还原成单质形式（O’Loughlin et al., 2003）。另外，微生物可通过异化或解毒途径直接还原一系列具有毒性的金属（如铬、汞、铀）（Lovley, 1993）。

微生物呼吸作用通过改变吸附沉淀平衡及金属结合 NOM 的固液分配，间接地影响微量金属和砷的形态。例如，含 Co（III）和 Ni（II）的针铁矿的微生物还原（Zachara et al., 2001），金属氧化物的还原性溶解可导致吸附容量的损失。同时，释放出的 Fe（II）能与微量金属离子竞争吸附到矿物和有机吸附剂上（Weber et al., 2009）。这种动态效应可能被砷的吸附或与新形成的含 Fe（II）沉淀物发生共沉淀时抵消，其中含 Fe（II）矿物包括菱铁矿、蓝铁矿（Zachara et al., 2001）和绿锈（Parmar et al., 2001）。来自微生物呼吸作用的 Fe（II）、碳酸盐或磷酸盐浓度的增加会促进这些矿物的形成（Tufano and Fendorf, 2008; Borch et al., 2007）。

氧气进入缺氧的系统中能够促进生物地球化学氧化过程的进行。一些氧化过程可迅速地以非生物形式进行，例如，在中性或碱性条件下 Fe（II）被氧气氧化，但许多较慢的过程受到化能型微生物的驱动。铁、锰和铝的（氢）氧化物的沉淀可有效地捕获溶解态砷（Bordoloi et al., 2013; Lee et al., 2002）。如果在氧化沉淀期间形成的沉淀物为纳米微粒状或胶态，它们可大大增强络合态砷在水环境

（Hassellov and Kammer, 2008）和地下环境中的迁移（Guo et al., 2009）。近年来，在研究胶态金属硫化物时发现，金属胶体的周期性生成可能强烈地影响到氧化还原-动力学环境中微量金属的迁移性。

3.3 地下水中砷的特征

地下水中的砷有多种价态和形态，氧化还原电势在砷价态分布中扮演重要角色。氧化条件下砷主要以 As（V）的形式存在，而还原条件下则主要以 As（III）的形式存在（$Eh_{HAsO_4^{2-}/H_3AsO_3}=-0.058$ V）。在绝大多数的河积-湖积盆地和沿海三角洲还原性高砷含水层中，As（III）是主要的赋存价态，占据地下水总砷含量的 60%～90%（Guo et al., 2014；Rodríguez-Lado et al., 2013；Smedley and Kinniburgh, 2002）。例如，在大同盆地，As（III）的质量浓度为（<10 μg/L）～1 040 μg/L，占据总砷含量的 0%～92%，平均比值约为 62%（Xie et al., 2009a）。在越南红河三角洲的高砷地下水中，As（III）占据总砷比例大体在 90%以上，而 As（V）质量浓度基本在 10 μg/L 以下（Postma et al., 2007）。值得注意的是，即使在还原条件下，天然水体中 As（V）和 As（III）也可相互转化，通常该过程相对缓慢，但在强碱性条件下转化速率加快，并且当有其他的氧化还原活性物质，如天然有机质分子、低价态硫和过氧化物等存在时其转化速率会显著提高（Sharma and Sohn, 2009）。

氧化还原条件是影响砷形态和迁移性的重要因素。通常认为，在初始沉积阶段，固相砷主要以 As（V）形式与铁氧化物结合，地下水中砷的富集应该伴随有 As（V）和 As（III）之间的价态转换（Bhattacharya et al., 2007；Charlet and Polya, 2006）。天然有机质中的还原性醌类和水相中的溶解态硫化物均可通过无机化学途径促使 As（V）还原为 As（III）（Fisher et al., 2008；Palmer et al., 2006）。在土著微生物介导下，As（V）也可被天然有机质或硫化物还原为 As（III）（Burton et al., 2011；Jiang et al., 2009）。

在硫氧化还原循环活跃的含水层中，硫可与砷反应形成络合物，从而影响砷的形态分布和迁移。在硫酸盐还原条件下，多种形式的硫代砷酸盐[As（V）-S-（O）]和硫代亚砷酸盐[As（III）-S-（O）]可同时存在；由于它们具有热力学稳定性，这些硫代砷络合物可能成为还原环境中水砷的主要存在形式；部分热力学稳定的多硫代砷络合物，甚至可以在偏氧化性的条件下存在（Fisher et al., 2008）。Stauder 等（2005）通过室内实验发现，硫代砷酸盐，如 $HAsSO_3^{2-}$、$HAsS_2O_2^{2-}$、AsS_3O^{3-}和 AsS_4^{3-} 是富含硫化物的地下水中主要的存在形态，但没有发现硫代亚砷酸盐的存在。Helz 和 Tossel（2008）通过热力学模型预测了不同硫化条件下地下水中 32 种硫代砷酸盐和硫代亚砷酸盐的存在，并指出了在强还原性条件下 As(V) 能够以硫代砷酸盐的形式存在，从而解释了还原性含水层中 As（III）和 As（V）的共存机理。依据 pH 不同，硫代砷化合物化学结构式存在差异，在 pH <6 时，$HAsS_3O^{2-}$是主要存在形态，而在 pH>6 时，As（V）S_4^{3-} 成为主要存在形式，在 pH>12 时，$AsSO_3^{3-}$ 可以稳定存在于水相中（Helz and Tossell，2008）。Wilkin 等（2003）通过离子色谱-电感耦合等离子体质谱（IC-ICP-MS）分析方法在含有硫化物的溶液中发现了四种砷-硫络合物，根据硫代程度不同，As∶S 原子个数比从 1∶1（$HAsSO_3^{2-}$）到 1∶4（$H_2AsS_4^-$）。Beak 等（2008）通过进一步研究指出了硫代亚砷酸盐的存在及其对 pH 条件的依赖性；在还原性条件下，当 pH>6.25 时，$HAsS_3^{2-}$ 是主要的存在形态，而当 pH>7.25 时，$HAsS_2O^{2-}$成为主要的存在形式。更有趣的是，当存在硫化氢氧化反应的中间产物 $S^0_{(aq)}$ 时，亚砷酸盐与单质硫的反应可促使亚砷酸盐向硫代亚砷酸盐和硫代砷酸盐（如 $HAsS_3O_2^-$、$HAsS_4^{2-}$、AsS_4^{3-}、$AsSO_3^{3-}$，依 pH 升高逐渐生成）的转变，促进大量 As（V/III）-S-（O）化合物的产生（Couture and Van Cappellen，2011）。Fisher 等（2008）针对环境样品的分析结果表明，地下水中硫代砷化合物占总砷的比例可达 50%以上。

3.4　地下水系统中砷的氧化还原循环

含水层中砷的迁移转化与地下水系统的地球化学环境演化直接相关。通常认为，存在于各类岩体中的含砷矿物经过风化、水流冲刷、水力运移后被充分氧化，随之进入水体，进而水砷与金属氧化物/氢氧化物絮体等共沉淀或被吸附在颗粒物的表面，共同沉积进入含水层（Smedley and Kinniburgh, 2002）。这些赋存于沉积物多种矿物相中的砷，构成了水砷的直接来源。随着含水层环境的演化，地下水条件趋于还原，砷的载体发生分解、溶解或转化，从而引发了砷的释放。因此，地下水中砷的迁移富集很大程度上取决于这些砷载体（主要是铁氧化物/氢氧化物矿物相）在多变的地下水环境中的稳定性和转变过程（Gorny et al., 2015; Guo et al., 2014）。

氧化还原反应是控制砷迁移转化一个非常重要的过程。学者运用室内批实验、柱实验、地球化学分析、环境同位素等手段对此进行了广泛而深入的研究（Wang et al., 2014a; Xie et al., 2013b; Sharma et al., 2011; Postma et al., 2010; Zheng et al., 2004）。在不同程度的还原条件下，不同阶段的氧化还原反应序列可导致砷的迁移或者固定。在弱到中等还原性条件下，铁氧化物/氢氧化物的还原溶解占据主导，引起亚铁和与之共存的砷的大量释放，从而导致地下水中溶解性亚铁和砷浓度的升高（Pedersen et al., 2006）。在河流三角洲、河积-湖积盆地和冲积平原地带等的还原性含水层中，这一过程常常发挥主导作用，是砷迁移富集的主要机制（Guo et al., 2014; Smedley and Kinniburgh, 2002）。研究表明，铁矿物相存在多种途径的晶型和相态转化。例如，铁氧化物还原释放的 Fe（II）能够再次吸附在尚未分解的铁矿物的表面，不仅诱导非晶质铁氧化物/氢氧化物向结晶态的铁氧化物/氢氧化物转变，而且能够引导次生矿物，包括 $Fe(OH)_2$、$FeCO_3$、FeS 等在沉积物基质表面沉积，降低地下水中 Fe(II)、HCO_3^- 及 HS^- 的浓度（Catalano et al., 2011; Burnol and Charlet, 2010）。由于结晶态铁氧化物/氢氧化物与非结晶态铁氧化物/氢氧化物对砷吸附能力的差异和该转化过程引起的铁矿物表面吸附点位密度的降低，该转化过程可导致砷进一步被释放，从而促使砷在水相中富集（Jung et al., 2012）。另一种情况是，当结晶态铁氧化物/氢氧化物为主要含砷矿物时，结晶态铁氧化物/氢氧化物向非结晶态铁氧化物/氢氧化物的转变致使铁矿物相的抗微生物还原能力大大减弱。即使非晶态铁矿物对砷有更强的吸附作用，还原条件下它的不稳定性也可导致砷的迁移（Xie et al., 2013a）。再者，次生矿物组分同样影响着砷的迁移。稳定铁同位素证据表明，大同盆地高砷含水层中发生着铁氧化物/氢氧化物的异化还原过程，以及非硫化亚铁矿物相与硫化亚铁矿物相之间的转化（Xie et al., 2014a）。伴随这些过程，释放的砷会在 $FeCO_3$、FeS 和铁氧化物矿物及水相之间发生再分配（Burnol and Charlet, 2010）。总之，铁氧化物/氢氧化物的还原溶解和不同铁矿物相之间的相互转化，控制着地下水中砷的迁移和富集。

当地下水还原性增强时，铁氧化物/氢氧化物的还原溶解可伴随 As（V）的还原解吸以及水相中 As（V）向 As（III）的转化，该过程有助于 As（III）的释放，导致 As（III）在地下水中富集（Mukherjee et al., 2012）。值得注意的是，As（V）的还原反应可以发生在弱晶质铁氧化物/氢氧化物的还原之前，该过程可能导致水相中 As(III)含量显著上升但 Fe(II)却处在相对低的浓度水平(Borch et al., 2010)。

强还原环境中，强烈的硫酸盐还原在砷的迁移转化中发挥着重要作用。硫的氧化还原循环在影响砷的归趋时具有两面性，并且受到 pH、水相砷、亚铁和硫化物的相对含量等因素的影响（Burton et al., 2011; Guo et al., 2011; Saalfield and Bostick, 2009）。一方面，它可以促进砷的迁移和转化。Xie 等（2009a）根据 SO_4^{2-}/Cl^-摩尔比值和硫酸盐 $\delta^{34}S_{SO_4^{2-}}$ 值的变化探讨了大同盆地硫的地球化学循环，发现盆地中央区域内同时发生着硫酸盐的微生物还原以及硫化物的氧化过程；高浓度的溶解态硫化物与砷的同时存在，以及它们之间的相关性表明硫化物可能促进了砷的释放，这可能与砷和硫之间的相互作用有关。Stucker 等（2014）的研究指出，在 As（III）和硫化物共存时，（多）硫代砷酸盐的形成趋势明显，并在较广的 pH 范围内可稳定存在，其含量可达到总砷含量的 80%，从而佐证了砷在还原性高硫地下水中的高溶解性和迁移性。另一方面，溶解态硫化物通过异相反应可促使砷的固定。根据热力学计算，硫化氢具有与砷发生沉淀反应的潜势（受矿物相饱和度的控制）；尤其在酸性条件下，硫化氢和砷反应可生成无定形的硫化砷沉淀，包括 AsS 和 As_2S_3 等（O'Day et al., 2004）。而当溶解态 Fe（II）存在时，硫化氢又可与 Fe（II）反应生成无定形的马基诺矿（FeS_m）或进一步转化为结晶态的黄铁矿（FeS_2），上述硫化亚铁矿物可通过吸附或共沉淀作用促进砷的固定（Saalfield and Bostick, 2009）。例如在河套盆地，δ^{56}Fe 同位素比值测定结果表明，重铁同位素（^{56}Fe）在水相中的富集和轻铁同位素（^{54}Fe）在亚铁类矿物相中的富集共同指证了紧跟铁氧化物/氢氧化物还原之后的黄铁矿或菱铁矿的沉淀过程，以及同时发生的砷在这些次生矿物上的吸附（Guo et al., 2013）。在大同盆地，多元同位素（^{56}Fe/^{54}Fe、^{18}O/^{16}O、^{34}S/^{32}S 和 ^{13}C/^{12}C）研究结果表明，相比于同时进行的铁氧化物/氢氧化物还原和硫酸盐还原，高浓度的砷通常伴随铁氧化物/氢氧化物矿物相的还原，这是由于在前一过程中释放的砷可能部分地进入了次生硫化亚铁矿物中（Wang et al., 2014a）。

越来越多的研究表明，微生物活动在砷的释放和富集过程中发挥着重要作用（Gorny et al., 2015；Dhar et al., 2011）。事实上，含水层中的多个氧化还原过程，包括硝酸盐、铁氧化物/氢氧化物、砷酸盐和硫酸盐的还原反应，以及产甲烷作用等，绝大多数情形下均需在土著微生物介导下、以可降解的天然有机质作为初始的电子供体（Borch et al., 2010）。例如，Islam 等（2004）应用分子生物学方法探究了孟加拉三角洲中富含生物易降解有机质的高砷含水层系统，研究证实了铁还原菌在铁矿物还原及 As（III）释放过程中的决定性作用。从河套盆地高砷含水层沉积物中分离出来的硫杆菌（*Thiobacillus*）优势菌株可以利用 As（V）和 NO_3^- 作为电子受体，促进 As（V）的还原和反硝化过程（Jiang et al., 2014；Guo et al., 2008）。从大同盆地高砷含水层沉积物中分离出的蜡样芽孢杆菌（*Bacillus Cereus*）菌株，在获得碳源补给后，可以催化铁氧化物/氢氧化物的还原并促进砷的释放（Duan et al., 2009）。稳定碳同位素证据证实了天然有机质的微生物降解过程在砷的迁移转化过程中扮演了重要角色（Wang et al., 2014a）。此外，某些氧化还原性质活泼的天然有机质，如醌类腐殖质等，可作为电子梭体反复地将来自还原性有机质的电子传递给 Fe（III）、As（V）和硫酸盐等，促进还原反应的发生及砷的释放（Fu et al., 2014）。

3.5　氧化还原过程对砷迁移的控制

3.5.1　盆地尺度地下水氧化还原演化过程

地下水砷分布具有高度空间变异性（Winkel et al., 2011；Van Geen et al.,

2003）。Winkel 等（2011）通过地质统计学方法发现，高砷地下水的分布与地层地质构造和土壤性质存在密切的联系。Sahu 和 Saha（2015）及 Papacostas 等（2008）发现高砷地下水通常发生于近期退化的河道沉积层中，从而认为水砷浓度的变化可能与局部的沉积环境变化有关。而其他研究者则提出区域地形、局部水文地质条件和地下水位波动等对砷的迁移和空间分布具有决定性的影响（Stuckey et al., 2015b；Polizzotto et al., 2008）。也有研究指出，人类工农业活动，包括抽取地下水时引起的反应性有机质的输入，对局部范围内水砷浓度的变化有显著的影响（Lawson et al., 2013；Neumann et al., 2010；Harvey et al., 2002）。高砷地下水常发生于高反应活性有机质丰富的年轻含水层（Xie et al., 2012a；Mladenov et al., 2010）。根据产能不同，沉积物有机质会逐步与有效的电子受体反应，其中最活泼部分首先被微生物利用，因而有机质反应活性随时间延长逐渐降低（Arndt et al., 2013；Middelburg，1989）。根据地下水组分不同，与有机质氧化耦合的可能为反硝化、锰氧化物还原、铁氧化物还原、硫酸盐还原或产甲烷反应等，在不同阶段它们各自占据主导地位或同时发生（Borch et al., 2010；Appelo and Postma，2005）。由于上述过程与地下水系统中砷的迁移富集密切相关，选取代表性高砷含水层，系统分析地下水水化学演化及氧化还原反应序列将有助于对地下水砷含量时空变异性的理解。本节将以大同盆地高砷含水层系统为例，探讨氧化还原过程在高砷地下水形成和水砷浓度空间变异性中的重要作用。

1. 地下水中的氧化还原活性组分

从盆地尺度来看，大同盆地地下水水化学呈现出明显的分带性。根据地下水赋存位置不同，沿盆地东侧地下水补—径—排路径，地下水水化学分布依次可分为盆地边缘补给区（距离盆地边沿 0～2.5 km）、径流区（2.5～7.5 km）、近排泄区（7.5～12.5 km）和盆地中央排泄区（12.5～25 km）（图 3-5-1）。在盆地西侧，地下水水化学具有类似的分区特点，但补给区和径流区相对狭窄。

在盆地东部边缘，地势变化较显著，地下水埋深多在距离地表 10 m 以下，地下水流速快。地下水 pH 为 7.44～8.02，平均值为 7.76，呈现弱碱性。地下水的 Eh 值多大于 0 mV，平均值为 61 mV，即含水层处于弱氧化性环境。在盆地边缘区，地下水化学组分中阴离子以 HCO_3^- 为主，阳离子以 Ca^{2+} 或 Ca^{2+} 与 Mg^{2+} 为主。与弱氧化性的地下水环境对应，地下水中的氧化还原活性组分，包括 Mn、Fe（II）、S（−II）和 NH_4-N 等的质量浓度通常偏低，部分样品甚至低于检出限，可检出样品中上述组分的平均值分别为 0.03 mg/L、0.02 mg/L、2 μg/L 和 0.05 mg/L。该区域内的水砷质量浓度变化范围为 0.1～7.7 μg/L，平均值为 2.8 μg/L，低于 WHO 推荐的饮用水限定值 10 μg/L（WHO, 2011）。

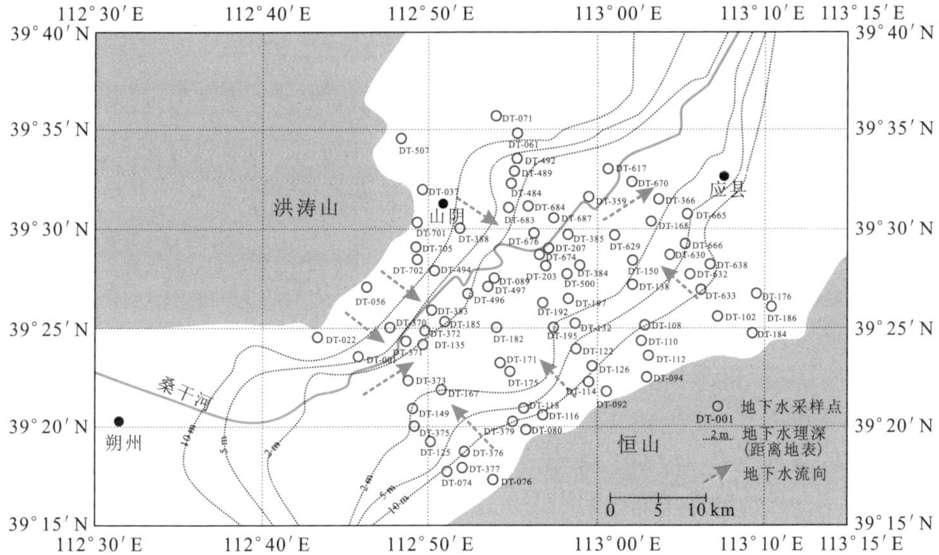

图 3-5-1 大同盆地地下水采样点分布图（采样时间 2009 年 8～9 月）

盆地东侧径流区地下水化学组成呈现出与盆地边缘区明显不同的特征。在该区域内，地势渐为平坦，地下水流速较缓。地下水 EC 值显著上升，变化范围为 840～4 651 μS/cm，平均值高达 3 053 μS/cm，且 EC 值波动显著。地下水 pH 高达 8.44，平均值为 7.76，地下水 Eh 最小值低至-140 mV，平均值为-31 mV。与地下水 EC 值的高度变异性对应，地下水样品的主要离子组分表现出显著的差异性。阳离子以 Na^+ 为主，部分样品中 Mg^{2+} 含量较高。HCO_3^- 为主要阴离子组分，部分样品具有较高的 Cl^- 或 SO_3^{2-} 浓度。该区域内地下水氧化还原活性组分的含量均有明显的升高，Fe（II）、S（-II）和 NH_4-N 的质量浓度平均值分别为 0.19 mg/L、10 μg/L 和 0.38 mg/L，而且 DOC 平均质量浓度也上升至 5.66 mg/L。水砷质量浓度显著升高，变化范围为 3.7～94.1 μg/L，平均值为 22.8 μg/L，大约是盆地边缘补给区的 8 倍。

在盆地东侧近排泄区，也是山前倾斜平原与中心洼地的过渡带，地下水 EC 值明显降低，平均值仅为 1 111 μS/cm，但 pH 普遍升高，变化范围为 7.95～8.38，平均值达 8.14，明显高于地下水补给区。此外，地下水 Eh 值变化范围为-170～-141 mV，平均值降至-153 mV，指示了较强的地下水还原条件。地下水组分中，阳离子以 Na^+为主导，部分样品仍然含有一定含量的 Mg^{2+}，阴离子则以 HCO_3^- 占据绝对优势，因而水化学类型主要为 Na-HCO_3 型和 Na-Mg-HCO_3 型。水相中的还原性组分显著升高。Fe（II）质量浓度变化范围为 0.12～0.43 mg/L，平均值上升至 0.24 mg/L。溶解态硫化物最大值高达 945 μg/L，平均值为 220 μg/L。地下水中的 NH_4-N 和 DOC 质量浓度普遍较高，平均值分别为 1.11 mg/L 和 20.15 mg/L。水砷质量浓度变化范围为 138～335 μg/L，平均值高达 269 μg/L，远远超出 WHO 推荐的饮用水限定值 10 μg/L。

盆地中央排泄区地下水 EC 值回升，平均值达 2 585 μS/cm，但低于径流区平均值。地下水 pH 在 7.77～8.45 之间变化，平均值为 8.14。地下水 Eh 值继续降低，最低达-229 mV，平均值为-92 mV。地下水中的主要阳离子为 Na^+，主要阴离子则在不同样品中差异明显，以 HCO_3^- 及 Cl^- 或 SO_4^{2-} 为主，从而使得地下水化学类型呈现多样性，包括 $Na\text{-}HCO_3$、$Na\text{-}HCO_3\text{-}Cl$ 和 $Na\text{-}HCO_3\text{-}SO_4$ 型等。地下水中的还原性组分含量普遍较高，Fe（II）、S（−II）和 $NH_4\text{-}N$ 的质量浓度平均值分别为 0.19 mg/L、22 μg/L 和 0.79 mg/L，DOC 平均质量浓度为 20.67 mg/L。水砷质量浓度的最大值上升至 495 μg/L，平均值为 191 μg/L。

在大同盆地西侧，沿地下水补—径—排路径，地下水环境演化呈现与东侧类似的特征。从西侧边缘地带到盆地中央，地下水 EC 值逐渐升高。西侧边缘补给区域地下水 pH 均值为 7.77，与东侧边缘相近，沿地下水流向 pH 大致呈上升趋势。西侧边缘补给区同样为弱氧化条件，沿地下水流向还原性逐渐增强，但变化程度较小。在盆地西侧补给区，地下水中阳离子以 Na^+为主，其次是 Mg^{2+}，阴离子则以 HCO_3^-为主，部分样品含有较高浓度的 SO_4^{2-}。在西侧径流区，地下水中主要阳离子为 Na^+和 Mg^{2+}，主要阴离子为 HCO_3^-，其次是 SO_4^{2-} 和 Cl^-。盆地西侧边缘的地下水还原性组分，包括 Mn、Fe（II）、S（−II）和 $NH_4\text{-}N$ 等的质量浓度较低，大部分样品低于检出限；在径流区内，其质量浓度均有一定程度的升高，平均值分别达 0.19 mg/L、0.13 mg/L、7 μg/L 和 0.45 mg/L。在盆地西侧补给区和径流区内水砷质量浓度普遍偏低，平均值分别仅为 1.8 μg/L 和 2.3 μg/L，均低于 WHO 推荐的饮用水限定值 10 μg/L。

2. 地下水氧化还原演化过程

如上所述，大同盆地地下水水化学沿补—径—排路径表现出明显的分带性。从盆地东侧边缘补给区到盆地中央排泄区，水砷质量浓度呈现逐渐增加的趋势(图 3-5-2)。地下水 pH 均值由 7.76 上升至 8.14，HCO_3^-质量浓度由 211 mg/L 增加至 370 mg/L，Ca^{2+}质量浓度由 121.9 mg/L 下降至 45.60 mg/L，Fe（II）质量浓度由检出限升高至 0.09 mg/L。

氧化还原、沉淀溶解以及吸附解吸等是影响地下水水化学空间分带性的主要地球化学过程（图 3-5-3）。上述过程中，天然有机质（CH_2O）参与的氧化还原过程可能是影响砷迁移转化的关键因素（Xie et al., 2013b; 2012a）。该过程可能包含如下系列反应：

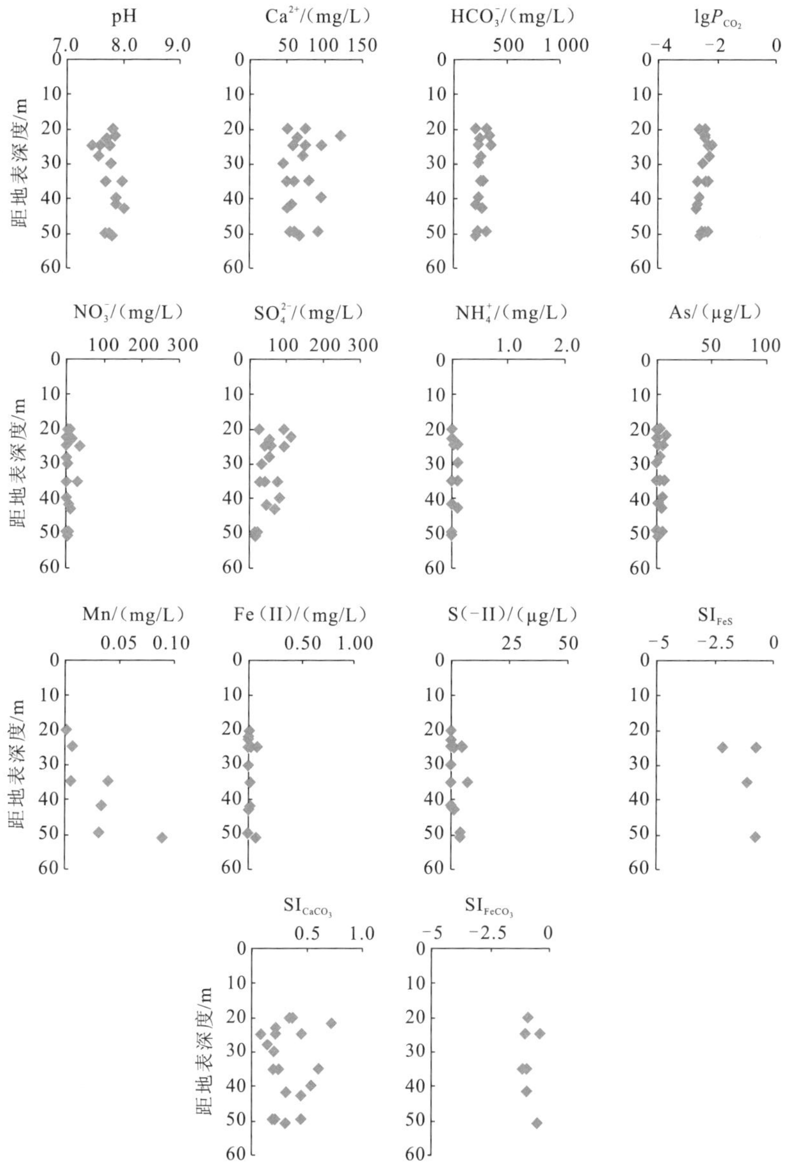

图 3-5-2　盆地补给区水化学随深度的变化

SI 代表饱和指数

$$CH_2O + 2MnO_2 + 3H^+ \longrightarrow 2Mn^{2+} + HCO_3^- + 2H_2O \tag{3-5-1}$$

$$CH_2O + 4FeOOH + 7H^+ \longrightarrow 4Fe^{2+} + HCO_3^- + 6H_2O \tag{3-5-2}$$

$$2CH_2O + SO_4^{2-} + OH^- \longrightarrow HS^- + 2HCO_3^- + H_2O \tag{3-5-3}$$

$$2CH_2O \longrightarrow CH_4 + CO_2 \tag{3-5-4}$$

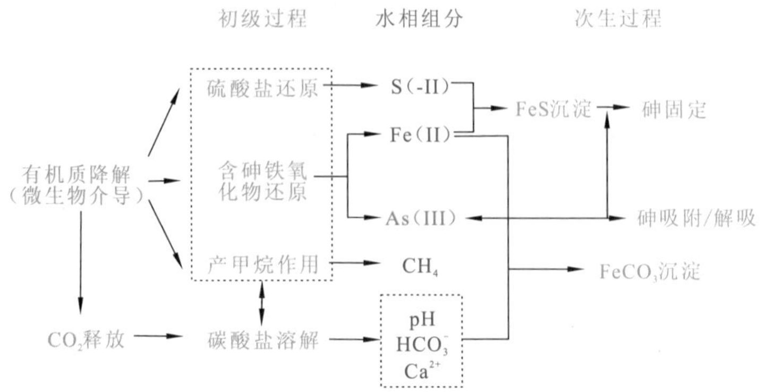

图 3-5-3 地下水系统主要地球化学过程

上述四个氧化还原反应均与碳酸电离平衡相关，它们引起的 HCO_3^- 或 CO_2 的释放可以影响碳酸盐矿物的沉淀溶解，从而控制地下水中 Ca^{2+} 和 Mg^{2+} 的含量以及 CO_2 分压（P_{CO_2}）等。同时，上述各反应均受到 pH 的直接控制。例如，铁氧化物的还原溶解由于需要消耗大量的质子可显著地升高水相的 pH，而 pH 的上升则反过来抑制铁氧化物的溶解。此外，亚铁次生矿物相，如菱铁矿（$FeCO_3$）和硫化亚铁（FeS）的形成，有利于铁氧化物的还原溶解：

$$Fe^{2+} + HCO_3^- = FeCO_3 + H^+ \tag{3-5-5}$$

$$Fe^{2+} + HS^- = FeS + H^+ \tag{3-5-6}$$

显然，次生亚铁类矿物的生成不仅可以降低水相的 pH，而且可以去除水相中的 Fe（II）。同理，其他改变 pH 的反应也将影响铁氧化物的溶解。例如，硫酸盐还原反应消耗 OH^- 并释放 HCO_3^- 到水相中，从而降低地下水的 pH，有利于铁氧化物的还原。又例如，产甲烷作用产生 CO_2，继而生成 HCO_3^-，同样可消耗 OH^-，从而降低地下水 pH 和促进铁氧化物的还原。换言之，含水层中的 CO_2 分压、pH 和地下水碱度会反过来影响上述的多个过程。

总体来说，作为电子供体的有机碳源的活性很大程度上决定了有机质的氧化降解程度，而其所提供的电子的去向和分流大小则取决于锰氧化物或铁氧化物的反应活性和动力学过程、硫酸盐利用程度以及 pH 等条件（Postma et al., 2007; Rowland et al., 2007; McArthur et al., 2001）。因此，在盆地不同区域内，上述讨论过程是否发生以及进行的程度可能是水化学及水砷含量表现出空间变异性的重要原因。

通常认为，大同盆地水砷的直接来源是赋存于含水层沉积物中与铁氧化物矿物相共存的砷（王焰新 等, 2010; Xie et al., 2008）。盆地含水层沉积物中盐酸羟胺可提取的 As/Fe 比值均接近 0.85 mg/g，且在盆地尺度上分布相对均一（Xie et al., 2009b）。然而，盆地不同区域水相 As/Fe 比值差异显著，从盆地边缘的约 140 mg/g

上升至中央排泄区的比值约 1 000 mg/g，且水相 As/Fe 比值远远高于固相 As/Fe 比值。该现象说明，在水岩作用过程中 As 与 Fe 的地球化学行为具有不一致性。砷应该更多地停留在液相当中，而释放的 Fe（II）则可能通过次级反应途径被固定。

在盆地边缘补给区，可用的活性有机碳质量浓度较少，其氧化降解提供的电子数量有限。由于地下水中 NO_3^- 质量浓度极低，主要的电子受体为锰氧化物。从图 3-5-2 可见，锰氧化物还原溶解使得水相中 Mn（II）质量浓度随深度逐渐增加。相较而言，Fe（II）质量浓度始终接近于零，说明铁氧化物的还原溶解尚不显著，因而砷的质量浓度同样处于极低的水平。虽然该区地下水含有一定量的硫酸盐，但由于可用的电子数量有限，硫酸盐还原几乎没有发生，其质量浓度沿深度基本没有变化。锰氧化物的还原溶解会消耗水相中的质子，因而可引起 pH 的上升[式（3-5-1）]。然而水化学结果显示，pH 的上升趋势并不明显，这可能与碳酸平衡过程的缓冲作用有关。

在盆地东侧径流区，由于可用的有机碳数量明显增加，含水层中的氧化还原反应变得活泼（图 3-5-4）。首先，由于大量 NO_3^- 的存在，有机质提供的电子主要被用于反硝化作用，可以观察在含水层上部 NO_3^- 质量浓度随深度迅速降低，而其他氧化还原活性组分的质量浓度几乎不变。当 NO_3^- 消耗殆尽时，富余的电子被用于锰氧化物、铁氧化物以及硫酸盐的还原。在含水层下部，地下水中 Fe（II）质量浓度随深度逐渐增加，说明铁氧化物还原溶解逐渐增强，与之伴随的是水砷质量浓度逐渐增加。另外，部分电子被用于硫酸盐的还原，因此 SO_4^{2-} 质量浓度随深度呈现降低的趋势，并伴随有溶解态硫化物质量浓度的升高。

在东侧近排泄区，NO_3^- 几乎已不存在，有机质提供的电子主要用于铁氧化物和硫酸盐的还原（图 3-5-5）。因此，地下水中的 Fe（II）质量浓度随深度逐渐增加。相较于补给区和径流区，该区域含水层中铁氧化物还原程度显著增强，因此，水相砷质量浓度迅速上升至近 400 μg/L。值得注意的是，此时溶解态硫化物质量浓度也急剧升高，说明硫酸盐还原作用同样强烈。铁氧化物及硫酸盐的还原使得地下水 FeS 趋于过饱和（饱和指数 SI 达到 1 以上），导致了 FeS 沉淀反应的发生。FeS 沉淀反应的直接结果是含水层下部地下水中 Fe（II）和 HS^- 的质量浓度出现不同程度的下降。由于 FeS 与砷的相互作用，水砷质量浓度随深度出现逐渐降低的趋势。该区域地下水 pH 的变化幅度相对较小，可能是铁氧化物及硫酸盐还原协同作用的结果。铁氧化物还原过程[式（3-5-2）]消耗质子而硫酸盐还原反应[式（3-5-3）]释放质子，因此，当两者同时发生且消耗的电子数量成一定比例时，地下水 pH 的变化就不再显著。

盆地中央地下水排泄区与近排泄区的水化学演化呈现出相似特征（图 3-5-6）。在中央排泄区含水层上部，水相 Fe（II）和 HS^- 的质量浓度逐渐上升，说明在该

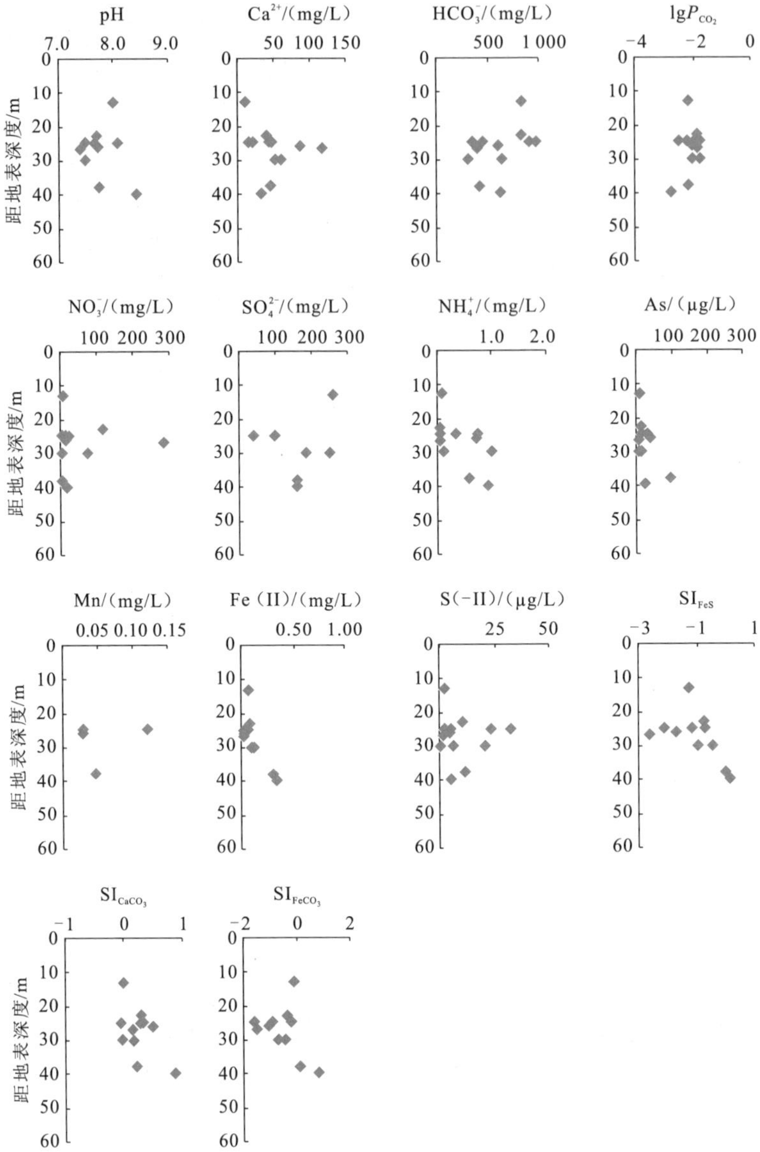

图 3-5-4　盆地东侧径流区水化学随深度的变化

SI 代表饱和指数

区域内主要的电子受体包括铁氧化物和硫酸盐。强烈的铁氧化物还原导致水砷质量浓度随深度迅速上升至约 500 μg/L，与此同时，FeS 达到过饱和状态（SI > 1）。计算结果表明，在含水层下部，地下水始终处于 FeS 过饱和状态，并且 HS^- 质量浓度逐渐降低，指示了 FeS 沉淀反应的发生。水砷质量浓度与 HS^- 质量浓度的相

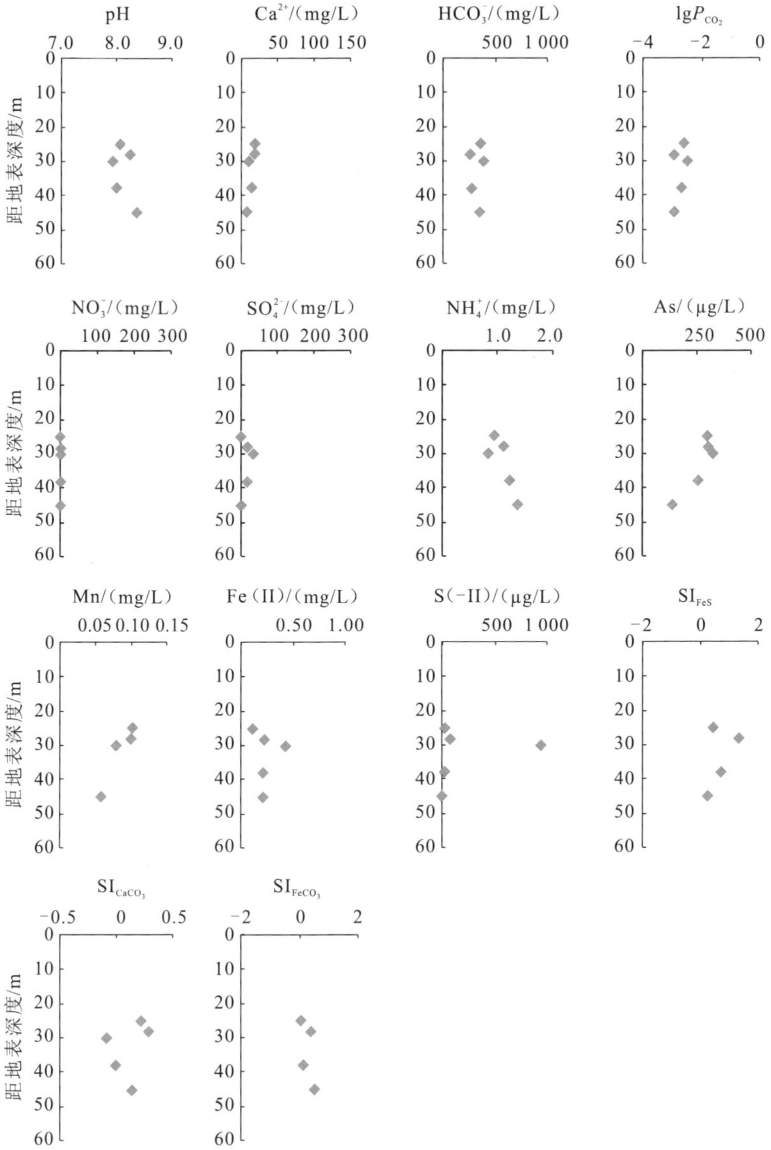

图 3-5-5　盆地东侧近排泄区水化学随深度的变化

SI 代表饱和指数

似变化特征说明了 FeS 对砷的固定作用。地下水排泄区最为显著的一个特点是，在含水层底部 Fe（II）质量浓度随深度变化并不明显。计算结果表明，沿深度往下，水相中 $FeCO_3$ 从不饱和状态趋向过饱和状态（SI 值接近 1），因此，在含水层底部 Fe（II）质量浓度可能同时受到 $FeCO_3$ 沉淀溶解过程的控制。

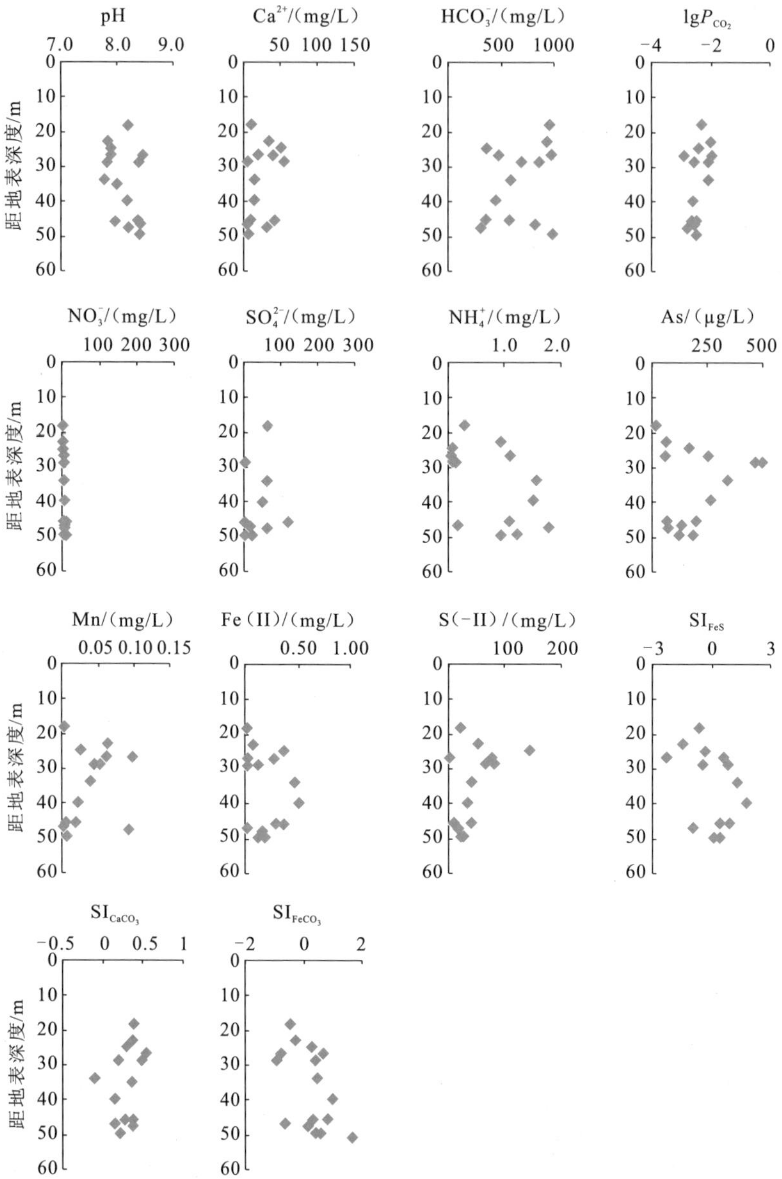

图 3-5-6 盆地中央排泄区水化学随深度的变化

SI 代表饱和指数

从以上讨论可知，在高砷含水层中，有机质作为最重要的电子供体，是整个氧化还原反应体系的有力推动者（Pi et al., 2015; Xie et al., 2012a）。因此，有机质的活性主要决定着砷迁移富集的程度。Acharyya 等（2000）发现，孟加拉国和印度西孟加拉邦的高砷地下水通常发生于较为年轻的全新统中期的含水层中，其中的有机质通常活性较弱，而有机质趋于老化的更新统含水层中的水砷质量浓度往往偏低。类似地，在越南红河三角洲，Postma 等（2012）通过原位监测发现，年轻的含水层（500～700 年）中有机质的降解速率较快，水砷质量浓度往往达数百微克每升，而较老的含水层（6 000 年）中有机质降解极为缓慢，砷的释放过程几乎停止，水砷质量浓度仅为数微克每升到数十微克每升。

综上，从盆地尺度上看，大同盆地地下水水化学分带性较为明显，水化学氧化还原演化呈现递变性。从盆地边缘补给区到中央排泄区，地下水砷质量浓度大体上呈现逐渐增加的趋势。同时，pH 略有上升，Eh 值逐渐下降，地下水 Fe（II）、HS^-和 NH_4^+的质量浓度逐渐增加。

有机质的氧化降解与诸多终端电子受体还原以及其他的地球化学过程相互耦合，共同构成了一个复杂的水化学演化网络。在高砷地下水分布区，铁氧化物和硫酸盐的还原在氧化还原反应序列中占据主导地位。铁氧化物是固相砷的主要载体，含砷铁氧化物的还原溶解导致了地下水中砷的富集。此外，水砷质量浓度先上升后下降的垂向变化特点是铁氧化物还原溶解释放砷、FeS 沉淀固定砷及砷在矿物相表面吸附解吸的综合结果（Pi et al., 2016）。

3.5.2　生物氧化还原过程对砷形态的影响

1. 地下水砷形态

甲基砷（MMA）和乙基砷（DMA）的浓度低于总可溶态砷浓度的 1.74%，且多数情形下在盆地中部的地下水中检出（图 3-5-7）。天然有机砷主要来源于微生物新陈代谢过程中，有机砷化合物的生物甲基化作用（Smedley and Kinniburgh，2002；

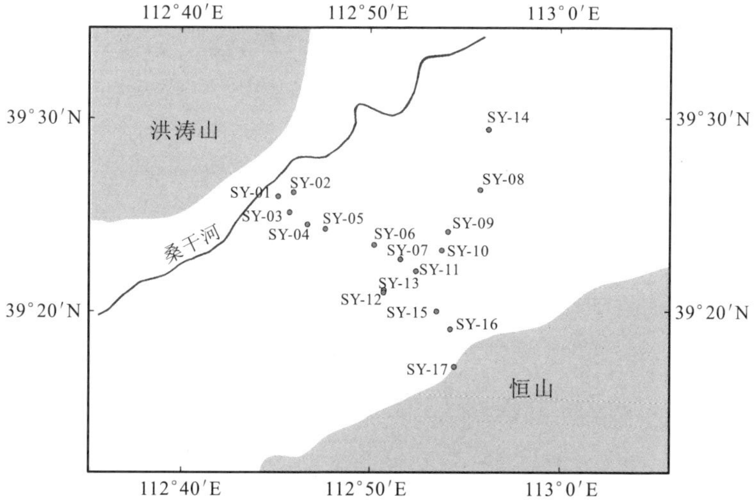

图 3-5-7　大同盆地地下水砷形态采样点分布图（采样时间 2007 年 8 月）

Cullen and Reimer，1989）。因此，地下水中有机砷的存在说明，含水层中影响砷迁移的微生物活动非常活跃。

在所有地下水样品中，无机砷[As（III）和 As（V）]是砷主要的存在形式。盆地西部有一个异常点，此水样中总砷浓度低，主要的砷存在形态是 As（V）。盆地东部地区 As（V）比例也较高，但具有略高的总砷浓度。盆地中部除了一个样品之外，其他地下水样品均具有极高的砷含量，且砷主要以 As（III）形态存在。盆地中部的砷物质的量浓度与氧化还原电位无明显相关性[图 3-5-8（a）]。但值得注意的是，盆地中部的高砷地下水样品的 Eh 值（-300～-100 mV）较西部和东部低。高 As（III）含量和总砷物质的量浓度地下水的 Eh 值普遍偏负（-290～-126 mV）（[图 3-5-8（a）和图 3-5-9（b）]。As（III）/As（V）比值随着氧化还原电位（低于-100 mV）的减小而增大[图 3-5-9（a）]。而在 Eh 值普遍低于-100 mV 的浅层地下水中，砷的主要存在形态为 As（III）（图 3-5-9）。虽然 Eh 电极测定的是所有氧化还原对的混合电位（Stumm and Morgan, 1996; Lindberg and Runnells, 1984），但仍然观察到测定的氧化还原电位值与砷形态间存在一定的相关性。用测定的 pH 和 Eh 值绘制 Eh-pH 图（图 3-5-10）可以观察到，砷的形态分布与用 Geochemist's Workbench（GWB）中的具有砷形态热动力学数据的 ACT2 子程序的模拟结果接近。

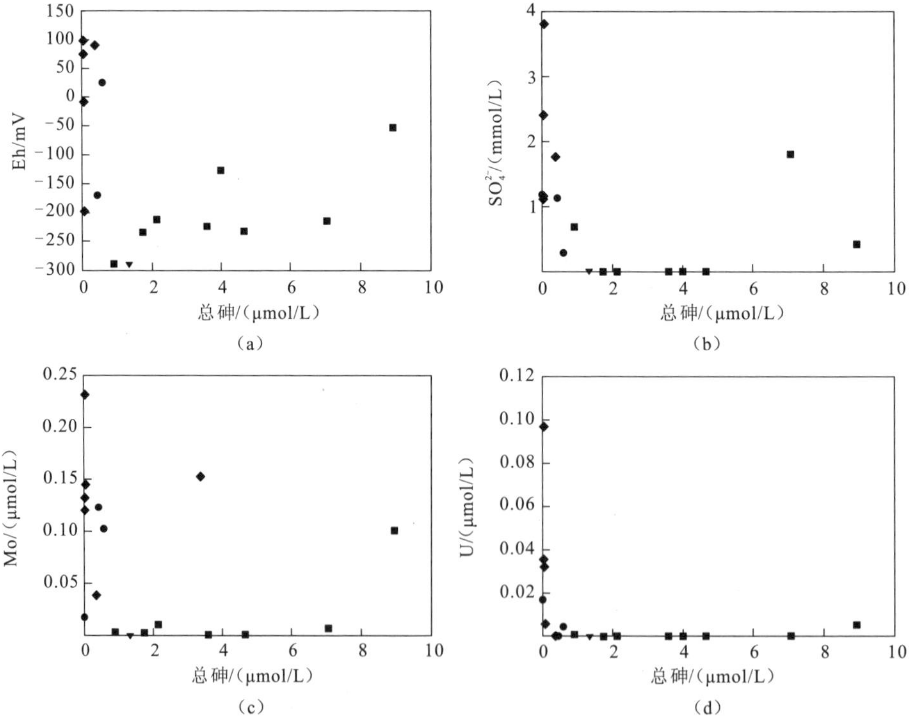

图 3-5-8 地下水中总砷物质的量浓度与不同水化学参数间的关系图

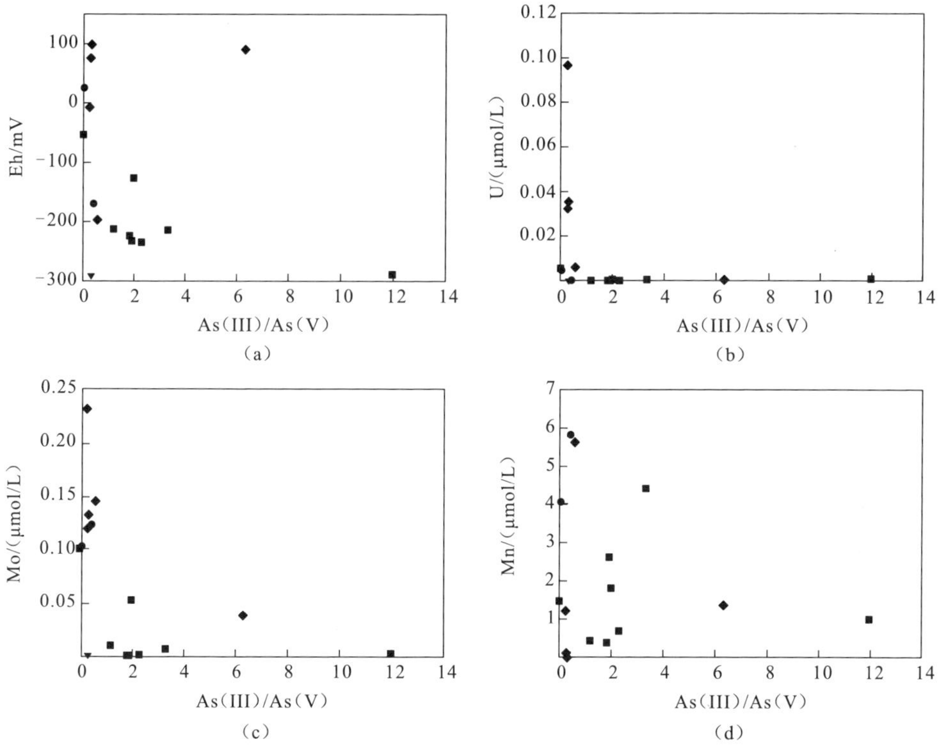

图 3-5-9　地下水中 As（III）/As（V）比值与不同水化学参数间的关系图

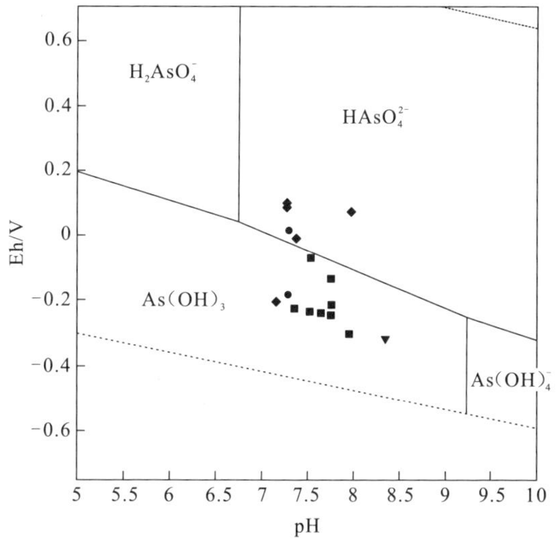

图 3-5-10　地下水样的 Eh-pH 图

条件为 $T=25$℃，$P=1.013$ bar（1 bar$=10^5$ Pa），α[main]$=10^{-4}$，$\alpha[H_2O]=1$；

假设没有白砷石和砷华沉淀；虚线表示水体稳定性区域的限度

2. 地下水中 Fe、NO_3、Mn、U 及 Mo 特征

地下水中 As（III）和 Fe 的浓度普遍很低，部分甚至低于检出限。溶解态 Mn 的浓度变化较大，少量样品 Mn 含量低于检出限，其质量浓度最高可达 320 μg/L，且在空间上未表现出显著规律性分布。As（III）/As（V）与溶解态 Fe 或 Mn 之间没有明显相关性[图 3-5-9（d）]。

两件泉水样检测出有硝酸盐，分别来自西部和东部（12.2 mg/L 和 28.8 mg/L）。因此，可以推断硝酸盐在迁移到盆地中心的过程中经过混合稀释或反硝化作用。U 和 Mo 的质量浓度分别高达 8.43 μg/L 和 22.2 μg/L。总的来看，盆地中部地下水中 U 和 Mo 的含量要低于边山补给区。砷与 U 和 Mo 物质的量浓度也无显著相关性[图 3-5-8（c）（d）]。然而，与 Eh 和硫酸盐相似，高 U 物质的量浓度的水通常砷物质的量浓度低，反之亦然[图 3-5-8（d）]。U（VI）以游离态存在于溶液相中（Hsi and Langmuir, 1985），而还原条件下溶液中的 U（IV）容易生成 UO_2 沉淀（Gorby and Lovley, 1992）。同样，Mo 在还原性地下水中不可溶，其主要以 MoO_x 或 $MoO_xS_{4-x}^{2-}$ 形式沉淀（Tossell, 2005; Helz et al., 1996）。此外，铁硫化物也能去除 As（III）和 Mo，显著降低其含量（Tribovillard et al., 2004）。As（III）/As（V）比值与 U 和 Mo 物质的量浓度的关系图[图 3-5-9（b）、（c）]也显示，高 As（III）含量与 U 和 Mo 物质的量浓度负相关。上述关系说明，砷易于在还原性的地下水中富集。

3. 硫酸盐与硫同位素

SO_4^{2-} 的质量浓度范围变化较大，从盆地中部地下水样品中 SO_4^{2-} 质量浓度普遍低于检出限，而西部补给区其质量浓度最高可达 365.7 mg/L。除一件样品外，地下水中的 SO_4^{2-} 质量浓度在补给区均超过了 100 mg/L，而在盆地中部普遍低于 66 mg/L，这与补给区砷物质的量浓度低，盆地中部砷物质的量浓度高的分布规律一致[图 3-5-8（b）]。两个泉水样品的 SO_4^{2-} 质量浓度分别为 107 mg/L 和 113.7 mg/L。硫酸根可能来源于硫酸盐的溶解或硫化物的氧化（如黄铁矿）。地下水相对于雨水样品具有较高的 SO_4^{2-} 浓度，因此，水–岩相互作用或蒸发作用可能是地下水中 SO_4^{2-} 的潜在重要来源。本区地下水样品中，SO_4^{2-} 物质的量浓度与 U 和 Mo 没有显著相关性（图 3-5-11）。

井水和泉水中 SO_4^{2-} 的 $\delta^{34}S_{SO_4^{2-}}$ 值显示出较大的变化范围（图 3-5-12 和图 3-5-13）。西部和东部地区的 $\delta^{34}S_{SO_4^{2-}}$ 值变化区间为 8.8‰～15.9‰，而盆地中心的变化范围则为–2.5‰～36.1‰。尽管 $\delta^{34}S_{SO_4^{2-}}$ 富集很可能指示了硫酸盐的生物还原作用，但较大的同位素值变化区间可能反映了盆地地下水氧化还原循环的变化，或为不同水体的混合。$\delta^{34}S_{SO_4^{2-}}$ 值与 SO_4^{2-} 和 Eh 之间没有明显的相关性[图 3-5-12（a）和图 3-5-13]。盆地中部地下水样品的 $\delta^{34}S_{SO_4^{2-}}$ 值（水样 SY-11：–2.5‰除外）相对于边山区域呈

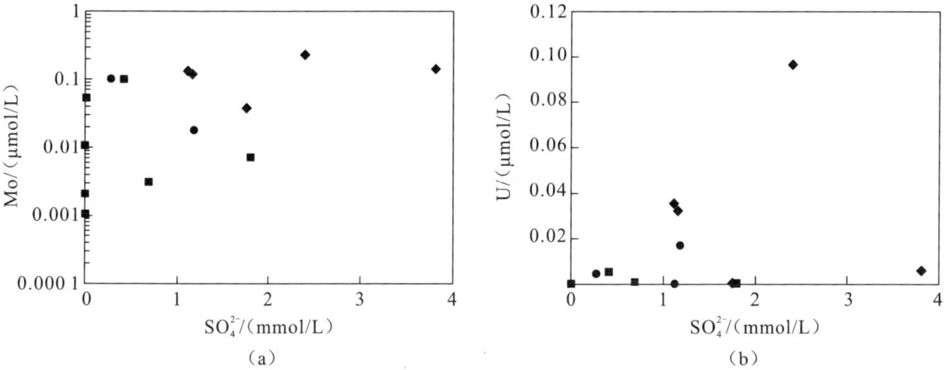

图 3-5-11　地下水样 SO_4^{2-}-Mo 物质的量浓度（a）、SO_4^{2-}-U 物质的量浓度（b）关系图

现出一定程度的富集。如果不考虑 SO_4^{2-} 和 $\delta^{34}S_{SO_4^{2-}}$ 值极低的两个样品 SY-11 和 SY-13，盆地中 $\delta^{34}S_{SO_4^{2-}}$ 值较高的地下水中砷物质的量浓度也较高[图 3-5-12（b）]。值得注意的是，SY-11 和 SY-13 是源自盆地地下水的补给区。

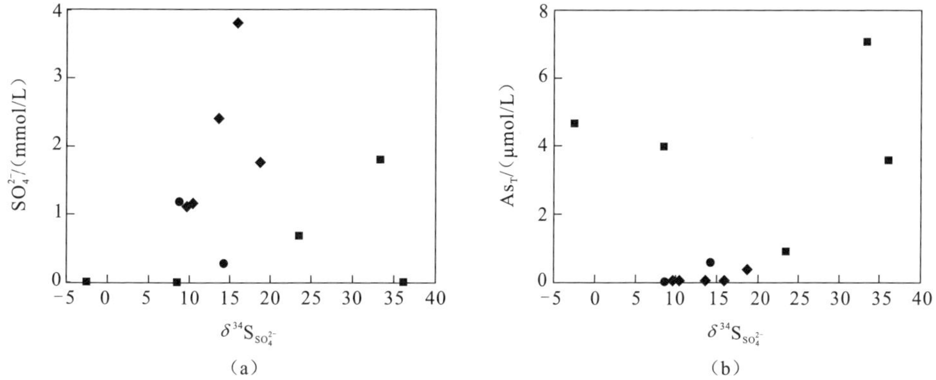

图 3-5-12　大同盆地地下水 $\delta^{34}S_{SO_4^{2-}}$ 值与 SO_4^{2-}（a）和总砷（b）关系图

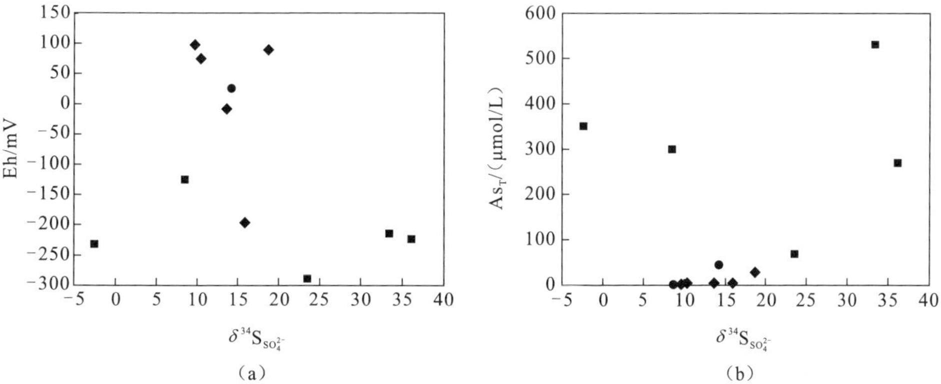

图 3-5-13　地下水中 $\delta^{34}S_{SO_4^{2-}}$ 值与 Eh（a）和总砷（b）关系图

4. As-Fe 氧化还原模型

水化学与同位素结果可用于检验控制砷迁移与转化的传统模型。显然，与盆地西部和东部边缘补给区相比，盆地中心地下水具有极高的砷浓度。假定盆地中部地下水系统中的砷在过去某个时段被固定，当经历了氧化还原环境的变化，其会发生迁移与富集。前期的研究表明，大同盆地是一个半封闭式的断陷盆地（苏春利，2006），盆地中心的高砷区为本区地下水的潜在排泄区。大同盆地与呼和浩特盆地相似（Smedley et al., 2003），地下水流动滞缓，因此，砷不会迁移或通过冲刷离开盆地系统。

自盆地边缘区域到中部，氧化条件逐渐转变为还原条件，同时，砷的浓度也有所升高，形态由以 As（V）为主转变为 As（III）（除了一个异常点）占优势。As（III）/As_T 比值较高的高砷地下水的 Eh 值变化范围为−290～−126 mV。水化学证据表明，含砷铁氢氧化物的还原性溶解释放砷可能是本区高砷地下水形成的主控因素。然而，这种还原性条件的变化并不能解释所有地下水中的高砷含量。此外，高砷地下水中并未观察到溶解态 Fe 含量的增加，表明其他过程，如 As（V）被还原为 As（III）即可导致砷的释放（Bose and Sharma, 2002; Wilkie and Hering, 1998）。因此，针对大同盆地高砷地下水，铁的氢氧化物还原模型尽管貌似可信，却不能解释 SY-12 样品具有高浓度砷和高 As（III）/As_T 比值。

S 与 Fe 具有非常相似的地球化学性质，能够通过生成硫化物沉淀使砷从溶液相中去除（Lowers et al., 2007; Kirk et al., 2004），或通过硫化物氧化而使砷活化（Peters and Blum, 2003; Schreiber et al., 2000; Mandal et al., 1996; Mallik and Rajagopal, 1996）。水化学数据显示，高硫酸盐含量的地下水样品总伴随着较低的砷浓度和 As（III）/As（V）比值，反之亦然。这表明硫酸盐的还原反应有可能使得 As（V）还原为 As（III），或两者同时发生。然而，没有证据支持 SO_4^{2-} 的还原能将砷固定在黄铁矿中，或者使得砷与黄铁矿发生共沉淀。砷并不可能大规模地通过硫化物氧化而活化[图 3-5-8（b）]，否则地下水中砷和硫酸盐物质的量浓度应呈正相关关系。已有报道通过研究硫和砷的生物地球化学循环来揭示含水层中硫化物形成过程中砷的迁移和滞留机制（Bhattacharaya et al., 1997）。然而，硫酸盐的还原反应或硫化物的氧化是否发生很难通过水化学数据来判断，特别是当有多重流动系统存在，以及地下水混合对硫酸盐浓度造成影响的情况下。硫同位素可揭示硫循环，特别是硫酸盐还原作用为主导的过程。硫酸盐中硫同位素受以下几方面作用的影响：①含水层中或周围基岩中硫酸盐矿物的溶解；②来自大气降水中的 SO_4^{2-}；③含水层中的氧化还原反应。尽管在该半干旱地区，蒸发作用形成了少量的易溶硫酸盐，但是研究区并未发现石膏或其他硫酸盐矿物（苏春利，2006）。盆地地下水中 S 同位素较大的变化区间表明，地下水体混合不均匀，这符合该区地下水径流和溶质运移速度缓慢的实际。两个泉水的 $\delta^{34}S_{SO_4^{2-}}$ 值（分别为 8.7‰和 9.7‰）基本接近或稍高于我国北方大气降水中 SO_4^{2-} 的 $\delta^{34}S_{SO_4^{2-}}$ 值（3.7‰～8.1‰，平均值为 5.6‰，Mukai et al., 2001）。盆地边缘地下水中硫酸盐的范围为 8‰～15‰，符合预计的蒸发盐溶解导致的 S 同位素变化范围（Clark and Fritz, 1997），且其很可能是西缘和东缘的硫酸盐背景值。大部分地下水流动路径的上游地下水样品中的 $\delta^{34}S_{SO_4^{2-}}$ 值都在该范围内。尽管是推测，但如果假设 $\delta^{34}S_{SO_4^{2-}}$ 背景值在 8‰～15‰范围变化，那么硫同位素比值（约为±20‰）（表 3-5-3，图 3-5-9 和图 3-5-10）的不同富集和亏损趋势表明，在盆地中心区域，硫酸盐的还原和硫化物的氧化都可能发生。硫酸盐还原菌优先利用 ^{32}S，使得残余 SO_4^{2-} 中的 ^{34}S 富集，$\delta^{34}S_{SO_4^{2-}}$ 值增大（Kaplan and Rittenberg，1964；Nakai and Jensen，1964）。除盆地上游区域的两个样品（SY-11 和 SY-13）之外，高 $\delta^{34}S_{SO_4^{2-}}$ 值、高砷物质的量浓度[图 3-5-13（b）]和低硫酸盐物质的量浓度、低 Eh 值与硫酸盐的还原伴随着砷的还原和迁移的认识相一致。要解释盆地中心两个上游地下水样品硫同位素异常，需要对有关径流途径进行更为深入的研究。观察到的较低的 $\delta^{34}S_{SO_4^{2-}}$ 值（图 3-5-12 和图 3-5-13）可能与硫同位素亏损的硫化物再次氧化有关。假定研究区地下水系统为一个硫酸盐封闭的系统，在硫酸盐还原早期，生成的硫化物将呈现硫同位素亏损的特征。当硫酸盐的量逐渐减少，残余的硫酸盐将会富集重同位素（瑞利蒸馏），因此，与在反应初期形成的硫化物相比，地下水中生成的硫化物的硫同位素也会相应地富集。

SY-12 是沿着地下水径流路径沿边山向盆地中心采集的第一个数据点。不幸的是，该样品没有足够的硫酸盐含量用于 S 同位素分析。SY-12 井具有最高的砷含量和 As（V）/As_T 比值，与其相对高的 Eh 值符合，因为在 Eh-pH 图（图 3-5-10）中，砷主要以 As（V）形式存在。很明显，在该点的含水层中可能没有足够量的铁氢氧化物来大量吸附和固定 As（V）。此外，含砷黄铁矿的氧化可能会向地下水中释放一定量的砷，但这不能解释没有大量含砷黄铁矿的条件下形成高砷含量的地下水。高 As（V）/As_T 比值可能是由 Fe 和 Mn 氧化物将 As（III）氧化为 As（V）所致（Stollenwerk, 2003）。很可能的情况是，该样品点恰好处在氧化还原条件转变的临界点。

大同盆地与我国内蒙古的呼和浩特盆地和河套盆地存在一定相似之处。上述三个盆地都属于年轻的沉积盆地，地下水流速滞缓，且都处在干旱-半干旱地区。高砷地下水发生在厌氧的、能检测出高含量硫化氢和有机碳的地下水中。总的来说，与新形成的半封闭呼和浩特盆地和河套盆地一样，沉积物中砷缓慢迁移至盆地之外的假设很可能在大同盆地也适用（Smedley et al., 2003）。

3.5.3 砷-铁-硫氧化还原耦合作用

含水层中砷的迁移转化受到多个地球化学氧化还原过程的控制（Neidhardt et al., 2014; Xie et al., 2013b；Postma et al., 2012）。近年来，研究发现硫的（生物）地球化学循环可对砷的环境行为产生重要影响（Kirk et al., 2010, 2004）。含水层中硫的（生物）氧化还原循环，可与多个氧化还原过程耦合（Saunders et al., 2008）。溶解态硫化物是一种强还原剂，可非生物还原弱结晶铁氧化物（如水铁矿和纤铁矿）和结晶态铁氧化物（如针铁矿），而这两类铁矿物相均为砷的重要载体，因此，上述过程可促进砷的释放（Kocar et al., 2010）。强还原地下水环境中，硫酸盐还原导致的砷迁移转化过程变得异常复杂（Saalfield and Bostick，2009）。微生物介导下，硫化氢可还原 As（V）为 As（III）（Hollibaugh et al., 2006），或者与砷形成易迁移的络合物，如 $H_xAsO_{3-y}S_y^{(3-x)-}$（x=0～3，y=1～3）、$H_xAsO_{4-y}S_y^{(3-x)-}$（x=0～3，y=1～4）以及单核至三核硫代砷络合物等（Planer-Friedrich et al., 2007；Wilkin et al., 2003）。最近研究发现，硫酸盐氧化还原的另一重要产物溶解态零价硫，通过促进多种硫代砷化合物的形成可在砷的价态和形态转变中发挥重要的作用（Burton et al., 2013；Couture and Van Cappellen，2011）。此外，溶解态硫化物可与砷直接反应生成雄黄（AsS）或雌黄（As_2S_3）等矿物相，导致砷的固定（O’Day et al., 2004）。当 Fe（II）存在时，硫化物可与其反应生成硫化亚铁类矿物，并通过吸附或共沉淀去除地下水中的砷（Omoregie et al., 2013）。上述过程通过复杂的耦合作用可促进或抑制地下水系统中砷的迁移富集。

如前所述，大同盆地高砷地下水通常发育于强还原环境中，并含有较高浓度的溶解态硫化物（Wang et al., 2014a; Xie et al., 2009a），这与南亚地区高砷地下水明显不同（Van Geen et al., 2008）。南亚地区低的水砷浓度通常与硫化砷矿物的形成有关（Aziz et al., 2016; Radloff et al., 2016）。然而，通过硫稳定同位素研究发现，大同盆地高砷含水层中硫的氧化还原循环异常活泼，其中硫酸盐还原是消耗地下水中硫酸盐的主要途径，但该过程并没有导致水砷含量的降低，反而促进了地下水中砷的富集（Xie et al., 2013b）。此外，大同盆地地下水系统中可能发生了结晶态与弱结晶态铁矿物间的相态转变，而富硫条件下（硫酸盐还原生成溶解态硫化物），则可能发生了非硫化亚铁和硫化亚铁矿物相间的转化（Xie et al., 2013a）。对于大同盆地内富硫的地下水系统，强还原条件下砷的归趋与硫循环密切相关，硫氧化还原过程可能对砷迁移转化有着显著的影响。

因此，本小节通过开展场地尺度的针对性研究（图 3-5-14），主要探讨砷-铁-硫耦合作用过程对砷迁移富集和砷形态转变的影响。场地尺度研究的优势在于可以通过遴选尺度合适、含水层介质相对均一、水化学特征典型的试验场地，排除非必要因素干扰，从水文地球化学角度进行精细刻画（Van Geen et al., 2006）。

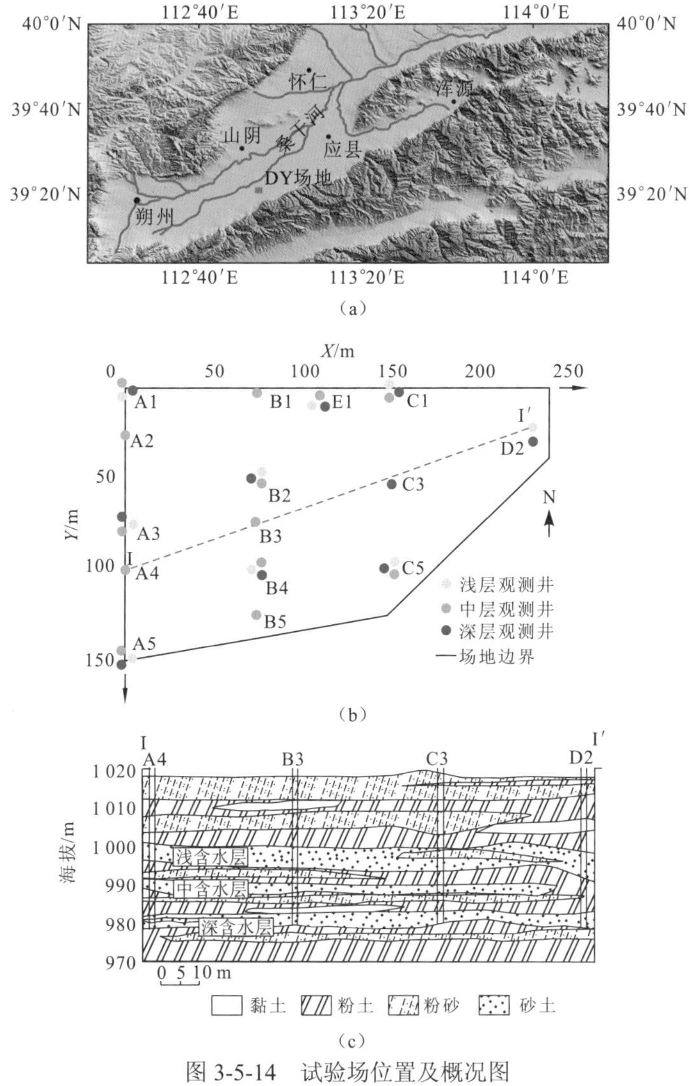

图 3-5-14　试验场位置及概况图

（a）试验场地地理位置（DY 场地）；（b）试验场地和水化学监测网络平视图；（c）图（b）中沿 I - I′线的含水层岩性剖面

1. 水化学特征

场地地下水 EC 值在 521～2 530 μS/cm 变化，平均值为 852 μS/cm，较高的 EC

值多见于浅层地下水中。地下水 pH 变化范围为 7.32～8.52，均值为 8.11。地下水 Eh 测量值普遍较低，平均值为−199 mV；基于 SO_4^{2-}/HS^-对计算得出的 Eh 值在−280～−136 mV，平均值为−237 mV，与测量值较为接近。地下水中的主要离子为 Na^+和 HCO_3^-，其他离子组分的含量相对较低。除个别样品外，地下水 SO_4^{2-} 质量浓度通常不高，平均值为 33.4 mg/L。

值得注意的是，场地内溶解态 Fe（II）质量浓度变化范围为 0.01～0.28 mg/L，而南亚高砷地下水 Fe（II）质量浓度从数毫克每升到数十毫克每升（Postma et al., 2012；Van Geen et al., 2008）。相较而言，试验场地地下水 Fe（II）含量明显偏低。溶解态硫化物质量浓度通常较高，变化范围为 2～488 μg/L，平均值达 137 μg/L。硫化物质量浓度与 Eh 值和硫酸盐质量浓度均表现出良好的反相关关系，且高质量浓度的硫化物通常见于 Eh 值较低的中层和深层地下水中（图 3-5-15）。地下水 Fe（II）和硫化物浓度大体呈现反相关关系（图 3-5-16）。

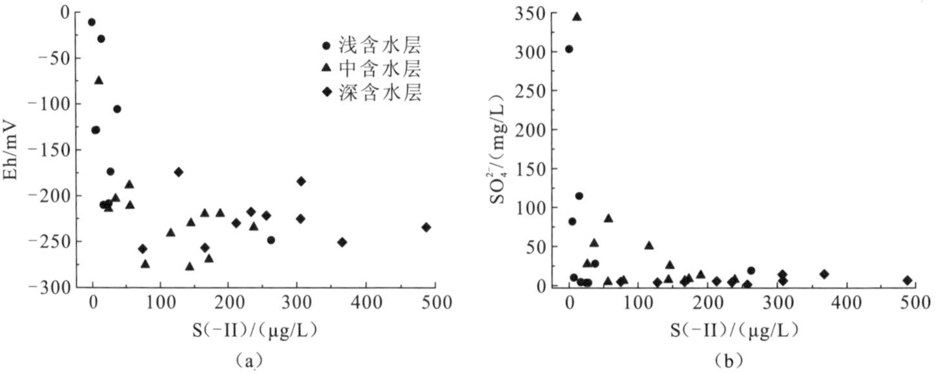

图 3-5-15　地下水 Eh 值（a）和 SO_4^{2-} 质量浓度（b）与溶解态硫化物质量浓度的关系

地下水砷质量浓度的变化范围为 7.9～2 700 μg/L，平均值为 630 μg/L；88%水样砷质量浓度超过了 WHO 推荐的饮用水限定值 10 μg/L。中层和深层地下水具有较高的砷质量浓度与较低的 Eh 值[图 3-5-15 和图 3-5-16（b）]。除少数浅层地下水样品外，As（III）是水砷的主要存在形态，其平均值为 440 μg/L，约占总砷质量浓度的 70%。

在水砷与硫化物质量浓度的关系图中，可以发现两种截然不同的趋势[图 3-5-16（b）]。落入趋势 1 的样品中，砷和硫化物质量浓度具有显著的正相关关系，而且这部分样品通常来自中、深层地下水且水砷质量浓度较高。落入趋势 2 的样品中砷质量浓度较低且变化不大，而且与溶解态硫化物质量浓度无明显关系。从图 3-5-16（c）

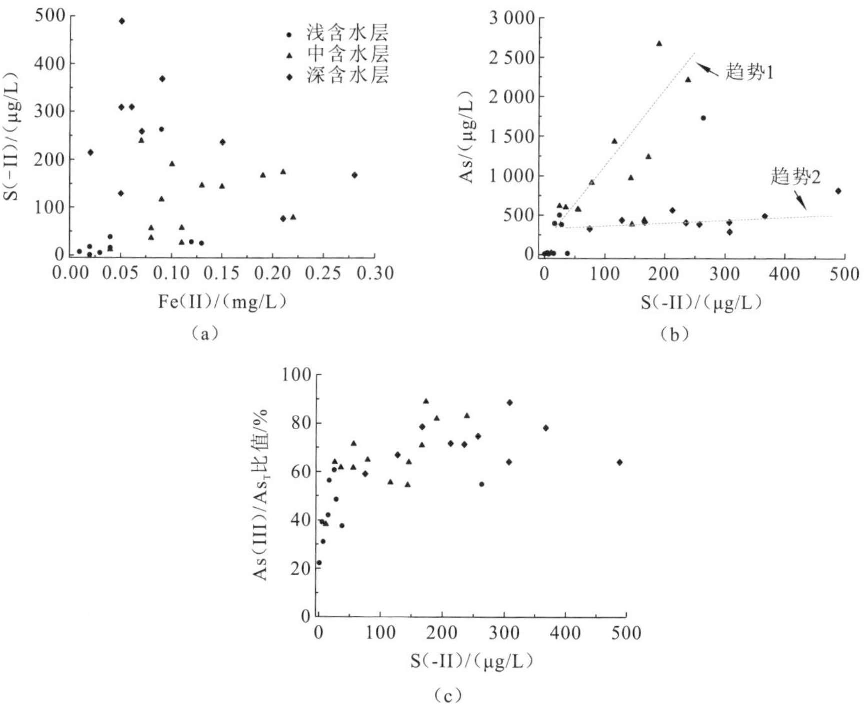

图 3-5-16　地下水氧化还原活性组分的关系图

可知，As（III）/As_T 比值随硫化物质量浓度升高先快速上升，在硫化物质量浓度大于 100 μg/L 后大致维持在一个较高水平，说明以 As（III）为主要砷存在形态的地下水偏向于发生在富含硫化物的地下水环境中。反之，一些浅层地下水中低浓度砷往往与低浓度 Fe（II）和溶解态硫化物及低 As（III）/As_T 比值相伴随。

2. 沉积物地球化学

平行提取实验结果显示了不同结合态砷、铁和硫在沉积物中的分配情况（表 3-5-1）。甲酸提取结果表明，沉积物中最主要的碳酸盐矿物为 $CaCO_3$，其平均质量分数为 47.4 g/kg，其次是 CaMg（CO_3）$_2$，平均质量分数为 12.6 g/kg，$FeCO_3$ 质量分数较低，平均值为 1.39 g/kg。除个别样品外，与碳酸盐矿物结合的砷质量分数通常较低，平均值只有 1.35 mg/kg，占沉积物总砷含量均比为 6.54%。试验场地沉积物中砷并没有大量地进入碳酸盐矿物中，与 Sø 等（2008）发现方解石是砷的重要载体不同。

表 3-5-1　沉积物平行提取实验结果一览表

	碳酸盐矿物相				
	$CaCO_3$	$CaMg(CO_3)_2$	$FeCO_3$	As	As/As_T [a] /%
最大值	94.6	35.2	3.41	4.31	18.0
最小值	4.09	2.81	0.13	0.23	1.48
平均值	47.4	12.6	1.39	1.35	6.54
标准偏差	28.4	7.54	0.88	1.18	4.77
	弱结晶铁矿物相				
	As	As/As_T [a] /%	Fe(II)	Fe	Fe(II)/Fe [b] /%
最大值	13.8	57.3	8.03	10.7	90.2
最小值	3.00	20.6	0.81	3.43	22.6
平均值	7.30	38.0	4.26	6.76	59.9
标准偏差	2.97	9.55	2.09	2.07	18.8
	黄铁矿相			总沉积物	
	As	As/As_T [a] /%	Fe	As_T	AVS
最大值	0.53	2.86	0.82	34.3	5.78
最小值	0.22	0.86	0.09	12.3	0.91
平均值	0.34	1.91	0.37	19.2	3.68
标准偏差	0.08	0.51	0.22	6.43	1.49

注：As 的单位为 mg/kg，$CaCO_3$、$CaMg(CO_3)_2$、$FeCO_3$、Fe、Fe(II)、AVS 的单位为 g/kg；a 各提取步骤中与矿物相结合的砷占沉积物总砷含量的比例；b 盐酸提取步骤中 Fe(II)占总 Fe 含量的比例

盐酸可提取铁矿物相主要为弱结晶态铁矿物相，与之结合的砷质量分数变化范围为 3.00～13.8 mg/kg（表 3-5-1），且可提取砷和铁含量之间呈现一定的正相关性（$R^2=0.39$，$\alpha=0.05$），说明弱结晶态铁矿物相具有一定的固砷能力（Xie et al., 2014b; Charlet et al., 2007）。盐酸可提取 Fe（II）质量分数为 0.81～8.03 g/kg，平均值为 4.26 g/kg，占据可提取总铁质量分数的 22.6%～90.2%，平均占比为 59.9%，即亚铁类矿物是弱结晶态铁矿物相的重要组成之一。

沉积物中酸可挥发性硫化物（AVS）质量分数变化范围为 0.91～5.78 g/kg，平均值为 3.68 g/kg（表 3-5-1）。溶解态硫化物较高的中层和深层含水层中 AVS 质量分数相比浅层含水层更高[图 3-5-17（a）]。沉积物 AVS 质量分数与地下水硫化物质量浓度及盐酸可提取 Fe（II）质量分类之间均呈现出良好的正相关性[图 3-5-17（a）和（b）]，表明盐酸可提取亚铁类矿物相的主要成分之一为硫化

亚铁（Kirk et al., 2010）。AVS 与盐酸可提取 Fe（II）的摩尔比值在 0.3～1.4，平均值为 0.7，与 FeS 化学计量比接近，表明沉积物中 AVS 主要来源于 FeS 矿物。根据 AVS 质量分数推算，沉积物中 FeS 质量分数应在 2.6～15.8 g/kg，平均值约为 10.1 g/kg。值得注意的是，盐酸可提取砷质量分数与 AVS 质量分数之间没有明显的相关性[图 3-5-17（c）]，表明以 FeS 形式存在的 AVS 可能不是砷的主要载体。

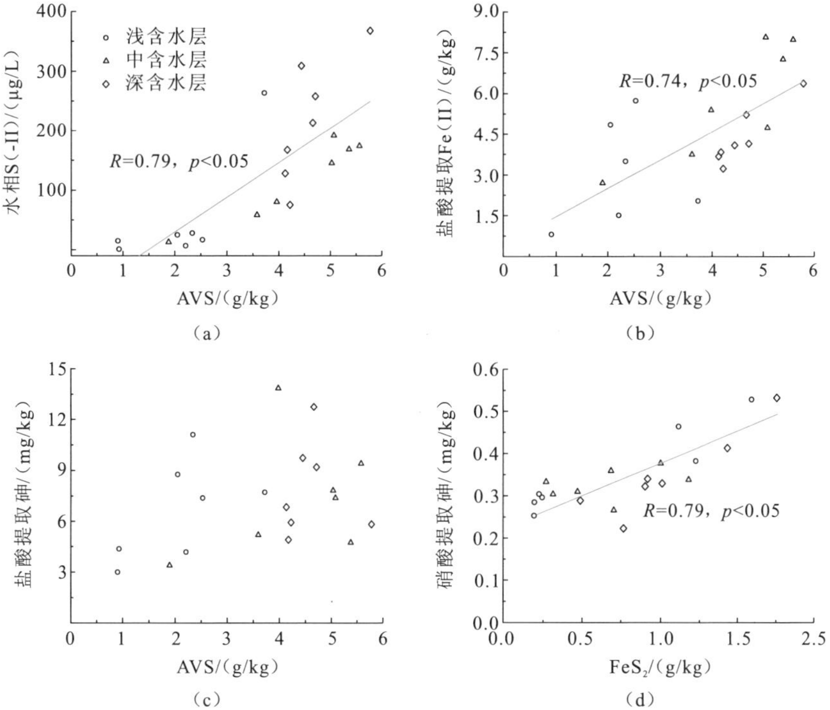

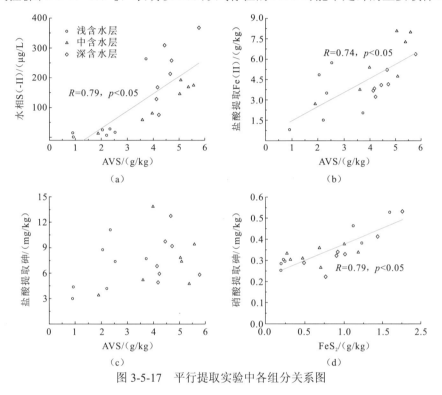

图 3-5-17 平行提取实验中各组分关系图

据硝酸提取结果可知，沉积物黄铁矿中的 Fe 质量分数为 0.09～0.82 g/kg，平均值为 0.37 g/kg，按化学计量比沉积物中 FeS_2 质量分数为 0.19～1.76 g/kg，平均质量分数为 0.80 g/kg，远低于 FeS 质量分数。对应可提取砷质量分数为 0.22～0.53 mg/kg，平均值为 0.34 mg/kg，占据沉积物总砷质量分数比例较低（表 3-5-5）。值得注意的是，可提取黄铁矿和砷质量分数之间表现出较好的正相关性（R=0.79，p<0.05）[图 3-5-17（d）]，说明部分的砷与黄铁矿结合在一起。

扫描电子显微镜-能量散射光谱（SEM-EDS）测试结果显示 C5 采样点沉积物样品中草莓状黄铁矿型矿物较为普遍（图 3-5-18）。EDS 分析结果（S/Fe 原子个数比接近 2）也证实其为黄铁矿。值得注意的是，草莓状黄铁矿颗粒中检测出较高的砷质量分数（4.91%），说明砷确实与硫化亚铁矿物发生了结合。

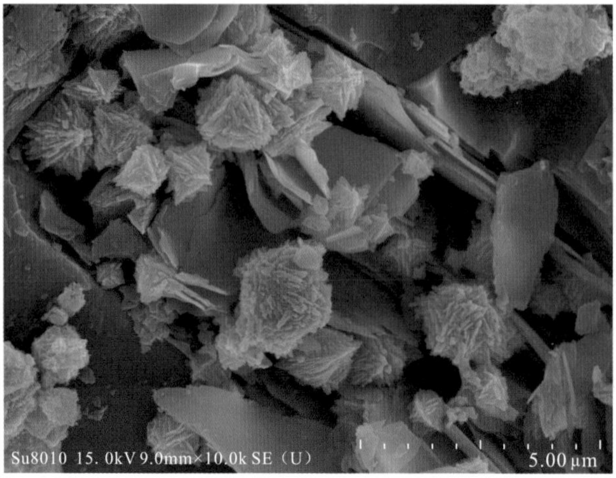

（a）

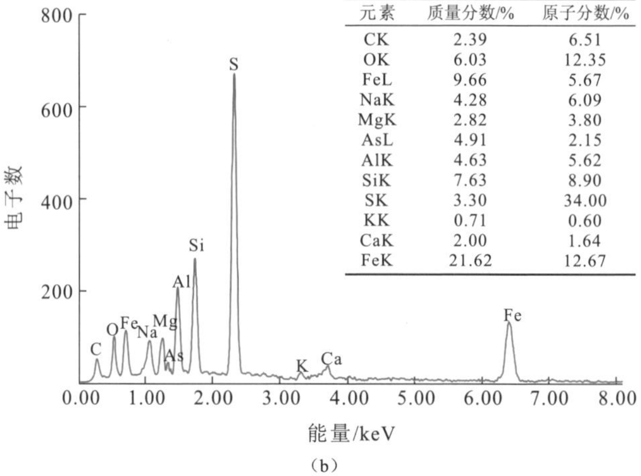

元素	质量分数/%	原子分数/%
CK	2.39	6.51
OK	6.03	12.35
FeL	9.66	5.67
NaK	4.28	6.09
MgK	2.82	3.80
AsL	4.91	2.15
AlK	4.63	5.62
SiK	7.63	8.90
SK	3.30	34.00
KK	0.71	0.60
CaK	2.00	1.64
FeK	21.62	12.67

（b）

图 3-5-18　沉积物中硫化亚铁矿物相的扫描电子显微镜图及能量散射光谱图

3. 硫-砷相互作用

实测 Eh 值和 SO_4^{2-}/HS^-理论计算得到的 Eh 值均指示了地下水强还原条件的普遍性。无氧条件下，含水层中的天然有机质可被微生物利用，成为电子供体，促进铁氧化物和 SO_4^{2-} 的还原（Xie et al., 2013b; Postma et al., 2012）。硫同位素溯源分析结果表明，大同盆地地下水中 SO_4^{2-} 的主要来源包括陆相蒸发岩、含硫有机质以及大气硫酸盐等（Xie et al., 2013b）。干旱条件下，强烈的蒸发作用导致了地下水中 SO_4^{2-} 浓度随着电解质的浓缩逐渐累积（Wang et al., 2009）。在适宜条件下，相对于结晶态铁氧化物，微生物更倾向于利用 SO_4^{2-} 作为电子受体（Postma and

Jakobsen, 1996）。溶解态硫化物与 Eh 及硫酸盐含量的反相关关系证实，硫酸盐还原作用过程产生了大量溶解态硫化物。由于地下水中仍有可观的 SO_4^{2-} 和天然有机质存在，硫酸盐还原过程应将持续进行。

硫化氢是一种强还原剂，可直接还原 As（V）。Rochette 等（2000）发现，当 pH 等于 4 时，As（V）能快速地被硫化氢还原，反应过程中生成中间产物 As-S 三聚络合物，其分解后最终形成 As（III）；当 pH 为 7 时，即使溶解硫离子浓度升高 100 倍，仍观测不到显著的 As（V）还原作用。但当有微生物参与时，即使在碱性条件下硫化物氧化也可与 As（V）还原耦合，导致地下水中 As（III）的富集（Hollibaugh et al., 2006）。也有研究证实，富硫条件可加速 As（V）还原为 As（III），使得 As（III）成为水砷主要存在形态（Kocar et al., 2010）。如图 3-5-16（c）所示，随着硫化物质量浓度升高，As（III）/As_T 比值上升意味着富硫环境促进了 As（V）向 As（III）的还原。富硫环境下，溶解态硫化物可通过几种途径促进砷的迁移：①水相硫离子直接或在生物介导下还原 As（V）为 As（III），减弱砷的吸附能力，导致砷的解吸作用增强（Dixit and Hering, 2003）；②砷酸根和亚砷酸根均可被硫代化，产生更易迁移的硫代砷化合物（Suess et al., 2011; Rochette et al., 2000）；③硫化物可直接与吸附在铁氧化物表面的砷发生配体交换反应，引起砷的解吸（Kocar et al., 2010）。

基于 PHREEQC-3 的热力学模拟计算结果表明，硫代砷酸盐和硫代亚砷酸盐均可能存在于地下水中（图 3-5-19）。当溶解态硫化物质量浓度较低时（12 μg/L），计算得出的主要砷形态为硫代砷酸盐。Burton 等（2013）确实发现，即使溶解态硫化物质量浓度较低时（数微摩尔每升），孔隙地下水中约一半的砷为硫代砷酸盐。当硫化物质量浓度较高时（367 μg/L），尽管主要砷形态为 As（III），硫代砷酸盐和硫代亚砷酸盐仍然可能共存，并仍以硫代砷酸盐占优势。有研究表明，强还

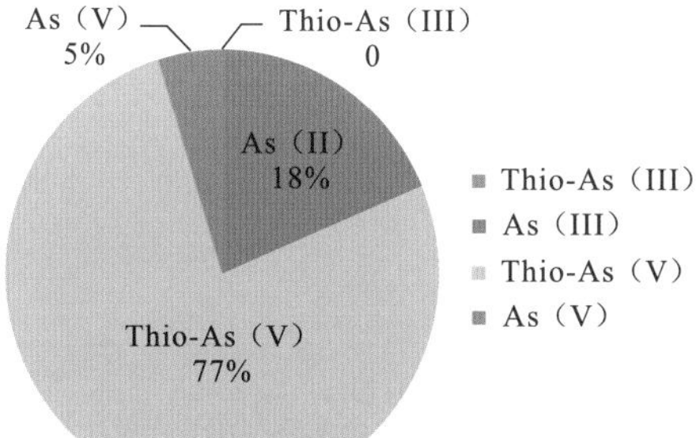

（a）溶解性硫化物质量浓度：12 μg/L

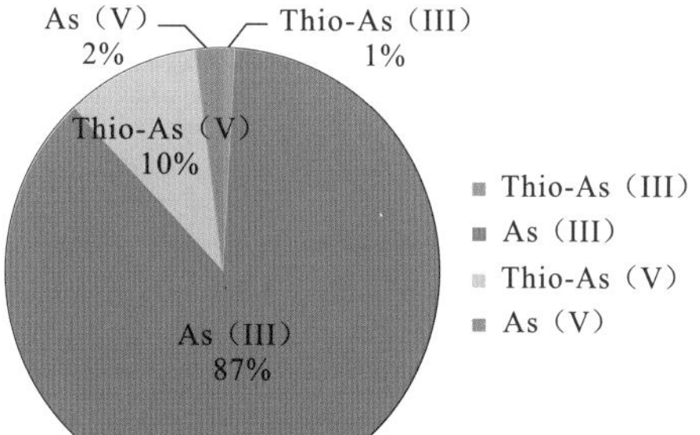

（b）溶解性硫化物质量浓度：367 μg/L

图 3-5-19　不同溶解性硫化物质量浓度的地下水中砷形态分布情况

Thio-As（V）、Thio-As（III）分别指硫代砷酸盐和硫代亚砷酸盐

原条件下，As（V）能够通过形成 As（V）-S 络合物的形式稳定存在于地下水中，并显著增加砷的迁移能力（Couture et al., 2013; Couture and Van Cappellen, 2011; Helz and Tossell, 2008）。类似地，Suess 和 Planer-Friedrich（2012）发现单取代硫代砷酸根相比于砷酸根和亚砷酸根在针铁矿表面的吸附能力更弱，吸附动力过程更慢。类似地，As（V）硫代化作用可促进场地含水层中砷的迁移，这可能是场地部分地下水中 As（V）占总砷比例较高的原因。

从热力学角度看，当地下水中砷和硫化物质量浓度较高时（如 HS^- 质量浓度达 240 μg/L，砷质量浓度达 2 200 μg/L），它们可能生成硫化砷沉淀（O'Day et al., 2004）。但沉积物 X 射线衍射（XRD）和 SEM-EDS 分析均未能检测到硫化砷矿物的存在，表明其他过程抑制了硫化砷沉淀反应的发生。热力学计算证实所有地下水中无定形态硫化砷、雄黄和雌黄均处于不饱和状态。As-S 稳定场图（图 3-5-20）显示，电中性的 H_3AsO_3 是主要的砷形态，仅有少数中层地下水可能含有硫代亚砷酸盐。事实上，硫化砷的形成主要受到 pH 条件控制，酸性条件有利于沉淀反应的发生（Burton et al., 2011）。相反，在弱碱性条件下，砷的硫代化则更易于发生。Burton 等（2013）的研究表明，当 pH 为 6.5 时，硫酸盐微生物还原只导致了硫代砷酸盐的形成，但在水解后该硫代砷络合物转变为 As（V）；碱性环境下，即使溶解态硫化物物质的量浓度高达 1 165 μmol/L，也未发现硫化砷沉淀的生成。

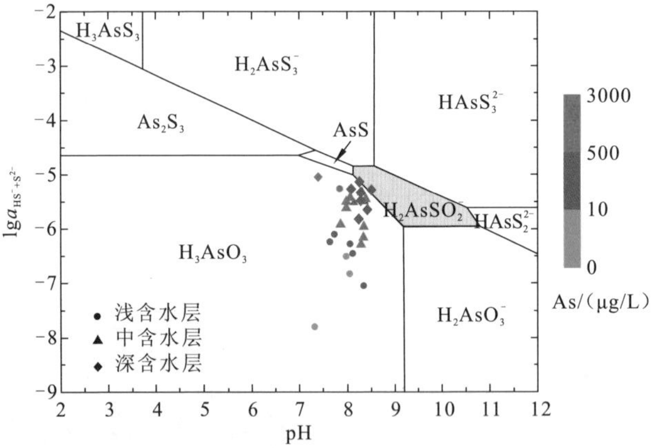

图 3-5-20　地下水样品在砷形态稳定场图中的分布

在南亚高砷地下水分布区，如孟加拉盆地和湄公河三角洲，虽然地下水中的硫化物浓度通常不高，但却在沉积物中发现了硫化砷矿物相的存在（Aziz et al., 2016; Quicksall et al., 2008），这可能是局部的高浓度溶解态硫化物导致了硫化砷的生成，但也不排除来自喜马拉雅山脉碎屑岩中雌黄和砷黄铁矿的影响（Lowers et al., 2007）。相反，试验场地地下水高浓度溶解态硫化物可能通过硫代化作用促进砷的迁移，而不是通过生成硫化砷沉淀固定砷。而且，砷的硫代化作用可使得 As（III）和 As（V）在强还原条件下共存（Burton et al., 2013; Couture and Van Cappellen, 2011）。

4. 硫-铁相互作用

还原条件下，通过利用天然有机质提供的电子，含砷铁氧化物的还原溶解将会释放 Fe（II）和砷（Xie et al., 2013a）。Burton 等（2011）指出，在类似于研究场地的富硫条件下，弱结晶态水铁矿和结晶态针铁矿均可在硫酸盐还原过程中被还原。Lohmayer 等（2014）进一步分析了水铁矿还原过程中出现的多种硫形态，指出铁氧化物并不直接接收硫酸盐氧化还原过程中提供的电子。还原过程中产生的多种硫形态的中间产物，包括硫代硫酸根、亚硫酸根以及多聚硫化物等，作为电子梭体促进硫化物的生成及水铁矿还原。其过程可描述为

$$2FeOOH + 3HS^{-} + 3H^{+} \longrightarrow 2FeS + S + 4H_2O \qquad (3\text{-}5\text{-}7)$$

在硫化物还原铁氧化物的过程中，砷被释放进入地下水。在高砷（>500 μg/L）低 Fe（II）（<0.2 mg/L）的地下水中，砷与硫化物的良好正相关性[图 3-5-16（b），趋势 1]表明硫化物还原铁氧化物极有可能发生。根据 Poulton 等（2004）研究结果可知，当 pH 为 7.5 时，硫离子能直接还原弱结晶铁氧化物（水铁矿和纤铁矿）和结晶态铁氧化物（针铁矿、磁铁矿和赤铁矿）。

地下水中的 Fe（II）可通过 FeS 沉淀反应被去除。在硫化物浓度较低的浅层地下水中，FeS 处于明显的不饱和状态，而在硫化物浓度较高的中层和深层地下水中，FeS 处于平衡或过饱和状态（图 3-5-21）。结合 SEM-EDS 分析结果可知，试验场地含水层已发生或正在发生 FeS 沉淀反应，而持续的硫化作用可导致 FeS

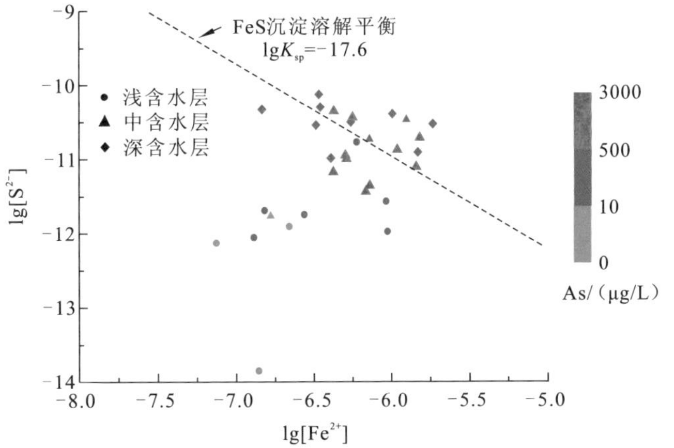

图 3-5-21　地下水中 S^{2-} 和 Fe^{2+} 活度与 FeS 沉淀溶解平衡的比较

向结晶性更好的 FeS_2 转化（Rickard and Luther，2007）（图 3-5-18），因而导致沉积物中黄铁矿的生成（表 3-5-1）。沉积物盐酸提取结果证实了 FeS 沉淀反应是一种重要的 Fe（II）固定方式。SEM-EDS 分析结果[图 3-5-18（b）]与沉积物硝酸提取结果（表 3-5-1）均证实了部分的砷被固定在硫化亚铁矿物相中。Kirk 等（2010）研究发现，相较于铁氧化物，FeS 对砷的亲和力显著降低。Wolthers 等（2003）发现，As（III）在 FeS 上的吸附能力远小于 As（V）。因此，当大量的 As（V）被还原为 As（III）时，砷的吸附必然减弱，从而有利于砷的释放和富集。根据 Couture 等（2013）的研究结果，相较于铁氧化物，对 As（III）和硫代砷化合物的亲和力更弱，意味着富硫条件下铁氧化物到 FeS 的矿物相转化同样有利于砷的迁移。同样，富硫条件下水砷浓度的升高并不需要伴随有 Fe（II）浓度的升高，砷与 Fe（II）的迁移完全处于去耦合关系。值得注意的是，场地地下水中硫酸盐还原反应将是一个持续的过程，硫与铁的耦合作用可能导致更多的砷被释放。

5. 砷-铁-硫耦合作用机制

针对大同盆地高砷地下水的场地尺度精细水文地球化学研究揭示了砷-铁-硫耦合作用在高砷地下水形成中发挥的重要作用。当地下水多处于强还原性环境时，水砷和溶解态硫化物的质量浓度普遍较高，变化范围分别为 7.9～2 700 μg/L 和 2～488 μg/L，而 Fe（II）质量浓度较低，仅为 0.01～0.28 mg/L，表明硫酸盐还原在水砷富集过程中同时存在（图 3-5-22）。

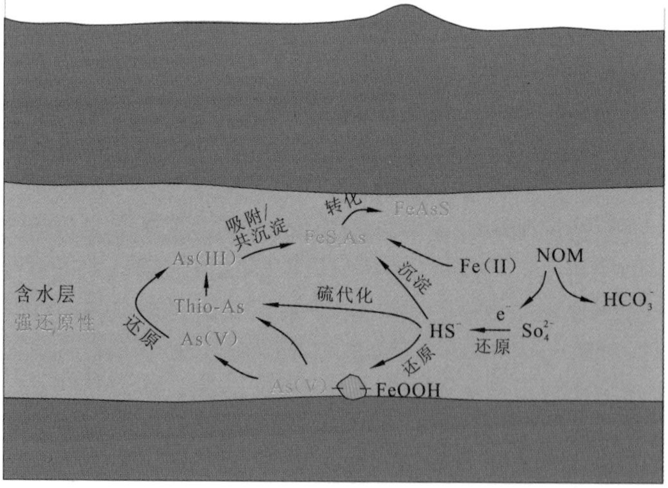

图 3-5-22　砷-铁-硫耦合作用概念模型

当水砷质量浓度大于 500 μg/L 时，砷与溶解态硫化物的良好正相关关系表明硫化物还原含砷铁氧化物过程导致了砷的大量释放。当硫化物浓度较高时，

As（III）/As_T 比值的升高说明硫酸盐还原产生的溶解态硫化物促进了 As（V）到 As（III）的还原。沉积物分析结果表明，硫化物促进铁氧化物向硫化亚铁类矿物转化过程限制了地下水中 Fe（II）的积累，但强化了砷的迁移。热力学模拟计算表明，弱碱性条件下，即使溶解态硫化物浓度较高时，砷并没有与硫化物发生沉淀反应生成硫化砷，而是被硫代化形成硫代砷化合物，导致 As（V）和 As（III）在地下水中稳定共存。

3.6　砷迁移转化的氧化还原机理

氧化还原反应是砷迁移转化的主导过程。诸多地下水化学特点，包括低浓度的 NO_3^- 和 SO_4^{2-}，较高含量的 Fe（II）和 Mn（II），部分水样中检测出的硫化物和甲烷气体等，清晰指示了高砷地下水分布区典型的还原性环境（王焰新 等，2010; Xie et al., 2009a; Xie et al., 2008）。通过结合多种表征手段，针对上述地下水系统中的氧化还原反应的研究，揭示了控制砷迁移的两个重要过程。

（1）铁氧化物/氢氧化物还原溶解主导。在弱到中等还原性地下水环境中，有机质降解首先以易于还原的非结晶态铁氧化物/氢氧化物（如水合氧化铁或水铁矿）作为电子受体，促进这类铁矿物相的还原溶解。其直接结果是亚铁和砷同时释放，水相中砷和亚铁的含量表现出一定的正相关性。Xie 等（2014a）通过铁同位素手段发现在该过程中，水砷浓度升高常伴有 ^{56}Fe 在水相中的富集，证实了砷的富集与 Fe（III）的还原溶解直接相关。

（2）铁氧化物/氢氧化物和硫酸盐还原并存。在强还原性条件下，强烈的微生物活动导致易降解有机质输出的电子大量地转移给硫酸盐，硫酸盐还原反应引起溶解态硫化物累积。Wang 等（2014a）和 Xie 等（2013b）通过多元同位素方法发现硫酸盐还原与铁氧化物/氢氧化物还原共同控制着砷的迁移。一方面，当生成的硫离子和 Fe（II）积累到一定程度时，它们将发生沉淀反应，产生硫化亚铁（FeS）后从液相中析出。硫化亚铁对砷的吸附或共沉淀导致地下水中亚铁和砷的浓度均有所降低（Kirk et al., 2004）。另一方面，多余的溶解态硫化物还可能直接与铁氧化物/氢氧化物反应，促进含砷铁矿物相的溶解以及砷的释放（李梦娣，2013）。而且，溶解态硫化物通过促进 As（V）还原为 As（III），使得砷的解吸进一步加强。在碱性条件下，溶解态硫化物还可能促进 As（V）和 As（III）形成硫代砷化合物，使得 As（V）和 As（III）能够稳定共存于地下水中，而不是通过沉淀反应生成硫化砷沉淀。

有机质的微生物降解是氧化还原反应和砷释放过程的主要驱动力。在高砷地下水中，往往可观测到 $^{13}C_{DIC}$ 的显著亏损，并且 $\delta^{13}C_{DIC}$ 与 $\delta^{34}S_{SO_4^{2-}}$ 通常呈现反相关关系（Xie et al., 2013b）。土著微生物偏向于利用有机质中的 ^{12}C，导致 ^{12}C 在降解产生的无机碳中累积。硫酸盐还原过程中微生物偏向于利用 ^{32}S，导致 ^{34}S 在剩余的硫酸盐中富集。因此，这种反相关关系指示了地下水系统中微生物介导下的有机质氧化与硫酸盐还原的耦合作用以及对高砷地下水形成的影响。

环境生物地球化学中新兴的多学科交叉方法使得我们可以更好地解释和预测自然环境中砷的地球化学行为和转化。已有研究虽然取得了长足的进展，但在揭示和理解控制砷归趋和转化的错综复杂并相互耦合的过程方面，仍然面临着巨大的机遇与挑战。

（1）测试仪器。同步加速器光谱和成像技术的出现从微米到分子尺度上革新了氧化还原转化的研究手段（Stuckey et al., 2015a, 2015c）。此外，各种原位电极和凝胶探针技术迅速发展，使得我们能够直接观测感兴趣的体系中矿物的氧化还原梯度分布（Tercierwaeber and Taillefert, 2008; Krom, 1994）。新的先进仪器的开发使得我们能够进行环境中砷的氧化还原敏感性检测和超痕量定量，或者帮助我们认识驱动生物地球化学氧化还原反应的基本原理，如微生物细胞和矿物间的电子转移途径（Geesey et al., 2008）。

（2）电子转移机理。电子从供体到受体的转移是任何氧化还原过程的基础。然而，关于微生物和矿物间的电子转移的机理和速率的研究仍十分缺乏。目前三种主要的机理是：①通过外膜细胞色素直接转移到矿物表面中心，或者通过导电菌毛；②电子穿梭；③配体介导下的溶解，如地杆菌种对 Fe（III）的还原（Weber et al., 2006）。进一步理解决定这些机理相对重要性的微生物和环境因素将有助于生物修复策略的开发和预测自然衰减过程。

（3）腐殖质的氧化还原活性。研究已知，许多微生物可还原腐殖质，而被还原的腐殖质能够转移电子到结晶差或高度结晶的 Fe(III)矿物上(Bauer and Kappler, 2009)。但仍不清楚的是，是否其他的矿物如锰氧化物或黏土，能够被腐殖质还原，因此可间接地作为微生物还原腐殖质的电子汇。此外还有一点不清楚的是，是否只有溶解性天然有机物才可接受和转移电子，固相 NOM 是否也能够接受和转移电子。

（4）硫的生物地球化学循环。结合多种实验和分析手段，深入认识大同盆地地下水系统中硫的生物地球化学循环。大同盆地高砷地下水系统的一个显著特征是硫氧化还原反应十分活跃，且与砷的迁移转化密切相关。水化学分析面临的挑战是鉴别和准确定量硫代砷化合物和多聚硫化物等，可行的方法包括开发硫、砷形态的现场分离方法，或开发现场在线分析方法。沉积物分析面临的难题是精确定量天然沉积物中各类硫化砷和硫化亚铁矿物相，一种可行的方法是结合 X 射线近边吸收精细结构表征和能量发射光谱面扫定量。此外，可通过硫放射性同位素示踪法原位测定硫酸盐的还原速率及砷-硫化合物种类与生成速率，深入砷-硫的环境归趋。

（5）氧化还原-动力学系统中砷的归趋。很多研究致力于富氧土壤或持久还原性界面环境中砷归宿的定量描述。但少有研究关注环境的生物地球化学功能和波动的氧化还原条件。（微）生物群体、矿物聚合物以及瞬时氧化还原物种（如分子簇）可能与持久的含氧或缺氧环境中遇到的情况有本质上的差别。因此，不同时间尺度上的瞬间氧化还原变化对砷转化和迁移的影响值得进一步研究。

（6）分子水平过程的放大。先进的分析手段允许我们在（亚）细胞、分子和原子水平上做更详细的研究，也使得我们从机理上认识不同时间尺度内影响砷归宿的过程。但一个关键的研究问题是，如何用这些机理上的详细知识帮助认识天然环境中污染物的归宿或构建数值模型预测污染物浓度的时空变化。主要的挑战是将详细的机理研究与场地勘查联系起来。这将要求从多尺度上对目标场地进行采样和监测。

（7）生物地球化学模拟。对氧化还原过程和微生物活性分析精度要求的提高给天然环境中生物地球化学过程的模拟带来了新的挑战（Steefel et al., 2005）。如果要将新获得的实验知识应用于场地尺度修复技术的设计和性能评定，微生物级过程和反应参数的放大是决定性的因素。反应迁移模型上的新进展，如孔隙尺度的网络模拟的使用，可能有助于缩小实验和现场研究之间的差距（Raoof and Hassanizadeh, 2010）。

参 考 文 献

李梦娣, 2013. 大同盆地地下水中砷活化机理同位素地球化学研究[D]. 武汉：中国地质大学(武汉).

苏春利, 2006. 大同盆地区域水文地球化学与高砷地下水成因研究[D]. 武汉：中国地质大学(武汉).

王焰新，苏春利，谢先军，等, 2010. 大同盆地地下水砷异常及其成因研究[J].中国地质, 30(3): 771-780.

ACHARYYA S K, LAHIRI S, RAYMAHASHAY B C, et al., 2000. Arsenic toxicity of groundwater in parts of the Bengal basin in India and Bangladesh: the role of Quaternary stratigraphy and Holocene sea-level fluctuation[J]. Environmental geology, 39(10): 1127-1137.

AMSTAETTER K, BORCH T, LARESE-CASANOVA P, et al., 2010. Redox transformation of Arsenic by Fe(II)-activated goethite (alpha-FeOOH) [J]. Environtal science and technology, 44(1): 102-108.

ANDREAS K, MARCUS B, BERNHARD S, at al., 2004. Electron shuttling via humic acids in microbial iron(III) reduction in a freshwater sediment[J]. Fems microbiology ecology, 47(1): 85-92.

APPELO C A J, POSTMA D, 2005. Geochemistry, groundwater and pollution[J]. Balkema, 5(3): 256-270.

ARNDT S, JØRGENSEN B B, LAROWE D E, et al., 2013. Quantifying the degradation of organic matter in marine sediments: a review and synthesis [J]. Earth-science reviews, 123(4): 53-86.

AZIZ Z, BOSTICK B C, ZHENG Y, et al., 2016. Evidence of decoupling between arsenic and phosphate in shallow groundwater of Bangladesh and potential implications [J]. Applied geochemistry, 77: 167-177.

BAKEN S, SALAETS P, DESMET N, et al., 2015. Oxidation of iron causes removal of phosphorus and arsenic from streamwater in groundwater-fed lowland catchments [J]. Environmental science and technology, 49(5): 2886-2894.

BAUER I, KAPPLER A, 2009. Rates and extent of reduction of Fe(III) compounds and O_2 by humic substances [J]. Environmental science and technology, 43(13): 4902-4908.

BEAK D G, WILKIN R T, FORD R G, et al., 2008. Examination of arsenic speciation in sulfidic solutions using X-ray absorption spectroscopy [J]. Environmental science and technology, 42(5): 1643-1650.

BERNER R A, 1999. A new look at the long-term carbon cycle [J]. Gsa today, 9(11): 2-6.

BHATTACHARYA P, CHATTERJEE D, JACKS G, 1997. Occurrence of arsenic-contaminated groundwater in alluvial aquifers from delta plains, Eastern India: Options for safe drinking water supply [J]. Water resourse devel, 13(1): 79-92.

BHATTACHARYA P, WELCH A H, STOLLENWERK K G, et al., 2007. Arsenic in the environment: Biology and Chemistry [J]. Science of the total environment, 379(2/3): 109-120.

BORCH T, MASUE Y, KUKKADAPU R K, et al., 2007. Phosphate imposed limitations on biological reduction and alteration of ferrihydrite [J]. Environmental science and technology, 41(1): 166-172.

BORCH T, KRETZSCHMAR R, KAPPLER A, et al., 2010. Biogeochemical redox processes and their impact on contaminant dynamics [J]. Environmental science and technology, 44(1): 15-23.

BORDOLOI S, NATH S K, GOGOI S, et al., 2013.Arsenic and iron removal from groundwater by oxidation-coagulation at optimized pH: laboratory and field studies [J]. Journal hazardous matererials, 260(1): 618-626.

BOSE P, SHARMA A, 2002. Role of iron on controlling speciation and mobilization of arsenic in subsurface environment [J]. Water research, 36(19): 4916-4926.

BRUNSTING J H, MCBEAN E A, 2014. *In situ* treatment of arsenic-contaminated groundwater by air sparging [J]. Journal contaminant hydrology, 159(4): 20-35.

BURNOL A, CHARLET L, 2010. Fe(II)-Fe(III)-Bearing phases As a mineralogical control on the heterogeneity of arsenic in southeast Asian groundwater [J]. Environmental science and technology, 44(19): 7541-7547.

BURTON E D, JOHNSTON S G, BUSH R T, 2011. Microbial sulfidogenesis in ferrihydrite-rich environments: effects on iron mineralogy and arsenic mobility [J]. Geochimica et cosmochimica acta, 75(11): 3072-3087.

BURTON E D, JOHNSTON S G, PLANER-FRIEDRICH B, 2013. Coupling of arsenic mobility to sulfur transformations during microbial sulfate reduction in the presence and absence of humic acid [J]. Chemical geolody, 343(3): 12-24.

CATALANO J G, LUO Y, OTEMUYIWA B, 2011. Effect of aqueous Fe(II) on arsenate sorption on goethite and hematite [J]. Environmental science and technology, 45(20): 8826-8833.

CHARLET L, POLYA D A, 2006. Arsenic in shallow, reducing groundwaters in southern Asia: an environmental health disaster [J]. Elements, 2(2): 91-96.

CHARLET L, CHAKRABORTY S, APPELO C A J, et al., 2007. Chemodynamics of an arsenic “hotspot” in a West Bengal aquifer: a field and reactive transport modeling study [J]. Applied geochemistry, 22(7): 1273-1292.

CHRISTENSEN T H, BJERG P L, BANWART S A, et al., 2000. Characterization of redox conditions in groundwater contaminant plumes [J]. Journal contaminant hydrology, 45(3/4): 165-241.

CLARK I, FRITZ P, 1997. Environmental isotopes in hydrogeologys [M]. Boca Raton: Lewis Publishers, 80(5): 131-170.

COUTURE R M, VAN CAPPELLEN P, 2011. Reassessing the role of sulfur geochemistry on arsenic speciation in reducing environments [J]. Journal hazardous materials, 189(3): 647-652.

COUTURE R M, ROSE J, KUMAR N, et al., 2013. Sorption of arsenite, arsenate, and thioarsenates to iron oxides and iron sulfides: a kinetic and spectroscopic investigation [J]. Environmental science and technology, 47(11): 5652-5659.

CULLEN W R, REIMER K J, 1989. Arsenic speciation in the environment [J]. Chemical reviews, 89(4): 713-764.

D’HONDT S, RUTHERFORD S, SPIVACK A J, 2002. Metabolic activity of subsurface life in deep-sea sediments [J]. Science, 295(5562): 2067-2070.

DELONG E F, PACE N R, 2001. Environmental diversity of bacteria and archaea [J]. Systematic biology, 50(4): 470-478.

DHAR R K, ZHENG Y, SALTIKOV C W, et al., 2011. Microbes enhance mobility of arsenic in pleistocene aquifer sand from bangladesh [J]. Environmental science and technology, 45(7): 2648-2654.

DICHRISTINA T J, FREDRICKSON J K, ZACHARA J M, 2005. Enzymology of electron transport: energy generation with geochemical consequences [J]. Reviews in mineralogy and geochemistry, 59(1): 27-52.

DIXIT S, HERING J G, 2003. Comparison of arsenic(V) and arsenic(III) sorption onto iron oxide minerals: implications for arsenic mobility [J]. Environmental science and technology, 37(18): 4182-4189.

DOERFELT C, FELDMANN T, ROY R, et al., 2016. Stability of arsenate-bearing Fe(III)/Al(III) co-precipitates in the presence of sulfide as reducing agent under anoxic conditions [J]. Chemosphere, 151: 318-323.

DOS S A M, STUMM W, 1992. Reductive dissolution of iron(III) (hydr)oxides by hydrogen sulfide [J]. Langmuir, 8(6): 1671-1675.

DRUSCHEL G K, EMERSON D, SUTKA R, et al., 2008. Low-oxygen and chemical kinetic constraints on the geochemical niche of neutrophilic iron(II) oxidizing microorganisms [J]. Geochimica et cosmochimica acta, 72(14): 3358-3370.

DUAN M, XIE Z, WANG Y, et al., 2009. Microcosm studies on iron and arsenic mobilization from aquifer sediments under different conditions of microbial activity and carbon source [J]. Environmental geology, 57(5): 997-1003.

DZOMBAK D A, MOREL F, 1990. Surface complexation modeling: hydrolysis ferric oxide [M]. New York: Wiley-Interscience: 191-239.

EUSTERHUES K, WAGNER F E, HÄUSLER W, et al., 2008. Characterization of ferrihydrite-soil organic matter coprecipitates by X-ray diffraction and Mossbauer spectroscopy [J]. Environmental sciencc and technology, 42(21): 7891-7897.

FISHE J C, WALLSCHLAGER D, PLANER-FRIEDRICH B, et al., 2008. A new role for sulfur in arsenic cycling [J].

Environmental science and technology, 42(1): 81-85.

FU F, DIONYSIOU D D, LIU H, 2014. The use of zero-valent iron for groundwater remediation and wastewater treatment: A review [J]. Journal hazardous materials, 267(3): 194-205.

GEESEY G G, BORCH T, REARDON C L, 2008. Resolving biogeochemical phenomena at high spatial resolution through electron microscopy [J]. Geobiology, 6(3): 263-269.

GIMÉNEZ J, MARTÍNEZ M, PABLO J D, et al., 2007. Arsenic sorption onto natural hematite, magnetite, and goethite [J]. Journal hazardous materials, 141(141): 575-580.

GORBY Y A, LOVLEY D R, 1992. Enzymatic uranium precipitation [J]. Environmental science and technology, 26(1): 205-207.

GORBY Y A, YANINA S, MCLEAN J S, et al., 2006. Electrically conductive bacterial nanowires produced by shewanella oneidensis strain MR-1 and other microorganisms [J]. Proceedings of the national academy of sciences, 103(30): 11358-11363.

GORNY J, BILLON G, LESVEN L, et al., 2015. Arsenic behavior in river sediments under redox gradient: a review [J]. Science of the total environment, 505: 423-434.

GUO H, TANG X, YANG S, et al., 2008. Effect of indigenous bacteria on geochemical behavior of arsenic in aquifer sediments from the Hetao Basin, Inner Mongolia: Evidence from sediment incubations [J]. Applied geochemistry, 23(12): 3267-3277.

GUO H, ZHANG B, YANG S, et al., 2009. Role of colloidal particles for hydrogeochemistry in As-affected aquifers of the Hetao Basin, Inner Mongolia [J]. Geochemical Journal, 43(4): 227-234.

GUO H, ZHANG B, LI Y, et al., 2011. Hydrogeological and biogeochemical constrains of arsenic mobilization in shallow aquifers from the Hetao basin, Inner Mongolia [J]. Environment pollution, 159(4): 876-883.

GUO H, LIU C, LU H, et al., 2013. Pathways of coupled arsenic and iron cycling in high arsenic groundwater of the Hetao basin, Inner Mongolia, China: an iron isotope approach [J]. Geochimica et cosmochimica acta, 112(3): 130-145.

GUO H, WEN D, LIU Z, et al., 2014. A review of high arsenic groundwater in Mainland and Taiwan, China: distribution, characteristics and geochemical processes [J]. Applied geochemistry, 41(1): 196-217.

HÖHN R, ISENBECK-SCHRÖTER M, KENT D B, et al., 2006. Tracer test with As(V) under variable redox conditions controlling arsenic transport in the presence of elevated ferrous iron concentrations [J]. Journal of contaminant hydrology, 88(1/2): 36-54.

HARVEY C F, SWARTZ C H, BADRUZZAMAN A B M, et al., 2002. Arsenic mobility and groundwater extraction in Bangladesh [J]. Science, 298(298): 1602-1606.

HASSELLOV M, KAMMER F V D, 2008. Iron oxides as geochemical nanovectors for metal transport in soil-river systems [J]. Elements, 4(6): 401-406.

HASTINGS D, EMERSON S, 1986. Oxidation of manganese by spores of a marine bacillus: kinetic and thermodynamic considerations [J]. Geochimica et cosmochimica acta, 50(50): 1819-1824.

HELZ G R, TOSSELL J A, 2008. Thermodynamic model for arsenic speciation in sulfidic waters: a novel use of ab initio computations [J]. Geochimica et cosmochimica acta, 72(18): 4457-4468.

HELZ G R, MILLER C V, CHARNOCK J M, et al., 1996. Mechanism of molybdenum removal from the sea and its concentration in black shales: EXAFS evidence [J]. Geochimica et cosmochim acta, 60(19): 3631-3642.

HELZ G R, TOSSELL J A, 2008. Thermodynamic model for arsenic speciation in sulfidic waters: a novel use of ab initio computations [J]. Geochimica et cosmochimica acta, 72(18): 4457-4468.

HOHMANN C, WINKLER E, MORIN G, et al., 2010. Anaerobic Fe(II)-Oxidizing bacteria show As resistance and immobilize As during Fe(III) mineral precipitation [J]. Environmental science and technology, 44(1): 94-101.

HOLLIBAUGH J T, BUDINOFF C, HOLLIBAUGH R A, et al., 2006. Sulfide oxidation coupled to arsenate reduction by a diverse microbial community in a soda lake [J]. Applied and environmental microbiology, 72(3): 2043-2049.

HSI C K D, LANGMUIR D, 1985. Adsorption of uranyl onto ferric oxyhydroxides: application of the surface complexation sitebinding model [J]. Geochimica et cosmochimica acta, 49(9): 1931-1941.

HUG S J, LEUPIN O, 2003. Iron-catalyzed oxidation of arsenic(III) by oxygen and by hydrogen peroxide: pH-dependent formation of oxidants in the Fenton reaction [J]. Environmental science and technology, 37: 2734-2742.

ISLAM F S, GAULT A G, BOOTHMAN C, et al., 2004. Role of metal-reducing bacteria in arsenic release from Bengal delta sediments [J]. Nature, 430(6995): 68-71.

JAKOBSEN R, POSTMA D, 1999. Redox zoning, rates of sulfate reduction and interactions with Fe-reduction and methanogenesis in a shallow sandy aquifer, Rømø, Denmark [J]. Geochimica et cosmochimica acta, 63(1): 137-151.

JIANG J, BAUER I, PAUL A, et al., 2009. Arsenic redox changes by microbially and chemically formed semiquinone radicals and hydroquinones in a humic substance model quinone [J]. Environmental science and technology, 43(10): 3639-3645.

JIANG Z, LI P, WANG Y, et al., 2014. Vertical distribution of bacterial populations associated with arsenic mobilization in aquifer sediments from the Hetao plain, Inner Mongolia [J]. Environmental earth sciences, 71(1): 311-318.

JONES A M, COLLINS R N, ROSE J, et al., 2009. The effect of silica and natural organic matter on the Fe(II)-catalysed transformation and reactivity of Fe(III) minerals [J]. Geochimica et cosmochimica acta, 73(15): 4409-4422.

JUNG H B, BOSTICK B C, ZHENG Y, 2012. Field, experimental, and modeling study of arsenic partitioning across a redox transition in a Bangladesh aquifer [J]. Environmental science and technology, 46(3): 1388-1395.

KAPLAN I R, RITTENBERG S C, 1964. Microbiological fractionation of sulfur isotope [J]. Journal of general microbiology, 34(34): 195-212.

KAPPLEY A, STRAUB K L, 2005. Geomicrobiological cycling of iron [J]. Reviews in mineralogy and geochemistry, 59(1): 85-108.

KAPPLER A, BENZ M, SCHINK B, et al., 2004. Electron shuttling via humic acids in microbial iron(III) reduction in a freshwater sediment [J]. FEMS microbiology ecology, 47(1): 85-92.

KIRK M F, HOLM T R, PARK J, et al., 2004. Bacterial sulfate reduction limits natural arsenic contamination in groundwater [J]. Geology, 32(11): 953-956.

KIRK M F, RODEN E E, CROSSEY L J, et al., 2010. Experimental analysis of arsenic precipitation during microbial sulfate and iron reduction in model aquifer sediment reactors [J]. Geochimica et cosmochimica acta, 74(9): 2538-2555.

KOCAR B D, BORCH T, FENDORF S, 2010. Arsenic repartitioning during biogenic sulfidization and transformation of ferrihydrite [J]. Geochimica et cosmochimica acta, 74(3): 980-994.

KROM M D, 1994. High-resolution pore-water sampling with a gel sampler [J]. Limnology and oceanography, 39(8): 1967-1972.

KULP T R, HOEFT S E, ASAO M, et al., 2008. Arsenic(III) fuels anoxygenic photosynthesis in hot spring biofilms from Mono Lake, California [J]. Science, 321(321): 967-970.

LAWSON M, POLYA D A, BOYCE A J, et al., 2013. Pond-derived organic carbon driving changes in arsenic hazard found in Asian groundwaters [J]. Environmental science and technology, 47(13): 7085-7094.

LE X C, YALCIN S, MA M S, 2000. Speciation of submicrogram per liter levels of arsenic in water: on-site species separation integrated with sample collection [J]. Environmental science and technology, 34(11): 2342-2347.

LEE G, BIGHAM J M, FAURE G, 2002. Removal of trace metals by coprecipitation with Fe, Al and Mn from natural waters contaminated with acid mine drainage in the Ducktown Mining District, Tennessee [J]. Applied geochemistry, 17(5): 569-581.

LI J, WANG Y, XIE X, et al., 2012. Hierarchical cluster analysis of arsenic and fluoride enrichments in groundwater from the Datong basin, Northern China [J]. Journal geochemical exploration, 118(118): 77-89.

LI J, WANG Y, XIE X, et al., 2013. Hydrogeochemistry of high iodine groundwater: a case study at the Datong Basin, northern China [J]. Environmental sciemce processes and impacts, 15(4): 848-859.

LINDBERG R D, RUNNELLS D D, 1984. Groundwater redox reactions: an analysis of equilibrium state applied to Eh measurements and geochemical modeling [J]. Science, 225(4665): 925-927.

LLOYD J R, SOLE V A, PRAAGH C V G V, et al., 2000. Direct and Fe(II)-mediated reduction of technetium by Fe(III)-reducing bacteria [J]. Applied and environmental microbiology, 66(9): 3743-3749.

LOHMAYER R, KAPPLER A, LÖSEKANN-BEHRENS T, et al., 2014. Sulfur species as redox partners and electron shuttles for ferrihydrite reduction by sulfurospirillum deleyianum [J]. Applied and environmental microbiology, 80(1): 3141-3149.

LOVLEY D R, 1993. Dissimilatory metal reduction [J]. Microbiology, 47(47): 263-290.

LOWERS H A, BREIT G N, FOSTER A L, et al., 2007. Arsenic incorporation into authigenic pyrite, bengal basin sediment, Bangladesh [J]. Geochimica et cosmochimica acta, 71(11): 2699-2717.

MALLIK S, RAJAGOPAL N R, 1996. Groundwater development in the arsenic-affected alluvial belt of West Bengal: Some questions [J]. Current science, 70(11): 956-958.

MANDAL B K, ROY C T, SAMANTA G, et al., 1996. Arsenic in groundwater in seven districts of West Bengal. India: the biggest arsenic calamity in the world [J]. Analyst, 119(12): 917-924.

MATOCHA C J, KARATHANASIS A D, RAKSHIT S, et al., 2005. Reduction of copper(II) by iron(II) [J]. Journal of environmental quality, 34(5): 1539-1546.

MCARTHUR J M, RAVENSCROFT P, SAFIULLAH S, et al., 2001. Arsenic in groundwater: testing pollution mechanisms for sedimentary aquifers in Bangladesh [J]. Water resources research, 37(1): 109-117.

MIDDELBURG J J, 1989. A simple rate model for organic matter decomposition in marine sediments [J]. Geochimica et cosmochimica acta, 53(7): 1577-1581.

MIYATA N, TANI Y, MARUO K, et al., 2006. Manganese(IV) oxide production by *Acremonium* sp. strain KR21-2 and extracellular Mn(II) oxidase activity[J]. Applied and environmental microbiology, 72(10): 6467-6473.

MLADENOV N, ZHENG Y, MILLER M P, et al., 2010. Dissolved organic matter sources and consequences for iron and arsenic mobilization in Bangladesh aquifers[J]. Environmental science and technology, 44(44): 123-128.

MLADENOV N, ZHENG Y, SIMONE B, et al., 2015. Dissolved organic matter quality in a shallow aquifer of Bangladesh: Implications for arsenic mobility[J]. Environmental science and technology, 49(18): 10815-10824.

MUKAI H, TANAKA A, FUJII T, et al., 2001. Regional characteristics of sulfur and lead isotope ratios in the atmosphere at several Chinese urban sites[J]. Environmental science and technology, 35(6): 1064-1071.

MUKHERJEE A, SCANLON B R, FRYAR A E, et al., 2012. Solute chemistry and arsenic fate in aquifers between the Himalayan foothills and Indian craton (including central Gangetic plain): influence of geology and geomorphology[J]. Geochimica et cosmochim acta, 90(4): 283-302.

NAKAI N, JENSEN M L, 1964. The kinetic isotope effect in the bacterial reduction and oxidation of sulfur [J].Geochimica et cosmochim acta, 28(12): 1893-1912.

NEALSON K H, TEBO B M, ROSSON R A, 1988. Occurrence and mechanisms of microbial oxidation of manganese[J]. Advances in applied microbiology, 33(6): 279-318.

NEIDHARDT H, BERNER Z A, FREIKOWSKI D, et al., 2014. Organic carbon induced mobilization of iron and manganese in a West Bengal aquifer and the muted response of groundwater arsenic concentrations[J]. Chemical geology, 367(3): 51-62.

NEUMANN R B, ASHFAQUE K N, BADRUZZAMAN A B M, et al., 2010. Anthropogenic influences on groundwater arsenic concentrations in Bangladesh[J]. Nature geoscience, 3(1): 46-52.

NGUYEN T H M, POSTMA D, PHAM T K, et al., 2014. Adsorption and desorption of arsenic to aquifer sediment on the Red River floodplain at Nam Du, Vietnam[J]. Geochimica et cosmochimica acta, 142: 587-600.

O'DAY P A, VLASSOPOULOS D, ROOT R, et al., 2004. The influence of sulfur and iron on dissolved arsenic concentrations in the shallow subsurface under changing redox conditions[J]. Proceedings of the national academy of sciences, 101(38): 13703-13708.

O'LOUGHLIN E J, KELLY S D, KEMNER K M, et al., 2003. Reduction of Ag(I), Au(III), Cu(II), and Hg(II) by Fe(II)/Fe(III) hydroxysulfate green rust[J]. Chemosphere, 53(5): 437-446.

OMOREGIE E O, COUTURE R M, CAPPELLEN P V, et al., 2013. Arsenic bioremediation by biogenic iron oxides and sulfides[J]. Applied environment microbiology, 79(14): 4325-4335.

OREMLAND R S, STOLZ J F, 2005. Arsenic, microbes and contaminated aquifers[J]. Trends in microbiology, 13(13): 45-49.

PALMER N E, FREUDENTHAL J H, WANDRUSZKA R V, 2006. Reduction of arsenates by humic materials[J]. Environmental chemiatry, 3(2): 131-136.

PAPACOSTAS N C, BOSTICK B C, QUICKSALL A N, et al., 2008. Geomorphic controls on groundwater arsenic distribution in the Mekong River Delta, Cambodia[J]. Geology, 36(11): 891-894.

PARKHURST D L, APPELO C A J, 2013. Description of input and examples for PHREEQC version 3: a computer program for speciation, batch-reaction, one-dimensional transport, and inverse geochemical calculations[R].Reston: U.S. Geological Survey.

PARMAR N, GORBY YA, BEVERIDGE T J, et al., 2001. Formation of green rust and immobilization of nickel in response to bacterial reduction of hydrous ferric oxide[J]. Geomicrobiology journal, 18(4): 375-385.

PATTRICK R A D, MOSSELMANS J F W, CHARNOCK J M, et al., 1997. The structure of amorphous copper sulfide precipitates: An X-ray absorption study[J]. Geochimica et cosmochimica acta, 61(10): 2023-2036.

PEDERSEN H D, POSTMA D, JAKOBSEN R, 2006. Release of arsenic associated with the reduction and transformation of iron oxides[J]. Geochimica et cosmochimica acta, 70(16): 4116-4129.

PETERS S C, BLUM J D, 2003. The source and transport of arsenic in a bedrock aquifer, New Hampshire, USA [J].Applied geochemistry, 18(11): 1173-1787.

PI K, WANG Y, XIE X, et al., 2015. Geochemical effects of dissolved organic matter biodegradation on arsenic transport in groundwater systems[J]. Journal of geochemical exploration, 149: 8-21.

PI K, WANG Y, XIE X, et al., 2016. Multilevel hydrogeochemical monitoring of spatial distribution of arsenic: a case study at Datong Basin, northern China[J]. Journal geochemical exploration, 161: 16-26.

PLANER-FRIEDRICH B, LONDON J, MCCLESKEY RB, et al., 2007. Thioarsenates in geothermal waters of Yellowstone National Park: determination, preservation, and geochemical importance[J]. Environmental science technology, 41(15): 5245-5251.

POLIZZOTTO M L, HARVEY C F, SUTTON S R, et al., 2005. Processes conducive to the release and transport of arsenic into aquifers of Bangladesh[J]. Proceedings of the national academy of sciences, 102(52): 18819-18823.

POLIZZOTTO M L, KOCAR B D, BENNER S G, et al., 2008. Near-surface wetland sediments as a source of arsenic release to ground water in Asia[J]. Nature, 454(7203): 505-509.

POST J E, 1999. Manganese oxide minerals: crystal structures and economic and environmental significance[J]. Proceedings of the national academy of sciences, 96(7): 3447-3454.

POSTMA D, JAKOBSEN R, 1996. Redox zonation: equilibrium constraints on the Fe(III)/SO_4-reduction interface[J]. Geochimica et cosmochimica acta, 60(60): 3169-3175.

POSTMA D, BOESEN C, KRISTIANSEN H, et al., 1991. Nitrate reduction in an unconfined sandy aquifer: water chemistry, reduction processes, and geochemical modeling[J]. Water resources research, 27(8): 2027-2045.

POSTMA D, LARSEN F, HUE N T M, et al., 2007. Arsenic in groundwater of the Red River floodplain, Vietnam: controlling geochemical processes and reactive transport modeling[J]. Geochimica et cosmochimica acta, 71(21): 5054-5071.

POSTMA D, JESSEN S, NGUYEN T M H, et al., 2010. Mobilization of arsenic and iron from Red River floodplain sediments, Vietnam[J]. Geochimical et cosmochimica acta, 74(12): 3367-3381.

POSTMA D, LARSEN F, NGUYEN T T, et al., 2012. Groundwater arsenic concentrations in Vietnam controlled by sediment age[J]. Nature geoscience, 5(9): 656-661.

POULTON S W, KROM M D, RAISWELL R, 2004. A revised scheme for the reactivity of iron (oxyhydr)oxide minerals towards dissolved sulfide[J]. Geochimica et cosmochimica acta, 68(18): 3703-3715.

QUICKSALL A N, BOSTICK B C, SAMPSON M L, 2008. Linking organic matter deposition and iron mineral transformations to groundwater arsenic levels in the Mekong delta, Cambodia [J]. Applied geochemistry, 23(11): 3088-3098.

RADLOFF K A, ZHENG Y, STUTE M, et al., 2016. Reversible adsorption and flushing of arsenic in a shallow, Holocene aquifer of Bangladesh [J]. Applied geochemistry, 77: 142-157.

RAOOF A, HASSANIZADEH S M, 2010. A new method for generating pore-network models of porous media [J]. Transport in porous media, 81(3): 391-407.

REDMAN A D, MACALADY D L, AHMANN D, 2002. Natural organic matter affects arsenic speciation and sorption onto hematite [J]. Environmental science and technologym, 36(13): 2889-2896.

RICKARD D, LUTHER G W, 2007. Chemistry of iron sulfides [J]. Cheminform, 38(19): 514-562.

ROCHETTE E A, BOSTICK B C, LI G C, et al., 2000. Kinetics of arsenate reduction by dissolved sulfide [J]. Environmental science and technology, 34(22): 4714-4720.

RODRÍGUEZ-LADO L, SUN G, BERG M, et al., 2013. Groundwater arsenic contamination throughout China [J]. Science, 341(6148): 866-868.

ROWLAND H A L, PEDERICK R L, POLYA D A, et al., 2007. The control of organic matter on microbially mediated iron reduction and arsenic release in shallow alluvial aquifers, Cambodia [J]. Geobiology, 5(3): 281-292.

SØ H U, POSTMA D, JAKOBSEN R, et al., 2008. Sorption and desorption of arsenate and arsenite on calcite [J]. Geochimica et cosmochimica acta, 72(24): 5871-5884.

SAALFIELD S L, BOSTICK B C, 2009. Changes in iron, sulfur, and arsenic speciation associated with bacterial sulfate reduction in ferrihydrite-rich systems [J]. Environmental science technology, 43(23): 8787-8793.

SAHU S, SAHA D, 2015. Role of shallow alluvial stratigraphy and Holocene geomorphology on groundwater arsenic contamination in the Middle Ganga Plain, India [J]. Environmental earth sciences, 73(7): 3523-3536.

SAUNDERS J A, LEE M K, SHAMSUDDUHA M, et al., 2008. Geochemistry and mineralogy of arsenic in (natural) anaerobic groundwaters [J]. Applied geochemistry, 23(11): 3205-3214.

SCHREIBER M E, SIMO J A, FREIBERG P G, 2000. Stratigraphic and geochemical controls on naturally occurring arsenic in groundwater, eastern Wisconsin, USA [J]. Hydrogeology journal, 8(2): 161-176.

SENN D B, HEMOND H F, 2002. Nitrate controls on iron and arsenic in an urban lake [J]. Science, 296(5577): 2373-2376.

SHARMA V K, SOHN M, 2009. Aquatic arsenic: toxicity, speciation, transformations, and remediation [J]. Environmental international, 35(4): 743-759.

SHARMA P, ROLLE M, KOCAR B, et al., 2011. Influence of natural organic matter on As transport and retention [J]. Environmental science and technology, 45(2): 546-553.

SMEDLEY P L, KINNIBURGH D G, 2002. A review of the source, behaviour and distribution of arsenic in natural waters [J]. Applied geochemistry, 17(5): 517-568.

SMEDLEY P L, ZHANG M, ZHANG G, et al., 2003. Mobilization of arsenic and other trace elements in fluviolacustrine aquifers of the Huhhot Basin, Inner Mongolia [J]. Applied geochemistry, 18(9): 1453-1477.

SMITH R L, MILLER D N, BROOKS M H, et al., 2001. *In situ* stimulation of groundwater denitrification with formate to remediate nitrate contamination [J]. Environmental science and technology, 35(1): 196-203.

STAUDER S, RAUE B, SACHER F, 2005. Thioarsenates in sulfidic waters [J]. Environmental science and technoligy, 39(16): 5933-5939.

STEEFEL C I, DEPAOLO D J, LICHTNER P C, 2005. Reactive transport modeling: an essential tool and a new research approach for the Earth sciences [J]. Earth and planetary science letters, 240(3/4): 539-558.

STOLLENWERK K G, 2003. Geochemical processes controlling transport of arsenic in groundwater: a review of adsorption [M]// WELCH A H, STOLLENWERK K G. Arsenic in Ground water. Boston: Springer: 67-100.

STUCKER V K, SILVERMAN D R, WILLIAMS K H, et al., 2014. Thioarsenic species associated with increased arsenic release during biostimulated subsurface sulfate reduction [J]. Environmental science and technology, 48(22): 13367-13375.

STUCKEY J W, SCHAEFER M V, BENNER S G, et al., 2015a. Reactivity and speciation of mineral-associated arsenic in seasonal and permanent wetlands of the Mekong Delta [J]. Geochimica et cosmochimica acta, 171: 143-155.

STUCKEY J W, SCHAEFER M V, KOCAR B D, et al., 2015b. Arsenic release metabolically limited to permanently water-saturated soil in Mekong Delta [J]. Nature geoscience, 9(1): 70-76.

STUCKEY J W, SCHAEFER M V, KOCAR B D, et al., 2015c. Peat formation concentrates arsenic within sediment deposits of the Mekong Delta [J]. Geochimica et cosmochimica acta, 149: 190-205.

STUMM W, MORGAN J J, 1996. Aquatic chemistry: chemical equilibria and rates in natural waters [M]. New York: John Wiley and Sons.

SU C M, PULS R W, 2004. Significance of iron(II, III) hydroxycarbonate green rust in arsenic remediation using zerovalent him in laboratory column tests [J]. Environmental science and technology, 38(19): 5224-5231.

SU C, WANG Y, PAN Y, 2013. Hydrogeochemical and isotopic evidences of the groundwater regime in Datong Basin, Northern China [J]. Environmental earth sciences, 70(2): 877-885.

SUESS E, WALLSCHLÄGER D, PLANER-FRIEDRICH B, 2011. Stabilization of thioarsenates in iron-rich waters [J]. Chemosphere, 83(11): 1524-1531.

SUESS E, PLANER-FRIEDRICH B, 2012. Thioarsenate formation upon dissolution of orpiment and arsenopyrite [J]. Chemosphere, 89(11): 1390-1398.

TEBO B M, BARGAR J R, CLEMENT B G, et al., 2004. Biogenic manganese oxides: Properties and Mechanisms of Formation [J]. Earth and planetary sciences, 21(32): 287-328.

TERCIERWAEBER M L, TAILLEFERT M, 2008. Remote *in situ* voltammetric techniques to characterize the biogeochemical cycling of trace metals in aquatic systems [J]. Journal of environmental monitoring, 10(1): 30-54.

THORAL S, ROSE J, GARNIER J M, et al., 2005. XAS study of iron and arsenic speciation during Fe(II) oxidation in the presence of As(III) [J]. Environmental science and technology, 39(24): 9478-9485.

TOSSELL J A, 2005. Calculating the partitioning of the isotopes of Mo between oxidic and sulfidic species in aqueous solution [J]. Geochimica et cosmochimica acta, 69(12): 2981-2993.

TRIBOVILLARD N, RIBOULLEAU A, LYONS T W, et al., 2004. Enhanced trapping of molybdenum by sulfurized organic matter of marine origin in Mesozoic limestones and shales [J]. Chemical geology, 213(4): 385-401.

TUFANO K J, FENDORF S, 2008. Confounding impacts of iron reduction on arsenic retention [J]. Environmental science and technology, 42(13): 4777-4783.

TUFANO K J, REYES C, SALTIKOV C W, et al., 2008. Reductive processes controlling arsenic retention: Revealing the relative importance of iron and arsenic reduction [J]. Environmental science and technology, 42(22): 8283-8289.

VAN GEEN A, ZHENG Y, VERSTEEG R, et al., 2003. Spatial variability of arsenic in 6000 tube wells in a 25 km^2 area of Bangladesh [J]. Water resources research, 39(5): 1140-1155.

VAN GEEN A, ZHENG Y, CHENG Z, et al., 2006. A transect of groundwater and sediment properties in Araihazar, Bangladesh: Further evidence of decoupling between As and Fe mobilization [J]. Chemical geology, 228(1/3): 85-96.

VAN GEEN A, RADLOFF K, AZIZ Z, et al., 2008. Comparison of arsenic concentrations in simultaneously-collected groundwater and aquifer particles from Bangladesh, India, Vietnam, and Nepal [J]. Applied geochemistry, 23(11): 3244-3251.

WANG Y, SHVARTSEV S L, SU C, 2009. Genesis of arsenic/fluoride-enriched soda water: a case study at Datong, northern China [J]. Applied geochemistry, 24(4): 641-649.

WANG Y, XIE X, JOHNSON T M, et al., 2014a. Coupled iron, sulfur and carbon isotope evidences for arsenic enrichment in groundwater [J]. Journal of hydrology, 519: 414-422.

WANG Z, BUSH R T, SULLIVAN L A, et al., 2014b. Selective oxidation of arsenite by peroxymonosulfate with high utilization efficiency of oxidant [J]. Environmental science and technoligy, 48(7): 3978-3985.

WEBB S M, TEBO B M, BARGAR J R, 2013. Structural characterization of biogenic Mn oxides produced in seawater by the marine *bacillus* sp. strain SG-1 [J]. American Mineralogist, 90(8/9): 1342-1357.

WEBER K A, ACHENBACH L A, COATES J D, 2006. Microorganisms pumping iron: anaerobic microbial iron oxidation and reduction [J]. Nature reviews microbiology, 4(10): 752-764.

WEBER F A, VOEGELIN A, KRETZSCHMAR R, 2009. Multi-metal contaminant dynamics in temporarily flooded soil under sulfate limitation [J]. Geochimica et cosmochimica acta, 73(19): 5513-5527.

WHO(World Health Organization), 2011.Guidelines for Drinking-water Quality [S]. 4th ed. Geneva: World Health Organization.

WILKIE J A, HERING J G, 1998. Rapid oxidation of geothermal arsenic(III) in streamwaters of the Eastern Sierra Nevada [J]. Environmental science and technology, 32(5): 657-662.

WILKIN R T, WALLSCHLÄGER D, FORD R G, 2003. Speciation of arsenic in sulfidic waters [J]. Geochemical transactions, 4(1): 1-7.

WINKEL L H, PHAM T K , VI M L, et al., 2011. Arsenic pollution of groundwater in Vietnam exacerbated by deep aquifer exploitation for more than a century [J]. Proceedings of the national academy of science, 108(4): 1246-1251.

WOLTHERS M, CHARLET L, VAN DER WEIJDEN C H, et al., 2003. Arsenic sorption onto disordered mackinawite as a control on the mobility of arsenic in the ambient sulphidic environment [J]. Journal de physique IV(Proceedings), 107(5): 1377-1380.

XIE X, WANG Y, SU C, et al., 2008. Arsenic mobilization in shallow aquifers of Datong Basin: hydrochemical and mineralogical evidences [J]. Journalof geochemical exploration, 98(3): 107-115.

XIE X, ELLIS A, WANG Y, et al., 2009a. Geochemistry of redox-sensitive elements and sulfur isotopes in the high arsenic groundwater system of Datong Basin, China [J]. Science of the total environmental., 407(12): 3823-3835.

XIE X, WANG Y, DUAN M, et al., 2009b. Sediment geochemistry and arsenic mobilization in shallow aquifers of the Datong basin, northern China [J].Environmental geochemistry and health, 31(4): 493-502.

XIE X, WANG Y, SU C, 2012a. Hydrochemical and sediment biomarker evidence of the impact of organic matter biodegradation on arsenic mobilization in shallow aquifers of Datong Basin, China [J]. Water air and soil pollution, 223(2): 483-498.

XIE X, WANG Y, SU C, et al., 2012b. Influence of irrigation practices on arsenic mobilization: evidence from isotope composition and Cl/Br ratios in groundwater from Datong Basin, northern China [J]. Journal of hydrology, 424(6): 37-47.

XIE X, WANG Y, ELLIS A, et al., 2013a. Multiple isotope (O, S and C) approach elucidates the enrichment of arsenic in the groundwater from the Datong Basin, northern China [J]. Journal of hydrology, 498(18): 103-112.

XIE X, JOHNSON T M, WANG Y, et al., 2013b. Mobilization of arsenic in aquifers from the Datong Basin, China: evidence from geochemical and iron isotopic data [J]. Chemosphere, 90(6): 1878-1884.

XIE X, WANG Y, ELLIS A, et al., 2013c. Delineation of groundwater flow paths using hydrochemical and strontium isotope composition: a case study in high arsenic aquifer systems of the Datong basin, northern China [J]. Journal of hydrology, 476(2): 87-96.

XIE X, JOHNSON T M, WANG Y, et al., 2014a. Pathways of arsenic from sediments to groundwater in the hyporheic zone: Evidence from an iron isotope study [J]. Journal of hydrology, 511(4): 509-517.

XIE X, WANG Y, ELLIS A, et al., 2014b. Impact of sedimentary provenance and weathering on arsenic distribution in aquifers of the Datong basin, China: Constraints from elemental geochemistry [J]. Journal of hydrology, 519: 3541-3549.

XIE X, WANG Y, PI K, et al., 2015. *In situ* treatment of arsenic contaminated groundwater by aquifer iron coating: Experimental study [J]. Science of the total environmental, 527: 38-46.

ZACHARA J M, FREDRICKSON J K, SMITH S C, et al., 2001. Solubilization of Fe(III) oxide-bound trace metals by a dissimilatory Fe(III) reducing bacterium [J]. Geochimica et cosmochimica acta, 65(1): 75-93.

ZHAO Z X, JIA Y F, XU L Y, et al., 2011. Adsorption and heterogeneous oxidation of As(III) on ferrihydrite [J]. Water research, 45(19): 6496-6504.

ZHENG Y, STUTE M, GEEN A V, et al., 2004. Redox control of arsenic mobilization in Bangladesh groundwater [J]. Applied geochemistry, 19(2): 201-214.

砷的界面地球化学行为 第 4 章

4.1 地下水系统的界面组成和特征

地下水中许多常量元素[如 C、N、S、Fe 和 Mn 等]及氧化还原敏感微量元素[如 As 等]的化学形态、生物可利用性、毒性、迁移性直接与天然有机物（natural organic matter, NOM）、铁的氧化物、锰的氧化物、铁硫化物等的氧化还原直接相关。腐殖质和矿物表面有关的氧化还原活性基团可催化离子和分子（包括许多有机污染物）发生氧化或还原反应（Moberly et al., 2009; Polizzotto et al., 2008; Borch and Fendorf, 2007; Wu et al., 2006; Ginder-Vogel et al., 2005; Kappler and Haderlein., 2003）。此反应可破坏含砷矿物相，或者改变砷的氧化还原状态或者砷的化学形态（Polizzotto et al., 2005）。

作为地球表面最丰富的过渡金属，铁在环境生物地球化学中发挥着重要作用。氧化态 Fe（III）在极端酸性条件下可溶，但在近中性 pH 条件下形成氢氧化铁沉淀。一方面，砷等微量元素和污染物可通过吸附作用赋存于 Fe（III）矿物表面；另一方面，氢氧化铁表面能发生催化氧化还原反应。在还原条件下，氢氧化铁会被无机物（如硫化物）还原（Afonso and Stumm., 1992），从而造成砷的释放。Fe（III）矿物的还原产生可溶性 Fe（II）和各种次生矿物，包括 Fe（II）矿物[如蓝铁矿 $Fe_3(PO_4)_2$ 和菱铁矿 $FeCO_3$]、Fe（III）矿物（如针铁矿）和 Fe（II、III）混合铁矿（如磁铁矿 Fe_3O_4）和绿铁锈（层状双氢氧化物）。溶解态、吸附态和固态 Fe（II）在一系列非生物氧化还原过程中可以作为强还原剂（Lloyd et al., 2000; Liger et al., 1999）。在此过程中，砷在次生矿物中被再次分配，主要与磁铁矿和残余的水铁矿等结合。

锰氧化物矿物通常以覆盖层和细粒度聚合体的形式存在（Post et al., 1999）。锰氧化物是重金属和砷的强大吸附剂，并参与到各种氧化还原反应。如水钠锰矿（δ-MnO_2）可直接把 As（III）氧化为 As（V）（Post et al., 1999）。在多种细菌和真菌催化下，Mn（II）的氧化可发生在各种环境中（Miyata et al., 2006; Hastings and Emerson, 1986）。Mn（II）生物氧化的最初产物通常为弱晶态，为层状氧化锰（IV）矿物（Webb et al., 2005）。生物介导的 Mn（II）氧化被认为是环境中锰氧化物的主要来源（Tebo et al.,2004; Nealson et al., 1988）。

Fe（II）的氧化可由需氧和厌氧细菌介导。在中性、缺氧的环境中依赖硝酸盐还原的 Fe（II）氧化细菌可促使 Fe（II）氧化，其中亚硝酸盐和氧化锰可作为 Fe（II）的化学氧化剂（Kappler and Straub, 2005）。氧化产生的难溶性 Fe（III）氧化物矿物能够有效吸附砷（Neubauer et al., 2008）。硝酸还原 Fe（II）氧化细菌能耐受高浓度砷，并催化不同结晶度 Fe（III）氧化物矿物的形成，从而固定砷（Hohmann et al., 2009）。总体而言，Fe（III）和 Fe（II）的氧化还原转化之间的细微平衡能够控制砷的迁移性。

自然界水体中 Fe（III）和 Mn（III）、Mn（IV）矿表面结构和反应活性受无机吸附质和 NOM 的影响（Bauer and Kappler, 2009; Borch and Fendorf, 2007; Borch et al., 2007）。腐殖质是具有氧化还原活性的，能够被微生物还原。它们作为细胞与矿物质之间的电子传输介质，能够刺激难溶性 Fe(III)矿物的微生物还原（Kappler et al., 2004）。这种还原导致 NOM、砷、磷酸盐、重碳酸盐等的解吸附，也可以阻止微生物到达矿物的表面，从而保护固相物质不被酶还原（Borch et al., 2007）。腐殖质通过络合、增加金属离子可溶性、在矿物表面吸附等方式进一步影响铁、锰矿物的形成，通常导致弱结晶矿物的形成（Eusterhues et al., 2008; Matocha et al., 2005）。

砷的迁移性和毒性不仅受吸附剂的影响，同时也受其氧化还原形态的影响。通常认为，亚砷酸根比其氧化态砷酸根更易迁移、具有更高毒性。有人提出，微生物还原 As（V）到 As（III）能够提高砷的迁移性（Tufano et al., 2008），虽然这不一定具有普遍性（Campbell et al., 2007）。生物和非生物过程可以直接或间接导致砷的氧化还原转变。细菌也可以通过将 As（V）还原或者 As（III）氧化控制砷的迁移性和毒性。这些微生物催化砷氧化还原转变是异化过程的一部分或者反映微生物解毒机制（Kulp et al., 2008; Oremland and Stolz, 2005）。微生物也可间接氧化 As（III）或还原 As（V），特别是，它们可以通过产生活性有机或无机化合物与 As（III）或 As（V）发生氧化还原反应。最近的研究表明，腐殖质和腐殖醌模型化合物中的半醌自由基和氢醌可以分别氧化 As（III）为 As（V）和还原 As（V）为 As（III）（Jiang et al., 2009; Redman et al., 2002）。在腐殖质的微生物还原中可产生这种半醌和氢醌，该过程在 Fe（III）矿物的微生物还原中起着重要的电子转移作用。此外，活性 Fe（II）-Fe（III）矿物系统可以改变砷的氧化还原状态。

除此之外，地下水中的有机–无机胶体是界面系统的重要组成部分，在很大程度上控制砷的环境地球化学行为。在自然环境条件下，As 容易与有机胶体、阳离子结合，形成三元复合体，从而影响地下水中 As 的迁移（Sharma et al., 2011; Ritter et al., 2006; Grafe et al., 2002）。地下水中存在大粒径的 Fe 胶体、Si 胶体（>100 kDa，$1\ \text{Da}=1.660\,54\times10^{-27}\text{kg}$）和中等粒径的有机胶体（30～100 kDa），这些胶体与 As 作用，促进其在水中的迁移转化（Guo et al., 2011）。As 与有机胶体的作用更多地取决于其表面可与 As 发生结合的位点或与 As 作用的特定官能团。小粒径的天然有机胶体主要为腐殖酸等有机酸。As（III）可能与腐殖酸的苯酚盐发生配合基交换反应，从而与腐殖酸结合（Majumder et al., 2014）；而 As（V）更易吸附于腐殖酸-Fe/Mn 形成的复合体上。作用于 As 的含铁胶体主要为大于 100 kDa 的矿物，对 As（V）的吸附能力明显高于 As（III）。通过扫描电镜成像、EDS 分析和同步加速器光谱仪分析表明，地下水 As 更有可能与有机胶体联系在一起。与 As（III）相比，As（V）和有机物具有更好的相关性，意味着有机物与 As（V）更具亲和力（Langner et al., 2012; Guo et al., 2011; Buschmann et al., 2006）。

在地下水的氧化-还原过渡带上，地下环境介质会与 O_2 接触使其氧化还原电位（Eh）升高。值得注意的是，在这种接触过程中，还原态物种如 Fe（II）在氧化过程能生成•OH。据报道，水体中的配体结合态 Fe（II）可以活化 O_2 和 H_2O_2 产生•OH 进而降解有机污染物（Keenan and Sedlak, 2009）。矿物结构态 Fe（II）也被认为在氧化过程中可以产生•OH（Zhang et al., 2016; Zepp et al., 1992; Walling et al., 1975）。McNeill 研究组发现表层土壤孔隙水中的还原态有机质和 Fe（II）可以在黑暗条件下与 O_2 反应生成（1 ± 0.5）μmol/L 的•OH（Page et al., 2013）。上述过程产生的•OH 能氧化 As（III），并影响地下水中 As 的迁移转化。

4.2　地下水无机-有机胶体特征及富砷意义

在这些缺氧的地下水中，高浓度的砷也伴随着高浓度的有机物和铁（Guo et al., 2008; Charlet and Polya, 2006; McArthur et al., 2004; Nickson et al., 1998）。在孟加拉国溶解性有机碳（dissolved organic carbon，DOC）的质量浓度为 1.4～21.7 mg/L（Hasan et al., 2009），在印度西孟加拉邦为 0.01～7.04 mg/L（Mukherjee et al., 2009），在越南为<1.5～20.0 mg/L（Berg et al., 2008），在柬埔寨为 1.59～7.97 mg/L（Luu et al., 2009）。在中国内蒙古河套盆地，高砷地下水中 DOC 质量浓度为 2.65～163 mg/L。在孟加拉国，溶解性铁的质量浓度为 0.01～29 mg/L（Nickson et al., 1998），在印度西孟加拉邦为 3～13.7 mg/L（Mukherjee et al., 2009），在越南为<0.05～44.3 mg/L（Berg et al., 2008），在柬埔寨为<0.1～26.5 mg/L（Rowland et al., 2008），在中国内蒙古河套盆地为 0.01～5.9 mg/L（Guo et al., 2008）。

高浓度的 DOC 能影响砷的迁移。溶解性有机物会和 As 竞争矿物上的吸附点位（Bauer and Blodau, 2006），并且能改变溶解性 As 的氧化还原特性（Wang and Mulligan, 2006; Buschmann et al., 2005）。更重要的是，NOM 能通过共价结合机制与 As 结合在一起（Buschmann et al., 2006），并且可能与 As（III）和 As（V）同金属阳离子（如 Fe^{2+}、Mn^{2+}、Al^{3+}、Cu^{2+}）形成水相络合物（Bauer and Blodau, 2009; Redman et al., 2002）。铁在 As 和溶解性有机质（dissolved organic matter，DOM）形成络合物时起到架桥作用（Wang and Mulligan, 2006）。此外，这些络合物在水环境中通常是以胶体的形式存在，它们的物理化学特性与溶解态和颗粒态物质有很大的不同，而它们的迁移性和稳定性会促进环境中 As 的运移。

通过实验室的研究发现，DOM 的存在能够增加氢氧化铁胶体吸附砷的量（Ritter et al., 2006）。矿物表面对腐殖质的吸附可能会导致砷从固相上解吸（Davis et al., 2001）。虽然 DOM 的存在能固定铁的络合物和胶体，但低的铁/碳比能促使砷转移到小分子组分中（Bauer and Blodau, 2009）。As（V）比 As（III）更容易吸附在溶解性天然有机物上，但很小的 As/DOC 比能使更多的 As(III)吸附到 DOM 上（10%）（Buschmann et al., 2006）。研究发现，在富含 DOM 的河流里，As 可能更多地吸附在 DOM 和 Fe 的胶体上（Åström and Corin, 2000）。尽管如此，在存在溶解态和胶体态 DOM 和 Fe 的高砷地下水中，砷的分布与运移的情况却并不清楚。

河套盆地是中国西北典型的沉积盆地。孙天志（1994）在该盆地中发现高砷地下水。地下水总砷质量浓度高达 572 μg/L，其中无机三价砷是主要的存在形式（Guo et al., 2008）。大部分地下水都含有高质量浓度的 DOC（约 35.7 mg/L）（Deng et al., 2009）。溶解性铁的质量浓度范围为 0.01～5.9 mg/L。因为大部分地下水呈浅褐色，并含有气体（Guo et al., 2008），所以这些高浓度的成分可能会形成胶体，从而影响地下水中砷的迁移（Guo et al., 2011）。

地下水分级过滤为研究富铁或有机物的颗粒上微量元素的地球化学行为的研究提供一个有效的方法（Bauer and Blodau, 2009; Pourret et al., 2007; Pokrovsky and Schott, 2002）。用孔径为 10 μm、5 μm、3 μm、1 μm、0.8 μm、0.5 μm 的过滤器连续过滤地下水样后发现，大部分砷吸附在粒径小于 0.45 μm 的有机复合物胶体上（Guo et al., 2009）。

此外，至今仍缺乏天然的高砷地下水中不同大小的胶体中砷的含量和形态的数据。因此，本节以河套盆地为例，讨论高砷地下水中主要胶体的化学成分和大小范围、不同粒径胶体中砷的形态和分布及 DOM 和 Fe 对溶解性砷浓度的影响。

4.2.1 研究区概况

河套盆地位于中国内蒙古的西部，黄河的北边、乌兰布和沙漠的东部边缘，是个新生代裂谷盆地。高砷地下水主要分布在冲洪积含水层到冲湖积含水层的过渡区，在冲湖积含水层普遍是深灰色细砂层（Guo et al., 2008）。在浅层沉积含水层中有机物含量很高，达到 0.44%～5.57%。沉积含水层中有机物中烷烃的分布模式说明有机物是来源于陆生的高等植物，C_{20}～C_{34}碳优势指数（CPI）都超过了 1.0。

浅层地下水的砷质量浓度范围为 0.6～572 μg/L，其中主要是三价砷。尽管部分样品检测到有机砷（包括单甲基砷酸 MMA 和二甲基砷酸 DMA）（林年丰和汤洁，1999），但在最近的调查中其质量浓度低于检出限（2 μg/L）（Deng et al., 2009; Guo et al., 2008）。高砷地下水主要分布在双庙—三道桥、沙海—蛮会、白脑包—狼山、塔尔湖和胜丰。在小的空间尺度上，砷的质量浓度分布极不均匀。在缺氧地下水中，总铁和锰的质量浓度分别高达 5.90 mg/L 和 1 300 μg/L（Guo et al., 2008）。DOC 的质量浓度范围为 0.73～35.7 mg/L，这主要是由腐殖酸组成的（Deng et al., 2009; Guo et al., 2008）。

由于地表平坦，地下水的流动非常缓慢，与垂向流速相比水平流速相当小。但是，在大部分研究区，浅层地下水流动系统会受到当地灌渠和排干的影响。

4.2.2　地下水化学特征

地下水是弱碱性的，pH 变化范围为 8.30～8.95。HCO_3^-最高质量浓度达 798 mg/L。Na^+是主要阳离子，占总离子毫克当量浓度比例大于 75%（除了样品 57）。HCO_3^-和Cl^-是主要阴离子。总溶解固体（TDS）的质量浓度在 644～2 810 mg/L。

氧化还原电位在−159～−93.0 mV，表明地下水系统处于还原环境。硝酸盐的质量浓度大多都低于检出限（<0.01 mg/L）。硫化物的质量浓度为 0.5～30 mg/L。在所采取的水样中，硫酸盐的质量浓度为 0.005～150 mg/L。部分地下水样品中S^{2-}的存在和质量浓度较低的 SO_4^{2-} 说明，发生了 SO_4^{2-} 的还原。

4.2.3　地下水胶体特征

基于地下水化学研究结果，在研究区选了 8 个代表性采样点完成胶体现场分级（图 4-2-1），抽水 20 min 后，地下水样首先用 0.45 μm 硝酸纤维素薄膜过滤，然后再用截留分子量为 100 kDa（<100 kDa），50 kDa（<50 kDa），30 kDa（<30 kDa），5 kDa（<5 kDa）的滤膜现场依次进行超滤，通过<5 kDa 的成分被认为是真溶解组分（Guo et al., 2009）。

超滤对碱金属（Na、K）和碱土金属（Mg、Ca、Sr、Ba）的浓度影响并不大。对大部分水样来说，经过滤和超滤后的样品中这些金属离子的浓度并没有明显差别。

用 0.45 μm 滤膜过滤的水样中 As、Cu、Cr、U 和 V 的质量浓度，分别为 39.3～858 μg/L、4.59～64.3 μg/L、0.16～0.58 μg/L、0.03～5.12 μg/L、0.36～2.95 μg/L，它们的质量浓度均大于 5 kDa 超滤水样。图 4-2-2 是两种过滤水样中 As 和 Cu 质量浓度的对比。可以看出，用 5 kDa 超滤过后的 As 和 Cu 质量浓度是 0.45 μm 滤

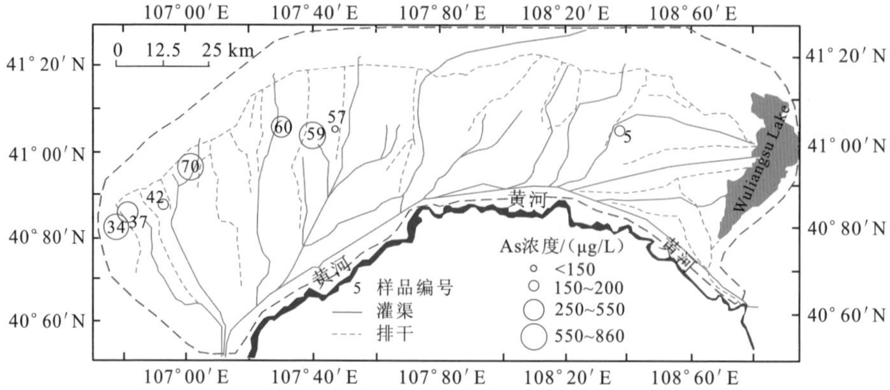

图 4-2-1　内蒙古河套盆地取样点的位置

膜过滤后质量浓度的 55%～80%。这说明用 0.45 μm 滤膜过滤后，仍有 55%～80%As 和 Cu 留在了 5 kDa 的超滤液上，也就是 20%～45%的 As 和 Cu 仍然留在了颗粒大小在 5 kDa～0.45 μm 的胶体上。

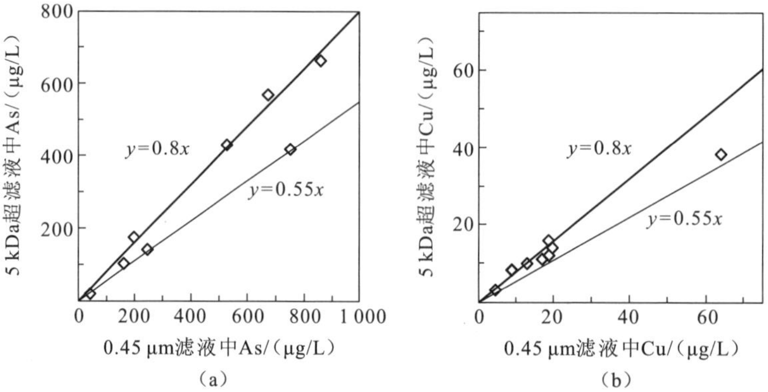

图 4-2-2　0.45 μm 滤液和 5 kDa 超滤液中 As 和 Cu 质量浓度的对比（Guo et al., 2011）

在 0.45 μm 和 5 kDa 两种不同的过滤液中 Fe、DOC 的质量浓度差别较大（图 4-2-3）。与超滤液相比，用 0.45 μm 滤膜的过滤液中 Fe、DOC 的质量浓度要高很多，表明 Fe、DOC 主要以粒径为 5 kDa～0.45 μm 的胶体形式存在。对于大多数样品来说，5 kDa 超滤液中 DOC 的质量浓度只占到 0.45 μm 滤膜过滤的滤液中 DOC 的质量浓度 15%～60%，超过 40%的 DOC 是以颗粒大小在 5 kDa～0.45 μm 的胶体形式存在[图 4-2-3(b)]。此外，超过 75%的 Fe 是分布在颗粒大小在 5 kDa～0.45 μm 的胶体上[图 4-2-3（a）]。

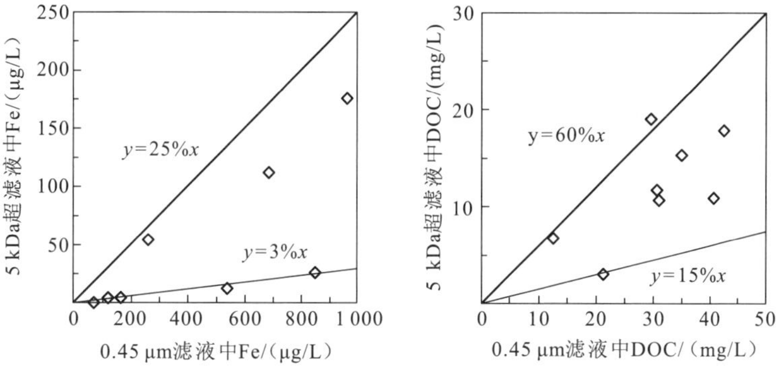

(a) (b)

图 4-2-3 0.45 μm 滤液和 5 kDa 超滤液中 Fe 和 DOC 质量浓度的对比（Guo et al., 2011）

连续过滤或超滤后，所有的样品中 DOC 的质量浓度都是持续降低的（图 4-2-4）。在多数样品中，随着超滤膜孔径的减小，DOC 的质量浓度持续降低（图 4-2-4）。整体上，在小于 10 kDa 超滤液中，仍有很大比例的 DOC（> 60%）；在小于 5 kDa 超滤液中，有 40%的 DOC。因此，绝大部分 DOC 的分子量较低，应是富里酸（Guo et al., 2009）。

由于在 5 kDa 与 10 kDa 超滤液中 DOC 所占比例较大，所以用扫描电子显微镜（SEM）分析了 5 kDa 超滤膜的形貌和元素含量。图 4-2-5 是 SEM 图与能谱图，可

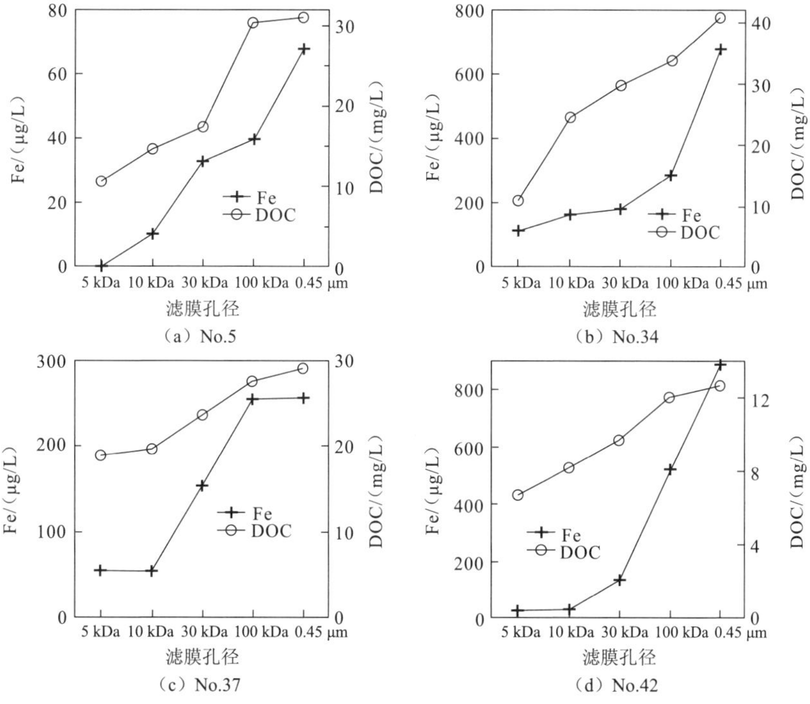

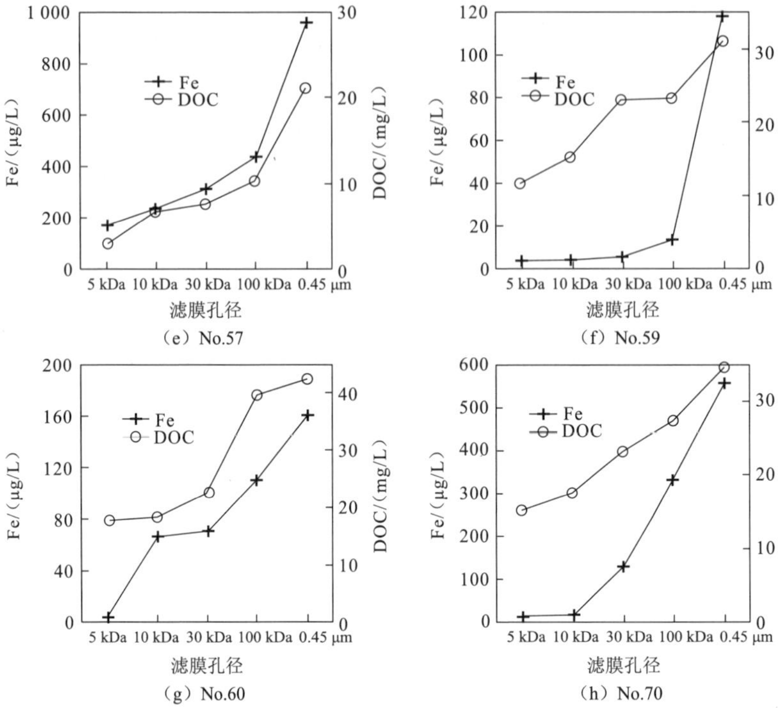

图 4-2-4 在超滤过程中不同滤液中 Fe 和 DOC 质量浓度的变化（Guo et al., 2011）

以看到胶粒是圆形的并且表面很光滑[图 4-2-5（a）]。对图 4-2-5（a）中的胶粒做能谱分析[图 4-2-5（b）]发现，该胶体主要含有 S、C、O、Na 和 As，这说明它们是有机胶粒。含 S、C、O 的胶体中含有 As，说明 As 是吸附在分子量在 5～10 kDa 的胶体上的。

用 μ-XRFA 对 5 KDa 超滤膜进行元素的高分辨率分析，结果表明，胶体颗粒上 As 和 S 的含量存在一定的相关性。μ-XRFA 结果显示，5 kDa 超滤膜截获的胶体颗粒中 As 和 S 有很好的相关性，As 的强度低于 200 计数（图 4-2-6）。由于超滤膜中含有 S，所以 S 的高强度（500～1 000 计数）表示的是聚醚砜膜的背景值。S 含量相对较低的胶体元素分布聚集在图 4-2-6 左边的位置，右边是聚醚砜膜的信号值。它显示出，在胶体颗粒中，高强度的 As 总是伴随着高强度的 S，证实在 5 kDa 的滤膜上存在富含 As-S 的胶体。

在 0.45 μm 滤液里，铁的质量浓度范围是 67.7～960 μg/L，这与河套盆地地下水中铁质量浓度的平均值相近（860 μg/L, Guo et al., 2008）。在还原条件下，地下水中亚铁是铁的主要存在形态，它占总铁含量的 100%。与孟加拉盆地的高砷地下水相比，河套盆地的地下水中 Fe 的质量浓度相对较低。用 PHREEQC 计算出来的矿物饱和指数说明，研究区的地下水的菱铁矿和黄铁矿是过饱和的。

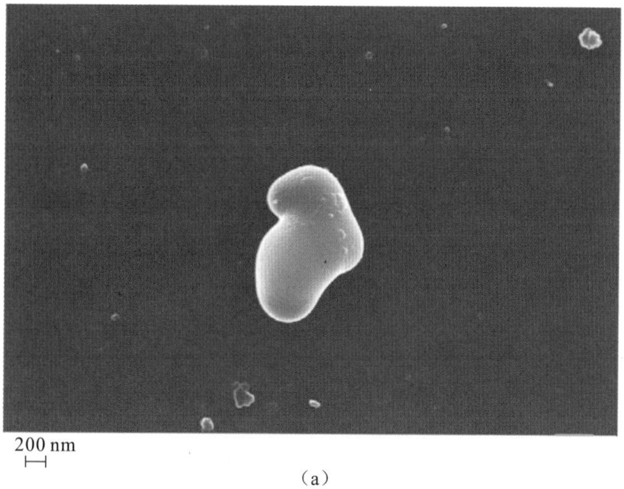

（a）

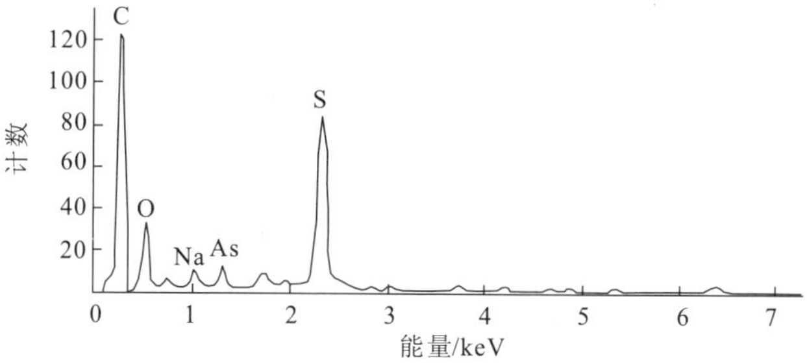

（b）

图 4-2-5　样品 70 在 5 kDa 的滤液中胶体颗粒的 SEM 图（a）和有机物颗粒的能谱分析谱图（b）（Guo et al., 2011）

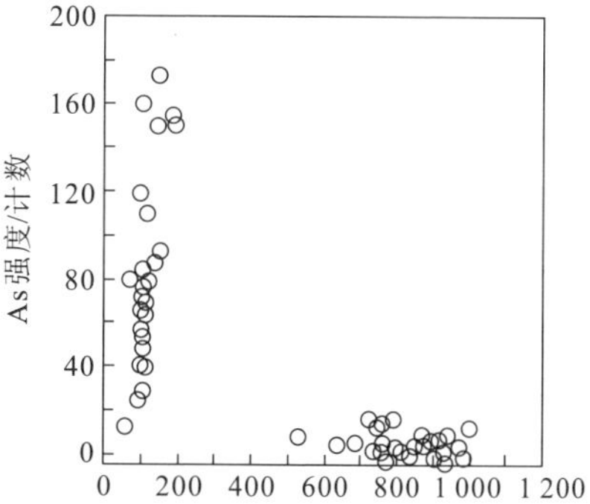

图 4-2-6　采用微型同步加速 XRF 分析得到的 5 kDa 超滤膜截获颗粒中 As 强度与 S 强度的关系图（Guo et al., 2011）

在连续的超滤过程中，随着超滤膜孔径的变小，Fe 的质量浓度也随之降低。所研究的大部分样品中，相对于 0.45 μm 滤液，100 kDa 的超滤液所含 Fe 质量浓度有大幅度的降低。样品 37 除外，该样品 100 kDa 和 10 kDa 的超滤液中 Fe 质量浓度相差较大（图 4-2-4）。这说明，与通过小孔径的超滤膜相比，绝大部分 Fe 是留在大孔径的超滤膜上。因此，大多数 Fe 是以大颗粒的胶体（100 kDa～0.45 μm）的形式存在。不同滤膜孔径过滤的超滤液中，Fe 的分布与 DOC 的分布不同（图 4-2-4），这说明在超滤中 Fe 和 DOC 的行为不一致，可能代表成分不同的胶体性质。

在 0.45 μm 滤液中，As（III）是 As 的主要形态，它占总 As 的 74%～100%。在还原性高砷地下水中 As（III）的占比普遍高于 As（V）（Mukherjee et al., 2009; Rowland et al., 2008）。随着滤膜孔径逐渐减小，滤液中总 As，As（V）和 As（III）的质量浓度也在逐渐降低（图 4-2-7）。在 30 kDa 的超滤液中 As 质量浓度为 25.4～810 μg/L。在 10 kDa 的超滤液中为 26.2～774 μg/L。在 30 kDa 和 5 kDa 超滤液中 As 的质量浓度相差较大，而在 0.45 μm 和 30 kDa 的滤液中，As 的质量浓度相差较小（图 4-2-7），这说明大多数 As 以小于 30 kDa 分子的胶体形式存在（>90%）。

4.2.4 胶体对砷迁移和转化的影响

As 和 DOC 在 5～10 kDa 的超滤液之间相关性较好（图 4-2-8）。用 SEM-EDS 和 μ-XRFA 也证实在 5 kDa 滤膜上确实有含砷的有机胶体。Bauer 和 Blodau（2009）也观察到小胶粒胶体上 As 的存在。As 不仅能通过有机官能团（如羟基）与有机物直接形成内层络合物（Warwick et al., 2005），而且能在金属阳离子做架桥的情况下与有机物形成三元络合物（Ritter et al., 2006; Bauer and Blodau, 2006; Redman et al., 2002）。因为在弱碱性水中有机物通常都含有负价的羧基和羟基，所以在内层络合物需要对负价的 As（V）有更强烈的结合（Wang and Mulligan, 2006）。Sharma 等（2010）和 Silva 等（2009）两人都发现在没有二价和三价阳离子（如 Fe^{2+}、Mn^{2+}和 Al^{3+}）时，As 几乎不与有机物发生络合。然而，最近有其他的研究报道了 As 和 NOM 的复合物（Wang and Mulligan, 2006; Buschmann et al., 2006）。这是可能的，因为在天然地下水系统里 Fe、Mn、Al、Ca 和 Mg 均可充当 As 和天然有机物络合的桥梁。在 As-Fe-NOM 的三元络合物中，发现有大量的 As 是结合在 Fe-NOM 胶体或 Fe-NOM 络合物上（Sharma et al., 2010）。然而，在有金属充当桥梁时，As（III）或 As（V）是否能形成稳定的三元有机络合物还有待于进一步研究。

胶体粒径大小含 As 聚合物的存在，影响了 As 在地下水系统中的迁移。大约有 30%的 As 是聚集在胶粒分子量在 5～30 kDa 的有机胶体上。小分子的有机胶体是地下水中 As 的重要载体。由于它们颗粒较小，与有机胶体结合的 As 可能不

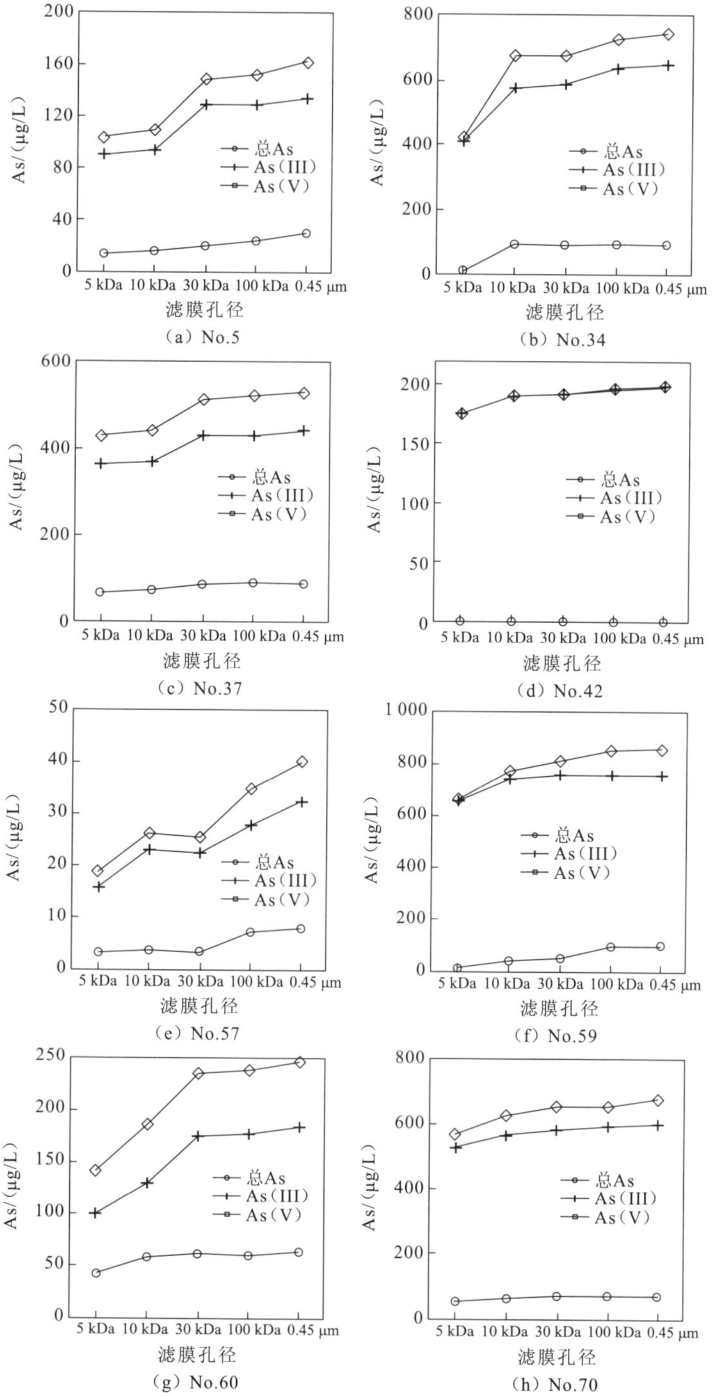

图 4-2-7　在超滤过程中不同滤液中总 As 和 As 形态浓度的变化（Guo et al., 2011）

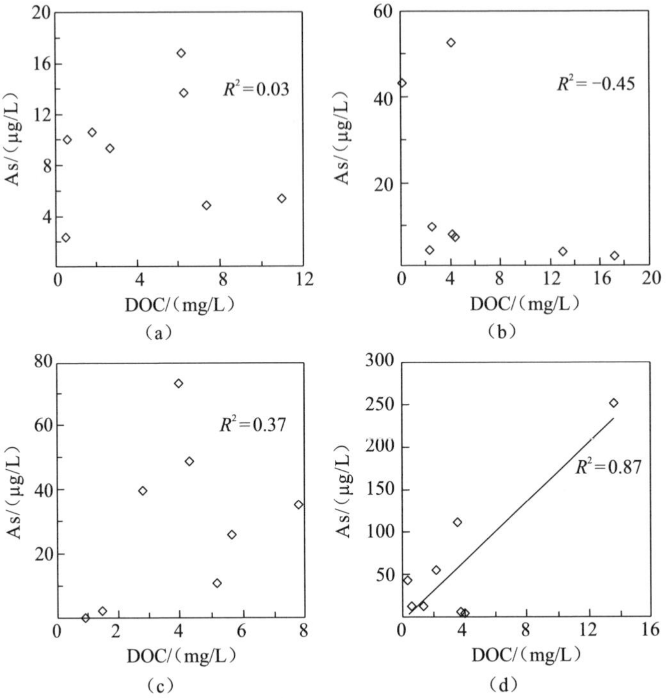

图 4-2-8　在不同滤液中 As 和 DOC 的分布对比（Guo et al., 2011）

（a）100 kDa～0.45 μm；（b）30～100 kDa；（c）10～30 kDa；（d）5～10 kDa

会被吸附，从而更容易跟着含水层中地下水的运动而迁移。在含水层中，胶体能迁移很长的距离（Degueldre et al., 2000），而分子排阻效果可使其比溶解性物质更易迁移（Wolthoorn et al., 2004）。所以，在高砷地下水中建立 As 在含水层中的迁移模型时，必须要考虑到含 As 聚合物的存在。

4.3　砷在生物成因铁氧化物矿物上的界面行为

富砷地下水环境中存在的土著铁还原菌对含水层中砷的迁移起关键作用（Li et al., 2013）。这些菌类会导致铁氧化物和氢氧化物的还原溶解，使吸附态的砷释放到地下水中，从而促进砷的迁移（Guo et al., 2015; Pedersen et al., 2006; Islam et al., 2004）。实地观察数据也表明了微生物作用下铁氧化物和氢氧化物的还原性溶解对砷的还原性迁移起到重要作用（Corsini et al., 2010; Huang and Matzner, 2006; Tadanier et al., 2005; Islam et al., 2004; Cummings et al., 1999）。例如Cummings等（1999）研究发现，微生物作用下铁氧化物和氢氧化物的还原性溶解可以促进砷酸铁晶体中砷和吸附位点上吸附态砷的释放。同样地，淹水土壤中微生物作用下铁氧化物和氢氧化物的还原是导致砷迁移的主要过程（Corsini et al., 2010）。

另一类重要的与铁循环相关的微生物-铁氧化菌，同样对砷的迁移转化起到重要作用。由于铁氧化菌能氧化地下水中的二价铁，生成具有很强砷吸附能力的铁氧化物和氢氧化物，从而降低地下水中砷的浓度，减小砷的迁移（Xiu et al., 2016, 2015; Pantke et al., 2012; Hohmann et al., 2009; Miot et al., 2009a; Kappler and Straub, 2005; Ona-Nguema et al., 2005; Kappler and Newman, 2004; Chaudhuri et al., 2001）。另外，铁氧化菌能氧化地下水中的二价铁，产生自由的三价铁离子，其可以促进 As（III）氧化成更容易被吸附的 As（V），从而减小砷的迁移性（Huang and Kretzschmar, 2010）。此外，有些铁氧化菌能加速含砷黄铁矿的氧化，导致矿物晶格发生变化，释放出晶格中的砷，此过程则能增加砷的迁移性（Pandey et al., 2002）。

在缺氧的地下水中，厌氧铁氧化菌可能是沉积物中铁氧化物矿物存在的重要因素（Li et al., 2015）。然而，不同的厌氧铁氧化菌氧化亚铁产生的铁矿物沉淀多种多样（Hohmann et al., 2009, Miot et al., 2009a, 2009b, 2009c），其耐砷能力和对砷的吸附能力也不尽相同（Hohmann et al., 2009; Mohan and Pittman Jr, 2007）。此外，砷的存在可能对厌氧铁氧化菌氧化亚铁产生的铁氧化物矿物沉淀过程产生影响。同时，不同的铁矿物相与砷之间的结合模式也多种多样，包括双齿双核表面络合物（bidentate binuclear complexes, ^{2}C）、双齿单核共边表面络合物（bidentate mononuclear complexes, ^{2}E）和单齿单核表面络合物（monodentate mononuclear complexes, ^{1}V）等（Lin and Giammar, 2015; Hohmann et al., 2011; Sherman and Randau 2003）。这些络合物均对砷起着很好的固定作用（Guo et al., 2013b）。这里主要介绍一株厌氧铁氧化菌 *Pseudogulbenkiania* sp. strain 2002 的耐砷性能、铁氧化特征、吸附砷特征及机理。*Pseudogulbenkiania* sp. strain 2002 是一株可以厌氧还原硝酸盐的同时氧化亚铁，从而获得能量，还能以乙酸盐为碳源进行异养生长的杆状革兰氏阴性菌（Weber et al., 2006a, 2006b）。

4.3.1　厌氧铁氧化菌的耐砷特征

1. 生长条件下培养条件的优化

对 strain 2002 培养条件的优化结果见图 4-3-1。结果表明，随着初始接种量的增加，菌体无论是生长速率还是最大生长量都有所增加，例如，最大生长量时的 OD_{600} 由 2%的接种量的 0.31，增加到 5%接种量的 0.41。然而，当接种量大于 5%时，虽然生长速率稍有增加，但是最大生长量时的 OD_{600} 则变化不大[图 4-3-1(a)]。菌体不同生长期接种的实验结果表明，对数末期的 strain 2002 接种会大大减少其达到最大生长量所需的培养时间[图 4-3-1（b）]。

不同生长温度实验研究表明，温度对 strain 2002 的生长影响相对于接种量和不同生长期接种来说较大。图 4-3-1（c）可以看出，当温度下降时 strain 2002 达到最大生长量所需的培养时间大大增加。例如，培养温度从 30 ℃下降到 15 ℃时，达到最大生长量 OD_{600} 为 0.4 所需培养时间从 17 h 增加到 50 h[图 4-3-1（c）]。

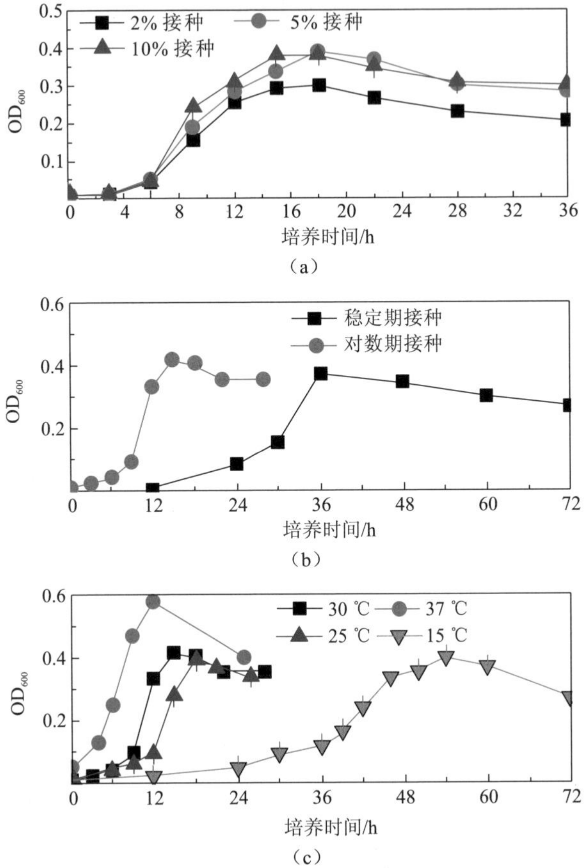

图 4-3-1　接种量、不同生长期接种和培养温度对 strain 2002 生长的影响

（a）接种量的影响；（b）不同生长期接种的影响；（c）培养温度的影响

2. 生长条件下耐砷特性

在优化培养条件下，strain 2002 的耐砷特性见图 4-3-2。对于 As（V）来说，从图 4-3-2（b）可以看出，在培养液中 As（V）的质量浓度小于 150mg/L 时，As（V）的存在并不影响 strain 2002 的生长。当 As（V）的质量浓度大于 150mg/L 时，strain 2002 的生长开始出现滞后现象，例如，当 As（V）的质量浓度达到 200mg/L 时，

strain 2002 的最大生长量所需的培养时间增加了 11 h。同时，可以看出当 As（V）的质量浓度达到 1 000 mg/L 时，strain 2002 的生长受到了严重的抑制。因此，strain 2002 对 As（V）的最大耐受质量浓度约为 1000 mg/L。硝酸根和醋酸根的质量浓度变化检测结果也表明，当 As（V）质量浓度小于 150 mg/L 时，硝酸根还原和醋酸根的代谢不受影响。只有当 As（V）的质量浓度大于 150 mg/L 时，硝酸根还原和醋酸根的代谢才出现滞后，这与 OD_{600} 的检测结果一致[图 4-3-3（a）]。

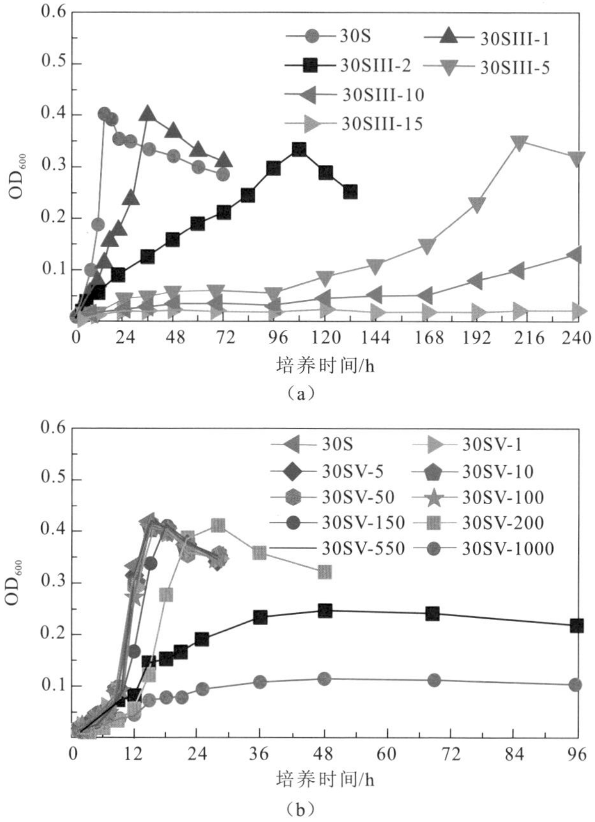

图 4-3-2　不同质量浓度砷条件下，strain 2002 的生长情况

（a）As（III）系列；（b）As（V）系列

对于 As（III）来说，从图 4-3-2（a）可以看出，在培养液中 As（III）的质量浓度为 1 mg/L 时，strain 2002 的生长就开始出现滞后现象。当 As（III）的质量浓度为 5 mg/L 时，strain 2002 的最大生长量所需的培养时间增加了 200 h。当 As（III）的质量浓度为 10 mg/L 时，strain 2002 的生长受到严重抑制，在培养 240 h 后，OD_{600} 仅有略微增加。硝酸根还原和醋酸根的代谢检测结果和 OD_{600} 的变化一致[图 4-3-3（a）]。因此，strain 2002 对 As（III）的最大耐受质量浓度约为 10 mg/L。

在不加砷的情况下，strain 2002 的菌个体形态见图 4-3-3（b）和图 4-3-4（b）所示，呈长杆状，粗约 0.5 μm，长 1～2 μm，这与前人观察的特征一致（刘琼, 2012; Weber et al., 2009）。经 2 mg/L As（III）及 200 mg/L As（V）驯化后的 strain 2002 的 SEM 观察结果如图 4-3-3（c）和图 4-3-4（c）所示。经 2mg/L As（III）驯化后，菌体比没有驯化和经 As（V）驯化后的菌体要短，长度在 0.5～1 μm[图 4-3-3（c）]；经 150 mg/L As（V）驯化后，菌的形貌和没有驯化的菌形貌基本相同[图 4-3-4（c）]。

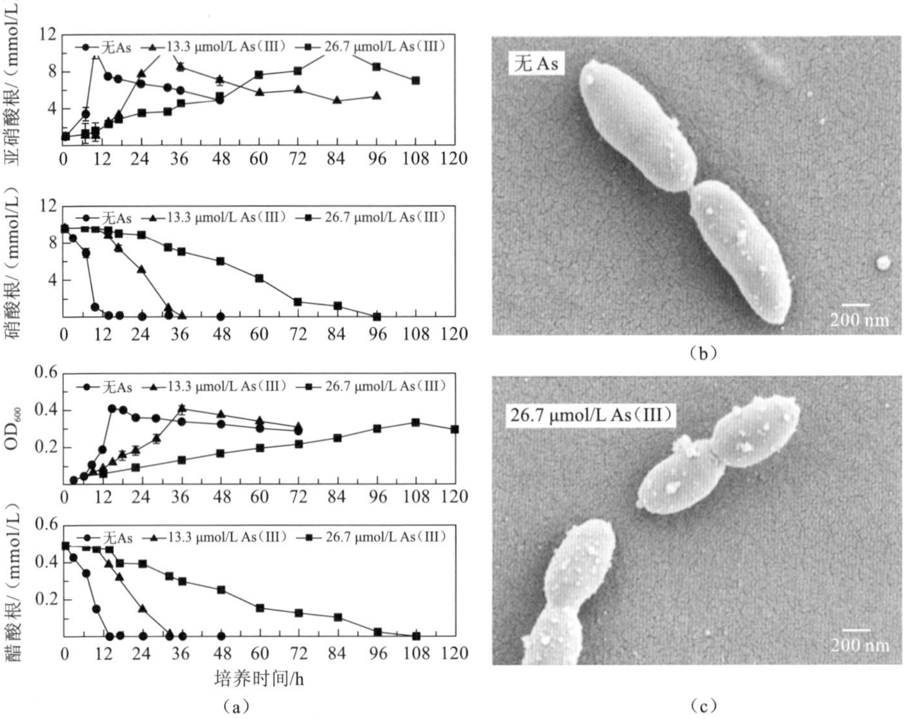

图 4-3-3　As（III）对 strain 2002 代谢及形貌的影响

（a）As（III）对 strain 2002 代谢的影响；（b）无 As（III）strain 2002 的形貌；（c）26.7 μmol/L As（III）strain 2002 的形貌

strain 2002 对 As（III）耐受能力远小于 As（V），并且在 As（III）存在的情况下，菌体趋于变短。可能由于 As（III）有较高的毒性所致（Smedley and Kinniburgh, 2002）。这种细胞形态的变化可能是菌体为了适应高砷环境，通过逐渐收缩、变短的方式来减少与 As（III）和 As（V）的接触，以减小砷对其的毒害。Hohmann 等（2009）发现，在 37.5 mg/L As（III）的情况下，*Acidovorax* sp. BoFeN1、strain KS 和 *Rhodobacter ferrooxidans* strain SW2 的生长均受到不同程度的抑制。例如，strain KS 在 37.5 mg/L As（III）培养 21 d 后培养液的 OD_{600} 值基本保持不变，而在 37.5 mg/L As（V）的情况下，*Acidovorax* sp. BoFeN1、strain KS 和 *Rhodobacter*

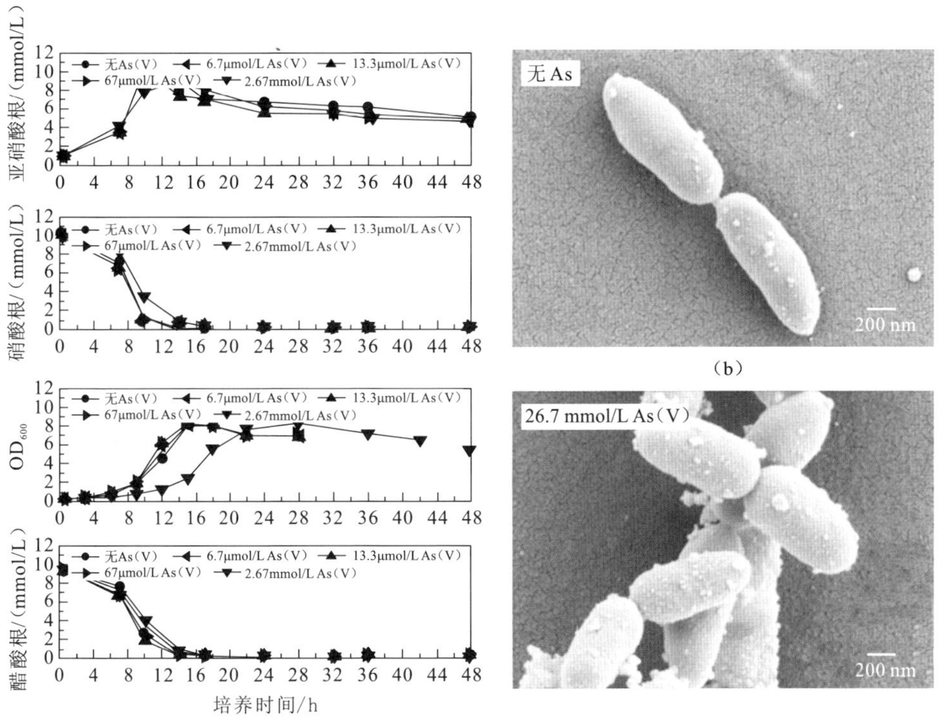

（a）　　　　　　　　　　　　　　　（c）

图 4-3-4　As（V）对 strain 2002 代谢及形貌的影响

（a）As（V）对 strain 2002 代谢的影响；（b）无 As（V）strain 2002 的形貌；（c）2.67 mmol/L As（V）strain 2002 的形貌

ferrooxidans strain SW2 的生长受到的影响可以忽略不计。本小节的 strain 2002 和 Hohmann 等（2009）研究的 *Acidovorax* sp. BoFeN1、strain KS 和 *Rhodobacter ferrooxidans* strain SW2 等菌体本身均不能累积砷，而具有较高耐砷能力的 As-9 和 As-14 则可以在胞内聚集大量的砷，这可能是菌体代谢方式不同的外在表现，同时也导致了耐砷能力的差异。

4.3.2　厌氧铁氧化菌的亚铁氧化特征

1. 亚铁氧化特征

为了进一步探究厌氧铁氧化菌的亚铁氧化特征，采用可控制加入菌体的数量（本实验控制为 10^8 个）的非生长培养，在培养过程中只提供菌体基本代谢所必须的电子受体和供体，菌体在培养过程中生物量的变化可以忽略的菌体培养技术。因此，相比于生长条件来说，非生长条件更容易量化亚铁氧化的氧化过程，进而揭示亚铁的氧化机理。

结果表明，实验组无论是 Fe（II）物质的量浓度还是硝酸根物质的量浓度都迅速下降，并伴随着亚硝酸根的积累（图 4-3-5）。在 strain 2002 的非生长培养过程中，Fe（II）的物质的量浓度变化可以分为两个阶段：一是 Fe（II）质量浓度迅速下降阶段（0～4 h）；二是 Fe（II）质量浓度保持稳定阶段（4～24 h）。

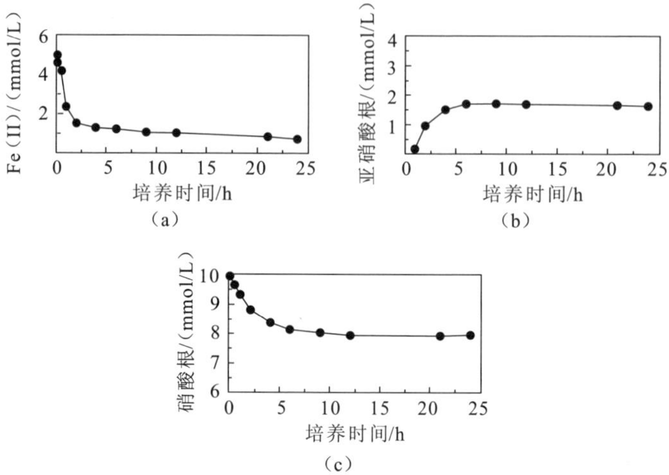

图 4-3-5　strain 2002 在非生长培养基中 Fe（II）（a）、亚硝酸根（b）和硝酸根的变化（c）

2. 生物成因铁氧化物矿物特征

同步辐射 X 射线衍射（μ-XRD）分析结果显示，非生长条件下，strain 2002 对亚铁的氧化产生纤铁矿沉淀[图 4-3-6（b）]。利用 Jade 软件进行精修结果显示，不加砷系列的晶胞参数为 a=（3.88 ± 0.01）Å、b=（12.56 ± 0.02）Å、c=（3.08 ± 0.01）Å，与前人对纤铁矿的研究得出的晶胞参数 a=3.87 Å、b=12.51 Å、c=3.06 Å 非常吻合（Ewing, 1935）。有研究表明，在亚铁源用氯化亚铁时，氯离子在亚铁氧化过程中会促使纤铁矿的产生（Cornell and Schwertmann, 2003）。扫描电镜分析结果表明，不加砷的实验组大部分 strain 2002 的细胞不同程度地包裹着板状纤铁矿沉淀[图 4-3-6（a）]。这种生物成因的纤铁矿长约 400 nm，宽约 100 nm。有研究表明，strain 2002 在 25 ℃以醋酸和 Fe（II）作为电子供体，以硝酸根作为电子受体的生长条件下氧化 Fe（II）生成含铁矿物沉淀，从沉淀的 SEM 形貌来看可能为 Fe（II）-Fe（III）的混合矿物，包括菱铁矿、纤铁矿和针铁矿等（刘琼，2012；Weber et al., 2006a）。而本实验采用的非生长培养基，strain 2002 在 30 ℃以 Fe（II）作为电子供体，以硝酸根作为电子受体的生长条件下氧化 Fe（II）生成含铁矿物沉淀，此矿物则是单一的纤铁矿，造成这种差异的原因可能是反应体系的不同。同样是亚铁的氧化，不同的反应体系会产生不同的铁矿物，例如，氯离子在亚铁氧化过程中会促使纤铁矿的产生，而碳酸根会促使针铁矿的产生（Cornell and Schwertmann, 2003）。strain 2002 的生长培养基是碳酸根/碳酸氢根的缓冲体系，而非生长培养基中亚铁源中含有氯离子，且没有碳酸根/碳酸氢根的存在，因此生长培养生成 Fe（II）-Fe（III）的混合矿物而非生长培养亚铁氧化生成单一的纤铁矿。类似地，*Acidovorax* sp. BoFeN1 在高 pH、高浓度碳酸盐组分以及高腐殖酸的条件下会形成针铁矿沉淀（Larese-Casanova et al., 2010），然而在初始亚铁物质的量浓度为 6 mmol/L，培养时间为 2 d 时，则亚铁氧化产物为针铁矿和绿铁锈的混合物（Pantke et al., 2012）。

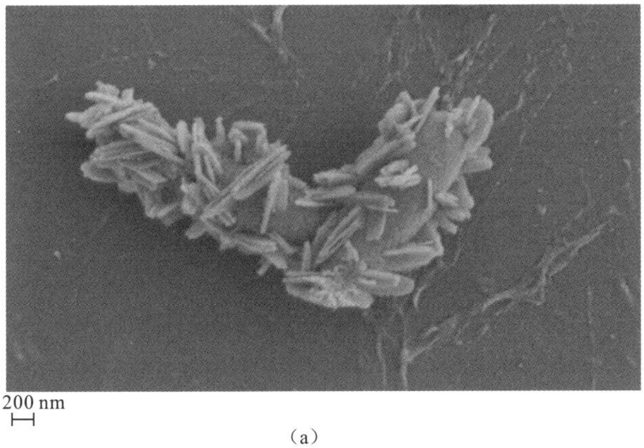

（a）

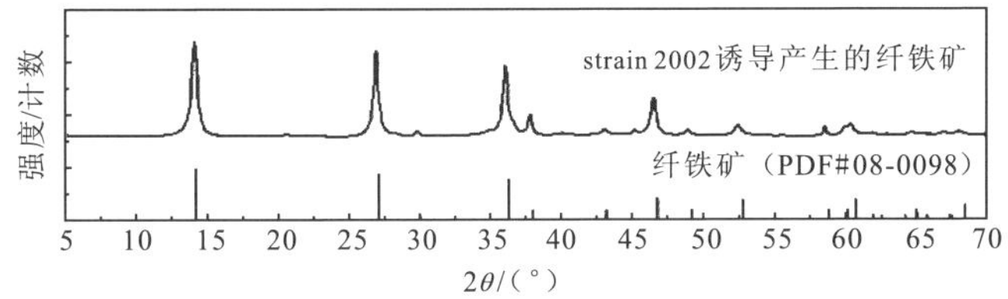

（b）

图 4-3-6　strain 2002 氧化亚铁产物的 SEM 图（a）和 XRD 图谱（b）

4.3.3　厌氧铁氧化菌的吸附砷特征和机理

1. 砷对铁氧化物矿物形成的影响

μ-XRD 分析结果显示，所有的实验组中非生长条件下，strain 2002 对亚铁的氧化产生纤铁矿沉淀，然而砷物质的量浓度升高会影响纤铁矿的结晶程度，这可能由于砷的络合物对纤铁矿晶体生长的影响所致（图 4-3-7）。扫描电子显微镜对含有 strain 2002 的铁矿物沉淀形貌分析结果显示，无论是 As（III）实验组，还是 As（V）实验组都出现了两种纤铁矿形貌：一种是板状；另一种是团

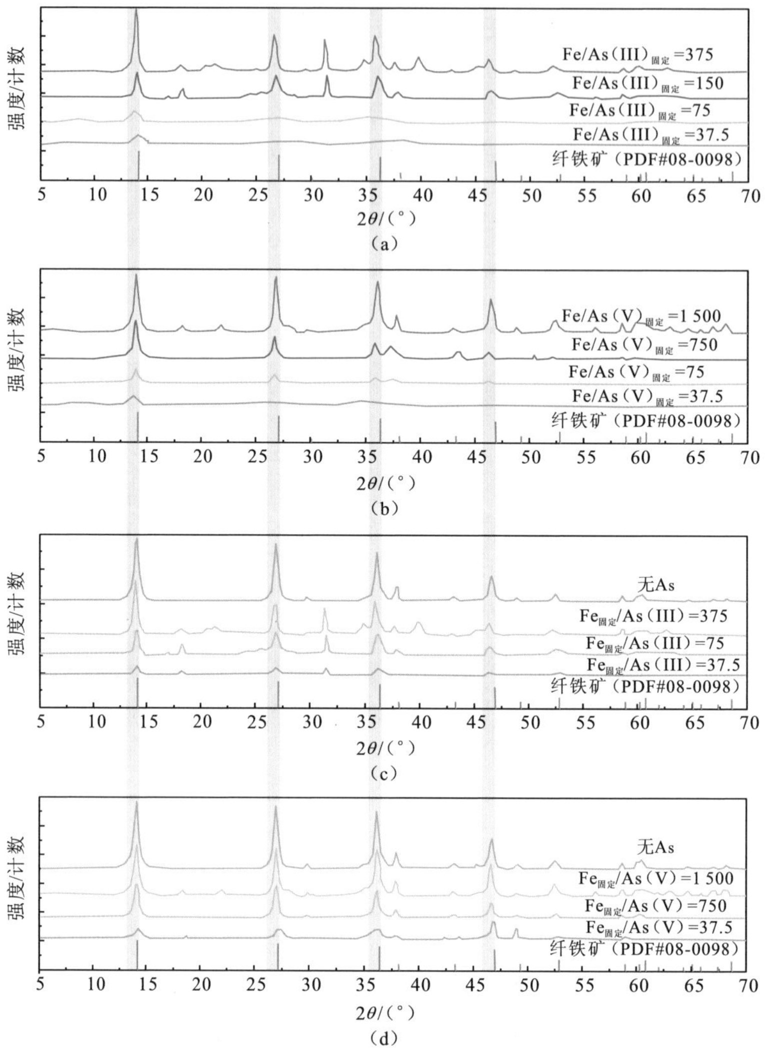

图 4-3-7　strain 2002 在非生长培养基中亚铁氧化产物的 μ-XRD 图谱

（a）固定 As（III）物质的量浓度为 13.3 μmol/L，亚铁初始物质的量浓度增加系列；（b）固定 As（V）物质的量浓度为 13.3 μmol/L，亚铁初始物质的量浓度增加系列；（c）固定初始亚铁物质的量浓度为 5 mmol/L，初始 As（III）物质的量浓度增加系列；（d）固定初始亚铁物质的量浓度为 10mmol/L，初始 As（V）物质的量浓度增加系列

状（图 4-3-8），这意味着砷的存在会对纤铁矿的形貌产生影响。有研究表明，As（III）或者 As（V）的表面络合物会导致更多的无定形态磁铁矿，并且会降低磁铁矿颗粒粒径（Wang et al. 2011, 2008）。而且，strain 2002 的亚铁氧化是酶催化反应，高浓度的砷存在可能会抑制相关酶活性，从而降低纤铁矿的成核作用以及

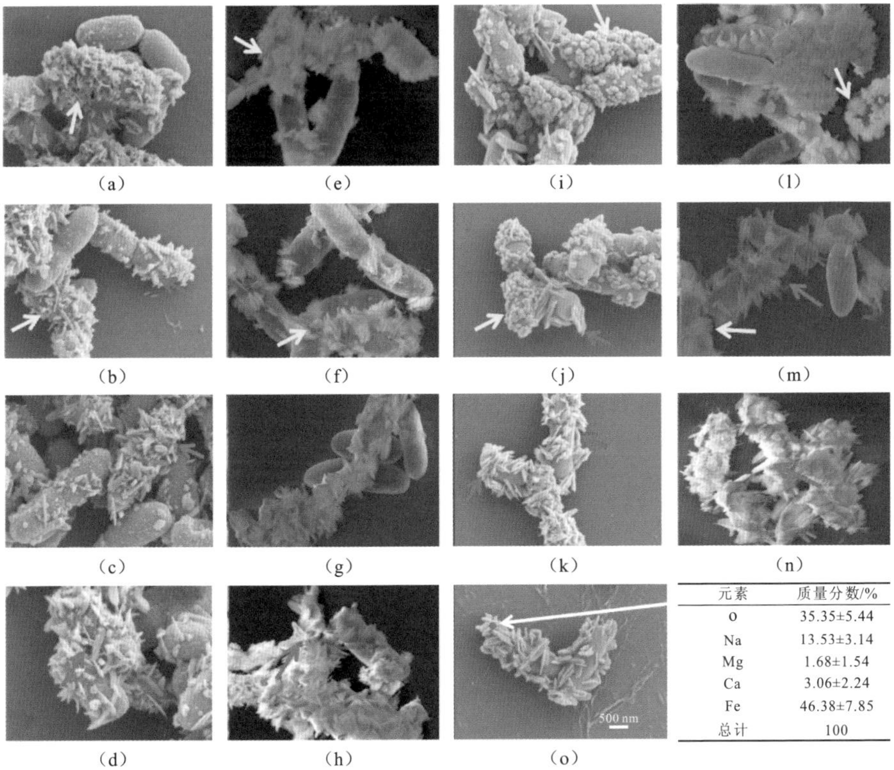

元素	质量分数/%
O	35.35±5.44
Na	13.53±3.14
Mg	1.68±1.54
Ca	3.06±2.24
Fe	46.38±7.85
总计	100

图 4-3-8　strain 2002 氧化亚铁产物的 SEM 图

Fe/As（III）$_{\text{固定}}$=37.5（a）、75（b）、150（c）、375（d）；Fe$_{\text{固定}}$/As（III）= 37.5（i）、75（j）、375（k）；Fe/As（V）$_{\text{固定}}$ = 37.5（e）、75（f）、375（g）、750（h）；Fe$_{\text{固定}}$/As（V）= 37.5（l）、750（m）、1 500（n）；无 As（o）

板状和不规则形状的结构分别用黑色和白色箭头表示。生物成因的纤铁矿的元素含量用质量分数表示

晶体生长。Refait 等（2009）的研究发现，好氧条件下亚铁的氧化产生纤铁矿，然而当溶液中砷浓度不断升高时，纤铁矿被水铁矿取代。同样地，*Acidovorax* sp. strain BoFeN1 对在较低初始 Fe/As 时亚铁的氧化产生水铁矿，随着初始 Fe/As 的升高水铁矿的含量逐渐降低，最终全部被针铁矿取代（Hohmann et al., 2011）。Hohmann 等（2009）发现，在有 As 存在时，*Acidovorax* sp. strain BoFeN1 氧化亚铁产生的针铁矿的形貌发生变化，针状逐渐消失。他们认为，As（III）和 As（V）对晶体生长的抑制以及这种较慢的晶体生长是导致颗粒粒径下降的重要因素。另外，SEM 分析结果也表明，在 As（III）处理系列中纤铁矿的形貌更加趋于不规则。例如，在 Fe/[As（III）或 As（V）]$_{\text{固定}}$ = 37.5 系列，As（III）系列纤铁矿的形貌更加趋于不规则[图 4-3-8（a）、（e）]，这可能是由于 As（III）有较高的处理效率，会产生较多的络合物，而这种 As（III）络合物对生物成因的纤铁矿有更大的影响。

2. 不同 Fe/As 条件下的吸附砷特征

strain 2002 氧化亚铁过程中，培养液中剩余砷的浓度随着初始 Fe 和 As 物质的量浓度比的不同而不同（图 4-3-9），其中 *Z* 轴表示砷物质的量浓度，*Y* 轴表示初始 Fe/As，*X* 轴表示不同培养时间。strain 2002 菌体本身对砷的吸附实验结果见图 4-3-10，表明了在初始 Fe/As=375 时，无论是 As（III）还是 As（V）的物质的量浓度都没有明显变化。这说明 strain 2002 菌体本身对砷的吸附作用可以忽略。

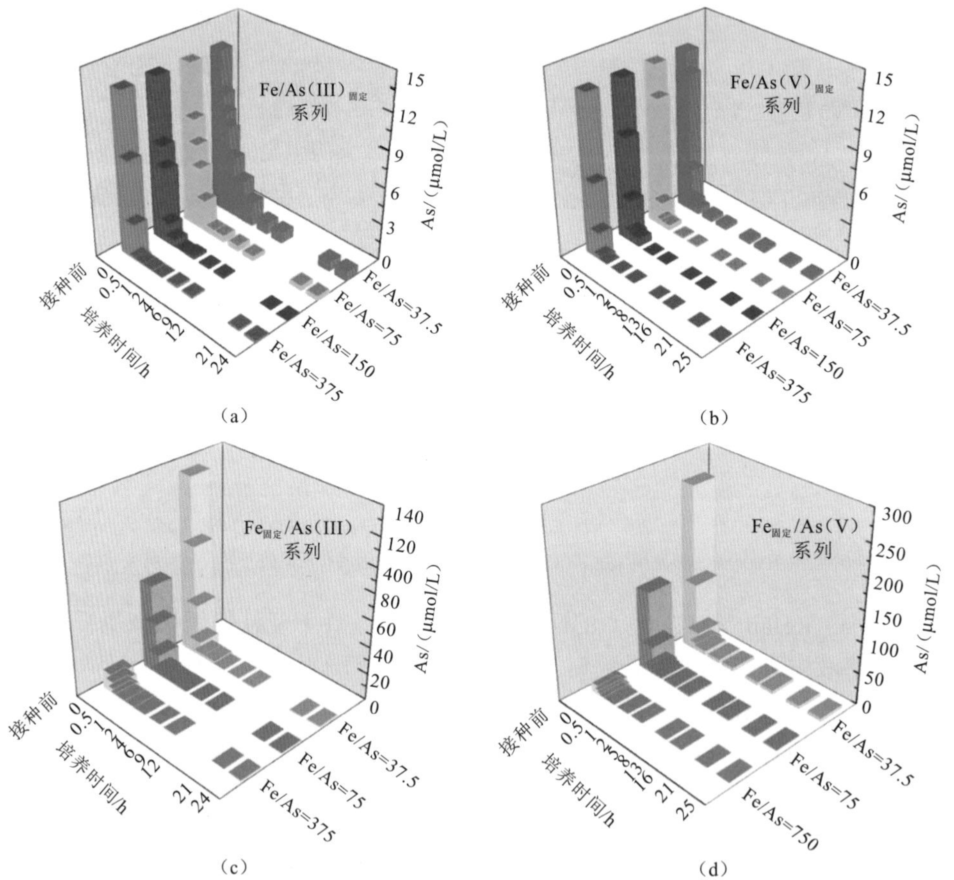

图 4-3-9　strain 2002 在非生长培养基中亚铁氧化过程中砷的吸附特征

（a）固定 As（III）物质的量浓度为 13.3 μmol/L，亚铁初始物质的量浓度增加系列；（b）固定 As（V）物质的量浓度为 13.3 μmol/L，亚铁初始物质的量浓度增加系列；（c）固定初始亚铁物质的量浓度为 5 mmol/L，初始 As（III）物质的量浓度增加系列；（d）固定初始亚铁物质的量浓度为 10 mmol/L，初始 As（V）物质的量浓度增加系列

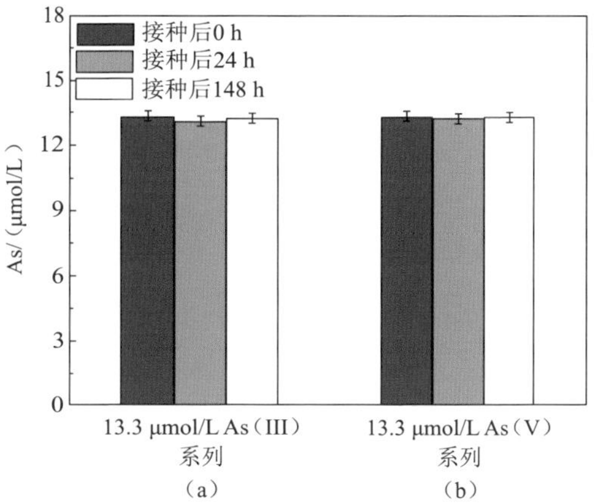

图 4-3-10　不同砷铁比和不同培养时间 strain 2002 对 As（III）和 As（V）的吸附

（a）Fe/As（III）=375［As（III）初始物质的量浓度为 13.3 μmol/L］；
（b）Fe/As（V）=375［As（V）初始物质的量浓度为 13.3 μmol/L］

在存在 Fe（II）的情况下，strain 2002 氧化亚铁过程可以通过吸附或共沉淀有效固定 As（III）和 As（V），使砷的迁移能力大大降低（图 4-3-9）。通过计算砷的固定量与铁的氧化量的摩尔比，得出 $Fe_{固定}$/As（III）=37.5 和 $Fe_{固定}$/As（V）=37.5 系列最大 As/$Fe_{氧化}$值分别达到了（0.063 ± 0.003）和（0.049 ± 0.003）。此值大于前人采用化学法制得纤铁矿对砷的最大固定效果（固体中 As/$Fe_{氧化}$值对于 As（III）和 As（V）分别为 0.061 和 0.022）（Wang and Giammar, 2015）。砷在与生物成因的铁氧化物矿物共沉淀过程中络合位点可以充分与砷接触，这可能是导致较高固砷效率的一个因素。对 As（V）的共沉淀研究也表明，As（V）的共沉淀比吸附有更好的吸附效率可能是在 As（V）的共沉淀过程中吸附位点充分与 As（V）接触导致的（Jia and Demopoulos, 2005）。此外，生物成因的铁氧化物矿物包含细胞-矿物的聚合体，当有 As（III）和 As（V）存在时，其中可能含有细胞-Fe-As 的络合物，这种三元络合物对砷的固定可能起到促进作用（Homman et al., 2009）。

不同砷的形态同样会影响生物成因的纤铁矿对砷的固定效果。As（III）系列的固相中 As/$Fe_{氧化}$值要大于 As（V）系列固相中 As/$Fe_{氧化}$值（表 4-3-1）。例如，$Fe_{固定}$/As（III）和 Fe/As（III）$_{固定}$的平均 As/$Fe_{氧化}$值为（0.017 ± 0.001）和（0.016 ± 0.001），而 $Fe_{固定}$/As（V）和 Fe/As（V）$_{固定}$的平均 As/$Fe_{氧化}$值为（0.012 ± 0.001）和（0.030 ± 0.001）。*Pseudomonas* sp. strain GE-1 诱导生物成因的水铁矿对砷的固定也有相似的规律（Xiu et al., 2015）。无论是在高初始砷物质的量浓度系列还是低初始砷系列，*Acidovorax* sp. strain BoFeN1 氧化亚铁产生的铁氧化物矿物对 As（III）的固定都要优于 As（V）（Homman et al., 2009）。另外，研究发现，化学法制得的纤铁矿也有类似的结果（Wang and Giammar, 2015）。

表 4-3-1　厌氧铁氧化菌除砷实验装置及结果

实验名称	初始 Fe(II)物质的量浓度/(mmol/L)	初始 As物质的量浓度/(μmol/L)	剩余 Fe(II)物质的量浓度/(mmol/L)	平均氧化率/[mmol /(L·h)]	阶段 I 的平均氧化率/[mmol/(L·h)]	阶段 II 的平均氧化率/[mmol/(L·h)]	Fe(II)氧化完成以后 As 的剩余物质的量浓度/(μmol/L)	固相中 As/Fe$_{氧化}$的摩尔比
无砷实验组	4.55	—	0.680	0.16	0.919	0.030	—	—
Fe/As(III)$_{固定}$=37.5	0.42	13.32	0.025	0.02	0.052	0.005	0.773	0.032
Fe/As(III)$_{固定}$=75	0.87	13.31	0.110	0.03	0.126	0.007	0.333	0.017
Fe/As(III)$_{固定}$=150	1.86	13.33	0.585	0.05	0.187	0.015	0.024	0.010
Fe/As(III)$_{固定}$=375	4.52	13.32	1.328	0.13	0.560	0.025	0.013	0.004
Fe$_{固定}$/As(III)=37.5	4.60	133.3	2.503	0.09	0.312	0.008	0.676	0.063
Fe$_{固定}$/As(III)=75	4.58	66.67	1.468	0.13	0.507	0.024	0.107	0.021
Fe$_{固定}$/As(III)=375	4.52	13.30	1.328	0.13	0.560	0.025	0.013	0.004
Fe/As(V)$_{固定}$=37.5	0.46	13.33	0.002	0.02	0.085	0.006	0.243	0.029
Fe/As(V)$_{固定}$=75	1.00	13.32	0.002	0.04	0.245	0.007	0.024	0.013
Fe/As(V)$_{固定}$=375	4.96	13.31	0.838	0.16	0.969	0.018	0.02	0.003
Fe/As(V)$_{固定}$=750	10.10	13.33	4.524	0.22	1.038	0.024	0.013	0.002
Fe$_{固定}$/As(V)=37.5	10.10	266.70	4.637	0.22	1.038	0.023	1.100	0.049
Fe$_{固定}$/As(V)=750	10.10	13.13	4.524	0.22	1.038	0.024	0.013	0.002
Fe$_{固定}$/As(V)=1 500	9.79	6.67	4.540	0.21	1.037	0.031	0.011	0.001

初始 Fe/As 对砷的吸附也有明显的不同。Fe/As（III）$_{固定}$系列，随着 Fe/As 的比例从 37.5 增加到 375（初始砷物质的量浓度固定为 13.3 μmol/L，亚铁物质的量浓度从 0.5 mmol/L 增加到 5 mmol/L），砷的吸附量从 12.5 μmol/L 增加到 13.3 μmol/L（表 4-3-1）。当初始 Fe/As 大于 75 时，培养液中砷的物质的量浓度可以降低到 0.0133 μmol/L（WHO 的饮用水标准）以下。这与前人的研究结果一致，其表明当初始 Fe/As 大于 100 时，生物成因的铁矿物沉淀可以将初始物质的量浓度为 50 μmol/L 的砷降低到 0.0133 μmol/L 以下（Hohmann et al., 2009, Berg et al., 2006）。

对比两种不同的控制初始 Fe/As 的方式，发现初始亚铁物质的量浓度对砷的吸附也有明显的影响。相比于 Fe/As $_{固定}$系列，Fe $_{固定}$/As 系列具有更高的吸附效果，特别是在低初始 Fe/As 系列。数据表明，Fe $_{固定}$/As（III）=37.5 和 Fe $_{固定}$/As（V）= 37.5 系列的固相中，As/Fe $_{氧化}$值分别为（0.063 ± 0.003）和（0.049 ± 0.003），要大于 Fe/As（III）$_{固定}$和 Fe/As（V）$_{固定}$系列的（0.032 ± 0.002）和（0.029 ± 0.002）（表 4-3-1）。可能的原因是，Fe $_{固定}$/As 系列比 Fe/As $_{固定}$系列有更高的初始亚铁物质的量浓度。strain 2002 对亚铁的氧化是和硝酸根的还原相耦合的，研究表明其反应的化学计量系数大约为 0.5（Weber et al. 2006b）。而在此研究中，从理论硝酸根还原亚铁氧化的计量系数相比，硝酸根均为计量过量。因此，无论是 Fe/As $_{固定}$系列还是 Fe $_{固定}$/As 系列，亚铁的氧化速率主要受限于初始的亚铁物质的量浓度。较大的初始亚铁物质的量浓度会导致较快的亚铁氧化速率，产生较多的络合活性位点，从而导致较高的吸附效率（Jia and Demopoulos, 2005; Rancourt et al., 2001）。例如，在硝酸根过量的情况下，*Acidovorax* sp. strain BoFeN1［29.1 μmol/（L·h）］具有相对于 strain KS［15.1 μmol/（L·h）］更大的亚铁氧化速率，最终固相中的 As/Fe $_{氧化}$值也从 0.002 增加到 0.003（Hohmann et al., 2009）。

3. 砷吸附过程中砷的形态变化

非生长条件下砷的形态变化检测结果见图 4-3-11 和图 4-3-12，其中图 4-3-11 是液相中砷的形态变化，图 4-3-12 是固相中砷的形态变化，纵坐标是归一化后的吸收值，横坐标是电子数。结果表明，在培养期间，As（III）系列没有检测到 As（V）的存在，同样 As（V）系列没有检测到 As（III）的存在，这说明 strain 2002 并不能在此培养条件下进行砷的氧化还原转化，尽管其可以在酚作为电子供体时还原 As（V）（Weber et al., 2009）。类似地，*Acidovorax* sp. strain BoFeN1 在氧化亚铁的过程中也不能诱导砷的氧化还原转化（Hohmann et al., 2009）。

另外，对富有 As（III）和 As（V）的生物成因纤铁矿进行砷的 *K* 边吸收谱检测发现，As（III）系列只出现 11871.3 eV 处的吸收峰（图 4-3-12），As（V）系列只出现 11875 eV 处的吸收峰（图 4-3-12）。说明，在固体上并没有出现可检测到的

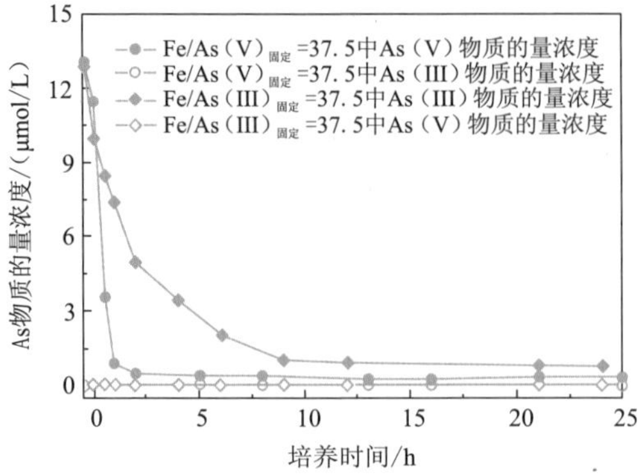

图 4-3-11　As（III）和 As（V）在培养液中的形态变化

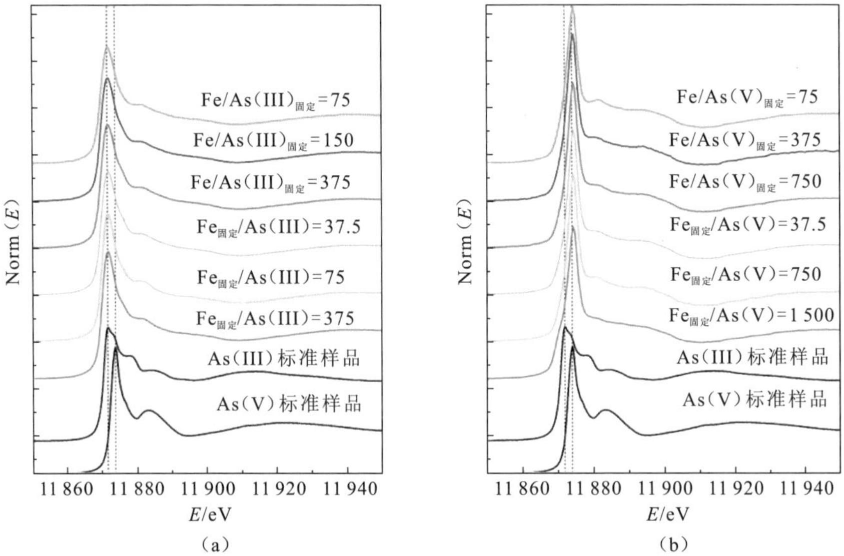

图 4-3-12　As（III）和 As（V）在生物成因的纤铁矿中的形态变化

（a）As（III）系列；（b）As（V）系列

砷的氧化或还原反应。有人研究化学法制得纤铁矿的砷吸附实验，也发现在厌氧条件下，纤铁矿并不能促使砷的氧化（Lin and Giammar, 2015; Ona-Nguema et al., 2005）。

4. 砷在生物成因纤铁矿中的络合模式

对 As（III）和 As（V）的生物成因的纤铁矿是砷的 *K* 边吸收扩展边图谱（EXAFS）数据显示出有较弱的第二壳层吸收，说明砷并没有络合到任何晶体的结构上，而是形成了内核的表面络合物（图 4-3-13）。EXAFS 拟合结果见图 4-3-13，各个拟合参数见表 4-3-2。

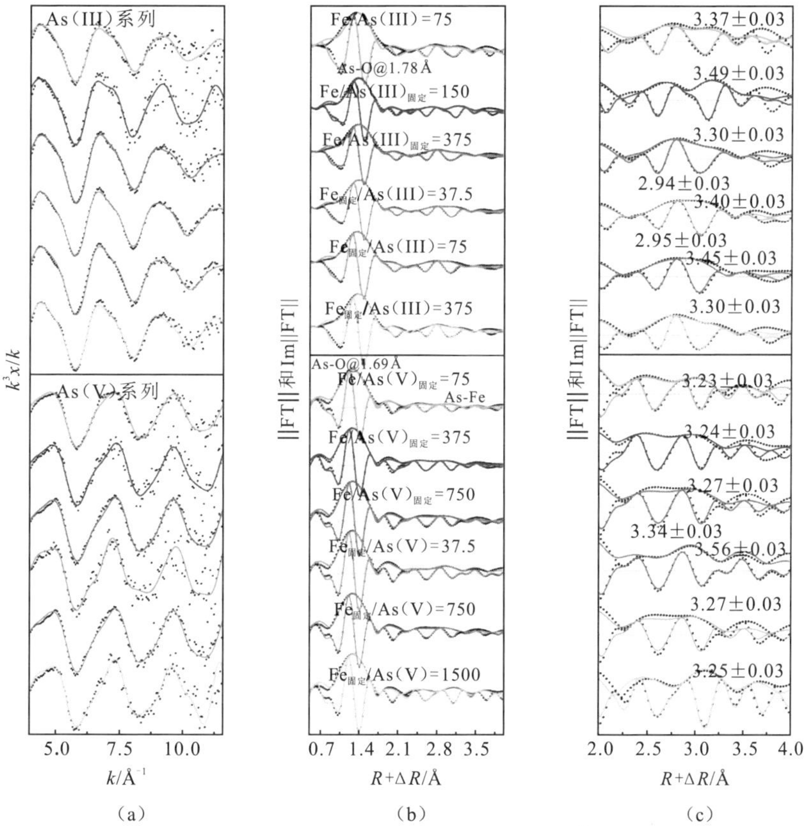

图 4-3-13　Fe 固定/As 系列和 Fe/As 固定系列 14 d 后的砷 K 边 k^3 加权 EXAFS 数据（a）以及其傅里叶变换图（b）和 R 范围在 2.0～4.0 Å 的傅里叶变换图（c）

数据拟合用 ARTEMIS 进行传统的逐个壳层分析，包括氧的第一壳内的多重散射路径；对于每个样本的实验数据和拟合的曲线分别用点线和实线显示，拟合结果见表 4-3-2

表 4-3-2　Fe（II）/[As（V）或 As（III）]系列负载砷的生物成因纤铁矿的 EXAFS 的拟合参数

样品名称	原子间相互作用的壳	R/Å，±0.03	N，±0.5	δ^2/Å^2，±0.000 1	铁矿物沉淀中的（As 去除/Fe 沉淀）/（mol/mol）
Fe/As（III）固定=75	As—O	1.77	3.4	0.003 7	0.017
	MS	3.03	6.0（f）	0.003 9	
	As—Fe	3.37	1.5	0.003 9	
Fe/As（III）固定=150	As—O	1.77	3.4	0.002 6	0.010
	MS	3.15	6.0（f）	0.005 9	
	As—Fe	3.49	0.6	0.002 7	

续表

样品名称	原子间相互作用的壳	R/Å，±0.03	N，±0.5	δ^2/Å^2，±0.000 1	铁矿物沉淀中的（As 去除/Fe 沉淀）/（mol/mol）
Fe/As（III）固定=375	As—O	1.78	3.4	0.003 9	0.004
	MS	3.08	6.0（f）	0.004 3	
	As—Fe	3.3	0.5	0.007 1	
Fe 固定/As（III）=37.5	As—O	1.78	3.4	0.002 1	0.063
	MS	3.02	6.0（f）	0.007 0	
	As—Fe_1	3.04	1.2	0.003 5	
	As—Fe_2	3.40	0.7	0.006 7	
Fe 固定/As（III）=75	As—O	1.76	3.4	0.002 6	0.021
	MS	3.07	6.0（f）	0.007 4	
	As—Fe_1	3.07	0.9	0.005 3	
	As—Fe_2	3.45	0.5	0.003 9	
Fe 固定/As（III）=375	As—O	1.78	3.4	0.003 9	0.004
	MS	3.04	6.0（f）	0.004 3	
	As—Fe	3.30	0.5	0.007 1	
Fe/As（V）固定=75	As—O	1.69	4	0.002 9	0.013
	MS	3.01	12.0（f）	0.004 7	
	As—Fe	3.23	2	0.003 9	
Fe/As（V）固定=375	As—O	1.69	4	0.001 4	0.003
	MS	3	12.0（f）	0.006 8	
	As—Fe	3.24	1.5	0.002 6	
Fe/As（V）固定=750	As—O	1.7	4	0.000 7	0.002
	MS	3.12	12.0（f）	0.005 5	
	As—Fe	3.27	1.3	0.004 4	
Fe 固定/As（V）=37.5	As—O	1.69	4	0.001 1	0.049
	MS	3.02	12.0（f）	0.005 8	
	As—Fe_1	3.34	1.2	0.001 1	
	As—Fe_2	3.56	1.5	0.000 7	
Fe 固定/As（V）=750	As—O	1.7	4	0.000 7	0.002
	MS	3.12	12.0（f）	0.005 5	
	As—Fe	3.27	1.3	0.004 4	

续表

样品名称	原子间相互作用的壳	R/Å，±0.03	N（±0.5）	δ^2/Å^2，±0.000 1	铁矿物沉淀中的($As_{去除}/Fe_{沉淀}$)/（mol/mol）
$Fe_{固定}$/As（V）=1500	As—O	1.69	4	0.001 4	0.001
	MS	3.01	12.0（f）	0.001 2	
	As—Fe	3.25	1.2	0.001 1	

注：R（Å），原子间的距离；N，配位数；σ^2（Å^2），Debye-Waller 参数；MS，As-O-O-As 多重散射；As-O-O（AsO_3）多重散射的配位数 As（III）固定为 6.0（f），而 As（V）系类固定为 12.0（f）R、N 和 δ^2 的不确定度由 ARTEMIS 软件获得。

As（V）系列砷的第一壳层拟合结果为 4 个氧原子，其 As—O 的键长为 1.69 Å（图 4-3-13 和表 4-3-2），其与键长为 1.69 Å 的 AsO_4 四面体分子比较吻合。前人对针铁矿、菱铁矿、纤铁矿以及磁铁矿吸附态 As（V）的第一壳层拟合结果同样发现类似的 1.69 Å As—O 键键长（Guo et al., 2013b, Ona-Nguema et al., 2005, Manning et al., 2002）。As（III）系列第一壳层拟合结果为 3.4 个氧原子，其 As—O 的键长为 1.76～1.78 Å（图 4-3-13 和表 4-3-2），其与键长为 1.79 Å 的 AsO_3 金字塔状分子比较吻合，这和前人拟合结果比较吻合（Jönsson and Sherman, 2008; Ona-Nguema et al., 2005; Manning et al., 2002）。

对 EXAFS 数据的第二个壳层拟合使用多种距离 As—Fe 和 As—O—O—As 多重散射（MS）路径。对于 Fe/As（III）$_{固定}$系列来说，其第二壳层以 3.30～3.49 Å 的 As—Fe 为主。在该距离的 As—Fe 为双齿双核表面络合物（^2C），这种表面络合物也在负载砷的生物成因铁矿物沉淀和非生物成因的铁矿物沉淀中被发现（Guo et al., 2013b; Hohmann et al., 2011; Ona-Nguema et al., 2005; Farquhar et al., 2002; Manning et al., 1998）。对于 $Fe_{固定}$/As（III）=375 系列，第二壳层以 3.30 Å 的 As—Fe 为主，而 $Fe_{固定}$/As（III）=37.5 和 $Fe_{固定}$/As（III）=75 系列第二壳层则出现了 2.94～2.97 Å 和 3.40～3.45 Å 的 As—Fe。2.94～2.97 Å 和 3.40～3.45 Å 的 As—Fe 分别是双齿单核共边表面络合物（^2E）和双齿双核表面络合物（^2C）。2.94～2.97Å 的双齿单核共边表面络合物（^2E）也在 As（III）共沉淀的水铁矿，As（III）负载的纤铁矿、水铁矿和生物成因的铁矿物中发现（Hohmann et al., 2011; Ona-Nguema et al., 2005; Farquhar et al., 2002）。而且，有人发现双齿单核共边表面络合物和双齿双核表面络合物（^2C）的共存可以很好地拟合 As（III）负载纤铁矿的 EXAFS 图谱。也有人发现，3.40 Å 的 ^2C 和 2.92 Å 的 ^2E 可以描述 As（III）吸附的水铁矿的 EXAFS 谱（Ona-Nguema et al. 2005）。

对于 Fe/As（V）$_{固定}$系列，只发现有 3.23～3.27 Å 的 As—Fe 存在，同样地，

在 Fe $_{固定}$/As（V）=750 和 Fe $_{固定}$/As（V）=1 500 系列也只发现有 3.25～3.27 Å 的 As—Fe 存在。然而在 Fe $_{固定}$/As（V）=37.5 系列，却发现了 3.34 Å 和 3.56 Å 共存的 As—Fe。无论是 Fe/As（V）$_{固定}$系列，还是 Fe $_{固定}$/As（V）发现的 3.25～3.27 Å 的 As—Fe 代表双齿双核表面络合物（^2C）的出现，该键长也和前人关于 As（V）负载的纤铁矿、水铁矿、针铁矿和赤铁矿的 As—Fe 类似（Sherman and Randall, 2003; Farquhar et al., 2002; Randall et al., 2001; Fendorf et al., 1997; Waychunas et al., 1993）。而 3.56 Å 的 As—Fe 代表单齿单核表面络合物（^1V）的出现，该键长在 As（V）负载纤铁矿、针铁矿、绿铁锈（厌氧条件）及磁赤铁矿中出现（Wang et al., 2010; Morin et al., 2008; Farquhar et al., 2002; Fendorf et al., 1997）。

在 Fe/As $_{固定}$系列中，砷的表面络合物只有双齿双核表面络合物（^2C）。在双齿双核表面络合物（^2C）中每个砷原子络合铁原子的数（N）随着初始 Fe/As 升高而降低，例如，随着 Fe/As 从 75 升高到 375，Fe/As（III）$_{固定}$系列的 N 值从 1.5 降低到 0.5，Fe/As（V）$_{固定}$系列 N 值从 2.0 降低到 1.5（表 4-3-2）。对应的 Fe/As（III）$_{固定}$系列和 Fe/As(V)$_{固定}$系列的砷表面覆盖度，也从 14.7 μmol/m^2 降低到 2.3 μmol/m^2 和从 11.4 μmol/m^2 降低到 2.2 μmol/m^2。似乎双齿双核表面络合物（^2C）中每个砷原子络合的铁原子数越多，表面覆盖越高。然而，由于 N 值（±0.5）的高不确定性，不能得出纤铁矿固定砷好是由于更多的铁原子与每个砷原子络合所造成的结论。事实上，As（III）和 As（V）负载的水铁矿中，表面覆盖度较高的情况下，更多的铁原子与每个砷原子络合（Ona-Nguema et al., 2005; Sherman and Randall, 2003）。

然而，对于 Fe $_{固定}$/As 系列中，当 Fe/As 较低时，出现了双齿单核共边表面络合物（^2E）和双齿双核表面络合物（^2C）以及单齿单核表面络合物（^1V）和双齿双核表面络合物（^2C）的共存的情况。在 pH 为 7.0 时 As（V）负载的水铁矿和三水铝矿表面的双齿双核表面络合物（^2C）比双齿单核表面络合物（^2E）和单齿单核表面络合物（^1V）都要稳定（Sherman and Randall, 2003; Ladeira et al., 2001）。尽管 ^2E 和 ^1V 的不稳定性会致使其在低表面覆盖度条件下向 ^2C 转化，而本实验中较高的表面覆盖度[Fe $_{固定}$/As（III）=37.5、Fe $_{固定}$/As（III）= 75 和 Fe $_{固定}$/As（V）= 37.5 砷的表面覆盖度分别为 54.3 μmol/m^2、15.4 μmol/m^2 和 39.4 μmol/m^2]可能会由于 ^2C 络合的铁原子有限而限制 ^2E 和 ^1V 向 ^2C 的转化。在相同的条件下，^2C 所需的络合铁原子较 ^2E 和 ^1V 来说要多，因此形成 ^2E 和 ^1V 可以使得更多的砷被络合（Hohmann et al., 2011; Sherman and Randall, 2003; Waychunas et al., 1993）。因此，双齿单核表面络合物（^2E）和双齿双核表面络合物（^2C）以及单齿单核表面络合物（^1V）和双齿双核表面络合物（^2C）的共存有利于去除更多的砷。

参考文献

何报寅, 2002. 江汉平原湖泊的成因类型及其特征[J]. 华中师范大学学报(自然科学版), 2: 241-244.

林年丰, 汤洁, 1999. 内蒙古砷中毒病区环境地球化学特征研究[J]. 世界地质, 18(2):83-88.

刘琼, 2012. 铁氧化菌的耐砷性能及除砷特征[D]. 北京: 中国地质大学(北京).

孙天志, 1994. 内蒙地方性砷中毒病区砷水平与危害调查[J]. 中国地方病防治杂志, 9(1):38.

童曼, 2015. 地下环境 Fe(II)活化 O_2 产生活性氧化物种与除砷机制[D]. 武汉: 中国地质大学(武汉).

修伟, 2016. 耐砷铁氧化菌的除砷特征及其机理研究[D]. 北京: 中国地质大学(北京).

王学雷, 吕宪国, 任宪友, 2006.江汉平原湿地水系统综合评价与水资源管理探讨[J]. 地理科学, 26(3): 311-315.

杨浩, 曾波, 孙晓燕, 等. 2012. 蓄水对三峡库区重庆段长江干流浮游植物群落结构的影响[J].水生生物学报, 36(4):715-723.

AFONSO M D S, STUMM W, 1992. Reductive dissolution of iron(III)(hydr) oxides by hydrogen sulfide[J]. Langmuir, 8(6): 1671-1675.

AMIRBAHMAN A, OLSON T M, 1995. The role of surface conformations in the deposition kinetics of humic matter-coated colloids in porous media[J]. Colloids and surfaces A: physicochemical and engineering aspects, 95(2/3): 249-259.

AMSTAETTER K, BORCH T, LARESE-CASANOVA P, et al., 2009. Redox transformation of arsenic by Fe(II)-activated goethite (α-FeOOH)[J]. Environmental science and technology, 44(1): 102-108.

ÅSTRÖM M, CORIN N, 2000. Abundance, sources and speciation of trace elements in humus-rich streams affected by acid sulphate soils[J]. Aquatic geochemistry, 6(3): 367-383.

BAUER I, KAPPLER A, 2009. Rates and extent of reduction of Fe(III) compounds and O_2 by humic substances[J]. Environmental science and technology, 43(13): 4902-4908.

BAUER M, BLODAU C, 2006. Mobilization of arsenic by dissolved organic matter from iron oxides, soils and sediments[J]. Science of the total environment, 354(2/3): 179-190.

BAUER M, BLODAU C, 2009. Arsenic distribution in the dissolved, colloidal and particulate size fraction of experimental solutions rich in dissolved organic matter and ferric iron[J]. Geochimica et cosmochimica acta, 73(3): 529-542.

BERG M, LUZI S, TRANG P T K, et al., 2006. Arsenic removal from groundwater by household sand filters: comparative field study, model calculations, and health benefits[J]. Environmental science and technology, 40(17): 5567-5573.

BERG M, TRANG P T K, STENGEL C, et al., 2008. Hydrological and sedimentary controls leading to arsenic contamination of groundwater in the Hanoi area, Vietnam: the impact of iron-arsenic ratios, peat, river bank deposits, and excessive groundwater abstraction[J]. Chemical geology, 249(1/2): 91-112.

BORCH T, FENDORF S, 2007. Phosphate interactions with iron (hydr) oxides: mineralization pathways and phosphorus retention upon bioreduction[J]. Developments in earth and environmental sciences, 7: 321-348.

BORCH T, MASUE Y, KUKKADAPU R K, et al., 2007. Phosphate imposed limitations on biological reduction and alteration of ferrihydrite[J]. Environmental science and technology, 41(1): 166-172.

BUSCHMANN J, CANONICA S, LINDAUER U, et al., 2005. Photoirradiation of dissolved humic acid induces arsenic(III) oxidation[J]. Environmental science and technology, 39(24): 9541-9546.

BUSCHMANN J, KAPPELER A, LINDAUER U, et al., 2006. Arsenite and arsenate binding to dissolved humic acids: influence of pH, type of humic acid, and aluminum[J]. Environmental science and technology, 40(19): 6015-6020.

CAMPBELL K M, ROOT R, O'DAY P A, et al., 2007. A gel probe equilibrium sampler for measuring arsenic porewater profiles and sorption gradients in sediments: II. Field application to Haiwee Reservoir sediment[J]. Environmental science and technology, 42(2): 504-510.

CHARLET L, POLYA D A, 2006. Arsenic in shallow, reducing groundwaters in southern Asia: an environmental health disaster[J]. Elements, 2(2): 91-96.

CHAUDHURI S K, LACK J G, COATES J D, 2001. Biogenic magnetite formation through anaerobic biooxidation of Fe(II) [J]. Applied and environmental microbiology, 67(6): 2844-2848.

CORNELL R M, SCHWERTMANN U, 2003. The iron oxides: structure, properties, reactions, occurrences and uses[M]. New Jersey:John Wiley and Sons.

CORSINI A, CAVALCA L, CRIPPA L, et al., 2010. Impact of glucose on microbial community of a soil containing pyrite cinders: role of bacteria in arsenic mobilization under submerged condition[J]. Soil biology and biochemistry, 42(5): 699-707.

CUMMINGS D E, CACCAVO F, FENDORF S, et al., 1999. Arsenic mobilization by the dissimilatory Fe(III)-reducing bacterium *Shewanella* alga BrY[J]. Environmental science and technology, 33(5): 723-729.

DAVIS C C, KNOCKE W R, EDWARDS M, 2001. Implications of aqueous silica sorption to iron hydroxide: mobilization of iron colloids and interference with sorption of arsenate and humic substances[J]. Environmental science and technology, 35(15): 3158-3162.

DEGUELDRE C, TRIAY I, KIM J I, et al., 2000. Groundwater colloid properties: a global approach[J]. Applied geochemistry, 15(7): 1043-1051.

DENG Y, WANG Y, MA T, 2009. Isotope and minor element geochemistry of high arsenic groundwater from Hangjinhouqi, the Hetao Plain, Inner Mongolia[J]. Applied geochemistry, 24(4): 587-599.

DICHRISTINA T J, FREDRICKSON J K, ZACHARA J M, 2005. Enzymology of electron transport: energy generation with geochemical consequences[J]. Reviews in mineralogy and geochemistry, 59(1): 27-52.

DIXIT S, HERING J G, 2003. Comparison of arsenic(V) and arsenic(III) sorption onto iron oxide minerals: implications for arsenic mobility[J]. Environmental science and technology, 37(18): 4182-4189.

DRUSCHEL G K, EMERSON D, SUTKA R, et al., 2008. Low-oxygen and chemical kinetic constraints on the geochemical niche of neutrophilic iron (II) oxidizing microorganisms[J]. Geochimica et cosmochimica acta, 72(14): 3358-3370.

EUSTERHUES K, WAGNER F E, HÄUSLER W, et al., 2008. Characterization of ferrihydrite-soil organic matter coprecipitates by X-ray diffraction and Mossbauer spectroscopy[J]. Environmental science and technology, 42(21): 7891-7897.

EWING F J, 1935. The crystal structure of lepidocrocite[J]. The Journal of chemical physics, 3(7): 420-424.

FARQUHAR M L, CHARNOCK J M, LIVENS F R, et al., 2002. Mechanisms of arsenic uptake from aqueous solution by interaction with goethite, lepidocrocite, mackinawite, and pyrite: an X-ray absorption spectroscopy study[J]. Environmental science and technology, 36(8): 1757-1762.

FENDORF S, EICK M J, GROSSL P, et al., 1997. Arsenate and chromate retention mechanisms on goethite. 1. Surface structure[J]. Environmental science and technology, 31(2): 315-320.

FOSTER A L, BROWN JR G E, PARKS G A, 2003. X-ray absorption fine structure study of As(V) and Se(IV) sorption complexes on hydrous Mn oxides[J]. Geochimica et cosmochimica acta, 67(11): 1937-1953.

GAFFNEY J W, WHITE K N, BOULT S, 2008. Oxidation state and size of Fe controlled by organic matter in natural waters[J]. Environmental science and technology, 42(10): 3575-3581.

GAN Y, WANG Y, DUAN Y, et al., 2014. Hydrogeochemistry and arsenic contamination of groundwater in the Jianghan Plain, central China[J]. Journal of geochemical exploration, 138: 81-93.

GINDER-VOGEL M, BORCH T, MAYES M A, et al., 2005. Chromate reduction and retention processes within arid subsurface environments[J]. Environmental science and technology, 39(20): 7833-7839.

GLOVER C M, ROSARIO-ORTIZ F L, 2013. Impact of halides on the photoproduction of reactive intermediates from organic matter[J]. Environmental science and technology, 47(24): 13949-13956.

GÓMEZ-TORIBIO V, GARCÍA-MARTÍN A B, MARTÍNEZ M J, et al., 2009. Induction of extracellular hydroxyl radical production by white-rot fungi through quinone redox cycling[J]. Applied and environmental microbiology , 75(12): 3944-3953.

GRAFE M, EICK M, GROSS P R, et al., 2002. Adsorption of arsenate and arsenite on ferrihydrite in the presence and absence of dissolved organic carbon[J]. Journal of environmental, 31(4): 1115-1123.

GUO H M, YANG S Z, TANG X H, et al., 2008. Groundwater geochemistry and its implications for arsenic mobilization in shallow aquifers of the Hetao Basin, Inner Mongolia[J]. Science of the total environment, 393(1): 131-144.

GUO H M, ZHANG B, YANG S Z, et al., 2009. Role of colloidal particles for hydrogeochemistry in As-affected aquifers of the Hetao Basin, Inner Mongolia[J]. Geochemical Journal, 43(4): 227-234.

GUO H M, SHEN Z L, ZHANG B, et al.,2010. Geochemical and hydrological controls of As distribution in shallow groundwaters from the Hetao Basin, Inner Mongolia, China[C]//BIRKEL P, TORRES-ALVARADO I S. Proc. 13th Internat. Conf. Water-Rock Interaction. Balkema:[s.n.]:383-386.

GUO H M, ZHANG B, ZHANG Y, 2011. Control of organic and iron colloids on arsenic partition and transport in high arsenic groundwaters in the Hetao basin, Inner Mongolia[J]. Applied geochemistry, 26(3): 360-370.

GUO H M, LIU C, LU H, et al., 2013a. Pathways of coupled arsenic and iron cycling in high arsenic groundwater of the Hetao basin, Inner Mongolia, China: an iron isotope approach[J]. Geochimica et cosmochimica acta, 112: 130-145.

GUO H M, REN Y, LIU Q, et al., 2013b. Enhancement of arsenic adsorption during mineral transformation from siderite to goethite: mechanism and application [J]. Environmental science and technology, 47(2):1009-1016.

GUO H M , LIU Z Y , DING S S, et al., 2015. Arsenate reduction and mobilization in the presence of indigenous aerobic bacteria obtained from high arsenic aquifers of the Hetao basin, Inner Mongolia [J]. Environmental pollution, 203:50-59.

HASAN M A, BHATTACHARYA P, SRACEK O, et al., 2009. Geological controls on groundwater chemistry and arsenic mobilization: hydrogeochemical study along an E-W transect in the Meghna basin, Bangladesh[J]. Journal of hydrology, 378(1/2): 105-118.

HASTINGS D, EMERSON S, 1986. Oxidation of manganese by spores of a marine Bacillus: kinetic and thermodynamic considerations[J]. Geochimica et cosmochimica acta, 50(8): 1819-1824.

HOHMANN C, WINKLER E, MORIN G, et al., 2009. Anaerobic Fe (II)-oxidizing bacteria show As resistance and immobilize As during Fe(III) mineral precipitation[J]. Environmental science and technology, 44(1): 94-101.

HOHMANN C, MORIN G, ONA-NGUEMA G, et al., 2011. Molecular-level modes of As binding to Fe(III)(oxyhydr) oxides precipitated by the anaerobic nitrate-reducing Fe(II)-oxidizing *Acidovorax* sp. strain BoFeN1[J]. Geochimica et cosmochimica acta, 75(17): 4699-4712.

HORNEMAN A, VAN GEEN A, KENT D V, et al., 2004. Decoupling of As and Fe release to Bangladesh groundwater under reducing conditions. Part I: evidence from sediment profiles[J]. Geochimica et cosmochimica acta, 68(17): 3459-3473.

HUANG J H, MATZNER E, 2006. Dynamics of organic and inorganic arsenic in the solution phase of an acidic fen in Germany[J]. Geochimica et cosmochimica acta, 70(8): 2023-2033.

HUANG J H, KRETZSCHMAR R, 2010. Sequential extraction method for speciation of arsenate and arsenite in mineral soils[J]. Analytical chemistry, 82(13):5534-5540.

HUG S J, LEUPIN O, 2003. Iron-catalyzed oxidation of arsenic(III) by oxygen and by hydrogen peroxide: pH-dependent formation of oxidants in the Fenton reaction[J]. Environmental science and technology, 37(12): 2734-2742.

ISLAM F S, GAULT A G, BOOTHMAN C, et al., 2004. Role of metal-reducing bacteria in arsenic release from Bengal delta sediments[J]. Nature, 430(6995): 68-71.

JIA Y, DEMOPOULOS G P, 2005. Adsorption of arsenate onto ferrihydrite from aqueous solution: influence of media (sulfate vs nitrate), added gypsum, and pH alteration[J]. Environmental science and technology, 39(24): 9523-9527.

JANG J H, DEMPSEY B A, 2008. Coadsorption of arsenic(III) and arsenic(V) onto hydrous ferric oxide: effects on abiotic oxidation of arsenic(III), extraction efficiency, and model accuracy[J]. Environmental science and technology, 42(8): 2893-2898.

JIANG J, BAUER I, PAUL A, et al., 2009. Arsenic redox changes by microbially and chemically formed semiquinone radicals and hydroquinones in a humic substance model quinone[J]. Environmental science and technology, 43(10): 3639-3645.

JONES A M, COLLINS R N, ROSE J, et al. , 2009. The effect of silica and natural organic matter on the Fe(II)-catalysed transformation and reactivity of Fe(III) minerals[J]. Geochimica et cosmochimica acta, 73(15): 4409-4422.

JÖNSSON J, SHERMAN D M, 2008. Sorption of As(III) and As(V) to siderite, green rust (fougerite) and magnetite: Implications for arsenic release in anoxic groundwaters[J]. Chemical geology, 255(1/2): 173-181.

KAPPLER A, HADERLEIN S B, 2003. Natural organic matter as reductant for chlorinated aliphatic pollutants[J]. Environmental science and technology, 37(12): 2714-2719.

KAPPLER A, NEWMAN D K, 2004. Formation of Fe(III)-minerals by Fe(II)-oxidizing photoautotrophic bacteria[J]. Geochimica et cosmochimica acta, 68(6): 1217-1226.

KAPPLER A, STRAUB K L, 2005. Geomicrobiological cycling of iron[J]. Reviews in mineralogy and geochemistry, 59(1): 85-108.

KAPPLER A, BENZ M, SCHINK B, et al., 2004. Electron shuttling via humic acids in microbial iron(III) reduction in a freshwater sediment[J]. FEMS microbiology ecology, 47(1): 85-92.

KEENAN C R, SEDLAK D L, 2009. Factors affecting the yield of oxidants from the reaction of nanoparticulate zero-valent iron and oxygen[J]. Environmental science and technology, 42(4): 1262-1267.

KOCAR B D, BORCH T, FENDORF S, 2010. Arsenic repartitioning during biogenic sulfidization and transformation of ferrihydrite[J]. Geochimica et cosmochimica acta, 74(3): 980-994.

KULP T R, HOEFT S E, ASAO M, et al., 2008. Arsenic(III) fuels anoxygenic photosynthesis in hot spring biofilms from Mono Lake, California[J]. Science, 321(5891): 967-970.

LANGNER P, MIKUTTA C, KRETZSCHMAR R, 2012. Arsenic sequestration by organic sulphur in peat[J]. Nature geoscience, 5(1): 66.

LADEIRA A C Q, CIMINELLI V S T, DUARTE H A, et al., 2001. Mechanism of anion retention from EXAFS and density functional calculations: Arsenic(V) adsorbed on gibbsite[J]. Geochimica et cosmochimica acta, 65(8): 1211-1217.

LARESE-CASANOVA P, HADERLEIN S B, KAPPLER A, 2010. Biomineralization of lepidocrocite and goethite by nitrate-reducing Fe(II)-oxidizing bacteria: effect of pH, bicarbonate, phosphate, and humic acids[J]. Geochimica et cosmochimica acta, 74(13): 3721-3734.

LEUPIN O X, HUG S J, 2005. Oxidation and removal of arsenic(III) from aerated groundwater by filtration through sand and zero-valent iron[J]. Water research, 39(9): 1729-1740.

LI P, WANG Y H, JIANG Z, et al., 2013. Microbial diversity in high arsenic groundwater in Hetao Basin of Inner Mongolia, China[J]. Geomicrobiology Journal, 30(10): 897-909.

LI B, PAN X, ZHANG D, et al., 2015. Anaerobic nitrate reduction with oxidation of Fe(II) by Citrobacter Freundii strain

PXL1-a potential candidate for simultaneous removal of As and nitrate from groundwater[J]. Ecological engineering, 77: 196-201.

LIANG L, MCCARTHY J F, JOLLEY L W, et al., 1993. Iron dynamics: Transformation of Fe(II)/Fe(III) during injection of natural organic matter in a sandy aquifer[J]. Geochimica et cosmochimica acta, 57(9): 1987-1999.

LIGER E, CHARLET L, VAN CAPPELLEN P, 1999. Surface catalysis of uranium(VI) reduction by iron(II)[J]. Geochimica et cosmochimica acta, 63(19-20): 2939-2955.

LIN W, GIAMMAR D E, 2015. Effects of pH, dissolved oxygen, and aqueous ferrous iron on the adsorption of arsenic to lepidocrocite[J]. Journal of colloid and interface science, 448: 331-338.

LIN H T, WANG M C, LI G C, 2004. Complexation of arsenate with humic substance in water extract of compost[J]. Chemosphere, 56(11): 1105-1112.

LIU Q, GUO H M, LI Y, et al., 2013. Acclimation of arsenic-resistant Fe(II)-oxidizing bacteria in aqueous environment[J]. International biodeterioration and biodegradation, 76(1):86-91.

LLOYD J R, OREMLAND R S, 2006. Microbial transformations of arsenic in the environment: from soda lakes to aquifers[J]. Elements, 2(2): 85-90.

LLOYD J R, SOLE V A, VAN PRAAGH C V G, et al., 2000. Direct and Fe(II)-mediated reduction of technetium by Fe(III)-reducing bacteria[J]. Applied and environmental microbiology, 66(9): 3743-3749.

LUU T T G, STHIANNOPKAO S, KIM K W, 2009. Arsenic and other trace elements contamination in groundwater and a risk assessment study for the residents in the Kandal Province of Cambodia[J]. Environment international, 35(3): 455-460.

MAJUMDER S, NATH B, SARKAR S, et al., 2014. Size-fractionation of groundwater arsenic in alluvial aquifers of West Bengal, India: the role of organic and inorganic colloids[J]. Science of the total environment: 468-469, 804-812.

MANNING B A, FENDORF S E, GOLDBERG S, 1998. Surface structures and stability of arsenic(III) on goethite: spectroscopic evidence for inner-sphere complexes[J]. Environmental science and technology, 32(16): 2383-2388.

MANNING B A, HUNT M L, AMRHEIN C, et al., 2002. Arsenic(III) and arsenic(V) reactions with zerovalent iron corrosion products[J]. Environmental science and technology, 36(24): 5455-5461.

MATOCHA C J, KARATHANASIS A D, RAKSHIT S, et al., 2005. Reduction of copper(II) by iron(II)[J]. Journal of environmental quality, 34(5):1539-1546.

MCARTHUR J M, BANERJEE D M, HUDSON-EDWARDS K A, et al., 2004. Natural organic matter in sedimentary basins and its relation to arsenic in anoxic Ground water: the example of West Bengal and its worldwide implications[J]. Applied geochemistry, 19(8): 1255-1293.

MIOT J, BENZERARA K, MORIN G, et al., 2009a. Transformation of vivianite by anaerobic nitrate - reducing iron - oxidizing bacteria[J]. Geobiology, 7(3): 373-384.

MIOT J, BENZERARA K, MORIN G, et al., 2009b. Iron biomineralization by anaerobic neutrophilic iron-oxidizing bacteria[J]. Geochimica et cosmochimica acta, 73(3): 696-711.

MIOT J, BENZERARA K, OBST M, et al., 2009c. Extracellular iron biomineralization by photoautotrophic iron-oxidizing bacteria[J]. Applied and environmental microbiology, 75(17): 5586-5591.

MIYATA N, TANI Y, MARUO K, et al., 2006. Manganese(IV) oxide production by *Acremonium* sp. strain KR21-2 and extracellular Mn(II) oxidase activity[J]. Applied and environmental microbiology , 72(10): 6467-6473.

MOBERLY J G, BORCH T, SANI R K, et al., 2009. Heavy metal-mineral associations in Coeur d'Alene river sediments: a synchrotron-based analysis[J]. Water, air and soil pollution, 201(1/4): 195-208.

MOHAN D, PITTMAN JR C U, 2007. Arsenic removal from water/wastewater using adsorbents: a critical review[J]. Journal of hazardous materials, 142(1/2): 1-53.

MOPPER K, ZHOU X, 1990. Hydroxyl radical photoproduction in the sea and its potential impact on marine processes[J]. Science, 250(4981): 661-664.

MORIN G, ONA-NGUEMA G, WANG Y, et al., 2008. Extended X-ray absorption fine structure analysis of arsenite and arsenate adsorption on maghemite[J]. Environmental science and technology, 42(7): 2361-2366.

MUKHERJEE A, BHATTACHARYA P, SHI F, et al., 2009. Chemical evolution in the high arsenic groundwater of the Huhhot basin (Inner Mongolia, PR China) and its difference from the western Bengal basin (India)[J]. Applied geochemistry, 24(10): 1835-1851.

NEALSON K H, TEBO B M, ROSSON R A, 1988. Occurrence and mechanisms of microbial oxidation of manganese[J]. Advances in applied microbiology, 33: 279-318.

NEUBAUER S C, EMERSON D, MEGONIGAL J P, 2008. Microbial oxidation and reduction of iron in the root zone and influences on metal mobility[M]// VIOLANTE A, HUANG P M, GADD G M.Biophysico-chemical processes of heavy metals and metalloids in soil environment. Hoboken: John Wiley and Sons:339-371.

NICHOLAS D R, RAMAMOORTHY S, PALACE V, et al., 2003. Biogeochemical transformations of arsenic in circumneutral freshwater sediments[J]. Biodegradation, 14(2): 123-137.

NICKSON R T, MCARTHUR J M, BURGESS W G, et al., 1998. Arsenic poisoning of Bangladesh groundwater[J]. Nature, 395(6700): 338.

ONA-NGUEMA G, MORIN G, JUILLOT F, et al., 2005. EXAFS analysis of arsenite adsorption onto two-line ferrihydrite, hematite, goethite, and lepidocrocite[J]. Environmental science and technology, 39(23): 9147-9155.

OREMLAND R S, STOLZ J F, 2003. The ecology of arsenic[J]. Science, 300(5621): 939-944.

OREMLAND R S, STOLZ J F, 2005. Arsenic, microbes and contaminated aquifers[J]. Trends in microbiology, 13(2): 45-49.

PAGE S E, SANDER M, ARNOLD W A, et al., 2012. Hydroxyl radical formation upon oxidation of reduced humic acids by oxygen in the dark[J]. Environmental science and technology, 46(3): 1590-1597.

PAGE S E, KLING G W, SANDER M, et al., 2013. Dark formation of hydroxyl radical in arctic soil and surface waters[J]. Environmental science and technology, 47(22): 12860-12867.

PANDEY N, BHATT R, 2015. Arsenic resistance and accumulation by two bacteria isolated from a natural arsenic contaminated site[J]. Journal of basic microbiology, 55(11): 1275-1286.

PANDEY P K, YADAV S, NAIR S, et al., 2002. Arsenic contamination of the environment: a new perspective from central-east India[J]. Environment international., 28(4): 235-245.

PANTKE C, OBST M, BENZERARA K, et al., 2012. Green rust formation during Fe(II) oxidation by the nitrate-reducing *Acidovorax* sp. strain BoFeN1[J]. Environmental science and technology, 46(3): 1439-1446.

PEDERSEN H D, POSTMA D, JAKOBSEN R, 2006. Release of arsenic associated with the reduction and transformation of iron oxides[J]. Geochimica et cosmochimica acta, 70(16): 4116-4129.

PORCELLI D, ANDERSSON P S, WASSERBURG G J, et al., 1997. The importance of colloids and mires for the transport of uranium isotopes through the Kalix River watershed and Baltic Sea[J]. Geochimica et cosmochimica acta, 61(19): 4095-4113.

POURRET O, DIA A, DAVRANCHE M, et al., 2007. Organo-colloidal control on major-and trace-element partitioning in shallow groundwaters: confronting ultrafiltration and modelling[J]. Applied geochemistry, 22(8): 1568-1582.

POLIZZOTTO M L, HARVEY C F, SUTTON S R, et al., 2005. Processes conducive to the release and transport of arsenic into aquifers of Bangladesh[J]. Proceedings of the national academy of sciences, 102(52): 18819-18823.

POLIZZOTTO M L, KOCAR B D, BENNER S G, et al., 2008. Near-surface wetland sediments as a source of arsenic release to Ground water in Asia[J]. Nature, 454(7203): 505-508.

POST J E, 1999. Manganese oxide minerals: crystal structures and economic and environmental significance[J]. Proceedings of the national academy of sciences, 96(7): 3447-3454.

POKROVSKY O S, SCHOTT J, 2002. Iron colloids/organic matter associated transport of major and trace elements in small boreal rivers and their estuaries (NW Russia)[J]. Chemical geology, 190(1/4): 141-179.

RANCOURT D G, FORTIN D, PICHLER T, et al., 2001. Mineralogy of a natural As-rich hydrous ferric oxide coprecipitate formed by mixing of hydrothermal fluid and seawater: Implications regarding surface complexation and color banding in ferrihydrite deposits[J]. American mineralogist, 86(7/8): 834-851.

RANDALL S R, SHERMAN D M, RAGNARSDOTTIR K V, 2001. Sorption of As(V) on green rust ($Fe_4(II)Fe_2(III)(OH)_{12}SO_4 \cdot 3H_2O$) and lepidocrocite ($\gamma$-FeOOH): Surface complexes from EXAFS spectroscopy[J]. Geochimica et cosmochimica acta, 65(7): 1015-1023.

RAVENSCROFT P, BRAMMER H, RICHARDS K, 2009. Arsenic pollution: a global synthesis[M]. Singapore: Wiley-Blackwell.

REDMAN A D, MACALADY D L, AHMANN D, 2002. Natural organic matter affects arsenic speciation and sorption onto hematite[J]. Environmental science and technology, 36(13): 2889-2896.

REFAIT P, GIRAULT P, JEANNIN M, et al., 2009. Influence of arsenate species on the formation of Fe(III) oxyhydroxides and Fe(II-III) hydroxychloride[J]. Colloids and surfaces A: physicochemical and engineering aspects, 332(1): 26-35.

RITTER K, AIKEN G R, RANVILLE J F, et al., 2006. Evidence for the aquatic binding of arsenate by natural organic matter– suspended Fe(III)[J]. Environmental science and technology, 40(17): 5380-5387.

ROHRER F, BERRESHEIM H, 2006. Strong correlation between levels of tropospheric hydroxyl radicals and solar ultraviolet radiation[J]. Nature, 442(7099): 184.

ROWLAND H A L, GAULT A G, LYTHGOE P, et al., 2008. Geochemistry of aquifer sediments and arsenic-rich groundwaters from Kandal Province, Cambodia[J]. Applied geochemistry, 23(11): 3029-3046.

SHARMA P, OFNER J, KAPPLER A, 2010. Formation of binary and ternary colloids and dissolved complexes of organic matter, Fe and As[J]. Environmental science and technology, 44(12): 4479-4485.

SHARMA P, ROLLE M, KOCAR B, et al., 2011. Influence of natural organic matter on As transport and Retention[J]. Environmental science and technology, 45(2): 546-553.

SHERMAN D M, RANDALL S R, 2003. Surface complexation of arsenic(V) to iron(III) (hydr) oxides: structural mechanism from ab initio molecular geometries and EXAFS spectroscopy[J]. Geochimica et cosmochimica acta, 67(22): 4223-4230.

SMEDLEY P L, KINNIBURGH D G, 2002. A review of the source, behaviour and distribution of arsenic in natural waters[J]. Applied geochemistry, 17(5): 517-568.

SILVA G C, VASCONCELOS I F, DE CARVALHO R P, et al., 2009. Molecular modeling of iron and arsenic interactions with carboxy groups in natural biomass[J]. Environmental chemistry, 6(4): 350-356.

SOUTHWORTH B A, VOELKER B M, 2003. Hydroxyl radical production via the photo-Fenton reaction in the presence of fulvic acid[J]. Environmental science and technology, 37(6): 1130-1136.

STUMM W, MORGAN J J, 1996. Aquatic Chemistry[M]. New York:John Wiley and Sons.

SU C, PULS R W, 2004. Significance of iron(II, III) hydroxycarbonate green rust in arsenic remediation using zerovalent iron in laboratory column tests[J]. Environmental science and technology, 38(19): 5224-5231.

TADANIER C J, SCHREIBER M E, ROLLER J W, 2005. Arsenic mobilization through microbially mediated deflocculation of ferrihydrite[J]. Environmental science and technology, 39(9): 3061-3068.

TEBO B M, BARGAR J R, CLEMENT B G, et al., 2004. Biogenic manganese oxides: properties and mechanisms of formation[J]. Annual review of earth and planetary sciences, 32: 287-328.

TIPPING E, REY-CASTRO C, BRYAN S E, et al., 2002. Al(III) and Fe(III) binding by humic substances in freshwaters, and implications for trace metal speciation[J]. Geochimica et cosmochimica acta, 66(18): 3211-3224.

TUFANO K J, FENDORF S, 2008. Confounding impacts of iron reduction on arsenic retention[J]. Environmental science and technology, 42(13): 4777-4783.

TUFANO K J, REYES C, SALTIKOV C W, et al., 2008. Reductive processes controlling arsenic retention: revealing the relative importance of iron and arsenic reduction[J]. Environmental science and technology, 42(22): 8283-8289.

VAN GEEN A, ROSE J, THORAL S, et al., 2004.Decoupling of As and Fe release to Bangladesh groundwater under reducing conditions. Part II: evidence from sediment incubations[J]. Geochimica et cosmochimica acta, 68(17): 3475-3486.

VIERS J, DUPRÉ B, POLVÉ M, et al., 1997. Chemical weathering in the drainage basin of a tropical watershed (Nsimi-Zoetele site, Cameroon): comparison between organic-poor and organic-rich waters[J]. Chemical geology, 140(3/4): 181-206.

WALLING C, 1975. Fenton's reagent revisited[J]. Accounts of chemical research, 8(4): 125-131.

WANG L, GIAMMAR D E, 2015. Effects of pH, dissolved oxygen, and aqueous ferrous iron on the adsorption of arsenic to lepidocrocite[J]. Journal of colloid and interface science, 448: 331-338.

WANG S, MULLIGAN C N, 2006. Effect of natural organic matter on arsenic release from soils and sediments into groundwater[J]. Environmental geochemistry and health, 28(3): 197-214.

WANG Y, MORIN G, ONA-NGUEMA G, et al., 2008. Arsenite sorption at the magnetite-water interface during aqueous precipitation of magnetite: EXAFS evidence for a new arsenite surface complex[J]. Geochimica et Cosmochimica Acta, 72(11): 2573-2586.

WANG Y, MORIN G, ONA-NGUEMA G, et al., 2010. Evidence for different surface speciation of arsenite and arsenate on green rust: an EXAFS and XANES study. Environmental science & technology, 44 (1): 109-115.

WANG Y, MORIN G, ONA-NGUEMA G, et al., 2011. Distinctive arsenic(V) trapping modes by magnetite nanoparticles induced by different sorption processes[J]. Environmental science and technology, 45(17): 7258-7266.

WARWICK P, INAM E, EVANS N, 2005. Arsenic's interaction with humic acid[J]. Environmental chemistry, 2(2): 119-124.

WAYCHUNAS G A, REA B A, FULLER C C, et al., 1993. Surface chemistry of ferrihydrite: Part 1. EXAFS studies of the geometry of coprecipitated and adsorbed arsenate[J]. Geochimica et cosmochimica acta, 57(10): 2251-2269.

WEBB S M, TEBO B M, BARGAR J R, 2005. Structural characterization of biogenic Mn oxides produced in seawater by the marine *Bacillus* sp. strain SG-1[J]. American mineralogist, 90(8-9): 1342-1357.

WEBER K A, ACHENBACH L A, COATES J D, 2006a. Microorganisms pumping iron: anaerobic microbial iron oxidation and reduction[J]. Nature reviews microbiology, 4(10): 752.

WEBER K A, POLLOCK J, COLE K A, et al., 2006b. Anaerobic nitrate-dependent iron(II) bio-oxidation by a novel lithoautotrophic betaproteobacterium, strain 2002[J].Applied and environmental microbiology, 72(1): 686-694.

WEBER K A, HEDRICK D B, PEACOCK A D, et al., 2009. Physiological and taxonomic description of the novel autotrophic, metal oxidizing bacterium, *Pseudogulbenkiania* sp. strain 2002[J]. Applied microbiology and biotechnology, 83(3): 555-565.

WOLTHOORN A, TEMMINGHOFF E J M, WENG L, et al., 2004. Colloid formation in groundwater: effect of phosphate, manganese, silicate and dissolved organic matter on the dynamic heterogeneous oxidation of ferrous iron[J]. Applied geochemistry, 19(4): 611-622.

WU W M, CARLEY J, GENTRY T, et al., 2006. Pilot-scale *in situ* bioremedation of uranium in a highly contaminated aquifer. 2. Reduction of U(VI) and geochemical control of U(VI) bioavailability[J]. Environmental science and technology, 40(12): 3986-3995.

XIU W, GUO H, LIU Q, et al., 2015. Arsenic removal and transformation by *Pseudomonas* sp. strain GE-1-induced ferrihydrite: co-precipitation versus adsorption[J]. Water, air and soil pollution, 226(6): 167.

XIU W, GUO H M, SHEN J, et al., 2016. Stimulation of Fe(II) oxidation, biogenic lepidocrocite formation, and arsenic immobilization by *Pseudogulbenkiania* sp. Stran 2002[J]. Environmental science and technology, 50(12): 6449-6458.

ZAFIRIOU O C, TRUE M B, 1979. Nitrate photolysis in seawater by sunlight[J]. Marine chemistry, 8(1): 33-42.

ZEPP R G, FAUST B C, HOIGNE J, 1992. Hydroxyl radical formation in aqueous reactions (pH 3-8) of iron(II) with hydrogen peroxide: the photo-Fenton reaction[J]. Environmental science and technology, 26(2): 313-319.

ZHANG P, YUAN S H, LIAO P, 2016. Mechanisms of hydroxyl radical production from abiotic oxidation of pyrite under acidic conditions[J]. Geochimica et cosmochimica acta, 172: 444-457.

ZHOU Y, WANG Y X, LI Y L, et al., 2013. Hydrogeochemical characteristics of central Jianghan Plain, China[J]. Environmental earth sciences, 68(3): 765-778.

ZOBRIST J, DOWDLE P R, DAVIS J A, et al., 2000. Mobilization of arsenite by dissimilatory reduction of adsorbed arsenate[J]. Environmental science and technology, 34(22): 4747-4753.

有机质对地下水系统砷迁移转化的影响

第 5 章

5.1 概　　述

高砷地下水中有机物分布广泛，被认为是含水系统砷释放的主要驱动力。含水系统中有机物通过生物地球化学作用和地球化学作用促使砷的释放。溶解性有机物作为微生物代谢的碳源，可以促进并加速地下水系统中砷的生物地球化学过程（Guo et al., 2008a）。通常，微生物可通过三种方式来氧化天然有机质，释放砷：①微生物直接利用 Fe（III）矿物作为电子受体，造成 Fe（III）矿物发生溶解或矿物相的转变，从而导致砷的释放（Horneman et al., 2004; Van Geen et al., 2004; Nicholas et al., 2003; Cummings et al., 1999）；②微生物在生长过程中直接利用被吸附的五价砷为电子受体，将五价砷还原为活动性更强的三价砷（Lloyd and Oremland, 2006; Oremland and Stolz, 2003; Zobrist et al., 2000）；③微生物同时还原可获得的 Fe（III）和 As（V）（Islam et al., 2004）。研究表明，将葡萄糖、醋酸盐或者乳酸盐作为微生物的能量来源加入砷污染地区的沉积物中，明显加速了铁还原菌的生长，并促进 Fe（III）和 As（V）的还原，说明有机物的存在可以增强微生物的活性，促进铁氧化物的还原及砷的释放（Guo et al., 2008a; Campbell et al., 2006; Islam et al., 2004）。Rowland 等（2007, 2006）研究与砷富集有关的有机物种类后发现，砷的富集并不是与地下水中有机物的含量多少有关，而是与特定种类的有机物有关，石油类长链烷烃比原始陆地来源的长链烷烃更易被微生物利用，更为显著地促进了砷的释放。

除此之外，有机物既可以与砷产生竞争吸附，促进砷从矿物表面的解吸，还可以与砷发生络合作用，增强砷的溶解性（Guo et al., 2011b）。对于砷与有机物之间的物理化学作用，研究者利用实验手段对砷与有机物的竞争吸附及络合作用等进行了研究，取得了一定的认识。Takahashi 等（1999）发现 As 在高岭石和二氧化硅上的吸附受到腐殖酸的影响。Gräfe（2000）研究结果表明，在富里酸、腐殖酸、柠檬酸存在的条件下，As 在针铁矿表面的吸附受到抑制，吸附量减少。Gräfe 等（2002）又发现富里酸和柠檬酸会减少水铁矿对砷的吸附。Redman 等（2002）研究了 6 种溶解性天然有机质对赤铁矿吸附砷的动力学作用，发现其中 4 种有机物与砷形成了水溶性的络合物。此外，有机胶体可以通过稳定溶液中新鲜的铁氢氧化物矿物，促进含砷胶体的形成（Ritter et al., 2006）。Bauer 和 Blodau（2009）通过实验研究证实，砷与有机胶体的结合受溶液 pH、Fe 浓度、Fe/C 等影响。Guo 等（2011b, 2009）对内蒙古地区高砷地下水研究发现，纳米级有机胶体是砷迁移与富集的主要载体，促进了砷在地下水系统中的迁移。

尽管如此，高砷地下水系统中有机物来源问题却存在诸多争议。Bhattacharya 等（1997）、Nickson 等（2000）和 Meharg 等（2006）均认为地下水中的有机物来自沉积物；他们发现地下水砷浓度与沉积物中有机碳的空间分布呈较好的相关关系，即在高砷地下水附近往往存在富含有机物的细砂层。McArthur 等（2004）认为有机物来自于地层中的泥炭层，其中富含的有机物随地下水流动进入含水层。然而，Harvey 等（2002）、Polizzotto 等（2008）及 Neumann 等（2014）的研究表明，这些有机物是来自地表水体。他们的主要证据是，在高砷地下水中往往出现含有年轻放射性碳的生物体和年轻的放射性无机碳（Mailloux et al., 2013; Harvey et al., 2002），或者在高砷地下水中存在地表湿地和池塘的化学示踪组分（Neumann et al., 2010; Polizzotto et al., 2008）。

一般认为，有机物的生物可利用性随着时间的推移而逐渐减低。多数情况下，微生物首先利用有机碳中化学活性较强的部分，然后再慢慢利用化学活性较低的部分。因此，在沉积时间尺度上，含水层沉积物中的活性有机物被消耗，能够提供微生物呼吸的有机物非常有限。然而，最近的研究表明，由于其被吸附或被包裹，具有较高生物利用性的有机物可以较好地保存在沉积物中。这些有机物在物理和化学扰动下能被释放出来，并提高沉积物有机物的生物可利用性（Neumann et al., 2014）。

5.2　溶解性有机物特征

溶解性有机物（dissolved organic matter, DOM）不仅在微生物呼吸过程中充当电子供体角色，从而还原高价铁氧化物（Al Lawati et al., 2012），它还可以扮演电子穿梭体，在氧化还原过程中起到搭载并转移电子的作用，使得含水层氧化还原过程中发生电子转移的途径变得更为容易，从而促进砷或者铁微生物还原过程（Mladenov et al., 2009）。因此，研究含水层 DOM 的特征及其与砷的关系对理解砷的活化过程有重要意义。

本节对大同盆地、江汉平原及河套盆地高砷地下水进行研究，在分析含水层中砷的富集与典型水化学指标之间关系的基础上，研究地下水中 DOM 组分变化特征，用以揭示溶解性有机物的特征和指示微生物介导下铁还原溶解的砷释放机制。

5.2.1 大同盆地高砷地下水的溶解性有机物特征

1. 地下水化学特征

大同盆地高砷地下水样品中 pH 接近中性或呈弱碱性，其 pH 为 7.20～9.32。除少量样品中以 Cl^-为主要阴离子外，其余大多数样品均以 HCO_3^- 为主要阴离子，其质量浓度变化范围为 181～1 842 mg/L。Na^+是盆地中心地下水样品的主要阳离子，其最高质量浓度高达 2 049 mg/L。山前区地下水的主要水化学类型为 HCO_3-Ca。总体来说，来自排泄区的地下水样品中含盐量较高，总溶解性固体（total dissolved solids，TDS）变化范围为 373～8263 mg/L。同时，部分地下水样品中 NO_3^- 的质量浓度高于 WHO 所推荐的饮用水限定值（50 mg/L），其可能源自地表农业活动污染。

地下水样品的氧化还原电位（Eh）变化范围为-170～224 mV，溶解氧（dissolved oxyen, DO）质量浓度变化范围为 0.59～5.49 mg/L，表明还原及氧化环境在大同盆地均有赋存。总铁（Fe_{tot}）的质量浓度在 0.005～3.47 mg/L。还原条件下，Fe_{tot} 的质量浓度普遍较高（0.1～3.47 mg/L），且 Fe（II）是 Fe 的主要形态，部分样品中 Fe（II）与 Fe_{tot} 的比值达到 1。NH_4^+与 HS^-质量浓度变化范围分别为 0.005～1.59 mg/L 及 0.5～83 μg/L，NH_4^+与 HS^-质量浓度较高的样品中 NO_3^-和 SO_4^{2-} 均处于未检出状态，表明含水层在还原及强还原条件下存在有硫酸盐还原和反硝化过程。同时，在氧化条件下，含水层中 NH_4^+与 HS^-质量浓度大多低于检出限（分别为 <0.01 mg/L 和< 1 μg/L）。

地下水中 DOC 的质量浓度相对较高，其变化范围为 0.13～207 mg/L（平均值为 18.1 mg/L）。DOC 高值样品主要分布于盆地中心。地下水砷质量浓度在 0.31～452 μg/L（平均值为 48.6 μg/L）。高砷地下水（As 质量浓度>10 μg/L）主要分布在盆地中心，主要赋存于中等还原环境中，其 Eh 一般小于 50 mV。地下水 As 与 Fe、Mn 之间的相关性较弱。此外，砷质量浓度高于 100 μg/L 的地下水 pH 一般高于 8.0。

2. DOM 荧光特征

地下水样品的激发-发射矩阵（emission-excitation matrix，EEM）用四组分的平行因子（PARAFAC）模型提取主要代表性 DOM 组分，需注意的是，所选定的四个组分并不意味着样品中只会出现四种类型的荧光区，而是表明，这四种组分存在于大多数的样品中。图 5-2-1 为 PARAFC 模型四组分提取结果，同前人研究结果具有对比性，见表 5-2-1，C1 和 C2 类似于前人所报道的腐殖酸峰，C1 的最大激发波长（Ex）为 255 nm，最大发射波长（Em）为 442 nm，且可认为 C1 腐殖酸峰为 A 和 C 的混合物，通常代表陆源有机组分（Singh et al., 2010; Holbrook et al., 2006; Stedmon and Markager, 2005）。C2 与 C1 具有相似的荧光光谱，但发生蓝色偏移。Cory 和 McKnight（2005）发现 C3 波长特征类似于奎宁组分，其激发波长为 280 nm，发射波长为 482 nm。C4 的 Ex/Em 特征在前人报道中，以地表水和/（或）生物活性物质产生的色氨酸和生物活性物质为主（Singh et al., 2010; Holbrook et al., 2006）。

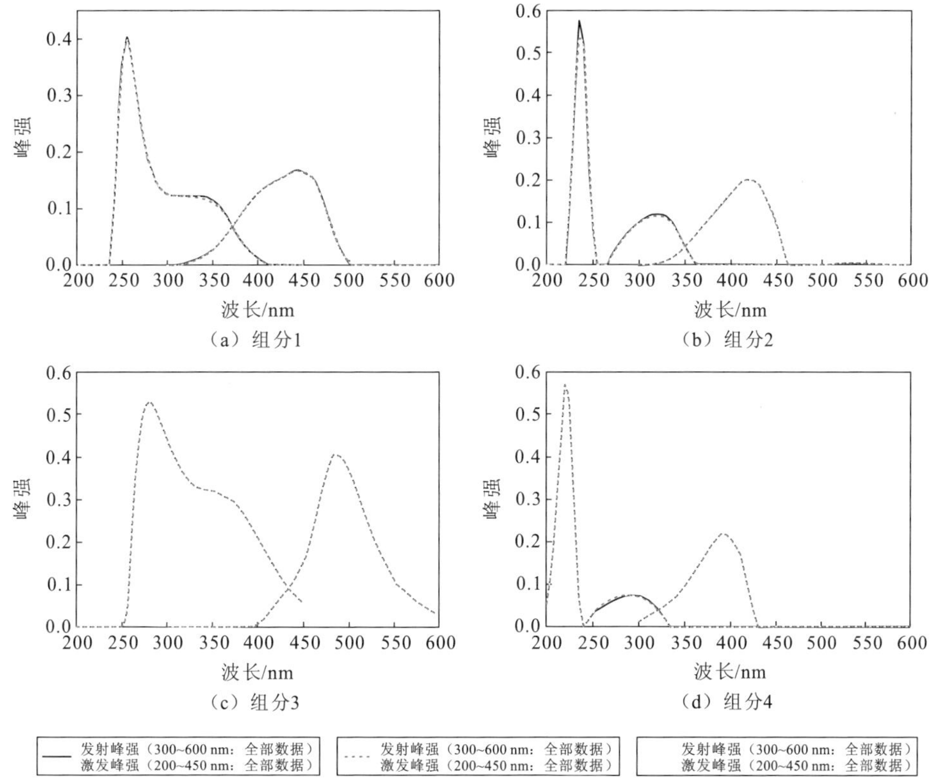

图 5-2-1　半检验分析验证的四组分 PARAFAC 模型的光谱特性

表 5-2-1　四组分 PARAFAC 模型的 Ex/Em 的描述及与先前成分的对比

组分	波长*/nm	描述
C1	255/442	腐殖酸；陆源 C1：<250/440（Singh et al., 2010） C1：240/456（Holbrook et al., 2006） C4：250（360）/440（Stedmon and Markager, 2005）
C2	235（320）/420	腐殖酸 C2：<240/416（Stedmon et al., 2003）
C3	280/482	还原醌类物质 SQ1：270/462（Cory and McKnight, 2005）
C4	220（295）/390	生物活性物质 C3：<250（285）/395（Singh et al., 2010） C2：240（305）/396（Holbrook et al., 2006）

*波长数据为 Ex/Em。

沿地下水流线上（即 DT12-80（DT12-01）→ DT12-89 → DT12-64 ← DT12-66 ← DT12-36），地下水样品的三维荧光光谱图如图 5-2-2 所示。样品 DT12-01 用来表征盆地东侧山前低砷样品。正如图 5-2-2 所示，随着该区域地下水流动路径从补给区到排泄区，地下水 DOM 含量及荧光强度逐渐增加。与其余 5 件样品相比，样品 DT12-64 荧光峰明显增强（图 5-2-2）。样品 DT12-01 在波长为 240～300/340 nm 时激发波长/发射波长（Ex/Em）为两个小峰。DT12-80 在波长为 240/416 nm 时激发波长/发射波长（Ex/Em）出现小峰。通过对初级（次级）Ex/Em 为 240/430 nm（320/412 nm）观察，样品 DT12-01 和 DT12-89 相类似，且样品 DT12-89 中的两个小峰在消失。在径流区，样品 DT12-66 与 DT12-89 的 EEM 较为相似，均在 240～300/340 nm 时激发波长/发射波长（Ex/Em）两个中等峰。在补给区，样品 DT12-01 逐渐消失的小峰与样品 DT12-36 相类似。这些荧光特征与地下水的砷浓度呈现很好的对应关系：荧光峰越强，地下水砷浓度越高。

5.2.2 江汉平原高砷地下水的溶解性有机物特征

1. 地下水化学特征

江汉平原高砷地下水主要为近中性或弱碱性条件（pH=6.5～8.3），主要水化学类型为 HCO_3-Ca-Mg 型，少数为 SO_4 型，极个别为 Cl 型。地下水除 HCO_3^- 以外的阴离子浓度普遍较低，个别水样中硫酸盐及硝酸盐浓度较高，推测为地表人为污染所致。地下水为低矿化淡水（电导率平均为 756 μS/cm），显示地下水具有相对较好的交替循环或补给更新条件。

大多数地下水中硫酸根与硝酸根离子浓度很低；氨氮-硝酸盐及溶解性硫化物-硫酸盐的浓度明显呈现相反对应关系，指示地下水中发生了脱硫酸和反硝化作用。地下水中高浓度 DOC 和 HCO_3^- 说明，含水层中 DOC 的氧化分解可能促进了氧化还原反应的进行（Guo et al., 2008b）。地下水中溶解性铁平均质量浓度高达 7.48 mg/L，并与 Fe（II）呈现显著正相关关系，显示还原性地下水中高价铁为氧化还原过程中主导的电子受体。总铁浓度高的地下水样中 HCO_3^- 浓度普遍比较高，也说明铁参与的氧化还原过程可能对地下水中 HCO_3^- 起到贡献作用。溶解性铁与 HCO_3^- 浓度的协同共变特征不显著，可能是由于亚铁容易与一些组分（如 S^{2-}）形成次生沉淀（Guo et al., 2013; Sracek et al., 2004; Smedley and Kinniburgh, 2002）。

As 与 Fe 的浓度均受控于 Eh 的变化，且 Fe 与 Eh 呈中度显著正相关（R^2=0.54，p<0.05），说明地下水中砷主要与铁的还原过程联系在一起。另外，As 与 DOC 浓度也呈现出正相关关系。以上信息说明，地下水中 As 的存在与铁的还原和有机质的氧化分解过程有密切关系。

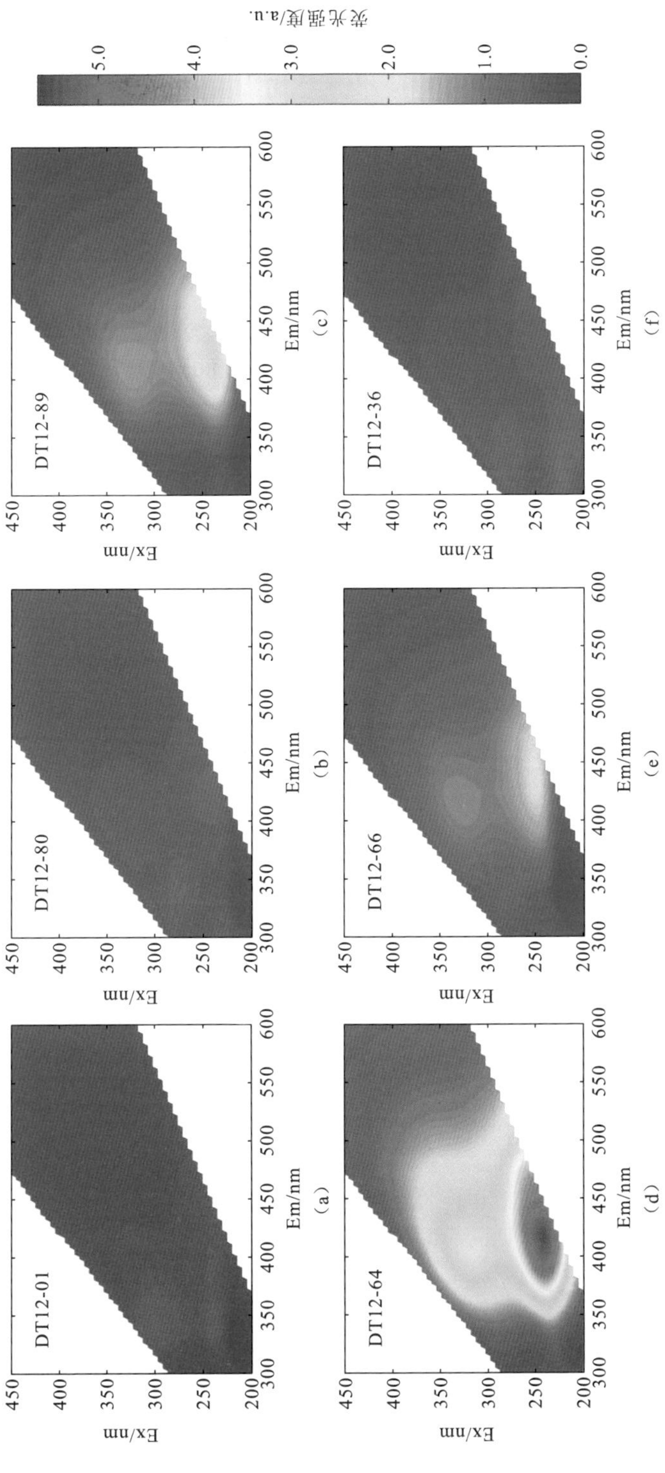

图 5-2-2　研究区横断面的地下水 EEM 特征

2. DOM 荧光特征

利用三维荧光光谱技术对高砷地下水中 DOM 进行刻画，有利于进一步理解微生物-有机碳介导下铁氧化物 / 氢氧化物还原溶解过程中砷的活化机制。利用 EEM-PARAFAC 方法对荧光信息进行解析，与已报道 DOM 组分的特征荧光峰进行对比，鉴定出 5 种荧光 DOM 组分：两种陆源的类腐殖质组分（C1、C2），两种微生物源的类腐殖质组分（C3、C4）和一种类色氨酸组分（C5）。其中：C1、C2 均与富里酸的荧光特征相似；C3、C4 与已报道的微生物源的还原性醌和氧化性醌荧光特征相似；C5 被认定为微生物源的类色氨酸组分（易降解 DOM）。总体上，浅层地下水的陆生腐殖质组分浓度相对更高。DOM 组分谱图及鉴定信息见图 5-2-3 和表 5-2-2。

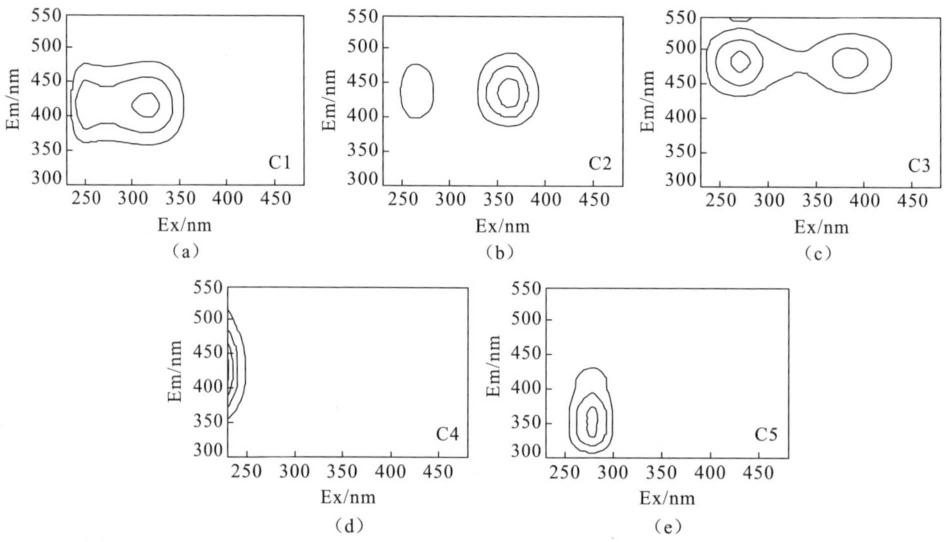

图 5-2-3　平行因子分析法解析后得到的统计溶解性有机物组分三维荧光谱图

表 5-2-2　三维荧光-平行因子分析确定的 DOM 荧光组分

组分编号	波长*/nm	相似的有机物化学分类或化合物	参考文献
陆源的类腐殖质组分 C1	320(250)/416	C10：310（<250）/426； 富里酸：310（<250）/418	Stedmon 和 Markager（2005） Cory 和 McKnight（2005）
陆源的类腐殖质组分 C2	360(260)/440	组方 4：250（360）/400，陆源/自生的富里酸组分	Stedmon 和 Markager（2005）
微生物源的类腐殖质组分 C3	270(380)/484	SQ2：270（375）/462 微生物源的还原性醌类	Stedmon 和 Markager（2005）

续表

组分编号	波长*/m	相似的有机物化学分类或化合物	参考文献
微生物源的类腐殖质组分 C4	230（300）/426	Q3：<250（300）/388 微生物源的氧化性醌类	Stedmon 和 Markager（2005）
		香草醛：310/430	Cory 和 McKnight（2005）
类色氨酸组分 C5	280/350	C8：270/350 微生物源的类色氨酸	Stedmon 和 Markager（2005）
		L-色氨酸：280/356	Cory 和 McKnight（2005）

*波长数据为 Ex/Em。

已有研究显示，微生物介导下铁氧化物还原溶解、砷活化过程除易降解 DOM 可以在“铁或者腐殖质”专属还原微生物作用下被氧化并提供电子以外，某些腐殖质（如反应性醌）还可以充当电子穿梭体，在迁移过程中搭载电子并将其转移给铁氧化物使得铁被还原（Mladenov et al., 2009）。电子转移过程中，醌类腐殖质被还原，然后被还原的腐殖质移动到铁氧化物附近并转移电子给铁氧化物，且自身又被氧化。因此，伴随这种反应过程的地下水系统必然涉及易降解 DOM 的消耗及还原性、氧化性醌类的交替氧化还原变化过程。

通过荧光信息检测到地下水中存在微生物源的类腐殖质醌类组分及类色氨酸易降解 DOM，而且 C3 还原性醌相较于其他 DOM 组分与还原组分[Fe（II）、溶解性硫化物等]展现出更强的正相关关系（表 5-2-3），这指示了地下水中存在微生物介导下氧化还原过程的有机物组分，且氧化还原活跃的醌类与无机还原产物具有密切联系。还原性醌与 Fe（II）及 S^{2-} 的关系也与前文关于铁及硫的还原过程的论述分析一致。

表 5-2-3　DOM 组分相对浓度与氧化敏感组分的相关性

类别	$As_{dissolved}$	$Fe_{dissolved}$	Fe（II）	HCO_3^-	DOC	S^{2-}
类腐殖质 C1	0.53	0.37	0.24	0.27	0.79	0.28
类腐殖质 C2	0.54	0.37	0.24	0.30	0.79	0.25
腐殖类还原性醌 C3	0.55	0.41	0.47	0.21	0.81	0.42
腐殖类氧化性醌 C4	0.47	0.28	—	0.20	0.48	0.06
易降解 DOM C5	0.25	—	—	—	0.34	—

注：—表示负相关或者无相关。

表 5-2-3 的相关性统计还显示，还原性醌 C3 与 Fe（II）、溶解性硫等还原产物表现出正相关关系，而氧化性醌 C4 与这些还原产物则表现为负相关关系或者相关性相对更差，这反映了两种醌类自身化学性质与地下水氧化、还原环境的适应性；与此同时，两种醌类组分与砷表现出较为一致的正相关（图 5-2-4），相关系数分别为 0.54、0.47，说明两者与砷在地下水中的共存和共变关系。另外，类色氨酸组分 C5 与还原产物呈现负相关关系，这与易降解组分被消耗的情况相吻合。这些信息均显示了砷的活化与微生物介导下铁氢氧化物的还原过程有关，而在这一过程中，易降解有机物充当电子供体的角色并被消耗，而还原性醌与氧化性醌则很可能扮演了电子飞行过程中的穿梭体，起到“催化”氧化还原反应的作用。

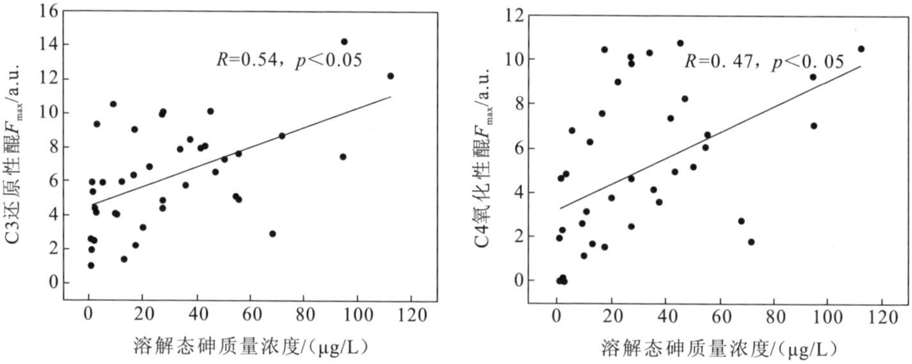

图 5-2-4　DOM 腐殖质醌类组分与溶解态砷的关系（黄爽兵 等，2013）

5.2.3　河套盆地高砷地下水的溶解性有机物特征

1. 地下水化学特征

从过渡区深层至平原区浅层，河套盆地地下水 pH 平均值逐渐增大（7.47～7.91），且整体变化范围为 7.21～9.04，为近中性-碱性环境。三个区域地下水中氧化还原电位（Eh）相对较低，显示为中-强还原环境。有 66%的地下水样品 F^- 超过 1 mg/L，虽然超标比例较大，但质量浓度不是很高，过渡区深层至平原区浅层地下水中 F^- 平均质量浓度变化范围为 1.12～1.54 mg/L，碱性环境可以为氟的迁移提供条件，形成高氟水的大范围分布。三个区域 SO_4^{2-} 质量浓度存在较大差异，范围为 0.005～1 222 mg/L，近一半的样品 SO_4^{2-} 质量浓度超过 250 mg/L（中国饮用水标准）。水样中 S^{2-} 质量浓度普遍较低，只有平原区 3 个浅层地下水中 S^{2-} 质量浓度高于 200 μg/L。S^{2-} 的出现表明在还原环境中也发生了 SO_4^{2-} 的还原。平原区深层和浅层大部分地下水中 NO_3^- 质量浓度低于测定界限值（<0.01 mg/L），而过渡区深层有一半地下水中含有 NO_3^-，质量浓度范围为<0.01～77.9 mg/L。

地下水中 HCO_3^- 质量浓度较高，且从过渡区深层至平原区浅层 HCO_3^- 平均质量浓度逐渐升高（290～642 mg/L），质量浓度最高可达 961 mg/L，其有效来源可能是地下水中溶解的有机物。在与研究区相邻的呼和浩特盆地（还原环境）含水层中，HCO_3^- 的出现被认为主要来源于沉积物及其溶液性有机物的氧化（Smedley et al., 2003）。从过渡区深层至平原区浅层，地下水中的 DOC 质量浓度平均值逐渐升高（1.93～4.97 mg/L）。

对于深层地下水，平原区的 As、Fe、Mn 质量浓度均高于过渡区；而平原区的浅层地下水，由于样品分布较广，As、Fe、Mn 的质量浓度分布范围较大。64 个地下水样品中，有 46 个水样中 Fe 质量浓度超过 0.3 mg/L，有 42 个水样中 Mn 质量浓度超过 0.1 mg/L（国家饮用水水质标准）。地下水中 As 的质量浓度范围在 2.28～854 μg/L，大多数地下水中 As 的质量浓度都远远超过世界卫生组织（WHO，2011）规定的饮用水标准值（10 μg/L）。特别是，平原区浅层地下水砷的超标率最高。地下水砷主要以 As(III)的形式存在。

2. DOM 荧光特征

腐殖质的形成与 C/H 的增加有关，生物源指数（BIX）和腐殖化指数（HIX）均可用于判断沉积物中有机物（OM）的成熟度。BIX 可以用于确定水样中具有原生生物活性特征的荧光团的存在（Parlanti et al., 2000）。Huguet 等（2009）表示，较高 BIX 值（>1）表明 DOM 主要为自生来源，并对应于新近释放到水体中的 DOM；而较低 BIX 值（0.6～0.7）则表明自然水体中 DOM 主要为陆源输入或受人类影响较大的 DOM。BIX 值越大表示有机质的新鲜程度越强。由图 5-2-5（a）可以看出，三个区地下水样品的 BIX 差别并不明显，虽然平原区浅层地下水 BIX 的分布较为广泛，但均处于 0.6～0.8，表明受陆源影响较大，地下水中原生生物活性较低。

高 HIX 值对应于较长波长处的最大荧光强度，因此对应于高分子量芳烃等复杂分子的存在（Senesi et al., 1991）。HIX 值越大，有机质的腐殖化程度越高，稳定性越强，且在环境中存在的时间越长。较高的 HIX 值（介于 10～16）是强烈腐殖化有机物的重要标志，主要是陆地来源；而较低 HIX 值（<4）则与原生 DOM 有关，腐殖化程度较弱（Huguet et al., 2009）。对于深层地下水而言，平原区的 HIX 值高于过渡区，说明平原区深层地下水的腐殖化程度更高。而平原区浅层地下水分布范围较广，有超过一半样品的 HIX 值超过 10［图 5-2-5（b）］，说明浅层地下水中有机物腐殖化程度更大一些，生物可利用性更低。

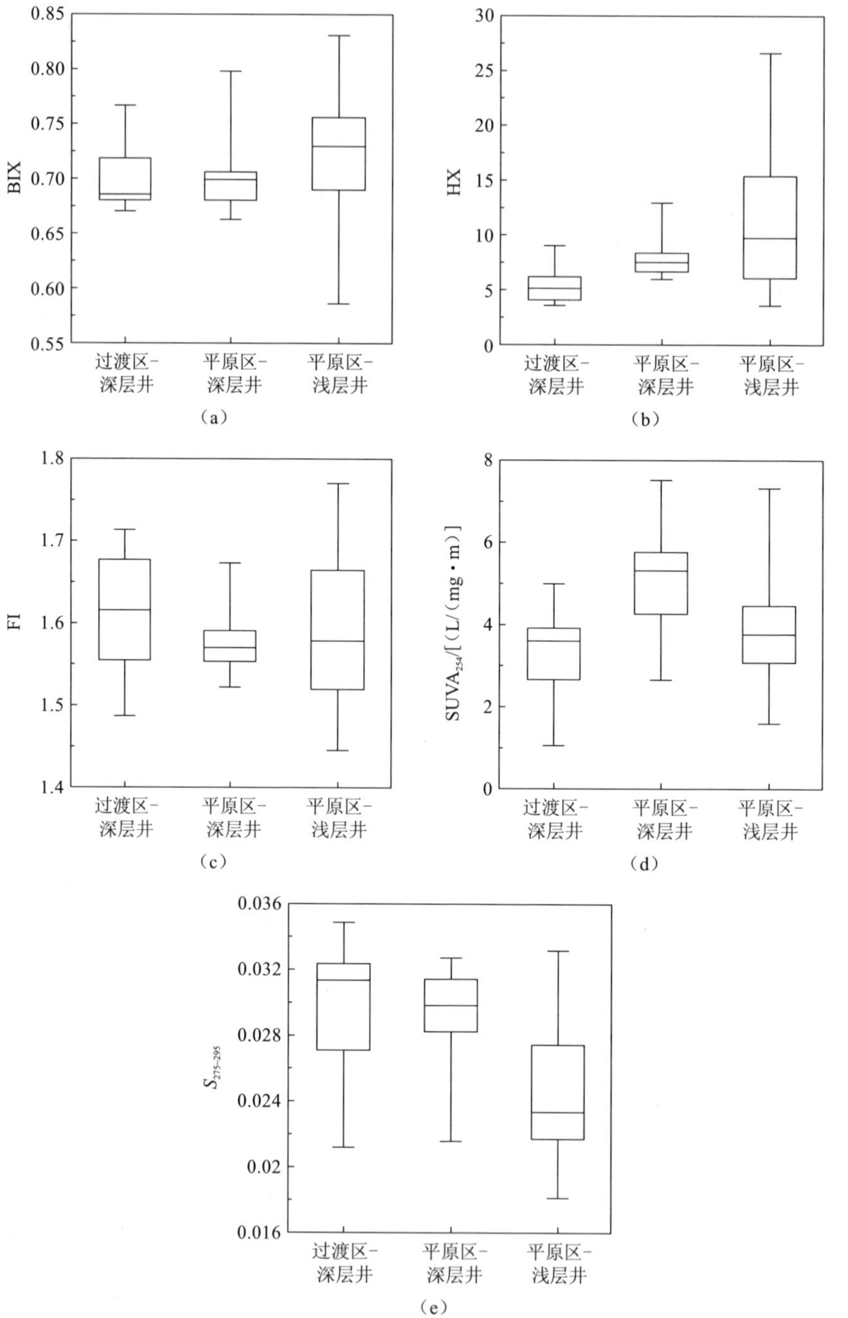

图 5-2-5　河套盆地三个区地下水有机物的 BIX（a），HIX（b），FI（c），$SUVA_{254}$（d）和 $S_{275\sim295}$（e）盒状晶须图

盒子的上线是上四分位数、下线是下四分位数，中间的黑线为中值；两个晶须端表示最大值和最小值

荧光指数 FI 值可用于判断 DOM 的陆地来源和微生物来源。FI 值接近于 1.9 表明 DOM 为微生物来源，主要来源于微生物代谢等过程；接近于 1.4 则表示是陆地沉积物来源，陆源占主要贡献（McKnight et al., 2001）。研究区三个区地下水样品 FI 值均在 1.45～1.8，表明地下水中有机物可能是陆地来源和微生物来源的混合[图 5-2-5（c）]。

芳香度指数 $SUVA_{254}$ 可以用来说明 DOC 的芳香性，是判定 DOC 腐殖组分很好的一个指标（Weishaar et al., 2003）。平原区深层地下水中，$SUVA_{254}$ 较高，表明其所含有的芳香性有机碳或共轭不饱和双键比例更高一些[图 5-2-5（d）]。275～295 nm 的光谱斜率 $S_{275\sim295}$ 通过将光谱数据拟合成指数模型来确定，$S_{275\sim295}$ 的值越大，表明分子量越小（Helms et al., 2008）。浅层地下水的 $S_{275\sim295}$ 值普遍低于深层地下水[图 5-2-5（e）]，说明浅层地下水中的 DOM 分子量更高一些，可能是由于浅层地下水中含有更多的微生物，更多的小分子量有机物被利用。

通过对所有样品的三维荧光光谱进行 PARAFAC 建模分析，成功获得四种荧光组分（图 5-2-6）。通过与前人研究中发现的组分对比（表 5-2-4），C1、C2 和 C3 的激发波长和发射波长最大值与类腐殖质组分一致，C4 被认为是类蛋白组分，其峰值与色氨酸相似。

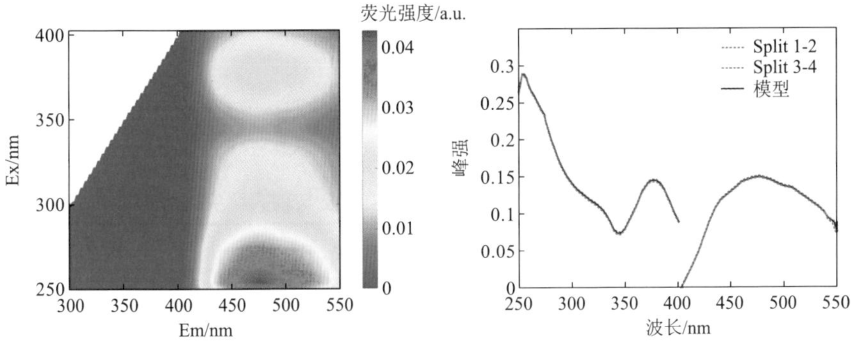

（a）C1

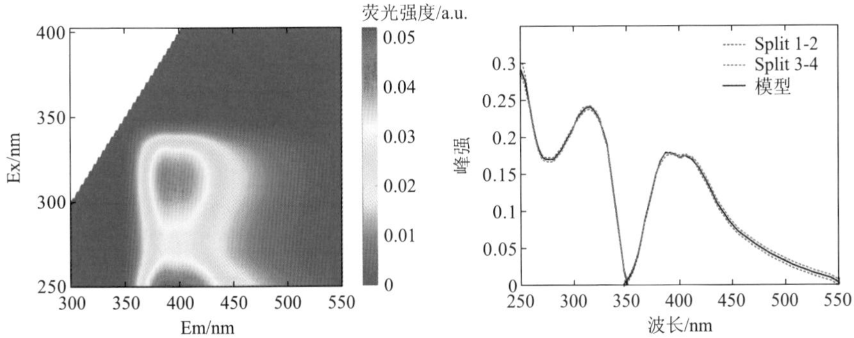

（b）C2

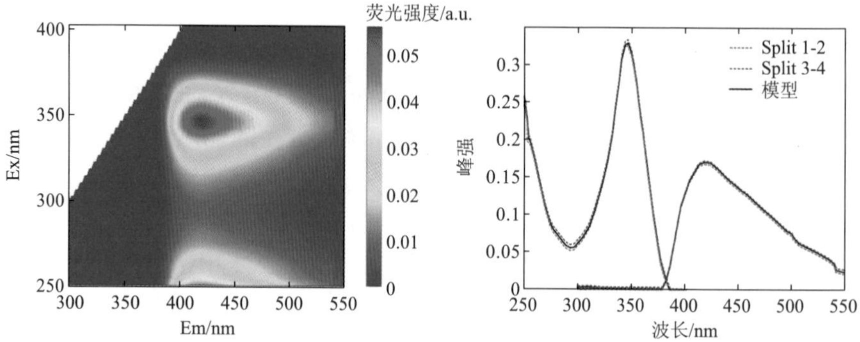

（c）C3

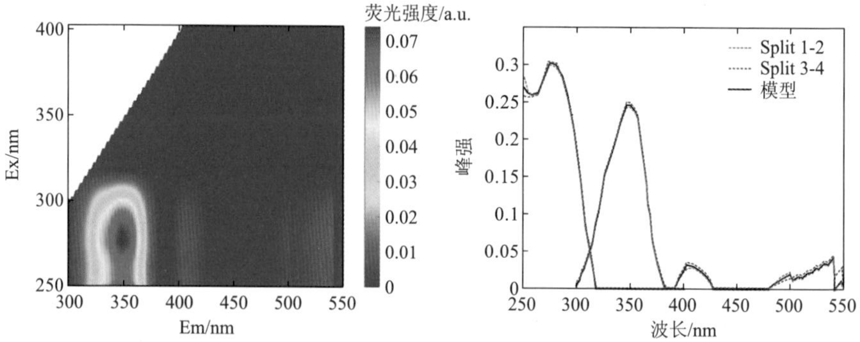

（d）C4

图 5-2-6　通过 PARAFAC 分析鉴定的四种荧光组分

半检验分析的高度相似性验证了四种组分模型的可信度（虚线）；实线表示整个数据集的四种组分模型的峰强图

表 5-2-4　四种 PARAFAC 组分的描述及与前人研究的比较

组分	波长*/nm	前人研究中 DOM 组分及描述	本研究中 DOM 组分
C1	<250（366）/464	C3: 270（360）/478，一种高分子量的陆源腐殖质（Stedmon et al., 2003）	陆源类腐殖质组分
		C1：<250 /452，陆源类腐殖质（Kowalczuk et al., 2009）	
		C1：240（360）/460，陆源类腐殖质（Kulkarni et al., 2017）	
C2	<250（306）/394	C13：<250（300）/388，醌类，微生物源（Cory and McKnight, 2005）	微生物源类腐殖质组分
		C3：<250（310）/400，海洋腐殖质和受微生物作用的溶解有机物（Kowalczuk et al., 2009）	
		C2：<250（300）/382，生物或微生物源/原生类腐殖质物质（Huang et al., 2015）	

续表

组分	波长*/nm	前人研究中 DOM 组分及描述	本研究中 DOM 组分
C3	<250（334）/418	C4：360（260）nm/422 nm，微生物源类腐殖质（Williams et al., 2010）	微生物来源类腐殖质成分，也可能是 C2 峰位的蓝移
		C6：<250（325）nm/410 nm，微生物源组分（Chen et al., 2010）	
		C2：240（320）nm/400 nm，类腐殖质，受农业、海洋腐殖质影响（Kulkarni et al., 2017）	
C4	<250（278）/348	C5：<250（270）nm/370 nm，类蛋白质和类色氨酸组分（Williams et al., 2010）	类蛋白质组分
		C4：<250（290）nm/360 nm，氨基酸，游离或结合态蛋白质（Baghoth et al., 2011）	
		C3：220（280）nm/352 nm，类蛋白质（Murphy et al., 2008）	
		C3：240（280）nm/344 nm，类蛋白质、酪氨酸和色氨酸（Kulkarni et al., 2018）	

波长更长（即红移）的荧光峰与有机物结构的缩合和聚合有关（Huang et al., 2015），较长发射波长的荧光特性在较大尺寸腐殖质的 EEM 中更为明显，较长波长的组分含有较多的共轭荧光分子，具有较高的芳香性和较复杂的结构。因此，类腐殖质 C1 荧光团可能与更浓缩的结构和更大的分子大小相关，表明相对更难降解的性质；而类蛋白质 C4 荧光团在结构上更不稳定。因此，本节分离出的四种 PARAFAC 组分代表三种荧光成分，分别为陆源类腐殖质组分（C1）、微生物来源类腐殖质组分（C2、C3）和类蛋白质组分（C4）。

为探讨荧光 DOM 特性和地下水中有机物含量之间的关系，对三种荧光组分的最大荧光强度和 DOC 之间的关系进行分析。由图 5-2-7 可见，地下水中虽然含有多种来源 DOM，但三种荧光 DOM 的最大荧光强度和 DOC 均呈现出良好的正相关关系，说明 DOM 的荧光强度可能与 DOC 中的荧光有机质部分有关；荧光 DOM 是主要的溶解性有机物，其相对质量浓度的变化可以解释有机物浓度的变化趋势。

从相对丰度来看，三个区域的地下水中，C2 和 C3 的总相对丰度达到 60%～75%（图 5-2-8），说明地下水样品中有机物主要以微生物来源的类腐殖质为主。深层地下水中，C4 的相对丰度基本处于 10%以下，而在浅层地下水中，C4 组分可高达 27%左右，说明类蛋白质在浅层地下水中占有一定比例。一般来说，地下水中 C4 相对含量越高，砷含量也越高。这一点在平原区浅层地下水表现得更为明显。易降解有机物可能充当电子供体的角色，参与了铁、硫酸盐等的还原反应过程，并催化了砷活化的氧化还原过程。

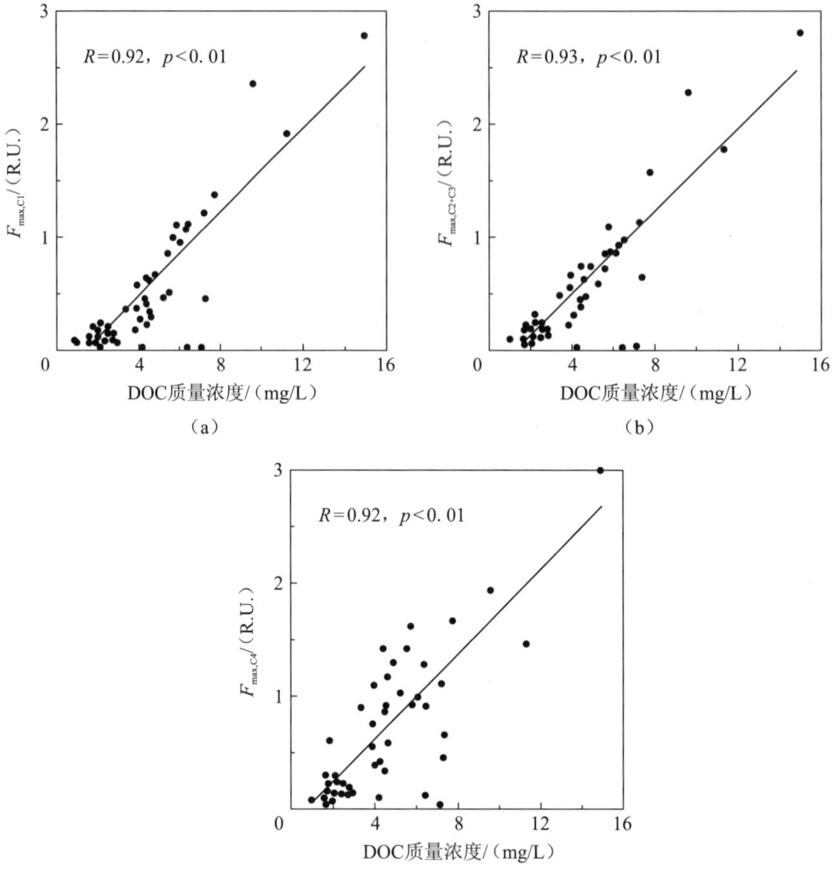

（c）

图 5-2-7　地下水 DOC 质量浓度与三种荧光组分最大荧光强度的相关关系图

（a）C1；（b）C2+C3；（c）C4

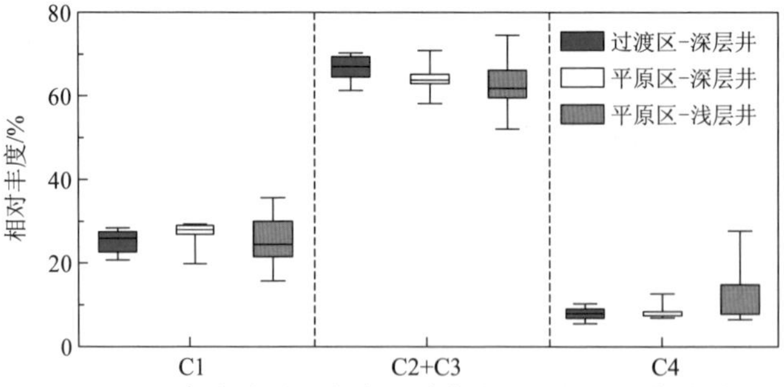

图 5-2-8　河套盆地地下水中三种荧光组分相对丰度的差异

5.3　沉积物有机物特征

目前，已提出多种不同的模型来解释全球范围内广泛分布的地下水及其成因机制（McArthur et al., 2004; Horneman et al., 2004; Harvey et al., 2002; Nickson et al., 2000, 1998）。地下水系统中铁氧化物/氢氧化物的还原溶解同时释放砷的过程被学界公认为是高砷地下水形成的主控过程（Nickson et al., 2000; Smedley and Kinniburgh, 2002）。事实上，最近的研究证实含水介质中反应性有机质对地下水系统中铁氧化物/氢氧化物的还原溶解以及砷的迁移富集起到了决定性的作用（Farooq et al., 2010; Postma et al., 2007; Rowland et al., 2007）。当含水层沉积物中有可获得的天然石油烃类物质时，微生物在生长过程中可利用这类物质作为电子供体来还原含砷的铁氧化物/氢氧化物，促进砷向地下水中释放和富集（Rowland et al., 2007）。尽管沉积物有机质在天然高砷地下水系统中对砷迁移活化的重要性已被认知（Pinel-Raffaitin et al., 2007; Akai et al., 2004; Van Geen et al., 2004; Islam et al., 2004; Harvey et al., 2002），但是其对砷迁移活化的影响及其程度仍知之甚少。最近，Rowland 等（2007）的研究强调了沉积物有机质的类型对控制微生物反应释放砷的速率及程度均具有重要的影响。因此，对沉积物中有机质的表征对于理解天然高砷含水系统中砷迁移富集机理显得尤为重要。

本节以大同盆地高砷含水层沉积物有机质为研究对象，研究其直链烷烃的分布特征，揭示其来源和生物化学效应。

5.3.1　高砷地下水的水化学特征

大同盆地浅层含水层厚度约 60 m，地下水位小于 5 m。地下水由边山山前向盆地中心排泄区流动，流速缓慢，流速变化范围为 0.20～0.58 m/d（Xie et al., 2009）。所有地下水样品采样深度均在 10～40 m 内，地下水中溶解性砷质量浓度变化范围为 25～1 800 μg/L。高砷地下水中通常具有较低质量浓度的 NO_3^-，其质量浓度变化区间为 0.05～5.6 mg/L。高砷地下水样品均具有低的硫酸根离子质量浓度，其质量浓度变化范围为 0.7～160 mg/L，平均质量浓度为 17.9 mg/L。此外，高砷地下水同时具有高的溶解性铁和锰含量。铁的最大质量浓度高出区域背景值的 2 个数量级（本地区地下水中铁的背景值通常低于 0.01 mg/L）。地下水中高铁含量特征指示大同盆地地下水系统中经历了固相铁氧化物矿物的还原溶解。铁、锰微生物还原速率通常远远高于非生物还原过程，因此，地下水中检测出的高铁含量特征可能与微生物还原溶解含铁矿物有关，铁的微生物还原过程已被许多研究者大量报导（Horneman et al., 2004; Van Geen et al., 2004; Islam et al., 2004;

Nicholas et al., 2003; Cummings et al., 1999）。还原溶解含砷铁氧化物/氢氧化物是控制地下水中砷迁移富集的主要过程（Smedley and Kinniburgh, 2002; Nickson et al., 2000）。最近有研究表明，土著微生物还原溶解铁氧化物/氢氧化物对含水层沉积物中砷的迁移活化具有重要影响（Duan et al., 2009）。地下水中硫酸盐硫同位素变化范围较大，也指示了含水层系统中发生的强烈微生物作用（Xie et al., 2009）。地下水样品中溶解性铁与砷之间的弱正相关性（R=0.46, p<0.05）［图 5-3-1（a）］表明，砷的迁移活化可能与含铁矿物的还原溶解有关，而含铁矿物被认为是大同盆地含水层中砷的主要来源（Xie et al., 2008）。微生物氧化有机质的过程可使含水层逐渐演变为厌氧环境，并导致 Fe（III）矿物的还原溶解，生成溶解性 Fe（II）及重碳酸根离子。观察到的地下水中砷与铁质量浓度的弱相关性可能与微生物有机质还原铁的过程中生成黄铁矿及菱铁矿等沉淀有关（Guo et al., 2013）。通常在厌氧含水层中会优先生成菱铁矿及无定形的铁的硫化物矿物的沉淀（Matsunaga et al., 1993）。水化学数据计算得到的黄铁矿及菱铁矿饱和指数也表明，上述矿物均处于过饱和状态。黄铁矿在许多高砷含水层中被普遍发现（Pal et al., 2002; Nickson et al.,

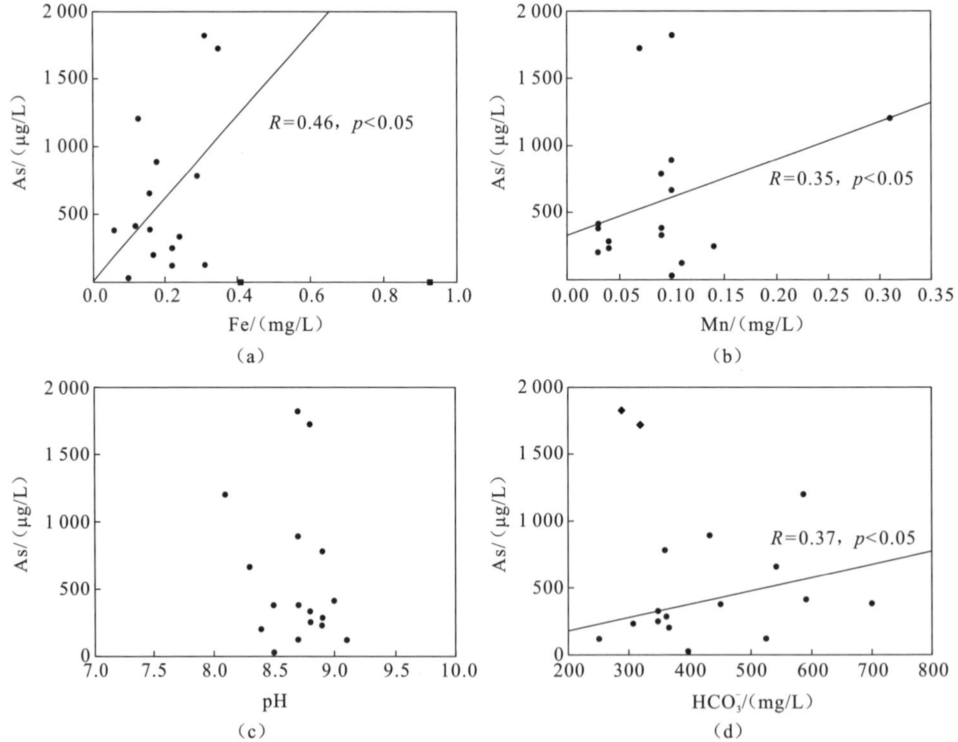

图 5-3-1 大同盆地地下水中 As 与 Fe、Mn、pH 及 HCO_3^- 关系图

（a）中填充的方形表示两件高铁、低砷样品；（d）中填充的菱形代表两件高砷地下水样品

2000)，而且铁的硫化物矿物及菱铁矿被认为是地下水系统中砷的重要吸附剂(Lowers et al., 2007; Kirk et al., 2004; Smedley and Kinniburgh, 2002)。此外，微生物还原高价态铁的过程中不会将所有铁释放到地下水中，因为上述过程中会有一部分铁被保留在固相中或生成含有低价态铁矿物的沉淀(Fredrickson et al., 1998)。因此，上述过程中会保留一定量的铁在固相中，同时释放大量的砷形成具有高质量浓度砷而相对低质量浓度铁特征的地下水（图 5-3-1）。

地下水中 As 和 HCO_3^- 质量浓度之间无显著相关性（R=0.37，p<0.05）[图 5-3-1（d）]。微生物降解有机质可导致地下水中 HCO_3^- 质量浓度增加，而在高 pH 条件下，HCO_3^- 可通过竞争吸附促进砷的释放与迁移（Appelo et al., 2002）。而 As 和 HCO_3^- 质量浓度之间弱的相关性说明，砷与 HCO_3^- 之间的竞争吸附不能解释地下水中高质量浓度的砷特征。相对于 HCO_3^-，地下水中溶解态铁与砷质量浓度之间的关系更为密切，表明铁还原对促进砷的迁移活化起到了重要作用。Duan 等（2009）的微宇宙实验结果也证实了在大同盆地铁还原对地下水系统中砷迁移活化的重要性。高砷地下水 pH 相对较高，变化范围为 8.0～9.0，且地下水中砷质量浓度与 pH 无关 [图 5-3-1（c）]。

5.3.2　沉积物的地球化学特征

大同盆地含水层沉积物样品颗粒主要为黏土、粉砂及中砂。全岩砷质量分数变化范围为 5.7～26.8 mg/kg，平均质量分数为 13.45 mg/kg，其平均值与现代典型松散沉积物中砷质量分数接近（5～10 mg/kg）(Smedley and Kinniburgh, 2002)。含水层沉积物中总有机碳质量分数相对较高，最高可达 1.6%，平均质量分数为 1.03%。总铁、锰质量分数分别在 3.57%～6.26%及 0.05%～0.13%范围内变化。沉积物样品中铁、锰、总有机碳及砷具有相似的垂向变化特征，即：质量分数在地表至 20m 深度范围内急剧降低，20～40m 深度范围内质量分数逐渐增加，随后质量分数增加直至 50m 深度。铁、锰、总有机碳及砷质量分数在垂向上相似的变化趋势既与上述组分相似的地球化学行为有关，也与沉积物的岩性特征有关。沉积物全岩中铁、总有机碳及锰与砷之间具有良好的正相关性（图 5-3-2）：砷、铁之间相关系数为 0.71（α<0.05）；总有机碳与砷之间相关系数为 0.70（α<0.05）；锰与砷之间相关系数为 0.69（α<0.05）。砷与锰之间良好的正相关性可能是由于两种元素均能以吸附态与铁的氧化物/氢氧化物共存。砷与铁之间的正相关性表明，含水层沉积物中含铁矿物如铁的氧化物/氢氧化物可能是砷的主要来源。顺序提取实验结果也证实了大同盆地高砷沉积物中砷主要以吸附态、无定形或弱结晶态铁氧化物/氢氧化物铁矿物形式存在（Xie et al., 2008）。而且沉积物颜色从地表至

50 m 深度由棕黄色、灰色至黑色逐渐加深。灰色及黑色表明沉积物中含有丰富的有机质。因此，在含水层系统中微生物降解有机质、还原铁氧化物/氢氧化物释放砷极有可能发生。微生物降解有机质还原铁释放砷在其他许多饮水型砷中毒地区已被广泛报道（Rowland et al., 2007; Gault et al., 2005; Islam et al., 2005, 2004; Oremland and Stolz, 2005, 2003）。

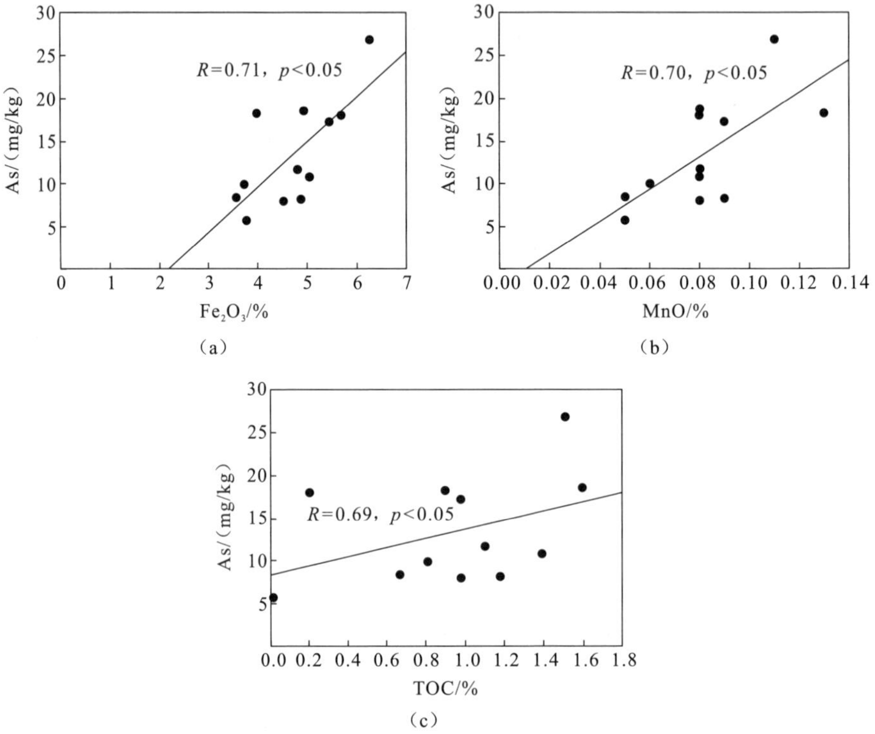

图 5-3-2　大同盆地含水层沉积物中铁、锰及总有机碳与砷质量分数关系图

5.3.3　沉积物的有机质特征

为了进一步证实微生物还原铁释放砷这一假说，对含水层沉积物开展了有机生物地球化学研究。生物标志物（包括饱和烷烃、甾烷与藿烷）分析能提供含水层沉积物中微生物活动的重要线索（Rowland et al., 2007）。对提取的饱和烷烃分析结果表明，正构烷烃及未分辨物质是主要有机组分（图 5-3-3）。甾烷和藿烷在大部分样品中均有检出。

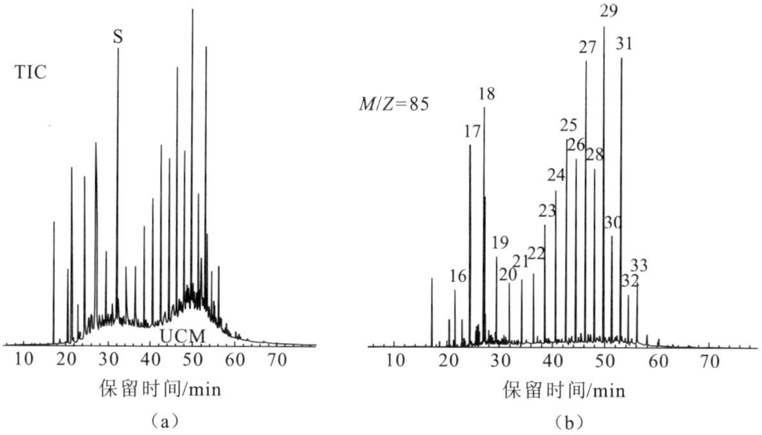

图 5-3-3　沉积物中不可提取有机物总离子流色谱质谱图（a）及正构烷烃色谱质谱图（b）

S 为标准物质，数值表示正构烷烃碳链长度（Xie et al., 2012）；UCM 为不可提取态有机物

1. 正构烷烃的分布特征

沉积物样品中正构烷烃的总质量分数在 1.65～30.44 mg/kg 变化。在提取的正构烷烃中由 C_{16}～C_{34} 均有检出，其含量最大值出现在 C_{17}～C_{18} 及 C_{25}～C_{31}，为典型的双峰式分布特征（图 5-3-3，图 5-3-5）。在几乎所有样品中，长链同系物主要为正构烷烃。正构烷烃碳优势指数（carbon preference index, CPI）是判断有机物来源的重要参数（Bray and Evans, 1961）。正构烷烃碳优势指数计算公式及计算结果见图 5-3-4。在本章中，低分子量正构烷烃与高分子量正构烷烃碳优势指数值分别用 CPI_1 和 CPI_2 表示。与高等植物有关的天然成因碳氢化合物的 CPI 值通常大于 1，一般在 5～10 变化（Hedges and Prahl, 1993; Didyk et al., 1978; Bray and Evans, 1961）。反之，如果 CPI 值小于或接近 1，表明有机质为天然石油来源的碳氢化合物并且经历了生物降解作用（Rowland et al., 2007, 2006; Simoneit, 1999）。所有沉积物样品的 CPI_1 值在 0.95～2.08 变化，平均值为 1.18（图 5-3-4）。除少数样品外，几乎所有样品的 CPI_1 值均接近 1（图 5-3-4），表明沉积物中的有机质主要为天然石油来源且经历了微生物降解。此外，所有样品中低分子量的正构烷烃含量均较低（图 5-3-5）。较低含量的低分子量正构烷烃可能反映了微生物对有机质的降解，因为微生物降解有机质的过程中低分子量的有机物会被优先利用。因此，低含量的低分子量正构烷烃及 CPI_1 值表明了沉积物中有机质的天然石油来源特征并且经历了原位生物降解。沉积物中正构烷烃含量及 CPI_1 值具有相似的垂向分布特征，而且除少数几件样品外，正构烷烃含量及 CPI_1 值在垂向上变化非常稳定。正构烷烃及 CPI_1 值的垂向变化特征可能反映了沉积物岩性的变化（图 5-3-4），因为黏土样品通常含有相对高含量的有机质。

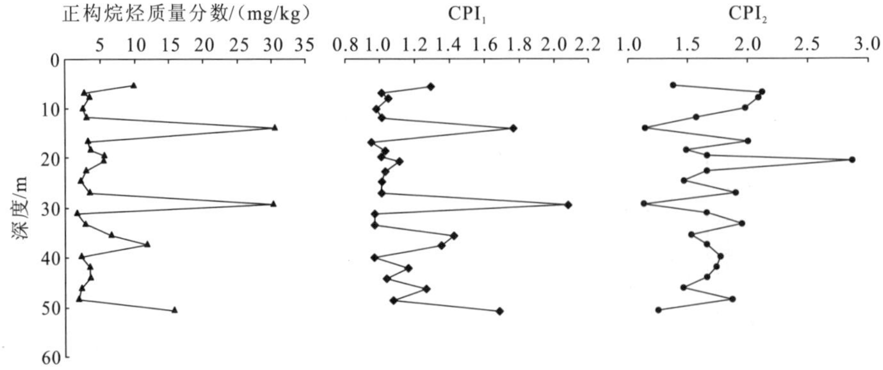

图 5-3-4　大同盆地沉积物中正构烷烃、CPI_1 及 CPI_2 垂向分布特征（Xie et al., 2012）

CPI_1：$\Sigma(C_{17}–C_{23})/2\Sigma(C_{16}–C_{22})+\Sigma(C_{17}–C_{23})/2\Sigma(C_{18}–C_{24})$；$CPI_2$：$\Sigma(C_{25}–C_{33})/2\times\Sigma(C_{24}–C_{32})+\Sigma(C_{25}–C_{33})/2\Sigma(C_{26}–C_{34})$；正构烷烃总含量：$\Sigma(C_{17}–C_{34})$

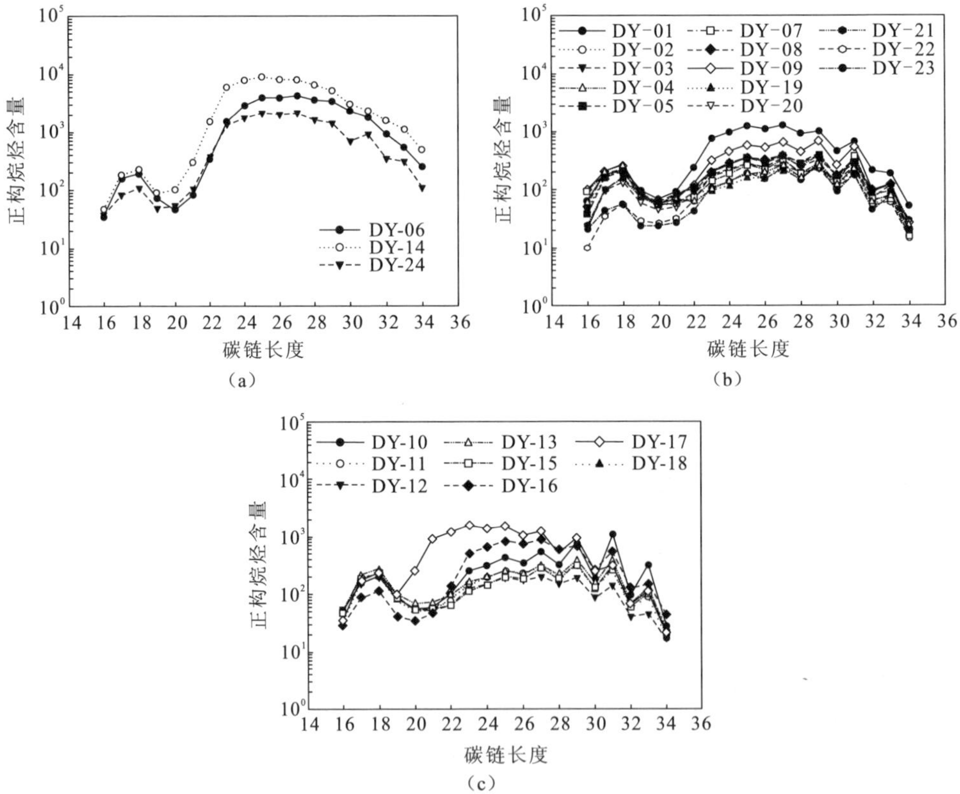

图 5-3-5　沉积物中正构烷烃分布图（Xie et al., 2012）

（a）无显著奇偶优势；（b）无显著奇偶优势；（c）有一定奇偶优势

所有沉积物样品均具有相对低的 CPI_2 值特征，其变化区间为 1.13～2.87，平均值为 1.71。沿钻孔 CPI_2 值在垂向上表现出无规律变化特征（图 5-3-4）。相对低的 CPI_2 值（<3）指示了沉积物中有机的天然石油来源特征（Farrington and Tripp, 1977）。大多数光合成细菌主要含有 C_{14}～C_{20} 碳氢化合物，而许多非光合成细菌被报道主要含有 C_{26}～C_{30} 碳氢化合物（Albro, 1976）。经历了微生物降解后的有机质通常含有较低的 CPI_2 值。因此，沉积物样品低的 CPI_2 值表明，其中的有机质经历了微生物降解作用。

正构烷烃的分布特征可提供有机质生物降解的附加证据。微生物活动会优先利用低分子量的正构烷烃并且会消除正构烷烃的奇偶优势。样品 DY-6、DY-14 及 DY-24 均具有相当高的正构烷烃含量，但无显著的奇偶优势［图 5-3-5（a）］，指示了生物降解作用的影响（Peters et al., 2005）。样品 DY-1～DY-5，DY-7～DY-9 以及 DY-19～DY-23 具有低的正构烷烃含量，但无显著奇偶优势［图 5-3-5（b）］，也指示了有机质的天然石油来源，并经历了原位微生物降解。同样，剩余样品具有低的正构烷烃含量且高分子量正构烷烃具有显著的奇偶优势，表明了有机物来源于陆源有机质并经历了微生物降解。

饱和烷烃气相色谱图上未分辨物质主要出现在 C_{16}～C_{35} 烷烃的基线以下（图 5-3-5）。色谱图上的未能分辨物质主要由含支链的烷烃、环烷烃、单环芳烃、萘及多环芳烃等碳氢化合物组成（Frysinger et al., 2003）。色谱图上未能分辨物质的出现，指示了沉积物中有机质的石油来源特征并且经历的生物降解作用（Brassell and Eglinton, 1980）。Volkman 等（1992）的研究也表明，未能分辨物质代表了石油类物质的输入且经历了原位微生物降解。

2. 藿烷的特征

根据有机物的色谱质谱图及气相色谱的保留时间，沉积物可提取有机物中可检出一系列 C_{27}～C_{33} 五环萜烷类物质。图 5-3-6（a）给出了部分样品中典型藿烷的离子色谱图（M/Z=191）。藿烷的质量分数在 0.09～0.6 mg/kg 变化。碳数大于 C_{28} 的藿烷同系物中具有热稳定性更强的 17α（H）、21β（H）构型，然而碳数在 C_{31}～C_{33} 的藿烷主要以 22S 及 22R 两种差向异构体存在。C_{31}～C_{33} 三降藿烷具有高的丰度，其被认为是藿醇经生物降解的产物。尽管沉积物岩性特征及正构烷烃含量存在差异，但藿烷同分异构体的比值在整个沉积物钻孔中无明显变化（表 5-3-1）。C_{31}～C_{33} 藿烷 S/（S+R）的比值分别在 0.54～0.60、0.52～0.69 及 0.49～0.65 变化。在热成熟过程中，碳数在 C_{31}～C_{33} 藿烷的生物成因的 R 构型会降低，这有利于其 S 异构体达到热平衡点，在该点藿烷具有特定的 S/（S+R）比值［典型为 0.57～0.62，Peters 等（2005）］。大同盆地沉积物中藿烷 S/（S+R）比值在 0.49～0.69 变化（表 5-3-1），表明沉积物中藿烷类物质达到了热平衡状态。

沉积物中 Ts/（Ts+Tm）比值在 0.40～0.71 变化，也指示了其处于热平衡状态。总之，沉积物中藿烷的特征证实了有机质的石油起源特征，藿烷的热成熟状态反映了有机质经历了微生物的降解。

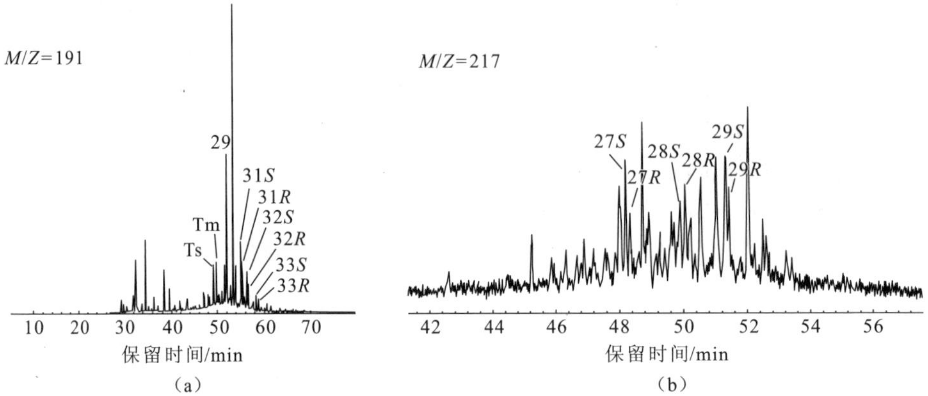

图 5-3-6　沉积物中藿烷（a）与甾烷（b）质谱色谱图（Xie et al., 2012）

数字表示碳链长度；（a）中 Ts、Tm 分别表示 8α（H）-22，29，30-三降藿烷、17α（H）-22，29，30-三降藿烷、*S* 和 *R* 分别表示立体异构体；（b）中 *S* 和 *R* 分别表示 14β（H），17β（H）-27，28，29-甾烷的异构体

表 5-3-1　大同盆地沉积物中藿烷和甾烷的质量分数及比值

指标		平均值	最小值	最大值
比值	正构烷烃/藿烷	19.9	5	112
	正构烷烃/甾烷	56.4	14	252
	甾烷/藿烷	0.382	0.31	0.52
藿烷	Hop/(mg/kg)	0.377	0.09	0.6
	Ts/(Ts+Tm)	0.484	0.4	0.71
	$C_{31}S/(S+R)$	0.577	0.54	0.6
	$C_{32}S/(S+R)$	0.597	0.52	0.69
	$C_{33}S/(S+R)$	0.591	0.49	0.65
甾烷	Ste/(mg/kg)	0.152	0.08	0.23
	C_{27}/%	31.0	27.9	34.4
	C_{28}/%	26.2	23.1	31.0
	C_{29}/%	35.6	30.1	40.7

注：正构烷烃/藿烷表示正构烷烃总量和藿烷总量的比值；正构烷烃/甾烷表示正构烷烃总量和甾烷总量的比值；甾烷/藿烷表示甾烷总量和藿烷总量的比值；Hop 表示藿烷的总质量分数；Ts/（Ts+Tm）表示 C_{27} 18α-三降藿烷（Ts）与 C_{27} 17α-三降藿烷（Tm）和 C_{27} 18α-三降藿烷（Ts）二者之和的比值；*S*/（*S*+*R*）表示 C_{31}～C_{33} 藿烷 22*S* 和 22*R* 两种差向异构体的比值；Ste 表示甾烷的总质量分数，C_{27}、C_{28}、C_{29} 分别表示 C_{27}、C_{28}、C_{29} 规则甾烷质量分数的百分比。

3. 甾烷的特征

沉积物的可提取有机物中能不同程度检出甾烷类物质。图 5-3-6（b）给出了样品中甾烷的典型离子色谱图（$M/Z = 217$）。沉积物中甾烷主要由碳数为 C_{27}～C_{29} 的规则甾烷组成。总体而言，沉积物中甾烷含量较藿烷含量低，其质量分数在低于检出限至 0.23 mg/kg 之间变化。C_{27}～C_{29} 规则甾烷呈典型的“V”分布，C_{29} 规则甾烷质量分数最高占到总甾烷质量分数的 40.73%，指示其主要为生物来源。尽管总甾烷质量分数在垂向分布上无显著规律，但在浅部样品中规则甾烷质量分数相对较高（表 5-3-1）。在有机组分中藿烷是环境中抗降解能力最强的一类化合物。因此，由于藿烷的保守特性，在判断碳氢化合物物理风化与生物降解的相对重要性时可以作为一种“内部参照”（Philp, 1985）。除了少数样品，沉积物中正构烷烃与藿烷和甾烷的比值相对较低（图 5-3-7，表 5-3-1），同时，其比值在垂向上具有相似的分布特征（图 5-3-7）。沉积物样品中正构烷烃相对于甾烷及藿烷的亏损可能与含水层系统中发生的微生物降解过程有关。尽管生物降解有机质的过程中，有机质的降解顺序会受到微生物群落及含水层条件的影响，但在降解过程中通常会按正构烷烃、甾烷及藿烷的顺序依次被降解去除（Peters et al., 2005）。在经历了微生物降解后，残余的正构烷烃极有可能不会被土著微生物利用。因为生物降解沉积物中的有机质时通常会降低正构烷烃的质量分数（尤其是分子量较低的正构烷烃）提高甾烷与藿烷的质量分数，甾烷与藿烷的比值（变化范围为 0.33～0.52）表明，有机质的主要贡献来自微生物（表 5-3-1）。

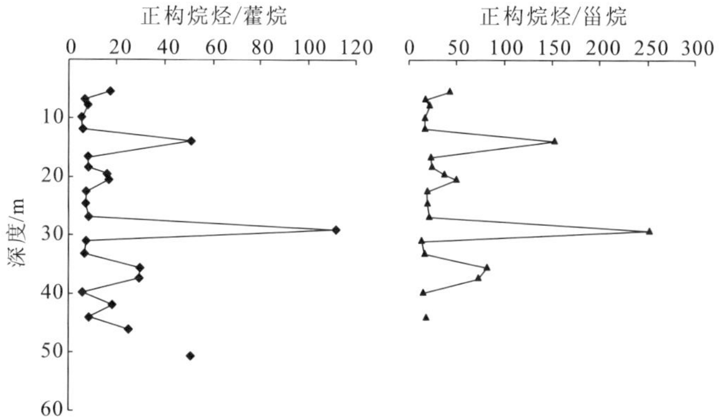

图 5-3-7　沉积物钻孔中正构烷烃与藿烷及甾烷比值的垂向变化特征（Xie et al., 2012）

5.3.4　沉积物有机质对砷迁移的影响

印度西孟加拉邦及柬埔寨第四纪含水层广泛分布有高砷地下水。上述地区高砷含水层沉积物中砷与铁密切相关，而沉积物中铁被认为主要以铁的氧化物/氢氧化物形式存在（Rowland et al., 2008; Van Dongen et al., 2008; Quicksall et al., 2008; Nickson et al., 2000, 1998）。高砷地下水具有典型的高铁与重碳酸根离子及低硝酸根离子与硫酸根离子的特征，而且砷在空间分布上具有高度的不均一性，同时地下水中砷主要以三价砷的形式存在（Rowland et al., 2008; Van Geen et al., 2003; Harvey et al., 2002; Nickson et al., 2000, 1998）。

大同盆地高砷含水层沉积物与印度西孟加拉邦及柬埔寨高砷含水层沉积物具有很多相似特征。这些高砷含水层均发育于全新世到更新世的松散沉积物中。同样，大同盆地高砷含水层沉积物中砷与铁具有很好的相关性（图 5-3-2），而沉积物中铁被认为主要以无定形及弱结晶态铁氧化物/氢氧化物等矿物形式存在（Xie et al., 2008）。与含水层沉积物一样，大同盆地地下水水化学特征与印度西孟加拉邦及柬埔寨高砷地下水水化学具有许多相似之处，包括砷含量在空间分布上的高度不均一性、高铁含量及低硫酸根离子与硝酸根离子含量特征等。

印度西孟加拉邦及柬埔寨高砷含水层沉积物中提取出来的非极性组分揭示了有机质的石油来源特征。沉积物中有机质通常以正构烷烃、未能分辨物质、热成熟高的甾烷与藿烷为典型特征。沉积物中正构烷烃以高分子量正构烷烃为主，且无显著奇偶优势为特征。藿烷丰度通常较甾烷要高，藿烷中以 C_{29} 及 C_{30} 藿烷丰度最高（Van Dongen et al., 2008; Rowland et al., 2007, 2006）。所有可提取的非极性组分有机物特征指示其经历了生物降解过程。

大同盆地高砷含水层沉积物同样含有大量有机质（图 5-3-2）。沉积物中可提取的饱和烷烃分析表明，正构烷烃及未能分辨物质是其主要组分（图 5-3-3）。在所有沉积物样品中均检出甾烷与藿烷。沉积物通常具有低浓度的低分子量正构烷烃、高浓度的高分子量正构烷烃及低碳优势指数特征，但总体而言，大同盆地沉积物中总正构烷烃含量较印度西孟加拉邦及柬埔寨高砷含水层沉积物要高（Van Dongen et al., 2008; Rowland et al., 2007, 2006）。此外，大同盆地沉积物中规则甾烷以 C_{29} 甾烷丰度最高为典型特征。沉积物中 C_{27}～C_{29} 饱和烷烃的相对丰度在大同盆地与印度西孟加拉邦及柬埔寨略有不同。大同盆地沉积物中 Ts/（Ts+Tm）比值与柬埔寨高砷沉积物较为接近（其变化区间为 0.53～0.61）（Van Dongen et al., 2008）。地区之间生物标志物表现出的差异，体现了不同特征的有机质输入来源。此外，不同地区观察到的相似的藿烷指数（0.49～0.74），表明不同地区的所有沉积物样品中藿烷均达到热成熟阶段。

与印度西孟加拉邦及缅甸高砷含水层相似（Van Dongen et al., 2008; Rowland et al., 2007, 2006），大同盆地沉积物中正构烷烃、藿烷及甾烷的分布特征均指示了有机质的石油来源特征，但不同地区之间的微小差异可能与不同的有机质输入来源有关。可提取有机物中未能分辨物质的出现及高分子量正构烷烃相对于藿烷与甾烷的变化，表明了其石油来源特征并且能被土著微生物菌群利用（Rowland et al., 2007）。不同地区不同来源的有机物均可能作为碳源被微生物利用，并导致砷的活化与迁移。针对包括印度西孟加拉邦及柬埔寨在内世界范围出现的高砷地下水开展的大量研究表明，含水层沉积物中在微生物还原溶解铁的氧化物/氢氧化物过程中可以作为电子供体被利用（Islam et al., 2005, 2004; Van Geen et al., 2004; Harvey et al., 2002; Berg et al., 2001; Nickson et al., 2000）。值得注意的是，最近 Rowland 等（2007）的培养实验结果表明，石油来源的有机碳在微生物铁还原及砷释放过程中扮演了十分重要的作用，而且在被石油烃污染的含水层中，石油烃能被土著微生物优先利用，同时还原铁氧化物与硫酸盐（Kao et al., 2009; Hunkeler et al., 1999）。因此，在相似的条件下，当大同盆地含水层中可获得有机碳如天然石油来源有机物时，微生物可利用含水层中有机碳还原铁释放砷，从而导致砷在地下水中富集。Duan 等（2009）利用大同盆地含水层中分离的土著微生物及高砷沉积物开展的微宇宙实验，也证实了土著微生物能利用沉积物中的有机碳释放砷。

5.4　沉积物有机物和溶解性有机物之间的关系

世界各地的水系统中溶解性有机物（DOM）已被深入研究，因为这种无处不在的物质在各种生物地球化学和生态过程中扮演着重要的角色（Birdwell and Engel, 2010）。最近的研究证实了 DOM 对地下水质量的关键作用，如导致地下水砷、碘富集（Li et al., 2014; Mladenov et al., 2009），并在海底地下水排泄（submarine ground water discharge，SGD）过程中提供微生物呼吸氮和磷（Gleeson et al., 2013）。因此，地下水 DOM（GDOM）来源对地下水化学演化和地下水水质起关键作用。

越来越多的研究探讨了 GDOM 来源。在砷污染地下水的研究中，GDOM 首先是被认为来自地表水源（Harvey et al., 2002）。随后在印度西孟加拉邦的研究表明，DOM 来源于含水层沉积物（McArthur et al., 2004），砷浓度与含更多生物降解有机碳的年轻沉积物有关（Postma et al., 2012）。此外，地下水中铵的出现与 C 和 N 的释放有关，这是由于沉积有机质（SOM）（Hinkle et al., 2007）或地质年代埋藏的古土壤有机质的降解（Glessner and Roy, 2009）。

沉积物有机碳（OC）是沉积物中许多重要的生态和生物地球化学过程的一个关键因素（Neff and Asner, 2001; Zsolnay, 1996）。它作为稳定有机物（OM）池，强烈地影响沉积物微生物的活性（Cleveland et al., 2004; Kalbitz et al., 2003）。DOM 对地下水质量具有关键作用，如砷异常、碘污染均与地下水中 DOM 含量高有关系（Li et al., 2014; Mladenov et al., 2009），DOM 在海底地下水排泄过程中为微生物呼吸提供氮和磷（Gleeson et al., 2013）。OC 作为微生物代谢活动的主要能量来源和碳源，不仅影响元素的氧化还原过程，而且在一定程度上决定着元素的迁移转化（周殷竹 等, 2015）。因此，探究沉积物中的有机物特征及生物地球化学效应具有重要的意义。

沉积物中可溶性/可提取有机物（extractable organic matter, EOM）是沉积有机物（sedimentary organic matter, SOM）中含量很低、但很不稳定的活性组分，国内外很多学者采用不同盐溶液和沉积物混合的方法来提取有机物。根据提取试剂的不同，可以分为水溶性有机物（water-soluble organic matter, WEOM）和盐溶性有机物（salt-soluble organic matter, SEOM）。E-SOM 光学活跃的组分被称为有色溶解有机物（chromophoric dissolved organic matter, CEOM），可作为总 E-SOM 池的动态和特征的示踪物。在吸收光（有色）的同时，CEOM 在受到光谱紫外区和蓝区的激发时也会发出荧光（Stedmon et al., 2003）。三维荧光光谱（又称激发-发射矩阵，EEM）技术是一种用于研究 OM 来源及组成的较为简便、快捷的光谱指纹技术（Stedmon and Markager, 2005）。通过荧光峰发射/激发波长范围，可鉴定有机物中某些成分的种类或来源。由于 OM 具有吸收光和散发荧光的能力，荧光测量可以用来表征并跟踪 OM 荧光组分的动态（Huang et al., 2012），从而有效地表征 OM 的特性。因此，OM 特别适合于光谱表征，光谱指数的测定也具有较强的指示意义。采用该技术的研究表明，高砷地下水中 DOM 与沉积物中 WEOM 的性质较为相似，而与 SEOM 存在差异（Huang et al., 2015）。然而，高砷含水层沉积物和高砷地下水化学特征呈高度的各向异性（Guo et al., 2011a, 2011b），只有精细空间尺度上的沉积物有机物分析结果才能精确把握其水文地球化学作用及其对砷释放的影响。

5.4.1 河套盆地

1. 沉积物色度及总有机碳特征

河套盆地含水层沉积物 TOC 质量分数为 0.06～9.64 g/kg，平均值为 2.83 g/kg，且黏土层含量较高（图 5-4-1）。氧化还原特征表征因子色度 530～520 nm 值（$R_{530\sim520}$）范围为 0.24～0.96 nm。色度的大小取决于沉积物的矿物成分，能够反映沉积物的沉积环境以及当时环境下的氧化还原程度。$R_{530\sim520}$ 色度越大，沉积物能够反射的光越强，沉积物偏氧化性。黏土层的色度值比细砂层小，可以看出黏土层沉积物偏还原性。由图 5-4-1 可知，TOC 质量分数与沉积物色度呈现相反的变化趋势，这是因为沉积环境氧化性越强，TOC 的消耗量越大，因此质量分数越低。

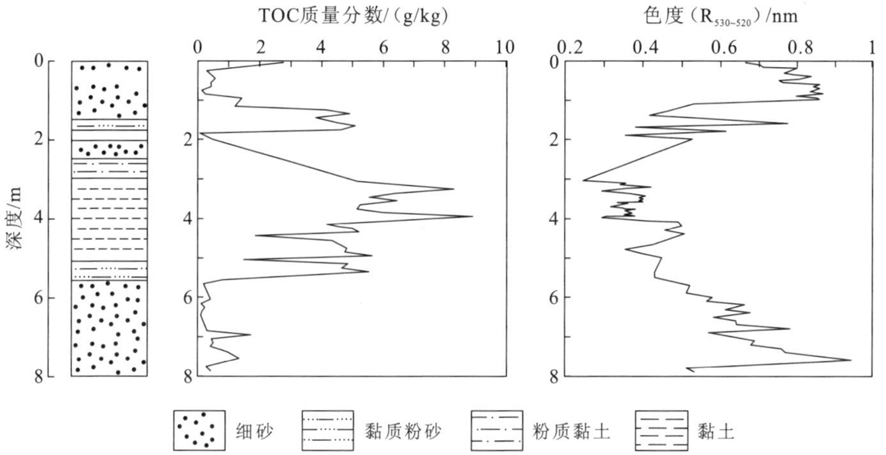

图 5-4-1　沉积物中 TOC 质量分数及色度随深度及岩性变化图

2. 不同提取态有机物含量特征

利用两种溶液提取出沉积物中的有机物，测量其有机碳含量，可直观地反映沉积物中可氧化的有机物含量。WEOM 的 TOC 质量分数范围为 2.57～72.7 mg/kg，平均值为 19.5 mg/kg，明显低于 SEOM（8.54～128 mg/kg，平均值为 50.1 mg/kg），且两者之间相差 3～5 倍。该结果与黄爽兵等的研究结果一致，他们测得 SEOM 中 TOC 含量高出 WEOM 约 2～5 倍（Huang et al., 2015）。由此表明，SEOM 具有更强的活性。

比较两种提取态有机物 TOC 质量分数随深度的变化，可以发现两者呈现相似的规律，深度小于 1 m 及大于 5.5 m 的沉积物为粉细砂，小于 1 m 的两种提取态有机物 TOC 质量分数较高，并随深度的增大而逐渐减小（图 5-4-2）。这是由于采样点位于湿海子附近，可能与湖泊中沉积的生物碎屑有关。在 1 m 处 TOC 质量分数变大，主要是该深度以下出现黏土的原因。黏土矿物具有更大的比表面积和负电荷，能够吸附大量的有机物质，从而使得黏土中有机物的含量更加丰富。

3. 荧光光谱指标及指示意义

为进一步探讨 SOM 的来源特征属性，采用生物源指数（BIX）、腐殖化指数（HIX）、荧光指数（FI）和芳香度指数（$SUVA_{254}$）来研究沉积物中 OM 的特征。

腐殖质的形成与 C/H 的增加有关，BIX 和 HIX 均可用于判断沉积物中 OM 的成熟度。由图 5-4-3 看出，四种荧光指数中，BIX 和 HIX 与沉积物岩性呈现出一定的规律。Huguet 等（2009）表示：BIX＞1 时，代表生物或细菌引起的自生来源，包括浮游植物和细菌的有机降解产物等，而当 BIX 值介于 0.6～0.7 时，则表示

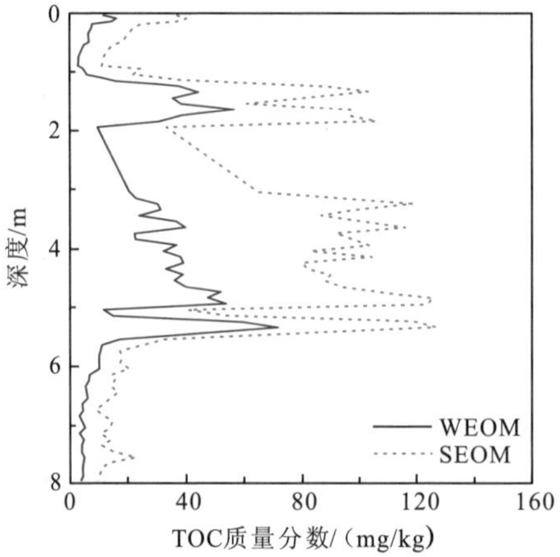

图 5-4-2　两种提取态有机物 TOC 质量分数垂向变化图

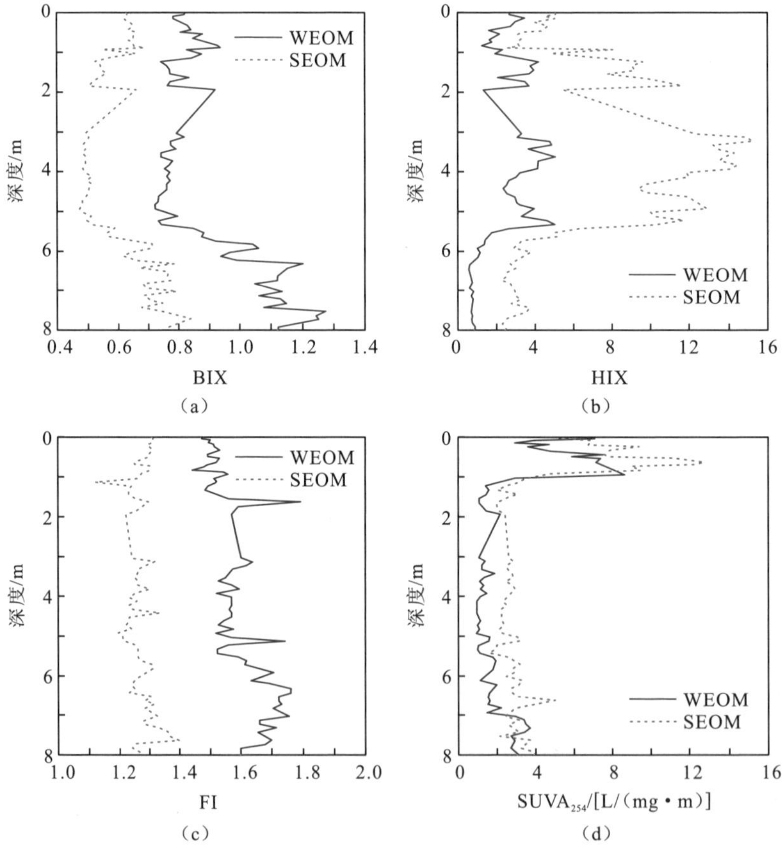

图 5-4-3　两种提取态有机物光谱指数[BIX（a）、HIX（b）、FI（c）、$SUVA_{254}$（d）]随深度变化图（李晓萌 等，2017）

为陆源输入或受人类影响较大；HIX<4 时，DOM 以生物活动为主，腐殖化程度较弱；HIX 值介于 10～16 时，是陆源腐殖化有机物的重要标志。本研究区域沉积物中 WEOM 的 BIX 范围为 0.72～1.28，平均值为 0.89；SEOM 的 BIX 范围为 0.47～0.84，平均值为 0.60。WEOM 的 HIX 范围为 0.53～5.08，平均值为 2.34；SEOM 的 HIX 范围为 2.19～15.22，平均值为 6.98。不同深度不同岩性指标差异较大。

相比于深度小于 1 m 的细砂层，深度大于 5.5 m 的细砂层 EOM 的 BIX 值更大并随深度呈现递增的趋势，HIX 值更小并随深度呈现递减的趋势，说明沉积时间越长，细砂层生物细菌的活动加强，沉积物 EOM 属微弱腐殖质特征，且以自生源为主。深度在 3～5.5 m 的黏土层 EOM 的 BIX 值较小，HIX 值较大，且随深度的变化不大，说明黏土层中的有机物更不易被降解，从而导致腐殖化程度偏高，稳定性较高，随着沉积时间的增加，仍然能够长期保留在沉积物中。

荧光指数 FI 值可用于判断 EOM 的陆地来源和微生物来源。FI 值随深度的增加及岩性的不同，没有明显的变化（图 5-4-3）。McKnight 等（2001）表示，FI 值接近于 1.9 表明 DOM 为微生物来源，主要来源于微生物代谢等过程；接近于 1.4 则表示是陆地沉积物来源，陆源占主要贡献。WEOM 的 FI 范围为 1.43～1.81，平均值为 1.59；SEOM 的 FI 范围为 1.11～1.40，平均值为 1.27。说明该研究区沉积物中 WEOM 可能以微生物来源为主，而 SEOM 以陆源为主。其中，WEOM 在深度小于 1 m 内 FI 值在 1.5 左右，其余均在 1.6 左右，近地表 FI 值较小是因为表层光降解较为强烈，其主要来源还是微生物活动。

芳香度指数 $SUVA_{254}$ 可以用来说明 DOC 的芳香性，是判定 DOC 腐殖组分很好的一个指标（Weishaar et al., 2003）。WEOM 的 $SUVA_{254}$ 范围在 0.92～8.79 L/(mg・m)，平均值为 2.44 L/（mg・m）；SEOM 的 $SUVA_{254}$ 范围为 1.52～12.62 L/（mg・m），平均值为 3.94 L/（mg・m）。$SUVA_{254}$ 值在深度小于 1 m 时较大，大于 1 m 后开始变小，并基本保持不变（图 5-4-3）。由此可以看出，近地表沉积物中所含有的芳香性有机碳或共轭不饱和双键比例更高一些；深层沉积物中 DOM 主要是由碳水化合物组成，芳香族有机物较少，分子结构较为简单。

总体上来看，WEOM 的 BIX 值高于 SEOM［图 5-4-4（a）］，WEOM 的 HIX 值低于 SEOM［图 5-4-4（b）］，WEOM 的 FI 值高于 SEOM［图 5-4-4（c）］。根据这三个荧光指数可以初步判定，WEOM 主要为微生物自生来源，SEOM 主要为陆地来源。HIX 与 BIX 均可反映 OM 来源，两者之间呈现出较好的负相关关系（图 5-4-5），当 BIX 较大时，HIX 应较小，即 OM 以生物来源为主时，其他来源 OM 相对较少。研究结果与以往研究沉积物有机质的结果相似，即 WEOM 是可溶有机质，充当沉积物生物群不稳定的 OM 池（Reemtsma et al., 1999），而

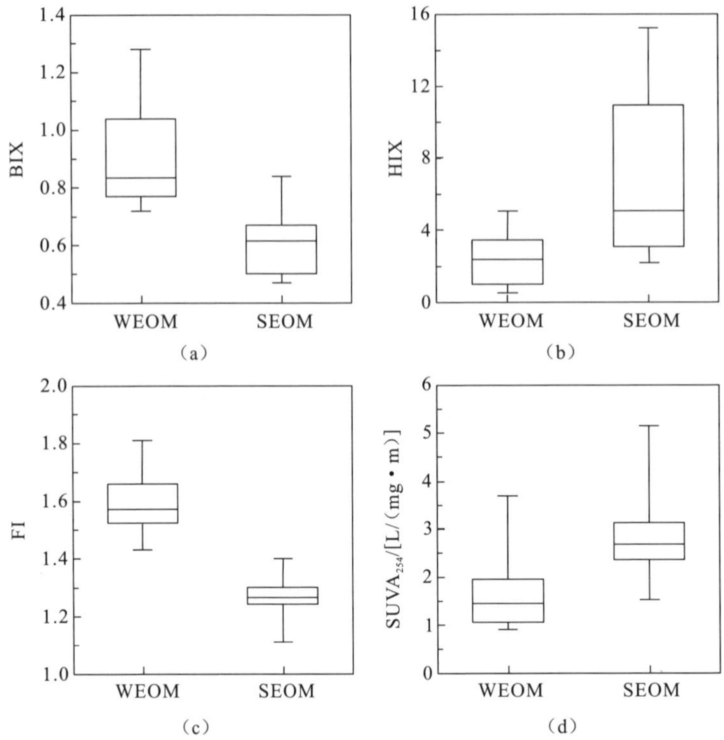

图 5-4-4　WEOM 和 SEOM 的 HIX（a）、BIX（b）、FI（c）和 $SUVA_{254}$（d）盒状晶须图（李晓萌 等，2017）

$SUVA_{254}$ 不包含 1 m 以上的值；盒子的上线是上四分位数、下线是下四分位数，中间的黑线为中值；两个晶须端表示最大值和最小值

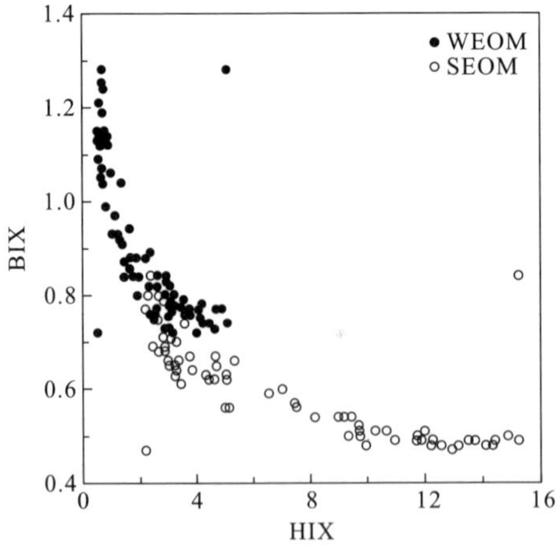

图 5-4-5　BIX 和 HIX 之间的相关关系图（李晓萌 等，2017）

SEOM 是相对难降解组分，补充微生物消耗的可溶有机质（Jones and Willett, 2006; Chapman et al., 2001）。由此可以解释 WEOM 中 OC 含量较低是因为 WEOM 中微生物活动加强，促进了微生物对 OC 的消耗，从而减少了 OC 的积累。此外，WEOM 的 $SUVA_{254}$ 值低于 SEOM［图 5-4-4（d）］，说明 SEOM 具有较高的芳香性水平，含有更多芳香结构的腐殖化成分，腐殖化程度更强。SEOM 的高腐殖化、高芳香性有利于 DOM 的迁移（何小松 等, 2016）。而 WEOM 的腐殖化程度和芳香性低，有利于 DOM 的厌氧降解，从而导致 DOC 含量较低。

4. 三维荧光光谱及荧光信号强度

根据 WEOM 和 SEOM 的三维荧光光谱图，可以发现 WEOM 和 SEOM 在不同深度上出现三个荧光峰，与前人已报道 DOM 组分的特征荧光峰（Chen et al., 2003a; Coble, 1996）（表 5-4-1）进行对比，鉴定出这三种荧光 DOM 组分（图 5-4-6）：A 为类腐殖酸，B 为类富里酸，C 为色氨酸组分（图 5-4-6），推测 C 是由氨基酸或蛋白质中有机成分组成的，类蛋白荧光峰与 DOM 中的芳环氨基酸结构有关。腐殖质通过微生物和植物前体的降解而形成，并在陆地和水生环境中的天然有机物中占重要比例。腐殖质具有氧化还原活性，在厌氧微生物呼吸中可以作为终端电子受体。WEOM 和 SEOM 在所有深度上都存在 A 峰和 B 峰，且 A 峰荧光强度低于 B 峰，说明沉积物中的类腐殖酸组分低于类富里酸组分。此外，SEOM 的荧光峰强度高于 WEOM，说明 SEOM 中所含腐殖质组分高于 WEOM。在大部分粉细砂的 WEOM 和 SEOM 中可见 C 峰，但荧光峰强度有高有低，且出现位置不定，没有一定的规律，这可能是由于 OM 混合荧光信号掩盖了含量低的组分，也可能与沉积物本身质地有关，色氨酸成分非连续地分布于沉积物中。

表 5-4-1　前人研究中报道的荧光峰成分

组分编号	最大激发波长/ nm	最大发射波长/ nm	荧光成分类型
I	270～290	300～320	酪氨酸类蛋白质（Coble, 1996）
II	270～290	320～350	色氨酸类蛋白质（Coble, 1996）
III	220～250	380～550	类富里酸（Chen et al., 2003a, b）
IN	250～400	280～380	溶解性微生物代谢产物（Chen et al., 2003a, b）
V	250～400	380～550	类腐殖酸（Chen et al., 2003a, b）

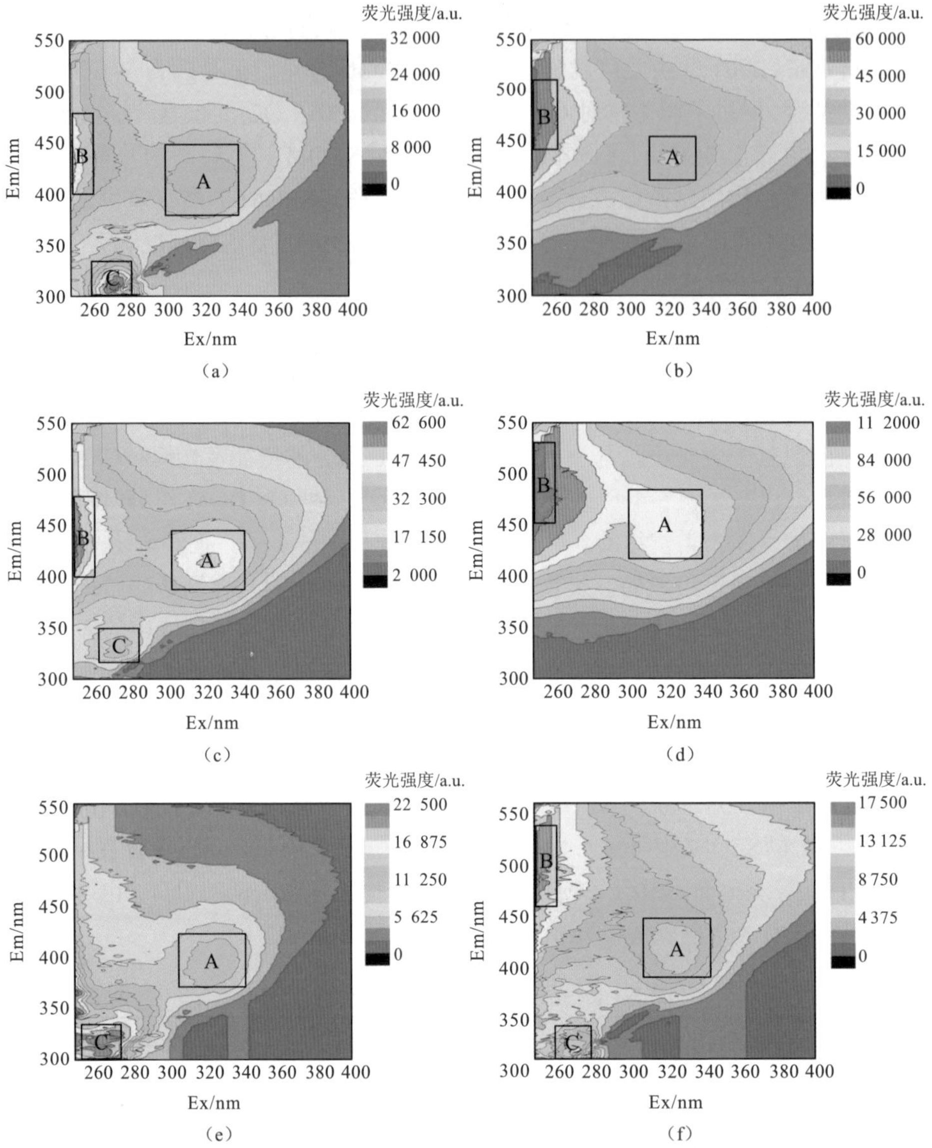

图 5-4-6　代表性样品的 WEOM、SEOM 三维荧光光谱图（李晓萌 等，2017）

（a）、（c）、（e）分别为 WEOM 在 1 m、4 m、8 m 处的光谱图，（b）、（d）、（f）分别为 SEOM 在 1 m、4 m、8 m 处的光谱图

图 5-4-6 分别显示了#2 钻孔 1m、4m、8m 处的沉积物不同提取态有机物的三维荧光光谱图。其中 1m［图 5-4-6（a）、图 5-4-6（b）］和 8m［图 5-4-6（e）、图 5-4-6（f）］处的沉积物为粉细砂，4m［图 5-4-6（c）、图 5-4-6（d）］处沉积物为黏土。由此可见，黏土中的荧光强度更高一些，粉细砂随着深度的增大，荧光

强度逐渐减弱。不同粒径的沉积物颗粒具有不同的比表面积和质量，从而表现出不同的特征，黏土矿物的比表面积较大，对化学组分有较强的吸附能力，因此腐殖质质量分数较高。

由于峰 B 最大荧光强度的具体位置不能够确定，峰 C 的出现无明显规律，这里不做过多讨论。为探讨荧光 OM 特性和两种提取态有机物含量之间的关系，对三维荧光光谱荧光峰 A 的最大荧光强度进行提取，考察最大荧光强度和 WEOC、SEOC 之间的关系。由此可见，两种提取态有机物的 OM 来源虽然不同，但荧光强度和 OC 呈现良好的正相关关系（图 5-4-7）。OM 的荧光强度可能与 OC 中的荧光有机质部分有关，荧光 OM 是主要的溶解性有机物，其相对含量的变化也可以解释有机物浓度的变化趋势。

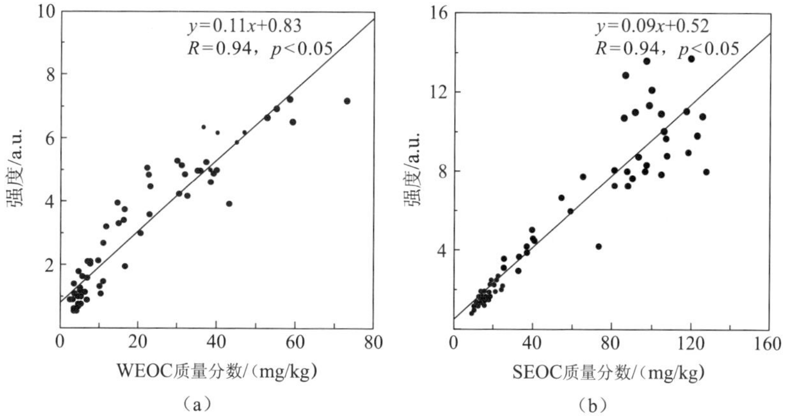

图 5-4-7　两种提取态有机物 OC 质量分数与 A 峰最大荧光强度的相关关系图（李晓萌 等，2017）

（a）WEOM；（b）SEOM

5. 不同提取态有机物的水文地球化学意义

由上述可知，沉积物中有机质的含量和组成十分丰富，沉积物有机质可反映沉积物所处的水文地球化学环境。

湖泊沉积物中有机质主要有两大来源：内源的湖泊水生植物或外源的由入湖水流带入的陆源生物。结合 WEOM 和 SEOM 的荧光光谱指标和三维荧光光谱的特征可知，研究区内 WEOM 与微生物来源有机质更为相关；而 SEOM 是陆源腐殖化有机物的代表。两种提取态有机物均含有腐殖质组分及蛋白质组分，并且类富里酸高于类腐殖酸组分。有机质多为现代生物残体和水生生物机体经过生物化学作用代谢的产物。WEOM 代表沉积物中可生物降解的不稳定 OM 池；SEOM 代表沉积物中相对难降解组分。对于近地表的沉积物，好氧微生物较为活跃，生源性 OM 组分丰富。

研究区处于山前冲洪积平原向冲湖积平原过渡的区域，地势较为平坦，邻近地下水排泄区，地下水流动缓慢，浅层多以细砂与黏土互层。第四纪沉积物主要为湖相泥砂质沉积物，晚更新世以来，由于黄河的水动力分异作用，沉积层在垂向上出现沉积物粒度由细到粗的双层结构。该研究中的沉积物主要为全新统（Q_4）为主的湖积物，多以黏砂土、砂黏土以及黏土为主，局部为粉细砂。而上部的黏土层 OC 含量较高，微生物可利用的碳源随之增加，促进微生物的分解作用，并消耗氧气，从而形成有利于地下水中 As 富集的还原环境。此外，所研究钻孔位于常年性湖的水位波动带上，由于受湖泊环境的影响，表层沉积物富含各种水生生物。尽管 WEOM 中 OC 含量低于 SEOM，但是 WEOM 易于被微生物利用，微生物降解有机物消耗氧气，促进还原环境的形成，从而导致铁锰氧化物的还原以及地下水 As 的富集。虽然 SEOM 难于降解，但可与 As 形成竞争吸附或螯合物，也可与 As 共同沉积；竞争吸附作用或螯合作用下，OC 可促进 As 从沉积物释放到地下水中。

地下水中有机物的类型和丰度，也决定着某些元素的聚集和迁移。在这一方面，仍需进一步讨论。

5.4.2 江汉平原

1. DOM 的光谱特征

江汉平原地下水的 DOC 质量浓度没有显著的变化，平均质量浓度为（2.32 ± 0.65）mg/L（平均值和标准偏差，简称 M ± STD）；地表水有更高的 DOC 质量浓度，约为 5.21 mg/L（表 5-4-2）。大部分地下水样品，BIX 范围为 0.8～1（M ± STD，0.94 ± 0.03）和 HIX 范围在 4～6（M ± STD，5.26 ± 1.10），这指示弱腐殖特性和强烈原生组分（Huguet et al., 2009）。与地下水对比，较高 BIX 和较低的 HIX 值（表 5-4-2）表明，地表水有更原生的成分或水生生物 DOM（Huguet et al., 2009）。他们之间的 SUVA 和 $S_{275\sim295}$ 也表现出相似的差异。大部分地下水样品具有较高的 SUVA（M ± STD，4.35 ± 1.10）和较低的 $S_{275\sim295}$（M ± STD，0.15 ± 0.003）（表 5-4-2），表明地下水比地表水样品更具有芳香性和更高分子量（Helms et al., 2013; Weishaar et al., 2003）。由于 S18 和 S19 的 DOC 质量浓度、光谱特性和化学特性与地下水中的都不同，它们被视为该区域具有代表性的地表水样品。

表 5-4-2　地下水有机物和沉积物提取态有机物的光谱学参数

指标	地下水（n=17）			地表水（n=2）			WEOM （n=4）			SEOM（n=4）		
	平均值	最小值	最大值	平均值	最小值	最大值	平均值	最小值	最大值	平均值	最小值	最大值
DOC/(mg/L)	2.32	1.47	3.9	5.21	4.77	5.64	5.41	2.7	10.2	11.8	5.8	16.4
SUVA/[L/(mg·m)]	4.35	2.74	6.4	3.38	3.28	3.47	3.17	2.03	4.33	6.58	4.87	9.37
$S_{275\sim295}$/nm^{-1}	0.015	0.009 2	0.021	0.018 1	0.017 3	0.018 8	0.015	0.009 6	0.022 9	0.009 2	0.006 5	0.013 6
HIX	5.26	2.71	7.5	3.44	3.4	3.47	1.77	1.3	2.92	6.45	4.1	7.6
BIX	0.94	0.88	1.0	1.02	1.01	1.03	1.03	0.95	1.1	0.68	0.64	0.77

江汉平原含水层沉积物 SEOM 中 DOC 质量浓度（5.77～16.42 mg/L）均高于 WEOM(2.7～10.2 mg/L)(表 5-4-2)，反映了 SEOM 提取物更强的侵蚀能力。SEOM 溶液具有较高的 HIX 和 SUVA 值，以及较低的 $S_{275\sim295}$ 和 BIX（表 5-4-2）。相反，WEOM 溶液具有较低的 HIX 和 SUVA 及较高的 $S_{275\sim295}$ 和 BIX（表 5-4-2）。这表明，SEOM 有较高的腐殖化和芳香性水平以及较高的分子量，而 WEOM 的特点是具有更多微生物相关的 OM 以及更低分子量。此外，SEOM 的 HIX 范围在 4.13～7.61，WEOM 的 BIX 变化接近 1，这表明 SEOM 是类胡敏素（humin like material, HLM）的代表，而 WEOM 更具有微生物相关组分（microbial associated molecule, MAM）（Huguet et al., 2009）。研究结果与以往研究土壤有机质的结果相似，即假定 WEOM 是可溶有机质，充当土壤生物群不稳定的 OM 库（Reemtsma et al., 1999），而 SEOM 是相对难降解组分，补充微生物消耗的可溶有机质（Jones and Willett, 2006; Chapman et al., 2001）。

将 E-SOM 和 GDOM 之间选定的不同范围的光谱参数做比较，来评估它们的光学和化学性质的一致性。从图 5-4-8 中可以明确看出两种 E-SOM 的 GDOM 光谱接近。在 GDOM 的 HIX 远高于 WEOM，但接近于 SEOM［图 5-4-8（a)]，表明地下水中腐殖物质与沉积物中耐溶 HLM 有更密切的联系。相比之下，地下水比 SEOM 具有更高的 BIX 和 $S_{275\sim295}$，但比 WEOM 略低［图 5-4-8（b)（c)]。资料表明，GDOM 与微生物的联系和 WEOM 相当，其分子量分布更接近 WEOM 分子。最后，GDOM 的 SUVA 值在 WEOM 和 SEOM 之间［图 5-4-8（d)]，这表明 GDOM 的芳香性与 E-SOM 相似。

2. EEM-PARAFAC 分析

通过 PARAFAC 模型成功获得了四种 E-SOM 和 GDOM 荧光组分[图 5-4-9(a)]。前三组为腐殖类物质，其中 C1 和 C3 的特点是陆源有机物，而 C2 的特点是生物/微生物源有机物，C4 为色氨酸组分，推测是由氨基酸或蛋白质中有机组分组成的（Murphy et al., 2008）。PARAFAC 组分的峰值和特性的详细描述见表 5-4-3。

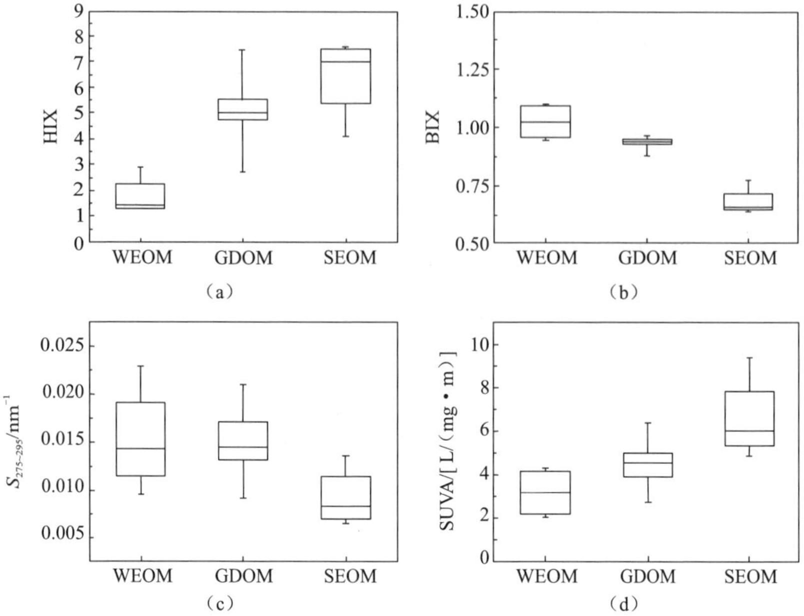

图 5-4-8 GDOM、WEOM 和 SEOM 的 HIX（a）、BIX（b）、FI（c）和 SUVA（d）盒状晶须图（Huang et al., 2015）

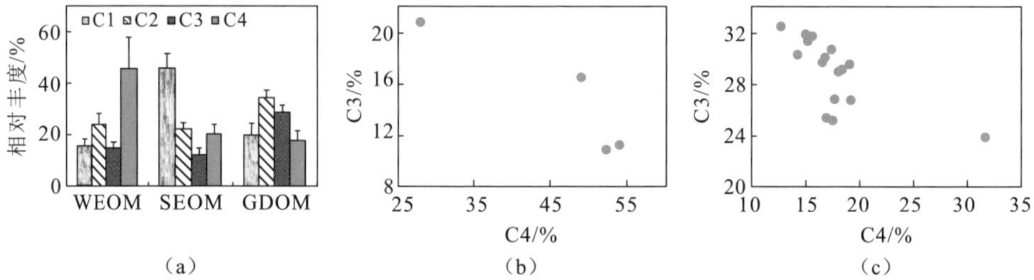

图 5-4-9 有机物的荧光组分相对分布特征（a），WEOM 的 C3 和 C4 关系图（b），GDOM 的 C3 和 C4 关系图（c）（Huang et al., 2015）

表 5-4-3 平行因子分析所得到的四种因子及其与前人研究结果的比较

组分	波长*/nm	DOM 组分及前人描述	本研究中的含义
C1	270（360）/450	A：250/450，类腐殖酸成分（Coble, 1996） C4：250（360）/440，富里酸荧冠团（Stedmon and Markager, 2005）	陆源腐殖质
C2	≤250（300）/382	Q3：b250(300)/388，醌、微生物来源(Cory and McKnight, 2005） C6：325（b260）/385，生物或微生物类腐殖酸成分（Yamashita et al., 2008）	生物或微生物陆源腐殖质

续表

组分	波长*/nm	DOM 组分及前人描述	本研究中的含义
C3	<250（342）/434	C2：345/433，陆源腐殖质（Yamashita et al., 2008） C1：340/440，陆源腐殖质（Cory and McKnight, 2005）	陆源腐殖质
C4	274/340	T：275/340，色氨酸（Coble, 1996） P7：280/342，氨基酸、蛋白质（Murphy et al., 2008）	类色氨酸荧光团，氨基酸、蛋白质

*波长数据为 Ex/Em。

较长波长（即红移）的荧光峰值通常与有机质的结构凝聚与聚合有关（Lee et al., 2015; Chen et al., 2003a, b）。Hur 和 Kim（2009）也表明，较长发射波长的荧光特征在大分子量腐殖质组分的 EEM 更明显。因此，在四个已经识别的荧光组分中，陆源腐殖质 C1 荧光可能与凝聚结构和大分子物质有关，表明其相对更难以微生物降解，而色氨酸 C4 具有较低的凝聚度和更不稳定的荧光基团。E-SOM 溶液也具有类似的荧光组分分布。C4 和 C1 在 WEOM 和 SEOM 中的相对丰度最高，这与以前研究的两种提取有机物的显著特点非常一致，分别为：提取的可溶性有机质 WEOM 可作为土壤生物群的直接利用的、不稳定的有机质（Reemtsma et al., 1999）；SEOM 代表与矿物结合的难降解组分（Chapman et al., 2001）。GDOM 中，中等耐降解组分 C2 和 C3 的丰度比 C1 和 C4 更高［图 5-4-9（a）］，可以归因于它们的相对稳定性，而较低的 C1［图 5-4-9（a）］是由于较强的难降解性降低了其移动性。

通过 PARAFAC 得到四种荧光组分，这四种组分在所有 SEOM 和 GDOM 样品中普遍存在［图 5-4-9（a）］，主要原因是 SEOM 和 GDOM 样品之间 DOM 组分的相似性。尽管在其他组分中有高强度，甚至是经过验证的 PARAFAC 模型，一些样品某个荧光组分仍然会完全失去，这被归因于 DOM 源的显著性差异（Chen et al., 2010）。四种荧光组分相对一致的是沉积物和地下水有机物组成共存的证据。此外，GDOM 和 E-SOM 荧光组分的内部关系呈现不同。例如，在地下水中 C3 与 C4 呈现负相关［图 5-4-9（c）］，这与 Chen 等（2010）观察到的结果一致。他认为色氨酸组分是其他组分的降解产物（这里的 C3）。在 WEOM 和 SEOM 中观察到这种负相关关系［图 5-4-9（b）］，表明从沉积物到地下水中荧光 DOM 组分没有发生变化。这种继承关系也表明 GDOM 和 SOM 之间相似的 DOM 组分。

3. 使用光谱参数的主成分分析

获得的前两个主成分，分别占参数变化值的 82%和 75.5%，可以得到变化趋势的定量解释。从图 5-4-10 可以看出，载荷因子的 8 个参数总体上呈稀疏分布，占据了 PCA 的四个象限。若加入 E-SOM 样品（PCA1），正负荷被因子 1（PCA1）

的 BIX 和 $S_{275\sim295}$ 以及因子 2（PCA2）的蛋白质类 C4 共享［图 5-4-10（a）］，而 PCA1 和 PCA2 的 SUVA、腐殖质 C1 和 HIX 分别表现出显著的负荷载［图 5-4-10（a）］。相比之下，腐殖质 C2 和 C3 给 PCA2 提供略低的负荷载，给 PCA1 提供中等负荷［图 5-4-10（a）］。因此，参数组，即“BIX、$S_{275\sim295}$ 和 C4”、“SUVA、C1 和 HIX”可以看作是平行的对角线［图 5-4-10（a）］，这分别表示低分子量 MAM（LMAM）和高腐殖化 HLM（HHLM）。相应地，位于中间的 C2 和 C3 组代表相对稳定的、中间腐殖化 HLM。沿对角线的垂直方向，WEOM 和 SEOM 样品位于外部边界上，表明 LMAM、HHLM 和水样在两分隔的区域内［图 5-4-10（a）］。因此，一个地下水（G7）和两个地表水样品（S18，S19）被归类为 LMAM 区域 I［图 5-4-10（a）］，三个地下水样品为 HHLM 区域 III［图 5-4-10（a）］。其他的介于两者之间的为具有中等 HLM 的地下水［图 5-4-10（a）区域 II］。

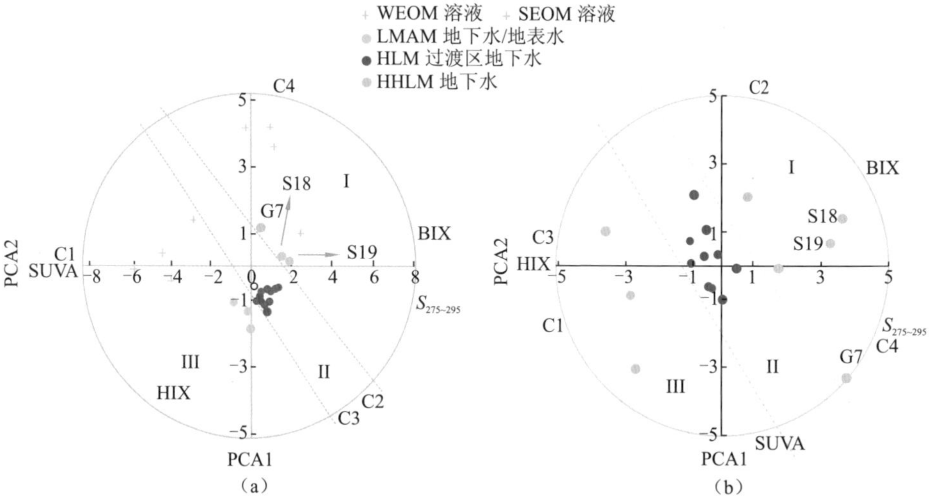

图 5-4-10　两个主成分分析的因子载荷和样品得分（Huang et al., 2015）

（a）包括水样 DOC 和沉积物的 WEOM 和 SEOM 的数据；（b）只包括水样的 DOC 数据

若不加入 E-SOM 样品进行主成分分析（PCA2），得到较高分辨率的样品得分［图 5-4-10（b）］。与 PCA1 的两组参数相似，即“$S_{275\sim295}$、BIX、微生物来源的腐殖质 C2 和蛋白类 C4”和“腐殖质 C1 和 C3、HIX 和 SUVA”，分别说明 LMAM 和 HHLM。因此，水样的主成分分析图与 PCA1 类似，均与 DOM 特性定义的分类领域有关。不难看出，在 PCA2 的水样组与 PCA1 中的相应组一致。

在 PCA 图中样本组可以反映 DOM 性质，该性质主要由 PARAFAC 组分和特征光谱指数进行表征，可能由 DOM 源强度和成岩作用控制（Chen et al., 2010; Zhang et al., 2009）。PCA1 显示，WEOM 和 SEOM 被视为两个特征的端元，即

LMAM 和 HHLM，因为 E-SOM（WEOM 和 SEOM）样品落在区域 I 和 III，分别指示 LMAM 和 HHLM 特性［图 5-4-10（a）］。中间域 II 中的地下水样品明显表示为 LMAM 和 HHLM 的 DOM 混合。在含水层条件下，由于水流量的高流动性和（或）有利于微生物利用的性质，不稳定的 MAM 极易消失（Reemtsma et al., 1999），而由轻度的成岩作用提供的 HHLM 不及强烈化学提取出的多。因此，源强和（或）GDOM 的不稳定应该在两个 E-SOM 特征端元中平衡。这种情况体现 GDOM 和 E-SOM 之间荧光组分的相对丰度分布［图 5-4-9（a）］，这可能与不同稳定性的组分（C1～C4）对含水层环境的不同反映有关。

PCA2 图中地下水样品的位置［图 5-4-10（b）］表明，GDOM 具有从区域 III 中的 HHLM 向区域 I 中的 MAM 过渡的趋势。区域 III 中的地下水样品表现出较高的 HIX，较低的 BIX 和更耐降解的腐殖成分载荷（C1），而区域 I 的水样品具有更高的 BIX、更低的 HIX 和更多的活性成分载荷（C4）［图 5-4-10（b）］。整体来说，GDOM 这种从陆源较高的分子量 HHLM 到 LMAM（如蛋白质等）小分子的转变模式可能是由生物过程所导致。两个地表水表现出较强的微生物特征（图 5-4-10），这可以归因于水生生物的代谢与光降解的矿化作用（Osburn et al., 2009; Zhang et al., 2009）。生物效应可从生长繁茂的绿色藻类得到佐证。类似的生物降解作用在湖泊环境中也有过报道（Zhang et al., 2009）。对于 GDOM，生物降解被认为是主要的矿化作用，对地下环境中 DOM 的改变产生影响（Chen et al., 2010）。

4. 地下水化学和 GDOM 动力学指标

江汉平原高砷地下水是 HCO_3-Ca 型水，pH 接近中性。主要离子浓度、pH 和 EC 值表明地下水为淡水（Zhou et al., 2013）。HCO_3^- 和 Ca^{2+} 质量浓度范围分别为 474～741 mg/L 和 117～171 mg/L，表明碳酸盐矿物发生了溶解（Verplanck et al., 2008）。地下水普遍为还原环境，其 DO 质量浓度极低（0.32 ± 0.23）mg/L，Eh 主要为负值［M ± STD，（−94.1 ± 54.8）mV］。地下水中以还原性组分为主，包括溶解硫、氨和总磷。

水文地球化学上看，由于水岩相互作用，水化学成分随地下水滞留时间增大其浓度升高是含水层沉积物/矿物的连续供应的结果（Verplanck et al., 2008）。HIX 和 EC 之间的正相关关系表示［图 5-4-11（a）］，腐殖质成分随地下水滞留时间增加。具体来说，腐殖质 C1 和 EC［图 5-4-11（b）］之间较强的正相关（R=0.71，p<0.01）表明，腐殖质 C1 从含水层沉积物基质释放。由图［5-4-11（a）］中 HIX 分布的比较看出，这个假设与 GDOM 中的 HIX 与 SEOM 较于 WEOM 更为接近相符。同样，BIX 与 EC 的负相关关系［图 5-4-11（c）］表明，地下水的 MAM 是不稳定的，并且随停留时间增加而消失。

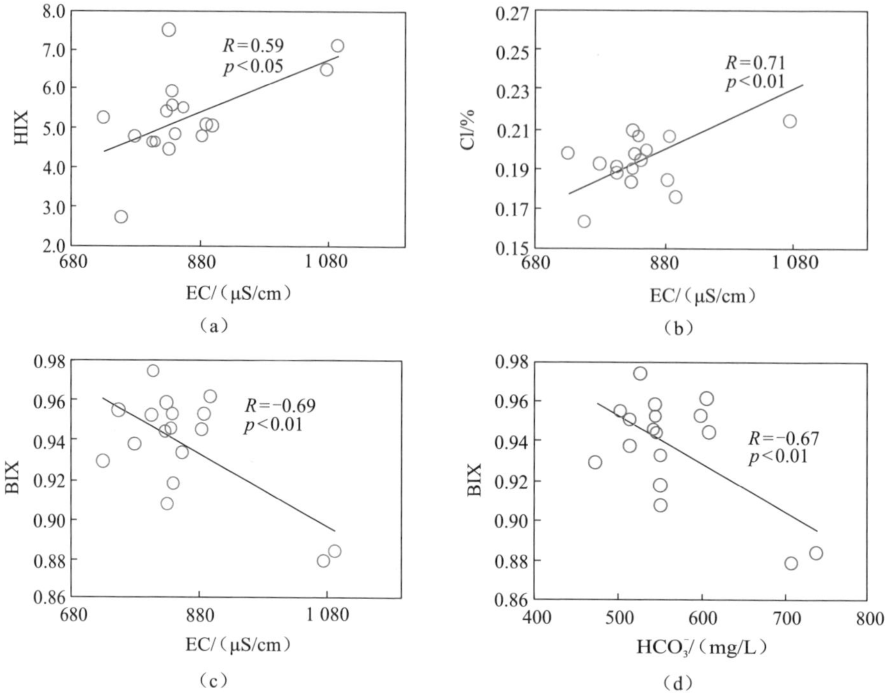

图 5-4-11　HIX 与 EC（a）、C1 与 EC（b）、BIC 与 EC（c）、BIX 与 HCO_3^-（d）之间的相关性图（Huang et al., 2015）

如上所述，地下水含高浓度的 HCO_3^-，在地下淡水中占离子总量很高。HCO_3^- 的生成涉及矿物风化（Gaillardet et al., 1999），与停留时间和有机物的生物降解有关（Stumm and Morgan, 2012）。地下水的 BIX 和 HCO_3^- 之间的负相关关系［图 5-4-11（d）］反映出，地下水 MAM 的两个动力学方向：①随着矿物风化作用/停留时间增加，MAM 被消耗，这也可以通过与 EC 的关系得到支持；②MAM 的减少主要是由生物降解造成的。无论这两个过程对于生成 HCO_3^- 分别有多重要，有机物的生物降解已被证实有助于形成地下水的还原条件（黄爽兵 等，2013）。另外，有较高 BIX 的样品通常有更小的分子量，与低分子量有机质有利于微生物降解的事实相符（McLauchlan and Hobbie, 2004）。

有机质微生物降解的推测也受地下水中营养成分的支持。NH_4^+、溶解硫化物和磷在不同程度上与荧光组分呈正相关关系（表 5-4-4）。这些对应的元素对陆地土壤/沉积物腐殖质组分很重要。固定的有机物通过微生物矿化转化成溶解相（Longnecker and Kujawinski, 2011; Haynes, 1986）。地下水中这些营养物质的共存以及它们与荧光类腐殖质组分之间的关系（表 5-4-4）表明，从它们腐殖质的沉积先驱体共同释放到地下水。三种腐殖质组分（C1～C3）与 NH_4^+ 的强相关性（表 5-4-4）支持了这一假设。此外，沉积物的氮形态分析表明，凯氏氮（一种在氨基中的富氮物种可以转化为铵离子）占总氮的 93%以上。这些结果表明，含水系统具备了一个基本条件，即从沉积物中结合的腐殖物质通过异养微生物的氨化过程导致 NH_4^+ 的释放（Haynes, 1986）。

表 5-4-4　NH_4^+、HS^-、P 和荧光组分之间的相关性矩阵

	NH_4^+	H_2S	P	C1	C2	C3	C4
NH_4^+	1						
HS^-	0.525*	1					
P	0.524*	0.383	1				
C1	0.805**	0.568*	0.551*	1			
C2	0.839*	0.632**	0.558*	0.942**	1		
C3	0.848*	0.533*	0.451	0.937**	0.955**	1	
C4	0.780**	0.580*	0.34	0.815**	0.832**	0.789**	1

** 表示 0.01 的显著性。* 表示 0.05 的显著性。

参 考 文 献

甘义群, 王焰新, 段艳华, 等, 2014. 江汉平原高砷地下水监测场砷的动态变化特征分析[J]. 地学前缘, 21(4): 37-49.

何品晶, 徐延春, 吕凡, 等, 2016. 芬顿和双氧水紫外处理稳定渗滤液的光谱特征[J]. 同济大学学报:自然科学版, 44(2): 249-254.

何小松, 张慧, 黄彩红, 等, 2016. 地下水中溶解性有机物的垂直分布特征及成因[J]. 环境科学, 37(10): 3813-3820.

黄爽兵, 王焰新, 刘昌蓉, 等，2013. 含水层中砷活化迁移的水化学与 DOM 三维荧光证据[J]. 地球科学(中国地质大学学报), 38(5): 1091-1098

李军, 王正辉, 程晓天, 等, 2003. 山西省应县地方性砷中毒流行病学及环境中氟砷含量关系的调查[J]. 中华地方病学杂志, 22(s1): 473-475.

李晓萌, 郭华明, 王奥. 沉积物盐溶性和水溶性有机物特征及意义[J]. 水文地质工程地质, 2017, 44(2): 40-47.

王磊, 张小龙, 2014. 河套盆地白垩系—古近系地层体系及烃源岩评价[J]. 地下水, 36(6): 236-282.

王焰新, 郭华明, 阎世龙, 等, 2004. 浅层孔隙地下水系统环境演化及污染敏感性研究:以山西大同盆地为例[M]. 北京：科学出版社.

周殷竹, 郭华明, 逯海. 高砷地下水中溶解性有机碳和无机碳稳定同位素特征[J]. 现代地质, 2015, 29(2): 252-259.

AKAI J, IZUMI K, FUKUHARA H, et al., 2004. Mineralogical and geomicrobiological investigations on groundwater arsenic enrichment in Bangladesh[J]. Applied geochemistry, 19(2): 215-230.

AL LAWATI W M, RIZOULIS A, EICHE E, et al., 2012. Characterisation of organic matter and microbial communities in contrasting arsenic-rich Holocene and arsenic-poor Pleistocene aquifers, Red River Delta, Vietnam. Applied geochemistry, 27(1): 315-325.

ALBRO P W, 1976. Bacterial waxes[M]// KOLATTUKUDY P E, ESPELIE K E. Chemistry and biochemistry of natural waxes. Berlin: Springe:419-445.

APPELO C A J, VAN DER WEIDEN M J J, TOURNASSAT C, et al., 2002. Surface complexation of ferrous iron and carbonate on ferrihydrite and the mobilization of arsenic[J]. Environmental science and technology, 36(14): 3096-3103.

BAGHOTH, S A, SHARMA, S K, AMY, G L, et al., 2011. Tracking natural organic matter (NOM) in a drinking water treatment plant using fluorescence excitation-emission matrices and PARAFAC[J]. Water research, 45(2): 797-809.

BAUER M, BLODAU C, 2009. Arsenic distribution in the dissolved, colloidal and particulate size fraction of experimental solutions rich in dissolved organic matter and ferric iron[J]. Geochimica et cosmochimica acta, 73(3): 529-542.

BERG M, TRAN H C, NGUYEN T C, et al., 2001. Arsenic contamination of groundwater and drinking water in Vietnam: a human health threat[J]. Environmental science and technology, 35(13): 2621-2626.

BHATTACHARYA P, CHATTERJEE D, JACKS G, 1997. Occurrence of arsenic-contaminated groundwater in alluvial aquifers from Delta plains, eastern India: options for safe drinking water supply[J]. International journal of water resources development, 13(1): 79-92.

BIRDWELL J E, ENGEL A S, 2010. Characterization of dissolved organic matter in cave and spring waters using UV-Vis absorbance and fluorescence spectroscopy[J]. Organic geochemistry, 41(3): 270-280.

BRASSELL S C, EGLINTON G, 1980. Environmental chemistry-an interdisciplinary subject. Natural and pollutant organic compounds in contemporary aquatic environments[M]//ALBAIGES J. Analytical techniques in environmental chemistry. Oxford : Pergamon Press : 1-22.

BRAY E E, EVANS E D, 1961. Distribution of n-paraffins as a clue to recognition of source beds[J]. Geochimica et cosmochimica acta, 22(1): 2-15.

CAMPBELL K M, MALASARN D, SALTIKOV C W, et al., 2006. Simultaneous microbial reduction of iron(III) and arsenic(V) in suspensions of hydrous ferric oxide[J]. Environmental science and technology, 40(19): 5950-5955.

CHAPMAN P J, WILLIAMS B L, HAWKINS A, 2001. Influence of temperature and vegetation cover on soluble inorganic and organic nitrogen in a spodosol[J]. Soil biology and biochemistry, 33(7/8): 1113-1121.

CHEN J, LEBOEUF E J, DAI S, et al., 2003a. Fluorescence spectroscopic studies of natural organic matter fractions[J]. Chemosphere, 50(5): 639-647.

CHEN W, WESTERHOFF P, LEENHEER J A, et al., 2003b. Fluorescence excitation-emission matrix regional integration to quantify spectra for dissolved organic matter[J]. Environmental science and technology, 37(24): 5701-5710.

CHEN M, PRICE R M, YAMASHITA Y, et al., 2010. Comparative study of dissolved organic matter from groundwater and surface water in the Florida coastal Everglades using multi-dimensional spectrofluorometry combined with multivariate statistics[J]. Applied geochemistry, 25(6): 872-880.

CLEVELAND C C, NEFF J C, TOWNSEND A R, et al., 2004. Composition, dynamics, and fate of leached dissolved organic matter in terrestrial ecosystems: results from a decomposition experiment[J]. Ecosystems, 7(3): 175-285.

COBLE P G, 1996. Characterization of marine and terrestrial DOM in seawater using excitation-emission matrix spectroscopy[J]. Marine chemistry, 51(4): 325-346.

CORY R M, MCKNIGHT D M, 2005. Fluorescence spectroscopy reveals ubiquitous presence of oxidized and reduced quinones in dissolved organic matter[J]. Environmental science and technology, 39(21): 8142-8149.

CUMMINGS D E, CACCAVO F, FENDORF S, et al., 1999. Arsenic mobilization by the dissimilatory Fe(III)-reducing bacterium *Shewanella* alga BrY[J]. Environmental science and technology, 33(5): 723-729.

DENG Y, LI H, WANG Y, et al., 2014. Temporal variability of groundwater chemistry and relationship with water-table fluctuation in the Jianghan Plain, central China[J]. Procedia earth and planetary science, 10: 100-103.

DIDYK B M, SIMONEIT B R T, BRASSELL S C, et al., 1978. Organic geochemical indicators of palaeoenvironmental conditions of sedimentation[J]. Nature, 272(5650): 216.

DUAN M, XIE Z, WANG Y, et al., 2009. Microcosm studies on iron and arsenic mobilization from aquifer sediments under different conditions of microbial activity and carbon source[J]. Environmental geology, 57(5): 997.

EMILIE E, 2009. Behavior of Arsenic in the Jianghan Plain, China[D]. New Jersey:Prentice Hall.

ENGELEN S, FROSCH S, JØRGENSEN B M, 2009. A fully robust PARAFAC method for analyzing fluorescence data[J]. Journal of chemometrics: a journal of the chemometrics society, 23(3): 124-131.

FAROOQ S H, CHANDRASEKHARAM D, BERNER Z, et al., 2010. Influence of traditional agricultural practices on mobilization of arsenic from sediments to groundwater in Bengal delta[J]. Water research, 44(19): 5575-5588.

FARRINGTON J W, TRIPP B W, 1977. Hydrocarbons in western North Atlantic surface sediments[J]. Geochimica et cosmochimica acta, 41: 1627-1641.

FELLMAN J B, MILLER M P, CORY R M, et al., 2009. Characterizing dissolved organic matter using PARAFAC modeling of fluorescence spectroscopy: a comparison of two models[J]. Environmental science and technology, 43(16): 6228-6234.

FETTER C W , 2001. Applied hydrogeology vol. 3[M]. New Jersey:Prentice Hall.

FRYSINGER G S, GAINES R B, XU L, et al., 2003. Resolving the unresolved complex mixture in petroleum-contaminated sediments[J]. Environmental science and technology, 37(8): 1653-1662.

FREDRICKSON J K, ZACHARA J M, KENNEDY D W, et al., 1998. Biogenic iron mineralization accompanying the dissimilatory reduction of hydrous ferric oxide by a groundwater bacterium[J]. Geochimica et cosmochimica acta,

62(19/20): 3239-3257.

GAULT A G, ISLAM F S, POLYA D A, et al., 2005. Microcosm depth profiles of arsenic release in a shallow aquifer, West Bengal[J]. Mineralogical magazine, 69(5): 855-863.

GAILLARDET J, DUPRÉ B, LOUVAT P, et al., 1999. Global silicate weathering and CO_2 consumption rates deduced from the chemistry of large rivers[J]. Chemical geology, 159(1/4): 3-30.

GLEESON J, SANTOS I R, MAHER D T, et al., 2013. Groundwater-surface water exchange in a mangrove tidal creek: evidence from natural geochemical tracers and implications for nutrient budgets[J]. Marine chemistry, 156: 27-37.

GLESSNER J J G, ROY W R, 2009. Paleosols in central Illinois as potential sources of ammonium in groundwater[J]. Groundwater monitoring and remediation, 29(4): 56-64.

GRÄFE M, 2000. Arsenic adsorption on iron oxides in the presence of soluble organic carbon and the influence of arsenic on radish and lettuce development[D]. Blacksburg:Virginia Tech.

GRÄFE M, EICK M J, GROSSL P R, et al., 2002. Adsorption of arsenate and arsenite on ferrihydrite in the presence and absence of dissolved organic carbon[J]. Journal of environmental quality, 31(4): 1115-1123.

GUO H, WANG Y, SHPEIZER G M, et al., 2003. Natural occurrence of arsenic in shallow groundwater, Shanyin, Datong Basin, China[J]. Journal of environmental science and health, part A, 38(11): 2565-2580.

GUO H, TANG X, YANG S, et al., 2008a. Effect of indigenous bacteria on geochemical behavior of arsenic in aquifer sediments from the Hetao Basin, Inner Mongolia: evidence from sediment incubations[J]. Applied geochemistry, 23(12): 3267-3277.

GUO H, YANG S, TANG X, et al., 2008b. Groundwater geochemistry and its implications for arsenic mobilization in shallow aquifers of the Hetao Basin, Inner Mongolia[J]. Science of the total environment, 393(1): 131-144.

GUO H, ZHANG B, YANG S, et al., 2009. Role of colloidal particles for hydrogeochemistry in As-affected aquifers of the Hetao Basin, Inner Mongolia[J]. Geochemical Journal, 43(4): 227-234.

GUO H, ZHANG B, LI Y, et al., 2011a. Hydrogeological and biogeochemical constrains of arsenic mobilization in shallow aquifers from the Hetao basin, Inner Mongolia[J]. Environmental pollution, 159(4): 876-883.

GUO H, ZHANG B, ZHANG Y, 2011b. Control of organic and iron colloids on arsenic partition and transport in high arsenic groundwaters in the Hetao basin, Inner Mongolia[J]. Applied geochemistry, 26(3): 360-370.

GUO H, REN Y, LIU Q, et al., 2013. Enhancement of arsenic adsorption during mineral transformation from siderite to goethite: Mechanism and application[J]. Environmental science and technology, 47(2): 1009-1016.

HARVEY C F, SWARTZ C H, BADRUZZAMAN A B M, et al., 2002. Arsenic mobility and groundwater extraction in Bangladesh[J]. Science, 298(5598): 1602-1606.

HAYNES R J, 1986. Mineral nitrogen in the plant-soil system[M]. Cambridge:Academic Press: 52-126.

HEDGES J I, PRAHL F G, 1993. Early diagenesis: consequences for applications of molecular biomarkers[M]//ENGEL M H, MACKO S A. Organic geochemistry: Principles and applications. Boston:Springer: 237-253.

HELMS J R, STUBBINS A, RITCHIE J D, et al., 2008. Absorption spectral slopes and slope ratios as indicators of molecular weight, source, and photobleaching of chromophoric dissolved organic matter[J]. Limnology and oceanography, 53(3): 955-969.

HELMS J R, STUBBINS A, PERDUE E M, et al., 2013. Photochemical bleaching of oceanic dissolved organic matter and its effect on absorption spectral slope and fluorescence[J]. Marine chemistry, 155: 81-91.

HINKLE S R, BÖHLKE J K, DUFF J H, et al., 2007. Aquifer-scale controls on the distribution of nitrate and ammonium in Ground water near La Pine, Oregon, USA[J]. Journal of hydrology, 333(2/4): 486-503.

HOLBROOK R D, YEN J H, GRIZZARD T J, 2006. Characterizing natural organic material from the Occoquan Watershed (Northern Virginia, US) using fluorescence spectroscopy and PARAFAC[J]. Science of the total environment, 361(1/3): 249-266.

HORNEMAN A, VAN GEEN A, KENT D V, et al., 2004. Decoupling of As and Fe release to Bangladesh groundwater under reducing conditions. Part I: evidence from sediment profiles[J]. Geochimica et cosmochimica acta, 68(17): 3459-3473.

HUANG S, WANG Y, CAO L, et al., 2012. Multidimensional spectrofluorometry characterization of dissolved organic matter in arsenic-contaminated shallow groundwater[J]. Journal of environmental science and health, part A, 47(10): 1446-1454.

HUANG S, WANG Y, MA T, et al., 2015. Linking groundwater dissolved organic matter to sedimentary organic matter from a fluvio-lacustrine aquifer at Jianghan Plain, China by EEM-PARAFAC and hydrochemical analyses[J]. Science of the total environment, 529: 131-139.

HUGUET A, VACHER L, RELEXANS S, et al., 2009. Properties of fluorescent dissolved organic matter in the Gironde Estuary[J]. Organic geochemistry, 40(6): 706-719.

HUNKELER D, HÖHENER P, BERNASCONI S, et al., 1999. Engineered *in situ* bioremediation of a petroleum hydrocarbon-contaminated aquifer: assessment of mineralization based on alkalinity, inorganic carbon and stable carbon isotope balances[J]. Journal of contaminant hydrology, 37(3/4): 201-223.

HUR J, KIM G, 2009. Comparison of the heterogeneity within bulk sediment humic substances from a stream and reservoir via selected operational descriptors[J]. Chemosphere, 75(4): 483-490.

HUR J, LEE B M, SHIN K H, 2014. Spectroscopic characterization of dissolved organic matter isolates from sediments and the association with phenanthrene binding affinity[J]. Chemosphere, 111: 450-457.

ISLAM F S, GAULT A G, BOOTHMAN C, et al., 2004. Role of metal-reducing bacteria in arsenic release from Bengal delta sediments[J]. Nature, 430(6995): 68-71.

ISLAM F S, BOOTHMAN C, GAULT A G, et al., 2005. Potential role of the Fe(III)-reducing bacteria *Geobacter* and *Geothrix* in controlling arsenic solubility in Bengal delta sediments[J]. Mineralogical magazine, 69(5): 865-875.

JONES D L, WILLETT V B, 2006. Experimental evaluation of methods to quantify dissolved organic nitrogen (DON) and dissolved organic carbon (DOC) in soil[J]. Soil biology and biochemistry, 38(5): 991-999.

KALBITZ K, SCHMERWITZ J, SCHWESIG D, et al., 2003. Biodegradation of soil-derived dissolved organic matter as related to its properties[J]. Geoderma, 113(3/4): 273-291.

KAO C M, CHIEN H Y, SURAMPALLI R Y, et al., 2009. Assessing of natural attenuation and intrinsic bioremediation rates at a petroleum-hydrocarbon spill site: Laboratory and field studies[J]. Journal of environmental engineering, 136(1): 54-67.

KIRK M F, HOLM T R, PARK J, et al., 2004. Bacterial sulfate reduction limits natural arsenic contamination in groundwater[J]. Geology, 32(11): 953-956.

KOWALCZUK, P, DURAKO, M J, YOUNG, H, et al., 2009. Characterization of dissolved organic matter fluorescence in the South Atlantic Bight with use of PARAFAC model: Interannual variability[J]. Marine chemistry, 113(3): 182-196.

KULKARNI, H V, MLADENOV, N, JOHANNESSON, K H, et al., 2017. Contrasting dissolved organic matter quality in groundwater in Holocene and Pleistocene aquifers and implications for influencing arsenic mobility[J]. Applied Geochemistry, 77: 194-205.

KULKARNI, H V, MLADENOV, N, MCKNIGHT, D M, et al., 2018. Dissolved fulvic acids from a high arsenic aquifer shuttle electrons to enhance microbial iron reduction[J]. Science of the total environment, 615: 1390-1395.

LEE B M, SEO Y S, HUR J, 2015. Investigation of adsorptive fractionation of humic acid on graphene oxide using fluorescence EEM-PARAFAC[J]. Water research, 73: 242-251.

LI J, WANG Y, GUO W, et al., 2014. Iodine mobilization in groundwater system at Datong basin, China: evidence from hydrochemistry and fluorescence characteristics[J]. Science of the total environment, 468: 738-745.

LLOYD J R, OREMLAND R S, 2006. Microbial transformation of arsenic in the environmental: from soda lakes to aquifers[J]. Elements, 2: 85-90.

LONGNECKER K, KUJAWINSKI E B, 2011. Composition of dissolved organic matter in groundwater[J]. Geochimica et cosmochimica acta, 75(10): 2752-2761.

LOWERS H A, BREIT G N, FOSTER A L, et al., 2007. Arsenic incorporation into authigenic pyrite, Bengal Basin sediment, Bangladesh[J]. Geochimica et cosmochimica acta, 71(11): 2699-2717.

MATSUNAGA T, KARAMETAXAS G, VON GUNTEN H R, et al., 1993. Redox chemistry of iron and manganese minerals in river-recharged aquifers: a model interpretation of a column experiment[J]. Geochimica et cosmochimica acta, 57(8): 1691-1704.

MAILLOUX B J, TREMBATH-REICHERT E, CHEUNG J, et al., 2013. Advection of surface-derived organic carbon fuels microbial reduction in Bangladesh groundwater[J]. Proceedings of the national academy of sciences, 110(14): 5331-5335.

MCARTHUR J M, BANERJEE D M, HUDSON-EDWARDS K A, et al., 2004. Natural organic matter in sedimentary basins and its relation to arsenic in anoxic Ground water: the example of West Bengal and its worldwide implications[J]. Applied geochemistry, 19(8): 1255-1293.

MCKNIGHT D M, BOYER E W, WESTERHOFF P K, et al., 2001. Spectrofluorometric characterization of dissolved organic matter for indication of precursor organic material and aromaticity[J]. Limnology and oceanography, 46(1):

38-48.

MCLAUCHLAN K K, HOBBIE S E, 2004. Comparison of labile soil organic matter fractionation techniques[J]. Soil science society of America Journal, 68(5): 1616-1625.

MEHARG A A, SCRIMGEOUR C, HOSSAIN S A, et al., 2006. Codeposition of organic carbon and arsenic in Bengal Delta aquifers[J]. Environmental science and technology, 40(16): 4928-4935.

MLADENOV N, ZHENG Y, MILLER M P, et al., 2009. Dissolved organic matter sources and consequences for iron and arsenic mobilization in Bangladesh aquifers[J]. Environmental science and technology, 44(1): 123-128.

MURPHY K R, STEDMON C A, WAITE T D, et al., 2008. Distinguishing between terrestrial and autochthonous organic matter sources in marine environments using fluorescence spectroscopy[J]. Marine chemistry, 108(1/2): 40-58.

NEFF J C, ASNER G P, 2001. Dissolved organic carbon in terrestrial ecosystems: synthesis and a model[J]. Ecosystems, 4(1): 29-48.

NEUMANN R B, ASHFAQUE K N, BADRUZZAMAN A B M, et al., 2010. Anthropogenic influences on groundwater arsenic concentrations in Bangladesh. Nature geoscience, 3(1): 46-52.

NEUMANN R B, PRACHT L E, POLIZZOTTO M L, et al., 2014. Biodegradable organic carbon in sediments of an arsenic-contaminated aquifer in Bangladesh[J]. Environmental science and technology letters, 1(4): 221-225.

NICHOLAS D R, RAMAMOORTHY S, PALACE V, et al., 2003. Biogeochemical transformations of arsenic in circumneutral freshwater sediments[J]. Biodegradation, 14: 123-137.

NICKSON R, MCARTHUR J, BURGESS W, et al., 1998. Arsenic poisoning of Bangladesh groundwater[J]. Nature, 395(6700): 338.

NICKSON R T, MCARTHUR J M, RAVENSCROFT P, et al., 2000. Mechanism of arsenic release to groundwater, Bangladesh and West Bengal[J]. Applied geochemistry, 15(4): 403-413.

OSBURN C L, RETAMAL L, VINCENT W F, 2009. Photoreactivity of chromophoric dissolved organic matter transported by the Mackenzie River to the Beaufort Sea[J]. Marine chemistry, 115(1/2): 10-20.

OREMLAND R S, STOLZ J F, 2003. The ecology of arsenic[J]. Science, 300(5621): 939-944.

OREMLAND R S, STOLZ J F, 2005. Arsenic, microbes and contaminated aquifers[J]. Trends in microbiology, 13(2): 45-49.

PAL T, MUKHERJEE P K, SENGUPTA S, et al., 2002. Arsenic pollution in groundwater of West Bengal, India: an insight into the problem by subsurface sediment analysis[J]. Gondwana research, 5(2): 501-512.

PARLANTI, E, WÖRZ, K, GEOFFROY, L, et al., 2000. Dissolved organic matter fluorescence spectroscopy as a tool to estimate biological activity in a coastal zone submitted to anthropogenic inputs[J]. Organic geochemistry, 31(12): 1765-1781.

PETERS K E, PETERS K E, WALTERS C C, et al., 2005. The biomarker guide, vol. 2:biomarkers in petroleum exploration and earth history[M]. 2nd ed. Cambridge: Cambridge University Press.

PHILP R P, 1985. Fossil fuel biomarkers: applications and spectra[M]. Amsterdam: Elsevier.

PINEL-RAFFAITIN P, LE HECHO I, AMOUROUX D, et al., 2007. Distribution and fate of inorganic and organic arsenic species in landfill leachates and biogases[J]. Environmental science and technology, 41(13): 4536-4541.

POLIZZOTTO M L, KOCAR B D, BENNER S G, et al., 2008. Near-surface wetland sediments as a source of arsenic release to Ground water in Asia[J]. Nature, 454(7203): 505-508.

POSTMA D, LARSEN F, HUE N T M, et al., 2007. Arsenic in groundwater of the Red River floodplain, Vietnam: controlling geochemical processes and reactive transport modeling[J]. Geochimica et cosmochimica acta, 71(21): 5054-5071.

POSTMA D, LARSEN F, THAI N T, et al., 2012. Groundwater arsenic concentrations in Vietnam controlled by sediment age[J]. Nature geoscience, 5(9): 656-661.

QUICKSALL A N, BOSTICK B C, SAMPSON M L, 2008. Linking organic matter deposition and iron mineral transformations to groundwater arsenic levels in the Mekong delta, Cambodia[J]. Applied geochemistry, 23(11): 3088-3098.

REEMTSMA T, BREDOW A, GEHRING M, 1999. The nature and kinetics of organic matter release from soil by salt solutions[J]. European journal of Soil science, 50(1): 53-64.

REDMAN A D, MACALADY D L, AHMANN D, 2002. Natural organic matter affects arsenic speciation and sorption onto hematite[J]. Environmental science and technology, 36(13): 2889-2896.

RENNERT T, GOCKEL K F, MANSFELDT T, 2007. Extraction of water - soluble organic matter from mineral horizons of forest soils[J]. Journal of plant nutrition and soil science, 170(4): 514-521.

RITTER K, AIKEN G R, RANVILLE J F, et al., 2006. Evidence for the aquatic binding of arsenate by natural organic matter-suspended Fe(III)[J]. Environmental science and technology, 40(17): 5380-5387.

ROSARIO-ORTIZ F L, SNYDER S A, SUFFET I H, 2007. Characterization of dissolved organic matter in drinking water sources impacted by multiple tributaries[J]. Water research, 41: 4115-4128.

ROWLAND H A L, POLYA D A, LLOYD J R, et al., 2006. Characterisation of organic matter in a shallow, reducing, arsenic-rich aquifer, West Bengal[J]. Organic geochemistry, 37(9): 1101-1114.

ROWLAND H A L, PEDERICK R L, POLYA D A, et al., 2007. The control of organic matter on microbially mediated iron reduction and arsenic release in shallow alluvial aquifers, Cambodia[J]. Geobiology, 5(3): 281-292.

ROWLAND H A L, GAULT A G, LYTHGOE P, et al., 2008. Geochemistry of aquifer sediments and arsenic-rich groundwaters from Kandal Province, Cambodia[J]. Applied geochemistry, 23(11): 3029-3046.

SANTÍN C, YAMASHITA Y, OTERO X L, et al., 2009. Characterizing humic substances from estuarine soils and sediments by excitation-emission matrix spectroscopy and parallel factor analysis[J]. Biogeochemistry, 96(1/3): 131-147.

SENESI N, MIANO T M, PROVENZANO M R, et al., 1991. Characterization, differentiation, and classification of humic substances by fluorescence spectroscopy[J]. Soil science, 152(4): 259-271.

SIMONEIT B R T, 1999. A review of biomarker compounds as source indicators and tracers for air pollution[J].

Environmental science and pollution research, 6(3): 159-169.

SINGH S, D'SA E J, SWENSON E M, 2010. Chromophoric dissolved organic matter (CDOM) variability in Barataria Basin using excitation-emission matrix (EEM) fluorescence and parallel factor analysis (PARAFAC)[J]. Science of the total environment, 408(16): 3211-3222.

SMEDLEY P L, KINNIBURGH D G, 2002. A review of the source, behaviour and distribution of arsenic in natural waters[J]. Applied geochemistry, 17(5): 517-568.

SMEDLEY, P L, ZHANG, M, ZHANG, G, et al., 2003. Mobilisation of arsenic and other trace elements in fluviolacustrine aquifers of the Huhhot Basin, Inner Mongolia[J]. Applied geochemistry, 18(9): 1453-1477.

SRACEK O, BHATTACHARYA P, JACKS G, et al., 2004. Behavior of arsenic and geochemical modeling of arsenic enrichment in aqueous environments[J]. Applied geochemistry, 19(2): 169-180.

STEDMON C A, MARKAGER S, 2005. Resolving the variability in dissolved organic matter fluorescence in a temperate estuary and its catchment using PARAFAC analysis[J]. Limnology and oceanography, 50(2): 686-697.

STEDMON C A, MARKAGER S, BRO R, 2003. Tracing dissolved organic matter in aquatic environments using a new approach to fluorescence spectroscopy[J]. Marine chemistry, 82(3/4): 239-254.

STUMM W, MORGAN J J, 2012. Aquatic chemistry: chemical equilibria and rates in natural waters[M]. New York: John Wiley and Sons.

TAKAHASHI Y, MINAI Y, AMBE S, et al., 1999. Comparison of adsorption behavior of multiple inorganic ions on kaolinite and silica in the presence of humic acid using the multitracer technique[J]. Geochimica et cosmochimica acta, 63(6): 815-836.

TAREQ S M, 2014. Source and characteristic of fluorescence humic substances in arsenic polluted groundwater of Bangladesh[J]. Journal of the Chinese chemical society, 61(7): 770-773.

TONG L, HUANG S, WANG Y, et al., 2014. Occurrence of antibiotics in the aquatic environment of Jianghan Plain, central China[J]. Science of the total environment, 497: 180-187.

TOOSI E R, CLINTON P W, BEARE M H, et al., 2012. Biodegradation of soluble organic matter as affected by land-use and soil depth[J]. Soil science society of America Journal, 76(5): 1667-1677.

VAN GEEN A, ZHENG Y, STUTE M, et al., 2003. Comment on "Arsenic mobility and groundwater extraction in Bangladesh"(II)[J]. Science, 300(5619): 584.

VAN GEEN A, ROSE J, THORAL S, et al., 2004. Decoupling of As and Fe release to Bangladesh groundwater under reducing conditions. Part II: Evidence from sediment incubations[J]. Geochimica et cosmochimica acta, 68(17): 3475-3486.

VAN DONGEN B E, ROWLAND H A L, GAULT A G, et al., 2008. Hopane, sterane and n-alkane distributions in shallow sediments hosting high arsenic groundwaters in Cambodia[J]. Applied geochemistry, 23(11): 3047-3058.

VERPLANCK P L, MUELLER S H, GOLDFARB R J, et al., 2008. Geochemical controls of elevated arsenic concentrations in groundwater, Ester Dome, Fairbanks district, Alaska[J]. Chemical geology, 255(1/2): 160-172.

VOLKMAN J K, HOLDSWORTH D G, NEILL G P, et al., 1992. Identification of natural. , anthropogenic and petroleum hydrocarbons in aquatic sediments[J]. Science of the total environment, 112(2/3): 203-219.

WEISHAAR J L, AIKEN G R, BERGAMASCHI B A, et al., 2003. Evaluation of specific ultraviolet absorbance as an indicator of the chemical composition and reactivity of dissolved organic carbon[J]. Environmental science and technology, 37(20): 4702-4708.

WHO, 2011. Guideline for drinking-water quality. 4th ed. Geneva: World Health Orga nization.

WILLIAMS, C J, YAMASHITA, Y, WILSON, H F, et al., 2010. Unraveling the role of land use and microbial activity in shaping dissolved organic matter characteristics in stream ecosystems[J]. Limnology and oceanography, 55(3): 1159-1171.

XIE X, WANG Y, SU C, et al., 2008. Arsenic mobilization in shallow aquifers of Datong Basin: hydrochemical and mineralogical evidences[J]. Journal of geochemical exploration, 98(3): 107-115.

XIE X, ELLIS A, WANG Y, et al., 2009. Geochemistry of redox-sensitive elements and sulfur isotopes in the high arsenic groundwater system of Datong Basin, China[J]. Science of the total environment, 407(12): 3823-3835.

XIE X J, WANG Y X, SU C L, 2012. Hydrochemical and sediment biomarker evidence of the impact of organic matter biodegradation on arsenic mobilization in shallow aquifers of Datong Basin, China[J]. Water air, & soil pollution, 223(2): 483-498.

YAMASHITA Y, JAFFÉ R, MAIE N, et al., 2008. Assessing the dynamics of dissolved organic matter (DOM) in coastal environments by excitation emission matrix fluorescence and parallel factor analysis (EEM - PARAFAC)[J]. Limnology and oceanography, 53(5): 1900-1908.

ZHANG Y, VAN DIJK M A, LIU M, et al., 2009. The contribution of phytoplankton degradation to chromophoric dissolved organic matter (CDOM) in eutrophic shallow lakes: field and experimental evidence[J]. Water research, 43(18): 4685-4697.

ZHOU Y, WANG Y, LI Y, et al., 2013. Hydrogeochemical characteristics of central Jianghan Plain, China[J]. Environmental earth sciences, 68(3): 765-778.

ZHU Y C, ZHAO X Y, CHEN M, et al., 2015. Characteristics of high arsenic groundwater in Hetao Basin, Inner Mongolia, northern China[J]. Sci cold arid regions, 7(1): 104-110.

ZOBRIST J, DOWDLE P R, DAVIS J A, et al., 2000. Mobilization of arsenite by dissimilatory reduction of adsorbed arsenate[J]. Environmental science and technology, 34: 4747-4753.

ZSOLNAY A, 1996. Chapter 4: Dissolved humus in soil waters[M]//PICCOLO A. Humic substances in terrestrial ecosystems. Netherlands:Elsevier Science BV: 171-223.

ZSOLNAY A, 2003. Dissolved organic matter: artefacts, definitions, and functions[J]. Geoderma, 113(3/4): 187-209.

ZSOLNAY A, BAIGAR E, JIMENEZ M, et al., 1999. Differentiating with fluorescence spectroscopy the sources of dissolved organic matter in soils subjected to drying[J]. Chemosphere, 38(1): 45-50.

地质微生物对砷迁移转化的影响 第 6 章

6.1 高砷地下水系统中砷抗性微生物多样性分析

6.1.1 不同高砷地下水系统中生物多样性分析

我国是砷污染最严重的国家之一。为了探究高砷地下水系统中微生物对砷迁移转化的影响，首先必须查明其中微生物分布特征。

在我国两个典型高砷地下水分布区——大同盆地山阴县和江汉平原仙桃市分别打一个 50 m 深的钻孔，钻孔位置分别为 39° 30' N，112° 55' E 和 30° 09' N，113° 41' E。分别采集大同盆地埋深为 18.3～18.5 m 和江汉平原埋深为 15.7～16.0 m 的沉积物样，用冻存管密封，保存于−196 ℃液氮中，快速运回实验室，分析沉积物中微生物多样性。

采用 OMEGA 试剂盒提取沉积物中总脱氧核糖核酸（deoxyribonucleic aid, DNA），然后利用 OMEGA 胶回收试剂盒对扩增后的产物回收和纯化；再连接转化，在含有 X-Gal、IPTG、Amp 琼脂平板上培养，形成单菌落；然后将单菌落培养，挑取白色克隆子；利用与质粒载体配对的引物 RV-M 和 M13-47 扩增，鉴定目标片段，然后电泳检测。

菌落 PCR 不用提取基因组 DNA，而是直接以菌体热解后暴露的 DNA 为模板进行 PCR 扩增，通常被用于进行重组体的筛选或者 DNA 测序分析。如果在构建克隆库过程中的连接转化实验中出现大量假阳性菌落，可通过菌落 PCR 结果后的琼脂糖凝胶电泳检查出来，假阳性克隆子 PCR 扩增后没有条带，或者条带大小不符合。由于 PCR 反应的特异性，对于阳性克隆子的筛选结果也可以起鉴定作用。回收纯化后电泳检测结果如图 6-1-1 所示。从图中可以看出，16S rDNA 长度约为 1 500 bp。

构建邻接法（neighbor joining, NJ）系统进化树，将样品通过 LB 培养基获得的阳性克隆子菌属进行细菌分类学的归类，分析沉积物中细菌群落结构。在获得此信息的基础上，结合目前国内外已发现的菌种，再在更精确的范围内构建 NJ 系统进化树，进行同源性分析，一方面希望从中发现这些菌种，另一方面，通过同源分析，确定该样品中细菌的分类学地位，然后从统计学角度分析该埋深条件下细菌的多样性。最后，将两个沉积物样品中已经分析出的菌种进行综合分析，比较在不同埋深下重复出现的菌种和差异菌种。

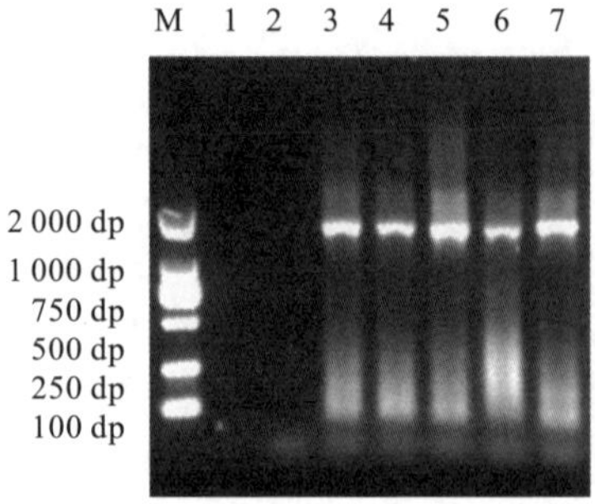

图 6-1-1　PCR 扩增产物电泳图

6 为大同盆地沉积物样；7 为江汉平原沉积物样

将大同盆地沉积物样所获得的信息进行 BLAST 测序分析，共获得 80 种菌属。其中未定种或属的细菌有 26 株，将剩余的 54 株基因比对 ClustalW Progress 后构建 NJ 系统进化树，进行同源性分析，按照细菌分类目录可以分为 8 类，如表 6-1-1 所示。

表 6-1-1　大同盆地沉积物中细菌分类统计

序号	目（order）	科（family）	属（genus）	个数	占百分含量	合计
1	Enterobacteriales（肠杆菌目）	Enterobacteriaceae（大肠杆菌科）	*Escherichia*（大肠杆菌属）	11	20.37%	24.07%
			Shigella（志贺菌属）	2	3.70%	
2	Pseudomonadales（假单胞杆菌目）	Moraxellaceae（莫拉氏菌科）	*Moraxellaceae*（莫拉氏菌属）	1	1.85%	5.55%
			Acinetobacter（不动杆菌属）	1	1.85%	
			Enhydrobacter（栖水菌属）	1	1.85%	
3	Actinomycetales（放线菌目）	Dietziaceae（迪茨氏菌科）	*Dietzia*（迪茨氏菌属）	3	5.56%	22.23%
		Nocardioidaceae（类诺卡氏菌科）	*Rhodococcus*（红球菌属）	9	16.67%	
4	Burkholderiales（伯克氏菌目）	Comamonadaceae（丛毛单胞菌科）	*Acidovorax*（食酸菌属）	26	48.15%	48.15%
合计	—	—	—	54	100%	100%

由表 6-1-1 可知，大同盆地高砷地下水沉积物中：伯克氏菌目（Burkholderiales）是其中最大的细菌菌群，占 48.15%；其次分别是肠杆菌目（Enterobacteriales）和放线菌目（Actinomycetales），各占 24.07%和 22.23%；假单胞杆菌目（Pseudomonadales）是最小的细菌菌群，仅占 5.57%。假单胞杆菌目中的不动杆菌属（*Acinetobacter*）是强耐砷菌属，占所采集沉积物样品中细菌群落的 1.85%。伯克氏菌目中的食酸菌属（*Acidouorax*）是一种三价砷氧化菌。变形菌门（Proteobacteria）根据 rRNA 序列被分为 5 个纲，用希腊字母 α、β、γ、δ 和 ε 命名，且伯克氏菌目属于 β-变形菌纲（β-proteobacteria），假单胞杆菌目和肠杆菌目属于 γ-变形菌纲（γ-proteobacteria）。由此可以推断，β-变形菌纲是大同盆地山阴地区地下水沉积物中耐砷微生物的主要类群。

将江汉平原采集的沉积物按照上述相同方式进行 BLAST 测序分析，共获得 102 种菌属。其中未定种或属的菌有 24 株，将剩余的 78 株比对 ClustalW Progress 后构建 NJ 系统进化树，所有细菌按照分类目录可分为 7 类，如表 6-1-2 所示。

表 6-1-2　江汉平原沉积物中细菌分类统计

序号	目（order）	科（family）	属（genus）	个数	占百分含量	合计
1	Pseudomonadales（假单胞杆菌目）	Pseudomonadaceae（假单胞菌科）	*Pseudomonas*（假单胞菌属）	13	16.67%	23.08%
		Moraxellaceae（莫拉氏科）	*Acinetobacter*（不动杆菌属）	5	6.41%	
2	Enterobacteriales（肠杆菌目）	Enterobacteriaceae（大肠杆菌科）	*Escherichia*（大肠杆菌属）	19	24.36%	24.36%
3	Actinomycetales（放线菌目）	Brevibacteriaceae（短杆菌科）	*Brevibacterium*（短杆菌属）	7	8.97%	14.10%
		Nocardioidaceae（类诺卡氏菌科）	*Nocardioides*（类诺卡氏菌属）	4	5.13%	
4	Burkholderiales（伯克氏菌目）	Comamonadaceae（丛毛单胞菌科）	*Comamonas*（丛毛单胞菌属）	7	8.97%	38.46%
			Pelomonas（珊瑚内生菌属）	23	29.49%	
合计	—	—	—	78	100%	100%

由表 6-1-2 分析可知，江汉平原沉积物的细菌群落结构中：伯克氏菌目同样是最大的细菌菌群，占 38.46%；其次分别是肠杆菌目和假单胞杆菌目，分别占 24.36%和 23.08%；放线菌目是最小的细菌菌群，占 14.10%。在假单胞杆菌目中

的不动杆菌属和假单胞菌属都是高耐砷菌属，其中不动杆菌属和假单胞菌属分别占 6.41%和 16.67%。在这 102 个菌种中，有 78 个（占 76.47%）属于这四个目，占绝大部分。由此可知，γ-变形菌纲是江汉平原高砷地下水沉积物中耐砷微生物的主要类群，在环境中砷元素的生物地球化学循环中扮演着重要角色。

通过对两个高砷含水层沉积物中的群落结构分析可知，伯克氏菌目和肠杆菌目在文库中占有最大比例，构成了高砷地下水系统中的优势菌群。伯克氏菌目中的丛毛单胞菌科是一种砷氧化反硝化细菌，目前已经从砷污染的湖泊、土壤、含水层沉积物中分离到这些细菌（Sun et al., 2009, 2008; Rhine et al., 2006）。在肠杆菌目中有很多“铁细菌”，如锈铁菌属、纤毛铁细菌属等，它们在水体中能使亚铁化合物氧化成三价的氢氧化铁而沉淀，并从氧化过程中获得能量。在含水层沉积物中铁的氧化物和氢氧化物是砷的最重要的吸附剂。“铁细菌”氧化水中溶解的 Fe（II）、Mn（II）形成不溶产物氧化铁和氧化锰，并覆盖在过滤介质上形成天然（生物）吸附层。实际上，微生物能利用铁的多种矿物质，并还原其中的铁氧化物或氢氧化物，砷随之被释放出来（Chow and Taillefert, 2009; Islam et al., 2004）。肠杆菌目中的大肠杆菌也是典型的细胞质五价砷还原菌。在有氧条件下，大肠杆菌细胞质 As（V）还原酶将进入细胞质的 As（V）还原成 As（III）。假单胞杆菌目中的不动杆菌属和假单胞菌属具有较强的砷抗性。Turpeinen 等（2004）采用磷酸脂肪酸分析法和 16S rRNA 末端限制性片段多态性分析法研究了砷、铬、铜复合污染土壤中的微生物群落结构，其中不动杆菌属和假单胞菌属的数量和活性增强。假单胞杆菌目中的不动杆菌属和假单胞菌属长期生活在砷胁迫环境下通常具有砷抗性，它们能够将毒性较强的 As（III）氧化为毒性较弱的 As（V）。在大同盆地，β-变形菌纲是最主要的抗砷菌群。然而在江汉平原，γ-变形菌纲是最主要的抗砷菌群。不同微生物对砷的耐受性不一样，砷浓度的差异可能影响土壤的微生物多样性并改变群落结构。出现这种生物多样性差异的情况也可能与沉积物的理化性质，如 pH、Eh 值、温度和湿度，以及地质条件不同有关。

6.1.2 高砷地下水系统中不同埋深沉积物中细菌群落结构特征

在大同盆地山阴县的高砷地下水区域，按照上述方式钻孔采集、储存和运输埋深为 7.4 m、17.2 m、26.9 m 和 37.0 m 的 4 个沉积物样，分别记为 B4-1、B4-2、B4-3 和 B4-4，其岩性特征、pH、砷形态和质量分数如表 6-1-3 所示。结果表明，山阴县高砷区沉积物的岩性由浅入深依次为粉黏土、粉细砂、黏土和细砂，沉积物呈弱碱性，总砷质量分数为 32.43～44.75 mg/kg，其中 B4-3 的总砷质量分数最高，达到 44.75 mg/kg，而 B4-1 的砷质量分数最低，仅为 32.43 mg/kg。

表 6-1-3　沉积物 pH 与岩性特征

样品	B4-1	B4-2	B4-3	B4-4
埋深 /m	7.4	17.2	26.9	37.0
pH	8.12	8.06	8.92	7.92
总砷质量分数 /（mg/kg）	32.43	35.62	44.75	40.19
岩性	粉黏土	粉细砂	黏土	细砂

按照 6.1.1 小节方法提取沉积物总 DNA、测序和构建基因文库。对 4 个沉积物样，提取了细菌总 DNA，且以其为模板进行 16S rDNA 全长 PCR 扩增，得到约 1 500 bp 大小的片段，切胶回收纯化后电泳检测结果如图 6-1-2 所示。

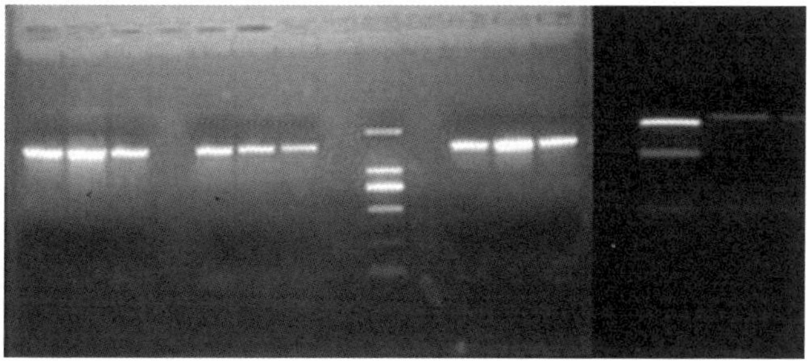

图 6-1-2　沉积物中总 DNA 的 PCR 扩增产物电泳图

将菌落 PCR 筛选得到的阳性克隆子的 16S rDNA 序列及 NCBI 数据库中与它们具有最高相似度的模式菌株的 16S rDNA 序列，用 Clustal X 2.0 软件比对，再用 Mega 6.0 构建系统发育树。

通过比较这 4 个不同埋深沉积物细菌群落系统发育树后得到图 6-1-3。结果显示，其优势菌群主要都是变形菌门（Proteobacteria）和厚壁菌门（Firmicutes），其中 β-Preteabacteria、γ-Proteobacteria 和 Firmicutes 在每个样品中都有分布，且都占有一定比例，B4-1 和 B4-3 中 γ-Proteobacteria 占主要地位，而 B4-2 和 B4-4 中 Firmicutes 是优势菌群。而有些菌属仅仅在某一样品中出现，例如，α- Proteobacteria 仅在 7.4 m 和 37 m 两个埋深沉积物样中出现，而绿弯菌门（Chloroflexi）仅在 B4-1 样品中出现，而梭菌纲（Clostridia）和放线菌纲（Actinobacteria）仅在 37 m 处存在。其中假单胞菌属和乳球菌属（*Lactococcus*）普遍存在于所有样品中。假单胞菌属能够氧化或还原砷，参与砷的生物地球循环。而乳球菌属是一类厌氧或兼性厌氧的细菌，广泛存在于环境中。如芽孢杆菌属（*Bacillus*）、短波单胞菌属

（*Brevundimonas*）、不动杆菌属及丛毛单胞菌属在某些样品中均有体现。芽孢杆菌能够利用芽孢产生的孢子来抵抗高浓度砷的毒害。不动杆菌属在土壤环境中普遍存在，它是革兰氏染色阳性，不抗酸，不能运动，大部分嫌气或兼性嫌气，少数好气或兼性好气，大多为发酵型，少数为氧化型。比较发现，B4-1 和 B4-4 的细菌群落结构组成有相似之处，并且较 B4-2 和 B4-3 有更丰富的生物多样性，它们涵盖了更多的菌属。同时还发现，在 26.9 m 处的沉积物，虽然它的总砷质量分数是最高的，但是细菌多样性较其他样品要贫乏，群落结构比较简单，而在低质量分数砷的 7.4 m 和较低质量分数砷的 37 m 处，微生物群落结构表现得比较丰富，这可能是因为高质量分数的砷对微生物具有胁迫和毒害作用，抑制环境中细菌的生存生长。各个深度沉积物中表现出来的细菌群落结构差异，主要与不同的砷质量分数有关。

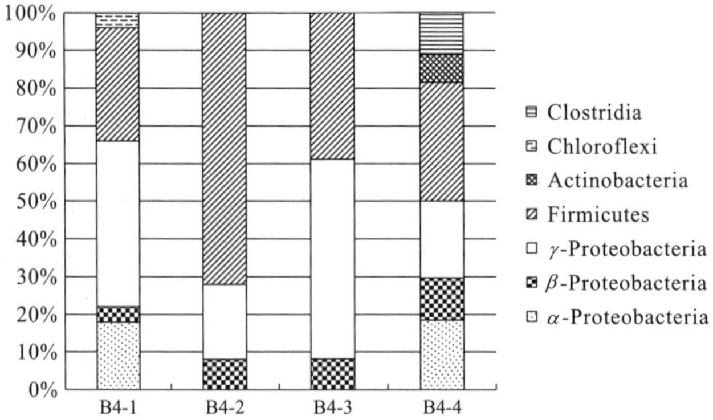

图 6-1-3 不同深度沉积物中细菌群落分布图

6.1.3 细菌群落结构多样性与各主要形态砷之间的关系

利用 Shannon-Wiener 指数和 Simpson 指数指示各沉积物中细菌群落的生物种类，指数值越大，表示群落的复杂程度越高。表 6-1-4 显示了上述 4 个埋深沉积物微生物多样性指数。

表 6-1-4 沉积物及地下水样克隆文库的 Shannon-Wiener 指数、Simpson 指数

样品编号	Shannon-Wiener 指数	Simpson 指数
B4-1	3.51	0.035
B4-2	3.42	0.020
B4-3	3.32	0.007
B4-4	3.49	0.017

从 4 个沉积物样克隆文库的 Shannon-Wiener 指数和 Simpson 指数可知，样品 B4-1 和 B4-4 的 Shannon-Wiener 指数和 Simpson 指数比样品 B4-2 和 B4-3 的指数高，说明前两个埋深沉积物的生物多样性比后两个的更丰富。各埋深沉积物之间细菌群落结构的差异，主要与其中含砷质量分数的差异有关。4 个样品的典型相关性分析如图 6-1-4 所示。

以总砷和主要形态砷含量为变量对 4 个样品的主成分分析得到 PCA 图谱如图 6-1-4（a）所示。从图谱可以看出，样品 B4-2 和 B4-3 的相关性较近，而样品 B4-1 和 B4-4 比较靠近，说明样品 B4-2 和 B4-3，样品 B4-1 和 B4-4 在各主要形态砷的含量分布上是比较相似的，但是样品 B4-1 和 B4-4 与样品 B4-2 和 B4-3 两组沉积物之间在砷含量分布上存在明显差异。

细菌种类分析的 PCA 图谱如图 6-1-4（b）所示，4 个样点之间的微生物群落分布存在一定的相似性和差异性。相对而言，样品 B4-2 和 B4-3 在图谱上的两点间距离比较接近，说明两者具有相似的微生物群落结构。而样品 B4-1 和 B4-4 相差较远，说明两者具有不同的微生物群落结构特征。结合两个图谱分析可知，具有相似砷含量的样点，其微生物群落结构相似性更高。这进一步说明不同埋深沉积物中表现出来的细菌群落结构差异，主要与不同的砷浓度有关。

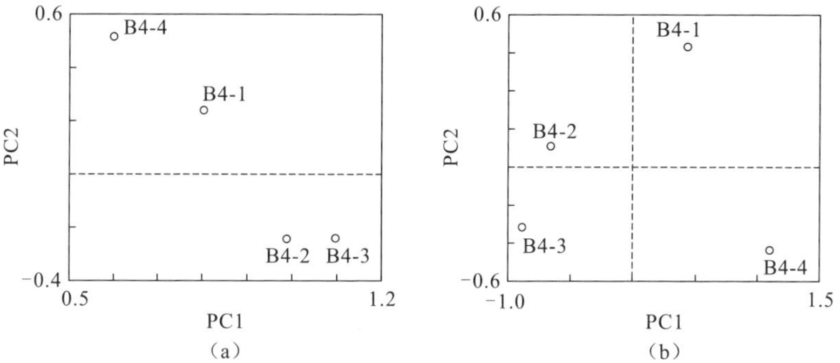

图 6-1-4　不同埋深沉积物样砷元素（a）和细菌种类（b）的相关性

6.1.4　相同高砷地下水系统研究区的不同位置相同埋深沉积物中细菌群落结构特征

选取大同盆地试验场另一钻孔 37.1m 处的沉积物样，标记为 A3，提取细菌总 DNA，构建 16S rDNA 克隆文库，与上文钻孔相同埋深的 37m 沉积物样 B4-4 进行细菌群落结构比较分析。

对 A3 中阳性克隆子测序所得结果，进行系统发育树的构建。结果表明，由 NJ 系统进化树根据同源性可信度高低，可将定属或定种的 57 个菌株主要分为 8

大类。其中：乳杆菌目（Lactobacillales）是文库中最大的细菌菌群，在文库中占35.09%；其次分别是芽孢杆菌目（Bacillales）、假单胞杆菌目（Pseudomonadales）和柄杆菌目（Caulobacterales），在文库中分别占 19.3%、14.03%和 8.77%；还包括少数的梭菌目（Clostridiales）（7.02%）、红环菌目（Rhodocyclales）（7.02%）、鞘氨醇单胞菌目（Sphingomonadales）（3.51%）和伯克氏菌目（3.51%）。柄杆菌目和鞘氨醇单胞菌目属 α-Proteobacteria，占整个文库的 15.79%。文库中优势菌分布于厚壁菌门。克隆子 3-70 与芽孢八叠球菌属（*Sporosarcina*）亲缘关系最近，易从土壤中分离出来。克隆子 5-60 与梭菌目下的脱硫肠状菌属（*Desulfotomaculum*）相似度达 100%，是在土壤中发现的内生芽孢杆菌，它可以利用乳酸、丙酮酸、乙醇或某些脂肪酸作为电子供体，将硫酸盐还原为硫化氢，是一种硫酸盐还原菌，专性厌氧，广泛存在于由微生物分解作用造成的缺氧的水陆环境中。该样品中还出现了前面出现过的很多其他菌株，主要包括假单胞菌属、不动杆菌属、食酸菌属、莫拉氏菌属、肠杆菌属（*Enterococcus*）、乳球菌属、芽孢杆菌属、短波单胞菌属等。

6.1.5 相同埋深沉积物样 B4-4 和 A3 中细菌群落组成比较

两个相同埋深沉积物中细菌群落组成如图 6-1-5 所示。从大的分类单元上看，两者都主要由 α-Proteobacteria、β-Proteobacteria、γ-Proteobacteria、厚壁菌门和梭菌纲（Clostridia）组成，厚壁菌门都是优势菌群，占比分别为 57.41%和 31.48%，且 B4-4 中还出现了不动杆菌门（Actinobacteria），而 A3 并未出现。两个深度的沉积物样品均由假单胞杆菌目、芽孢杆菌目、乳杆菌目、柄杆菌目、梭菌目、伯克氏菌目组成，但 B4-4 独有放线菌目和肠杆菌目，而红环菌目和鞘氨醇单胞菌目仅出现在 A3 中。从具体的种属分类上来看，两者既有一些相似也有一些差异。具体表现在：假单胞菌属、芽孢杆菌属、肠杆菌属、乳球菌属、短波单胞菌属、不动杆菌属菌属广泛分布于这两个样品中，而大肠杆菌属、马赛菌属（*Massilia*）、丛毛单胞菌属、水杆菌属（*Aquabacterium*）等菌种仅在 B4-4 样品中出现，鞘氨醇单胞菌属、莫拉氏菌属、叠球菌属、玫瑰柠檬菌属（*Roseicitreum*）等菌种是 A3 样品独有的。Achour 等（2007）研究表明不动杆菌属有很强的耐砷性，能够忍受 320 mmol/L As（V），而对 As（III）的忍受浓度仅为 14 mmol/L。并且，一些其他的不动杆菌属菌株也被证实具有砷氧化能力。两样品砷含量数值接近，各主要形态砷含量也较接近，正是因为两样品具有相似的生存环境，两者的群落结构组成很大程度上较为接近。因此，可以大致认为在水平方向上该高砷地下水沉积物环境中细菌多样性存在很大的相似性。

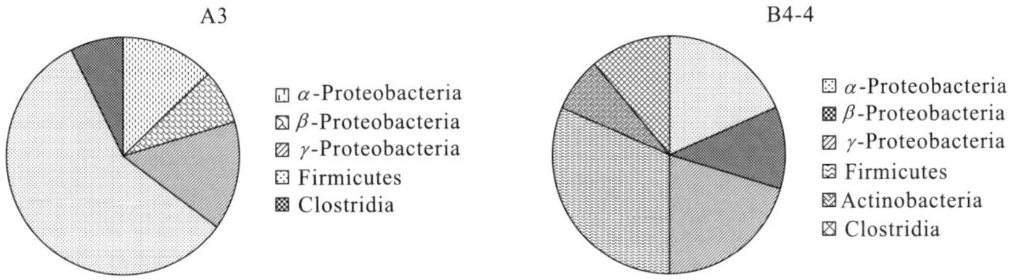

图 6-1-5　A3 和 B4-4 中细菌群落组成

6.1.6　高砷地下水中细菌群落结构特征

大同盆地 3 个高砷地下水的砷形态与含量如表 6-1-5 所示。分别抽滤富集 3 个不同砷浓度地下水样的微生物到滤膜表面，带回实验室分别提取细菌总 DNA，连接转化到感受态细胞中，挑取阳性克隆子进行测序。在 NCBI 网站上 Blast，下载同源性高的序列，比对，利用 Mega 软件 NJ 构建系统发育树，其中标号克隆子 A1-*x*、A3-*x*、B4-*x* 分属于这三个样品（*x* 为各个样品各自对应的克隆子序号）。

表 6-1-5　高砷地下水样中砷形态及含量

样品编号	As（III）/（μg/L）	As（V）/（μg/L）	As（T）/（μg/L）
A1M	0.91	2.96	3.87
A3M	732.47	207.94	940.41
B4M	321.55	304.24	625.79

对系统发育树分析可知，该地下水样中细菌的群落结构主要由九大类菌群组成，分别是变形菌门（α-Proteobacteria、β-Proteobacteria、γ-Proteobacteria、δ-Proteobacteria、ε-Proteobacteria），放线菌门（Actinobacteria），拟杆菌门（Bacteroidetes），厚壁菌门（Firmicutes），疣微菌门（Verrucomicrobia）。其中，变形菌门是群落中最主要的菌群，占整个文库的 74.12%，包含了其 30 个属中的 18 个属，种属多样性比较丰富，而 α-Proteobacteria、γ-Proteobacteria 占主要地位，分别占 31.76%和 17.65%。其次分别为 ε-Proteobacteria、δ-Proteobacteria（各占 11.76%）和 β-Proteobacteria（占 1.18%）。拟杆菌门是群落中第二大菌群，占文库的 10.59%。除了以上两大主要菌群以外，还包含放线菌门、厚壁菌门和疣微菌门，分别占 5.88%、5.88%和 5.17%。虽然它们在文库中占很小比例，但它们已在不同高砷环境下被证实发挥着非常重要的作用。

观察克隆子的分布后发现：γ-Proteobacteria、δ-Proteobacteria 在所有样品中都有出现，且 γ-Proteobacteria 在 A1 中分布最广泛，占到总数的 47%，而 δ-

Proteobacteria 主要分布于 A3 中，占到总比例的 60%；而 α-Proteobacteria 和 Actinobacteria 仅在 A1 和 A3 中存在，其中 A3 中属 α-Proteobacteria 菌群的菌株是整个文库中分布最广泛的，共 18 株；Firmicutes 仅分布于 A3 和 B4 中；Bacteroidetes 仅出现在 A1 和 B4 中，还有一些菌群仅单一地分布于其中某一个样品中，例如，β-Proteobacteria、ε-Proteobacteria 是 B4 独有的菌群；而 Verrucomicrobia 仅出现在 A3 中。从构成文库的具体细菌菌属来看，各样品的菌种组成大不相同，但也存在某些相似之处，例如 A1 和 A3 共有不动杆菌属、鞘氨醇单胞菌属和鞘脂菌属（*Sphingobium* sp.），黄杆菌属（*Flavobacterium* sp.）是 A1 和 B4 共同的菌种。其中，菌株 *Acinetobacter* sp. HM-Ar4 是一株耐重金属的抗性菌，对砷、铬等重金属有一定的忍耐性。鞘氨醇单胞菌属的菌株均为革兰氏阴性菌，无孢子，专性需氧且能产生过氧化氢酶，可用于芳香化合物的生物降解。鞘氨醇单胞菌在环境中无处不在，河水、根际、地表及深层的地下沉积物、海洋，甚至极地土壤中都有它们的踪迹，大量的鞘氨醇单胞菌已经从环境中分离出来。黄杆菌属主要分布于水生环境中，包括淡水和海水，是好氧生物，以葡萄糖作为碳源和能源，极少能利用其他碳源。

文库中其他菌种分别归属于 A1、A3、B4 的特有菌种，如红球菌属、分支杆菌属（*Mycobacterium*）、沼杆菌属（*Patulibacter minatonensis*）、假单胞菌属、黏球菌属（*Myxococcus*）、土壤杆菌属（*Agrobacterium*）、噬纤维菌（*Cytophagaceae bacterium*）是低砷钻孔 A1 特有的菌种，而高砷钻孔 A3 独有的菌种包括节杆菌属（*Arthrobacter*）、假黄单胞菌属（*Pseudoxanthomonas*）、蛭弧菌（*Bdellovibrionales*）、互营菌科（Syntrophaceae）、珊瑚球菌属（*Corallococcus*）、动性球菌属（*Planococcus*）、脱硫芽孢弯曲菌属（*Desulfosporosinus*）、短波单胞菌属、根瘤菌属（*Rhizobium*）。B4 钻孔砷浓度也很高，它也有自己的一些特有菌属，主要有硫发菌属（*Thiothrix*）、甲基杆菌属（*Methylobacter*）、土杆菌属（*Geobacter*）、脱硫杆菌属（*Desulfatiferula*）、栖热泉菌属（*Thermincola*）、消化球菌属（*Peptococcaceae bacterium*）、硫曲菌属（*Sulfuricurvum*）。并非每个种在各菌群中都有分离到，表现出各个采样点的砷抗性菌的多样性特征。其中，*Sphingobium* sp. BZ13 是一株从碳氢化合物污染的土壤中分离出来的。硫发菌属属硫发菌目（Thiotrichales）的一种，硫发菌目是一种硫细菌，这类菌分布于土壤、淡水、咸水、温泉和硫矿中，能在含有丰富硫化物的环境中生长，可将硫化氢、硫磺和其他硫化物等氧化为硫酸，并能利用在氧化硫或硫化物过程中释放的能量来同化二氧化碳进行生长。硫发菌属可利用 H_2S 作能源，将 H_2S 氧化为硫粒积累在菌体内，在缺乏营养时又将硫粒氧化为 SO_4^{2-} 。属拟杆菌门的克隆子在该地下水样中所占比例也较大，这是一类常见的水生菌。甲基杆菌属属甲基球菌科（Methylococcaceae）中的一种，甲基球菌科有部分菌群是甲烷氧化菌群，这类菌群可在仅以甲烷或甲醇为碳源的培养基上生长，但在含牛肉膏蛋白胨等复杂培养基上却不能生长。

6.1.7　高砷地下水系统中细菌群落结构特征

与该钻孔之前采集的沉积物中的细菌群落组成相比较，该地下水样的细菌群落结构有很大区别。由前面的发育树可知，沉积物主要以厚壁菌门、α-Proteobacteria、β-Proteobacteria、γ-Proteobacteria 构成，并且以 γ-Proteobacteria 和厚壁菌门占主导地位。而观察地下水样的系统发育树，与沉积物不同的是，地下水中细菌群落特征主要是以 ε-Proteobacteria、γ-Proteobacteria 和拟杆菌门为优势菌群。γ-Proteobacteria 是两者共同的优势菌群，这说明在该研究区高砷地下水系统中 γ-Proteobacteria 在砷的生物地球化学循环过程中扮演着非常重要的角色，这与很多前人的研究结果也是一致的。但具体细分，两者又存在差异，主要表现在，沉积物中主要由 γ-Proteobacteria 中的假单胞菌、肠球菌属、不动杆菌属、埃希氏菌属、莫拉氏菌属构成，而地下水样中细菌多样性则是由 γ-Proteobacteria 中的甲烷氧化菌（*Methylobacter*）、硫发菌属组成。从图 6-1-6 中即可以看出，沉积物中主要细菌微生物群落菌属组成与地下水样有较大差别。高砷沉积物细菌群落结构主要由假单胞菌属（*Pseudomonas*）、大肠杆菌属（*Escherichia*）、马赛菌属（*Massilia*）、短波单胞菌属（*Brevundimonas*）、乳球菌属（*Lactococcus*）、肠杆菌属（*Enterococcus*）、芽孢杆菌属（*Bacillus*）、丛毛单胞菌属（*Comamonas*）组成。而红球菌属（*Rhodococcus*）、不动杆菌属（*Acinetobacter*）、鞘氨醇单胞菌属（*Sphingomonas*）、鞘脂菌属（*Sphingobium*）、黄杆菌属（*Flavobacterium*）、珊瑚球菌属（*Corallococcus*）、硫发菌属（*Thiothrix*）、硫曲菌属（*Sulfuricurvum*）、玫瑰微菌属（*Roseimicrobium*）构成高砷地下水中细菌群落结构。还有很大比例的其他菌属构成这两者的群落结构，这也说明该高砷地下水系统中菌群分布广泛，有较高的生物多样性，为后续分离利用这些砷抗性微生物提供了有力支撑。

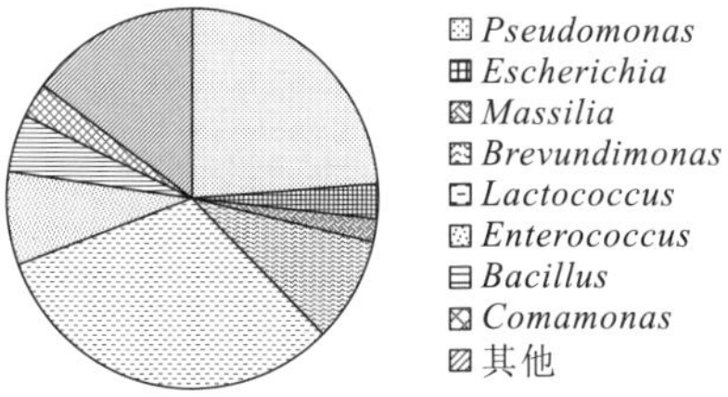

（a）沉积物

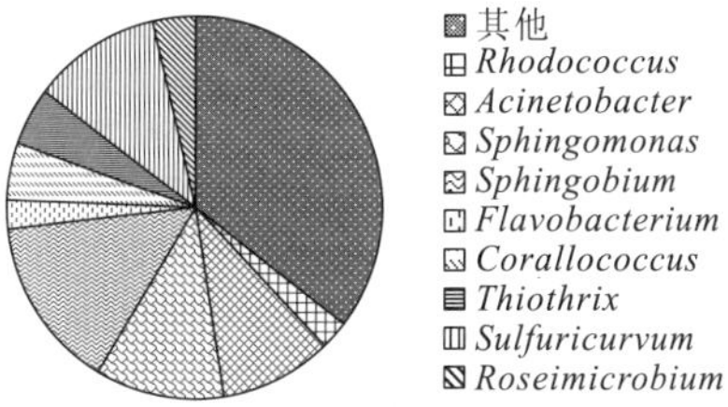

（b）地下水

图 6-1-6　高砷地下水系统中细菌群落结构分布

对比沉积物和地下水样中的主要砷形态存在价态可知，在高砷沉积物中砷主要以 As（V）存在，而地下水中 As（III）占主导地位。这可能是因为，在研究区地下水系统中还原条件下，存在某些种类的还原菌，例如，在沉积物中发现的某些 *Pseudomonas* sp.具有还原 As（V）的能力，它们可以促进 As（V）在铁氧化物表面的积累，并最终将含水层中的氧气耗尽，形成地下水还原环境。这些被矿物吸附的 As(V)接着可能又被诸如从高砷环境中分离的 *Pseudomonas*、*Acinetobacter* 等菌属还原为 As（III），As（III）因具有更强的移动性而快速释放到周围环境的地下水中。因此就造成了沉积物中 As（V）含量仍然很低，而地下水中 As（III）占主导地位。这与西孟加拉邦和莫诺河等地的研究结果是一致的。另外，在该地下水系统中发现了 Fe（III）还原菌，铁还原菌在还原 Fe（III）为 Fe（II）过程中，也能促进吸附在铁矿物表面的砷释放，从而造成地下水砷污染。此外，相较于沉积物样品，地下水样中存在大量不可培养的细菌菌群，这说明大同盆地地下水中微生物菌群丰富，具有很好的研究价值。

6.2 砷的微生物形态转化过程

地下水环境中有大量微生物存在，并参与各种元素的化学与生物化学反应，从而影响这些元素的迁移和转化。大量研究发现，高砷地下水环境中也有微生物活动。这些微生物长期生活在高砷环境中，进化出了多种不同的砷代谢机制，包括砷的氧化、还原及甲基化等作用，如图 6-2-1 所示。

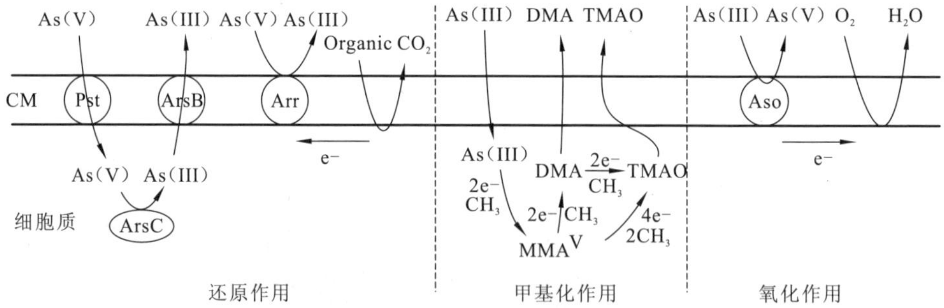

图 6-2-1　微生物对环境中砷的转化作用机制（张旭 等，2008）

CM 为细胞膜；MMA^V 为一甲基砷酸；DMA 为二甲基砷酸；TMAO 为三甲基砷氧化物；Pst 为磷酸盐转运蛋白；Arr 为砷酸还原酶；Aso 为砷化酶

微生物参与砷的不同氧化价态间的转化过程，主要是 As（III）和 As（V）之间的氧化还原作用，以及无机砷与有机砷之间的甲基化和去甲基化作用。在氧化条件下，主要是以 As（V）的形式存在，在还原条件下，As（III）是热力学稳定的形式。部分无机和有机砷化物均可被微生物氧化或还原（Croal et al., 2004）。从生态学的角度，参与砷的生物地球化学循环的微生物主要包括将 As（V）还原为 As（III）的异养型砷还原菌（*Dissimilatory Arsenate-Respiring Prokaryote*, DARP）、将 As（III）氧化为 As（V）的化能自养亚砷酸盐氧化菌（*Chemoautotrophic Arsenite Oxidizers*，CAOs）和异养亚砷酸盐氧化菌（*Heterotrophic Arsenite Oxidizer*，HAOs）（Oremland and Stolz, 2003）、将无机砷甲基化为有机砷化物的砷甲基化菌（*Arsenic methylating bacteria*，AMBs）。在各种功能微生物的作用下，地下水系统中的砷可以完成 As（III）、As（V）和甲基砷之间的相互转化。不同形态砷与沉积物的吸附具有明显差异，As（V）吸附能力强于 As（III）。因此，地下水中砷的迁移转化是一个微生物现象，在一定时间内砷代谢微生物可能在砷的氧化和还原两个方向都起到重要作用（Oremland and Stolz, 2005）。

6.2.1　砷的微生物氧化作用

在氧化条件下，微生物主要通过氧化作用影响砷的地球化学行为。As（III）到 As（V）的微生物氧化作用也影响环境中砷的迁移和形态变化。已发现的具有砷氧化功能的细菌至少有 9 属 30 种，主要分布在 α-变形菌门、β-变形菌门和 γ-变形菌门（Proteobacteria），恐球菌纲[Deinocci，如栖热菌属（*Thermus*）]和泉古菌门（Crenarchaeota）。砷的微生物氧化作用包括亚砷酸盐的异化氧化型和化能自养型。异养亚砷酸盐氧化菌通过细胞内细胞周质酶催化 As（III）的氧化作用，它需要有机质作为能量和细胞物质的来源。细胞周质酶有别于异化砷酸盐还原酶，它是一种单核钼酶，属于二甲基亚砜（dimethylsulfoxide，DMSO）还原酶家族，结构与周质硝酸还原酶（NapA）相似。砷的异化氧化最初被看作是一种降低细胞膜表面 As（III）毒性的解毒机制（Oremland and Stolz, 2005, 2003）。化能自养亚砷酸盐氧化菌能够以氧气或硝酸盐作为电子受体氧化 As（III），并利用其产生的能量同化 CO_2、产生细胞内物质，从而实现细胞的生长（Oremland and Stolz, 2003；Ronald and Thomas，2002）。化能自养亚砷酸盐氧化菌的砷氧化酶保持了氧化酶的所有特征。

因为 As（V）可以被固定在强吸附剂表面，所以亚砷酸盐的生物氧化被当作 As（III）污染系统生物修复最基本的研究（Battaglia-Brunet et al., 2002）。随着研究的深入，研究人员从富砷环境中分离出更多的异养型和化能自养型 As（III）氧化菌（Santini et al., 2002; Salmassi et al., 2002）。菌株 NT-26 是一种能快速生长的化能自养亚砷酸盐氧化菌，属于 α-变形菌门的 *Rhizobium* 分支，既可以通过 As（III）化能自养氧化作用生长，也可以利用有机化合物代替 As（III）作为传统的异养菌（Santini et al., 2000）。2001 年，Gihring 和 Banfield（2001）从富砷热泉中分离到一株细菌 HR 13，经鉴定为栖热菌属的喜温种。在有氧条件下，细菌 HR 13 利用反应中产生的能量氧化 As（III）达到解毒的目的。而在厌氧条件下，细菌 HR 13 利用 As（V）作为电子受体，依靠乳酸生长。野外研究也证明在富砷地热流中也发生 As（III）的微生物氧化作用（Wilkie and Hering，1998），并且在黄石国家公园的不同热泉中利用分子技术鉴定到嗜热菌中的亚砷酸盐氧化菌（Jackson et al., 2001）。后来，Oremland 等（2002）在美国莫诺湖分离到真细菌（*Eubacteria*）中外硫红螺菌属（*Ectothiorhodospira*）分支的一个新种，在厌氧条件下它利用 As（III）作电子供体，硝酸盐作电子受体生长。这株非光合作用细菌 MLHE-1 既是一种自养生物也是一种异养生物。作为自养生物生存时，利用硫化物或氢气代替 As（III）；作为异养生物时，以醋酸盐为碳源，氧或硝酸盐为电子受体。但是，它不能在有氧条件下氧化 As（III）。厌氧条件下发生的亚砷酸盐氧化作用说明消耗有机化合物和氢气等电子供体的 As（V）呼吸还原作用与消耗硝酸盐、亚硝酸盐或者 Fe（III）等强氧化剂的 As（III）微生物氧化作用之间可能具有紧密耦合（Oremland and Stolz, 2003）。Harvey 等（2002）向含水层中注入硝酸盐时，发现含水层中游离态砷被稳定下来。

6.2.2 砷的微生物还原作用

现有的研究表明，微生物的砷还原主要有两种机制。一种是异化型厌氧呼吸作用的砷还原机制，微生物在这个过程中利用 As（V）作为末端电子受体，将其还原为 As（III）（Islam et al., 2004）。在高砷环境中存在着一些细菌，能够在无氧条件下利用砷酸盐代替氧气作为电子受体，氧化有机物，合成细菌细胞生长所需的细胞物质，这类细菌就是异养型砷还原菌（DARP）（Oremland and Stolz, 2005）。自从 20 世纪 90 年代 *S. arsenophilum* 和 *S. barnesii* 被发现并确认为异养型砷还原菌以来，已经在 γ-变形杆菌、δ-变形杆菌和 ε-变形杆菌，革兰氏阳性细菌、嗜热真细菌和嗜泉古生菌等居群中分离与鉴定了至少 16 种异养型砷还原微生物（Oremland and Stolz, 2003; Macy et al., 2000; Laverman et al., 1995）。异养型砷还原微生物细胞内的砷还原酶 Arr 是一种位于细胞周质和细胞膜相连处的砷代谢酶，由基因 *arr* 编码。

另一种是细胞质的砷还原机制。砷还原微生物的细胞质中含有 As（V）还原酶 ArsC，ArsC 是一种调节 As（V）还原为 As（III）的小分子量蛋白质（13-16kD），由位于细菌质粒或者染色体上的 *ars* 操纵子决定（张旭 等，2008; Silver and Phung，2005）。进入细胞质内的 As（V）被还原为 As（III），As（III）可以被隔离在胞内间隔层中，既作为自由的 As（III），又可以与谷胱甘肽或其他硫醇结合，或者被 ArsAB 砷化学渗透假说溢流系统和 ATP 酶膜系统运输出细胞，使环境中 As(III)

含量增加，而降低细胞中的砷含量达到细胞解毒的目的（Xie et al., 2013a; Paula and Monica, 2007）。已发现至少 3 种以不同方式催化 As（III）转化为 As（V）的 As（V）还原酶 ArsC，它们分别为谷氧还蛋白-谷胱甘肽偶联 ArsC、谷氧还蛋白依赖性 ArsC 和谷氧还蛋白偶联 ArsC。实际上，常见的 *ars* 操纵子结构有两类，即 *arsRDABC* 和 *arRBC*。基因 *arsA* 和 *arsB* 分别编码蛋白 ArsA 和 ArsB。ArsA 和 ArsB 共同构成一个 ATP 驱动的砷泵，在有 As（III）存在时启动 ATP 的水解，提供能量驱动 As（III）的转运（Suzuki et al., 1998；CerVantes et al., 1994）。另外，*arsR* 和 *arsD* 属于转录调节基因，分别编码调节蛋白 ArsR 和 ArsD，调节 *ars* 操纵子的转录与表达。当然，据目前的研究发现，有些细菌中没有 *arsR* 和 *arsD* 基因。

沉积物中含有丰富的铁，其中 Fe（III）能强烈吸附 As（V）。在铁呼吸细菌作用下，Fe（III）发生生物化学作用被还原成溶解性 Fe（II），同时，Fe（III）吸附的 As（V）被释放并进入液体中［图 6-2-2（a）］。例如，Cummings 等（1999）发现铁还原细菌 *Shewanella alga* 还原臭葱石（$FeAsO_4·2H_2O$）矿物中的铁。但是，如果这种细菌属于异养型砷还原菌，则释放的是 As（III）而不是 As（V）。Ahmann 等（1997）的研究表明，*Sulfurospirillum arsenophilum* 介导下 As（III）从最初的砷酸铁固相中释放出来。但是，当 As（V）吸附到铝表面上的时候，又会发生什么呢？吸附在铝表面的 As（V）分子容易发生生物还原，并且由于铝对 As（III）没有吸附能力，As（III）就释放到液相中［图 6-2-2（b）］。然而，由于所使用的细菌 *Sulfurospirillum barnesii* 不能还原 Al（III），位于铝基质内部的 As（V）不能继续被生物还原（Zobrist et al., 2000）。但是如果这种异养型砷还原菌也属于铁还原菌又怎么样呢？大部分异养型砷还原菌能使用多种电子受体。在这个例子中，*Sulfurospirillum barnesii* 能让 As（III）和 Fe（II）从与 As（V）共沉淀的水铁矿中释放出来［图 6-2-2（c）］。大部分转化成的 As（III）又被未发生反应的 Fe（III）重新吸附，并且实际上只有一部分 As（III）进入溶液。但是，如果有足够的电子供体，*Sulfurospirillum barnesii* 将破碎水铁矿基质，最后释放大部分 Fe（II）和 As（III）进入液相（Oremland and Stolz, 2005）。

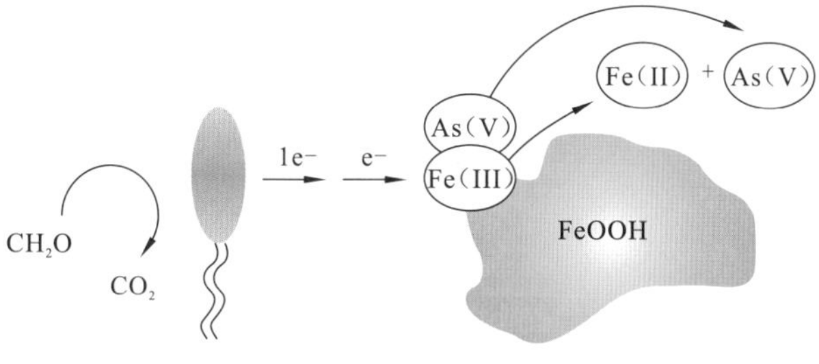

（a）

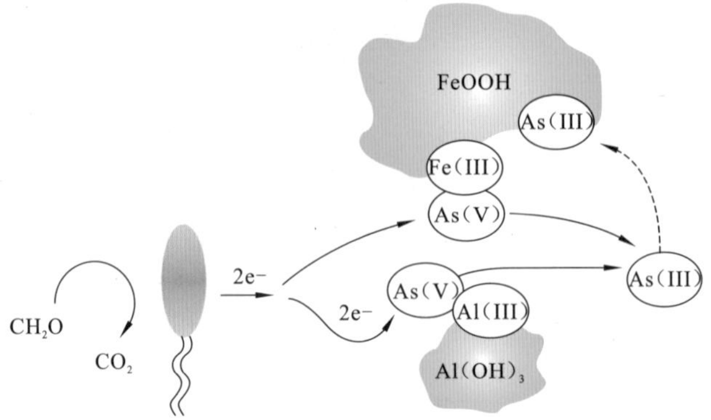

（b）

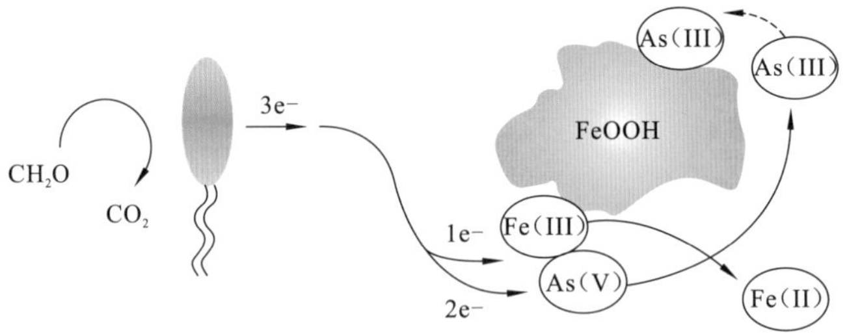

（c）

图6-2-2　金属呼吸细菌介导下缺氧地下含水层材料中砷的迁移机制（Oremland and Stolz，2005）

（a）铁还原细菌；（b）砷酸盐异化还原菌（DARP）；（c）铁还原砷酸盐异化还原菌

6.2.3　砷的微生物甲基化作用

经过长期的进化，微生物具备了复杂的免受砷伤害的保护策略。如微生物甲基化解毒策略。在包括古菌和细菌在内的原核生物作用下，无机砷通过甲基化转化为毒性较低的甲基砷酸。甲基砷酸包括一甲基砷酸（monomethylarsonic acid, MMAA）、二甲基砷酸（dimethylarsinic acid, DMAA）和三甲基砷氧化物（trimethylarsine oxide, TMAO），以及无毒的芳香族砷化合物（arsenocholine，AsC 和 arsenobetaine, AsB）（Turpeinen et al., 2002）。有些微生物可以将甲基砷酸分别转化为砷化氢的甲基化衍生物：一甲基胂（monomethy-larsine, MMA）、二甲基胂（dimethylarsine, DMA）和三甲基胂（trimethylarsine, TMA）（Kallio and Korpela，2000），有些微生物可以将二甲基砷酸转化为更为复杂的有机砷化合物，如三甲胂乙内酯和含砷脂质等（Dembitsky and Rezanka, 2003）。有些微生物还可以直接将无机砷转化为甲基化产物（Atiqul et al., 2005），还有些微生物甚至可以将无机砷直接转化为有毒气体三氢化砷（Turpeinen et al., 2002）。由于甲基胂的沸点较低，极易挥发，从而将砷从环境中移除。脱甲基微生物可以将甲基化的有机 As 脱甲基为无机 As（Sanders，1979）。

实际上，微生物的砷甲基化功能是受基因控制的。Jie 等（2006）从沼泽红假单胞菌（*R. palustris*）中成功克隆到砷甲基化相关基因 *arsM*，该基因编码一个约 29.656k Da 的 As（III）*S*-腺苷甲基转移酶。然后，将基因 *arsM* 整合到砷敏感的 *E. coli* 基因组中，发现它能够成功地将培养基中的砷转化为二甲基砷酸、三甲基砷氧化物及三甲基胂气体。

6.3　砷的微生物迁移

高砷饮用地下水对人类的危害和潜在风险已受到高度重视，特别是对地下水中砷来源与富集机理已开展了广泛研究。研究表明，地下水中砷主要有以下四种来源：①从周边高砷含水层中迁移；②从深部富砷母岩渗滤；③含砷矿物沉积；④从含水层富砷沉积物中释放。砷从含水层沉积物中迁移进地下水是导致人类砷中毒最关键的一步（Xie et al., 2011; Oremland and Stolz，2005）。已知的砷迁移机制包括富砷黄铁矿的氧化（Acharyya et al., 1999; Das et al., 1996）、富砷 Fe（III）氢氧化物的还原性溶解（Harvey et al., 2002; Smedley and Kinniburgh, 2002; Nickson et al., 2000, 1998）、铁的氢氧化物中解吸附（Smedley and Kinniburgh, 2002）、由化肥使用中产生的磷酸盐（Chowdhury et al., 1999）或者微生物代谢过程中产生的碳酸盐（Appelo et al., 2002; Harvey et al., 2002）推动砷迁移。近年来，越来越多的证据表明微生物在含水层砷迁移中扮演着重要角色，并且砷的生物地球化学行为已经成为地球化学和地微生物学领域的研究热点（Xie et al., 2014, 2013a, 2013b; Casiot et al., 2006；Park et al., 2006; Oremland et al., 2005; Islam et al., 2004; Turpeinen et al., 1999）。很多室内研究采用的是无菌或者有菌的矿物和沉积物，而很少有利用细菌纯培养物研究砷迁移动力学（Oremland and Stolz，2005）。

自从 20 多年前大同盆地砷中毒事件被报道以来，很多研究工作者在该地区开展了砷的系统水文地球化学研究（Xie et al., 2008; Pei et al., 2005; Guo and Wang, 2005; Wang et al., 2004; Guo et al., 2003a, 2003b; 张青喜和赵亮怀, 2000; Wang et al., 1998），并取得了大量的研究成果。但是，很少有关于大同盆地砷的微生物迁移的研究报道。下面主要讨论从大同盆地高砷含水层中分离的土著细菌蜡样芽孢杆菌（*B.cereus*）对砷迁移的影响。

6.3.1 材料与方法

1. 样品采集及特征

样品采自大同盆地，埋深为11.6～11.8m的沙壤土。为了保持最初厌氧、黑暗和低温的环境条件，岩心用聚乙烯袋密封，然后再一起密封在PVC管中，快速运回实验室，于4℃下避光保存。经测定，沉积物样品pH为8.5，含水量为16.23%，有机碳、As、Fe、Mn、Al质量分数分别为0.36%、11.7 μg/g、3.37%、639 μg/g和6.08%。

2. 细菌培养

从岩心样品中筛选、分离和纯化获得菌株*B. cereus*，利用营养肉汤培养基培养，至细菌培养液的$OD_{640\ nm}$值大约为0.1时，6000 r/min离心10 min，收集细菌用于后面实验。

3. 砷迁移实验

为了避免外来元素的影响，实验中所使用水采用去离子水。所有玻璃器皿利用5%盐酸溶液浸泡并用去离子水冲洗。所有试剂均为分析纯。

为了调查细菌*B. cereus*对砷地球化学行为的影响，每个500mL三角瓶中装大约36g沉积物，于121℃下充分灭菌60min，然后加入400mL无菌的去离子水。为了测定不同碳源对细菌活性的影响，将前文收集的细菌部分重新悬浮在无菌去离子水中，向每个三角瓶中分别添加1mL细菌悬浮液和30g柠檬酸钠或葡萄糖。所有处理组的pH调为与沉积物样初始相同的8.5。然后，所有试验组三角瓶均在厌氧、避光和10℃下培养。在31d的培养时间内不定期采样，用于后面分析。研究中设定了两个对照CK1和CK2，对照组CK1中没有接种细菌也没有补充碳源物质，为了调查细菌是否从培养基中带入As、Fe、Mn和Al到处理组中，还设定了对照组CK2，因此对照组CK2中没有加入沉积物，但是既接种了细菌也补充了碳源物质。对照组CK1和CK2与处理组在相同条件下培养和采样。三个实验组T1、T2和T3都加入了沉积物，但是，T1还接种了细菌并补充了碳源物质，T2只接种了细菌没有补充碳源物质，T3没有接种细菌只补充了碳源物质。

6.3.2 结果与讨论

1. 砷对细菌生长的影响

如图6-3-1所示，处理组T2的$OD_{640\ nm}$值在前3d增加，随后下降。$OD_{640\ nm}$值的下降表明沉积物中原有的碳源物质耗尽后细菌的生长停止。在处理组T1中由于补充有碳源物质，细菌快速生长，直到18d后细菌的生长速度才开始下降。

但是，与对照组 CK2 相比，T1 的 $OD_{640\ nm}$值在前 11 d 都较低，这说明沉积物中的砷很可能抑制了细菌的生长。

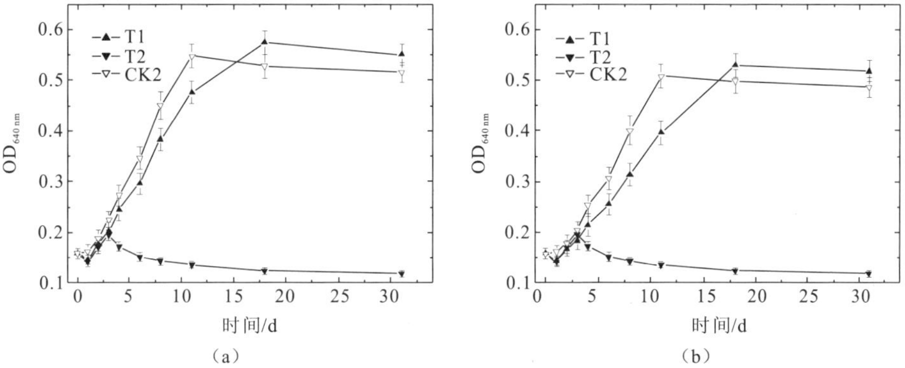

图 6-3-1　细菌 *B. cereus* 的生长

(a) 柠檬酸钠；(b) 葡萄糖

2. 细菌和碳源物质对沉积物中砷释放的影响

从图 6-3-2 可知，在对照组 CK1 中没有检测到砷，CK2 中的砷低于检出限，表明细菌细胞没有从培养基中将砷带入溶液。处理组 T2 中的总砷质量浓度几乎是 T3 的 3 倍，表明细菌活动相对于碳源物质来说更强烈地影响沉积物中砷的释放。另外，T2 中的砷质量浓度在最初的前 2d 快速增加，随后下降到相对稳定的 8.5 μg/L，T1 中的砷质量浓度在所有处理组中最高，在接种细菌并补充碳源物质柠檬酸钠或者葡萄糖的两个处理组中，液相中的砷质量浓度从最初的 0 μg/L 分别增加到第 18 d 的 57.2 μg/L 和 38.5 μg/L，经过 31 d 的培养，最后又分别下降到 56.2 μg/L 和 36.4 μg/L。处理组中砷质量浓度的变化与细菌生长趋势一致，表明细

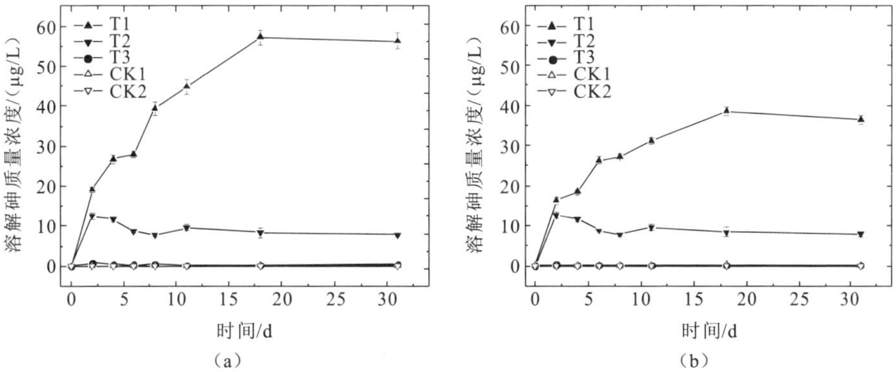

图 6-3-2　微宇宙溶液中总砷质量浓度变化

(a) 柠檬酸钠；(b) 葡萄糖

菌生长促进砷从沉积物中释放到液相中。在补充柠檬酸钠的处理组中砷质量浓度比补充葡萄糖的处理组高，表明柠檬酸钠更容易被细菌利用。同时从细菌的生长测定中还发现，在相同培养时间补充柠檬酸钠的培养液中细菌的 $OD_{640\ nm}$ 值比补充葡萄糖的培养液高，这进一步说明细菌加速了沉积物中砷的释放。T1 和 T2 中的砷质量浓度分别在第 18 d 和第 11 d 后出现轻微下降，这可能是 As 和 Fe 出现共沉淀，导致砷质量浓度降低。As 与 Fe 的共沉淀在高砷含水层沉积物中也有发现（Duan et al., 2009; Lowers et al., 2007; Root et al., 2007; Swartz et al., 2004）。

Islam 等（2004）指出孔隙度为 25%的含水层中水与沉积物的质量比大约为 1∶8，这种沉积物的密度与石英相当。因为实验中水与沉积物的比为 50∶3，远高于含水层中 1∶8，所以，只接种细菌没有补充碳源的处理组中总砷质量浓度相对稳定时只有 8.5 μg/L，但是如果换算到原位含水层时，地下水中砷质量浓度将非常高。考虑到大同盆地浅层含水层中有大量有机物为细菌生长提供保障（Xie et al., 2008），与实验室微宇宙实验相比，含水层中将有更多砷从沉积物中迁移到地下水中。

3. 细菌对 As、Fe、Mn 和 Al 共同迁移的影响

在两个补充碳源物质的处理组中，Fe 质量浓度与砷质量浓度的变化趋势相同[图 6-3-3（a）、（b）]。T1 中的 Fe 质量浓度是所有处理组中最高的，其次是 T2。这表明无论是否补充碳源物质，只要接种细菌，Fe 都能有效地从沉积物中释放进入水溶液。T1 和 T2 中溶解铁的质量浓度分别在第 18 d 和第 11 d 不再继续增加，这也可能是因为沉积物中有机质被消耗尽，导致细菌活性下降，从而使得细菌促进 Fe 迁移能力减弱。由此可以推断，这株细菌很可能影响 Fe 的还原（Park et al., 2006; Islam et al., 2004; Oremland and Stolz, 2003）。基于微宇宙液相中 As 和 Fe 质量浓度的变化趋势，可知 As 的微生物还原与 Fe 的还原一致，随后同时从沉积物迁移进液相中。

研究还发现，只补充碳源物质时，沉积物中 Mn 和 Al 仅有轻微的迁移。在只接种细菌的处理组中，液相中 Mn 和 Al 的质量浓度在最初的 2 d 内增加，随后下降，当补充碳源物质后，Mn 和 Al 的质量浓度像 As 和 Fe 的质量浓度一样呈现快速增加趋势［图 6-3-3（c）、（d）、（e）、（f）］。这种变化可能如前文所述，沉积物中有机物质被消耗影响细菌活性，从而影响 Mn 和 Al 的迁移。这说明土著细菌在大同盆地含水层 As、Fe、Mn 和 Al 的迁移中扮演着重要角色。

所有结果都表明细菌强烈影响这四种元素的环境行为。砷酸根离子能吸附在含水层中很多无机矿物表面，特别是非结晶态铁矿物、氧化锰和氧化铝等（Oremland and Stolz, 2005）。砷的迁移与沉积物中 Fe 的（氢）氧化物微生物还原有关，当 Fe 被还原溶解后，沉积物中 As 的吸附位点减少，沉积物中已吸附的 As 随之解吸附而进入液相（Pei et al., 2005; Nickson et al., 1998），也可能是 As（V）

发生生物还原，转化成 As（III），而 As（III）的强迁移性加速了沉积物中 As 的释放（Oremland and Stolz, 2003）。也可能是，细菌分泌的具有羧基、羟基和羰基的胞外聚合物束缚了沉积物中带正电荷的金属离子（Xie et al., 2007; De Philippis and Vincenzini, 2003），使得这些金属离子脱离沉积物而进入地下水，从而导致砷在沉积物中的吸附位点减少而释放到地下水中。

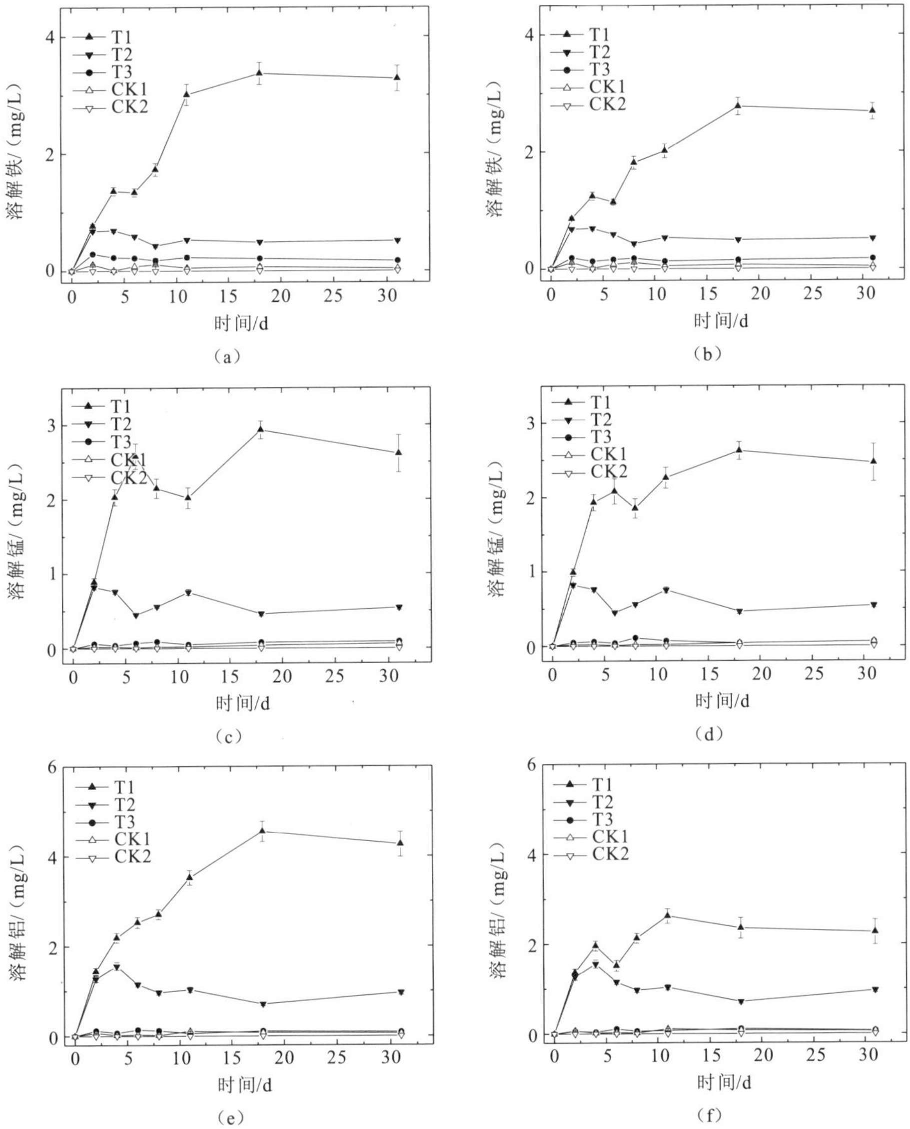

图 6-3-3　微宇宙溶液中 Fe、Mn 和 Al 质量浓度变化

（a）、（c）、（e）柠檬酸钠；（b）、（d）、（f）葡萄糖

4. 沉积物中 As 的迁移与 pH 和 Eh 的相关性

细菌活动明显降低溶液中 pH，但 pH 仍然保持在 7 以上。这可能是因为细菌生长过程中分泌的有机酸中和了碱性溶液，导致溶液 pH 下降[图 6-3-4（a）、（b）]。含水层中 pH 影响砷的迁移和形态变化（Park et al., 2006; Turpeinen et al., 1999）。Hu 和 Ran（2006）认为，中性和碱性土壤环境有利于 As（V）转化为 As（III）。另外，As（III）比 As（V）的迁移能力强，在矿物表面的吸附能力弱（Oremland and Stolz, 2005）。因此，微宇宙环境中的碱性条件有利于砷从沉积物中释放进入液相。

细菌对 Eh 的影响与对 pH 的相似［图 6-3-4（c）、（d）］。在接种细菌的处理组中，Eh 值明显下降。换言之，在细菌活动下，微宇宙环境变得更趋于还原条件。在还原条件下，沉积物中铁或锰的（氢）氧化物被还原成低价态的可溶性铁或锰，从而使与铁或锰的（氢）氧化物吸附的砷释放到地下水中，这显然增加了地下水中砷含量。

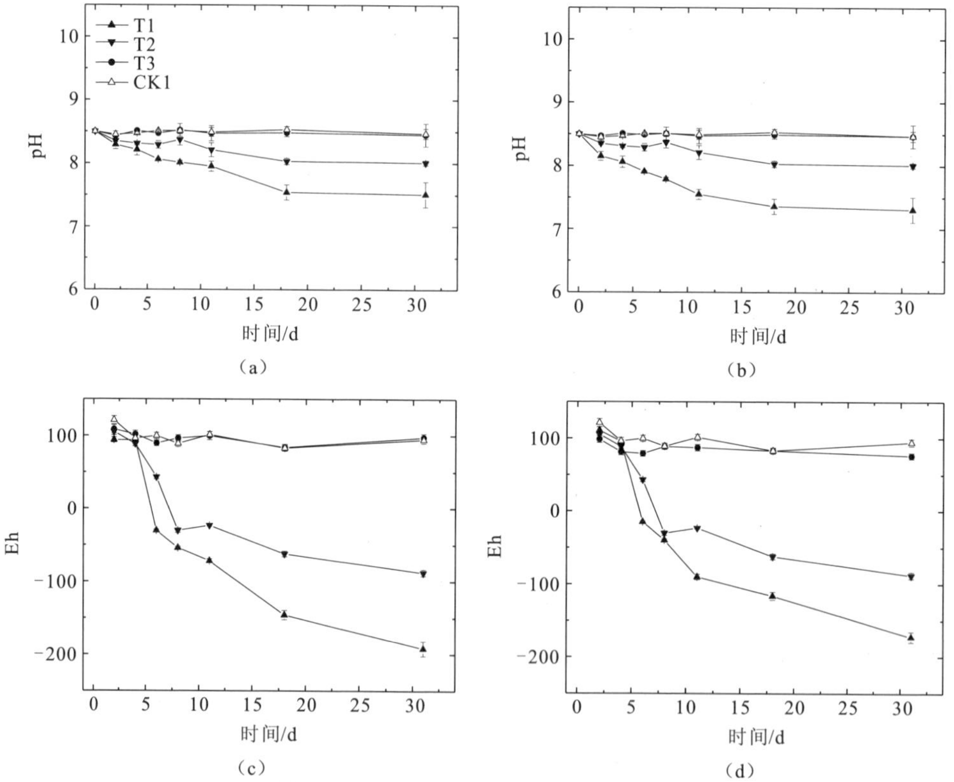

图 6-3-4　微宇宙溶液中 pH 和 Eh 变化

（a）、（c）柠檬酸钠；（b）、（d）葡萄糖

6.4　砷的生物富集过程

砷是一种普遍存在的有毒类金属，在自然水体中达到有害浓度的砷是 20 世纪和 21 世纪的全球灾难性问题（Mohan and Pittman, 2007）。目前，全球数千万的人由于长期饮用高砷地下水而处于砷中毒的风险中（Nordstrom, 2002; Oremland and Stolz, 2005, 2003）。然而，要评价砷中毒风险，需要更详细的工作获取有效降低高砷饮用地下水中砷含量和毒性的途径。

尽管砷对大部分活体生物具有毒性，但是很多细菌能生活在高砷地下水环境中，并在砷的地球化学行为中扮演着重要角色（Xie et al., 2011, 2009a; Xie and Wang, 2009; Duan et al., 2009; Park et al., 2006; Oremland et al., 2005; Islam et al., 2004; Turpeinen et al., 1999）。因此，要修复砷污染地下水，首要的第一步是获取具有砷抗性和砷富集潜力的细菌。Pepi 等（2007）和 Yamamura 等（2007）发现，有些细菌（如气单胞菌属、芽孢杆菌属和假单胞菌属）对三价砷和五价砷都具有抗性。

到目前为止，对砷抗性细菌的研究主要集中在砷抗性基因方面（Bhat et al., 2011; Achour et al., 2007; Chopra et al., 2007; Wang et al., 2004; Ryan and Colleran, 2002; Carlin et al., 1995）。研究发现，细菌具有砷抗性特性是由于具有染色体或质粒编码 *ars* 操纵子系统（Takeuchi et al., 2007）。*ars* 操纵子具有各自的特征。5 个常见的 *ars* 基因的抗砷操纵子中，*ars*A 和 *ars*B 编码依赖 ATP 的泵砷亚单位。*ars*A 编码的 arsA 蛋白是靠砷激活的 ATP 酶，*ars*B 编码膜通道蛋白，构成亚砷酸盐的流出泵。*ars*C 编码亚砷酸盐还原酶，可将 As（V）还原为 As（III）。当砷酸盐被 *ars*C 还原成亚砷酸盐后，被 *ars*B 泵出胞外。*ars*R 和 *ars*D 编码转录阻遏蛋白，以保持 *ars* 转录水平的内稳定（Rosen, 1999）。在大肠杆菌中也发现有 *ars* 基因，如 Bhat 等（2011）发现了 *ars*D，Sato 和 Kobayashi（1998）发现了 *ars*B，*ars*C 和 *ars*R。然而，很少有研究报道细菌通过改变细胞形态来适应高砷环境。

目前，只有少量遗传工程微生物（Kostal et al., 2004; Sauge-Merle et al., 2003）和海洋细菌（Takeuchi et al., 2007; Sanders and Windom, 1980）被用于从废水中富集砷。尽管已有砷富集细菌被发现，但是大部分没有被用于富集砷（Joshi et al., 2009）。Joshi 等（2009）从印度的工业废水中分离到了一株高砷富集细菌。而很少有研究报道从高砷含水层中分离出砷富集细菌。

6.4.1　材料与方法

1. 野外采样点与沉积物采样

2007 年 11 月，在具有高砷地下水的大同盆地双寨村钻孔 50m，从不同埋深分别采集 24 个沉积物样。由于沉积物样中含有细菌生长所需的有机碳质量分数高达 0.36%，并且砷质量分数达到 11.7 μg/g，利用埋深 11.6～11.8 m 的沙壤土岩心样分离细菌。为了保证样品具有原始的厌氧、黑暗和低温环境，每个样品采集 30 cm 长的岩心，立即装入聚乙烯袋并密封，然后密封在 PVC 管置于 4 ℃冰箱中，并快速运往实验室。沉积物储藏在通有氮气的环境中。

2. 细菌分离与纯化

为了获得砷抗性土著细菌，在厌氧手套箱的厌氧环境下，从沉积物样品的中心部位选取 1 g 沉积物置于 9.5 mL 无菌水中，摇匀，静置 20 min；再取 1 mL 混合液于 9 mL 无菌水中，混匀；依次按此方式继续稀释。然后，分别取 0.1 mL 各稀释度的混合液依次涂抹在具有不同质量浓度 As（III）和 As（V）（800 μg/L、1 000 μg/L 和 1 200 μg/L）的无菌营养肉汤琼脂培养基（1%蛋白胨、0.3%牛肉膏、0.5%氯化钠和 2%琼脂）平板表面。砷质量浓度的选择是依据在大同盆地地下水中监测到的最高砷质量浓度而确定。所有平板在黑暗和氮气环境中 10 ℃下培养 3～5 d，将形态不同的菌落再次涂抹在琼脂培养基表面按照前面方法培养，按此方法连续涂抹、培养 3 次。发现有 5 个不同形态的菌落。标记为 XZM002 的菌落因为处于优势地位且生长迅速，被用作本研究的生物材料。细菌培养在营养肉汤液体培养基中，用于后面的实验。

3. 细菌的形态特征

细菌先涂抹在营养肉汤琼脂培养基表面于 10 ℃黑暗中培养 7 d，然后按照 Vincent（1970）的方法评价菌落形态（颜色、直径和透明度）、细胞形态与细胞壁特性（革兰氏染色）。

细菌 XZM002 在 As（III）和 As（V）质量浓度均为 1 600 μg/L 的营养肉汤液体培养基中培养，然后离心收集细菌。细菌用 pH 为 7.2 的磷酸盐缓冲液冲洗 3 次，用戊二醛固定液（2.5%戊二醛溶于 pH 为 7.2 的磷酸盐缓冲液）在 4 ℃下固定 4 h。在无砷培养基中培养的细菌对照组按照同样方式处理。细菌细胞吸附在镜片表面于室温下风干、镀金，用扫描电镜拍照。

4. 液体培养基中砷对细菌生长的影响

为了测定砷的敏感性，分别取 50 mL 含 As（III）或 As（V）为 400 μg/L、800 μg/L、1 200 μg/L 和 1 600 μg/L 的营养肉汤培养基，加入 100 mL 三角瓶，同时接种 1 mL 处于对数生长期的细菌培养液，密封三角瓶，置于摇床上于 10 ℃下 150 r/min 培养 72 h。为了避免空气中氧气对 As（III）和 As（V）氧化还原转化的影响，生长与富集实验在持续通氮气的厌氧手套箱中完成。对照组也在相同环境中处理。细菌生长通过在不同时间间隔内测定培养物在 600nm 处的光密度（OD 值）的变化来表示。

5. 菌株 XZM002 对砷的富集

离心收集培养液中细菌，重新悬浮于 500ml 新鲜培养基中，使初始 OD 值大约为 0.4。然后分别加入 As（V）到终质量浓度为 800μg/L。设置 As（V）质量浓度为 800μg/L 是因为这种浓度不影响细菌的生长，而另外几组 As（V）质量浓度和所有 As（III）质量浓度不同程度上影响细菌的生长。所有培养液在上面的培养条件下继续培养 4d。

在不同培养时间间隔，分别收集细菌细胞，于 4℃下 10000 r/min 离心 20 min，将所获得的细菌细胞等质量分为两份。上清液中砷作为培养液中残留总砷量，砷含量采用氢化物-原子荧光分光光度计测定，上清液中砷形态的测定按照 Le 等（2000）的方法完成。一份细菌在烘箱中 100℃下烘干称重，另一份按照 Takeuchi 等（2007）的方法测定细胞膜中总砷、细胞质中总砷和砷形态。

细菌细胞用超声仪破碎，然后 4℃下 12000 r/min 离心 10min。其中被看作细胞膜部分的沉淀物用硝酸消解，测定总砷；作为细胞质部分的上清液 80000 r/min 离心 20min，再分成两份，一份用于测定总砷，另一份测定砷形态。

6. DNA 提取、PCR 扩增与 16S rRNA 基因序列测序

细菌 XZM002 在营养肉汤培养基中室温下 150 r/min 振荡培养 18h。按照 Achour 等（2007）方法提取细菌的基因组 DNA。

PCR 扩增引物序列采用 Brosius 等（1981）的 5′-GAGTTTGATCMTGGCTCAG-3′和 5′-GGTACTTAGATGTTTCAGTTC-3′。PCR 反应体系：10×扩增缓冲液，Taq DNA 聚合酶 5U，25 mmol/L Mg^{2+}，25 ng 模板 DNA，引物各 0.2 μmol/L，4 种 dNTP 混合物各 10 mmol/L；PCR 扩增按照下列反应条件完成：在 94 ℃下 5 min，94 ℃下变性 30 s，30 次循环，50 ℃下引物退火 30 s，72 ℃下引物延伸 1 min，最后 72 ℃下延伸反应 10 min。

按照 Menna 等（2006）的方法完成 PCR 产物纯化，产物分析和测序交由生物公司完成。

7. 序列分析与系统进化树构建

只有亲缘相近的细菌基因序列用于构建系统进化树，进化树利用邻接法（Saitou and Nei，1987）采用 MEGA4.0 构建（Tamura et al., 2007）。细菌 XZM002 的 16S rRNA 基因序列递交到 GenBank，登记号为 FJ932655。

6.4.2 结果与讨论

1. 结果

1）系统进化分析

7 株细菌的 16S rRNA 基因序列被用于分析菌株 XZM002 和其他亲缘相近菌株的系统进化。细菌 *Bacillus acidicola* 105-2^T 的基因序列用作外类群。根据 16S rRNA 基因序列的系统树，菌株 XZM002 与细菌 *Bacillus acidicola* 105-2^T 的亲缘关系较远，亲缘性只有 94.6%。XZM002 与其他 6 株细菌的基因序列相似度超过 98%，与 *Bacillus pseudomycoides* DSM 12442^T、*Bacillus weihenstephanensis* WSBC 10204^T 和 *Bacillus mycoides* DSM 2048^T 的相似度分别为 98.2%、98.5%和 98.8%。因为与 *Bacillus thuringiensis* ATCC 10792^T 有 99%的相似度，所以 XZM002 与其具有更近的亲缘关系。XZM002 与 *Bacillus anthracis* ATCC 14578^T 的相似度也达到 99.4%。基于 16S rRNA 基因序列的系统进化树显示 XZM002 与 *Bacillus cereus* ATCC 14579^T 具有最近的亲缘关系，基因序列相似度达到 100%（图 6-4-1）。

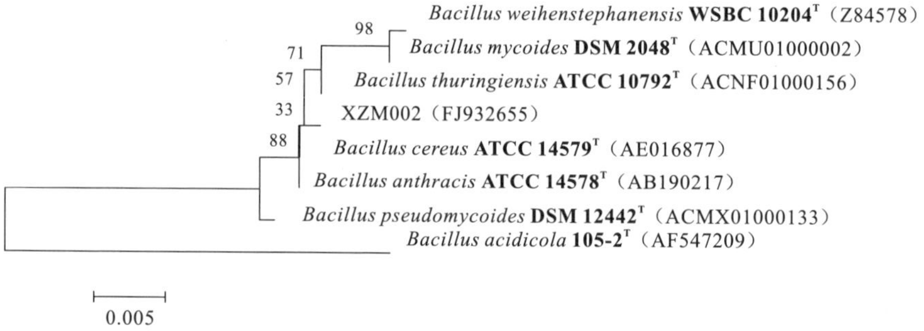

图 6-4-1 菌株 XZM002 的 16S rRNA 基因序列的系统进化图

2）砷对细菌形状和生长的影响

菌株 XZM002 在平板上产生奶油色不透明状菌落，菌落呈圆形，直径大约 4 μm，革兰氏阳性，棒状、不运动。然而，在含 As（V）和 As（III）的培养基中，细菌都有变小的趋势。随着培养基中无砷、含 As（V）和 As（III），细菌形状从最初的杆状变成椭圆状，再到球状（图 6-4-2）。

从图 6-4-3 的生长曲线看，在无砷、含 As（V）和 As（III）的培养基中细菌的生长也有一定差异。但是，在 As（V）质量浓度为 800 μg/L 的培养基中，细菌与在无砷的培养基中的生长相似；在 As（V）质量浓度为 400 μg/L 的培养基中，从第 12 h 到 72 h，细菌反而比在无砷的培养基中生长更好，特别是从第 24 h 到 60 h 内更明显；在 As（V）质量浓度为 1 200 μg/L 和 1 600 μg/L 的培养基中，细菌的生长最差，但这两个浓度之间差异很小。

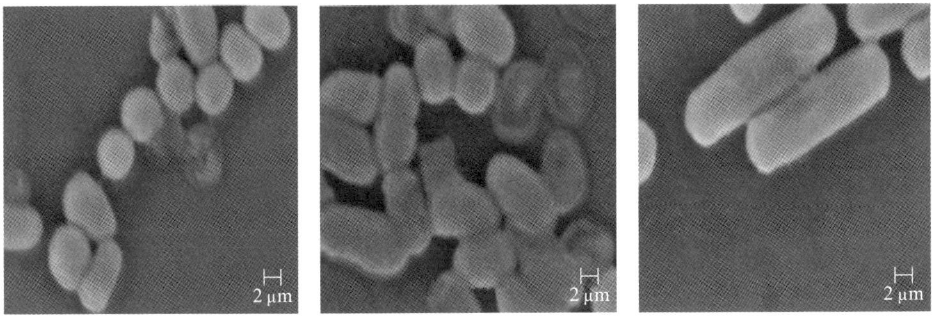

（a）　　（b）　　（c）

图 6-4-2　砷对细菌 XZM002 形态变化的影响

（a）As（III）；（b）As（V）；（c）无砷

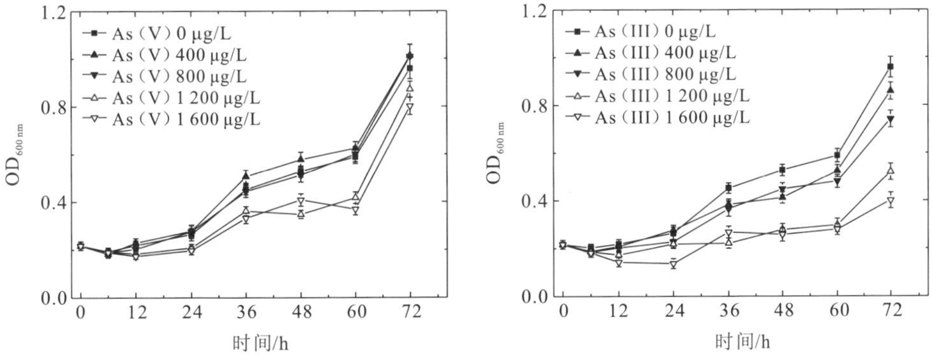

（a）　　（b）

图 6-4-3　不同砷环境中细菌 XZM002 的生长曲线

（a）As（V）；（b）As（III）

然而，在 4 个含 As（III）的培养基中，细菌的生长远低于无砷培养基。另外，从整体来看，细菌的生长随 As（III）质量浓度升高而减弱。在 As（III）质量浓度为 400 μg/L 和 800 μg/L 的培养基中，细菌的生长曲线非常相似，而在 As（III）质量浓度为 1 200 μg/L 和 1 600 μg/L 的培养基中，细菌的生长只有轻微差异。尽管在 As（III）质量浓度为 1600 μg/L 的培养基中，细菌的生长最弱，但是在适应 48 h 后，细菌的生长持续加速并达到初始的细菌浓度。图 6-4-3 也显示，在相同的砷浓度和培养时间内，细菌在 As（V）环境中的生长速度比在 As（III）环境中高。这些结果表明 400 μg/L 的 As（V）促进细菌 XZM002 的生长，而高浓度的 As（V）和所有浓度的 As（III）抑制细菌的生长，并且细菌 XZM002 对 As（V）的抵抗能力强于 As（III）。

3）细菌 XZM002 对砷的富集

图 6-4-4 显示含 As（V）初始质量浓度为 800 μg/L 的培养基中残留 As（V）和生成 As（III）的百分比随培养时间的变化情况。在整个过程中没有检测到甲基砷，因此培养基中 As（V）与 As（III）的总含量被当作总砷含量。培养 4 d 后，培养液中残留的总砷和 As（V）百分率明显减少，分别只有初始砷浓度的 88.56% 和 79.34%。换句话说，细菌从培养液中大约富集了 11.44%的砷。另外，培养液中有 9.22%的 As（V）转化成了 As（III）。

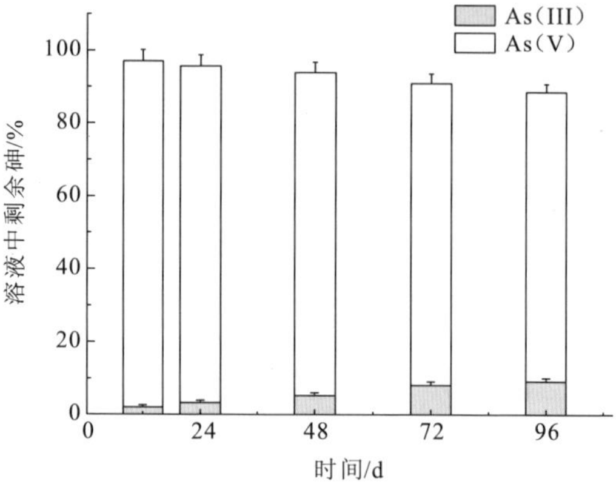

图 6-4-4　细菌对砷的吸附与形态转化

通过进一步分析细菌 XZM002 细胞中总砷含量和砷形态，发现细胞质和细胞膜中砷含量随处理时间的变化而变化（表 6-4-1）。在实验结束时，细菌富集的砷达到最高，为 134.61 μg/g 干细胞。细胞质和细胞膜中的砷分别为富集总砷的 20.5% 和 79.5%。培养 72 h 后，细菌中富集的砷几乎达到饱和，因为处理 96 h 后富集的总砷只比 72 h 时高 2.56 μg/g 干细胞。

表 6-4-1　细菌 XZM002 细胞质和细胞膜部分对砷的形态转化与富集

As（V）800 μg/L 下暴露时间/h	细胞质中富集砷占初始砷的比例/%				细胞膜表面富集砷占初始砷的比例/%
	总砷	As（III）	As（V）	As（III）/ 总砷	
12	0.51（14.54[a]）	0.15 ± 0.01（4.31[a] ± 0.29）	0.36 ± 0.02（10.23[a] ± 0.57）	29.5 ± 1.15	2.56 ± 0.12（73.05[b] ± 3.42）
24	0.80（19.98[a]）	0.27 ± 0.02（6.79[a] ± 0.50）	0.53 ± 0.04（13.19[a] ± 1.00）	34.1 ± 1.35	3.59 ± 0.14（89.79[b] ± 3.50）
48	1.19（24.46[a]）	0.40 ± 0.02（8.28[a] ± 0.41）	0.79 ± 0.03（16.18[a] ± 0.61）	33.7 ± 1.43	4.92 ± 0.19（100.96[b] ± 3.90）

续表

As（V）800 μg/L 下暴露时间/h	细胞质中富集砷占初始砷的比例/%				细胞膜表面富集砷占初始砷的比例/%
	总砷	As（III）	As（V）	As（III）/ 总砷	
72	1.83（26.67[a]）	0.60 ± 0.03（8.81[a] ± 0.44）	1.23 ± 0.06（17.86[a] ± 0.87）	33.2 ± 1.26	7.25 ± 0.26（105.38[b] ± 3.78）
96	2.34（27.60[a]）	0.76 ± 0.03（9.02[a] ± 0.36）	1.58 ± 0.07（18.58[a] ± 0.82）	32.7 ± 1.28	9.10 ± 0.33（107.01[b] ± 3.88）

注：a 细胞质中砷含量（μg/g 干细胞）；b 细胞膜表面砷含量（μg/g 干细胞）。

尽管单位质量细胞中继续富集的砷含量很少，但是随着细菌的生长，细菌生物量仍然在持续增加，大量砷继续被细菌富集。这些结果表明，细菌 XZM002 具有富集 As（V）的能力，且富集的总砷大部分（约 80%）只吸附在细胞膜表面。这表明细菌的细胞膜是砷的初始吸附器。另外，细胞质中 As（III）与总砷的比例在 24 h 后逐渐减小。

2. 讨论

1）基于 16S rRNA 基因序列的系统进化分析

16S rRNA 基因分析表明菌株 XZM002 与 *B. cereus* 的基因系列相似度最高。系统进化树也显示 *B. cereus* 是菌株 XZM002 最接近的种，因此菌株 XZM002 很可能属于 *Bacillus*。

2）砷对细菌形态和生长的影响

细菌 XZM002 已经形成了高度有效的防御机制，例如，通过改变细胞形态而在高砷环境中生存。由于砷对细菌的毒性随着细菌细胞与砷环境的接触面减小而降低，细菌 XZM002 不仅能在高 As（V）环境中也能在 As（III）环境中生长。

OD 值与溶液中细胞浓度呈正相关。因此，用 $OD_{600\ nm}$ 的变化来表示细菌 XZM002 的生物量和生长。在细胞代谢过程中，As（III）通过与硫形成共价键或者解偶联氧化磷酸化作用干扰蛋白质合成和酶活性（Tamaki and Frankenberger, 1992）。因此，As（III）抑制细菌的生物合成途径并导致生物产量降低。然而，因为长期生长在高砷环境中，细菌 XZM002 已经形成了通过改变细胞形态和抗氧化防御系统的防御机制来降低砷的伤害（Xie et al., 2008）。在高浓度 As（III）环境中，光密度在开始时减弱随后增强得益于细菌的适应机制。再者，由于 As（V）比 As（III）对生物的毒性弱（Oremland and Stolz, 2005），细菌的生长几乎不受质量浓度为 800 μg/L 的 As（V）影响；并且 400 μg/L 的低质量浓度 As（V）反而促进细菌生长。这可能是因为低质量浓度 As（V）激发了细菌繁殖所需的有机物质的生物合成。

3）砷在细菌 XZM002 中的富集

Duan 等（2009）认为，当砷抗性细菌培养在增加了碳源的溶液中时，溶液 pH 下降。在细胞表面可能有砷酸根离子的特异结合位点。因此，大量砷只富集在细胞表面可能是砷抗性细菌的另一种防御机制。

细菌对砷酸根离子的结合位点与磷酸根离子的相似（Willsky and Malamy, 1980）。因此，砷酸根离子可能通过与磷酸根离子竞争结合位点而在细胞内富集。本节结果与这个推论一致，也表明细菌 XZM002 是一株砷抗性细菌。砷抗性细菌的磷酸特异转运系统（Takeuchi et al., 2007）和 *ars* 操纵子（Cervantes et al., 1994）等抗性系统可以通过离子通道将砷酸根离子排出细胞外，这导致砷很少在细菌细胞中富集（Mukhopadhyay et al., 2002）。

很显然，细菌 XZM002 的砷抗性与砷富集是不一致的，因为富集的砷对细胞具有毒性。砷富集与砷抗性似乎是相互矛盾的。Takeuchi 等（2007）在对细菌 *M. communis* 的研究中也发现了这个矛盾。可以推测，在这些细菌中应该存在某种机制来协调这种矛盾。更重要的是，这些机制应该有助于增强细菌抵抗富集在细胞中的砷，才能确保细菌同时具有砷富集和砷抗性的能力。细菌对砷的解毒作用可能在这种协调中扮演着重要角色。

这是因为解毒机理可能降低了细胞中富集砷的毒性。因此，尽管在细菌细胞内富集有大量砷，但是细菌仍然能在高砷环境中生存。例如，一旦砷抗性细菌细胞中富集的砷含量增加，细胞中抗氧化防御系统等将立刻启动（Xie et al.，2008）。抗氧化防御系统减少了砷富集对细胞的伤害，这表明细菌 XZM002 自我协调了砷抗性与砷富集之间的矛盾。同时，很多微生物通过减少 As（V）还原成 As（III）来提高抗砷能力（Oremland and Stolz，2005）。砷酸盐还原酶在细菌富集砷和催化砷还原中扮演着重要角色（Shi et al., 1999）。

砷酸根离子刚开始松散地富集在细胞中，随后被还原成亚砷酸根离子，亚砷酸根离子被束缚在金属伴侣蛋白 ArsD 的吸附位点，然后亚砷酸根离子被细胞质膜表面的外排泵带出细胞（Lin et al., 2006）。As（III）移出细胞质导致细胞质中砷酸根离子减少和胞外溶液中 As（III）的增加（图 6-4-4，表 6-4-1），表明细菌 XZM002 具有降低砷毒害的自我调节能力。

6.5　含水层中生物有效性砷

传统的人类健康风险评估是基于土壤或沉积物中污染物总量来评价的（CCME，1997），这可能高估了实际的风险。使用生物可利用的部分，或者能够被吸收和进入生物体系统循环的那部分污染物更能代表评估效果（Schoof, 2004），而且研究发现污染物生物可利用部分通常远低于污染物的总量，所以用污染物的生物可利用部分来评估污染物在土壤或者沉积物中的风险更为合理。

生物可利用性砷可以采用活体试验测定，其优点是对土壤或沉积物中生物可利用性砷测定的准确度较高，缺点是费用高，耗时长。而体外消化法（invitro gastrointestinal method, IVG）弥补了活体实验的缺点。它是通过模拟人体或者动物体内肠胃条件来测定生物可利用性（Dibyendu et al., 2005；Kulp et al., 2003）。

因为砷的生物可利用性与其结合形态之间具有很强的相关性，所以砷的生物可利用性可以通过监测不同结合态砷被生物吸收或在体内积累的过程来研究（王金翠 等，2011）。砷结合形态表示的是砷与土壤或沉积物之间的结合紧密程度，采用连续提取法提取各形态砷，可以判断砷在土壤或沉积物中的迁移能力及被生物吸收利用的程度（Devesa-Rey et al., 2008）。到目前为止，国内外对生物可利用砷的研究对象大致可以分为四个方面。①农业活动造成的砷污染土壤：农药、污水灌溉等使砷进入农田，对土壤造成污染（Dibyendu et al., 2005）；②水体沉积物：河水、湖泊污染导致砷在水体沉积物中富集（马志玮 等，2007; Helen et al., 2002）；③含砷矿渣的污染：矿业开采和冶炼活动造成的尾矿和土壤砷污染（Meave et al., 2014; Barbara and Ben，2007）；④其他：包括道路灰尘、空调设备过滤灰尘、$PM_{2.5}$、雄黄酒等（Huang et al., 2014; Zhang et al., 2011）。然而，对高砷含水层沉积物中的生物可利用性砷的研究还几乎处于空白。

6.5.1　材料与方法

1. 样品采集与测定

沉积物采自山西省大同盆地山阴县（39° 30′N，112° 55′E），该研究区属于高砷污染区。分别从 50 m 深的钻孔中采集样品：A1，埋深 4.0～4.2 m；A3，埋深 2.8～3.0 m；A5，埋深 3.5～3.7 m；B2，埋深 4.6～4.8 m；B4，埋深 2.6～2.8 m。首先去除沉积物样品中非土壤杂质，然后用保鲜膜密封，再用保鲜袋包装，快速运回实验室，低温保存。将沉积物在室内晾干，然后用玛瑙研钵研磨，均质化，再用 0.25 mm 目的筛子过筛，装入广口瓶中，保存备用。

沉积物的 pH 测定参照农业标准《土壤检测　第 1 部分：土壤样品的采集、处理和贮存》（NY/T 1121.Z—2006）；有机质测定采用重铬酸钾容量法的稀释热法；主要重金属元素测定先用硝酸、高氯酸、氢氟酸高温消解，然后用电感耦合等离子体原子发射光谱法（ICP-OES）测定。

2. 体外模拟实验方法

体外模拟实验包含两个阶段：胃阶段和肠阶段。前者模拟的是胃内酸性环境条件，后者模拟的是小肠的环境条件，同时按照生物体的生理结构，这两个过程保持前后连续。生理学提取法（PBET）参照 Ruby 等（1996）和 Albert 等（2009），稍做修改。配置胃液：1 L 容量瓶中分别加入 1.25 g 胃蛋白酶（800～2 500 U/mg），0.5 g 柠檬酸，0.5 g 苹果酸，420 μL 乳酸和 500 μL 醋酸，加入去离子水定容，用 6 mol/L 的 HCl 调节至 pH=2.5。取 2 g 沉积物与 200 mL 胃液加入 500 mL 广口瓶中混合均匀，密封。放入 37℃水浴恒温振荡器中 100 r/min 振荡 1 h，每隔 20 min 测定 pH，用 6 mol/L HCl 调节，维持 pH=2.5。1 h 后取 10 mL 反应液，4 000 r/min 离心 20 min，然后取上清液，0.45 μm 滤膜过滤。胃阶段实验结束后，向残留溶液中加入 332.5 mg 猪胆汁和 95 mg 胰液素，用 1 mol/L $NaHCO_3$ 调节 pH 至 7，反应 4 h，4 h 之后取 10 mL 混合液，于 4 000 r/min 离心 20 min，然后取上清液，0.45 μm 滤膜过滤。

体外消化法（IVG）依据 Rodriguez 等（1999）、Sarkar 和 O'Connor（2001）和 Shane 等（2013）的方法稍加改进。胃液配置：8.77 gNaCl 和 10 g 的胃蛋白酶加入 1 L 的容量瓶中。将 1 g 沉积物样品与 150 mL 胃液加入 500 mL 的广口瓶中，用 6 mol/L 的 HCl 调节 pH 至 1.8，密封置于 37 ℃水浴恒温振荡器中 100 r/min 振荡 1 h。每隔 20 min 检测 pH，并维持溶液的 pH 为 1.8。反应 1 h 后，取 10 mL 反应溶液，4 000 r/min 离心 20 min，取上清液，0.45 μm 滤膜过滤。在胃阶段后期，残留的溶液用缓冲溶液 1 mol/L $NaHCO_3$ 调节溶液 pH 到 5.5，然后加入 0.507 5 g 的猪胆汁和 0.050 5 g 胰液，相同条件下恒温振荡反应 1 h。然后用移液枪取 10 mL 溶液，在 4 000 r/min 下离心 20 min。取上清液，0.45 μm 滤膜过滤。

3. 沉积物中结合态砷测定

连续提取参照 Wenzel 等（2001）的方法，并稍做修改。沉积物中砷的形态分为五部分：非专性吸附态，专性吸附态，无定形与低结晶形铁铝氧化物结合态，良好结晶形铁铝氧化物结合态，残余态。各部分提取分别按照下列条件完成，每步提取之后将剩余的土壤按土液比加入提取剂的量。非专性吸附态：提取剂 0.05 mol/L（NH_4）$_2SO_4$，土液比 1∶25，于 20 ℃下抽提 4 h；专性吸附态：提取剂 0.05 mol/L $NH_4H_2PO_4$，土液比 1∶25，20 ℃下抽提 16 h；无定形与低结晶形铁铝氧化物结合态：提取剂 0.2 mol/L（NH_4）$_2C_2O_4$，调节 pH 为 3.25，土液比 1∶25，20 ℃下抽提 4 h，然后用 0.2 mol/L（NH_4）$_2C_2O_4$ 冲洗，pH 3.25 土液比 1∶12.5，振荡 10 min，抽提和冲洗均在避光条件下完成；良好结晶形铁铝氧化物结合态：0.2 mol/L（NH_4）$_2C_2O_4$+0.1 mol/L 维生素 C，调节 pH 为 3.25，土液比 1∶12.5，96 ℃下抽提 30 min，再用 0.2 mol/L（NH_4）$_2C_2O_4$ 冲洗，其中 pH=3.25，土液比 1∶12.5，振荡 10 min。

4. 水溶性砷的测定

参照 Anawar 等（2006）的方法，按照土液比 1∶10 配置悬浮液，然后于 20 ℃水浴恒温振荡器中 200 r/min 振荡 24 h，然后 4 000 r/min 离心 20 min，0.45 μm 滤膜过滤。收集液体。

所有实验样品在实验前均保存于 4 ℃冰箱，利用双道原子荧光分光光度计（北京国安仪器有限公司）测定砷含量。

6.5.2　结果与讨论

1. 基本理化性质

研究区域基本理化性质分析结果如表 6-5-1 所示。从表中可以看出，5 个沉积物样均为细砂、粉砂、黏土类型，pH 在 8.54～9.42，总体呈现碱性。沉积物样品的有机质质量分数从 2.75 g/kg 到 13.76 g/kg，其中样品 A1 有机质质量分数最多，达到 13.76 g/kg，而 A5 和 B4 质量分数最少，只有 2.75 g/kg。

表 6-5-1　沉积物基本性质

样点	深度/m	岩性	pH	有机质质量分数/（g/kg）
A1	4.0～4.2	粉砂	8.95	13.76
B2	4.6～4.8	粉细砂	9.42	5.50
A3	2.8～3.0	细砂	9.12	8.25
B4	2.6～2.8	粉细砂	9.35	2.75
A5	3.5～3.7	细粉砂	8.54	2.75

如表 6-5-2 所示，总砷质量分数从 7.33 mg/kg 到 11.48 mg/kg，其中 B4 采样点的砷质量分数最高，为 11.48 mg/kg，平均砷质量分数为 8.84 mg/kg。世界卫生组

织（WTO）公布自然土壤中砷质量分数平均为 5～6 mg/kg（WHO，2001），因此该地区应该属于高砷污染区。Fe、Al、Mn、P 元素平均质量分数分别为 11 942.33 mg/kg、4 168.08 mg/kg、639.21 mg/kg、261.46 mg/kg。Chen 等（1999）研究表明，土壤微量重金属滞留和生物可利用性与土壤的 pH，黏土类型，有机质、铁和铝的含量有关。砷可以吸附到铁和铝的氧化物中，而减少生物可利用性砷的含量。pH 也是影响生物可利用性砷的一个重要因子，一般来说，pH 越高，生物可利用性砷也越高（Vázquez et al., 2008）。因为磷影响砷在沉积物中的解吸附作用，而解吸出沉积物中吸附态砷，在沉积物中砷与 Al、Fe、Ca 等多种金属形成结合态，所以土壤中这些金属含量越高，生物可利用性砷含量就越低。

表 6-5-2　沉积物主要元素含量　　（单位：mg/kg）

采样点	Al	As	Ca	Cr	Cu	Fe	K	Mg	Mn	P
A1	3 448.10	9.41	49 680.97	81.75	61.75	14 301.22	42 504.83	2 325.34	614.09	197.75
B2	3 980.09	8.43	43 619.91	71.85	19.98	13 616.24	14 834.93	3 451.65	560.37	383.76
A3	4 604.04	7.33	41 705.55	54.48	0	12 849.28	26 049.53	3 650.14	498.73	202.19
B4	4 188.06	11.48	41 789.36	0	20.32	10 732.31	13 094.85	2 924.22	807.95	319.68
A5	4 620.11	7.54	42 598.04	36.21	12.62	8 212.58	19 365.2	3 824.78	714.90	203.93
平均	4 168.08	8.84	43 878.77	48.86	22.93	11 942.33	23 169.87	3 235.23	639.21	261.46

2. 生物可利用性砷

从表 6-5-3 可知，5 个沉积物样用 PBET 测得的生物可利用性砷，在胃阶段为 0.72～1.23 mg/kg，肠阶段为 0.42～0.76 mg/kg；而用 IVG 测得的结果有所差异，胃阶段为 0.67～1.78 mg/kg，肠阶段为 0.54～1.01 mg/kg。水溶性砷质量分数为 0.19～0.31 mg/kg。这表明利用体外模拟法测定的值小于总砷量，PBET 和 IVG 两种方法的结果都表明，除 A3 采样点外，胃阶段的生物可利用性砷比肠阶段高。这与 Albert 等（2009）的研究结论相符。这可能是由于胃部酸性较高，同时肠阶段 pH 升高，导致胃阶段的铁溶液饱和，而铁离子沉淀形成无定形铁氧化物，胃阶段的水溶性砷通过表面络合或者配位交换被铁氧化物吸附，从而使胃阶段水溶性砷含量降低（孙歆 等，2006）。由于生物消化道对食物的吸收功能主要体现在小肠，沉积物中的砷在小肠阶段中的有效份额相对于胃阶段中的份额占有更重要的地位。无论是肠阶段还是胃阶段，PBET 测定样品 A1、B2 和 A3 的生物可利用性砷含量都比 IVG 方法测得的高，而样品 B4 和 A5 却相反。这说明测定值也可能与沉积物的理化性质有关。

表 6-5-3　PBET 和 IVG 方法测定的生物可利用性砷　　（单位：mg/kg）

	IVG-S	IVG-I	PBET-S	PBET-I	水溶性砷
A1	0.72	0.63	1.78	0.79	0.29
B2	0.86	0.63	0.96	0.75	0.31
A3	0.73	0.60	0.94	1.01	0.23
B4	1.23	0.76	0.80	0.65	0.21
A5	1.04	0.42	0.67	0.54	0.19

3. 沉积物中结合态砷

沉积中砷的迁移性主要取决于其在沉积物中的结合形态及其生物可利用性。从化学定义来看，只有闭蓄态的砷是生物不可利用性砷。其他结合态的砷，如水溶态、交换态、铁锰铝氧化物结合态，在土壤理化条件改变和土壤微生物及动物的氧化还原作用下，可以导致砷结合态矿物的相态发生改变而形成生物可利用性砷（孙歆 等，2006）。连续提取法所得沉积物中各结合形态砷如表 6-5-4 所示，结果表明，每个样品中的砷含量差异很大。非专性吸附态砷占总砷的比例最低，前 4 个样品不超过 2%，样品 A5 也只有 11.11%，平均值为 3.21%。专性吸附态砷占总砷的比例为 7.96%～14.81%，平均值为 11.12%；无定形与低结晶形铁铝氧化物结合态砷占总砷的比例为 12.80%～24.16%，平均值为 18.27%。良好结晶形铁铝氧化物结合态砷占总砷的比例为 19.11%～49.56%，平均值为 35.27%。残余态砷占总砷的比例为 1.89%～48.13%，平均值为 32.13%。由此可知，该研究区结合态砷含量变化规律为：良好结晶形铁铝氧化物结合态砷＞残余态砷＞无定形与低结晶形铁铝氧化物结合态砷＞专性吸附态砷＞非专性吸附态砷。Shane 等（2013）研究表明，生物可利用性砷主要由非专性吸附态和专性吸附态组成，因为这两部分结合态的砷更容易释放到环境中而被生物利用。本试验场沉积物中非专性吸附态和专性吸附态砷的平均值只占总砷的 14.33%，生物可利用形态砷较少，这与上述两种方法测定的生物可利用性砷的结果吻合。Manning 和 Goldberg（1996）研究发现，土壤或沉积物中无定形铁铝氧化物含量越高，其吸附砷的能力就越强。本研究区铁铝氧化物结合态砷占比达 53.54%，虽然这两部分形态的砷生物可利用性较小，但是由于土著微生物对沉积物中铁锰氧化物矿物的还原性溶解（郭华明等，2009），沉积物中的砷依然可以被释放出来。残余态砷占比达到 32.13%，虽然这部分结合态砷迁移性最小，但是也可能在环境条件改变或者微生物等作用下释放到地下水中进入生物体内。

表 6-5-4　沉积物中各结合形态砷的占比　（单位：%）

采样点	非专性吸附态	专性吸附态	无定形与低结晶形铁铝氧化物结合态	良好结晶形铁铝氧化物结合态	残余态
A1	1.73	14.81	20.63	33.57	29.26
B2	1.30	7.96	14.47	40.61	35.66
A3	1.95	11.54	19.28	19.11	48.13
B4	0	7.98	12.80	33.49	45.73
A5	11.11	13.30	24.16	49.56	1.89
平均	3.21	11.12	18.27	35.27	32.13

综上所述，大同盆地研究区沉积物中砷质量分数为 7.33～11.48 mg/kg，pH 在 8.54～9.42，总体呈现碱性，有机质质量分数为 2.75～13.76 g/kg，且各样品之间的差异较大，沉积物中 Al、Fe 含量较高，而不利于砷的迁移。利用连续提取法发现，该研究区沉积物中无定形与低结晶形铁铝氧化物结合态砷占总砷的比例最高，平均为 35.27%；残余态砷占总砷的平均值为 32.13%，这种结合态砷的迁移性较小；非专性吸附态和专性吸附态砷只占总砷的 14.33%，这两部分结合态的砷更容易释放到环境中或者被生物利用，因此生物可利用形态砷较小，这与两种体外模拟方法测定的生物可利用性砷量吻合；铁铝氧化物结合态砷（无定形与低结晶形铁铝氧化物结合态和良好结晶形铁铝氧化物结合态的和）占总砷的 53.54%，这两部分结合态砷在土著微生物的作用下可以释放到地下水中，可增加生物可利用性砷。两种体外模拟实验表明：肠阶段生物可利用性砷比胃阶段都少；PBET 和 IVG 测定的结果差异不大，这可能是受沉积物性质的影响。

6.6　微生物在砷迁移转化过程中的抗性机理

普遍存在于环境中并富集在生物体中的砷对植物、动物和人类构成了严重的健康威胁（Xie et al., 2011; Smith et al., 2006; Wang et al., 2004）。在污染的含水层中主要以无机砷形式存在，无机砷中又以砷酸盐为主（Park et al., 2006）。生物体中以有机砷形态占优势，土壤生物中也监测到了这种现象（Leonard, 1991）。包括一甲基砷酸和二甲基砷酸在内的甲基化砷的毒性很弱。无机砷具有强毒性，其中亚砷酸盐比砷酸盐的毒性强。无机砷影响着细胞中多种代谢途径。例如，亚砷酸盐对蛋白质中的巯基和含氮基团能快速作出反应，因此扰乱蛋白质的功能；由于砷酸根离子与 ATP 中的磷酸根离子具有相同的结构，所以影响生物代谢中磷的吸收和转运（Joshi et al., 2009; Tripathi et al., 2007; Sukchawalit et al., 2005）。

有毒化合物胁迫、盐胁迫、干旱胁迫、紫外辐射胁迫和强光胁迫等多种环境胁迫可能导致氧化代谢过程中活性氧（ROS）水平升高，例如氧自由基（O_2^-）、羟基自由基（OH·）和过氧化氢（H_2O_2）含量增加（Xie et al., 2009b）。大量研究显示，砷暴露导致不同的细胞系统中活性氧的产生（El-Demerdash et al., 2009; Shri et al., 2009; Han et al., 2008; Requejo and Tena, 2005; Shi et al., 2004）。

众所周知，超过细菌耐力的高含量活性氧可能通过蛋白和核酸变性及膜脂过氧化使细胞结构受损，甚至导致细胞死亡（Okamoto and Colepicolo，1998）。然而，不同细胞系统中的抗氧化防御系统有助于避免砷胁迫造成的伤害。抗氧化防御系统能抑制自由基的产生、清除自由基并减少这些自由基造成的氧化作用和对细胞的伤害（Shi et al., 2004）。抗氧化防御系统包括抗氧化物（如谷胱甘肽等）和抗氧化酶（如过氧化物歧化酶 SOD、谷胱甘肽过氧化物酶 GPx、谷胱甘肽还原酶 GR、谷胱甘肽-*S*-转移酶 GST 等）（Xie et al., 2009b; Yang et al., 2007）。

细胞中抗氧化物质和抗氧化酶参与了清除自由基和过氧化物的保护机制（Li et al., 2006; Allen, 1995）。例如，氧自由基在过氧化物歧化酶的作用下生成 H_2O_2（Giannopotitis and Ries, 1977），而谷胱甘肽过氧化物酶能清除 H_2O_2（Cakmak and Marschner, 1992）。测定了在过氧化水平下细胞中多余的自由基和过氧化物含量及过氧化物酶的活性。研究结果有助于更好地理解土著微生物如何适应高砷胁迫环境。

6.6.1　材料与方法

1. 生物材料与培养

菌株 *B. cereus* XZM002 是从山西省大同盆地山阴县双寨村的高砷含水层沉积物中分离微生物中的优势细菌（Xie et al., 2013a）。用于分离细菌的沉积物为沙壤土，埋深为 11.6～11.8 m，其中砷质量分数为 11.7 μg/g。菌株 *B. cereus* XZM002 呈杆状、不移动、革兰氏阳性。GenBank 数据库编号为 FJ932655。

微生物培养在营养肉汤液体培养基（蛋白胨，1%；牛肉膏，0.3%；氯化钠，0.5%）中。细菌密封在具塞三角瓶中，在避光和 10 ℃条件下于手套箱中培养，每天摇动 5 次。取处于对数生长期（$OD_{640\ nm}$大约为 0.6）生长活力强的细菌用于后面研究。

2. 砷酸盐处理与样品采集

用于制备砷酸钠储存液（10 mg/L）的砷酸钠（$Na_2HAsO_4 \cdot 7H_2O$）溶于去离

子水，然后过 0.22 μm 滤膜除菌。

在大同盆地的双寨村，地下水中砷质量浓度范围为 105～1 499 μg/L，平均质量浓度为 540 μg/L（苏春利，2006）。因此，我们选择两种 As（V）质量浓度（800 和 1 600 μg/L）开展下面的研究。菌株 *B. cereus* XZM002 在 As（V）环境中生长 4 d。每天从三组培养液（其中两组为处理组、一组为对照组）中取样，用于后面的实验。

通过每天测定三组培养液在 640 nm 处的 OD 值，监测 As(V)对细菌 *B. cereus* XZM002 生长的影响。

分别从处理组和对照组中取 10mL 培养液，4 ℃下 8 000 *g* 离心 10 min。细菌细胞用 0.1 mol/L 磷酸钠缓冲液（pH 为 7.8）冲洗 3 次，然后重新悬浮在 3 mL 预冷的磷酸钠缓冲液中，在 4 ℃下用超声仪超声破碎 6 min，按照工作 5 s 停 6 s 的方式完成。破碎后的匀浆于 4 ℃下 12 000 *g* 离心 10 min，上清液用于分析 SOD、GPx、GR 和 GST。

3. 活性氧产量与可溶性蛋白质含量试验

通过测定活性氧含量监测细胞中氧自由基含量。按照 He 和 Häder（2002）的方法稍作改动，用 2′,7′-二氯荧光素二乙酸盐（DCFH-DA）测定活性氧产量。向培养液中分别加入 DCFH-DA（终物质的量浓度为 5 μmol/L），然后在上述培养条件下继续培养 1 h，然后取样。

为了避免培养条件对二氯荧光素（DCF）产物的影响，温度和处理时间等培养条件保持一致。样品的荧光利用荧光仪在室温条件下测定，荧光激发波长为 485nm，发射带在 500～600nm。作为基准蛋白含量的 520 nm 处荧光强度用于测定相对活性氧产量。

按照 Dillon 等（2002）的方法测定蛋白质含量，并用于计算活性氧和硫巴比妥酸反应物含量和四种酶的活性。

4. 抗氧化酶活性试验

通过测定细胞中酶的活性监测活性氧的猝灭活性。根据 Beyer 和 Fridovich（1987）的方法测定 SOD 活性，通过 560nm 处硝基蓝四氮唑还原抑制表示。一个酶活性单位是指导致 50%硝基蓝四氮唑还原抑制的酶数量。

按照 Drotar 等（1985）的方法利用谷胱甘肽为底物测定 GPx 活性。按照 Lushchak 等（2005）的方法，通过反应体系中 NADPH 的消耗量测定 GR 活性，反应体系指 1.5mL 溶液中含 50mmol/L pH 为 7.5 的磷酸缓冲液、0.5 mmol/L

EDTA、1.0 mmol/L 氧化性谷胱甘肽、0.25 mmol/L NADPH 和 20 μL 上清液。GST 活性按照 Habig 和 Jakoby（1981）的方法，利用标准模式底物 1-氯-2, 4-二硝基苯测定谷胱甘肽结合物的增加量。

5. 脂质过氧化水平和谷胱甘肽含量

通过计算脂质过氧化产生的硫代巴比妥酸反应产物（TBARS）测定细胞脂质过氧化水平（Steels et al., 1994）。将离心收集的细菌细胞在 4 ℃下重新悬浮在 5%的三氯乙酸（TCA）中，超声波破碎，然后按照上文的方式离心，取上清液分析 TBARS 含量。总体积为 3 mL 的反应混合物中含 1.5 mL 上清液和 1.5 mL 0.67%的 TCA。混合物在沸水浴中加热 60 min，然后快速冷却，5 000 *g* 离心 15 min，测定上清液在 532 nm 和 600 nm 处的吸光度。TBARS 含量即为两个吸光度值相减，然后转换为 nmol/mg 蛋白。按照 Griffith（1980）的回收方法测定谷胱甘肽含量。

6. 生长抑制速率试验

按照 He 和 Häder（2002）的方法，通过计算琼脂平板上细菌菌落数测定对照组和处理组细菌的生长抑制速率。在砷酸盐处理试验部分，分别从对照组和砷酸盐处理组采集 0.1 mL 培养液，4℃下 8 000 *g* 离心 10 min。细菌细胞重新悬浮在 1 mL 新鲜营养肉汤培养基中，然后涂抹在无菌营养肉汤固体培养基上，在 10℃培养箱中培养。培养 7 d 后，计算平板上菌落数。生长抑制速率按照下面公式估算：

$$R = (N_c - N_t) / N_c \times 100\% \quad (6\text{-}6\text{-}1)$$

式中：N_t 为砷酸盐处理组样品中的菌落数；N_c 为对照组样品中的菌落数；R 为生长抑制速率。

6.6.2　结果与讨论

1. 结果

1）砷对细菌 *B.cereus* XZM002 生长的影响

图 6-6-1 显示，质量浓度为 800 μg/L 和 1 600 μg/L 的砷抑制细菌 *B.cereus* XZM002 的生长。两个处理组的 $OD_{640\ nm}$ 值都比对照组低，但是对照组在培养 1 d 后 $OD_{640\ nm}$ 值都开始增加，且从第 2 天开始快速增加。培养 4 d 后，质量浓度为 800 μg/L 的处理组与对照组 $OD_{640\ nm}$ 值的差异很小，只相差 10.2%；质量浓度为 1 600 μg/L 的处理组与对照组的 $OD_{640\ nm}$ 值相差 24.2%。

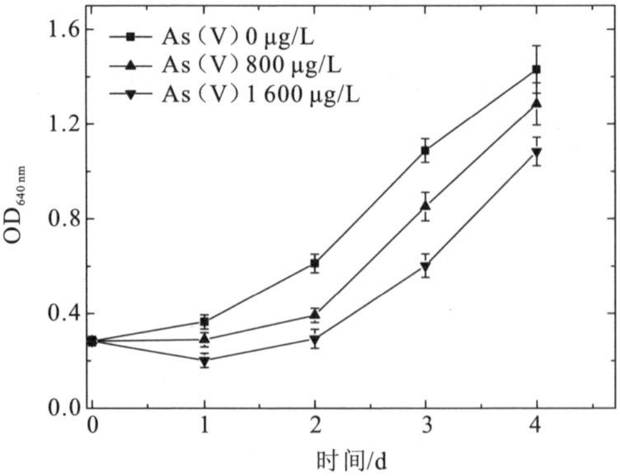

图 6-6-1　细菌 *B. cereus* XZM002 在高砷溶液中的生长曲线

2）砷对细菌细胞中活性氧含量的影响

处理组和对照组开始时的细菌细胞中活性氧含量相同（图 6-6-2），但是在实验开始后的 3 d 内，处理组的活性氧含量明显高于对照组，并且高浓度砷处理组中活性氧含量高于低浓度砷处理组。两个处理组的活性氧含量在第 2 d 同时达到最高，随后均出现下降。然而，对照组的活性氧含量在整个实验过程中只有轻微的变化。培养 4 d 后，处理组的活性氧含量下降到几乎与对照组相同。

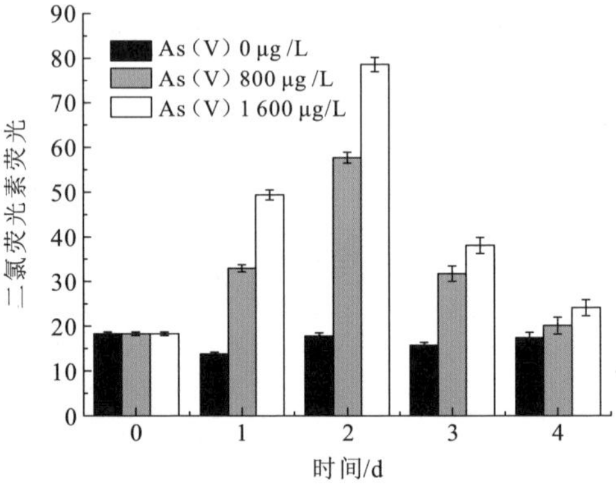

图 6-6-2　高砷环境中细菌 *B. cereus* XZM002 胞内活性氧含量

3）砷对抗氧化酶活性、谷胱甘肽和脂质过氧化产物含量的影响

图 6-6-3 和图 6-6-4 显示了不同浓度砷对细菌细胞中几种抗氧化酶活性与谷胱甘肽和脂质过氧化产物含量的影响。在实验开始时，无论对照组还是处理组中，细菌细胞内抗氧化酶活性与谷胱甘肽和脂质过氧化产物含量都最低。对照组细菌细胞内谷胱甘肽含量、脂质过氧化水平和抗氧化酶活性在第 1 天内下降，然后保持在较低的水平。而处理组细菌细胞内这些参数在实验开始的前 2 天内显著升高，

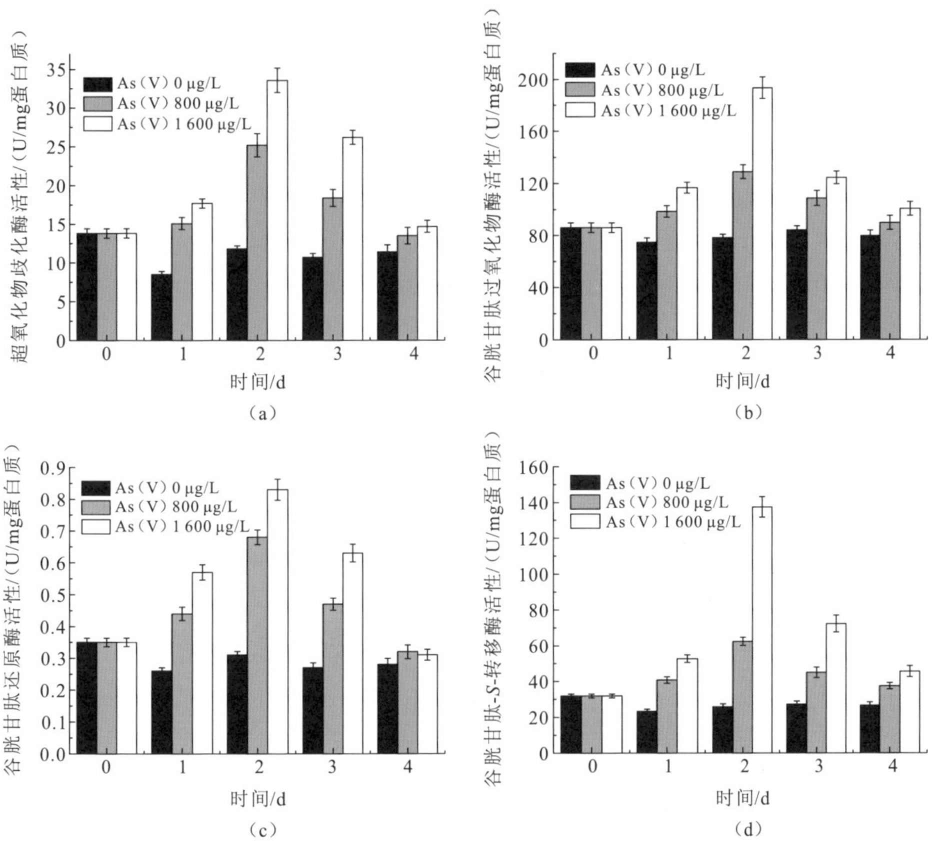

图 6-6-3　高砷环境中细菌 *B. cereus* XZM002 胞内抗氧化酶活性变化

（a）超氧化物歧化酶活性变化；（b）谷胱甘肽过氧化物酶活性变化；

（c）谷胱甘肽还原酶活性变化；（d）谷胱甘肽-S-转移酶活性变化

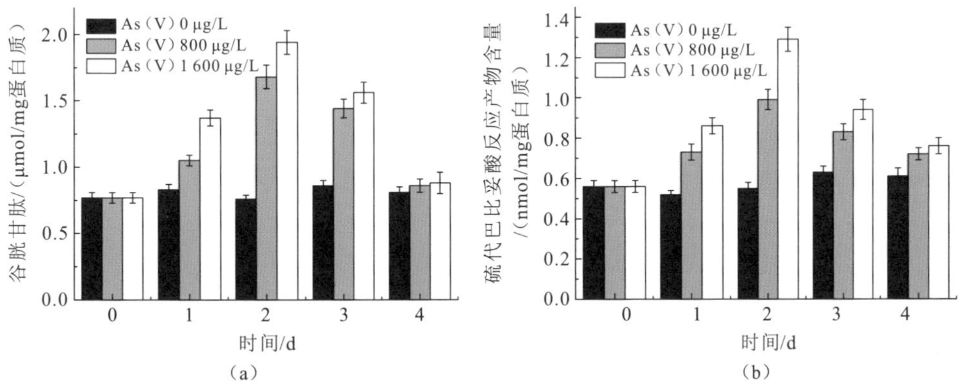

图 6-6-4　高砷环境中细菌 *B. cereus* XZM002 胞内抗氧化物质含量和脂质过氧化水平

（a）谷胱甘肽含量；（b）硫代巴比妥酸反应产物含量

随后呈现下降趋势，到第 4 天后，处理组与对照组的这些参数之间只有很小的差别。另外，除谷胱甘肽还原酶 GR 在第 4 天的活性外，质量浓度为 1 600 μg/L 的砷处理组中其他参数都比 800 μg/L 的砷处理组高。

在质量浓度为 800 μg/L 的砷处理组中，四种酶的活性与谷胱甘肽和 TBARS 含量在处理的第 2 天达到最高值，分别是对照组的 214%、165%、219%、242%、221%和 180%，随后下降，在处理的第 4 天分别只有对照组的 118%、113%、114%、141%、106%和 118%。在质量浓度为 1 600 μg/L 的砷处理组中，这 6 个参数也有明显的下降，从第 2 天是对照组的 285%、248%、268%、533%、255%和 235%，到第 4 天只有对照的 129%、126%、111%、171%、109%和 125%。这些结果表明环境中 As（V）引起细菌细胞中这 4 种酶活性增强，谷胱甘肽含量增加和脂质过氧化水平提高。

4）砷对细菌生长抑制速率的影响

与对照组相比，两个处理组细菌的生长抑制速率明显增加（图 6-6-5）。按照前文的公式，对照组的生长抑制速率常数几乎为零。质量浓度为 800 μg/L 和 1 600 μg/L 的砷处理组中细菌的生长抑制速率在处理的第 2 天分别为 24.5%和 40.8%，然后逐渐下降，处理第 4 天后，分别只有 4.6%和 18.3%。

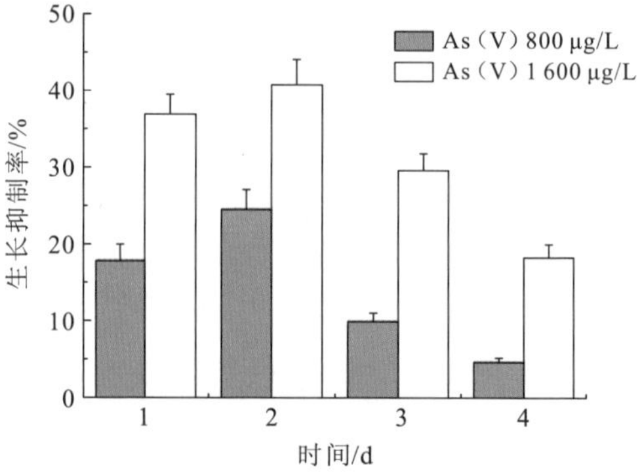

图 6-6-5　高质量浓度砷对细菌 *B. cereus* XZM002 生长抑制速率的影响

2. 讨论

培养液的 OD 值经常被用于指示细菌的生长。尽管在砷酸盐处理的前期，砷酸盐明显影响细菌的生长，但是从整个实验期间细菌的生长看，细菌 *B.cereus* XZM002 对短期的砷酸盐胁迫具有很强的抗氧化潜力。大量研究发现，细菌胞内的金属硫蛋白对很多金属和类金属（锌、镉、汞和砷）具有抗性（Liu et al., 2010; Patel et al., 2007; Robinson et al., 2001; Silver and Ji, 1994）。

金属硫蛋白是富含巯基的半胱氨酸蛋白质，具有阻隔金属和类金属的功能，因此，金属硫蛋白能保护细菌细胞免受重金属和类金属的毒害（Kannan et al., 2006）。所以说，细菌生长滞后可能是因为砷酸盐诱导了细菌细胞中金属硫蛋白的合成，并削弱了砷对细胞的毒害。Penninckx 和 Jaspers（1982）也发现富含硫的化合物（如含巯基的谷胱甘肽）的合成能提高细菌的抗性。谷胱甘肽含量的增加表明细菌 *B. cereus* XZM002 能够抵抗高砷环境中砷的毒害作用。因此，在砷胁迫两天后，细菌的生物量开始增加。

总所周知，当细菌暴露在胁迫环境中时，细菌细胞中产生的活性氧会直接或间接导致细胞受到氧化损伤（Xie et al., 2009b; Yang et al., 2007; Li et al., 2006）。DCFH-DA 能消除胞内活性氧，因此，DCFH-DA 的产物 DCF 荧光素被用于显示细菌细胞内活性氧含量。对照组细菌细胞内的 DCF 荧光素是胞内 DCFH 的自我氧化和细胞正常代谢过程中产生的活性氧造成。

结果也表明砷酸盐胁迫明显诱导细菌细胞内活性氧的产生。细菌胞内活性氧含量的剧烈变化可能是砷酸盐引起的毒害作用及砷酸盐对其他有机物的胁迫作用，这表明细菌细胞已处于氧化胁迫作用下。处理组细菌胞内增加的活性氧含量加速 DCFH 的氧化，导致其产物 DCF 荧光素的增加。在砷处理 2d 后细菌胞内 DCF 荧光素下降，表明胞内活性氧减少，说明细菌已适应砷胁迫环境。

细菌胞内抗氧化物质和抗氧化酶与活性氧的变化相同被认为是协同消除胞内自由基增加的证据。监测的所有参数在第 2 天都达到最大值，随后下降。有研究发现，在镉和铜环境中，微藻细胞内 SOD 活性也增强（Okamoto et al., 1996; Rijstenbil et al., 1994）。本小节研究结果显示，在砷酸盐胁迫的前两天内，细菌 *B.cereus* XZM002 的胞内 SOD 活性也明显增强。胞内 SOD 和 GPx 活性增强可能与脂质过氧化产物增加和活性氧形成有关。因此，SOD 和 GPx 活性增强表明这两种酶参与了对砷酸盐胁迫的防御。

GR 活性的变化表明这种酶也参与了保护细胞免受砷诱导氧化胁迫的伤害。由于 GR 能促进胞内氧化型谷胱甘肽（GSSG）还原成谷胱甘肽，因此保持了胞内正常的还原状态并阻止细胞遭受氧化损伤（Yang et al., 2007）。并且，GST 促进还原型谷胱甘肽与亲核物质或者因活性氧攻击而损伤的细胞组分结合，从而达到解毒的作用（Hu et al., 2005）。GST 活性增强可能是因为 GST 被激活而参与砷毒性的解毒，例如，参与砷与谷胱甘肽中-SH 基团的络合（Shri et al., 2009）。因此，可以通过 GST 酶活性增强评价细菌 *B. cereus* XZM002 的砷酸盐解毒能力。总之，SOD、GPx、GR 和 GST 四种酶活性增强表明细菌具有对砷酸盐胁迫的一种反应机制，即保护细胞免受活性氧强烈性的伤害。

处理组细菌胞内谷胱甘肽含量在砷处理的第一天开始增加，表明细菌对砷酸盐的毒性敏感。增加的谷胱甘肽可以消除细胞中过量的活性氧。GR 活性的增强与谷胱甘肽含量增加趋势相似，这正好可以解释为什么在砷酸盐胁迫下细菌 *B. cereus* XZM002 胞内谷胱甘肽含量增加。从第三天开始，处理组细菌细胞内谷胱甘肽含量逐渐降低，表明谷胱甘肽参与了清除胞内活性氧。谷胱甘肽含量和相关的抗氧化酶活性相同的变化趋势说明谷胱甘肽与这些酶一起阻止砷酸盐毒性对细菌 *B. cereus* XZM002 的影响。

TBARS 产物的变化反映脂质过氧化水平，脂质过氧化是非生物胁迫诱导氧化损伤的另一个表现形式（Semchyshyn et al., 2005）。研究结果也表明，处理组细菌细胞中 TBARS 产物的变化与活性氧含量一致，表明细菌胞内活性氧物质导致脂质过氧化发生。脂质过氧化水平的增加表明细菌细胞受到砷酸盐胁迫产生的氧化损伤增强。从处理的第二天开始，胞内 TBARS 产物逐渐下降，说明细菌 *B. cereus* XZM002 受到的氧化胁迫被逐渐消除。

因为在环境胁迫下细菌胞内多余的活性氧导致细胞受到氧化损伤甚至死亡，所以生长抑制速率可以反映细菌是否适应环境胁迫。两个处理组中细菌的生长抑制速率在砷酸盐处理的第 2 天达到最高值，表明部分细菌的生长严重受到砷酸盐胁迫的影响。活性氧含量与之具有相同的变化也支持这个结论。然而，随着砷处理时间的延长，生长抑制速率逐渐下降，并回到最低水平。同时，四种抗氧化酶活性也回到与对照接近的水平，这表明细菌已经适应了砷酸盐胁迫环境。

参考文献

郭华明, 唐小惠, 杨素珍, 等, 2009. 土著微生物作用下含水层沉积物砷的释放与转化[J]. 现代地质, 23(1): 86-93.

马志玮, 黄清辉, 李建华, 等, 2007. 水体沉积物中有效砷的测试新方法研究[J]. 环境科学学报, 27(11): 1845-1850.

苏春利, 2006. 大同盆地区域水文地球化学与高砷地下水成因研究[D]. 武汉: 中国地质大学(武汉).

孙歆, 韦朝阳, 王五一, 2006. 土壤中砷的形态分析和生物有效性研究进展[J]. 地球科学进展, 21(6): 625-632.

王金翠, 孙继朝, 黄冠星, 等, 2011. 土壤中砷的形态及生物有效性研究[J]. 地球与环境, 39(1): 32-36.

王焰新, 郭华明, 阎世龙, 等, 2004. 浅层孔隙地下水系统环境演化及污染敏感性研究[M]. 北京: 科学出版社.

谢作明, 2008. 浅层地下水系统中砷的生物迁移和富集机理研究: 以大同盆地为例[D]. 武汉: 中国地质大学(武汉).

张旭, 于秀敏, 谢亲建, 等, 2008. 砷的微生物转化及其在环境与医学应用中的研究进展[J]. 微生物学报, 48(3): 408-412.

张青喜, 赵亮怀, 2000. 山西省地方性砷中毒调查报告[J]. 中国地方病学杂志, 19(6): 439-441.

ACHOUR A R, BAUDA P, BILLARD P, 2007. Diversity of arsenite transporter genes from arsenic-resistant soil bacteria[J]. Research in microbiology, 158(2): 128-137.

AHMANN D, KRUMHOLZ L R, HEMOND H F, et al., 1997. Microbial mobilization of arsenic from sediments of the

Aberjona watershed[J]. Environmental science and technology, 31(10): 2923-2930.

ALBERT L J, JOHN W, EUAN S, et al., 2009. Assessment of four commonly employed in vitro arsenic bioaccessibility assays for predicting in vivo relative arsenic bioavailability in contaminated soils[J]. Environmental science and technology, 43(24): 9487-9494.

ALLEN R D, 1995. Dissection of oxidative stress tolerance using transgenic plants[J]. Plant Physiology, 107(4): 1049-1054.

ANAWAR H M, GARCIA-SANCHEZ A, MURCIEGO A, et al., 2006. Exposure and bioavailability of arsenic in contaminated soils from the La Parrilla mine[J]. Spain Environmental geology, 50(2): 170-179.

APPELO C A J, VAN DER WEIDEN M J J, TOURNASSAT C, et al., 2002. Surface complexation of ferrous iron and carbonate on ferrihydrite and the mobilization of arsenic[J]. Environmental science and technology, 36(14): 3096-3103.

ATIQUL I S M, KENSUKE F, KAZUO Y, 2005. Development of an enumeration method for arsenic methylating bacteria from mixed culture samples[J]. Biotechnology letters, 27(23/24): 1885-1890.

BAGNYUKOVA T V, LUZHNA L I, POGRIBNY I P, et al., 2007. Oxidative stress and antioxidant defenses in goldfish liver in response to short-term exposure to arsenite[J]. Environmental and molecular mutagenesis, 48(8): 658-665.

BARBARA P R, BEN K, 2007. Bioaccessibility of arsenic in mine waste-contaminated soils: a case study from an abandoned arsenic mine in SW England(UK)[J]. Journal of environmental science and health part a, 42(9): 1251-1261.

BATTAGLIA-BRUNET F, DICTOR M C, GARRIDO F, et al., 2002. An arsenic(III)-oxidizing bacterial population: selection, characterization, and performance in reactors[J]. Journal of applied microbiology, 93(4): 656-667.

BEYER W F, FRIDOVICH I, 1987. Assaying for superoxide dismutase activity: some large consequences of minor changes in conditions[J]. Analytical biochemistry, 161(2): 559-566.

BHAT S, LUO X, XU Z, et al., 2011. *Bacillus* sp. CDB3 isolated from cattle dip-sites possesses two ars gene clusters[J]. Journal environmental sciences , 23(1): 95-101.

BOWLER C M, VAN MONTAGU, INZE D, 1992. Superoxide dismutase and stress tolerance[J]. Annual review plant physiology and plant molecular biology, 43(1): 83-116.

BROSIUS J, DULL T J, SLEETER D D, et al., 1981. Gene organization and primary structure of a ribosomal RNA operon from Escherichia coli[J]. Journal of molecular biology, 148(2): 107-127.

CAKMAK I, MARSCHNER H, 1992. Magnesium deficiency and high light intensity enhance activities of superoxide dismutase, ascorbate peroxidase, and glutathione reductase in bean leaves[J]. Plant physiology, 98(4): 1222-1227.

CARLIN A, SHI W, DEY S, et al., 1995. The ars operon of Escherichia coli confers arsenical and antimonal resistance[J]. Journal of bacteriology, 177(4): 981-986.

CASIOT C, PEDRON V, BRUNEEL O, et al., 2006. A new bacterial strain mediating As oxidation in the Fe-rich biofilm naturally growing in a groundwater Fe treatment pilot unit[J]. Chemosphere, 64(3): 492-496.

CAVAS L, YURDAKOC K, YOKES B, 2005. Antioxidant status of Lobiger serradifalci and Oxynoe olivacea (Opisthobranchia, Mollusca)[J]. Journal of experimental marine biology and ecology, 314(2): 227-235.

CCME(Canadian Council of Ministers of the Environment), 1997. Canadian soil quality guidelines for the protection of environmental and human health: arsenic (inorganic)fact sheet[R]. Ottawa: Canadian Council of Ministers of the Environment: 1-7.

CERVANTES C, JI G, RAMIREZ J L, et al., 1994. Resistance to arsenic compounds in microorganisms[J]. FEMS microbiology reviews, 15(4): 355-367.

CHEN M, MA L Q, HARRIS W G, 1999. Baseline concentrations of 15 trace elements in Florida surface soils[J]. Journal of environmental quality, 28(4): 1173-1181.

CHOWDHURY T R, BASU G K, MANDAL B K, et al., 1999. Arsenic poisoning in the Ganges delta[J]. Nature, 401(6753): 545.

CHOPRA B, BHAT S, MIKHEENKO I, et al., 2007. The characteristics of rhizosphere microbes and their interaction with plants in arsenic-contaminated soils from cattle dip sites[J]. Science of the total environment, 378: 331-342.

CHOW S S, TAILLEFERT M, 2009. Effect of arsenic concentration on microbial iron reduction and arsenic speciation in an iron-rich freshwater sediment[J]. Geochimica et cosmochimica acta, 73(20): 6008-6021.

CROAL I R, GRALNICK J A, MALASAM D, et a1., 2004. The genetics of geochemistry[J]. Annual review of genetics, 38: 175-202.

CULLEN W R, REIMER K J, 1989. Arsenic speciation in the environment[J]. Chemical reviews, 89: 713-764.

CUMMINGS D E, CACCAVO F, FENDORF S, et al., 1999. Arsenic mobilization by the dissimilatory Fe(III)-reducing bacterium *Shewanella* alga BrY[J]. Environmental science and technology, 33(5): 723-729.

DAS D, SAMANTA G, MANDAL B K, et al., 1996. Arsenic in groundwater in six districts of West Bengal, India[J]. Environmental geochemistry and health, 18: 5-15.

DAVIDSON I R, PEARSON G A, 1996. Stress tolerance in intertidal seaweeds[J]. Phycology, 32: 197-211.

DE PHILIPPIS R, VINCENZINI M, 2003. Outermost polysaccharidic investments of cyanobacteria: nature, significance and possible applications[J]. Recent research developments in microbiology, 7: 13-22.

DEMBITSKY V M, REZANKA T, 2003. Natural occurrence of arseno compounds in plants, lichens, fungi, algal species, and microorganisms[J]. Plant science, 165(6): 1177-1192.

DEVESA-REY R, PARADELO R, DÍAZ-FIERROS F, et al., 2008. Fractionation and bioavailability of arsenic in the bed sediments of the Anllóns River(NW Spain)[J]. Water, air and soil pollution, 195: 189-199.

DIBYENDU S, RUPALI D, SAUARABH S, 2005. Fate and bioavailability of arsenic in organo-arsenical pesticide-applied soils. Part-I: incubation study[J]. Chemosphere, 60: 188-195.

DILLON J G, TATSUMI C M, TANDINGAN P G, et al., 2002. Effect of environmental factors on the synthesis of scytonemin, a UV-screening pigment, in a cyanobacterium (*Chroococcidiopsis* sp.)[J]. Archives of microbiology, 177: 322-331.

DROTAR A, PHELPS P, FALL R, 1985. Evidence for glutathione peroxidase activities in cultured plant cells[J]. Plant science, 42: 35-40.

DUAN M, XIE Z M, WANG Y X, et al., 2009. Microcosm studies on iron and arsenic mobilization from aquifer sediments under different conditions of microbial activity and carbon source[J]. Environmental geology, 57(5): 997-1003.

EL-DEMERDASH F M, YOUSEF M I, RADWAN F M E, 2009. Ameliorating effect of curcumin on sodium arsenite-induced oxidative damage and lipid peroxidation in different rat organs[J]. Food and chemical toxicology, 47(1): 249-254.

FELSENSTEIN J, 1985. Confidence limits on phylogenies: an approach using the bootstrap[J]. Evolution, 39(4): 783-791.

GIANNOPOLITIS C N, RIES S K, 1977. Superoxide dismutases: I. Occurrence in higher plants[J]. Plant physiology, 59(2): 309-314.

GIHRING T M, BANFIELD J F, 2001. Arsenite oxidation and arsenate respiration by a new *Thermus* isolate[J]. FEMS microbiology letters, 204(2): 335-340.

GOLDSBROUGH P, 2000. Metal tolerance in plants: the role of phytochelatins and metallothioneins[M]// TERRY, N. , BANUELOS, G. Phytoremediation of contaminated soil and water. Boca Raton:CRC Press:221-233.

GRAVATO C, TELES M, OLIVEIRA M, et al., 2006. Oxidative stress, liver biotransformation and genotoxic effects induced by copper in *Anguilla anguilla* L.— the influence of pre-exposure to β-naphthoflavone[J]. Chemosphere, 65(10): 1821-1830.

GRIFFITH O, 1980. Determination of glutathione and glutathione disulfide using glutathione reductase and 2-vinylpyridine[J]. Analytical biochemistry, 106(1): 207-212.

GUO H M, WANG Y X, LI Y M, 2003a. Analysis of factor resulting in anomalous arsenic concentration in groundwater of Shanyin, Shanxi Province[J]. Environmental science, 24(4): 60-67.

GUO H M, WANG Y X, SHPEIZER G M, et al., 2003b. Natural occurrence of arsenic in shallow groundwater, Shanyin, Datong Basin, China[J]. Journal of Environmental science and health,part A:toxic/hazardous substance and environmental engineering, 38(11): 2565-2580.

GUO H M, WANG Y X, 2005. Geochemical characteristics of shallow groundwater in Datong basin, northwestern China[J]. Journal of geochemical exploration, 87(3): 109-120.

HABIG W H, JAKOBY W B, 1981. Assays for differentiation of glutathione S-Transferases[J]. Methods in enzymology , 77: 398-405.

HAN Y H, KIM S Z, KIM S H, et al., 2008. Arsenic trioxide inhibits the growth of Calu-6 cells via inducing a G2 arrest of the cell cycle and apoptosis accompanied with the depletion of GSH[J]. Cancer Letters, 270(1): 40-55.

HARVEY C F, SWARTZ C H, BADRUZZAMAN A B M, et al., 2002. Arsenic mobility and groundwater extraction in Bangladesh[J]. Science, 298(5598): 1602-1606.

HELEN C F, VERNA M M, GUILLERMO C D, et al., 2002. Assessment of bioavailable arsenic and copper in soils and sediments from the Antofagasta region of northern Chile[J]. The Science of the total environment, 286(1/3): 51-59.

HE Y Y, HÄDER D P, 2002. UV-B-induced formation of reactive oxygen species and oxidative damage of the cyanobacterium *Anabaena* sp. : protective effects of ascorbic acid and N-acetyl-L-cysteine[J]. Journal of photochemistry and photobiology B: biology, 66(2): 115-124.

HU S Y, RAN W Y, 2006. Ecological effects of arsenic in soil environment[J]. Geophysical and geochemical exploration, 30(1): 83-86.

HU Z, LIU Y, LI D, et al., 2005. Growth and antioxidant system of the cyanobacterium Synechococcus elongatus in response to microcystin-RR[J]. Hydrobiologia, 534(1/3): 23-29.

HUANG M, CHEN X, ZHAO Y, et al., 2014. Arsenic speciation in total contents and bioaccessible fractions in atmospheric particles related to human intakes[J]. Environmental pollution, 188: 37-44.

ISLAM F S, GAULT A G, BOOTHMAN C, et al., 2004. Role of metal-reducing bacteria in arsenic release from Bengal delta sediments[J]. Nature, 430(6995): 68-71.

JACKSON C R, LANGNER H W, DONAHOE-CHRISTIANSEN J, et al., 2001. Molecular analysis of microbial community structure in an arsenite-oxidizing acidic thermal spring[J]. Environmental microbiology, 3(8): 532-542.

JIE Q, BARRY P R, YANG Z, et al., 2006. Arsenic detoxification and evolution of trimethylarsine gas by a microbial arsenite S-adenosylmethionine methyltransferase[J]. Proceedings of the national academy of sciences, 103(7): 2075-2080.

JOSHI D N, FLORA S J S, KALIA K, 2009. *Bacillus* sp. strain DJ-1, potent arsenic hypertolerant bacterium isolated from the industrial effluent of India[J]. Journal of hazardous materials, 166(2/3): 1500-1505.

KALLIO M P, KORPELA A, 2000. Analysis of gaseous arsenic species and stability studies of arsine and trimethylarsine by gas chromatography-mass spectrometry[J]. Analytica chimica acta, 410: 65-70.

KANNAN S K, MAHADEVAN S, KRISHNAMOORTHY R, 2006. Characterization of a mercury-reducing *Bacillus cereus* strain isolated from the Pulicat Lake sediments, south east coast of India[J]. Archives of microbiology, 185: 202-211.

KOSTAL J, YANG R, WU C H, et al., 2004. Enhanced arsenic accumulation in engineered bacterial cells expressing ArsR[J]. Applied and environmental microbiology, 70: 4582-4587.

KULP K S, FORTSON S L, KNIZE M G, et al., 2003. An in vitro model system to predict the bioaccessibility of hetero and cyclic amines from a cooked meat matrix[J]. Food and chemical toxicology, 41(12): 1701-1710.

LAVERMAN A M, BLUM J S, SCHAEFER J K, et al., 1995. Growth of strain SES-3 with arsenate and other diverse electron acceptors[J]. Applied and environmental microbiology, 61: 3556-3561.

LEONARD A, 1991. Arsenic[M]// MERIAN E. Metals and their compounds in the environments: occurrence, analysis, and biological relevance. Cambridge:Weinheim-VCH:751-772.

LE X C, YALCIN S, MA M, 2000. Speciation of submicrogram per liter levels of arsenic in water: on-site species separation integrated with sample collection[J]. Environmental science and technology, 34(11): 2342-2347.

LI X, LIU Y, SONG L, 2003. Responses of antioxidant systems in the hepatocytes of common carp (Cyprinus carpio L.) to the toxicity of microcystin-LR[J]. Toxicon, 42(1): 85-89.

LI M, HU C, ZHU Q, et al., 2006. Copper and zinc induction of lipid peroxidation and effects on antioxidant enzyme activities in the microalga Pavlova viridis (Prymnesiophyceae)[J]. Chemosphere, 62(4): 565-572.

LIN Y F, WALMSLEY A R, ROSEN B P, 2006. An arsenic metallochaperone for an arsenic detoxification pump[J]. Proceedings of the national academy of sciences of the United States of America, 103(42): 15617-15622.

LIU Y H, HUANG C J, CHEN C Y, 2010. Identification and transcriptional analysis of genes involved in *Bacillus cereus*-induced systemic resistance in Lilium[J]. Biologia plantarum, 54(4): 697-702.

LOWERS H A, BREIT G N, FOSTER A L, et al., 2007. Arsenic incorporation into authigenic pyrite, Bengal Bain sediment, Bangladesh[J]. Geochimica et cosmochimica acta, 71(11): 2699-2717.

LUSHCHAK V, SEMCHYSHYN H, LUSHCHAK O, et al., 2005. Diethyldithiocarbamate inhibits in vivo Cu, Zn-superoxide dismutase and perturbs free radical processes in the yeast Saccharomyces cerevisiae cells[J]. Biochemical and biophysical research communications, 338(4): 1739-1744.

MACY J M, SANTINI J M, PAULING B V, et al., 2000. Two new arsenate/sulfate-reducing bacteria: mechanisms of arsenate reduction[J]. Archives of microbiology, 173(1): 49-57.

MAEVE M M, VIVIAN W M L, IRIS K, et al., 2014. Speciation and toxicity of arsenic in mining-affected lake sediments in the Quinsam watershed, British Columbia[J]. Science of the total environment, 466: 90-99.

MANDAL B K, SUZUKI K T, 2002. Arsenic round the world: a review[J]. Talanta, 58(1): 201-235.

MANNING B A, GOLDBERG S, 1996. Modeling competitive adsorption of arsenate with phosphate and molybdate on oxide minerals [J]. Soil science society of American journal, 60(1): 121-131.

MENNA P, HUNGRIA M, BARCELLOS F G, et al., 2006. Molecular phylogeny based on the 16S rRNA gene of elite rhizobial strains used in Brazilian commercial inoculants[J]. Systematic and applied microbiology, 29(4): 315-332.

MOHAN D, PITTMAN C U, 2007. Arsenic removal from water/wastewater using adsorbents: a critical review[J]. Journal of hazardous materials, 142: 1-53.

MUKHOPADHYAY R, ROSEN B P, PHUNG L T, et al., 2002. Microbial arsenic: from geocycles to genes and enzymes[J]. FEMS microbiology reviews, 26: 311-325.

NG J C, WANG J, SHRAIM A, 2003. A global health problem caused by arsenic from natural sources[J]. Chemosphere, 52: 1353-1359.

NICKSON R T, MCARTHUR J M, BURGESS W G, et al., 1998. Arsenic poisoning of Bangladesh groundwater[J]. Nature, 395(6700): 338.

NICKSON R T, MCARTHUR J M, RAVENSCROFT P, et al., 2000. Mechanism of arsenic release to groundwater, Bangladesh and West Bengal[J]. Applied geochemistry, 15(4): 403-413.

NORDSTROM D K, 2002. Worldwide occurrences of arsenic in Ground water[J]. Science, 296(5576): 2143-2145.

OKAMOTO O K, COLEPICOLO P, 1998. Response of superoxide dismutase to pollutant metal stress in the marine dinoflagellate Gonyaulax polyedra[J]. Comparative biochemistry and physiology, 119(1): 67-73.

OKAMOTO O K, ASANO C S, AIDAR E, et al., 1996. Effects of cadmium on growth and superoxide dismutase activity of the marine microalga Tetraselmis gracilis[J]. Phycology , 32(1): 74-79.

OREMLAND R S, STOLZ J F, 2003. The Ecology of Arsenic[J]. Science, 300: 939-944.

OREMLAND R S, STOLZ J F, 2005. Arsenic, microbes and contaminated aquifers[J]. Trends in microbiology, 13(2):

45-49.

OREMLAND R S, HOEFT S E, SANTINI J A, et al., 2002. Anaerobic oxidation of arsenite in Mono Lake water and by facultative, arsenite-oxidizing chemoautotroph, strain MLHE-1[J]. Applied and environmental microbiology, 68(10): 4795-4802.

OREMLAND R S, KULP T R, BLUM J S, et al., 2005. A microbial arsenic cycle in a salt-saturated, extreme environment[J]. Science, 308(5726): 1305-1308.

PARK J M, LEE J S, LEE J U, et al., 2006. Microbial effects on geochemical behavior of arsenic in As-contaminated sediments[J]. Journal of geochemical exploration, 88(1/3): 134-138.

PATEL P C, GOULHEN F, BOOTHMAN C, et al., 2007. Arsenate detoxification in a Pseudomonad hypertolerant to arsenic[J]. Archives of microbiology, 187: 171-183.

PAULA S P, MONICA R, 2007. Identification of an arsenic resistance mechanism in rhizobial strains[J]. World journal of microbiology biotechnology, 23(10): 1351-1356.

PEI H H, LIANG S X, NING L Y, 2005. A discussion of the enrichment and formation of arsenic in groundwater in Datong Basin[J]. Hydrogeology and engineering geology, 32(4): 65-69.

PENNINCKX M J, JASPERS C J, 1982. On the role of glutathione in microorganisms[J]. Bulletin de l institut pasteur, 80:291-301.

PEPI M, VOLTERRANI M, RENZI M, et al., 2007. Arsenic-resistant bacteria isolated from contaminated sediments of the Orbetello Lagoon, Italy, and their characterization[J]. Journal of applied microbiology, 103: 2299-2308.

PIGNATELLI M, MOYA A, TAMAMES J, et al., 2009. A database for describing the environmental distribution of prokaryotic taxa[J]. Environmental microbiology, 1:191-197.

PINHO G L L, ROSA C M, YUNES J S, et al., 2003. Toxic effects of microcystins in the hepatopancreas of the estuarine crab Chasmagnathus granulatus (Decapoda, Grapsidae) [J]. Comparative biochemistry and physiology part C: toxicology and pharmacology, 135(4):459-468.

REQUEJO R, TENA M, 2005. Proteome analysis of maize roots reveals that oxidative stress is a main contributing factor arsenic to plant toxicity[J]. Phytochemistry, 66:1519-1528.

RHINE ED, PHELPS CD, YOUNG LY, 2006. Anaerobic arsenite oxidation by novel denitrifying isolates [J]. Environmental microbiology, 8(5): 899-908.

RIJSTENBIL J W, DERKESEN J W M, GERRINGA L J A, et al., 1994. Oxidative stress induced by copper: defense and damage in the marine planktonic diatom Ditylum brightwellii, grown in continuous cultures with high and low zinc levels[J]. Marine biology, 119(4):583-590.

ROBINSON N J, WHITEHALL S K, CAVET J S, 2001. Microbial metallothioneins[J]. Advances in microbial physiology, 44:183-213.

RODRIGUEZ R R, BASTA N T, CASTEEL S W, 1999. An in vitro gastrointestinal method to estimate bioavailable arsenic in contaminated soils and solid media[J]. Environmental science and technology, 33(4): 642-649.

RONALD B, THOMAS G C, 2002. Microbial methylation of metalloids: arsenic, antimony, and bismuth[J].

Microbiology and molecular biology reviews, 66(2): 250-271.

ROOT R A, DIXIT S, CAMPBELL K M, et al., 2007. Arsenic sequestration by sorption processes in high-iron sediments[J]. Geochimica et cosmochimica acta, 71(23): 5782-5803.

ROSEN B P, 1999. Families of arsenic transporters[J]. Trends in microbiology, 7(5): 207-212.

RUBY M V, DAVIS A, SCHOOF R, et al., 1996. Estimation of lead and arsenic bioavailability using a physiologically based extraction test[J]. Environmental science and technology, 30(2): 422-430.

RYAN D, COLLERAN E, 2002. Arsenical resistance in the IncHI2 plasmids[J]. Plasmid, 47(3): 234-240.

SAITOU N, NEI M, 1987. The neighbor-joining method: a new method for reconstructing phylogenetic trees[J]. Molecular biology and evolution, 4(4): 406-425.

SALMASSI T M, VENKATESWAREN K, SATOMI M, et al., 2002. Oxidation of arsenite by Agrobacterium albertimagni, AOL15, sp nov. , isolated from Hot Creek, California[J]. Geomicrobiology journal. , 19(1): 53-66.

SANDERS J G, 1979. Microbial role in the demethylation and oxidation of methylated arsenicals in seawater[J]. Chemosphere, 8(3): 135-137.

SANDERS J G, WINDOM H L, 1980. The uptake and reduction of arsenic species by marine algae[J]. Estuarine and coastal marine science, 10(5): 555-567.

SANTINI J M, SLY L I, SCHNAGL R D, et al., 2000. A new chemolithoautotrophic arsenite-oxidizing bacterium isolated from a gold mine: phylogenetic, physiological, and preliminary biochemical studies[J]. Applied and environmental microbiology, 66(1): 92-97.

SANTINI J M, SLY L I, WEN A M, et al., 2002. New arsenite-oxidizing bacteria isolated from Australian gold mining environments-Phylogenetic relationships[J]. Geomicrobiology journal. , 19(1): 67-76.

SARKAR D, O'CONNOR G A, 2001. Using the Pi soil test to estimate available phosphorus in biosolids-amended soils[J]. Communications in Soil science and plant analysis, 32(13/14): 2049-2063.

SATO T, KOBAYASHI Y, 1998. The ars operon in the skin element of *Bacillus subtilis* confers resistance to arsenate and arsenite[J]. Journal of bacteriology, 180: 1655-1661.

SAUGE-MERLE S, CUINE S, CARRIER P, et al., 2003. Enhanced toxic metal accumulation in engineered bacterial cells expressing *Arabidopsis thaliana* Phytochelatin Synthase[J]. Applied and environmental microbiology, 69: 490-494.

SCHOOF R A, 2004. Bioavailability of soil-borne chemicals: method development and validation[J]. Human and ecology risk assessment, 10: 637-646.

SEMCHYSHYN H, BAGNYUKOVA T, STOREY K, et al., 2005. Hydrogen peroxide increases the activities of *soxRS* regulon enzymes and the levels of oxidized proteins and lipids in *Esherichia coli*[J]. Cell biology international, 29:898-902.

SHANE D W, NICHOLAS T B, ELIZABETH A D, 2013. Bioaccessible and non-bioaccessible fractions of soil arsenic[J]. Journal of environmental science and health. part A, 48: 620-628.

SHI H, SHI X, LIU K, 2004. Oxidative mechanism of arsenic toxicity and carcinogenesis[J]. Molecular and cellular biochemistry, 255:67-78.

SHI J, VLAMIS-GARDIKAS A, ÅSLUND F, et al., 1999. Reactivity of glutardoxins 1, 2, and 3 from *Escherichia coli* shows that glutaredoxin 2 is the primary hydrogen donor to arsC-catalyzed arsenate reduction[J]. Biological chemistry, 274: 36039-36042.

SHRI M, KUMAR S, CHAKRABARTY D, et al., 2009. Effect of arsenic on growth, oxidative stress, and antioxidant system in rice seedlings[J]. Ecotoxicology and environmental safety, 72(4):1102-1110.

SILVER S, JI G, 1994. Newer systems for bacterial resistances to toxic heavy metals[J]. Environmental health perspectives, 102:107-113.

SILVER S, PHUNG L T, 2005. Genes and enzymes involved in bacterial oxidation and reduction of inorganic arsenic[J]. Applied and environmental microbiology, 71: 599-608.

SINGH N, KUMAR D, SAHU A P, 2007. Arsenic in the environment: effects on human health and possible prevention[J]. Journal of environmental biology, 28:359-365.

SMEDLEY P L, KINNIBURGH D G, 2002. A review of the source, behaviour and distribution of arsenic in natural waters[J]. Applied geochemistry, 17(5): 517-568.

SMITH A H, MARSHALL G, YUAN Y, et al., 2006. Increased mortality from lung cancer and bronchiectasis in young adults after exposure to arsenic in utero and in early childhood[J]. Environmental health perspectives, 114:1293-1296.

STEELS E L, LEARMONTH R P, WATSON K, 1994. Stress tolerance and membrane lipid unsaturation in Saccharomyces cerevisiae grown aerobically or anaerobically[J]. Microbiology, 140(3):569-576.

STOREY K B, 1996. Oxidative stress: animal adaptations in nature[J]. Brazilian journal of medical and biological research, 29:1715-1733.

SUKCHAWALIT R, PRAPAGDEE B, CHAROENLAP N, et al., 2005. Protection of Xanthomonas against arsenic toxicity involves the peroxide-sensing transcription regulator OxyR[J]. Research in microbiology, 156(1):30-34.

SUN W J, SIERRA R, FIELD J A, 2008. Anoxic oxidation of arsenite linked to denitrification in sludges and sediments[J]. Water research, 42(17): 4569-4577.

SUN W J, SIERRA-ALVAREZ R, FERNANDEZ N, et al., 2009. Molecular characterization and *in situ* quantification of anoxic arsenite-oxidizing denitrifying enrichment cultures[J]. FEMS microbiology ecology, 68(1): 72-85.

SUZUKI K, WAKAO N, KIMURA T, et al., 1998. Expression and regulation of the arsenic resistance operon of *Acidiphilium multivorum* AIU 301 plasmid pKW 301 in Escherichia coli[J]. Applied and environmental microbiology, 64(2): 411-418.

SWARTZ C H, BLUTE N K, BADRUZZMAN B, et al., 2004. Mobility of arsenic in a Bangladesh aquifer: inferences from geochemical profiles, leaching data, and mineralogical characterization[J]. Geochimica et cosmochimica acta, 68(22): 4539-4557.

TAKEUCHI M, KAWAHATA H, GUPTA L P, et al., 2007. Arsenic resistance and removal by marine and non-marine bacteria[J]. Journal of biotechnology, 127(3): 434-442.

TAMAKI S, FRANKENBERGER W T, 1992. Environmental biochemistry of arsenic[M]//WARE G W. Reviews of environmental contamination and toxicology. New York: Springer: 79-110.

TAMURA K, NEI M, KUMAR S, 2004. Prospects for inferring very large phylogenies by using the neighbor-joining method[J]. Proceedings of the national academy of sciences of the United States of America, 101(30): 11030-11035.

TAMURA K, DUDLEY J, NEI M, et al., 2007. MEGA4: Molecular evolutionary genetics analysis(MEGA)software version 4. 0[J]. Molecular biology and evolution, 24(8): 1596-1599.

TRIPATHI R D, SRIVASTAVA S, MISHRA S, et al., 2007. Arsenic hazards: strategies for tolerance and remediation by plants[J]. Trends in biotechnology, 25(4):158-165.

TURPEINEN R, PANTSAR-KALLIO M, HÄGGBLOM M, et al., 1999. Influence of microbes on the mobilization, toxicity and biomethylation of arsenic in soil[J]. The Science of the total environment, 236(1/3): 173-180.

TURPEINEN R, KALLIO M P, KAIRESALO T, 2002. Role of microbes in controlling the speciation of arsenic and production of arsines in contaminated soils[J]. The Science of the total environment, 285: 133-145.

TURPEINEN R, KAIRESALO T, HÄGGBLOM M M, 2004. Microbial community structure and activity in arsenic-, chromium- and copper-contaminated soils[J]. FEMS microbiology ecology, 47(1): 39-50.

VÁZQUEZ S, CARPENA R, BERNAL M P, 2008. Contribution of heavy metals and As-loaded lupine root mineralization to the availability of the pollutants in multi-contaminated soils[J]. Environmental pollution, 152: 373-379.

VINCENT J M, 1970. A manual for the practical study of root-nodule bacteria[M]. Oxford:Blackwell Scientific.

VRANOVA E, INZÉ D, VAN BREUSEGEM F, 2002. Signal transduction during oxidative stress[J]. Journal of experimental botany, 53:1227-1236.

WANG J H, ZHAO L S, WU Y B, 1998. Environmental geochemical study on arsenic in arseniasis areas in Shanyin and Yingxian, Shanxi Province[J]. Geoscience, 12: 243-248.

WANG G, KENNEDY S P, FASILUDEEN S, et al., 2004. Arsenic resistance in *Halobacterium* sp. strain NRC-1 examined by using an improved gene knockout system[J]. Journal of bacteriology, 186: 3187-3194.

WENZEL W W, KIRCHBAUMER N, PROHASKA T, et al., 2001. Arsenic fractionation in soils using an improved sequential extraction procedure[J]. Analytica chimica acta, 436(2): 309-323.

WHO(World Health Organization), 2001. Environmental health criteria 224, arsenic and arsenic compounds[S]. Geneva:Inter-organization programme for the sound management of chemicals:1-108.

WILKIE J A, HERING J G, 1998. Rapid oxidation of geothermal arsenic(III) in streamwaters of the eastern Sierra Nevada[J]. Environmental science and technology, 32(5): 657-662.

WILLSKY G R, MALAMY M H, 1980. Effect of arsenate on inorganic phosphate transport in Escherichia coli[J]. Journal of bacteriology, 144: 366-374.

XIE Z M, WANG Y X, 2009. As biomobilization from aquifer sediments by indigenous bacteria at Datong Basin and Hetao Plain[J]. Frontiers of earth science, 16(SI): 4-5.

XIE Z M, LIU Y D, HU C X, et al., 2007. Relationships between the biomass of algal crusts in fields and their compressive strength[J]. Soil biology and biochemistry, 39(2): 567-572.

XIE X, WANG Y, SU C, et al., 2008. Arsenic mobilization in shallow aquifers of Datong Basin:hydrochemical and mineralogical evidences[J]. Journal of geochemical exploration, 98(3): 107-115.

XIE Z M, WANG Y X, DUAN M Y, et al., 2009a. Molecular phylogeny based on the 16S rRNA gene of one arsenic-resistant bacterial strain isolated from aquifer sediments of Datong Basin, northern China[M]//WANG Y, ZHOU Y, GAN Y. Calibration and reliability in groundwater modeling "Managing Groundwater and the Environment". Wuhan:China University of Geosciences Press: 437-440.

XIE Z M, WANG Y X, LIU Y D, et al., 2009b. Ultraviolet-B exposure induces photo-oxidative damage and subsequent repair strategies in a desert cyanobacterium *Microcoleus vaginatus* Gom[J]. European journal of soil biology, 45:377-382.

XIE Z M, WANG Y X, DUAN M Y, et al., 2011. Arsenic release by indigenous bacteria *Bacillus cereus* from aquifer sediments at Datong Basin, northern China[J]. Frontiers of earth Science, 5(1): 37-44.

XIE Z M, LUO Y, WANG Y X, et al., 2013a. Arsenic resistance and bioaccumulation of an indigenous bacterium isolated from aquifer sediments of Datong Basin, northern China[J]. Geomicrobiology journal, 30(6): 549-556.

XIE Z M, ZHOU Y F, WANG Y X, et al., 2013b. Influence of arsenate on lipid peroxidation levels and antioxidant enzyme activities in *Bacillus cereus* strain XZM002 isolated from high arsenic aquifer sediments[J]. Geomicrobiology journal, 30(7): 645-652.

XIE Z M, SUN X Y, WANG Y X, et al., 2014. Response of growth and superoxide dismutase to enhanced arsenic in two *Bacillus* species[J]. Ecotoxicology, 23(10): 1922-1929.

YAMAMURA S, YAMASHITA M, FUJIMOTO N, et al., 2007. *Bacillus selenatarsenatis* sp. nov., a selenate-and arsenate-reducing bacterium isolated from the effluent drain of a glass-manufacturing plant[J]. The international journal of systematic and evolutionary microbiology, 57: 1060-1064.

YANG C Y, LIU Y D, LI D H,2007. Effects of microcystin-RR on the antioxidant system of *Bacillus subtilis*[J]. Fresenius environmental bulletin, 16:1-7.

YIN L, HUANG J, HUANG W, et al., 2005. Microcystin-RR-induced accumulation of reactive oxygen species and alteration of antioxidant systems in tobacco BY-2 cells[J]. Toxicon, 46(5): 507-512.

ZHANG Y N, SUN G X, WILLIAMS P N, et al., 2011. Assessment of the solubility and bioaccessibility of arsenic in realgar wine using a simulated gastrointestinal system[J]. Science of the total environment, 409(12): 2357-2360.

ZOBRIST J, DOWDLE P R, DAVIS J A, et al., 2000 Mobilization of arsenite by dissimilatory reduction of adsorbed arsenate[J]. Environmental science and technology, 34(22): 4747-4753.

第 7 章 灌溉活动影响下砷的迁移富集

7.1 地下水流动系统对高砷地下水水化学特征的影响

地下水中砷含量和砷形态受水化学条件，如 pH、Eh、溶液组分及矿物基质成分的影响（Saunders et al., 2008; Shamsudduha et al., 2008; Haque and Johannesson, 2006; Pedersen et al., 2006; Price and Pichler, 2006; Zheng et al., 2004; Stollenwerk, 2003; Bowell, 1994）。这些参数由于受水-岩相互作用和生物地球化学过程的影响，沿着地下水流动方向会发生有规律的变化，因此，砷含量及其形态在地下水流动方向上也会表现出有规律的变化（Haque and Johannesson，2006）。

锶同位素已被广泛应用于地下水流动系统的示踪研究（Cartwright et al., 2010; Uliana et al., 2007; Gosselin et al., 2004; Frost et al., 2002; Tranter et al., 1997; Johnson and DePaolo, 1994）。低温地球化学过程中，地下水锶同位素组成通常不受矿物沉淀或离子交换的影响。因此，锶同位素能为水中物质的来源提供有效指示信息。例如，硅酸岩和碳酸盐岩的锶浓度与 $^{87}Sr/^{86}Sr$ 值存在显著差异。与硅酸岩相比，碳酸盐岩具有低 $^{87}Sr/^{86}Sr$ 值特征。因此，利用锶同位素组成的“指纹”特征，可以判断地下水水化学是受到碳酸盐岩风化、还是受到硅酸岩风化的影响，或者通过端元混合模型计算两种效应的比例。硅酸岩和碳酸盐岩是大部分地下水系统化学组成的主要控制端元，但硫酸盐和氯化物等蒸发盐岩的风化对某些地下水系统水化学特征也会产生一定影响。在地下水补给和流动过程中，地下水和富锶矿物之间的相互作用促使锶进入地下水中（Bullen et al., 1996）。从而，地下水锶同位素组分能记录沿地下水流向上发生的水-岩相互作用信息，并可用于示踪地下水流动路径（Frost et al., 2002; Johnson and DePaolo, 1994）。此外，地下水与含水层矿物质之间的相互作用能影响地下水流经区地下水中的主要水化学组分。因此，地下水水化学的变化主要受沿地下水流向上的水-岩作用的控制（Guo and Wang, 2004），并且通过反向地球化学模拟能很好地捕捉沿地下水流动路径上地下水的演化过程（Wang et al., 2006）。已有研究表明基于地下水主量元素的反向地球化学模拟为地下水流动系统的研究提供了有利手段。

7.1.1 地下水水化学特征

2009 年 8～9 月，在大同盆地进行了水样采集工作。共采集水样 28 件，包括 1 件泉水样、1 件河水样、26 件地下水样（图 7-1-1）。地下水样品分成三组：盆地的

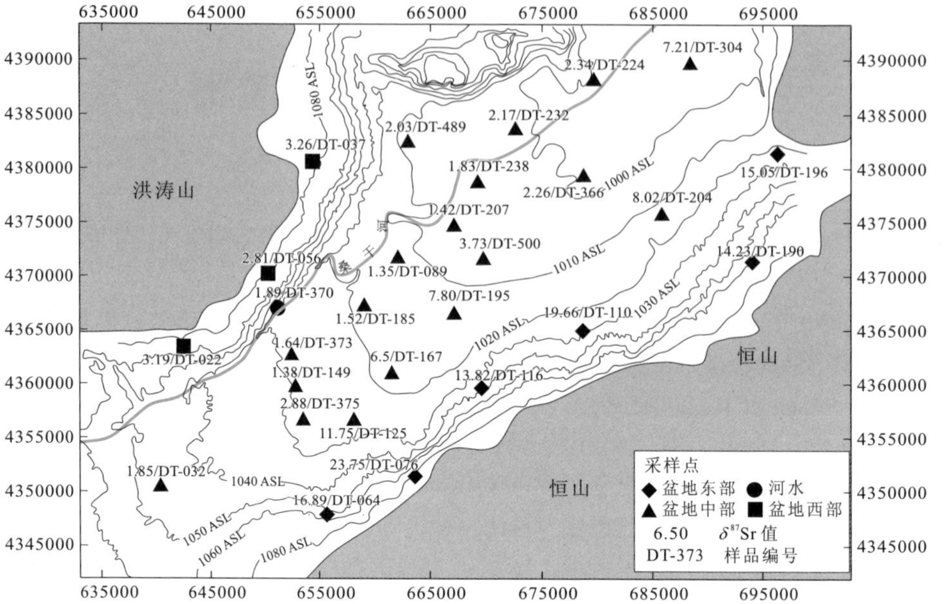

图 7-1-1　大同盆地采样点分布图及地下水样品中锶同位素组成（采样时间 2009 年 8～9 月）

两个边缘区域和盆地中心。靠近恒山来自盆地东边缘的地下水属于典型的 Ca-HCO_3 型和 Mg-HCO_3 型，总溶解固体（total dissolved solids, TDS）质量分数较低，变化范围为 342～664 mg/L。从主要离子的 Piper 三线图可以看出，来自盆地西缘和盆地中心的地下水主要是 Na-HCO_3 型、Na-Cl 型和 Na-SO_4 型水（图 7-1-2）。根据 TDS 质量分数来加以区分，盆地中心地下水的 TDS 比西缘的要高，河水的水化学类型为 Mg-SO_4，TDS 质量分数较低（484 mg/L）。

地下水化学组分很大程度上取决于源水的水化学特征及沿地下水流动路径上的水-岩作用过程，因此，地下水主要离子组成特征能为判别溶质来源及地下水流动路径提供重要信息。一般而言，地下水水化学组成主要受到蒸发盐岩溶解、碳酸岩溶解及硅酸岩溶解的影响（Garrels and MacKenzie, 1971）。研究区地下水样品在 MG/Na-Ca/Na 和 Sr/Na-Ca/Na 散点图上，主要分布于硅酸岩、蒸发盐岩和碳酸盐岩端元的混合曲线上（Gaillardet et al., 1999）（图 7-1-3）。盆地东缘地下水落在硅酸岩和碳酸盐岩的混合线上，且硅酸岩占主导。西缘的所有地下水样品均落在全球平均硅酸岩风化区域之内。盆地东西边缘地下水样品的分析表明硅酸岩的非全等溶解和淋滤是控制盆地补给区地下水化学的主要地球化学过程。东缘地下水中的碳酸盐岩溶解组分可能是由方解石岩脉的溶解导致的，方解石脉在变质岩区十分常见。然而，盆地中心的地下水样品落在硅酸岩和蒸发盐岩的混合线上，且靠近或在硅酸岩端元以内。这表明硅酸岩的风化和蒸发盐岩的溶解共同影响着盆地中心的地下水化学特征。

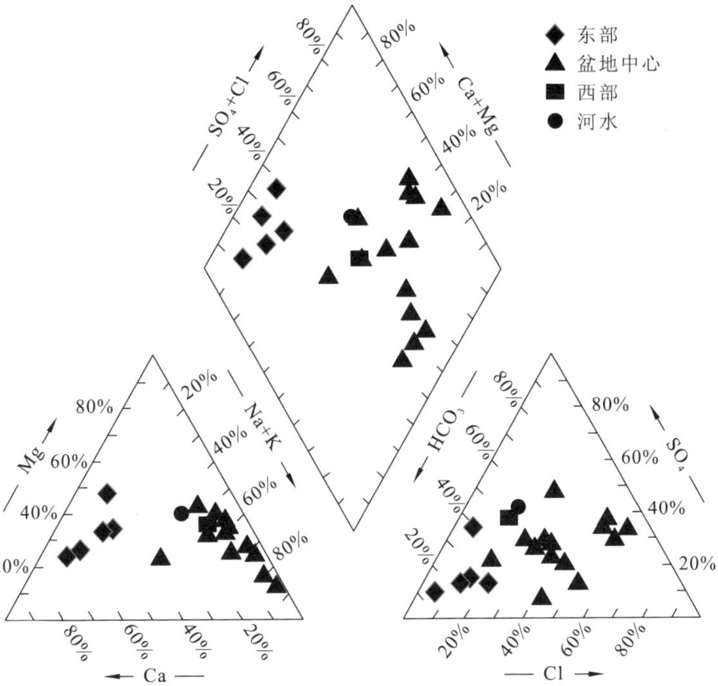

图 7-1-2　大同盆地地下水 Piper 三线图

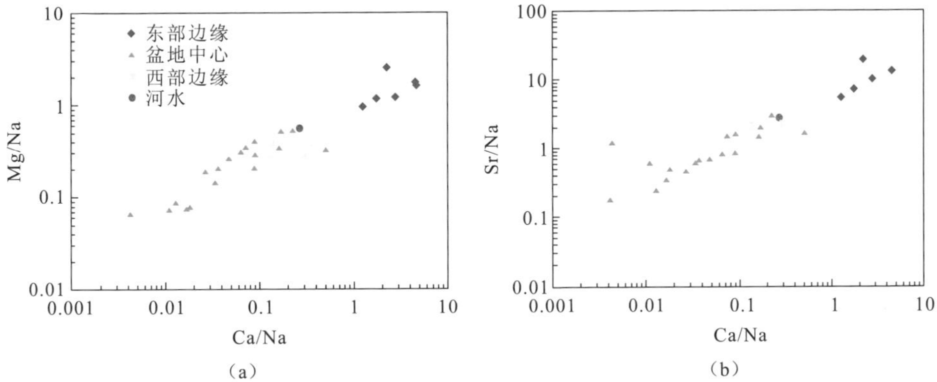

图 7-1-3　大同盆地地下水 Mg/Na 及 Sr/Na 与 Ca/Na 散点图

(a) Mg/Na-Ca/Na；(b) Sr/Na-Ca/Na

7.1.2　地下水锶含量与锶同位素组成特征

大同盆地地下水锶质量浓度变化范围为 0.43～7.06 mg/L。盆地东边缘和西边缘地下水中锶质量浓度相对较低（变化范围分别为 0.47～1.02 mg/L 和 0.64～1.06 mg/L），但西边缘比东边缘地下水中锶同位素组成稍高。除少部分样品外，取自盆地中心的地下水样品锶同位素比东、西边缘地下水样品中锶同位素都要高。从山前到盆地中心，地下水锶质量浓度沿着地下水流程逐渐增加，这可能要归因于水-岩相互作用，尤其是蒸发盐岩的溶解。富锶蒸发盐岩，如石膏和天青石的溶解能显著增加地下水中锶的质量浓度（Alonso-Azcárate et al., 2006; Feng et al., 1997）。

28 件水样的锶同位素组成（$^{87}Sr/^{86}Sr$）和千分偏差（$\delta^{87}Sr‰$）的变化范围分别为 0.71016～0.72604 和 1.35‰～23.57‰。与地下水锶质量浓度的空间分布不同，盆地东缘靠近恒山的地下水样品，包括泉水的 $^{87}Sr/^{86}Sr$ 和 $\delta^{87}Sr‰$值均较高，变化范围分别为 0.71900～0.72604 和 13.82‰～23.75‰。泉水（DT-076）的 $^{87}Sr/^{86}Sr$ 和 $\delta^{87}Sr‰$值最大，高达 0.72604 和 23.75‰。与盆地东边缘地下水样品相比，盆地西边缘地下水样品（DT-022、DT-037、DT-056）的 $^{87}Sr/^{86}Sr$ 和 $\delta^{87}Sr‰$值较低。$\delta^{87}Sr‰$的最小值出现在盆地中心（图 7-1-1），为 1.38‰～1.83‰。

靠近恒山的 5 件水样有较高的 $^{87}Sr/^{86}Sr$（变化范围为 0.72114～0.72604）和 $\delta^{87}Sr‰$值。其中，泉水的 $^{87}Sr/^{86}Sr$ 和 $\delta^{87}Sr‰$值最高（分别为 0.725604 和 23.75‰），这与以硅酸盐矿物溶解占主导地位的水体锶同位素组成一致，依据离子比率也可得出同样结论。另外，地下水与恒山全岩具有较为一致的锶同位素组成特征（$^{87}Sr/^{86}Sr$ 变化范围为 0.71070～0.80625）。这表明地下水锶同位素组成主要受控于地下水与恒山杂岩之间的水-岩相互作用。

靠近洪涛山的三个地下水样（DT-022、DT-037 和 DT-056）具有相同的 $^{87}Sr/^{86}Sr$ 和 $\delta^{87}Sr$ 值，分别为 0.71119～0.71151、2.81‰～3.26‰。Su（2006）给出的洪涛山页岩 $^{87}Sr/^{86}Sr$ 为 0.71764，由此看出，洪涛山碎屑岩可能是这些地下水的潜在锶来源。与盆地东、西边缘相比，盆地中心的地下水样 $^{87}Sr/^{86}Sr$ 值相对较低，变化范围为 0.71016～0.71753，但其锶质量浓度较高（0.43～7.06 mg/L），TDS 质量浓度也较大（775～10429 mg/L）。TDS 和锶质量浓度之间的关系（图 7-1-4）说明 TDS 值和锶质量浓度的升高可能与蒸发盐岩包括石膏溶解有关（Alonso-Azcárate et al., 2006; Feng et al., 1997）。该区第四系含水层沉积物具有较高的 $^{87}Sr/^{86}Sr$ 值（0.71273～0.71333）（Wang et al., 2006）。高 $^{87}Sr/^{86}Sr$ 值的补给水与高 $^{87}Sr/^{86}Sr$ 值的含水层沉积物之间相互作用，能改变地下水的锶含量组成，但不会显著降低 $^{87}Sr/^{86}Sr$ 值。因此，盆地中心低 $^{87}Sr/^{86}Sr$ 值样品表明地下水与低锶同位素组成的水体存在混合作用。实际上，在盆地西南补给区，有寒武系和奥陶系灰岩出露，这些灰岩的 $^{87}Sr/^{86}Sr$ 值较低，变化范围为 0.70525～0.70958，而该地区赋存的岩溶水 $^{87}Sr/^{86}Sr$ 的平均值为 0.71025（Wang et al., 2006），这表明盆地西南区的岩溶水可能是盆地中心孔隙地下水的一个重要的补给源，这与早期盆地水文地质研究结果相吻合（Zhang, 1960）。另外，石膏和碳酸岩具有较低的 $^{87}Sr/^{86}Sr$

值、较高的锶浓度，因此，它们的溶解将形成地下水低 $^{87}Sr/^{86}Sr$ 值、高锶浓度的特征（Alonso-Azcárate et al., 2006; Feng et al., 1997）。

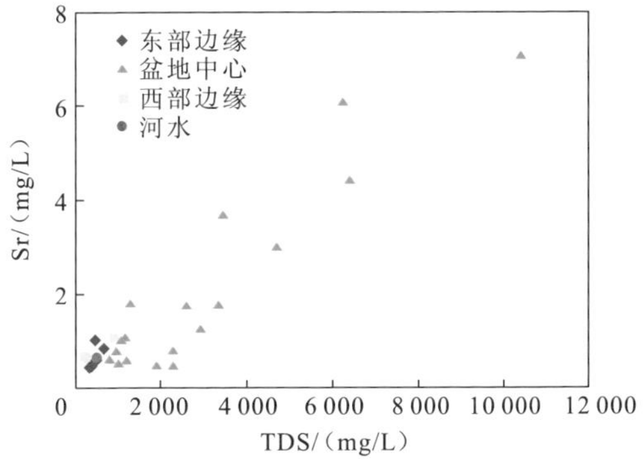

图 7-1-4　地下水中 TDS 与锶质量浓度关系

图 7-1-5 给出了 $\delta^{87}Sr$ 值的空间分布特征。从图 7-1-5 可知，$\delta^{87}Sr$ 值从盆地边缘至中心（排泄区）逐渐降低。岩溶水和蒸发盐岩具有较低的 $^{87}Sr/^{86}Sr$ 值，因此，具有较低 $^{87}Sr/^{86}Sr$ 值的水体可能是接受岩溶水补给或沿局部地下水流动路径蒸发盐岩溶解的结果。根据本区地下水锶同位素特征，如果把 $\delta^{87}Sr$ 值≤2‰的区域定义为排泄区，那么可以刻画出三条主要的地下水流动路径（图 7-1-5）：①地下水分别从盆地东、西边缘流向盆地中心；②地下水沿着桑干河从盆地西南方向流向东北方向。

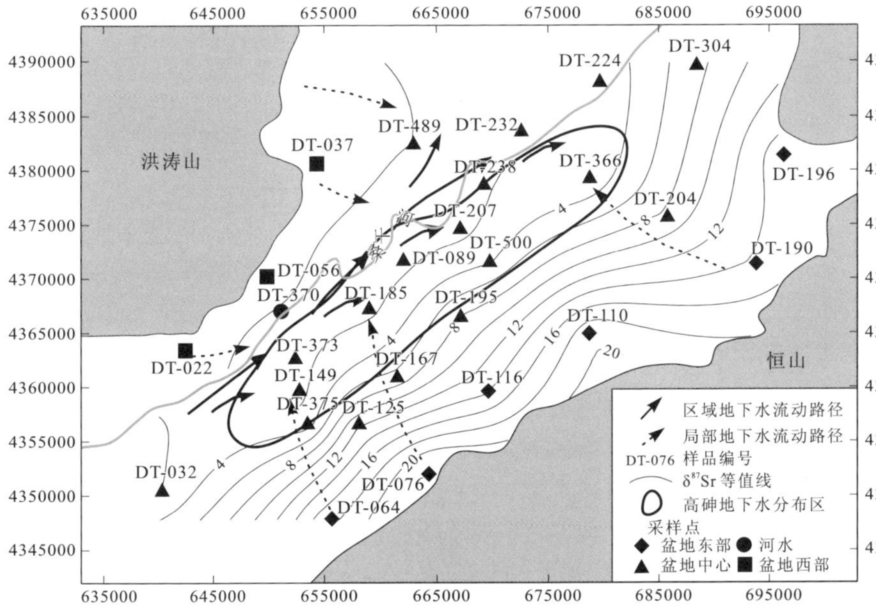

图 7-1-5　地下水锶同位素组成等值线图

Sr-$^{87}Sr/^{86}Sr$ 散点图被广泛用于识别不同来源地下水体之间的混合作用。为了排除蒸发作用的影响，使用了钠离子标准化的阳离子浓度，并绘制 $^{87}Sr/^{86}Sr$-Sr/Na 和 $^{87}Sr/^{86}Sr$-Ca/Na 散点图（图 7-1-6 和图 7-1-7）。从锶同位素和水化学数据可以明显识别出三个端元：第一个端元具有较高的 $^{87}Sr/^{86}Sr$ 值、Sr/Na 值和较低的 TDS，来源于盆地东缘补给区的地下水即属于此端元（端元 A）；第二个端元具有较低的 TDS 和 $^{87}Sr/^{86}Sr$，较高的 Sr/Na 值，来源于洪涛山的补给地下水属此端元（端元 B），由于盆地西边缘的地下水体具有类似的 $^{87}Sr/^{86}Sr$ 值和化学组成，因此作为一个单独的端元来讨论；第三个端元（端元 C）具有较低的 TDS 和 $^{87}Sr/^{86}Sr$，为来源于岩溶水的水体。此外，由于河水主要来源于岩溶水，故其锶同位素组成及水化学特征与岩溶水一致，即较低的 TDS 和 $^{87}Sr/^{86}Sr$ 值，较高的 Sr/Na 和 Ca/Na 值。

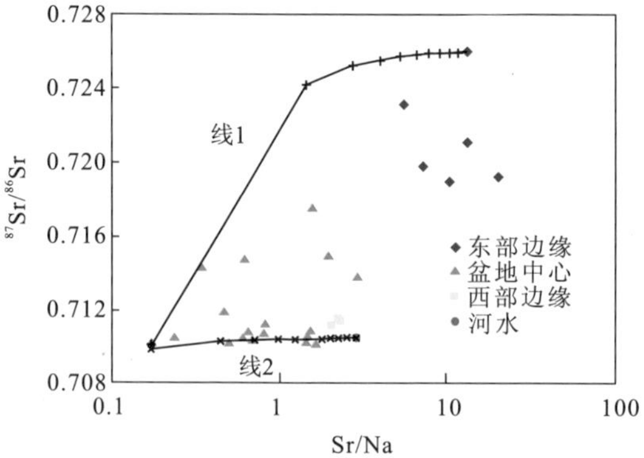

图 7-1-6　地下水样品 Sr/Na 与锶同位素组成散点图

线 1 和线 2 分别表示不同端元的混合

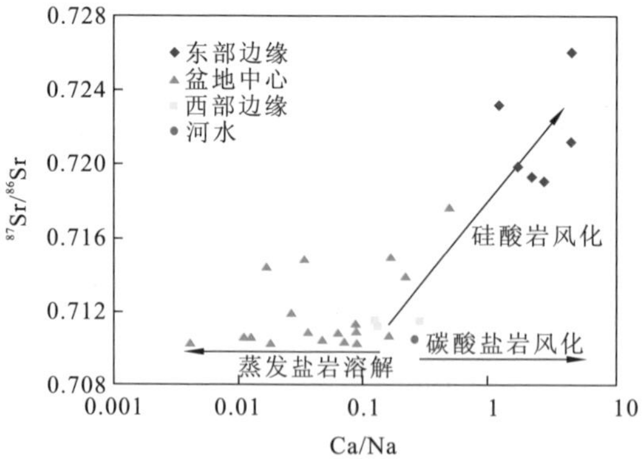

图 7-1-7　地下水锶同位素与 Ca/Na 关系图

锶同位素和 Sr/Na 值用于进一步分析上述三个端元之间的混合过程(图 7-1-6)。部分取自盆地中心、具有较低 $^{87}Sr/^{86}Sr$ 值的地下水位于或接近端元 C 和端元 D 的混合线（线 2），表明观测的地下水 $^{87}Sr/^{86}Sr$ 值受低 $^{87}Sr/^{86}Sr$ 值岩溶水补给的影响。图 7-1-6 最上部的混合线（线 1）刻画了端元 A 和端元 C 之间的混合情况。从图 7-1-6 可以看出，流动路径上大部分水样位于混合线右侧，其 $^{87}Sr/^{86}Sr$ 可能是沿局部流动路径上蒸发岩的溶解所致。根据 Gaillardet 等（1999）的研究，古硅酸岩风化和蒸发盐岩溶解对水化学的强烈影响能通过锶同位素组分和 Ca/Na 比值得到证实（图 7-1-7）。$^{87}Sr/^{86}Sr$-Ca/Na 散点图清楚地表明盆地中心大部分地下水受蒸发盐岩和古老硅酸岩端元与接受岩溶水补给的河水之间混合的影响，这与 $^{87}Sr/^{86}Sr$-Sr/Na 的讨论结果一致。

7.1.3　地下水流路径的反向地球化学模拟

以上讨论表明，地下水的水文地球化学特征受两个水文地球化学过程的控制。一个是局部地下水流动路径上的水-岩相互作用过程，这将导致 TDS 升高、$^{87}Sr/^{86}Sr$ 值降低；另一个是区域地下水流动路径上第四系孔隙含水层中接受岩溶水补给的地下水与端元 B 和端元 D 之间的混合。为了解释这两个过程的重要性，运用 PHREEQC 反向地球化学模拟进行了进一步证实。

本小节选取四条主要流动路径进行了模拟，样品 DT-064、DT-079（表 7-1-1）、DT-190、DT-373 和样品 DT-149、DT-185、DT-232、DT-366 分别作为模拟的初始条件和终了条件。模拟结果见表 7-1-2。计算过程中锶同位素的矿物溶解模型参考 Banner 等（1989）：

$$\left[Sr_{(final)}\right]\times{}^{87}Sr/{}^{86}Sr_{(final)}=\left[Sr_{(initial)}\right]\times{}^{87}Sr/{}^{86}Sr_{(initial)}+\left[Sr_{(mineral)}\right]\times{}^{87}Sr/{}^{86}Sr_{(mineral)}\quad(7\text{-}1\text{-}1)$$

式中：[$Sr_{(final)}$]、[$Sr_{(initial)}$]和[$Sr_{(mineral)}$]及 $^{87}Sr/^{86}Sr_{(final)}$、$^{87}Sr/^{86}Sr_{(final)}$ 和 $^{87}Sr/^{86}Sr_{(final)}$ 分别为终态和始态地下水的锶浓度和锶同位素组成及矿物溶解后锶含量和锶同位素组成情况。在反向模拟中，为了约束模拟结果，所有流动路径的初始水都与钠长石、方解石、白云石、石膏、蒸发盐岩和 CO_2（g）反应，离子交换反应也包括在模型内。模拟结果表明，为了得到沿地下水流向的两个端元之间混合后的既定的水化学类型，已知矿物必定要溶解或沉淀。表 7-1-2 给出了 PHREEQC 计算的不同矿物的转移摩尔数。已知矿物的锶同位素数据（表 7-1-3）与 PHREEQC 的模拟结果共同用来计算[式（7-1-1）]终态水溶液的锶同位素组成，结果见表 7-1-3。

表 7-1-1　含 Sr 矿物溶解导致的水溶液相 Sr 同位素组成变化情况

项目	路径 1		路径 2		路径 3		路径 4	
	低	高	低	高	低	高	低	高
水溶液中 Sr 转移量	0.000 017 4	0.000 019 3	0.000 052 8	0.000 076 8	0.000 106 5	0.000 181 1	0.000 054 2	0.000 099 9
初始水溶液中 $^{87}Sr/^{86}Sr$ 值	$^{87}Sr/^{86}Sr$=0.721 14		$^{87}Sr/^{86}Sr$=0.726 4		$^{87}Sr/^{86}Sr$=0.719 29		$^{87}Sr/^{86}Sr$=0.710 36	
含 Sr 矿物溶解后计算得到的 $^{87}Sr/^{86}Sr$ 值	0.711 31	0.711 15	0.710 33	0.709 86	0.709 66	0.709 28	0.707 99	0.708 22
终态水溶液中 $^{87}Sr/^{86}Sr$ 值	$^{87}Sr/^{86}Sr$=0.710 18		$^{87}Sr/^{86}Sr$=0.710 28		$^{87}Sr/^{86}Sr$=0.710 80		$^{87}Sr/^{86}Sr$=0.710 74	

表 7-1-2　特定水流路径的 PHREEQC 反向地球化学模拟结果

矿物相	摩尔转移量			
	路径 1	路径 2	路径 3	路径 4
方解石	−0.004 402 0	−0.017 430 0	−0.046 560 0	0.005 118 0
石膏	0.000 831 5	0.008 705 0	0.026 750 0	0.011 870 0
CO_2（g）	0.002 411 0	0.005 823 0	0.009 287 0	0.006 904 0
石岩	0.009 261 0	0.024 960 0	0.102 200 0	0.054 280 0
白云岩	0.002 949 0	0.009 729 0	0.024 610 0	0.016 050 0
交换性 Ca	−0.000 200 6	−0.000 888 7	−0.001 521 0	−0.013 430 0
钠长石	0.001 538 0	0.006 814 0	0.011 660 0	—
伊利石	−0.000 668 8	−0.002 962 0	−0.005 070 0	—
石英	−0.002 345 0	−0.010 080 0	−0.017 310 0	—
交换性 K	0.000 401 3	0.001 777 0	0.003 042 0	—
天青石	0.000 014 63	0.000 036 55	0.000 069 78	0.000 043 91
交换性 Na	—	—	—	−0.005 230 0

注：负号表示矿物的沉淀。

表 7-1-3 给定矿物的 Sr 质量分数与同位素组成

矿物	$^{87}Sr/^{86}Sr$	Sr 质量分数/ppm	数据来源
方解石	0.708	40～400	Kinsman（1969）；Alonso-Azcárate 等（2006）
石膏	0.708 5	400～2 000	Feng 等（1997）；Alonso-Azcárate 等（2006）
白云石	0.709	20～200	Kinsman（1969）；Jacobson 和 Wasserburg（2005）
钠长石	0.711 32	61	Bullen 等（1996）；Wang 等（2006）
天青石	0.707 5	47 000	Alonso-Azcárate 等（2006）

注：1 ppm=10^{-6}。

模型结果表明硅酸盐矿物、石膏、白云石和盐岩的溶解，方解石的沉淀和离子交换能解释从山前到盆地中心水化学的演化过程（表 7-1-2）。流动路径 1（地下水从 DT-064 流向 DT-149）（图 7-1-5）的模拟结果表明共有 0.017～0.019 mmol 的 Sr 从矿物传输到水溶液中（表 7-1-3），同时导致水溶液的 $^{87}Sr/^{86}Sr$ 值从 0.711 15 变到 0.711 31，非常接近样品 DT-149 的 $^{87}Sr/^{86}Sr$ 值（0.710 18），这很好地说明了锶同位素沿地下水路径（DT-076→DT-185）的演化过程。利用相同锶溶液组分模型分别计算路径 2（地下水流向 DT-076→DT-185）和路径 3（地下水流向 DT-190→DT-366）的锶同位素组分的演化，结果见表 7-1-3。沿路径 2 和路径 3 的最终反应溶液中 $^{87}Sr/^{86}Sr$ 值变化范围分别为 0.709 86～0.710 33、0.709 28～0.709 66，表明沿路径 2 和路径 3 的矿物溶解和沉淀过程能很好地解释锶同位素的演化。

然而沿着流动路径 4（DT-373→DT-232，这两点均位于区域流动路径上，图 7-1-5），溶解模型并不能完全解释锶同位素的演化。从图 7-1-6 可以看出，位于区域流动路径上的地下水样品落在端元 C 和端元 D 的混合线上，揭示了混合作用对区域流动路径上水文地球化学特征和锶同位素组分的影响。另外，从图 7-1-7 也能看到，位于区域流动路径上的地下水样品均落在盐岩溶解线上，表明盐岩溶解控制着地下水水化学特征。自 1980 年以来，大同盆地就大量利用地下水进行灌溉（Zhang and Zhao, 1987），并且近十年来，利用河水和地下水进行灌溉和洗盐十分普遍。过度抽取深部半承压含水层的地下水，导致地下水位急剧下降。盆地中心广泛分布着盐渍土，灌溉回流水和洗盐水能导致地表积盐的溶解，并向下入渗补给地下水，从而导致地下水 Ca/Na 比值降低，但 $^{87}Sr/^{86}Sr$ 值几乎没变化。Cl/Br 比值和氢氧同位素数据也证实了灌溉水和冲刷盐水的垂向入渗及与地下水的混合作用（Xie et al., 2012b）。

7.1.4 地下水流对砷富集的影响

图 7-1-5 表明高砷地下水主要位于区域地下水流动路径上，且地下水锶同位素数据和主要离子浓度特征均证实了灌溉水和洗盐水的垂直入渗作用。因此，盆地中心地下水的高砷含量特征可能与灌溉水和洗盐水的垂直入渗及混合有关。据文献，美国爱达荷西南部盆地、印度西孟加拉邦及孟加拉国恒河三角洲地区均存在灌溉对高砷地下水的影响（Busbee et al., 2009; Norra et al., 2005）。Nakaya 等（2011）在孟加拉国的索那古恩（Sonargaon）地区的研究表明，全新统含水层的高砷地下水的形成主要受垂向地下水流的影响。显而易见，高砷地下水一般位于局部地下水流动路径的末端（图 7-1-5）。Haque 和 Johannesson（2006）在对得克萨斯东南部 Carrizo 砂岩含水层开展的水文地球化学研究表明，沿着地下水流动路径，地下水环境从氧化环境变为还原环境，在排泄区附近进一步演化为强还原环境。Guo 等（2010）在我国内蒙古河套盆地也观察到了同样的水化学演化现象。大同盆地地下水 Eh 值从山前到盆地中心有逐渐减小的趋势（Xie et al., 2009）。如上所述，氧化还原条件驱使的矿物溶解/沉淀和吸附/解吸过程是控制砷在地下水中富集的主要因素（Zheng et al., 2004; Bose and Sharma，2002; Zobrist et al., 2000; Nickson et al., 2000）。因此，流动路径上氧化还原条件的不断改变导致了局部流动路径下游地下水中砷的富集。

总而言之，区域流动路径上及局部流动路径下游出现的高砷地下水可能是灌溉补给导致的垂向流动和局部地下水流控制的氧化还原条件共同作用的结果。因此，除复杂的水文地球化学过程外，地下水流动系统对大同盆地地下水中砷的迁移富集也具有重要影响。

7.2 氢氧同位素及 Cl/Br 摩尔比值对灌溉活动的指示研究

大同盆地位于我国北部典型的干旱-半干旱地区，年平均降水量在 300～400 mm，年平均蒸发量高达 2000 mm；大约 80%的降水发生在每年的 7～8 月（王焰新 等，2004）。强烈的蒸发作用和较浅的地下水埋深致使盐渍化土壤在大同盆地广泛发育和分布，占据了整个盆地 25%～30%的面积。桑干河和黄水河是本区主要的地表水系，但目前所有地表河流几乎处于干涸状态。由于无法获得充足的地表水资源，地下水就成为了大同盆地饮用和灌溉用水的主要来源。但不幸的是，在大同盆地浅层地下水中普遍检测出高质量浓度的砷，最大值高达 1820 μg/L（Wang et al., 2009；Xie et al., 2008）。高砷地下水主要沿着黄水河分布，通常位于深度在 60 m 以内的浅层含水层中（Xie et al., 2008）。在大同盆地，地质成因的高砷地下水对本区的可持续发展和安全供水构成了严重的威胁。为了对本区高砷地下水进行有效管理和砷污染防治，人们针对地下水系统中砷迁移的内在机理开展了大量的研究工作。自从 20 世纪 90 年代首次报道高砷地下水以来，王焰新团队已做了大量的工作来监测地下水水化学及演化规律（Guo and Wang, 2004），和认识高砷地下水的一般形成规律（Wang et al., 2009; Xie et al., 2009）。尽管已经取得了一些有意义的研究成果，但要全面揭示该地区砷迁移的机制仍需开展大量深入的研究工作。

目前，多种物理、化学及生物地球化学机理被提出来解释全球不同地区高砷地下水的成因。其中一个最普遍的观点认为：砷往往以吸附态或共沉淀形式与铁氧化物/氢氧化物共存，Fe（III）氢氧化物的还原溶解可以导致砷的释放（Nickson et al., 2000）。在某些条件下 As（V）还原为 As（III），会导致砷直接解吸，或者形成络合物而解吸（Bose and Sharma，2002）。此外，含水层中的生物过程通过直接作用或者调节氧化还原条件的方式对砷的迁移起着重要的影响（Akai et al., 2008）。最近，在孟加拉国和柬埔寨开展的一些研究指出了灌溉作用对地下水中砷迁移和富集的影响（Polizzotto et al., 2008; Harvey et al., 2006）。一项在柬埔寨湄公河上游的研究工作发现，自然和人类活动，如季节性洪水和人为抽取地下水用于灌溉，对地下水水动力条件和地下水砷浓度有一定影响（Polizzotto et al., 2008）。关于孟加拉三角洲平原的水文地质学和生物地球化学的研究表明，抽取地下水引起的地表水文条件的改变导致了地下水含水层中砷的迁移（Farooq et al., 2010；Harvey et al., 2006）。与此类似，灌溉活动在大同盆地十分普遍，而目前尚无具体工作来评价灌溉作用对砷迁移的影响。

近年来，作为一种方便有效的研究工具，环境同位素和 Cl/Br 比值的应用极大程度地加深了对相关水文地球化学过程及其控制因素的理解。稳定同位素，如氧（^{18}O）和氘（D）已经被成功地用于地下水流动系统的研究（Zagana et al., 2007; Chen et al., 2006；Salameh, 2004）。对于普遍存在于地下水中的保守元素，如氯（Cl）和溴（Br），特定的水文地球化学过程对改变 Cl/Br 比值的影响是可以预见的。因此，Cl、Br 的浓度和 Cl/Br 比值被用于示踪地下水流路径和溶质运移过程（Cartwright et al.，2006; Cartwright and Weaver，2005），以及鉴别干旱和半干旱地区的地下水补给过程和定量评价地下水系统（Cartwright et al., 2006）。

因此，本节拟结合大同盆地地下水水文地质特征的系统分析和同位素地球化学研究，用环境同位素和 Cl/Br 比值阐述地下水补给形式并判断灌溉回流对地下水系统中砷迁移的影响。

7.2.1 灌溉区高砷地下水水化学特征

2009 年 8 月，在大同盆地共采集了 60 个水样用于地下水同位素和水化学分析。此外，从桑干河采集了一件地表水，在山前补给区采集了一份泉水样用于水化学分析。采样地点如图 7-2-1 所示。样品水化学分析结果见表 7-2-1。地下水样（包括一个灌溉水）中的砷质量浓度的变化范围为 0.4～434.9 μg/L，平均值为 51.2 μg/L，远远超出了 WHO 对饮用水的推荐值 10 μg/L（WHO，2006）。灌溉水样（DT-143）的砷质量浓度相对较高（58.6 μg/L），样品 DT-131 采自一个 10 m 深的井，砷质量浓度最高，达 434.9 μg/L。但河水和泉水的砷质量浓度相对较低，分别是 12.4 μg/L 和<0.1 μg/L，地下水砷质量浓度分布大致从盆地边缘向盆地中央逐渐增大（图 7-2-2）。尽管砷质量浓度与钻孔深度之间没有明显的联系，但高砷水一般出现于浅层含水层，深度通常小于 60 m（图 7-2-3）。从砷与井深的关系图来看，高砷地下水大致可以分为两组（图 7-2-3），第 I 组地下水比第 II 组通常含有较高的 $\delta^{18}O$ 值和 Cl 质量浓度，说明控制这两组样品中砷迁移富集的过程可能存在差异。显而易见，高质量浓度砷也在一些深层地下水中检测出（DT-144、DT-151、DT-181、DT-360、DT-380 和 DT-386），但所有这些高砷深层地下水样品均采自盆地中部（图 7-2-3）。

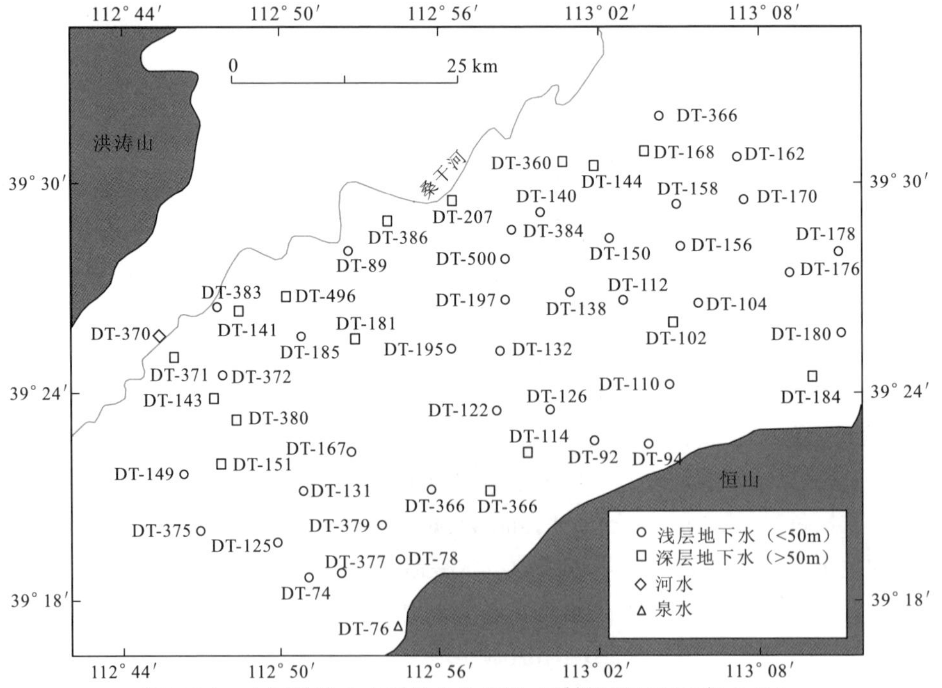

图 7-2-1　大同盆地中心采样点分布图（采样时间 2009 年 8 月）

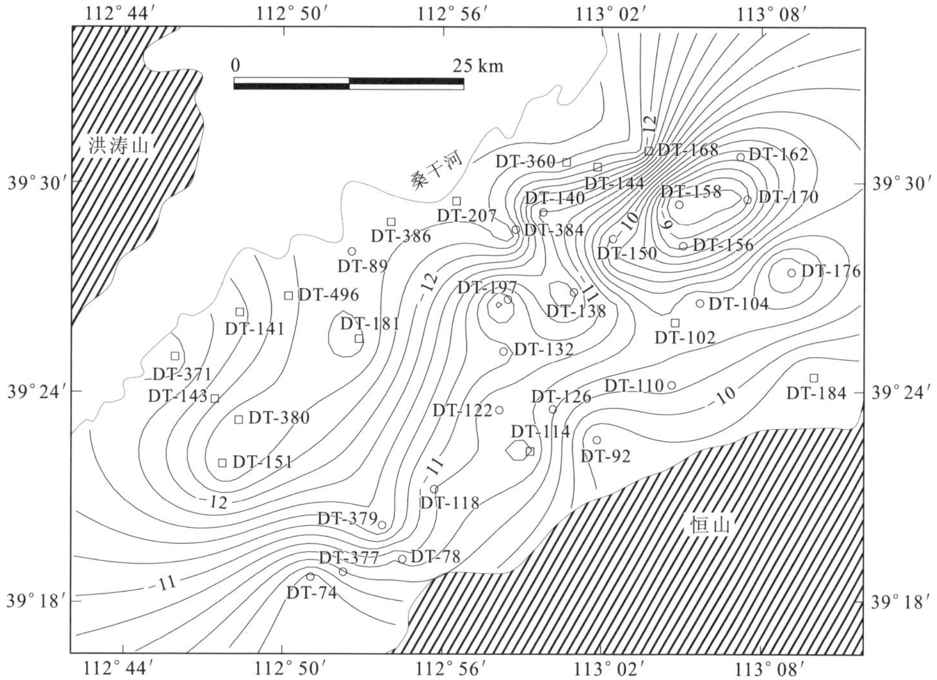

图 7-2-2　地下水砷质量浓度的空间分布

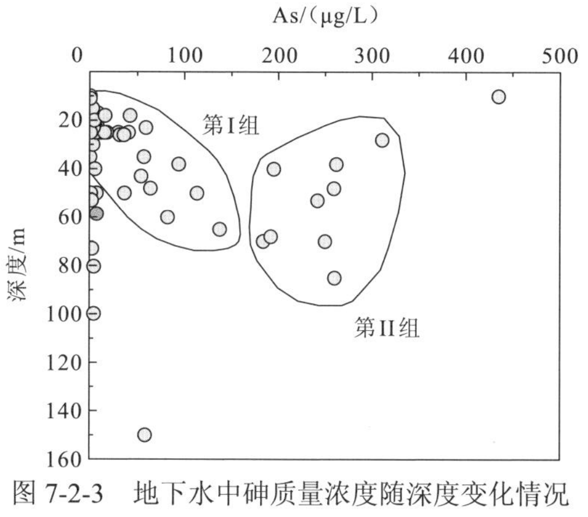

图 7-2-3　地下水中砷质量浓度随深度变化情况

60 个水样中 Cl 质量浓度变化范围在 5.3～3 270 mg/L，大部分水样 Cl 质量浓度低于 250 mg/L。19 个地下水样，包括 1 个河水样和 1 个泉水样的 Br 质量浓度范围在 466.0～18 000 μg/L，平均值为 4 740 μg/L。Cl/Br 摩尔比值在 19～409，平均值为 116。除了 Cl 和 Br 质量浓度最高的 DT-366 水样，其他所有的地下水样品 Cl/Br 摩尔比值均小于 200，高的 Cl、Br 质量浓度和 Cl/Br 摩尔比值可能与该地区高强度的蒸发作用和土壤盐渍化过程有关。一般而言，浅层地下水样相对于深层地下水具有较高的 Cl/Br 摩尔比值，且 Cl/Br 摩尔比值随着深度的增加而显著减小，这可能与高强度的蒸发作用引起的盐岩在近地表土壤或沉积物中积累有关（图 7-2-4）。河水和泉水样的 Cl/Br 摩尔比值分别为 58 和 48。

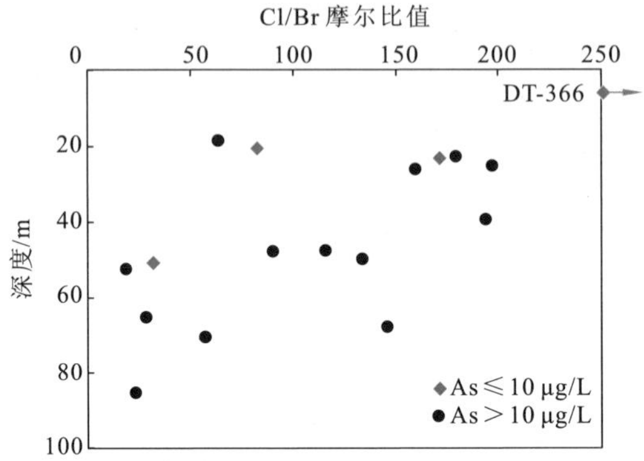

图 7-2-4　高砷和低砷地下水的 Cl/Br 摩尔比值的垂向分布

7.2.2　氢氧同位素组成特征

氢氧同位素可作为地下水和地表水补排过程的天然示踪剂（Faure，1986）。通常可将地下水样品的 $\delta^{18}O$ 和 δD 值与 Craig（1961）绘制的全球大气降水线（global meteoric water line, GMWL）对比，也可与当地大气降水线（local meteoric water line, LMWL）对比进行分析。与 LMWL 相比较可用于判断地下水是否来自最近的区域地表水补给及是否受到其他同位素分馏效应的影响。较低的地下水同位素回归曲线斜率通常是低湿度条件下地下水经由地面蒸发作用后发生非平衡同位素分馏的结果（Clark and Fritz，1997; Banner et al., 1989; Barnes and Allison, 1988, 1983; Allison，1982）。

选取了 44 个水样用于分析 $\delta^{18}O$ 和 δD 组成。可以看出，水样中的 $\delta^{18}O$ 和 δD 组成变化很大，低砷地下水（As≤10 μg/L）比高砷地下水（As＞10 μg/L）有更大的 $\delta^{18}O$ 和 δD 组成变化范围。低砷地下水样的 $\delta^{18}O$ 和 δD 值变化范围为-7.9‰～-11.9‰（平均值为-10.1‰）和-63‰～-92‰（平均值为-75‰），高砷地下水样的 $\delta^{18}O$ 和 δD 值分别在-10.0‰～-12.7‰（平均值-11.9‰）和-75‰～-98‰（平均值为-89‰），从恒山山前区域采集的浅层和中层地下水均含有较高的同位素组成特征。

本研究区至今没有完整的大气降水 $\delta^{18}O$ 和 δD 历史记录，故采用包头台站的降水同位素组成作为近似的当地大气降水线。包头台站大气降水 $\delta^{18}O$ 和 δD 的平

均值分别是−58‰和−8.3‰（IAEA/WMO，2007），LMWL 方程为

$$\delta D=6.3\delta^{18}O-5.4 \qquad (7\text{-}2\text{-}1)$$

本小节中，高砷和低砷地下水的 $\delta^{18}O$ 和 δD 值分别落在斜率不同的两条回归曲线上（图 7-2-5）：

$$\delta D=6.3\,\delta^{18}O-13.5\text{（高砷地下水，HAWL）} \qquad (7\text{-}2\text{-}2)$$

$$\delta D=6.3\,\delta^{18}O-5.4\text{（低砷地下水，LAWL）} \qquad (7\text{-}2\text{-}3)$$

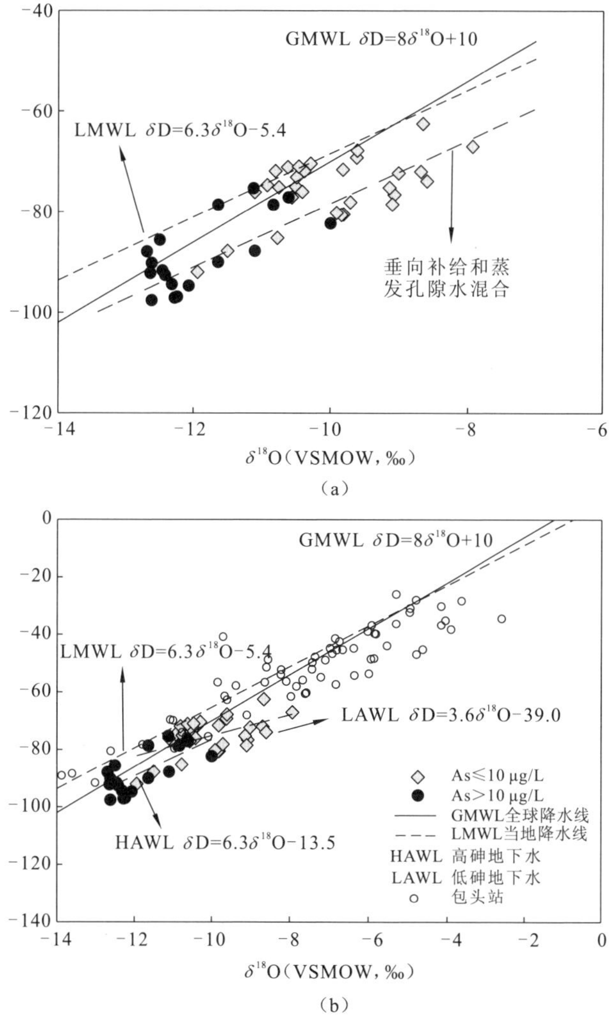

图 7-2-5　大同盆地地下水的 $\delta^{18}O$ 与 δD 关系图，

与 GMWL（Craig，1961）和 LMWL 的比较

（a）$\delta^{18}O$-δD；（b）$\delta^{18}O$-δD

地下水的 $\delta^{18}O$ 和 δD 值与 GMWL（Craig, 1961）和 LMWL 十分接近（图 7-2-5），指示了地下水的当地降水补给来源。从山前采集的水样（DT-184、92 和 78）位于 LMWL 的上端，由此可推断是降水补给的结果。但总体而言，所有的大同水样均位于 LMWL 的下端，这可能是包头与大同平均降水量之间的差异所致。相比于 LMWL 斜率值 6.3，低砷地下水的回归线的斜率明显偏低，指示了蒸发作用的存在（Clark and Fritz, 1997; Banner et al., 1989; Barnes and Allison, 1983; Allison, 1982）。某些地下水样品（包括几乎所有的高砷地下水）的 $\delta^{18}O$ 和 δD 线平行于但偏离 LMWL（图 7-2-5），这可能是灌溉回流直接的垂向补给及与蒸发后的孔隙水混合的结果（Clark and Fritz，1997）。

图 7-2-6 给出了地下水 $\delta^{18}O$ 值的空间分布情况。某些浅层地下水（<50 m）的 $\delta^{18}O$ 变化反映了不同的降雨事件的 $\delta^{18}O$ 的区域变化和当地蒸发作用的影响。然而山前区域采集的样品中重同位素的富集反映了经由断裂带补给地下水的同位素特征。深层地下水相对均一的 $\delta^{18}O$ 反映了地下水沿流程的混合作用的影响。有研究表明地下水的同位素组成往往会沿着地下水流程趋于均一化（Goller et al., 2005; Clark and Fritz，1997）。

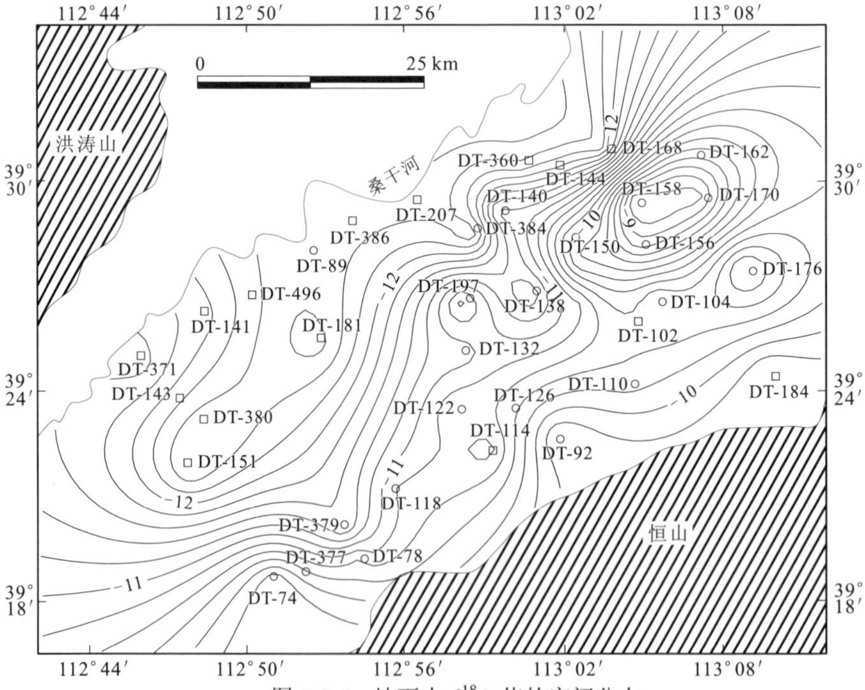

图 7-2-6　地下水 $\delta^{18}O$ 值的空间分布

最近几十年来，高强度抽取深层地下水用于灌溉和洗盐而产生的灌溉回流和洗盐水成为大同盆地地下水补给的一个重要来源。从 $\delta^{18}O$ 与 Cl 质量浓度的关系（图 7-2-7），可以观察到三种趋势。①Cl 质量浓度迅速上升但 $\delta^{18}O$ 值变化很小。从 $\delta^{18}O$ 和 δD 的关系图可以看出，这可能归因于快速垂向补给过程，如灌溉回流或者洗盐水与孔隙水的垂向混合作用。盐碱地的广泛分布使得周期性的洗盐成为了该地区普遍的现象。地表盐岩的溶解并与灌溉水和洗盐水混合，可导致 Cl 质量浓度较大的改变而 $\delta^{18}O$ 值无明显变化。Na 和 Cl 之间的正相关性和接近 1.0 的 Na/Cl 比值，说明了盐岩溶解所产生的影响。②$\delta^{18}O$ 值 Cl 质量浓度均出现较大变化，这反映了地下水蒸发作用的影响。因为蒸发作用不仅可以改变地下水的 $\delta^{18}O$ 值，还可以较大程度地改变 Cl 的质量浓度。③$\delta^{18}O$ 值变化显著但 Cl 质量浓度几乎不变。这可能是侧向补给水与深层地下水混合作用的结果，因为它们均含有较低的 Cl 质量浓度，但是 $\delta^{18}O$ 值却不同。从图 7-2-7 可以看出，大部分高砷地下水样品位于淋滤混合曲线上或附近，仅少量含中等砷质量浓度的样品位于蒸发曲线上。这说明洗盐水和灌溉回流与地下水的混合作用是控制高砷地下水形成的主要过程。尽管蒸发作用可能影响砷在地下水中的富集，但砷质量浓度与 $\delta^{18}O$ 值的空间分布关系（图 7-2-2 和图 7-2-6）表明蒸发作用不是大同盆地地下水中砷富集的主要控制因素。

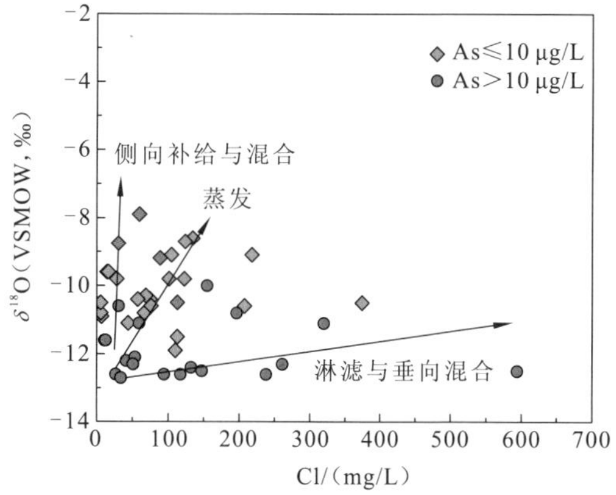

图 7-2-7　高砷和低砷地下水中 Cl 质量浓度与 $\delta^{18}O$ 的关系

正如 $\delta^{18}O$ 与 δD 和 $\delta^{18}O$ 与 Cl 质量浓度之间的关系所得出的结论，对 $\delta^{18}O$ 与砷质量浓度之间的关系的研究进一步揭示了淋滤与垂向混合对地下水砷富集的影响。$\delta^{18}O$ 和砷质量浓度之间的非线性关系（图 7-2-8）指示了蒸发作用与淋滤作用的共同效应。从图 7-2-8 可以看出三种非常明显的趋势。①砷质量浓度变化很大但同位素组成变化很小或不变。砷质量浓度的较大变化和同位素组成的微小改变说明了快速补给水（灌溉回流或洗盐水）对砷迁移的影响。大部分高砷地下水落在这一趋势上（图 7-2-8），证明洗盐水和灌溉回流的淋滤与垂向混合主要控制了砷的迁移。这与从 $\delta^{18}O$ 与 Cl 质量浓度关系得到的结论相一致。②砷质量浓度变化的同时伴随着同位素组成的变化（包括部分高砷地下水样）。这种趋势反映了高强度淋滤和中等强度蒸发作用的综合作用。蒸发作用可引起重同位素和砷在地下水中的富集，而高强度淋滤则可引起水样中砷的富集。③$\delta^{18}O$ 值的变化很大但砷质量浓度变化很小。这反映了蒸发作用与侧向补给的混合效应。因此，^{18}O 组成与砷质量浓度之间的关系（图 7-2-8）再次证实了淋滤与垂向混合作用对砷释放的重要性，具体过程稍后将进一步讨论。

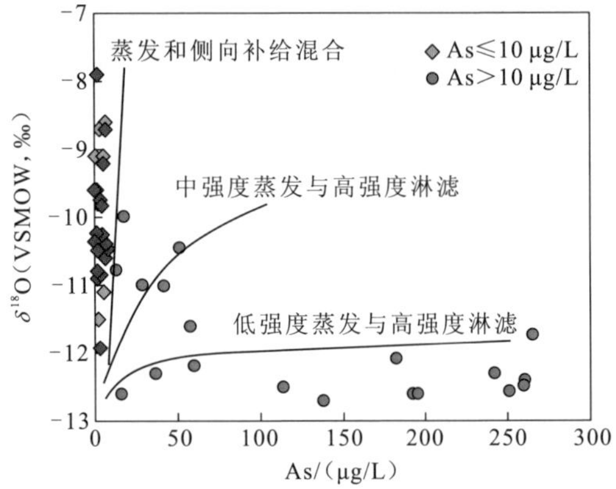

图 7-2-8　高砷和低砷地下水中砷质量浓度与 $\delta^{18}O$ 的关系

7.2.3　Cl/Br 摩尔比值组成特征

Cl/Br 的摩尔比值常被用于指示地下水流径和溶质来源（Cartwright et al., 2006）。由于天然水中 Cl 和 Br 的保守化学行为和高溶解性，一些水化学过程，如离子交换、矿物表面吸附等无法显著改变 Cl 和 Br 的浓度（Cartwright et al., 2006; Davis et al., 1998）。换言之，土壤/沉积物中发生的溶解、蒸发和蒸散等过程可以改变 Cl 和 Br 的浓度，但不能改变地下水中的 Cl/Br 摩尔比值。大气沉降对地下水中 Cl/Br 摩尔比值的影响可预见。沿海降水中的 Cl/Br 摩尔比值通常高于内陆降水的 Cl/Br 摩尔比值，这是由于沉积过程对 Cl 去除作用的结果（Davis et al., 1998）。主要的天然和人为过程，包括盐岩溶解和沉淀（Cartwright et al., 2006）、含 Cl 污染物的输入（Davis et al., 1998），都可以改变雨水中的 Cl/Br 摩尔比值。

地下水样品中的 Cl/Br 摩尔比值大于或等于 650，指示了它们海水或海水成因水的来源（Davis et al., 1998），而明显低于海水比值说明是蒸发盐岩来源（Richer and Kreitler，1993；Sanders，1991）。大同盆地地下水的 Cl/Br 摩尔比值清楚地反映了 Cl 和 Br 的蒸发盐岩来源。尽管没有雨水的 Cl/Br 摩尔比值的数据，地下水中最低的 Cl/Br 摩尔比值应该对应于该内陆区降水的 Cl/Br 摩尔比值。最高的 Cl/Br 摩尔比值见于 Cl 质量浓度高达 3270 mg/L 的地下水中，指示了包气带盐岩溶解的影响，因为盐岩具有高 Cl/Br 摩尔比值特征（Cartwright et al., 2006）。从图 7-2-9 可以看出，浅层地下水的 Cl/Br 摩尔比值比深层地下水高得多，变化区间也要大。这可能反映了浅层地下水垂向补给输入的溶解性盐岩的影响。浅层地下水中 Cl/Br 比值大的变化区间可能是由垂向补给水中盐岩溶解程度不同所致。因此，包气带中盐岩的溶解很可能是地下水样品中 Cl/Br 摩尔比值变化的主要原因。

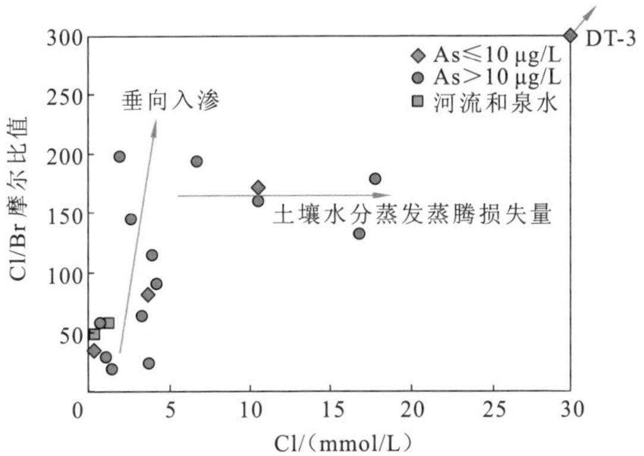

图 7-2-9　地下水中 Cl 物质的量浓度和 Cl/Br 摩尔比值之间的关系

在干旱地区，土壤中盐岩的积累与蒸发作用有关。在盆地中部，沉积物和土壤是湖泊和冲积-湖泊沙质壤土、粉砂、粉质黏土和黏土，具有显著的滞水特征，因此可以预见，包气带中更大程度的蒸散作用会导致包气带盐岩的积累。事实上，在大同盆地，盐渍化土随处可见。由于盐岩中高的 Cl/Br 摩尔比值（Cartwright et al., 2006），大量的盐岩溶解可引起 Cl 物质的量浓度上升，及 Cl/Br 摩尔比值的快速上升。而蒸发作用不会导致 Cl/Br 摩尔比值的明显改变，因此，在该地区，Cl/Br 摩尔比值可用于指示最近的地表补给过程。这与 Cl/Br 摩尔比值与 Cl 物质的量浓度的结论相一致（图 7-2-9）。除了样品 DT-366，蒸发作用和垂直渗滤引起的盐岩溶解可认为是 Cl/Br 摩尔比值变化的主控过程。显然，地下水中 Cl/Br 摩尔比值与 Cl 物质的量浓度之间的关系指示了垂向渗滤对高砷地下水的影响。从 Cl/Br 摩尔比值和 $\delta^{18}O$ 值得出的关于高砷地下水成因的相似结论证明，大面积的灌溉回流或洗盐水可对大同盆地地下水中砷的迁移产生重大影响。

7.2.4　灌溉作用对地下水系统中砷迁移的影响

上述讨论阐述了灌溉回流或洗盐水在促进地下水中砷迁移时起到的作用。自 20 世纪 80 年代以来，在大同盆地大规模抽取地下水用于灌溉（Zhang and Zhao,

1987）。Van Geen 等（2006）和 Saha 和 Ali（2007）在孟加拉国开展的研究表明，用高砷地下水灌溉可导致灌溉季末期地表土壤/沉积物中砷的大量富集。尽管没有针对大同地表土壤砷含量进行系统研究，但长期抽取高砷地下水（如样品 DT-143，含砷 58.6 μg/L）进行灌溉活动必定会导致相对氧化条件下包气带中砷的富集。灌溉活动将地下水中的砷抽到地表，然后在土壤/沉积物中与弱结晶态的铁氢氧化物和结晶铁氧化物/氢氧化物、黏土矿物及土壤/沉积物基质中的有机质以共沉淀或吸附的形式共存（Norra et al., 2005）。先前的研究表明，吸附和共沉淀态砷是沉积物中砷的主要载体（Xie et al., 2008）。因此，基于上述研究结果，可提出以下的模式来解释地下水中砷迁移和富集的过程。用高砷地下水灌溉可持续地增加地表土壤/沉积物中砷的负载。在灌溉和洗盐的间隔期，高强度的蒸发作用有利于该地区中重同位素的富集。地下水位的降低可引起近地表环境中氧化环境的形成。在这种条件下，砷主要通过共沉淀或吸附与铁氢氧化物共存而以固相的形式存在，致使水相中砷的浓度较低。因此，低砷地下水通常含有较重的同位素组成和低的同位素斜率（图 7-2-5）。灌溉或洗盐期间快速的垂向补给只会导致地下水同位素组成的微小变化，但却可引起地下水位的显著上升，从而导致近地表相对还原环境的形成。在这种条件下，铁的氢氧化物的还原溶解可促使土壤/沉积物中砷迁移进入地下水。而且，灌溉回流和洗盐水可以从地表携带大量的新鲜有机质进入地下水（Harvey et al., 2002）。溶解性有机质可促进氧化还原反应的进行，正如印度西孟加拉邦地区含水层中观测到的情形一样（Nath et al., 2008, 2007）。一旦固化的砷再次被活化，它将随着垂向补给水流迁移进入深部含水层，这从高砷地下水的同位素组成和 Cl 浓度可以得到证明。因此，快速的垂向补给导致轻同位素的富集和高回归曲线斜率（图 7-2-5）。当灌溉和洗盐停止，地下水位下降，近地表环境从相对还原变成相对氧化条件。因此，一定数量的砷可再次吸附。氧化条件下铁的氢氧化物的形成导致地下水中砷的浓度降低。同时，蒸发作用仍可在一定程度上改变浅层地下水的同位素组成和溶质组成。因此，中等的砷和 Cl 浓度及 $\delta^{18}O$ 值仍可在一些样品中观测到（图 7-2-7，图 7-2-8）。

总之，含水层中的砷通过灌溉抽水被带上地表，一部分在地表土壤/沉积物中积累。然后可能由有机质输入或地下水位的波动引起氧化还原条件的改变，在还原条件下被活化，然后在垂向渗虑补给水的作用下运移进入含水层。

7.2.5 小结

大同盆地地下水的 $\delta^{18}O$ 和 δD 值变化范围分别是−7.9‰～−12.7‰和−63‰～−98‰，位于 LMWL 上或附近，指示了地下水的大气降水来源。地下水的 $\delta^{18}O$ 和 δD 值遵循斜率不同的两种线性关系（低砷地下水 3.6，高砷地下水 6.3），反映了强烈的蒸发作用对低砷地下水同位素组成的影响。地下水中观测到 Cl 浓度和 Cl/Br 比值的变化范围很大，分别是 5.3～3 270 mg/L 和 19～409。$\delta^{18}O$ 值及 Cl/Br 值与 Cl 浓度之间的关系证明，渗滤和混合过程是高砷地下水形成的主要影响因素。$\delta^{18}O$ 与砷含量之间的非线性关系是蒸发、渗透和混合作用的综合影响所致。灌溉回流对砷的淋滤/冲洗应该是促使砷迁移进入地下水系统的重要过程。高砷地下水中 Cl/Br 摩尔比值的变化范围指示了灌溉回流和洗盐水的混合作用对地下水水化学的影响。高砷地下水中 Cl/Br 摩尔比值和 $\delta^{18}O$ 值垂向分布的相似性证明灌溉回流和洗盐水的渗滤可能是砷迁移的主要机制。因此，建议在地方性砷中毒如此严重的地区，抽取地下水用于灌溉应该受到严格的控制。本地区在地下水质保护和水资源管理方面需要进一步加强。

7.3　灌溉活动对表层土壤中砷迁移的影响

近年来，大量的研究证实了高砷水季节性漫灌会增加农田中砷的积累，同时可导致砷在农田土壤的垂直方向上发生迁移（Dittmar et al., 2010; Panaullah et al.,2009; Polizzotto et al., 2008; Harvey et al., 2006）。大同盆地作为典型高砷地下水灌溉区，已有部分研究指出灌溉回流和洗盐水的渗滤可能是该地区砷迁移的主要机制之一（Xie et al., 2015, 2012b）。本节在大同盆地高砷地下水典型分布区遴选了试验场地（50 m×30 m），开展模拟灌溉实验，采集灌溉前后土壤样品，分析其形态砷、铁含量的垂向分布变化，同时针对样品完成不同形态砷及砷搭载相的连续提取实验，探究固相砷的赋存形态，深入分析灌溉作用对表层土壤中砷迁移的影响机制。

7.3.1　试验区表土砷形态分布

灌溉前试验区潜水面距离地表约 2 m，灌溉期间试验区一直处于淹没状态，灌溉结束后第 6 天潜水面恢复。灌溉用水是工作区埋深 24 m 的高砷地下水，无色无味，氧化还原电位为−92.6 mV，处于还原环境，电导率为 1 896 μS/cm，pH 为 7.95，偏碱性，为 HCO_3-Na 型水，水中可溶解砷总量为 418.6 μg/L，远远超过 WHO 推荐的饮用水标准 10 μg/L。

灌溉期间和灌溉后土壤孔隙水的氧化还原电位（Eh 值）变化显著（图 7-3-1）。随着埋藏深度增加，孔隙水 Eh 值逐渐减小，即还原性增强。随着灌溉的进行，同一深度氧化还原电位逐渐下降，说明灌溉淹水饱和时，随着地下水位上升，地下环境的还原性逐渐增强。停止灌溉后，地下水位逐渐下降，地表又恢复之前相对氧化的环境。

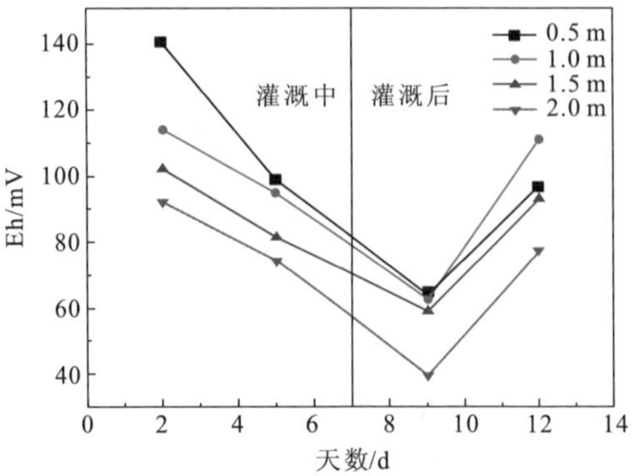

图 7-3-1　地表不同深度氧化还原电位变化图

沉积物中的砷可分为有机砷化物和无机砷化物。有机砷化物主要有一甲基砷酸盐和二甲基砷酸盐，无机砷化物主要以 As（III）和 As（V）形式存在。无机砷化物的毒性远远大于有机砷化物的毒性，As（III）的毒性远远大于 As（V）的毒性（郭华明 等，2002）。

图 7-3-2 显示工作地表沉积物中主要以无机砷为主，灌溉前后有机砷质量分数没有明显变化。灌溉沉积物中无机砷质量分数显著增加，且无机砷质量分数主要以 As（III）为主。无机砷在地表 0～0.4 m 显著升高，在地表 0.4～1.4 m 略微升高，认为是氧化环境有利于砷在地表沉积物中的积累，还原环境有利于土壤中砷的释放，为期一周的模拟灌溉将高砷地下水带上地表，灌溉停止后地下水位逐渐下降，高砷地下水中的砷在相对氧化的条件下富集到地表土壤中。地表 0～0.4 m 一直比地表 0.4～1.4 m 处于相对氧化的环境中，因此地表 0～0.4 m

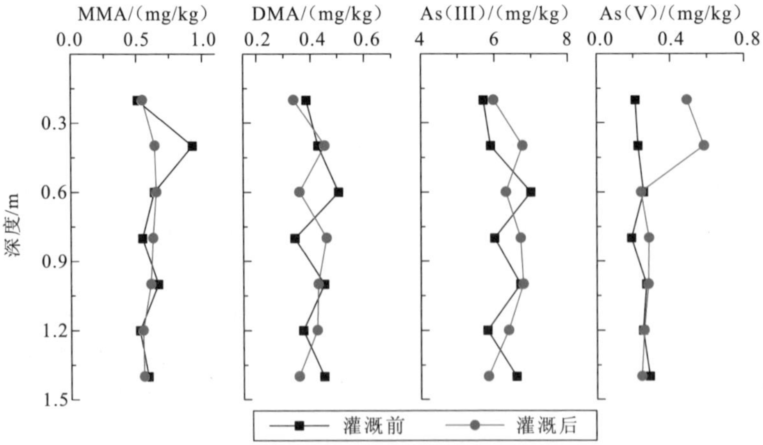

图 7-3-2　灌溉前后土壤中各形态砷含量对比

沉积物中的砷比地表 0.4～1.4 m 沉积物中的砷增加得多。工作区的 As（III）占总砷的 80%以上，As（III）的迁移性比 As（V）强很多，加强了灌溉中砷在空间和形态上的迁移转化。

7.3.2 灌溉对土壤不同形态砷垂向分布的影响

图 7-3-3 是灌溉前后土壤中总砷及各形态砷质量分数对比折线图，详细展示了砷在空间和形态上的迁移转化。灌溉试验前土壤中的砷主要由强烈吸附态砷（F2）、结晶态铁氧化物结合砷（F5）及非活性砷（与硅酸盐等较为稳定的矿物相结合的砷）组成，其次是弱吸附态砷（F1）、与挥发性硫 AVS、碳酸盐、Mn 的氧化物及结晶极差的铁的氢氧化物共沉淀的砷（F3），无定型铁氧化物结合砷（F4）质量分数最少。

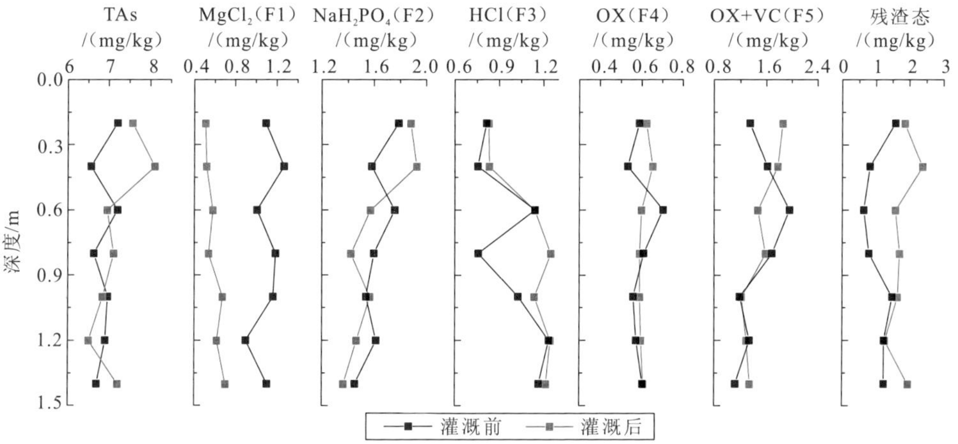

图 7-3-3　灌溉前后土壤中总砷及各形态砷质量分数对比

灌溉后地表沉积物砷的变化在地表 0～0.4 m 非常明显。地表 0～0.4 m 总砷明显增加，说明地下水中的砷通过灌溉抽水被带上地表，灌溉结束后地下水位降低，地表恢复之前的相对氧化环境，使一部分砷在地表土壤中积累。砷的顺序提取结果详细显示了各形态砷的变化。F1 明显降低，认为是高砷地下水的引入导致水中离子强度增加，水中的磷酸根、碳酸氢根、有机物等与砷产生竞争吸附，导致弱吸附态砷发生活化迁移。F2 明显增加，认为是在氧化条件下，带上地表的砷与铁的氧化物或腐殖酸等络合。F3、F4、F5 也都有所增加，进一步说明灌溉结束后水位下降导致地下环境氧化性增强，高砷地下水中的砷主要以吸附和共沉淀的形式与弱结晶态的铁氢氧化物和结晶铁氧化物/氢氧化物共存于沉积物中。

灌溉后地表沉积物 0.4～1.4 m 总砷的变化并不明显，认为是受灌溉期间的相对还原环境和灌溉结束后的相对氧化环境共同影响。在灌溉期间，高砷地下水快速补给，地下水位显著上升，地表 0.4～1.4 m 相对 0～0.4 m 处于还原环境，沉积物中的砷更多地迁移进入水中，灌溉结束后，地下水位缓慢下降，地表 0～0.4 m 相对 0.4～1.4 m 处于氧化环境，较少的砷在地表沉积物中累积，导致地表沉积物 0.4～1.4 m 总砷的变化不明显。

图 7-3-4 显示了总砷与总铁及序列提取各步骤中的砷和铁质量分数的线性关系，砷和铁均有着一定的线性关系。其中 F4 和 F5 线性较高，F4 和 F5 中草酸铵和抗坏血酸可使铁的氢氧化物还原性溶解，导致砷的释放，进一步说明了砷会在强还原条件下释放，同时，也再次证实了砷主要以共沉淀的形式与无定形的铁氢氧化物和结晶铁氢氧化物共存于沉积物中。F1 与 F2 线性较差，F1 提取弱吸附的砷，F2 提取强烈吸附态的砷，说明很大一部分吸附态砷并不吸附在铁沉积物上，而是吸附于其他悬浮颗粒及沉积物中，F2 提取的强烈吸附态砷除去和铁的氧化物络合外，最有可能与腐殖酸等络合，F1 与 F2 灌溉前的线性比灌溉后的线性好，说明模拟的灌溉活动导致地表沉积物重新分配后，吸附态砷大量吸附在其他悬浮颗粒及沉积物中。F3 线性也较差，说明 F3 中与挥发性硫 AVS、碳酸盐、Mn 的氧化物共沉淀的砷占很大一部分，研究证明在氧化环境中富含 Fe、Mn 的氧化物或氢氧化物的沉积物可大量富集砷，推测该步骤中提取的砷主要为 Mn 的氧化物及结晶极差的铁的氢氧化物，F3 灌溉后的线性比灌溉前的线性好，说明灌溉活动结束后，潜水面逐渐下降，在相对氧化条件下土壤中富集的砷主要为结晶性极差的铁氧化物矿物相。

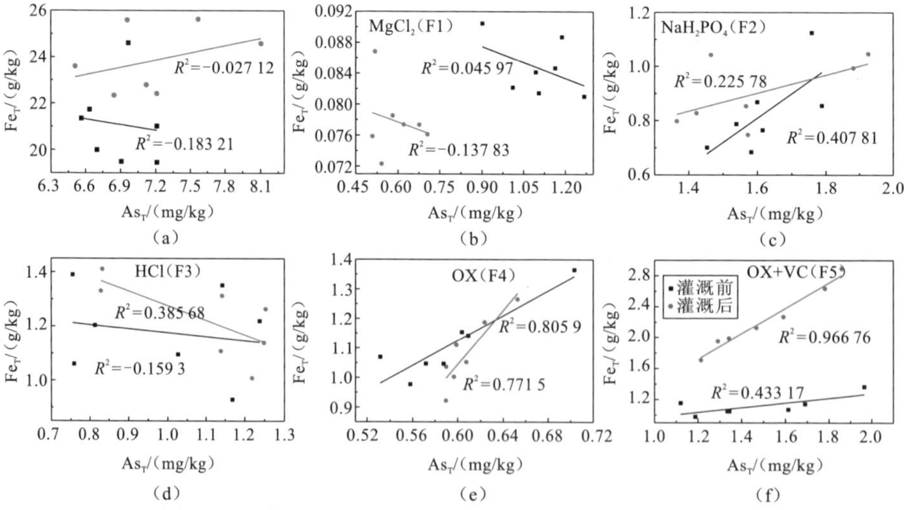

图 7-3-4　灌溉前后土壤中 As_T 与 Fe_T 质量分数的线性关系

7.3.3　灌溉对土壤不同形态铁垂向分布的影响

由于沉积物中砷主要以吸附和共沉淀的形式与弱结晶态铁氧化物和结晶态铁氧化物结合，了解灌溉对沉积物中各形态铁质量分数的影响尤为重要。土壤中的铁主要由非活性铁组成（Fe_u），非活性铁约占总铁的 50%，其次是层状硅酸盐铁（Fe_{PRS}）、磁铁矿（Fe_{mag}）和铁氧化物（Fe_{ox}），碳酸盐结合态铁（Fe_{carb}）和黄铁矿（Fe_{py}）在总铁中质量分数很少。

灌溉结束后，地表 0～0.4 m 沉积物中铁的质量分数变化比较明显。0～0.4 m 总铁明显升高（图 7-3-5），说明铁在氧化环境中在地表中富集。铁顺序提取结果详细显示了各形态铁的变化。非活性铁灌溉后质量分数有明显增加，氧化环境下铁主要以该种形式富集。层状硅酸盐铁明显增加，认为是灌溉结束后氧化条件下合成的。磁铁矿的主要成分是 Fe_3O_4，铁氧化物是 Fe（III）氧化物，两者质量分数都在灌溉结束后氧化条件下有所增加，研究证明铁氧矿物对 As（III）和 As（V）的吸附效果十分显著。铁氧化物的增加主要是由于灌溉水中 Fe（III）的水解或 Fe（II）氧化后水解，磁铁矿可形成于 Fe^{2+}/Fe^{3+}混合溶液在碱性体系中沉淀，或通过绿锈或 $Fe(OH)_2$ 的 Fe^{2+}溶液氧化，或通过 Fe^{2+}与水铁矿的相互作用，另一种途径涉及 Fe（III）氧化物的高温还原，灌溉所用高砷地下水 pH 为 7.95，认为土壤 0～0.4 m 磁铁矿的增加是灌溉水中的 Fe^{2+}和 Fe^{3+}在碱性体系中沉淀形成。

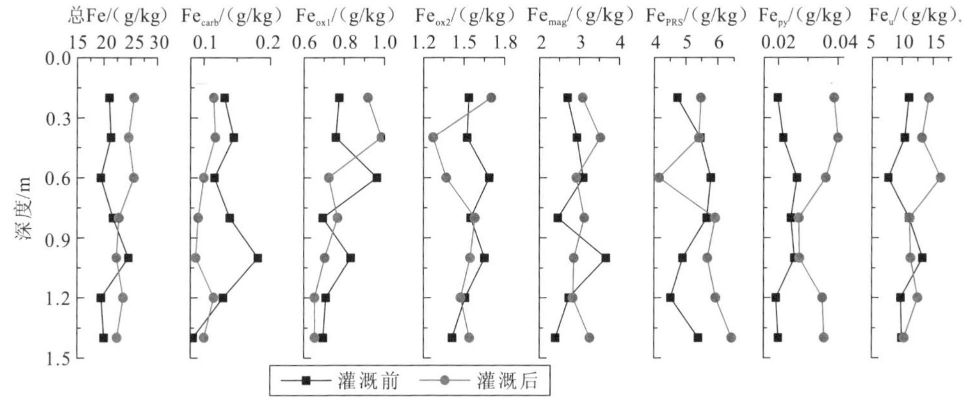

图 7-3-5　灌溉前后土壤中总铁及各形态铁质量分数对比

灌溉后地表沉积物 0.4～1.4 m 铁的变化并不明显，特别是磁铁矿和铁氧化物的变化趋势不明显，认为是受灌溉期间的还原环境和灌溉结束后的氧化环境共同影响，Fe（III）氧化物易发生还原溶解，在灌溉期间，铁氧化物在灌溉中的还原环境中被大量溶解。

7.3.4 灌溉对土壤中砷迁移的影响机制

抽取高砷地下水进行灌溉活动会导致相对氧化条件下包气带中砷的富集。基于以上研究，可提出以下的模式来解释地表土壤砷迁移和富集的过程。地表土壤中的砷主要以 As（III）形式存在，灌溉活动将地下水中的砷抽到地表，增加了地表沉积物中砷的负载，灌溉期间快速的垂向补给引起地下水位的显著上升，从而导致近地表相对还原环境的形成，铁的氢氧化物的还原溶解可促使土壤/沉积物中砷迁移进入地下水，弱吸附态砷会因水中离子强度增加发生活化迁移。当灌溉停止，地下水位下降，近地表环境从相对还原变成相对氧化条件，一定数量的砷会被再次吸附，氧化条件下，被带上地表的砷与铁的氧化物或腐殖酸等络合形成强烈吸附的砷，与挥发性硫 AVS、碳酸盐、Mn 的氧化物及结晶极差的铁的氢氧化物共沉淀的砷、与无定型的铁氧化物共沉淀的砷、与结晶的氢氧化铁结合的砷含量也都明显增加，进一步说明相对氧化条件下高砷地下水中的砷主要以吸附和共沉淀的形式与弱结晶态的铁氢氧化物和结晶铁氧化物/氢氧化物共存于沉积物中。

7.4 灌溉活动影响下矿物相变对砷迁移富集的影响

砷的地球化学行为同微生物介导下的地球化学过程及 Fe、S 的氧化还原密不可分（Burton et al., 2011; Kocar et al., 2010; Postma et al., 2010; Buschmann and Berg, 2009）。铁氧化物/氢氧化物的还原溶解一般认为是造成高砷地下水形成的主要因素（Quicksall et al., 2008; Johnston and Singer, 2007; Bauer and Blodau, 2006; Höhn et al., 2006; Bose and Sharma, 2002）。微生物介导下硫酸根的还原可形成铁硫化物，可造成砷的共沉淀，进而降低地下水中的砷浓度（Burton et al., 2013a, 2013b; Jacks et al., 2013; Verplanck et al., 2008; Zhu et al., 2008）。然而，铁硫化物的氧化又可造成赋存于其上的砷重新释放至地下水中（Munk et al., 2011; Onstott et al., 2011;Verplanck et al., 2008）。因此，在热力学动态条件下，地下水中 As、Fe 和 SO_4^{2-} 之间呈正相关或负相关的关系，控制着砷的迁移释放。然而，在大同盆地，Fe（III）-SO_4^{2-} 氧化还原过程对砷迁移的影响尚未得到很好的证实（Xie et al., 2012a, 2009）。地下水中铁同砷无明显相关性弱化了 Fe（III）-SO_4^{2-} 氧化还原过程对砷的影响。但上述相关关系仅基于单次单一时间段内所采样品，并未对地下水进行长期监测。近期有研究表明，大范围灌溉活动可改变地下水氧化还原环境（Busbee et al., 2009），进而引起 Fe（III）-SO_4^{2-} 氧化还原及与之相关的砷的地球化学行为发生变化。据此开展的周期性灌溉实验，使得砷含量和 Fe（III）-SO_4^{2-} 氧化还原发生短暂性变化，但要完全弄清控制大同盆地地下水砷富集的地球化学过程则非常困难。大同盆地发生有大面积农业灌溉（Xie et al., 2012b），使得地下水中砷因氧化还原条件的改变而发生周期性变化。而大同盆地高砷地下水尚未开展过长时间尺度监测工作。要查明控制地下水砷循环的地球化学过程，减少高砷地下水的危害，监测地下水中砷浓度和氧化还原条件的实时变化非常重要。反向地球化学模拟可重建水流向地下水地球化学演变过程，进而定量模拟水化学过程中砷的迁移释放程度（Xie et al., 2013a, 2013b, 2013c; Dai et al., 2006）。因此，在本节中，通过大同盆地 10 个分层水井水化学监测，查明地下水中砷浓度的实时变化及与之相关的 Fe(III)-SO_4^{2-} 氧化还原反应。同时，结合反向地球化学模拟，厘清 Fe(III)-SO_4^{2-} 氧化还原体系是如何影响和控制研究区域地下水系统中砷的迁移释放。

7.4.1　小型砷污染试验场背景介绍

山阴试验场位于大同盆地山阴县小疙瘩村，毗邻桑干河南岸（图 7-4-1），南北长 80m，东西宽 30m。共有 20 个监测井群，呈长方形矩阵排列。垂直于河岸方向上，井群距河岸的距离分别为 5m、10m、20m、45m、80m；平行于河岸方向上，每两个井群之间的距离为 10m（图 7-4-2）。东榆林水库位于试验场上游约 20km 处，是研究区最主要的地表水来源，每年灌溉季（春灌季为 4～5 月，秋灌季为 11 月），东榆林水库开闸放水，进行农业灌溉。近十余年来，桑干河一直处于干涸状态，仅在灌溉季出现短期地表水汇集。

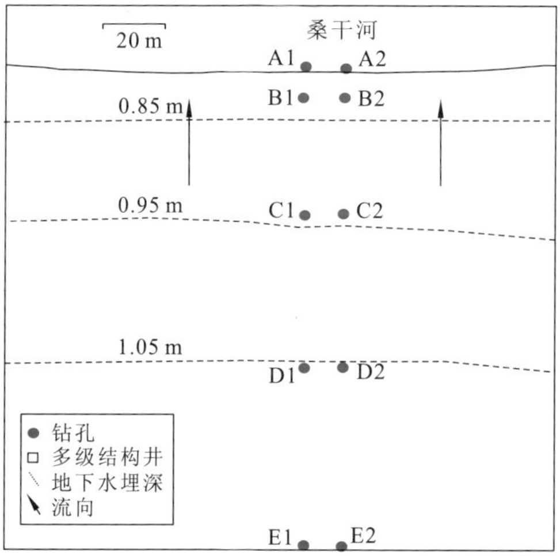

图 7-4-1　大同盆地中心试验场位置及监测井分布图

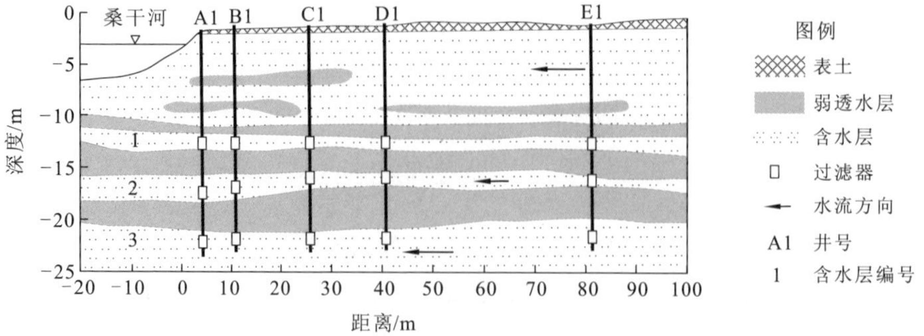

图 7-4-2　A1～E1 水文地质剖面

试验场地沉积物在空间上变化相对较均匀，主要为第四系沉积物，中下部多为青灰色或灰黑色的湖积游泥质黏土、粉质黏土和亚砂土，含丰富的有机质；上部和河流两岸主要为棕黄色的冲积亚砂土，河床两侧分布棕黄色粉砂。第四系冲积-湖积松散沉积物是其主要含水岩组，可概括为三个含水层（图 7-4-2），从上到下依次为砂 1、砂 2、砂 3，厚度分别为 1.5m、3m、4m；这三个含水层分别被黏土 1、黏土 2、和黏土 3 分隔开，黏土层厚度分别为 1m、3m、2m；粉土层覆盖于黏土 1 层之上，厚度约 10m。中间夹杂着一些不均匀的黏土透镜体。砂 3 之下为黏土层。

7.4.2　地下水水化学组成

1. 基础水化学组分

从图 7-4-3 可看出，灌溉三个阶段地下水水化学类型均为 Na-Cl 和 Mg-SO_4 型水。地下水中钠质量浓度较高，灌前、灌期、灌后平均质量浓度分别为 1 047 mg/L、964 mg/L 及 971 mg/L，Cl^- 质量浓度在灌前、灌期、灌后分别为 1 805 mg/L、1 723 mg/L 及 2 031 mg/L，SO_4^{2-} 质量浓度在灌前、灌期、灌后分别为 531 mg/L、773 mg/L 及 669 mg/L。地下水 Mg^{2+} 质量浓度也较高，灌前、灌期、灌后分别为 232 mg/L、221 mg/L 及 259 mg/L，Ca^{2+} 质量浓度在灌前、灌期、灌后分别为 181 mg/L、278 mg/L 及 163 mg/L，HCO_3^- 质量浓度在灌前、灌期、灌后分别为 776 mg/L、549 mg/L 及 706 mg/L。

灌期地下水 Na^+ 质量浓度低于灌前和灌后，而 Mg^{2+}、Ca^{2+}、HCO_3^- 质量浓度高于灌前和灌后。在大同盆地，地表盐碱地富含有盐岩（NaCl）、芒硝（$Na_2SO_4 \cdot 10H_2O$）及石膏（$CaSO_4 \cdot 2H_2O$），灌溉及雨水冲刷可溶解上述矿物，使得浅层地下水中富含 SO_4^{2-}、Ca^{2+}、Mg^{2+}。Na^+-Cl^- 及 Mg^{2+}+Ca^{2+}+Na^+-SO_4^{2-} 呈明显正相关关系（图 7-4-4），为上述盐岩及石膏的溶解提供佐证。灌期较灌溉前后 Ca^{2+}、

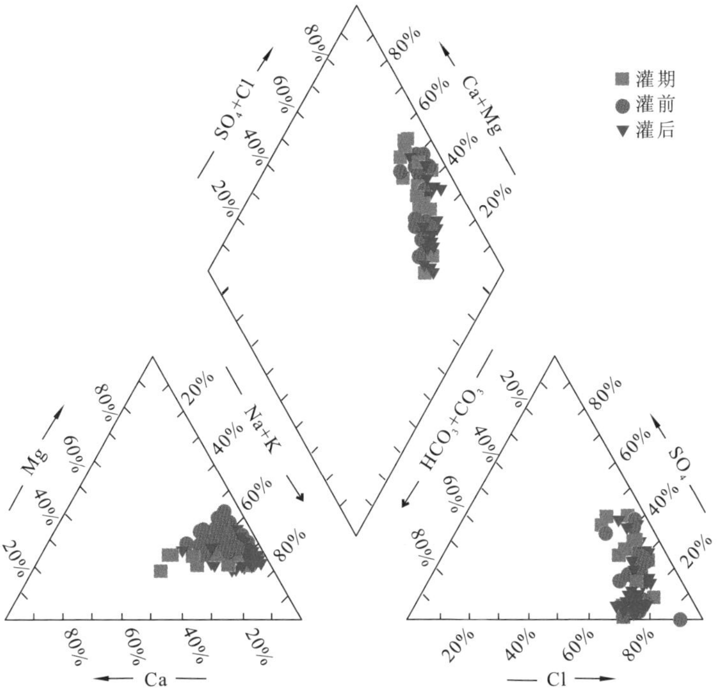

图 7-4-3　灌前、灌期、灌后地下水 Piper 三线图

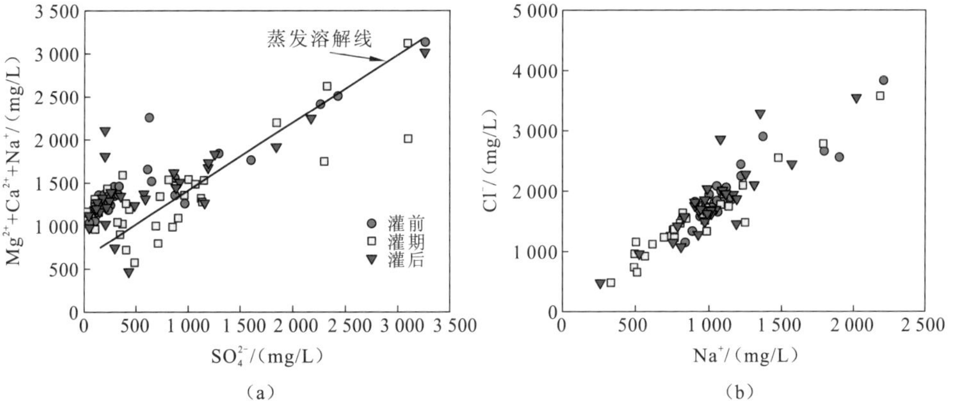

图 7-4-4　地下水中（Mg^{2+}+Ca^{2+}+Na^{+}）总和、与 SO_4^{2-}（a）和 Cl^-（b）、Na^+（c）关系图

Mg^{2+}质量浓度高，说明大规模灌溉活动引起地表蒸发岩的溶解。非灌期地下水中 Na^+ 质量浓度高于灌期，可能是由阳离子交换及灌溉稀释所致。图 7-4-5（Na^+-Cl^-）-（HCO_3^- +2SO_4^{2-} ）-2（Ca^{2+}+Mg^{2+}）关系表明，几乎所有地下水样品分布于阳离子交换线附近，进一步证实上述假设。从图 7-4-4（a）可看出，未灌溉地下水中 Mg^{2+}+

Ca^{2+}+Na^{+}质量浓度偏离蒸发岩溶解线，尤其是当地下水中 SO_4^{2-} 质量浓度较低时。地下水较低的 Eh 值及较高的 HS^-质量浓度表明地下水环境为强还原环境。HS^-质量浓度高说明研究区内地下水 SO_4^{2-} 还原反应正在发生或已经发生。因此，上述异常是由于还原环境下 SO_4^{2-} 被还原所致（图 7-4-4）。

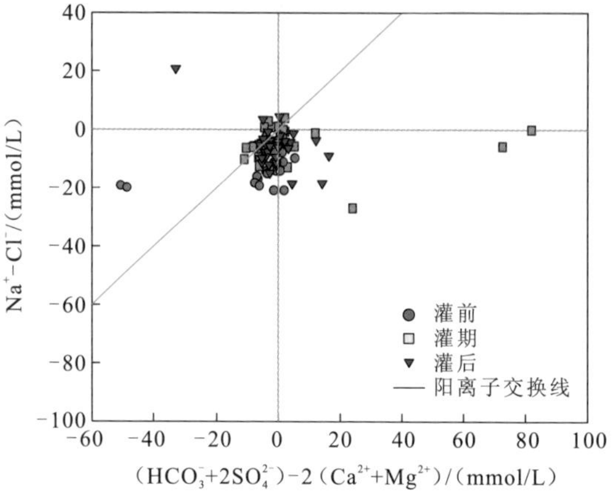

图 7-4-5　灌前、灌期、灌后地下水（Na^+-Cl^-）-［（HCO_3^-+2SO_4^{2-}）-2（Ca^{2+}+Mg^{2+}）］图

2. 氧化还原敏感组分

灌期内，地下水 Eh 值变化范围是-169～161 mV，平均值为-43 mV。灌溉前后地下水 Eh 值变化范围分别是-193～90 mV、-255～-36 mV，平均值分别为-100 mV 和-190 mV。Eh 值前后变化表明，从灌期到非灌期，地下水发生有周期性氧化还原条件变化，在非灌期地下水呈强还原环境。地下水周期性的氧化还原条件变化导致了氧化还原敏感组分的变化（如硝酸根、硫酸根、铁及砷）。灌前、灌期、灌后地下水中 NO_3^- 质量浓度均较低，通常低于检出限（0.1 mg/L）。灌期 SO_4^{2-} 质量浓度变化范围为 25～6 455 mg/L，平均值为 1 105 mg/L。灌前，SO_4^{2-} 质量浓度变化范围为 43～3 372 mg/L，平均值为 795 mg/L。灌后，SO_4^{2-} 质量浓度变化范围为（<0.1）～3 690 mg/L，平均值为 753 mg/L。灌溉前后地下水 SO_4^{2-} 质量浓度明显低于灌期内。同样的，灌期内地下水铁质量浓度高于灌溉前后。地下水砷质量浓度在灌期内变化范围是 22.5～360 μg/L，平均值为 127 μg/L。灌溉前后，砷质量浓度相对较低，其平均值分别为 56.6 μg/L 和 58.6 μg/L。

从图 7-4-6（a）可看出，溶解性总砷和总铁呈正相关关系，该趋势同 Fe（III）氧化物/氢氧化物还原释放砷假定相一致（Weber et al., 2010; Rowland, 2008;Tufano and Fendorf，2008; Nickson et al., 2000, 1998）。另外，在灌期内，地下水中砷和

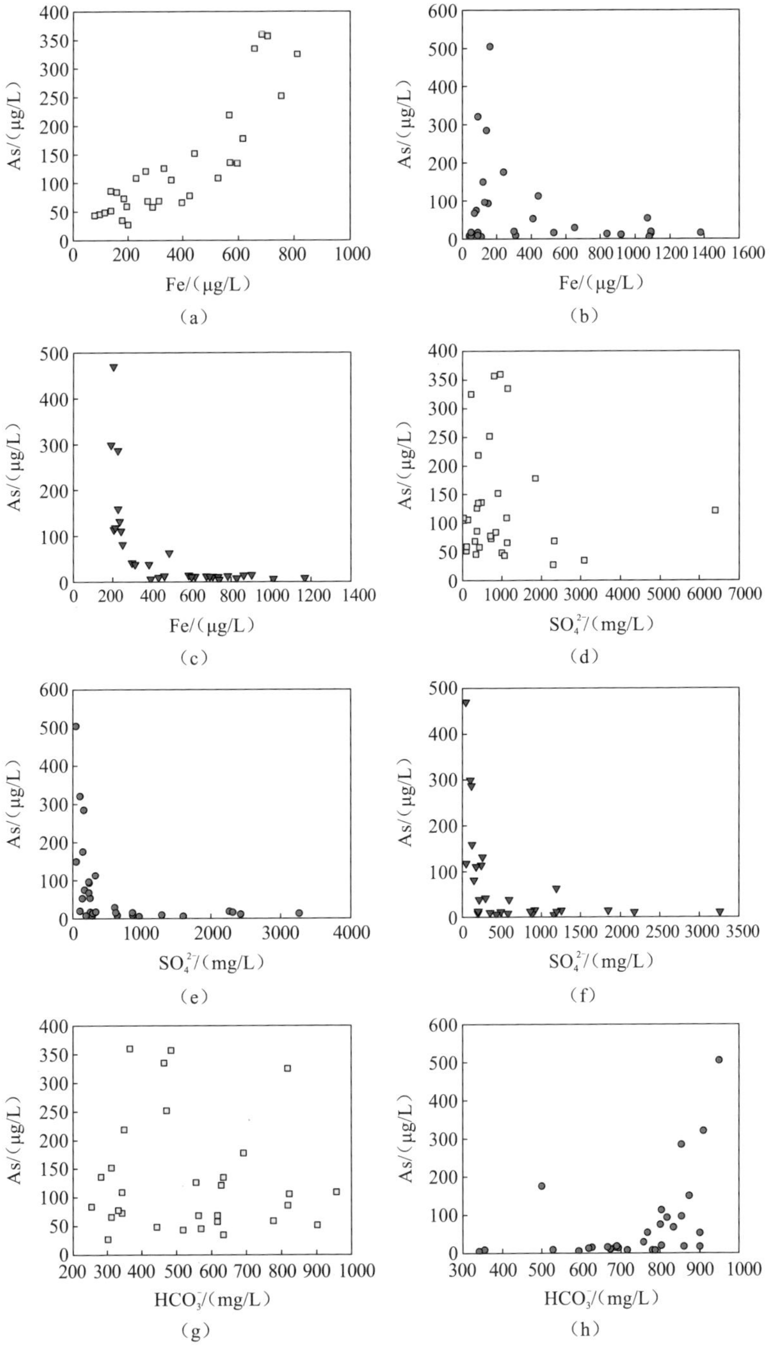
As/（μg/L）
Fe/（μg/L）
(a)
As/（μg/L）
Fe/（μg/L）
(b)
As/（μg/L）
Fe/（μg/L）
(c)
As/（μg/L）
SO_4^{2-}/（mg/L）
(d)
As/（μg/L）
SO_4^{2-}/（mg/L）
(e)
As/（μg/L）
SO_4^{2-}/（mg/L）
(f)
As/（μg/L）
HCO_3^-/（mg/L）
(g)
As/（μg/L）
HCO_3^-/（mg/L）
(h)

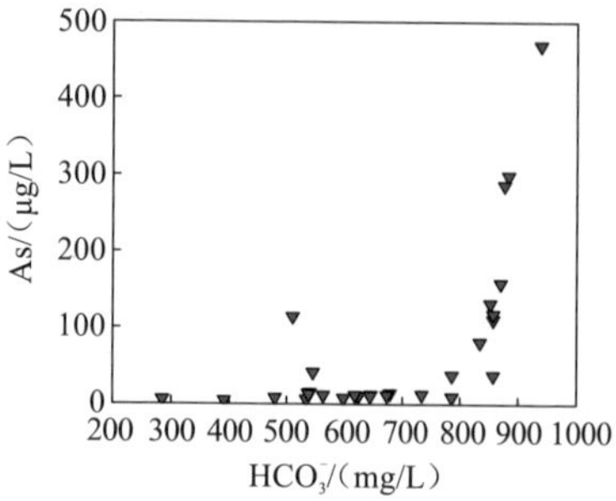

（i）

图 7-4-6　灌前、灌期、灌后地下水 As 与 Fe、SO_4^{2-}、HCO_3^-质量浓度关系（标示同图 7-3-4）

铁的关系也验证了铁硫化物溶解释放砷的机理（Munk et al., 2011; Onstott et al., 2011;Verplanck et al., 2008）。铁硫化物和砷黄铁矿的溶解更易于生成铁的碳酸盐沉淀，如菱铁矿在厌氧和无硫酸的条件下（Matsunaga et al., 1993）。从黄铁矿和砷黄铁矿到铁碳酸盐矿物相的转变由于矿物对砷吸附能力的不同，造成固相对砷的吸附能力的明显降低（Smedley and Kinniburgh, 2002）。因此，上述矿物相的转化可引起砷的迁移释放。

然而，在非灌期内，铁和砷质量浓度呈负相关关系，同上述铁氧化物/氢氧化物还原释放砷理论相悖［图 7-4-6（b）、（c）］。在灌溉前后地下水砷同 SO_4^{2-} 呈明显负相关关系［图 7-4-6（e）、（f）］，说明 SO_4^{2-} 还原可引起砷的迁移释放。在厌氧条件下，微生物利用有机碳还原 SO_4^{2-}，生成 HS^-（Wu et al., 2013）。产生的 HS^-可直接引起 Fe（III）氧化物/氢氧化物的还原。因此，SO_4^{2-} 还原所产生的富 HS^-质量浓度环境可导致有砷搭载的 Fe（III）氧化物/氢氧化物的还原及砷的释放。另外，很多研究表明，溶解性砷-硫化合物，如硫代砷酸盐、硫代亚砷酸盐，是自然界中碱性富硫地下水中砷的重要赋存形态（Planer-Friedrich et al., 2007; Stauder et al., 2005; Bostick et al., 2005）。在研究区含水层中，较高的 HS^-质量浓度及弱碱性环境均说明有砷-硫组分的存在。在富 HS^-地下水中，硫代砷酸盐、硫代亚砷酸盐较砷的氧化物更为稳定。因此，除了砷搭载的 Fe（III）氧化物/氢氧化物还原，在富 HS^-地下水中，硫代砷酸盐、硫代亚砷酸盐的赋存形态更便于砷的迁移释放（Bostick et al., 2005）。在灌期内，As 同 SO_4^{2-} 的相关性弱于灌溉前后，说明可能发生有上述砷释放过程［图 7-4-6（d）］。灌溉前后地下水中，As 同 SO_4^{2-}、HCO_3^- 有较好的正相关及负相关关系，虽无法对砷的迁移释放提供直接证据［图 7-4-6（e）、（f）、（h）、（i）］，但上述关系可由微生物氧化降解有机质并伴随有 SO_4^{2-} 还原所致。在灌溉前后地下水中砷质量浓度较低，可能是由于在富 HS^-环境中铁硫化物形成所致。铁硫化物可通过吸收共沉淀形式，使液相中的砷重新迁移至固相中（Burton et al., 2013a, 2013b; Jacks et al., 2013; Verplanck et al., 2008; Zhu et al., 2008）。前期研究发现，研究区内沉积物中有砷搭载铁硫化物赋存（Xie et al., 2014）。因此，综上灌溉活动可通过 Fe（III）-SO_4^{2-} 氧化还原赋存态的变化进而造成地下水中砷的迁移释放。

7.4.3　灌溉过程中矿物相的反向地球化学模拟

反向地球化学模拟可进一步为 Fe（III）-SO_4^{2-} 氧化还原对砷迁移的影响提供佐证。模拟中可能用到的矿物相溶解度和饱和度如表 7-4-1。在所有地下水样品中，方解石和白云石均处于饱和状态。菱铁矿介于不饱和到平衡之间。菱铁矿的溶解可造成地下水中 HCO_3^- 含量升高，从而产生溶解性 CO_2（表 7-4-1）。而且，微生物活动分解有机质也可产生溶解性 CO_2，进而也可造成 HCO_3^- 含量升高。灌溉活动引起的蒸发浓缩可造成 SO_4^{2-} 和 Cl^- 含量升高。

表 7-4-1　PHREEQC 模拟矿物饱和度、化学反应和溶度积

矿物	反应	溶度积	灌前			灌期			灌后		
			A1-1	A1-2	A1-3	A1-1	A1-2	A1-3	A1-1	A1-2	A1-3
方解石	$CaCO_3 = CO_3^{2-} + Ca^{2+}$	−8.40	1.07	1.01	0.75	0.77	0.87	0.99	0.23	0.36	0.46
CO_2（g）	$2CO_3^{2-} + 2H^+ = CO_2 + H_2O$	−1.24	−2.15	−2.06	−2.17	−1.98	−2.00	−2.21	−2.05	−1.66	−1.87
白云石	$CaMg(CO_3)_2 = Ca^{2+} + Mg^{2+} + 2CO_3^{2-}$	−16.67	2.63	2.15	2.19	2.02	1.60	1.86	1.21	1.03	1.67
$Fe(OH)_3$（a）	$Fe(OH)_3 + H^+ = Fe^{2+} + 3H_2O$	4.89	−1.57	−2.24	−1.11	1.49	−3.59	−0.08	−4.25	−5.51	−4.13
FeS（ppt）	$FeS + H^+ = Fe^{2+} + HS^-$	−3.92	−1.32	−2.47	−0.78	−1.68	−1.98	−1.07	−1.65	−1.14	−1.64
石膏	$CaSO_4{:}2H_2O = Ca^{2+} + SO_4^{2-} + 2H_2O$	−4.59	−1.40	−0.83	−2.04	−1.38	−0.22	−0.36	−1.77	−0.46	−1.77
H_2S（g）	$H_2S = H^+ + HS^-$	−8.03	−6.77	−7.15	−6.86	−6.84	−7.12	−7.01	−6.86	−6.11	−6.89
盐岩	$NaCl = Cl^- + Na^+$	1.56	−4.35	−4.40	−4.37	−4.27	−4.39	−4.43	−4.36	−4.25	−4.33
菱铁矿	$FeCO_3 = Fe^{2+} + CO_3^{2-}$	−10.80	−0.03	−0.71	0.57	−0.14	−0.19	0.41	−0.15	0.01	0.07

注：井的反向地球化学模拟数据列在表 7-4-2。

反向地球化学模拟过程中也考虑稀释作用对水化学组成的影响。A1-1、A1-2 及 A1-3 稀释因子分别为 1、1.24、1.34。沉积物 XRD 表征结果表明，研究区中沉积物以石英、长石、白云石、石膏、伊利石及磁铁矿为主（Su，2006）。无定型态和晶体态铁氧化物/氢氧化物可通过化学提取予以定量表征，同时，表明上述矿物相中富含有大量的砷（Xie et al., 2013c）。扫描电镜结果表明沉积物中普遍含有铁硫化物（Xie et al., 2014）。依据沉积物 XRD、SEM 和化学提取结果，通过反向地球化学模拟，建立主要矿物相溶解沉淀过程，矿物相包括石膏、盐岩及 Fe（OH）$_3$（a），设定白云石及方解石达到饱和即沉淀。同时，设定上述过程有二氧化碳参与，假定为微生物氧化有机质所致。模型也考虑有 Ca-Na 阳离子交换过程的发生。因地下水水化学组成表明样品富含 H_2S 及 HS^-，故模型中也包括有气相 H_2S。依据实际氧化还原条件，分别设定三个阶段中 FeS（ppt）和菱铁矿矿物的溶解或沉淀形态。

基于实际情况，选取的最佳矿物相转化结果如表 7-4-2 所示。模型结果表明，盐岩、Fe（OH）$_3$（a）及 H_2S 在整个过程中均以溶解为主，但碳酸盐岩（白云石和方解石）则以沉淀析出为主。FeS（ppt）在灌前—灌期以溶解为主，在灌期—灌后以沉淀析出为主。而菱铁矿与 FeS（ppt）恰恰相关，在灌前—灌期以沉淀析出为主，在灌期—灌后以溶解为主。从模型中还可看出，Na-Ca 阳离子交换过程并未通过反向模拟予以直接证实。H_2S 溶解形成 HS^-，进而生成 FeS（ppt）沉淀。铁的氧化物/氢氧化物还原性溶解是模型考虑的最主要过程，也是研究区地下水中

表 7-4-2 灌溉活动的反向地球化学模拟结果

矿物	相变（灌前—灌期）			相变（灌期—灌后）		
	A1-1	A1-2	A1-3	A1-1	A1-2	A1-3
方解石	—	—	—	—	—	0.003 9
CaX_2	—	-0.000 4	0.006 0	0.003 2	-0.006 0	-0.003 3
白云石	—	—	0.003 3	—	—	—
Fe（OH）$_3$（a）	0.002 7	0.018 9	0.088 4	0.025 0	—	—
盐岩	0.056 4	0.003 6	0.003 6	—	0.009 0	—
H_2S（g）	—	—	—	1.559 0	0.001 8	0.004 4
FeS（ppt）	0.000 3	0.002 4	0.011 1	-1.556 0	-0.001 8	-0.004 4
NaX	-0.001 8	-0.002 9	-0.009 2	-0.006 4	—	0.006 6
MgX	0.000 9	0.001 8	-0.001 5	—	0.006 0	0.000 0
菱铁矿	-0.003 0	-0.021 3	-0.099 5	1.531 0	0.001 8	0.004 4
石膏	0.000 5	0.007 3	—	-0.004 4	0.000 7	-0.009 8
CO_2（g）	—	0.016 7	0.084 1	-1.537 0	—	—

注：正（进入水相）和负（离开水相）相变分别表明溶解和沉淀。

砷释放的主要机理（Smedley and Kinniburgh, 2002; Nickson et al., 2000, 1998）。$Fe(OH)_3$（a）的饱和指数变化证明上述过程的发生。在整个模型拟合中，菱铁矿和 FeS（ppt）的溶解沉淀控制着地下水中的 Fe^{2+}含量，指示地下水氧化还原条件的周期性变化。FeS（ppt）的沉淀和 H_2S 的溶解表明 SO_4^{2-} 还原的发生。地下水中 HS^-与 Fe^{2+}同沉积物中铁硫化物的存在证明，SO_4^{2-} 还原发生程度较高，产生明显的铁硫化物沉淀（Xie et al., 2014）。

因铁硫化物是含水层中砷的主要赋存载体且砷可以硫化物及碳酸盐以沉淀形式赋存于固相中，进而铁氧化物/氢氧化物的还原性溶解较 SO_4^{2-} 还原/有机碳氧化的相对速率成为影响含水层中砷含量的主要因子（Lowers et al., 2007; Kirk et al., 2004; Smedley and Kinniburgh, 2002）。从模拟结果可看出，在灌前—灌期，所有地下水中均有一定量的铁氧化物/氢氧化物及 FeS（ppt）的溶解，同时伴随有菱铁矿的形成，上述过程可致地下水中砷含量升高。因铁氧化物/氢氧化物及硫化物对砷的吸附搭载能力远高于铁的碳酸盐矿物，还原性溶解下菱铁矿的形成可造成大量砷释放至地下水中。但灌期—灌后过程发生有铁氧化物/氢氧化物和菱铁矿的溶解及 FeS（ppt）的形成，因此地下水中砷含量明显低灌前—灌期。FeS（ppt）可通过吸附及共沉淀形式赋存一定量的砷至固相中，因此 FeS（ppt）的形成是造成地下水中砷含量降低的主要原因。

7.5　灌溉活动影响下外源物质输入对砷迁移释放的影响

除上述基础水化学及矿物相变过程中砷的迁移转变表征研究外，灌溉活动还可造成浅表环境地下水系统中有机组分及微生物敏感组分发生变化，基于此，本节开展灌溉活动外源输入对砷迁移富集影响的研究工作。已有大量前人研究表明，厌氧环境下，天然活性有机质对 As/Fe 生物地球化学循环起到非常重要的作用（Fendorf et al., 2010）。例如，含水层沉积物中不连续分布的泥炭可被相应微生物群落作为初始能源来利用，并且可获得的活性有机质能极大地促进土著微生物的生长及砷的释放（Mladenov et al., 2010; McArthur et al., 2004）。因此，含水层沉积物中天然有机质可能是影响微生物活性的重要因素，也是影响含水层系统中砷迁移转化的决定性因素（Fendorf et al., 2010; Rowland et al., 2007）。尽管有机质的沉积被认为对地下水系统中砷的迁移富集具有重要影响，但是天然溶解有机质与砷的相互作用机制仍然不清楚（Rowland et al., 2007; Bauer and Blodau, 2006）。沉积来源的天然溶解有机质能被微生物利用来还原铁氧化物释放砷（Mladenov et al., 2010），此外，溶解有机质能直接与砷反应进而改变砷的氧化还原状态（Palmer and

Von Wandruszka, 2010）。而在灌溉活动下外源有机质及高阶电子受体的输入，可影响浅表地下水系统中微生物活性及氧化还原环境，进而对砷的迁移富集产生影响。

7.5.1 大同盆地灌溉活动

大同盆地地表土壤主要用于农作物耕种，主要作物包括小麦、玉米及葵花等。为了满足农作物生长所需水量，每年在 3、9 月均发生有大规模漫灌，主要灌溉水源为盆地上游水库水及部分深层地下水，灌期内，灌溉水体完全覆盖地表土壤，该过程持续 10～15 d，（图 7-5-1）。在地表漫灌行为中，回灌水逐渐渗入浅层地下水，造成外源物质输入，同时可影响浅层地下水系统氧化还原环境。

图 7-5-1　大同盆地地表漫灌

1. 上游水库灌溉水贡献率

利用不同水体的氢氧同位素组成特征及端元混合模型可拟合计算出不同水体来源对大同盆地浅层地下水的贡献率。大同盆地地下水氢氧同位素变化范围分别为-90.2‰～-55.6‰及-12.1‰～-6.5‰。图 7-5-2 中包含有 GMWL、LMWL 及所采集样品拟合曲线，研究区拟合曲线落于 GMWL 及 LMWL 下方，表明大同盆地地下水受到一定程度蒸发浓缩作用影响。除此之外，所有地下水氢氧同位素组成均落于当地大气降水线周围，表明大同盆地的地下水主要补给来源为大气降水。

依据氢氧同位素变化特征，可将地下水分为两组：组 I 富集轻同位素，其氢氧同位素变化范围分别为-90.2‰～-82.9‰及-12.1‰～-10.7‰；组 II 相对富集重同位素，其氢氧同位素变化范围分别为-76.0‰～-55.6‰及-10.1‰～-6.5‰。地表上游水库水的氢氧同位素组成明显重于地下水，其氢氧同位素比值分别为-76.0‰、-55.6‰及-10.1‰、-6.5‰。三者氢氧同位素组成表明，地表水在灌溉过程中垂向可补给地下水，使得浅层地下水中相对富集重同位素，如图 7-5-2（b）所示。同时，大同盆地雨水氢氧同位素组成为-87.2‰及-10.31‰，从图 7-5-2（a）

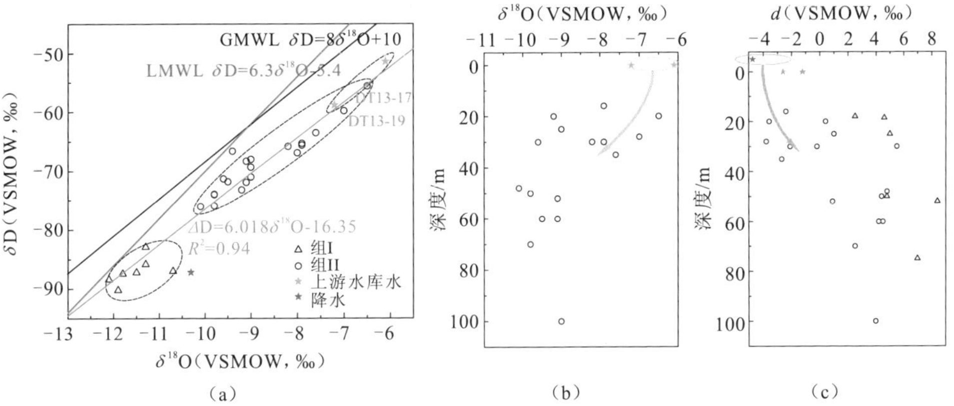

图 7-5-2　大同盆地地下水及地表水氢氧同位素组成特征（a）及氧同位素（b）、*d* 值垂向分布（c）图

可看出，雨水同位素组成重于深层地下水，表明在雨水降落补给当地地下水的过程中伴随有一定程度的蒸发浓缩作用。

基于大同盆地氢氧同位素组成特征建立垂向二端元混合模型，假设在盆地周期灌溉活动中，上游水库水补给浅层地下水，混合模型如下：

$$\delta^{18}\mathrm{O}_{\mathrm{II}} = \delta^{18}\mathrm{O}_{\mathrm{I}} \times R_{\mathrm{I}} + \delta^{18}\mathrm{O}_{\mathrm{RW}} \times R_{\mathrm{RW}} \tag{7-5-1}$$

$$R_{\mathrm{I}} + R_{\mathrm{RW}} = 1 \tag{7-5-2}$$

式中：R_{I} 及 R_{RW} 分别为组 I 和上游水库水混合后所占比重；$\delta^{18}\mathrm{O}_{\mathrm{RW}}$（−6.65‰）及 $\delta^{18}\mathrm{O}_{\mathrm{I}}$（−11.5‰）分别为上游水库水及组 I 氢氧同位素比值平均值。二端元混合模型计算结果表明，组 II 地下水接受地表水库水补给比例为 29%～93%，补给比例随井深逐渐降低，表明大同盆地浅层地下水明显受到地表水库水补给影响。但在二端元计算模型中，并未考虑大气降水的直接入渗补给，从图 7-5-2（a）可看出，大气降水的氢氧同位素组成明显重于组 II 部分地下水样品，表明大气降水的直接入渗补给也可导致地下水氢氧同位素相对富集重同位素，如图 7-5-2（c）和（d）值垂向分布，大气降水的直接补给使得两个偏移点的 *d* 值小于地表水。因此，上述二端元混合模型在一定程度上使得计算结果过多地估计地表水对浅层地下水的影响程度。

2. 灌溉活动下外源物质的输入

在完成垂向贡献量表征基础上，选取盆地中心典型高砷地下水分布区，开展灌溉活动下，不同含水层地下水砷质量浓度时空变化监测工作，如图 7-5-3。监测场地所有地下水 pH 为近中性到弱碱性，变化区间为 7.26～8.54，均值为 8.04。地下水中总砷和 As（III）质量浓度均超过 WHO 建议的饮用水砷的最大允许质量浓度。总砷的变化区间为 18.0～182 μg/L，均值为 58.4 μg/L；As（III）质量浓度在 12.0～79.9 μg/L 变化，均值为 27.9 μg/L。As（III）在总砷中的比例［As（III）/$\mathrm{As_{tot}}$］

在 29.2%～66.9%变化，且 80%以上样品中 As（Ⅲ）/As_{tot} 比值超过 40%，表明 As（Ⅲ）是监测场地地下水中砷的主要存在形态。通常，较高的总砷与 As（Ⅲ）质量浓度主要出现在第三层地下水中（深层含水层）［图 7-5-4（a）］，该含水层具有显著的高溶解有机碳特征。监测场地含水层沉积物主要由富含有机质的粉砂组成。地下水中溶解铁质量浓度在 0.15～1.34mg/L 变化，且与砷具有相似的垂向分布特征［图 7-5-4（b）］。地下水中 Fe（Ⅱ）质量浓度在 0.02～0.85mg/L 变化，占总铁的 3%～76%。

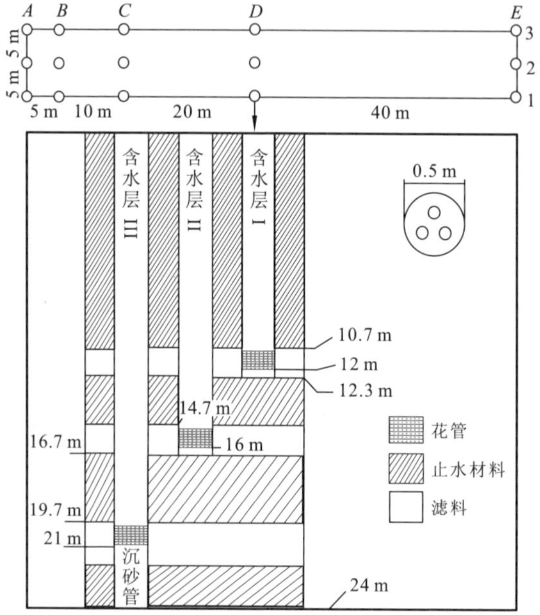

图 7-5-3　大同盆地中心试验场监测井结构

强还原环境下，活性有机质的存在能促进铁氧化物的微生物还原。因此，地下水中 Fe（Ⅱ）在溶液相中的富集表明大量的铁氧化物发生了微生物还原作用。同时，与铁氧化物结合的砷在铁氧化物还原溶解过程中可被大量释放至地下水中。因此，含砷铁氧化物的还原溶解是导致观测到深层含水中总铁、Fe（Ⅱ）及总砷质量浓度同时升高的主要因素。然而，监测场地地下水中总砷与溶解态总铁、Fe（Ⅱ）及 Eh 具有明显不同的垂向分布特征（图 7-5-5）。地下水中总砷含量与溶解态总铁表现出一定的正相关性（R^2=0.41, α=0.05），但与 Fe（Ⅱ）并未表现出显著相关关系（R^2=0.24, α=0.05）。实际上，总砷与总铁质量浓度表现出两种相关关系（图 7-5-5）：①总砷与总铁及 Fe（Ⅱ）表现出正相关性（图 7-5-5 中红线 1 和 3），即砷质量浓度随铁及 Fe（Ⅱ）质量浓度增加而增加，这与铁氧化物还原溶解释放砷的假说相一致；②总砷不随总铁及 Fe（Ⅱ）质量浓度的升高而升高，而是维持在一个较低的浓度水平（图 7-5-5 中红线 2 和 4）。这种情况下，表明砷的质量浓度受其他作用过

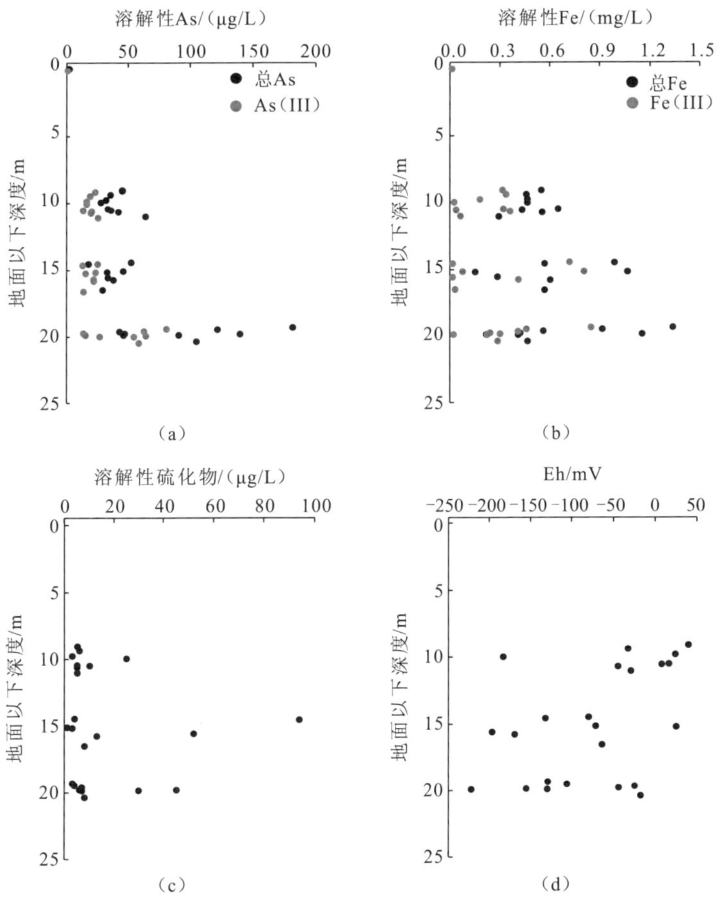

图 7-5-4　监测场地主要水化学参数垂向分布图

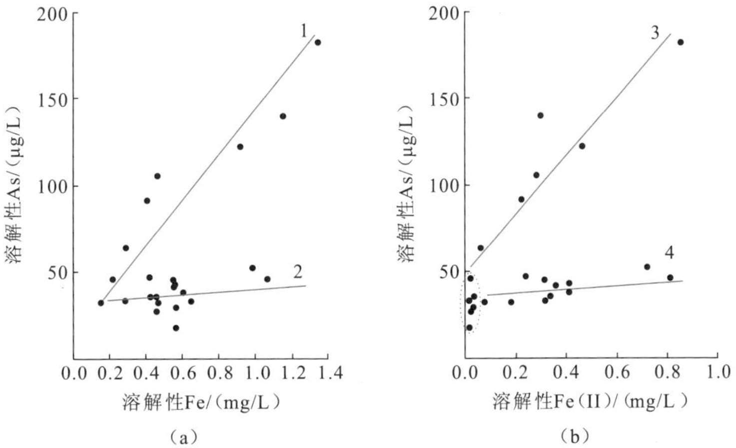

图 7-5-5　监测场地砷与总铁及 Fe（II）关系图

程的控制。值得注意的是，监测场地高砷地下水常含有高浓度的 DOC，且 DOC 含量与总砷及总铁含量具有非常相似的分布特征。如前所述，厌氧环境下 Fe（III）及 SO_4^{2-} 在微生物氧化有机质过程中可以作为重要的电子受体而被还原生成大量的 Fe（II）、硫化物及重碳酸根等，进而会生成硫化铁与菱铁矿沉淀（Matsunaga et al., 1993），而这些矿物通常会以共沉淀或吸附的方式固定溶解态砷。因此，尽管铁氧化物的还原溶解决定了地下水系统中砷的迁移转化，但其他地球化学过程如溶解有机质的微生物氧化、硫酸盐微生物还原等对地下水系统中砷与铁的行为也具有重要影响。

值得注意的是硫化氢在监测场地地下水中普遍检出，其质量浓度变化范围为 1～94 μg/L，均值为 15 μg/L。地下水中溶解态硫化物与 Eh 值及硫酸盐之间表现出良好的负相关性［图 7-5-6（a）（b）］。硫酸盐微生物还原是地下水中硫化物形成的重要机制。地下水中溶解态硫化物与 Fe（II）表现出显著的负相关性［图 7-5-6（c）］。

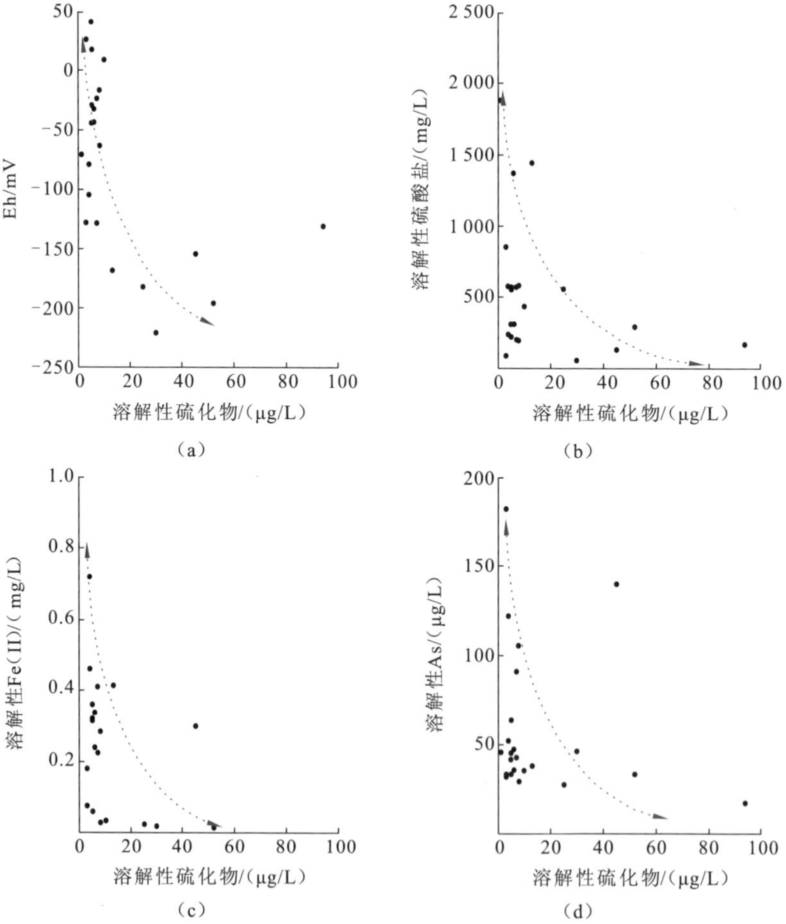

图 7-5-6　监测场地地下水中溶解性硫化物与主要氧化还原组分关系图

在强还原条件下，硫酸盐与铁氧化物还原生成的硫化物与 Fe（II）易于发生反应形成铁硫化物沉淀（Kirk et al., 2004）。在监测场地地下水中除少数样品具有高砷与高硫化物质量浓度外，几乎所有高溶解硫化物质量浓度的样品具有低砷质量浓度特征，即砷与硫化物表现出负相关关系［图 7-5-6（d）］。高砷、高硫化物地下水样品可能与强还原环境下硫代砷酸盐的形成有关（Burton et al., 2013a, 2013b）。而观察到的砷与硫化物的负相关关系可能与含砷黄铁矿或砷硫化物的形成有关。此外，生成的黄铁矿会以共沉淀/吸附方式固定溶液相砷，从而导致砷与硫化物质量浓度表现出负相关关系。

监测场地沉积物全岩中观察到的 TOC 与 As 之间的正相关性（$R^2=0.50$, $\alpha=0.05$）表明，沉积物中砷的赋存与有机质的沉积埋藏密切相关。沉积物中有机质非常易于降解释放并溶解于地下水中，因此，其是地下水中活性溶解有机质的重要来源。此外，有机质通常易于吸附于铁矿物表面，并扮演电子供体的角色促进铁氧化物的还原进而释放 Fe（II）与砷。值得注意的是，沉积物样品中以吸附态及与弱结晶态铁结合的砷占据了总砷的 15.7%～56.7%，这部分砷在强还原及碱性条件下易于被释放到地下水中（Jung et al., 2012）。沉积物中可提取态铁质量分数变化范围为 2.34～20.98 g/kg，占全岩总铁质量分数 11.9%～68.9%，而其中弱结晶态铁占有很大比重。与沉积物全岩砷、铁含量关系类似，提取态砷和铁也表现出良好的正相关关系，表明砷主要以吸附态或共沉淀方式与铁氧化物共存。

地下水中高溶解有机质主要来源于沉积物中富集的天然有机质。在完成地下水样品三维荧光图谱标记基础上，采用 PARAFAC 可有效识别出地下水中主要有机物组分为陆源腐殖质（富里酸）及 3 种微生物来源的腐殖质（包括 1 种含还原性醌类物质及 2 种氧化性醌类物质的基团）（图 7-5-7）（Cory and McKnight, 2005; Stedmon and Markager, 2005）。

DOC 质量及 SUVA、FI 与 RI 值等的垂向分布特征见图 7-5-8。监测场地浅层地下水 DOC 质量浓度及 RI 值较低，但其 SUVA 及 FI 值变化较大。变化范围较广的 FI 值表明，地下水中溶解有机质具有陆源输入和微生物成因两种来源（McKnight et al., 2001）。低的 FI 值及高的 SUVA 值指示了溶解性有机质来源于非饱和带植物残体的降解。如前所述，大同盆地灌溉作用十分强烈，灌溉回水通过快速入渗补给可携带大量新鲜有机质进入浅层地下水中。同时，高 FI 值及低的 SUVA 值指示了微生物作用对溶解性有机质形成具有重要贡献（McKnight et al., 2001）。低 RI 值、正 Eh 值及以氧化性醌类的赋存进一步证明了有机质的微生物来源特性。深层地下水相对于浅层地下水具有较高的 DOC 质量浓度，其主要来源可能为含水层中泥炭的释放或其他沉积有机质的弥散。深层地下水普遍具有高 FI 值及低 SUVA 值特征，表明微生物降解有机质在深层含水层中逐渐成为主要过程。

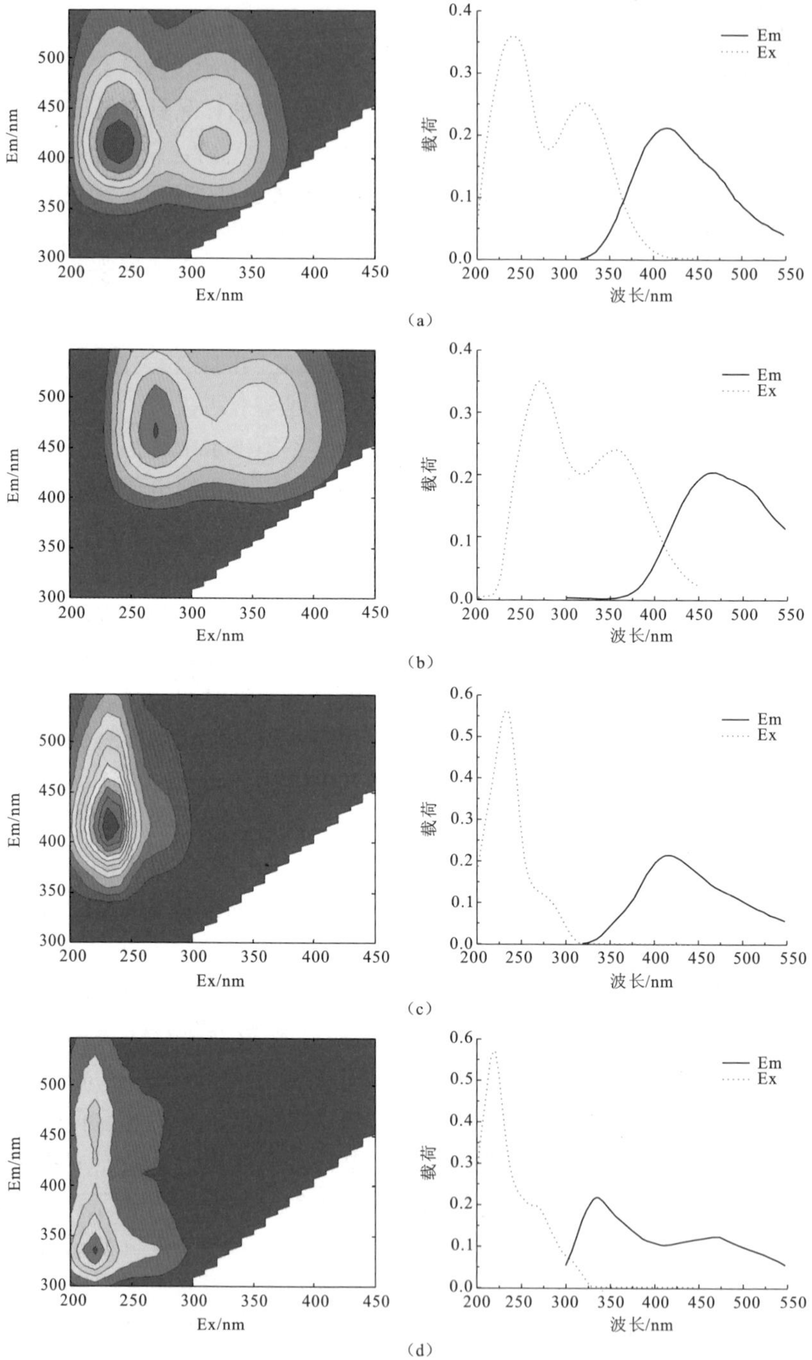

图 7-5-7　监测场地地下水中溶解有机质光谱特征图

（a）～（d）为组分 1～4

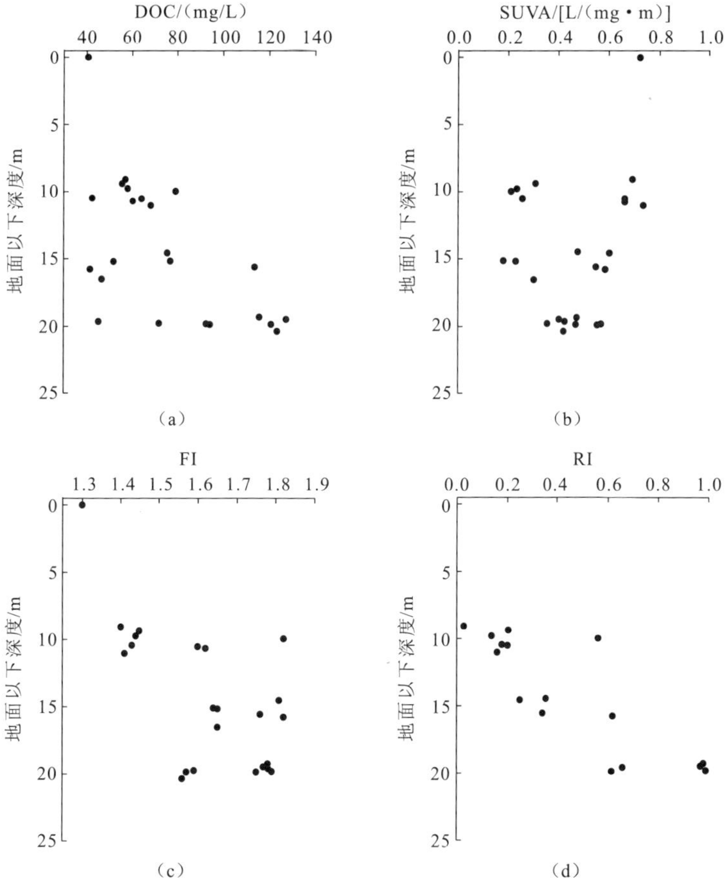

图 7-5-8　地下水中有机质及识别出的主要组分的垂向分布特征

监测场地地下水中重碳酸根与 DOC 具有明显的正相关性（图 7-5-9）。研究区碳同位素研究表明溶解性有机质是高砷地下水中重碳酸根的主要来源（Xie et al., 2013a）。在厌氧环境下，活性 DOM 能够被土著微生物在呼吸作用中作为电子供体使用（Mladenov et al., 2010）。微生物降解有机质的过程中会同时伴随其他组分（如 S、As、Fe 等）发生生物氧化还原反应。微生物以有机质为电子供体还原硫酸盐及铁氧化物，该过程从普遍赋存的微生物来源醌类基团的腐殖质得到证实。

考虑所有地下水样品，As 与 DOC 没有显著相关关系，但是如果将样品分为 2 组（图 7-5-9 蓝色椭圆区域内与区域外两组），椭圆区域外的样品 As 与 DOC 表现出显著的正相关关系，椭圆区域内的样品具有低砷、高硫化物及低二价铁质量浓度特征，表明地下水中砷质量浓度可能由于铁硫化物的形成砷固化有关。由图 7-5-10（a）、（b）可看出，蓝色椭圆区域的样品具有高的 RI 值及低的 As（III）

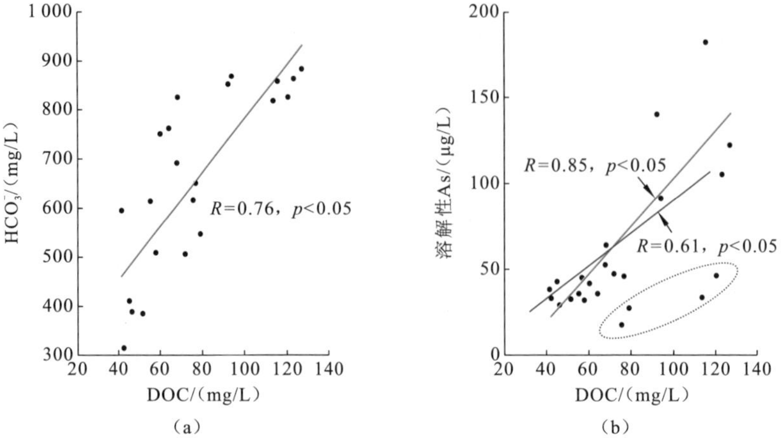

图 7-5-9　地下水中溶解有机质与重碳酸根及砷质量浓度关系图

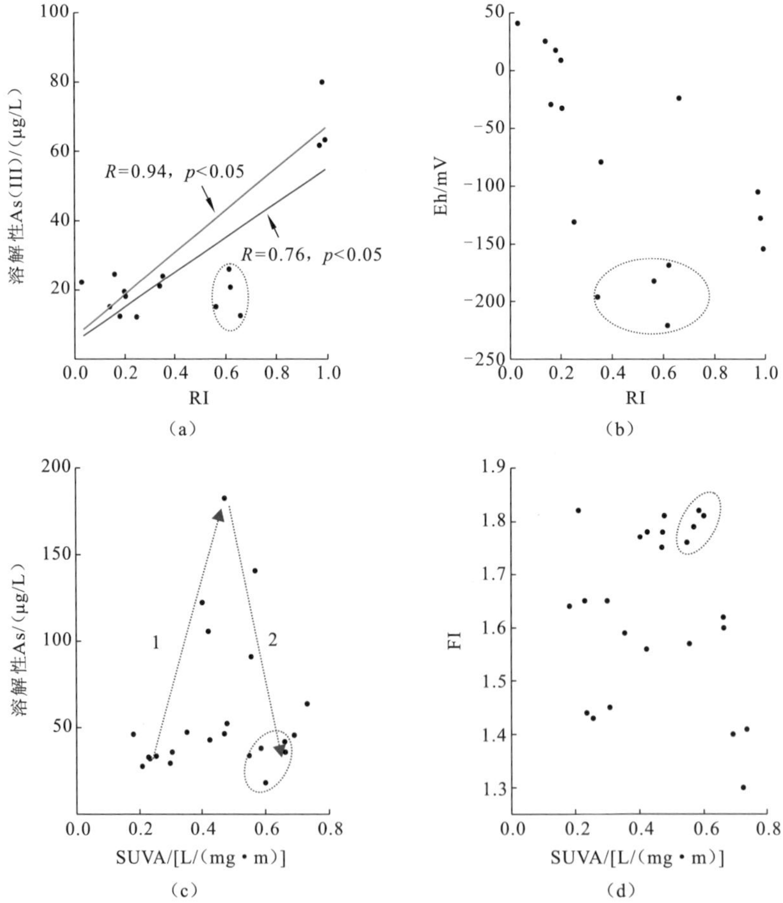

图 7-5-10　地下水中 RI 及 SUVA 与 As（III）、总砷、Eh 及 FI 关系图

质量浓度。地下水中活性有机质能显著加强微生物硫还原，因此，氧化性醌类腐殖质在还原环境下逐渐积累，其含量不断升高。由 Eh 与 RI 关系图 7-5-10（b）可知，强还原环境（Eh<-150 mV）地下水样品 RI 值变化范围处于弱还原及氧化环境地下水中段。因此，监测场地地下水中可能发生了微生物降解有机质并伴随硫的还原及砷的固定。反之，As 与 DOC 之间的正线性关系［图 7-5-9（b）］表明，地下水中砷的富集与 DOM 密切相关。

具有高砷及 As（III）质量浓度的地下水样品通常 RI 值较高，并且 As（III）与 RI 值表现出良好的正相关关系［图 7-5-10（a）］，表明在还原性含水层中可能发生了电子经由类醌类腐殖质由 DOM 向砷的转移。因此，As（V）的还原解吸可能是地下水中 As 与 Fe 之间弱相关性的合理解释。地下水砷质量浓度与溶解有机质 SUVA 值表现出两种不同的关系［图 7-5-10（c）］：①砷与 SUVA 值表现出正相关性，即 SUVA 值随砷质量浓度增加而升高，表明活性有机质生物降解过程中产生了芳香类腐殖质（Weishaar et al., 2003; Chin et al., 1998）；②砷与 SUVA 值之间表现为负相关性，即砷的质量浓度随 SUVA 值的升高而降低，这类样品具有典型的高硫化物含量特征。SUVA 值特征表明，该类样品中溶解有机质经历了更为强烈的微生物降解，使得残余腐殖质含有更多的芳香基团。因此，微生物利用溶解有机质作为电子供体对还原硫酸，导致地下水中溶解性硫化物含量增加。上述结论与观察到的 As 与 DOC 及 RI 之间的相关关系具有一致性，而且这些样品同时具有高的 FI 值［图 7-5-10（d）］，也证实了地下水中溶解有机质经历了强烈的生物降解这一假说。

总之，监测场地地下水砷质量浓度与铁质量浓度、DOC 及有机质 RI 值关系均表明，生物降解有机质还原铁氧化物对场地地下水中砷的迁移有重要影响。因此，溶解性有机质对地下水中砷的迁移转化具有重要的贡献，有机质对砷迁移的影响概化模型见图 7-5-11。溶解性有机质不仅为土著微生物还原铁氧化物和硫酸盐提

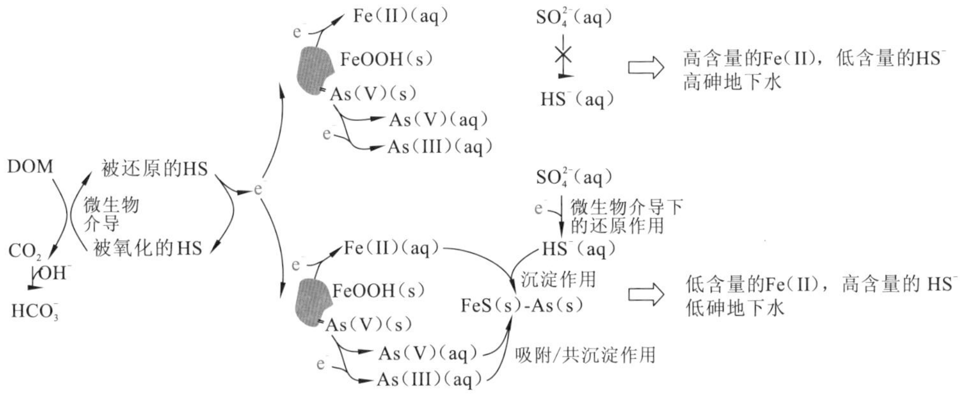

图 7-5-11 溶解有机质与砷相互作用概念图

供能量，而且类醌类腐殖质为溶解有机质、铁氧化物、硫酸盐及 As（V）之间电子传递提供了重要通道（Tufano and Fendorf, 2008）。As（V）的还原解吸进而增强了砷在地下水中的迁移和富集（Jiang et al., 2009）。

7.5.2 孟加拉国灌溉活动

在恒河三角洲，孟加拉国被 WHO 认定为世界上受砷中毒影响最严重的国家之一。约有 5 700 000 名居民受慢性砷中毒影响，约 80%浅层地下水饮用水井中砷质量浓度超过 WHO 所规定的砷饮用水标准。在其浅层含水层中（<100 m），水平及垂向上其溶解砷质量浓度每隔 10 m 变化范围为 0.01～10 μmol/L（BGS et al., 2001）。不同地点，砷溶解释放模式不同，要根据含水层固体矿物组分及上游区地下水化学组分来判断（Stollenwerk et al., 2007; Zheng et al., 2005; Swartz et al., 2004; Harvey et al., 2002; Dowling et al., 2002）。在该项研究调查区域孟加拉国蒙希甘杰县，在农田及村庄外缘区地下水砷高值区分布于 30 m 处，其为当地主要供水深度（Harvey et al., 2006）。

前期氚-氦-3 分析表明，在砷含量较高处，其地下水年龄约为 50 a（Klump et al., 2006），甲烷碳-14 及溶解性无机碳（dissolved inorganic carbon, DIC）同位素组成表明近代有可被微生物所利用的外缘有机碳输入（Harvey et al., 2002）。水量均衡表明，农田区地下水回灌及当地大范围所建设的池塘均可大量补给浅层含水层，而河流排水及灌溉抽水为其主要排泄源（Harvey et al., 2006）。然而，两个关键问题仍然存在：受砷污染地下水的补给源是什么？引起砷迁移的有机碳来源是什么？

水文地球化学和生物地球化学数据表明，有机质富集和长期缺氧的池塘沉积物富含生物可利用有机碳，而农田回灌水中生物可利用有机碳含量较低且砷含量也较低，故池塘补给地下水是地下水砷的潜在来源。缺氧条件下池塘沉积物促进砷迁移，最近在柬埔寨的研究（Benner et al., 2008; Polizzotto et al., 2008）也表明，砷的迁移可通过湿地缺氧沉积物补给水而致，两者微观过程相类似。在过去 50 年中，孟加拉国分布有很多人工挖掘的池塘，因每年会有洪水发生，村庄和道路需要通过挖掘附近的土壤来垫高其区域，以防被淹没。经挖掘后的土地在雨季会被洪水淹没，进而入渗补给至浅层含水层。在过去半个世纪，随着人口的增多，池塘的数目急剧增多。而且，水产养殖应运而生的池塘在今年也大规模出现。在 Boyra 村庄，20 世纪 70 年代的池塘覆盖了约 3.5%陆地区域，在 2004 年，该区域池塘覆盖率达到了 11%，池塘面积增加了近 3 倍。Kränzlin（2000）收集的数据表明，孟加拉国池塘总数随着时间在增加，与水产养殖的发展有关。而孟加拉国挖掘大量地表池塘，可大范围改变其浅层地下水流场（Harvey et al., 2006）。

1. 地下水水流系统及补给源示踪

为了解释地表水同位素数据，需了解孟加拉国的季节性水文情况。图 7-5-12 显示了 2003 年和 2004 年测出的水位和水头值。当地表水的水头值大于含水层时，地表水补给地下水。当地表水水头值低于含水层时，含水层补给地表水。数据表明，在雨季整个陆地被水淹没，含水层和地表水之间没有水流作用。而在旱季开始，含水层补给河流水。直到 3 月，其水力梯度才会发生转变，河流开始补给含水层。旱季时，池塘持续补给含水层。

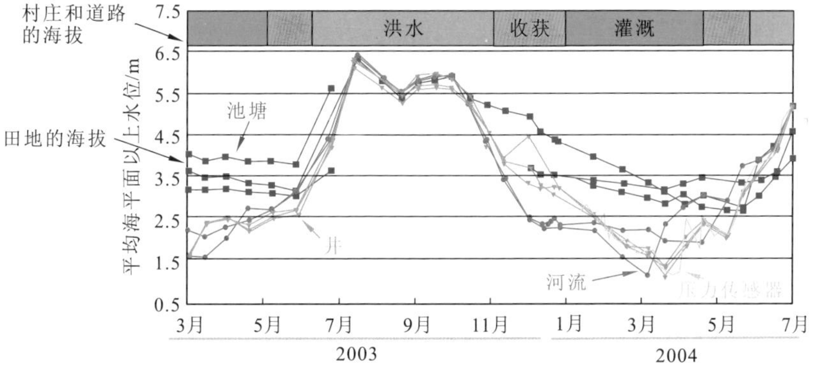

图 7-5-12　蒙希甘杰研究区的水位测量数据（Neumann et al., 2010）

池塘数据是蓝色的，含水层数据是绿色的，河流数据是红色的。村庄和道路建立在洪水位之上

为进一步调查污染水补给源，运用数值模拟建立短期三维地下水流系统，示踪不同地表补给源。拟合面积为 9km^2，一侧由零水力梯度条件界定，另外三侧由河流界定，模型中河流沿河床和零通量条件（从河中心线延伸到河底基底含水层，90m 深）规定水头。模拟区域内，由池塘（～11%）、村庄（～22%）、灌溉稻田（～38%）、非灌溉田（～27%）及 35 个均匀分布的灌溉井组成。

农田底部地下水模拟及观察井数据表明，池塘补给量高值区集中分布于地下水砷高值区［图 7-5-13（b）、（c）］。由于 11、12 月季风影响，池塘水会通过稻田向河流补给。到 1 月，灌溉活动开始，局部流汇聚到灌溉井。对于此地下水流场来说，灌溉抽水是地下水最主要排泄方式，其主要来自 30m 处含水层。灌溉抽水改变了原有的补给模式，使得灌期内地表农田回灌水开始逐渐代替地表池塘成为补给源［图 7-5-13（b）～（d）］。抽水试验计算得出含水层的水平传导系数与垂向比值约为 25。非均质性进一步加大了地下水不同补给源的水平流动。

旱季，7 个池塘蒸发量及水位监测结果表明，池塘补给浅层含水层平均速率为 1cm/d（Harvey et al., 2006）。当地村民反映，池塘水体流失率随时间逐渐降低，可能同池塘沉积物积累而致的堵塞有关。这同时也解释了为什么并非所有的

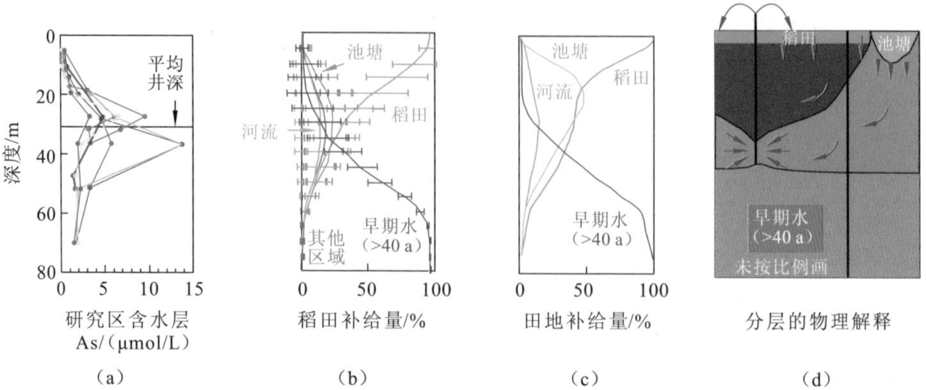

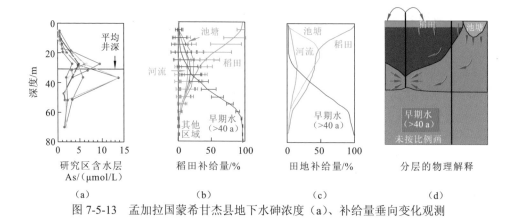

图 7-5-13　孟加拉国蒙希甘杰县地下水砷浓度（a）、补给量垂向变化观测与拟合曲线图（b）、（c）及补给模型图（d）（Neumann et al., 2010）

孟加拉国及印度西孟加拉邦池塘均保持较高的水体流失率（Sengupta et al., 2008; Harvey et al., 2006），也说明年龄较老的浅层地下水可能是受同龄池塘水体补给。

与物理证据相一致，化学数据也说明池塘补给来源是高砷地下水污染源。实际观测结果表明，最浅含水层化学数据同稻田孔隙水相一致，砷含量最高处的化学数据同池塘沉积物中孔隙水相一致。化学数据进一步论证，农田回灌水不利于砷在地下水中富集，而池塘补给水可造成地下水砷浓度的升高。

2. 灌溉影响下土壤和沉积物中砷的迁移

池塘补给水源中含有生物可降解性有机碳（biodegradable dissolved organic carbon, BDOC），不同于主要以难降解有机碳为主的农田回灌水。BDOC 定义为在有氧条件下，可被微生物所利用的有机碳比例，定量表征总溶解性有机碳（DOC）中可用于沉积物砷释放的有机碳比例（Servais et al., 1987）。新旧池塘及农田底部>0.5 m 深度孔隙水中，均含有 0.4～1.1 mmol/L 难降解 DOC，但来自池塘的补给水源中却含有～0.5 mmol/L BDOC（图 7-5-14）。

尽管农田回灌水是含水层最大补给源，但其对砷的迁移无明显作用。由于农耕地传导性低，大多数灌溉水仅可到达厌氧和有机质富集的浅层土壤中，尚未到达农耕地地下深处（Neumann et al., 2009）。该补给源中 BDOC 可能在进入深层含水层之前已被堤岸土壤吸收（Jardine et al., 1989），或是已被氧化分解，因在浅表区受光合作用影响其含氧量常处于饱和状态，微生物活动强烈（Kirk et al., 2004）。农田可能是地下水系统原有砷的一个净赋存载体。回灌水砷物质的量浓度（5 μmol/L）远高于入渗补给至含水层中的砷物质的量浓度［0.15 μmol/L；图 7-5-15（b）］。灌溉过程让大部分砷残留在农田土壤中（Panaullah et al., 2009; Roberts et al., 2007），而在雨季洪水消退时又被冲刷出来。

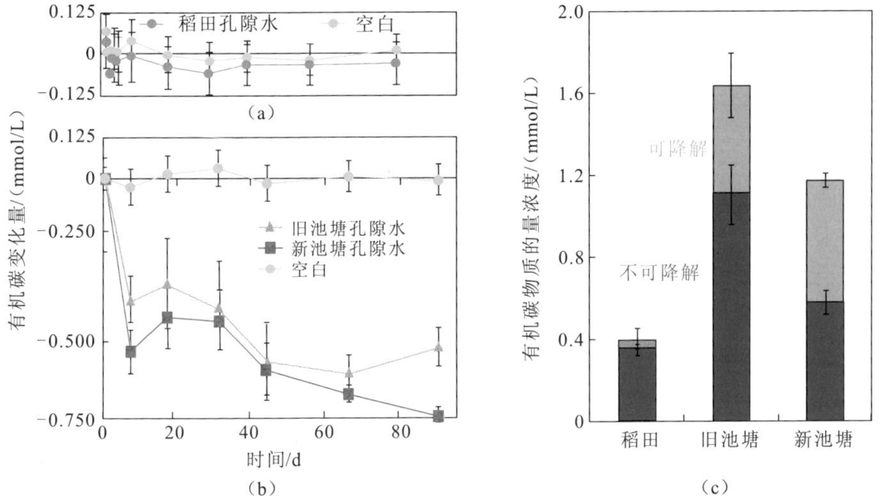

图 7-5-14　BDOC 实验（Neumann et al., 2010）

（a）室内曝气实验中，农田底部 1.7 m 处孔隙水有机碳物质的量浓度随时间的变化；（b）实验中，新旧池塘底部 0.5 m、2.7 m 孔隙水有机碳物质的量浓度。控制组是邻苯二甲酸氢钾。误差条表示分析不确定性。（c）农田回灌水和池塘补给源中难降解有机碳（最终碳物质的量浓度）及 BDOC（损失碳物质的量浓度）物质的量浓度

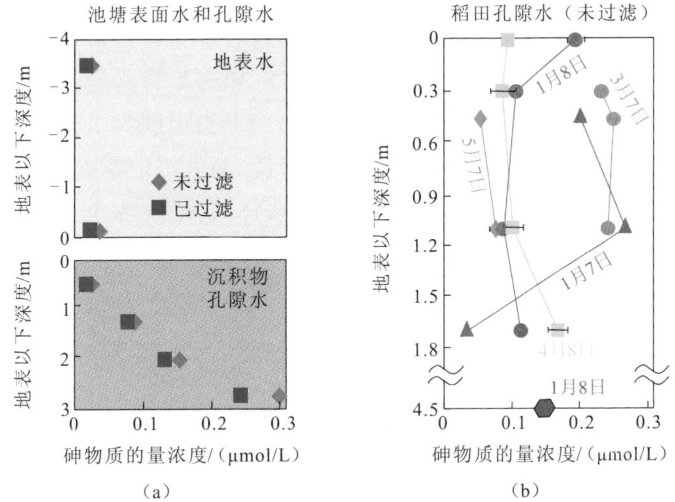

图 7-5-15　补给源下方地下水砷物质的量浓度（Neumann et al., 2010）

（a）新建池塘（<50 年）地表及孔隙水中砷物质的量浓度；（b）农田回灌水底部孔隙水（<1.8 m 深）及附近浅层含水层（4.5 m 深）中砷物质的量浓度

本小节认为，池塘补给水体中的～0.5 mmol/L 可被微生物所利用的 BDOC 是造成含水层砷污染的主要原因。大量前期室内实验（Akai et al., 2004; Islam et al., 2004; Van Geen et al., 2004）结果表明，易分解有机碳或 BDOC 输入可促使孟加

拉国含水层沉积物中砷释放。如果池塘水位每天下降 1.5 cm，监测数据显示地下水砷物质的量浓度随深度增加而升高［图 7-5-15（a）］。当池塘补给引入 BDOC 进入含水层，多种生物地球化学过程可造成砷的释放，包括磁铁矿还原性溶解，砷的解吸过程，黑云母风化及磷灰石溶解；这些反应可单独发生也或同时进行。实际水流路径同监测数据及 PHREEQC 反向模拟相一致。PHREEQC 模型中假定发生热力学平衡反应，50 年运行时间（Klump et al., 2006），及均质含水层（前期研究已证实）（Swartz et al., 2004）。

磁铁矿是研究区含水层沉积物中唯一含有 Fe（III）的矿物相（Polizzotto et al., 2006; Swartz et al., 2004），潜在电子受体，如氧气、硝酸盐和硫酸盐，含量均极低。研究区沉积物所有矿物中，已观测到的 150 μm 自生立方形磁铁矿晶体含有最高的砷物质的量浓度（Swartz et al., 2004）。通过磁铁矿与 0.5 mmol/L BDOC 相作用，可在沉积物每孔隙体积地下水中释放 0.47～0.87 μmol/L 砷，所有磁铁矿的溶解将释放 21～106 μmol/L 砷，远高于所观测到的最高砷物质的量浓度。柱实验和矿物学研究表明，微生物作用下混合 Fe（III）-Fe（II）矿物相的形成常伴随有砷的搭载（Coker et al., 2006; Kocar et al., 2006），因此其还原性溶解可导致砷［As（III）］的释放（Tufano and Fendorf, 2008）。磁铁矿是在沉积物中自然形成，因此其前期条件必利于磁铁矿的形成。然而，现行环境中，从热力学角度看，利于磁铁矿发生还原性溶解，模型中，池塘补给下 30 m 处含水层沉积物中磁铁矿在葡萄糖催化作用下，其还原性溶解的热力学吉布斯自由能为负值。

当池塘补给水源入渗至 30 m 含水层深度时，地下水中磷、钙、镁及钠升高。磁铁矿还原性溶解过程或磷灰石的生物风化可解释地下水磷浓度的升高（Mailloux et al., 2009; Welch et al., 2002）。喜马拉雅磷灰石的生物风化已被证实，该过程同时可造成砷的释放（Mailloux et al., 2009）。磷灰石溶解也可解释地下水钙浓度的升高，研究区观测结果（Harvey et al., 2002）发现地下水系统砷和钙间存在一定的相关性。研究区地下水碳酸盐矿物，如方解石、白云石，均处于不饱和状态，因此二者溶解可造成地下水中钙、镁和钠含量的升高。BDOC 被氧化成 DIC 时，可降低地下水 pH，同时促进硅酸盐风化，进而造成阳离子的释放。角闪石、钠长石和黑云母都存在于含水层沉积物中（Swartz et al., 2004），且硅酸盐的化学风化也可释放砷至地下水中（Seddique et al., 2008; Itai et al., 2008）。上述过程中磷酸盐、碳酸盐及硅酸盐的释放也可引起与砷的竞争吸附，进而促进沉积物砷的解吸，使得周围空隙水中砷含量升高。

菱铁矿、钒铁矿、SiO_2 及菱锰矿的沉淀是造成地下水中铁、锰及硅含量降低的主要原因，因为在 30 m 含水层中，上述矿物均处于过饱和状态。同时，在模型拟合计算（Swartz et al., 2004）过程中，也有上述矿物沉淀过程的发生。

7.5.3 对比研究及环境效应

大同盆地及孟加拉国浅层地下水系统中砷的迁移富集规律均明显受到地表人为活动影响。从灌溉水直接贡献角度分析，孟加拉国渔业及灌溉活动对浅表地下水近乎 100%的贡献率明显高于大同盆地氢氧同位素拟合计算贡献率（29%～93%），更为直接的影响是，孟加拉国采用直接抽取地下水进行灌溉，造成浅表地下水体中砷浓度同灌溉水源砷浓度相近，相反，大同盆地由于地表灌溉水源较低的砷浓度对浅层地下水砷的直接贡献较少。除此之外，受季节及农田耕作方式影响，大同盆地灌溉时长及频率明显低于孟加拉国。

从外源物质输入角度分析，大同盆地外源有机质输入主要组分为陆源有机质，如腐殖酸及富里酸，以大颗粒态有机输入为主，这表明其有机组分输入明显不同于孟加拉国渔业养殖作用下的外源有机输入。相较于微生物可直接利用的渔业有机质，此大颗粒态有机质较难被微生物直接降解利用。但此外源有机质的输入仍可在一定程度上增强浅层地下水系统中微生物作用，进而影响地下水系统中砷的迁移释放（Stuckey et al., 2016）。除外源有机质的直接输入外，地表农业活动也可造成氮源的额外输入，造成所观测到的部分浅层地下水中富含 NO_3^-，此 NO_3^- 可作为地下水系统微生物电子受体进而影响微生物活性，在一定程度上，加快微生物对铁锰氧化物/氢氧化物的还原性溶解，进而促进砷的释放。外源所输入的 SO_4^{2-} 也作为微生物还原性溶解的电子受体影响微生物活性。

两个研究区浅表环境地下水水化学的表征结果均表明，随着地下水农田灌溉的发展，原含水层地球化学补给及地下水流动模式已发生完全改变。多种理论过程可解释含水层砷随深度的变化趋势（Van Geen et al., 2008; Stute et al., 2007; McArthur et al., 2004）。但想准确预测一个特定位置地下水砷浓度的空间变化仍极具挑战性，因为：①新的补给源，如池塘或农田回灌水，均可造成地下水砷浓度的增加或降低；②地下水水流场模式的改变也可造成地下水砷浓度的变化，而通常大规模的冲刷作用可降低地下水砷浓度（Van Geen et al., 2008; Stute et al., 2007; McArthur et al., 2004）。在碎屑有机质或池塘外源有机质的输入促使之下，沉积物氧化物矿物发生还原溶解，可能造成地下水中砷含量在近百年时间内均处于较高水平。而所有的这些复杂过程均由大量的地下水水化学瞬时变化复合而成。地下水在含水层中的停留时间可为几十年到几个世纪（Harvey et al., 2006, 2002），数十年来的长期灌溉已极大地改变了含水层水流场模式。因此，天然地下水可能仍在进行自我调整去适应外界人为活动对其造成的影响，而整个过程又进一步造成含水层砷浓度发生波动。

参 考 文 献

郭华明, 王焰新, 王润福,等. 2002. 人类活动影响下的大同市浅层地下水环境演化[J]. 地质科技情报, 21(4):65-72.

郭华明, 杨素珍, 沈照理, 2007. 富砷地下水研究进展[J]. 地球科学进展, 22(11): 1109-1117.

王焰新, 郭华明, 阎世龙, 等, 2004. 浅层孔隙地下水系统环境演化及污染敏感性研究：以山西大同盆地为例[M]. 北京:科学出版社.

AKAI J, IZUMI K, FUKUHARA H, et al., 2004. Mineralogical and geomicrobiological investigations on groundwater arsenic enrichment in Bangladesh[J]. Applied geochemistry, 19 (2): 215-230.

AKAI J, KANEKIYO A, HISHIDA N, et al., 2008. Biogeochemical characterization of bacterial assemblages in relation to release of arsenic from South East Asia (Bangladesh) sediments[J]. Applied geochemistry, 23(11): 3177-3186.

ALLISON G B, 1982. The relationship between ^{18}O and deuterium in water and in sand columns undergoing evaporation[J]. Journal of hydrology, 76: 1-25.

ALONSO-AZCÁRATE J, BOTTRELL S H, MAS J R, 2006. Synsedimentary versus metamorphic control of S, O and Sr isotopic compositions in gypsum evaporites from the Cameros Basin, Spain[J]. Chemical geology, 234: 46-57.

BANNER J L, WASSERBURG G J, DOBSON P F, et al., 1989 . Isotopic and trace-element constraints on the origin and evolution of saline groundwaters from central Missouri[J]. Geochimica et cosmochimica acta, 53: 383-398.

BARNES C J, ALLISON G B, 1983. The distribution of deuterium and ^{18}O in dry soils: 1. Theory[J]. Journal of hydrology, 60: 141-156.

BARNES C J, ALLISON G B, 1988. Tracing of water movement in the unsaturated zone using stable isotopes of hydrogen and oxygen[J]. Journal of hydrology, 100: 143-176.

BAUER M, BLODAU C, 2006. Mobilization of arsenic by dissolved organic matter from iron oxides, soils and sediments[J]. Science of the total environment, 354: 179-190.

BENNER S G, POLIZZOTTO M L, KOCAR B D, et al., 2008. Groundwater flow in an arsenic-contaminated aquifer, Mekong Delta, Cambodia[J]. Applied geochemistry, 23: 3072-3087.

BGS, DFID, DPHE, 2001. Arsenic contamination of groundwater in Bangladesh[R]//KINNIBURGH D G, SMEDLEY P. LBGS Technical Report WC/00/19 Vol. 1 and 2. England:British Geological Survey.

BORCH T, KRETZSCHMAR R, KAPPLER A, et al., 2010. Biogeochemical redox processes and their impact on contaminant dynamics[J]. Environmental science and technology, 44: 15-23.

BOSE P, SHARMA A, 2002. Role of iron in controlling speciation and mobilization of arsenic in subsurface environment[J]. Water research, 36: 4916-4926.

BOSTICK B C, FENDORF S, BROWN G E, 2005. *In situ* analysis of thioarsenite complexes in neutral to alkaline arsenic sulphide solutions[J]. Mineralogical magazine, 69: 781-795.

BOWELL R J, 1994. Sorption of arsenic by iron oxides and oxyhydroxides in soils[J]. Applied geochemistry, 9(3): 279-286.

BULLEN T D, KRABBENHOFT D P, KENDALL C, 1996. Kinetic and mineralogic controls on the evolution of groundwater chemistry and $^{87}Sr/^{86}Sr$ in a sandy silicate aquifer, northern Wisconsin, USA[J]. Geochimica et cosmochimica acta, 60(10): 1807-1821.

BURTON E D, JOHNSTON S G, BUSH R T, 2011. Microbial sulfidogenesis in ferrihydrite-rich environments: effects on iron mineralogy and arsenic mobility[J]. Geochimica et cosmochimica acta, 75: 3072-3087.

BURTON E D, JOHNSTON S G, KRAAL P, et al., 2013a. Sulfate availability drives divergent evolution of arsenic speciation during microbially mediated reductive transformation of schwertmannite[J]. Environmental science and technology, 47(5): 2221-2229.

BURTON E D, JOHNSTON S G, PLANER-FRIEDRICH B, 2013b. Coupling of arsenic mobility to sulfur transformations during microbial sulfate reduction in the presence and absence of humic acid[J]. Chemical geology, 343: 12-24.

BUSBEE M W, KOCAR B D, BENNER S G, 2009. Irrigation produces elevated arsenic in the underlying groundwater of a semi-arid basin in Southwestern Idaho[J]. Applied geochemistry, 24(5): 843-859.

BUSCHMANN J, BERG M, 2009. Impact of sulfate reduction on the scale of arseniccontamination in groundwater of the Mekong, Bengal and Red River deltas[J]. Applied geochemistry, 24: 1278-1286.

CARTWRIGHT I, WEAVER T R, 2005. Hydrochemistry of the GoulburnValley region of the Murray Basin, Australia: implications for flow paths and resource vulnerability[J]. Hydrogeology journal, 13: 752-770.

CARTWRIGHT I, WEAVER T R, FIFIELD L K, 2006. Cl/Br ratios and environmental isotopes indicators of recharge variability and groundwater flow: an example from the southerst southeast Murray Basin: Australia[J]. Chemical geology, 231: 38-56.

CARTWRIGHT I, WEAVER T, CENDÓN D I, et al., 2010. Environmental isotopes as indicators of inter-aquifer mixing, Wimmera region, Murray Basin, Southeast Australia[J]. Chemical geology, 277(3/4): 214-226.

CHEN Z, NIE Z, ZHANG G, et al., 2006. Environmental isotopic study on the recharge and residence time of groundwater in the Heihe River Basin, northwestern China[J]. Hydrogeology Journal, 14: 1635-1651.

CHIN W W, 1998. The partial least squares approach to structural equation modeling[J]. Modern methods for business research, 295(2): 295-336.

CLARK I D, FRITZ P, 1997. Environmental isotopes Isotopes in hydrogeology[M]. New York: Lewis.

COKER V S, GAULT A G, PEARCE C, et al., 2006. XAS and XMCD evidence for species-dependentpartitioning of arsenic during microbial reduction of ferrihydrite to magnetite[J]. Environmental science and technology, 40: 7745-7750.

CORY R M, MCKNIGHT D M, 2005. Fluorescence spectroscopy reveals ubiquitous presence of oxidized and reduced quinones in dissolved organic matter[J]. Environmental science and technology, 39(21): 8142-8149.

CRAIG H, 1961. Isotopic variations in meteoric waters[J]. Science, 133: 1702-1703.

DAI Z, SAMPER J, RITZI JR R, 2006. Identifying geochemical processes by inverse modeling of multicomponent reactive transport in the Aquia aquifer[J]. Geosphere, 2 (4): 210-219.

DAVIS S N, WHITTEMORE D O, FABRYKA-MARTIN J, 1998. Uses of chlolride/bromide ratios in studies of potable water[J]. Ground water, 36: 338-351.

DITTMAR J, VOEGELIN A, MAURER F, et al., 2010. Arsenic in soil and irrigation water affects arsenic uptake by rice: complementary insights from field and pot studies[J]. Environmental science & technology, 44(23): 8842-8848.

DOWLING C B, POREDA R J, BASU A R, et al., 2002. Geochemical study of arsenic release mechanisms in the Bengal Basin groundwater[J]. Water resources research, 38(9): 12-18.

FAROOQ S H, CHANDRASEKHARAM D, BERNER Z, et al., 2010. Influence of traditional agricultural practices on mobilization of arsenic from sediments to groundwater in Bengal delta[J]. Water Resources, 44: 5575-5588.

FAURE H L, 1986. Principles of isotope geology[M]. New York:Wiley :589.

FENDORF S, MICHAEL H A, VAN GEEN A, 2010. Spatial and temporal variations of groundwater arsenic in south and southeast Asia[J]. Science, 328: 1123-1127.

FENG L H. WILLIAM M J, MARTIN S A A, 1997. Minor and trace element analyses on gypsum: an experimental study[J]. Chemical geology, 142(1/2): 1-10.

FROST C D, PEARSON B N, OGLE K M, et al., 2002. Sr isotope tracing of aquifer interactions in an area of accelerating coal-bed methane production, Powder River Basin, Wyoming[J]. Geology, 30: 923-926.

GAILLARDET J, DUPRÉ B, LOUVAT P, et al., 1999. Global silicate weathering and CO_2 consumption rates deduced from the chemistry of large rivers[J]. Chemical geology, 159(1/4): 3-30.

GARRELS R M , MACKENZIE F T, 1971. Gregor's denudation of the continents[J]. Nature, 231(5302):382-383.

GOLLER R, WILCKE W, LENG M J, et al., 2005. Tracing water paths through small catchments under a tropical montane rain forest in south Ecuador by an oxygen isotope approach[J]. Journal of hydrology, 308: 67-80.

GOSSELIN D C, HARVEY F E, FROST C, et al., 2004. Strontium isotope geochemistry of groundwater in the central part of the Dakota (Great Plains) aquifer, USA[J]. Applied geochemistry, 19(3): 359-377.

GUO H M, WANG Y X, 2004. Hydrogeochemical processes in shallow quaternary aquifers from the northern part of the Datong Basin, China[J]. Applied geochemistry, 19: 19-27.

GUO H, ZHANG B, WANG G, et al., 2010. Geochemical controls on arsenic and rare earth elements approximately along a groundwater flow path in the shallow aquifer of the Hetao Basin, Inner Mongolia[J]. Chemical geology, 270(1/4): 117-125.

HAQUE S, JOHANNESSON K H, 2006. Arsenic concentrations and speciation along a groundwater flow path: the Carrizo Sand aquifer, Texas, USA[J]. Chemical geology, 228(1/3): 57-71.

HARVEY C F, SWARTZ C H, BADRUZZAMAN A B M, et al., 2002. Arsenic mobility and groundwater extraction in Bangladesh[J]. Science, 298: 1602-1606.

HARVEY C F, ASHFAQUE K N, YU W, et al., 2006. Groundwater dynamics and arsenic contamination in Bangladesh[J]. Chemical geology, 228: 112-136.

HÖHN R, ISENBECK-SCHRÖTER M, KENT D B, et al., 2006. Tracer test with As(V) under variable redox conditions controlling arsenic transport in the presence of elevated ferrous iron concentrations[J]. Journal of contaminant hydrology, 88: 36-54.

IAEA/WMO (International Atomic Energy Agency-World Meteorological Organization), 2007. Global network of isotopes in precipitation[DB]. The GNIP database.

ISLAM F S, GAULT A G, BOOTHMAN C, et al., 2004. Role of metal-reducing bacteria in arsenic rclease from Bengal delta sediments[J]. Nature, 430: 68-71.

ITAI T, MASUDA H, SEDDIQUE A A, et al., 2008. Hydrological and geochemical constraints on the mechanism of formation of arsenic contaminated groundwater in Sonargaon, Bangladesh[J]. Applied geochemistry, 23: 2236-2248.

JACKS G, ŠLEJKOVEC Z, MÖRTH M, et al., 2013. Redox-cycling of arsenic along the water pathways in sulfidic metasediment areas in northern Sweden[J]. Applied geochemistry, 35: 35-43.

JACOBSON A D, WASSERBURG G J, 2005. Anhydrite and the Sr isotope evolution of groundwater in a carbonate aquifer[J]. Chemical geology, 214(3/4):331-350.

JARDINE P M, MCCARTHY J F, WEBER N L, 1989. Mechanisms of dissolved organic carbon adsorption on soil[J]. Soil science society of America Journal, 53 (5): 1378-1385.

JIANG H, HU B, CHEN B, XIA L, 2009. Hollow fiber liquid phase microextraction combined with electrothermal atomic absorption spectrometry for the speciation of arsenic(III) and arsenic(V) in fresh waters and human hair extracts[J]. Analytica chimica acta, 634(1): 15-21.

JOHNSON T M, DEPAOLO D J, 1994. Interpretation of isotopic data in groundwater-rock systems: model development and application to Sr isotope data from Yucca Mountain[J]. Water resources research, 30: 1571-1587.

JOHNSTON R B, SINGER P C, 2007. Redox reactions in the Fe-As-O_2 system[J]. Chemosphere, 69: 517-525.

JUNG H B, BOSTICK B C, ZHENG Y, 2012. Field, experimental and modeling study of arsenic partitioning across a redox transition in a Bangladesh aquifer[J]. Environmental science and technology, 46: 1388-1395.

KINSMAN D J J, 1969. Interpretation of Sr^{2+} concentrations in carbonate minerals and rocks[J]. Journal of sedimentary research, 39(2): 486-508.

KIRK M F, HOLM T R, PARK J, et al., 2004. Bacterial sulfate reduction limits natural arsenic contamination in groundwater[J]. Geology, 32: 953-956.

KLUMP S, KIPFER R, CIRPKA O A, et al., 2006. Groundwater dynamics and arsenic mobilization in Bangladesh assessed using noble gases and tritium[J]. Environmental science and technology, 40:243-250.

KOCAR B D, HERBEL M J, TUFANO K J, et al., 2006. Contrasting effects of dissimilatory iron(III) and arsenic(V) reduction on arsenic retention and transport[J]. Environmental science and technology, 40: 6715-6721.

KOCAR B D, POLIZZOTTO M L, BENNER S G, et al., 2008. Integrated biogeochemical and hydrologic processes driving arsenic release from shallow sediments to groundwaters of the mekong delta[J]. Applied geochemistry, 23 (11): 3059-3071.

KOCAR B D, BORCH T, FENDORF S, 2010. Arsenic repartitioning during biogenicsulfidization and transformation of ferrihydrite. [J]. Geochimica et cosmochimica acta, 74: 980-994.

KRÄNZLIN I, 2000. Pond management in rural bangladesh: problems and possibilities in the context of the water supply crisis[J]. Natural resources forum, 24 (3): 211-223.

LOWERS H A, BREIT G N, FOSTER A L, et al., 2007. Arsenic incorporation into authigenic pyrite, bengal basin sediment,Bangladesh[J]. Geochimica et cosmochimica acta, 71: 2699-2717.

MAILLOUX B J, ALEXANDROV A E, KEIMOWITZ A R, et al.,2009. Microbial mineral weathering for nutrient acquisition releases arsenic[J]. Applied environment microbiology, 75: 2558-2565.

MATSUNAGA T, KARAMETAXAS G, VON GUNTEN H R, et al., 1993. Redox chemistry of iron and manganese minerals in river-recharged aquifers: a model interpretation of a column experiment[J]. Geochimica et cosmochimica acta, 57: 1691-1704.

MCARTHUR J M, BANERJEE D M, HUDSON-EDWARDS K A, et al., 2004. Natural organic matter in sedimentary basins and its relation to arsenic in anoxic ground water: the example of West Bengal and its worldwide implications[J]. Applied geochemistry, 19: 1255-1293.

MCCLESKEY R B, NORDSTROM D K, RYAN J N, et al., 2012. A new method of calculating electrical conductivity with applications to natural waters[J]. Geochimica et cosmochimica acta, 77: 369-382.

MCKNIGHT D M, BOYER E W, WESTERHOFF P K, et al., 2001. Spectrofluorometric characterization of dissolved organic matter for indication of precursor organic material and aromaticity[J]. Limnology and oceanography, 46(1): 38-48.

MEHARG A A, RAHMAN M, 2003. Arsenic contamination of Bangladesh paddyfield soils: implications for rice contribution to arsenic consumption[J]. Environmental science and technology, 37: 229-234.

MICHAEL H A, VOSS C I, 2008. Evaluation of the sustainability of deep groundwater as an arsenic-safe resource in the Bengal Basin[J]. Proceedings of the national academy of sciences, USA, 105:8531-8536.

MLADENOV N, ZHENG Y, MILLER M P, et al., 2010. Dissolved organic matter sources and consequences for iron and arsenic mobilization in bangladesh aquifers[J]. Environmental science and technology, 44 (1): 123-128.

MUNK L, HAGEDORN B, SJOSTROM D, 2011. Seasonal fluctuations and mobility of arsenic in groundwater resources, Anchorage, Alaska[J]. Applied geochemistry, 26: 1811-1817.

NAKAYA S, NATSUME H, MASUDA H, et al., 2011. Effect of groundwater flow on forming arsenic contaminated groundwater in Sonargon, Bangladesh[J]. Journal of hydrology, 409 (3/4): 724-736.

NATH B, SAHU S J, JANA J, et al., 2007. Hydrochemistry of arsenic-enriched aquifer from rural West Bengal. , India: a study of the arsenic exposure and mitigation option[J]. Water air soil pollution, 190: 95-113.

NATH B, STUBEN D, MALLIK S B, et al., 2008. Mobility of arsenic in West Bengal aquifers conducting low and high groundwater arsenic. Part I: comparative hydrochemical and hydrogeological characteristics[J]. Applied geochemistry, 23: 977-995.

NEUMANN R B, POLIZZOTTO M L, BADRUZZAMAN A B M, et al., 2009. The hydrology of a groundwater-irrigated rice field in Bangladesh: seasonal and daily mechanisms of infiltration[J]. Water resources reseach, 45: W09412.

NEUMANN R B, ASHFAQUE K N, BADRUZZAMAN A B M, et al., 2010. Anthropogenic influences on groundwater arsenic concentrations in Bangladesh. Nature geoscience, 3(1): 46-52.

NICKSON R, MCARTHUR J, BURGESS W, et al., 1998. Arsenic poisoning of Bangladesh groundwater[J]. Nature, 395: 338.

NICKSON R T, MCARTHUR J M, RAVENSCROFT P, et al., 2000. Mechanism of arsenic release to groundwater,

Bangladesh and West Bengal[J]. Applied geochemistry, 15: 403-413.

NORRA S, BERNER Z A, AGARWALA P, et al., 2005. Impact of irrigation with As rich groundwater on soil and crops: A geochemical case study in West Bengal Delta Plain, India[J]. Applied geochemistry, 20: 1890-1906.

ONSTOTT T C, CHAN E, POLIZZOTTO M L, et al., 2011. Precipitation of arsenic under sulfate reducing conditions and subsequent leaching under aerobic conditions[J]. Applied geochemistry, 26: 269-285.

PALMER N E, VON WANDRUSZKA R, 2010. Humic acids as reducing agents: the involvement of quinoid moieties in arsenate reduction[J]. Environmental science and pollution research, 17(7): 1362-1370.

PANAULLAH G M, ALAM T, HOSSAIN M B, et al., 2009. Arsenic toxicity to rice (oryza sativa l.) in bangladesh[J]. Plant and soil, 317 (1): 31-39.

PEDERSEN H D, POSTMA D, JAKOBSEN R, 2006. Release of arsenic associated with the reduction and transformation of iron oxides[J]. Geochimica et cosmochimica acta, 70: 4116-4129.

PLANER-FRIEDRICH B, LONDON J, MCCLESKEY R B, et al., 2007. Thioarsenates in geothermal waters of yellowstone national park:determination, preservation, and geochemical importance[J]. Environmental science and technology, 41: 5245-5251.

POLIZZOTTO M L, HARVEY C F, LI G, et al., 2006. Solid-phases and desorption processes of arsenic within Bangladesh sediments. Chemistry[J]. Geology, 228: 97-111.

POLIZZOTTO M L, KOCAR B D, BENNER S G, et al., 2008. Near-surface wetland sediments as a source of arsenic release to Ground water in Asia[J]. Nature, 454: 504-508.

POSTMA D, JESSEN S, HUE N T M, et al., 2010. Mobilization of arsenic and iron from Red River floodplain sediments,Vietnam[J]. Geochimica et cosmochimica acta, 74: 3367-3381.

PRICE R E, PICHLER T, 2006. Abundance and mineralogical association of arsenic in the Suwannee Limestone (Florida): Implications for arsenic release during water-rock interaction[J]. Chemical geology, 228: 44-56.

QUICKSALL A N, BOSTICK B C, Sampson M L, 2008. Linking organic matter deposition and iron mineral transformations to groundwater arsenic levels in the Mekong delta, Cambodia[J]. Applied geochemistry, 23: 3088-3098.

REZA A H M S, JEAN J S, LEE M K, et al., 2010. Implications of organic matter on arsenic mobilization into groundwater: evidence from northwestern (Chapai-Nawabganj), central(Manikganj) and southeastern (Chandpur) Bangladesh[J]. Water resource, 44: 5556-5574.

RICHER B C, KREITLER C W, 1993. Geochemical techniques for identifying sources of groundwater salinization[M]. Boca Ration:CRC Press.

ROWLAND H A L, 2008. The control of organic matter on microbially mediated iron reduction and arsenic release in shallow alluvial aquifers, Cambodia[J]. Geobiology, 6: 187.

ROWLAND H A L, PEDERICK R L, POLYA D A, et al., 2007. The control of organic matter on microbially mediated iron reduction and arsenic release in shallow alluvial aquifers, Cambodia[J]. Geobiology, 5(3):281-292.

ROBERTS L C, HUG S J, DITTMAR J V, et al., 2007. Spatial distribution and temporal variability of arsenic in irrigated rice fields in bangladesh: Irrigation water[J]. Environmental science and technology, 41 (17): 5960-5966.

SAHA G C, ALI M A, 2007. Dynamics of arsenic in agricultural soils irrigated with arsenic contaminated groundwater in bangladesh[J]. Science of the total environment, 379 (2/3): 180-189.

SALAMEH E, 2004. Using environmental isotopes in the study of the recharge-discharge mechanisms of the Yarmouk catchment area in Jordan[J]. Hydrogeology Journal, 12: 451-463.

SANDERS L L, 1991. Geochemistry of formation water from the lower Siluriain Clition formation (Albian, Sandstone), Eastern Ohio[J]. American association of petroleum geologists bulletin, 75: 1593-1608.

SAUNDERS J A, LEE M K, SHAMSUDDUHA M, et al., 2008. Geochemistry and mineralogy of arsenic in (natural) anaerobic groundwaters[J]. Applied geochemistry, 23(11): 3205-3214.

SEDDIQUE A A, MASUDA H, MITAMURA M, et al., 2008. Arsenic release from biotite into a Holocene groundwater aquifer in Bangladesh[J]. Applied geochemistry, 23: 2236-2248.

SENGUPTA S, MCARTHUR J M, SARKAR A, et al., 2008. Do ponds cause arsenic-pollution of groundwater in the Bengal basin? An answer from West Bengal[J]. Environmental science and technology, 42: 5156-5164.

SERVAIS P, BILLEN G, HASCOET M C, 1987. Determination of the biodegradablefraction of dissolved organic matter in waters[J]. Water resources, 21: 445-450.

SHAMSUDDUHA M, UDDIN A, SAUNDERS J A, et al., 2008. Quaternary stratigraphy, sediment characteristics and geochemistry of arsenic-contaminated alluvial aquifers in the Ganges-Brahmaputra floodplain in central Bangladesh[J]. Journal of contaminant hydrology, 99(1/4): 112-136.

SMEDLEY P L, KINNIBURGH D G, 2002. A review of the source, behaviour and distribution of arsenic in natural waters[J]. Applied geochemistry, 17: 517-568.

STAUDER S, RAUE B, SACHER F, 2005. Thioarsenates in sulfidic waters[J]. Environmental science and technology, 39: 5933-5939.

STEDMON C A, MARKAGER S, 2005. Resolving the variability in dissolved organic matter fluorescence in a temperate estuary and its catchment using PARAFAC analysis[J]. Limnology and oceanography, 50(2): 686-697.

STOLLENWERK K G, 2003. Geochemical processes controlling transport of arsenic in groundwater: a review of adsorption[M]//WELCH A H, STOLLENWERK K G. Arsenic in Ground water: geochemistry and occurrence. Boston: Kluwer academic publishers: 67-100.

STOLLENWERK K G, BREIT G N, WELCH A H, et al., 2007. Arsenic attenuation by oxidized aquifer sediments in Bangladesh[J]. Science of the total environment, 379: 133-150.

STUCKEY J W, SCHAEFER M V, KOCAR B D, et al., 2016. Arsenic release metabolically limited to permanently water-saturated soil in mekong delta[J]. Nature geoscience, 9 (1): 70.

STUTE M, ZHENG Y, SCHLOSSER P, et al., 2007. Hydrological control of As concentrations in Bangladesh groundwater[J]. Water resources research, 43: W09417.

SU C L, 2006. Regional hydrogeochemistry and genesis of high arsenic groundwater at Datong Basin, Shanxi Province[D]. Wuhan: China University of Geosciences, Wuhan.

SWARTZ C H, BLUTE N K, BADRUZZMAN B, et al., 2004. Mobility of arsenic in a Bangladesh aquifer: Inferences from geochemical profiles, leaching data, and mineralogical characterization[J]. Geochimica et cosmochimica acta, 68:

4539-4557.

TRANTER M, LAMB H R, BOTTRELL S H, et al., 1997. Preliminary investigation into the utility of $\delta^{34}S$ and $^{87}Sr/^{86}Sr$ as tracers of bedrock weathering and hydrologic flowpaths beneath an Alpine glacier[J]. International association of hydrological sciences publication, 244: 317-324.

TUFANO K J, FENDORF S, 2008. Confounding impacts of iron reduction on arsenic retention[J]. Environmental science and technology, 42: 4777-4783.

ULIANA M M, BANNER J L, SHARP JR J M, 2007. Regional groundwater flow paths in Trans-Pecos, Texas inferred from oxygen, hydrogen, and strontium isotopes[J]. Journal of hydrology, 334(3/4): 334-346.

VAN GEEN A, AHMED K M, GRAZIANO J H, 2004. Arsenic in Bangladesh groundwater: from science to mitigation[C]//American Geophysical Union, Fall Meeting Abstracts. [S. l.]:[s. n.].

VAN GEEN A, ZHENG Y, CHENG Z, et al., 2006. Impact of irrigating rice paddies with groundwater containing arsenic in Bangladesh[J]. Science of the total environment, 367: 769-777.

VAN GEEN A, CHENG Z, JIA Q, et al., 2007. Monitoring 51 community wells in Araihazar, Bangladesh,for up to 5 years: Implications for arsenic mitigation[J]. Journal of Environmental science health, A42: 1729-1740.

VAN GEEN A, ZHENG Y, GOODBRED JR S, et al., 2008. Flushing history as a hydrogeological control on the regional distribution of arsenic in shallow groundwater of the Bengal Basin[J]. Environmental science and technology, 42: 2283-2288.

VEIZER J, MACKENZIE F T, 1971. Evolution of Sedimentary Rocks[J]. Treatise on geochemistry, 9:399-435.

VERPLANCK P L, MUELLER S H, GOLDFARB R J, et al., 2008. Geochemical controls of elevated arsenic concentrations in groundwater, Ester Dome, Fairbanks district, Alaska[J]. Chemical geology, 255: 160-172.

WANG Y, GUO Q, SU C, et al., 2006. Strontium isotope characterization and major ion geochemistry of karst water flow, Shentou, Northern China[J]. Journal of hydrology, 328(3/4): 592-603.

WANG Y, SHVARTSEV S L, SU C, 2009. Genesis of arsenic/fluoride-enriched soda water: A case study at Datong, northern China[J]. Applied geochemistry, 24(4): 641-649.

WEBER F A, HOFACKER A F, VOEGELIN A, et al., 2010. Temperature dependence and coupling of iron and arsenic reduction and release during flooding of a contaminated soil[J]. Environmental science and technology, 44: 116-122.

WEISHAAR J L, AIKEN G R, BERGAMASCHI B A, et al., 2003. Evaluation of specific ultraviolet absorbance as an indicator of the chemical composition and reactivity of dissolved organic carbon[J]. Environmental science and technology, 37(20): 4702-4708.

WELCH S A, TAUNTON A E, BANFIELD J F, 2002. Effect of microorganisms and microbial metabolites on apatite dissolution[J]. Geomicrobiology Journal, 19: 343-367.

WHO(World Health Organization), 1993. Guideline for drinking water quality: recommendations 1[R]. 2nd ed. Geneva:World Health Organization.

WHO(World Health Organization), 2006. Guideline for drinking water quality first addendum[R]. 3rd ed. Geneva:World Health Organization.

WU S B, KUSCHK P, WIESSNER A, et al., 2013. Sulphur transformations in constructed wetlands for wastewater treatment: a review[J]. Ecological engineering, 52: 278-289.

XIE X, WANG Y, SU C, et al., 2008. Arsenic mobilization in shallow aquifers of Datong Basin: hydrochemical and mineralogical evidences[J]. Journal of geochemical exploration, 98(3): 107-115.

XIE X, ELLIS A, WANG Y, et al., 2009. Geochemistry of redox-sensitive elements and sulfur isotopes in the high arsenic groundwater system of Datong Basin, China[J]. Science of the total environment, 407(12): 3823-3835.

XIE X, WANG Y, SU C, 2012a. Hydrochemical and sediment biomarker evidence of the impact of organic matter biodegradation on arsenic mobilization in shallow aquifers of Datong Basin, China[J]. Water air soil pollution, 223: 483-498.

XIE X, WANG Y, SU C, et al., 2012b. Influence of irrigation practices on arsenic mobilization: Evidence from isotope composition and Cl/Br ratios in groundwater from Datong Basin, northern China[J]. Journal of hydrology, 424-425: 37-47.

XIE X, WANG Y, ELLIS A, et al., 2013a. Multiple isotope (O, S and C) approach elucidates the enrichment of arsenic in the groundwater from the Datong Basin, northern China[J]. Journal of hydrology, 498: 103-112.

XIE X, WANG Y, ELLIS A, et al. 2013b. Delineation of groundwater flow paths using hydrochemical and strontium isotope composition: a case study in high arsenic aquifer systems of the Datong Basin, northern China[J]. Journal of hydrology, 476: 87-96.

XIE X, JOHNSON T M, WANG Y, et al., 2013c. Mobilization of arsenic in aquifers from the Datong Basin, China: evidence from geochemical and iron isotopic data[J]. Chemosphere, 90: 1878-1884.

XIE X, JOHNSON T M, WANG Y, et al., 2014. Pathways of arsenic from sediments to groundwater in the hyporheic zone: evidence from an iron isotope study[J]. Journal of hydrology, 511: 509-517.

XIE X, WANG Y, LI J, et al.,2015. Effect of irrigation on Fe(III)–SO_4^{2-} redox cycling and arsenic mobilization in shallow groundwater from the Datong basin, China: Evidence from hydrochemical monitoring and modeling[J]. Journal of hydrology, 523:128-138.

ZAGANA E, OBEIDAT M, KUELLS C, et al., 2007. Chloride, hydrochemical and isotope methods of groundwater recharge estimation in eastern Mediterranean areas: a case study in Jordan[J]. Hydrological process, 21: 2112-2123.

ZHANG Z, 1960. Hydrogeological characteristics of Cenozoic Graben basin in Shanxi platform[J]. Hydrogeology and engineering geology (3): 10-12.

ZHANG J G, ZHAO H J, 1987. Water resource management in Shanxi Province[J]. Ground water, 4: 232-234.

ZHENG Y, STUTE M, VAN GEEN A, et al., 2004. Redox control of arsenic mobilization in Bangladesh groundwater[J]. Applied geochemistry, 19: 201-214.

ZHENG Y,VAN GEEN A, STUTE M, et al., 2005. Geochemical and hydrogeological contrasts between shallow and deeper aquifers in two villages of Araihazar, Bangladesh: implicationsfor deeper aquifers as drinking water sources[J]. Geochimica et cosmochimica acta, 69: 5203-5218.

ZHU W, YOUNG L Y, YEE N, et al., 2008. Sulfide-driven arsenic mobilization from arsenopyrite and black shale pyrite[J]. Geochimica et cosmochimica acta, 72: 5243-5250.

ZOBRIST J, DOWDLE P R, DAVISE J A, et al., 2000. Mobilization of arsenite by dissimilatory reduction of adsorbed arsenate[J]. Environmental science and technology, 34: 4747-4753.

潜流带砷的迁移富集 第8章

8.1 潜流带结构与组成

早在20世纪40年代至60年代，世界各国学者已经开始关注地下水-地表水之间的相互联系（Rorabaugh, 1964; Theis, 1941）。随着人们对水循环中地下水与地表水相互转化认识的不断深入，研究人员逐渐把地下水和地表水作为统一的水资源系统进行研究和管理（Bouwer and maddock, 1997）。1959年，Orghidan首次提出了潜流的概念，并从生态学角度出发认为潜流带（hyporheic zone）为生物的重要栖息地。针对潜流带系统内砷的迁移转化规律刻画，目前研究程度较为薄弱，而潜流带由于其生物活动及人为扰动形成的多过程参与的复杂环境，可不同程度地影响该系统内砷的一些迁移释放过程。基于此，本章在刻画潜流带结构特征的基础上，运用水动力-化学过程耦合模型，探究潜流带砷的迁移规律。

8.1.1 潜流带结构

潜流带用来描述两个群落之间的交汇部分。现在最普遍的定义为：潜流带是位于河流河床之下并延伸至河流边岸地带的水分饱和的沉积物层（滕彦国 等, 2007），河流地表水和地下水在该区域进行双向混合和迁移，地表水和地下水在此发生物质和能量的交换（金光球和李凌，2008）。潜流带的重要特征是同时含有地表水和地下水，Valett 等（1993）将潜流带描述为位于河道以下地表水和地下水发生交换的区域；Triska 等（1989）通过设定地下水和河水的混合比例对潜流带定义进行了量化，即地表水含量大于10%但小于98%为相互作用的潜流带；Vervier 和 Naiman（1992）则强调潜流带的生态交错带性质，潜流带是地表水和地下水的生态交错区，这一边界在空间和时间上处于动态变化之中。另外，从生物学方面对潜流带的定义是，潜流带是潜流层生物（hyporheos）存在的区域（Stanford and Ward, 1993）。无论何种定义，潜流带都连接着河流的陆地、地表水和地下，对于维持河流或溪流的连续性有着重要意义。潜流带位置示意图见图8-1-1。

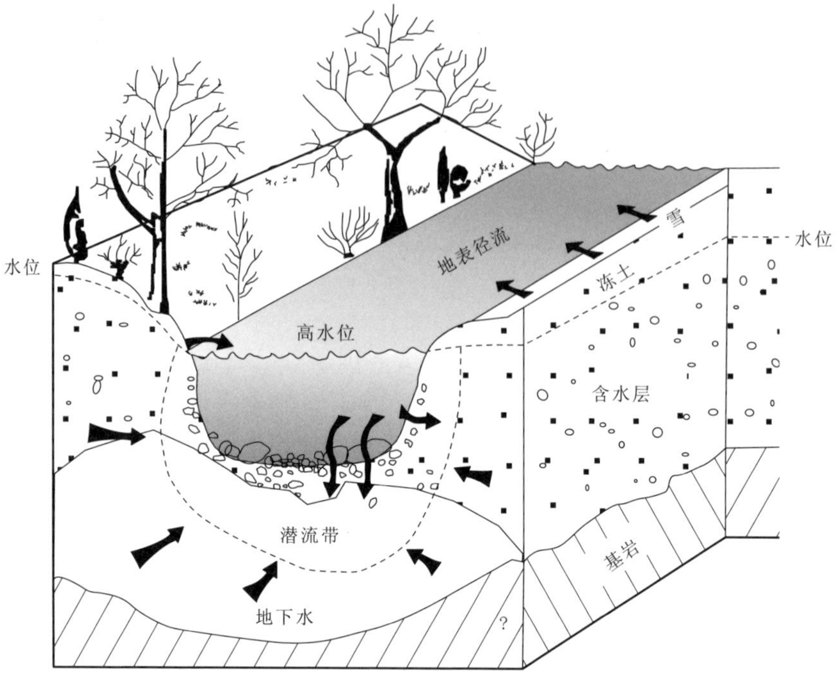

图 8-1-1　潜流带示意图

潜流带对河流及地下水生态系统具有十分重要的作用，其强大的生态功能可为生物提供栖息地、食物，为残留物种提供保护区，还具有缓冲作用等，被称为“河流的肝脏”（滕彦国 等，2007）。不仅如此，潜流带在河流的自净过程中也发挥着重要作用。潜流带由具有一定形状、粒径的细粒沉积物构成，这些细粒沉积物决定了潜流带中大部分的物理和化学过程。由于具有较大的孔隙率和比表面积，沉积物颗粒上生长着一层生物膜，这层生物膜在河流有机物的分解和水质净化中起着重要的作用。

潜流带是地表水与地下水相互作用的界面，根据水的运动行为的不同，通常可以分为上升流和下降流（Hendricks, 1993）。地表水的流入即下渗水为潜流带中生长的微生物输送了有机物、溶解氧和营养物质，并携带许多微型无脊椎动物进入沉积物孔隙，也有可能带来重金属、无机物等污染物质。这些外源物质的输入均可不同程度地影响潜流带区域微生物群落活性，进而影响微生物参与下砷的迁移富集过程。

潜流带的沉积物组成在不同河流生态系统中往往差异较大，且多呈多元组合状态。其中，在靠近河岸地带，通常分布有砾石层，而距河岸稍远的地带则有可能分布有黏土、粗砂、细砂、粉砂等，河床底部还沉积着一层含有丰富有机质的淤泥，这些粒径不同的沉积物影响着潜流带中水流的动态及流速，以及水中携带的各种物质含量，因而能够影响在其上生长的微生物类型（金光球和李凌，2008）。潜流带中水的流动通常是孔隙流型，它是水力梯度和河床孔隙度的产物（滕彦国等，2007）。沉积物粒径较大即孔隙率较大的地带，水的流速较大，其中夹带的溶解氧及有机物质较多，生物地球化学作用较为活跃；而沉积物粒径细小的地带则可能产生水流缓慢或不流动的区域，在这些区域，较易发生厌氧过程。另外，沉积物孔隙中还会生长各种无脊椎动物，包括甲壳类、节肢类、桡足类、轮虫类、水螨、介形虫等，这些生物在潜流带中的物质转化中也发挥着重要的生态功能（金光球和李凌，2008）。

8.1.2　潜流带物质循环

O、C、Fe、Mn、N、S 是对环境氧化还原、酸碱度等条件变化极为敏感的元素，其组成的化合物和物质广泛参与地表水与地下水交互作用过程中的氧化还原、溶解沉淀、吸附解吸、同化和异化等生物地球化学过程，对地表水与地下水之间的物质循环，能量转化、重金属的固定与迁移等过程起着至关重要的作用，是过去三十多年来地表水-地下水交互作用带生物地球化学研究最多且最为充分的元素。已有研究表明，上述多种氧化还原敏感元素均参与砷的微生物释放过程，均可作为微生物电子受体而影响固相中砷的迁移释放（Stuckey et al., 2016）。

地表水与地下水之间存在物理、化学和生物性状的差异，因此，随着地表水与地下水的混合，在下降流区（downwelling，水流由相对氧化的地表水向相对还原的地下水径流的区域）或上升流区（upwelling，水流由相对还原的地下水向地表水径流的区域）沿着水流路径（亦称潜流交错流）均会形成特定的物理、化学梯度，进而形成特定的生物群落分带格局，并发生不同的生物地球化学过程（Malard et al., 2002）。

如潜流带元素生物地球化学循环图（图 8-1-2）所示：在下降流区，沿着水流路径由浅至深，Eh 降低。在相对氧化的靠近地表水的区域，好氧细菌直接消耗氧气好氧分解有机碳（James et al., 2002）。随着水流往地下水径流，在好氧细菌消耗和混合作用的共同作用下，氧气消耗殆尽，此时，反硝化细菌开始活跃，并氧化有机物、Mn^{2+}、Fe^{2+}、H_2S 等还原性物质，将硝酸盐转化为氮气（Robert et al., 1996）。随着 Eh 值进一步降低，此时，反硝化细菌厌氧分解有机碳将 NO_3^- 进一步同化为 NH_4^+（Böhlke et al., 2009; Triska et al., 1993）。当 Eh 值进一步降低，厌氧菌厌氧分解有机物并释放出有机酸引起 pH 降低，$Fe(OH)_3$ 和 MnO_2 溶解，并被相应的还原菌还原为 Fe^{2+} 和 Mn^{2+} 而发生迁移（Bourg, 1993）。随着有机物的分解及 CO_2 的释放和 pH 进一步降低，$Fe(OH)_3$ 固体进一步转化为 $FeCO_3$（Caruso et al., 2008）。在较强的还原环境中，硫酸盐还原菌开始活跃，硫酸盐还原菌厌氧

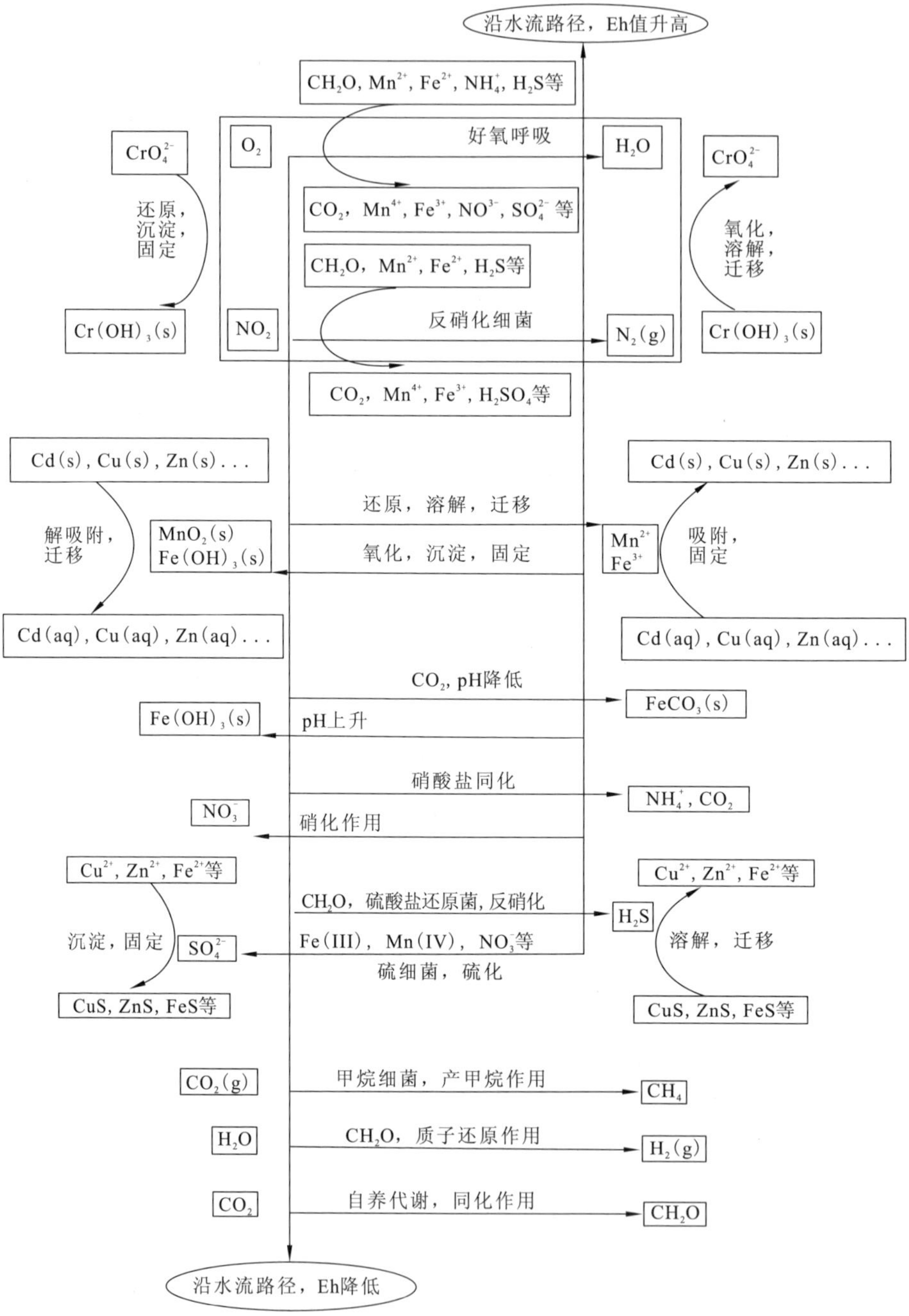

图 8-1-2　潜流带元素地球化学循环（Rivett et al., 2008; Caruso et al., 2008; Craft et al., 2002; Bourg and Bertin, 1993）

分解有机物，将硫酸盐还原为硫化氢（David, 2002）。在完全厌氧条件下，在水流路径上将依次发生甲烷细菌催化作用下的产甲烷过程及细菌的自养代谢过程（Hlavácová et al., 2005; Jones et al., 1995, 1994）。

与下降流区相反的是，在上升流区，沿着水流路径，相对还原的地下水与相对氧化的地表水混合比例逐渐增大，环境中 Eh 值逐渐升高，微生物群落由厌氧逐渐转化为好氧，使得在水流路径上依次发生硫细菌催化作用下的硫化过程（Grimm and Fisher, 1984）、硝化细菌催化作用下的 NH_4^+ 硝化过程（Kellman and Claude, 1998; Jeremy et al., 1995）、Mn^{2+}、Fe^{2+} 在微生物催化作用下的氧化和沉淀过程及好氧代谢分解有机碳的过程（Harvey and Fuller, 1998）。

伴随着上述元素的迁移转化，潜流带中的砷也发生着氧化还原、吸附解吸、溶解沉淀和迁移固定的过程。如地表水-地下水交互带，地表水完全覆盖，地下水区域偏还原环境，当外源硝酸等高阶微生物电子受体富集时，可增强地下水系统微生物活性，利用固相有机质作为电子供体产能，在此过程中，可进一步造成富砷铁氧化物/氢氧化物矿物发生还原性溶解，进而促进局部环境中砷的迁移释放（Appelo and Postma, 2005）。当氧化还原环境偏向氧化环境时，上述过程则在一定程度上受到抑制，进而抑制固相砷的释放，同时，在氧化环境中形成的铁的氧化物矿物可吸附一定量的砷，进而造成液相中砷浓度的降低。当交互区氧化还原环境偏向强还原环境时，造成有机质碳的进一步深度氧化降解，形成甲烷等，已有研究表明，该环境利于砷在水体中富集（Gandy et al., 2007）。

从地表水-地下水交互作用中上述元素的生物地球化学特点可以得出如下三点。

（1）交互作用带水流路径上元素生物地球化学特点很大程度上受控于由水动力条件、水文地质结构所决定的沿水流路径上呈梯度分布的 pH、Eh 值、溶质浓度、微生物群落分布等物理、化学和生物因子的分带性；通过各种监测技术手段揭示潜流交错流上这些因子时空分布特点，将有助于揭示发生在潜流交错流水流路径上的生物地球化学过程。

（2）交互作用带空间分布尺度往往随地表水、地下水水位差及地形等因素的变化较大，从数厘米至数千米，从沉积尺度到河段尺度甚至到子流域、流域尺度变化。且在沉积尺度和河段尺度下通常呈三维流。沿着水流路径物理、化学和生物分带通常并非呈现图 8-1-2 所示的分布规律（如受有机物污染的河流与地下水交互作用、傍河取水过程中河水与地下水的交互作用等）；而受监测技术条件的制约，对不同尺度下元素的生物地球化学的研究还停留在定性阶段；同时又缺乏一个统一的尺度间定量转化的准则，因此，对上述元素生物地球化学的研究往往只局限在对某一特定尺度的研究。数值模拟技术的发展为不同尺度间元素生物地球化学的转化和预测提供了可能。

（3）微生物是地表水-地下水交互作用带元素生物地球化学作用的直接参与者；因此，也是交互作用带生物地球化学的直接证据。对潜流交错流水流路径上微生物群落大小、结构、种类、数量及活性等分带的研究，是揭示水流路径上生物地球化学的直接手段。

因此，地表水-地下水交互作用带生物地球化学研究进展实际上就是针对于交互作用带的各种监测技术手段、尺度效应、数值模拟技术及生物技术的研究进展。

8.1.3 潜流带中的砷

目前，已有大量工作针对地下水中砷的迁移富集开展了系统的研究，发现影响砷的迁移释放主控过程包括吸附/解吸、铁氧化物/氢氧化物的还原溶解、微生物参与下的氧化还原等。上述过程同样影响着潜流带区域内砷的迁移富集。

1. 吸附/解吸过程

铁氧化物/氢氧化物对砷具有较强吸附能力，Fe（III）矿物的微生物还原产物，包括 $Fe(OH)_2$、$FeCO_3$、FeS 能再次吸附在 Fe（III）矿物表面上。结晶态 Fe（III）氧化物/氢氧化物与弱结晶态 Fe（III）氧化物/氢氧化物对砷的吸附能力有很大差别（Jung et al., 2009）。大量沉积物提取实验表明，结晶态 Fe（III）氧化物/氢氧化物是主要携砷矿物（Niazi et al., 2011; Postma et al., 2010；Xie et al., 2009; Guo et al., 2008）。由于溶解/沉淀及铁矿物之间的转换会导致铁矿物表面吸附点位密度的变化，进而造成砷在地下水和沉积物之间的分离，所以结晶态 Fe（III）氧化物/氢氧化物向弱结晶态 Fe（III）氧化物/氢氧化物的转化，将导致砷在含水层中发生迁移（Xie et al., 2013c; Sharma and Sohn, 2009; Dixit and Hering, 2003; Cummings et al., 1999）。

2. 氧化/还原过程

氧化还原过程也是控制砷在地下水中迁移转化的一个重要过程（Welch et al., 2000; Corwin et al., 1999）。Xie 等（2013b）耦合 C、S 和 O 同位素（$\delta^{13}C$、$\delta^{34}S$、$\delta^{18}O$）对大同盆地地下水砷的富集进行研究，指出控制砷在地下水迁移富集的两个主要过程：①在含水层沉积物或非饱和带中，有机质氧化、富砷结晶态的 Fe（III）氧化物/氢氧化物及 SO_4^{2-} 的还原过程是控制砷在地下水中迁移的主要过程；②无明显 SO_4^{2-} 还原，仅存在无定形态 Fe（III）氢氧化物矿物的还原，该过程仅适于解释少量地下水砷异常点。在沉积环境相似区，如越南红河三角洲（Larsen et al., 2008）、孟加拉国（Nickson et al., 2000），整体上可将上述机理概括为 As-Fe 和 As-S-Fe 两个模型。

（1）As-Fe 氧化还原模型：Fe（III）氢氧化物主要以包裹体形式存在，砷的行为与 Fe（III）氢氧化物包裹体密切相关。低 Eh 值条件下，Fe（III）氢氧化物的还原溶解将导致大量被吸附的砷释放到地下水中。另外，微生物还原有机质时优先利用 ^{12}C，降低了溶解有机碳（DIC）中的 $\delta^{13}C$ 值；与 $\delta^{13}C$ 值的变化相比，地下水中的 Fe 浓度明显增加，这表明微生物氧化有机质过程中发生了无定形态 Fe（III）氢氧化物矿物的还原。因此，Fe（III）氧化物/氢氧化物上 As 的解吸及碱性条件下富铁矿物的还原溶解是控制砷在地下水中的迁移转化的主要过程。

（2）As-S-Fe 模型：S 可以通过形成硫化物沉淀移除砷或通过硫化物的氧化迁移砷（Lowers et al., 2007; Kirk et al., 2004; Peters and Blum, 2003; Schreiber et al., 2000; Mallik and Rajagopal, 1996; Mandal et al., 1996）。Xie 等（2009）通过硫酸盐中 $\delta^{34}S$ 比值的变化探讨了硫的地球化学循环，表明盆地内同时发生着硫酸盐的微生物还原及硫化物的氧化过程。Xie 等（2009）通过分析 DIC 中 $\delta^{13}C$ 的变化及 SO_4^{2-} 中 $\delta^{34}S$ 和 $\delta^{18}O$ 的变化，指出结晶态 Fe（III）氧化物/氢氧化物的还原与 SO_4^{2-} 还原共同控制大同盆地砷在地下水中的迁移富集。Fe（III）氧化物/氢氧化物的还原产物及 Fe（II）和 SO_4^{2-} 的还原产物 HS^-，在厌氧条件下极易形成 $FeCO_3$ 和无定形 FeS 沉淀（Matsunaga et al., 1993），降低地下水中 Fe（II）、HS^- 及 HCO_3^- 的浓度。HS^- 对 FeOOH 的还原能进一步降低 HS^- 的浓度。$FeCO_3$ 和无定形 FeS 均具有吸附砷的能力（Von Gunten and Zobrist, 1993）。但 FeOOH 对砷的吸附能力更强，故 Fe（III）的还原及 $FeCO_3$ 和 FeS 沉淀的形成均能导致地下水中砷的富集。因此，厌氧条件下微生物对 Fe（III）氧化物的还原是砷发生迁移的重要地球化学过程。

另外，在未发生 Fe（III）氧化物还原的情况下，As（V）还原为 As（III）的过程会导致砷从 Fe（III）矿物表面解吸或形成其他弱吸附能力的络合物（Bose and Sharma, 2002），因此，As（V）还原为 As（III）的过程也是大同盆地控制地下水砷迁移的一个重要过程。

综上所述，Fe、S 的地球化学循环主要控制地下水中砷的迁移富集。在还原环境中，有机碳作为电子供体，Fe（III）、SO_4^{2-}、NO_3^- 作为电子受体，发生 Fe（III）、SO_4^{2-}、NO_3^- 的还原过程，分别生成 Fe（II）、HS^- 和 NH_4^+，进而降低地下水的 Eh，使含水层环境变得更加还原。发生氧化还原的顺序为：无定形态 Fe（III）氢氧化物［$Fe(OH)_3(am)_{(s)}$］的还原、SO_4^{2-} 的还原、结晶态 Fe（III）氧化物/氢氧化物［如 α-$FeOOH_{(s)}$］的还原（Borch et al., 2009）。

3. 微生物过程

大量研究表明，微生物参与下铁的生物地球化学循环与原生高砷地下水的形成有直接关系(Gault et al., 2005; Oremland and Stolz, 2005)。整体上，可从以下三个方面影响砷的迁移释放：①微生物直接以铁的氧化物为电子接受体，使得铁的氧化物溶解或发生相变而释放砷（Cummings et al., 1999）；②以被吸附的 As（V）为电子接受体，将其转化为吸附能力较弱的 As（III），而使部分砷被释放到溶液相中（Oremland and Stolz, 2003）；③微生物同时还原铁和砷（Islam et al., 2004）。在潜流带富含有机质的环境中，铁还原菌（dissimilatory iron reduction, DIR）对铁的氧化物/氢氧化物异化还原导致了铁溶解和砷的释放（Swartz et al., 2004; Nickson et al., 2000）。随着含水层系统还原程度进一步加强，硫酸盐还原菌（sulfate-reducing bacteria, SRB）通过硫酸盐的还原形成铁的硫化物，以吸附或共沉淀方式结合砷，从而降低地下水中溶解态砷含量。当含水层系统中微生物群落以铁还原菌或甲烷菌为主导时，地下水中往往含有较高含量的砷，而当微生物群落以硫还原菌为主时，地下水中砷含量较低。

8.2 大同盆地潜流带表征及监测

8.2.1 潜流带地层物理结构探究

1. 物探法

电剖面法或电测深法是研究指定地点岩层的电阻率随深度和横向变化的一种物探方法。该方法是在地面上以测点为中心，从近到远逐渐增加观测装置距离进行测量，根据视电阻率随极距的变化获得电阻率曲线，以此反映一定深度内电性层的变化情况。

高密度电阻率探测方法是基于垂向直流电测深与电测剖面法两个基本原理的基础上，通过高密度电法测量系统中的软件，控制着在同一条多芯电缆上布置连结的多个（60～120）电极，使其自动组成多个垂向测深点或多个不同深度的探测剖面，根据控制系统中选择的探测装置类型，对电极进行相应的排列组合，按照测深点位置的排列顺序或探测剖面的深度顺序，逐点或逐层探测，实现供电和测量电极的自动布点、自动跑极、自动供电、自动观测、自动记录、自动计算、自动存储。通过数据传输软件把探测系统中存储的探测数据调入计算机中，经软件对数据处理后，可自动生成各测深点曲线及各剖面层或整体剖面的图像。高密度电法测量结果为地层视电阻率。高密度电法采集信息丰富，分辨率较高，且野外场地要求不高，外业数据采集可操作性强，因此在找水、岩溶、滑坡等水文和环境调查等方面有较大的优点。

以大同盆地小疙瘩村桑干河潜流带试验场为例，开展高密度物探探测，以分析测线下地层电性的分布规律，并结合钻井资料探测地下地层（黏土、粉质黏土、粉砂层、中细砂层等）分布状况。

在完成前期野外踏勘基础上，共布置测线 19 条，其中平行于河流的纵测线 11 条，垂直于河流的横剖面 8 条（图 8-2-1）。11 条纵剖面有 3 条纵剖面位于河床中，8 条在桑干河南岸。纵剖面长 150 m，横剖面长 180 m，探测范围为 150 m× 180 m=27 000 m^2。本次共计完成高密度排列 38 个，测线长度 6.180 km。

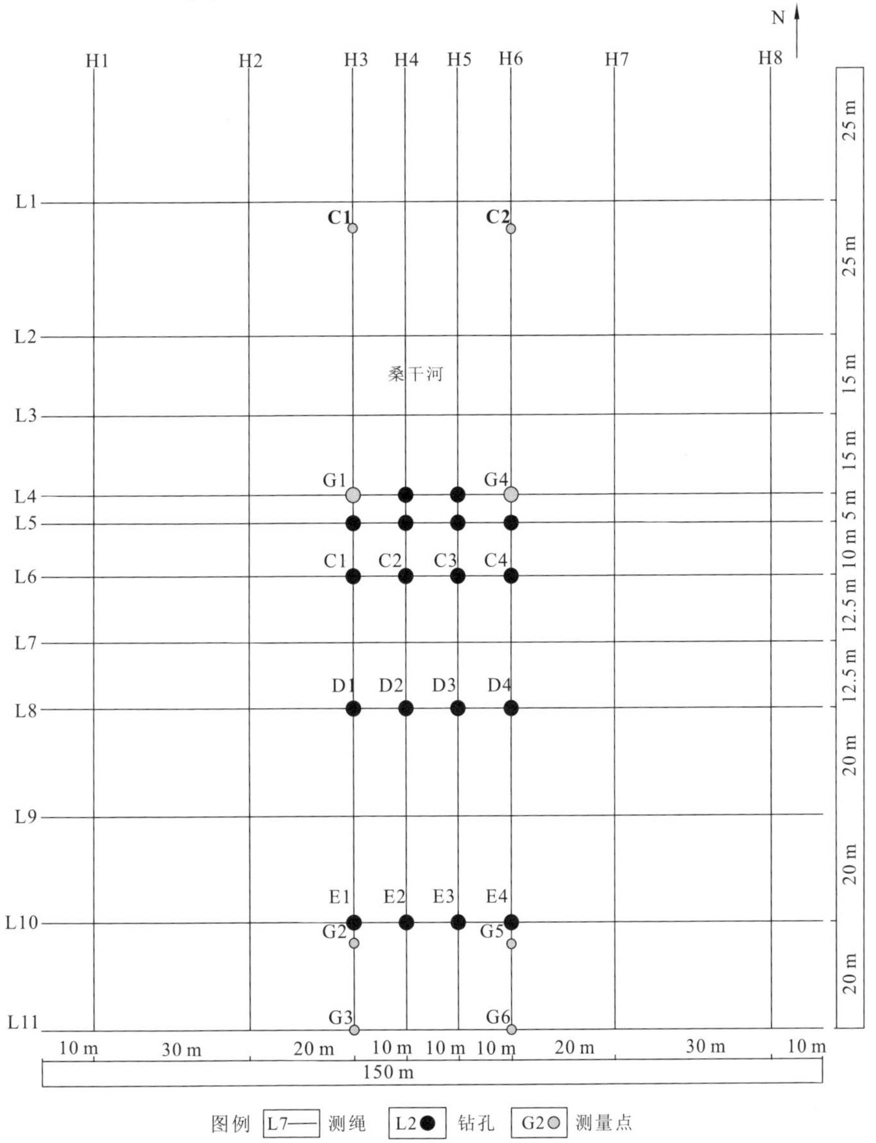

图 8-2-1　物探测线布置图

图 8-2-2（a）～（k）分别为纵测线 L1～L11 测线的温纳装置高密度电法视电阻率剖面图。从图中可以看出，视电阻率呈现明显的分层和分区特征。首先，L1～L5 测线的表层 1～7 m 范围内的视电阻率基本在 15～60Ω·m，7～22 m 视电阻率在 5～15Ω·m。而 L7～L11 测线的视电阻率从浅到深基本在 4～10Ω·m。L6 测线呈过渡型特征。其次，从图 8-2-2（a）～（k）可以看出，以 L5 测线为界，北区的 L1～L4 测线的视电阻率的曲线类型是高-低-高类型，即 H 或 QH 型，而南区的 L7～L1 测线的视电阻率的曲线类型基本水平，局部出现一些高阻体和低阻体。这种电性结构与地貌有明显的对应关系。L1～L5 测线基本上在桑干河床和河岸上，表层对应的地貌是原生态的土壤，而 L6～L11 测线则基本在农田范围内，表层是松散的土壤。

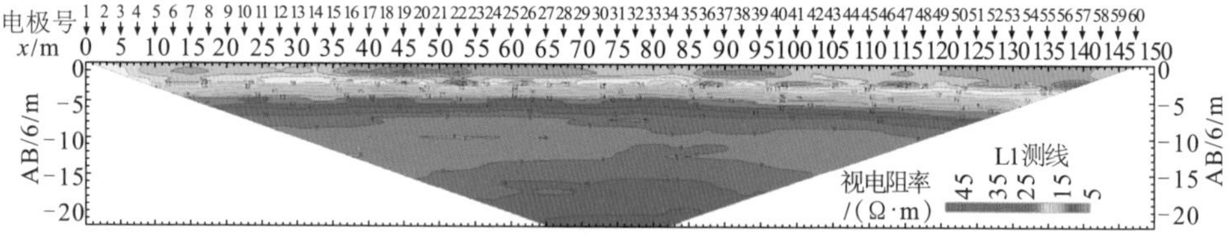

（a）

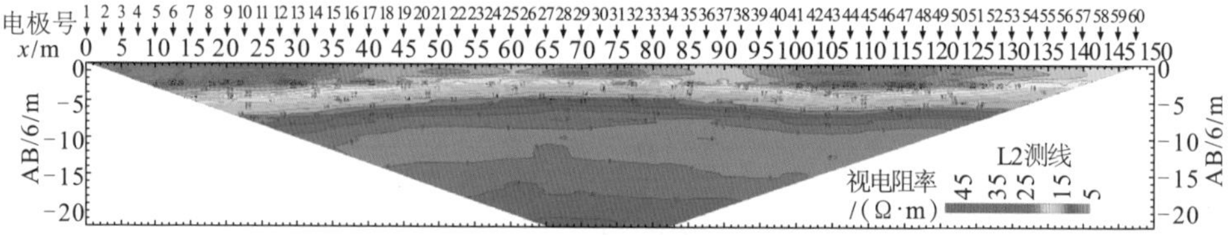

（b）

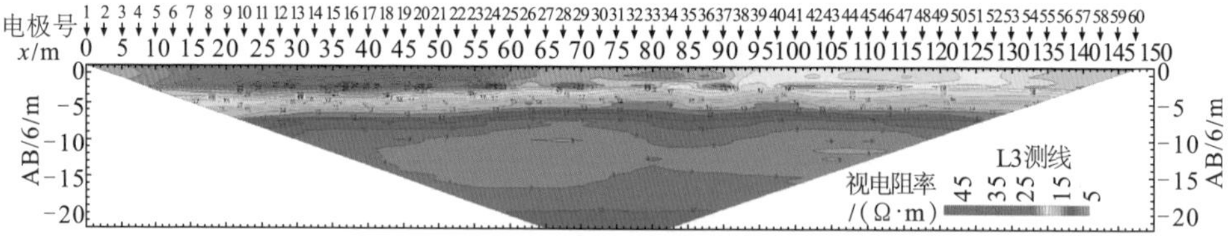

（c）

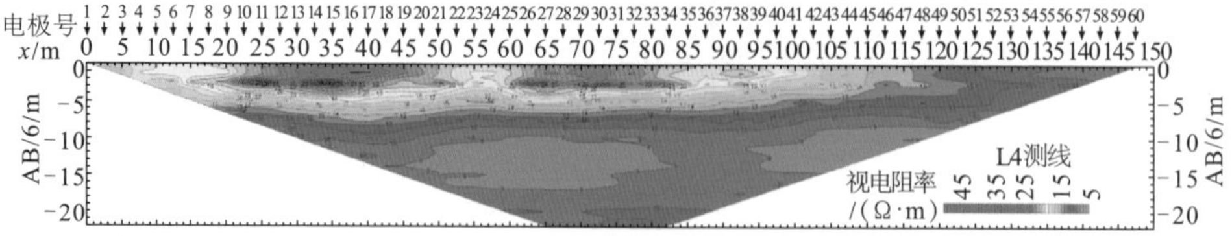

（d）

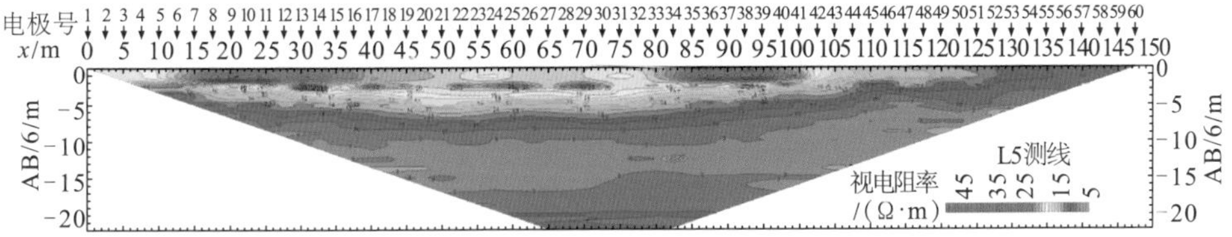
电极号
x/m
AB/6/m
L5测线
视电阻率
/(Ω·m)
45 35 25 15 5
(e)

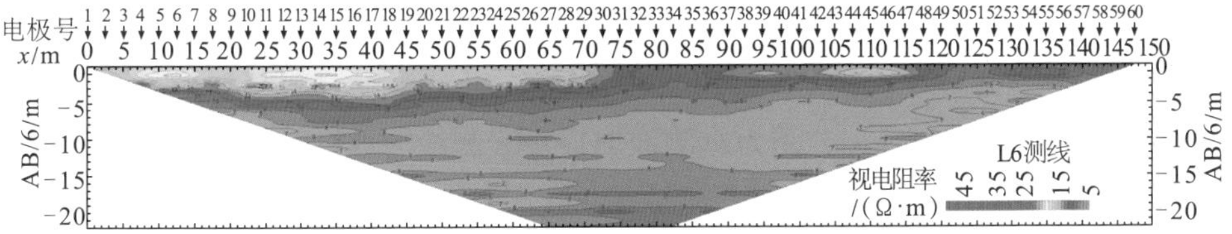
电极号
x/m
AB/6/m
L6测线
视电阻率
/(Ω·m)
45 35 25 15 5
(f)

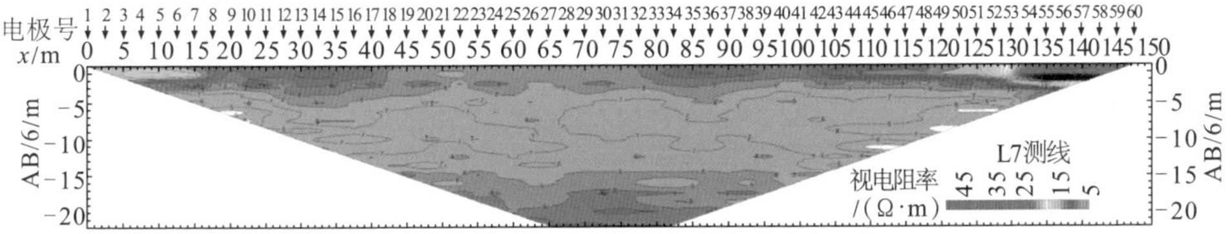
电极号
x/m
AB/6/m
L7测线
视电阻率
/(Ω·m)
45 35 25 15 5
(g)

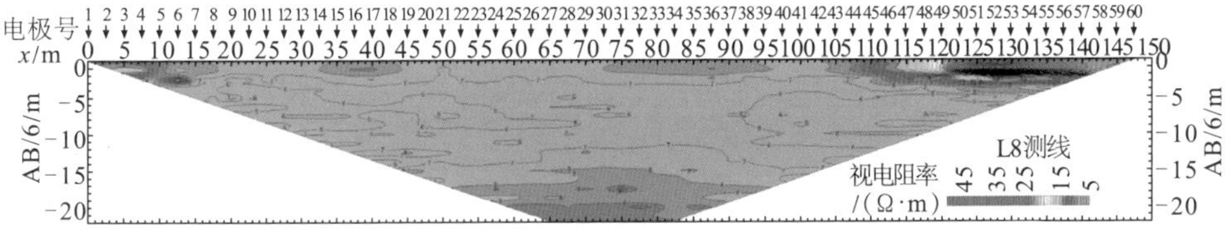
电极号
x/m
AB/6/m
L8测线
视电阻率
/(Ω·m)
45 35 25 15 5
(h)

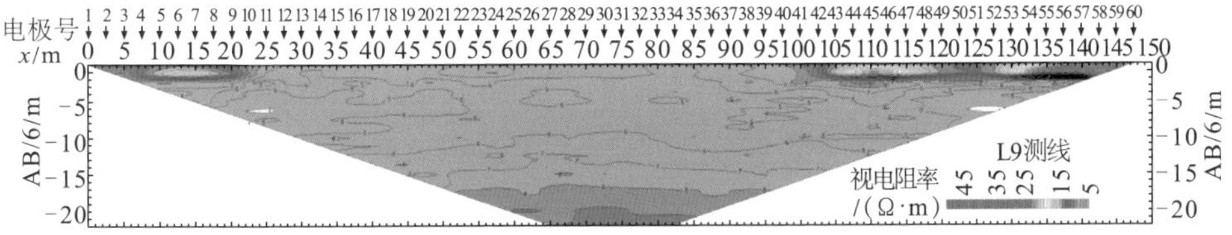
电极号
x/m
AB/6/m
L9测线
视电阻率
/(Ω·m)
45 35 25 15 5
(i)

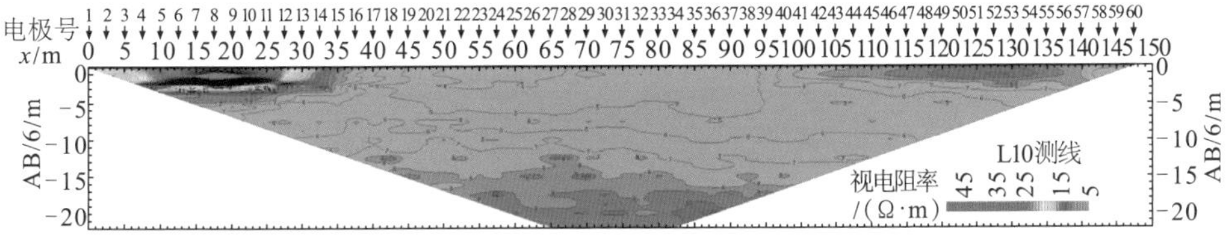
电极号
x/m
AB/6/m
L10测线
视电阻率
/(Ω·m)
45 35 25 15 5
(j)

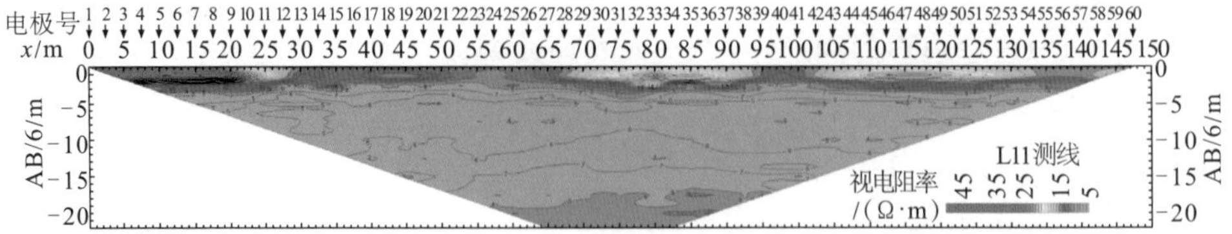

（k）

图 8-2-2　纵测线 L1～L11 测线温纳装置高密度电法视电阻率剖面图

（a）L1 测线；（b）L2 测线；（c）L3 测线；（d）L4 测线；（e）L5 测线；（f）L6 测线；（g）L7 测线；（h）L8 测线；（i）L9 测线；（j）L10 测线；（k）L11 测线

图 8-2-3（a）～（h）分别为纵测线 H1～H8 测线的温纳装置高密度电法视电阻率剖面图。从图中可以看出，在测线左边，视电阻率较低，一般在 4～10Ω·m，而测线中部靠右，视电阻率呈现明显的分层现象，表层视电阻率较高，一般在 15～60Ω·m，中深部视电阻率较低，一般在 3～10Ω·m。这个特征和纵测线的探测结果是一致的。

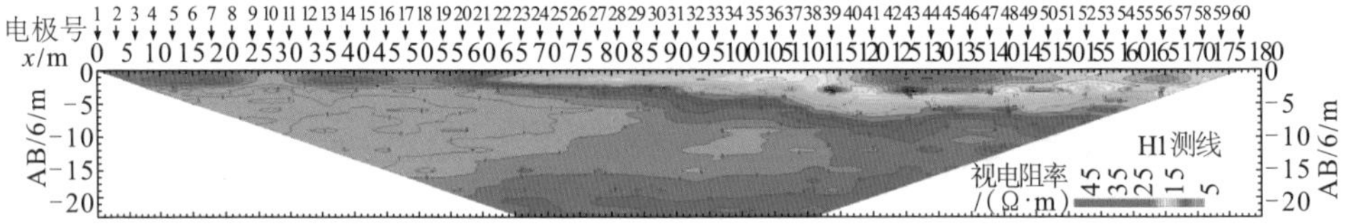

（a）

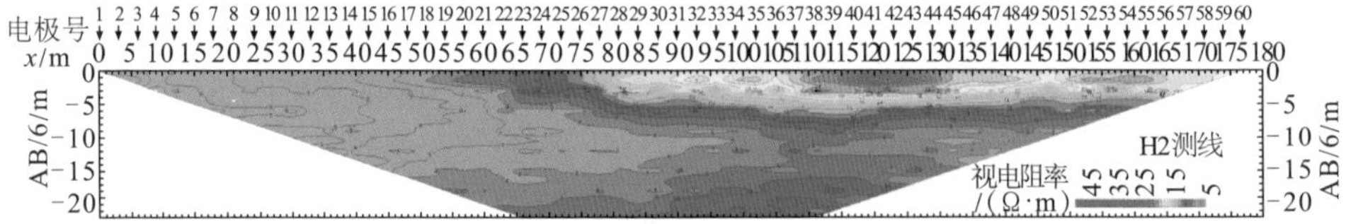

（b）

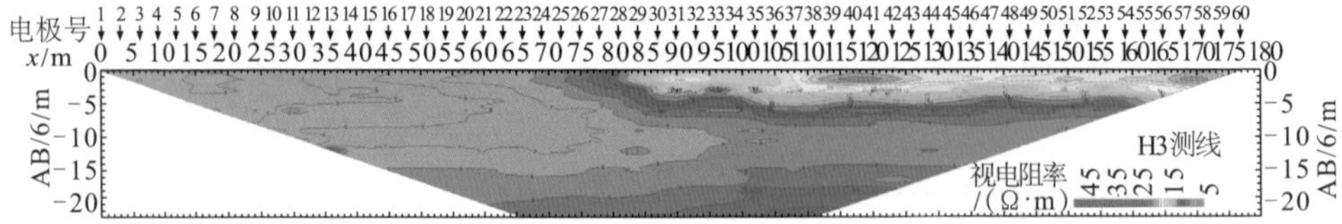

（c）

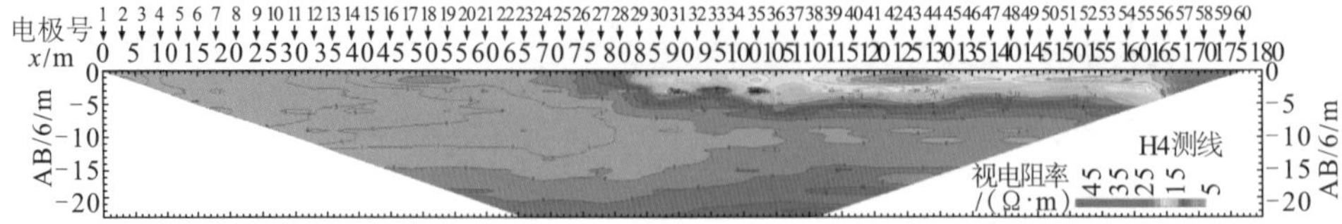

（d）

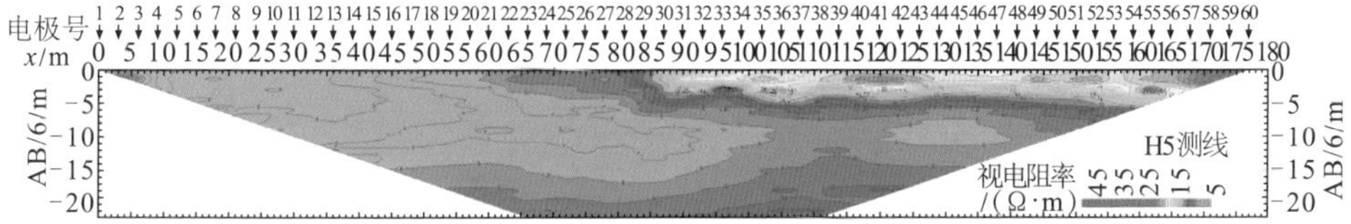

(e)

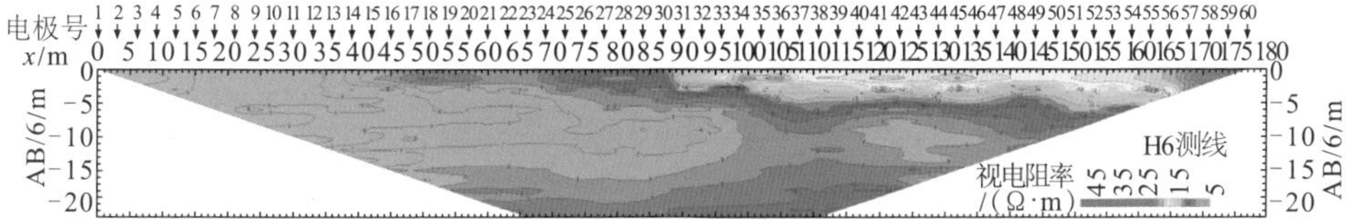

(f)

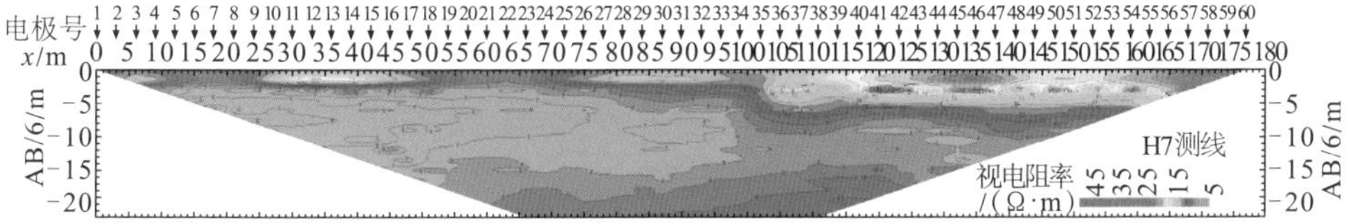

(g)

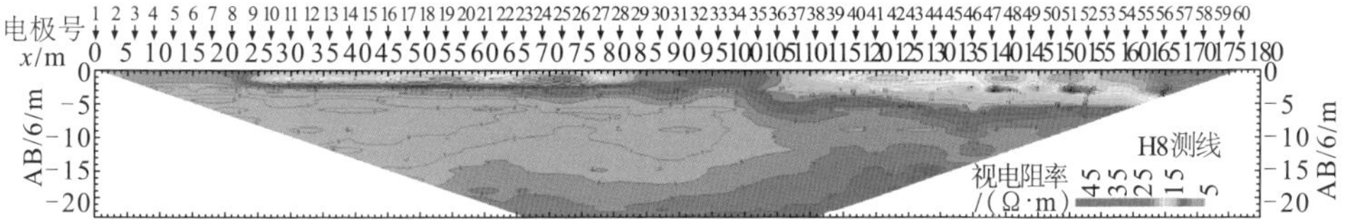

(h)

图 8-2-3　横测线 H1～H8 测线温纳装置高密度电法视电阻率剖面图

(a) H1 测线；(b) H2 测线；(c) H3 测线；(d) H4 测线；(e) H5 测线；
(f) H6 测线；(g) H7 测线；(h) H8 测线

图 8-2-4 是纵测线 L1～L11 测线温纳装置高密度电法视电阻率立体剖面图。从图上可以明显看出，在桑干河南岸（y 坐标在 0～80 m），地下视电阻率呈现明显的低阻特征，而桑干河床和桑干河北岸（y 坐标在 90～180 m），地下视电阻率呈现明显的相对高阻特征，特别是浅部的电性特征。注意图 8-2-4 的剖面与图 8-2-2 不一样的地方是深部进行了内插。

图 8-2-5 是横测线 H1～H8 测线温纳装置高密度电法视电阻率立体剖面图。从图上可以明显看出，在桑干河南岸（y 坐标在 0～80 m），地下视电阻率呈现明显的低阻特征，而桑干河床和桑干河北岸（y 坐标在 90～180 m），地下视电阻率呈现明显的相对高阻特征，特别是浅部的电性特征。这个地电特征与纵测线的电性结构吻合。注意图 8-2-5 的剖面与图 8-2-3 不一样的地方是深部进行了内插。

图 8-2-6 是所有纵、横测线温纳装置高密度电法视电阻率立体剖面图。从图上可以明显看出，桑干河南岸和北岸电性结构呈现明显的差异性。

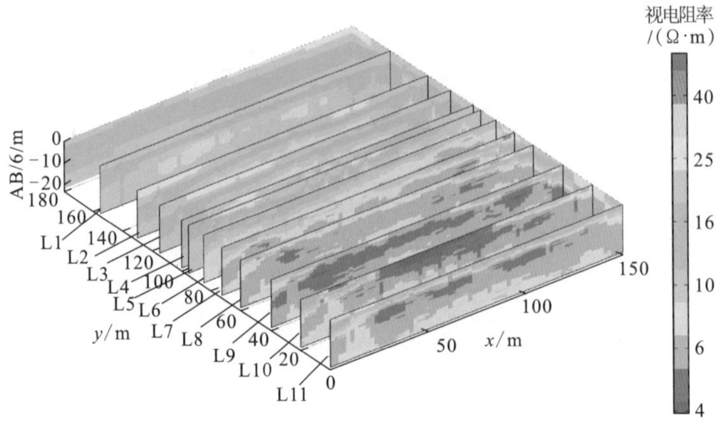

图 8-2-4　纵测线 L1～L11 测线温纳装置高密度电法视电阻率立体剖面图

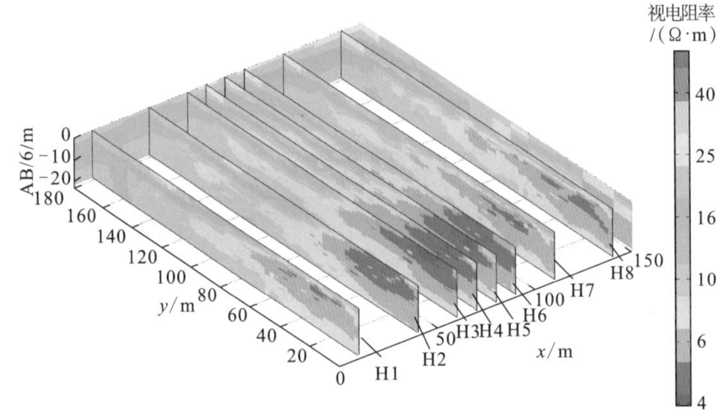

图 8-2-5　横测线 H1～H8 测线温纳装置高密度电法视电阻率立体剖面图

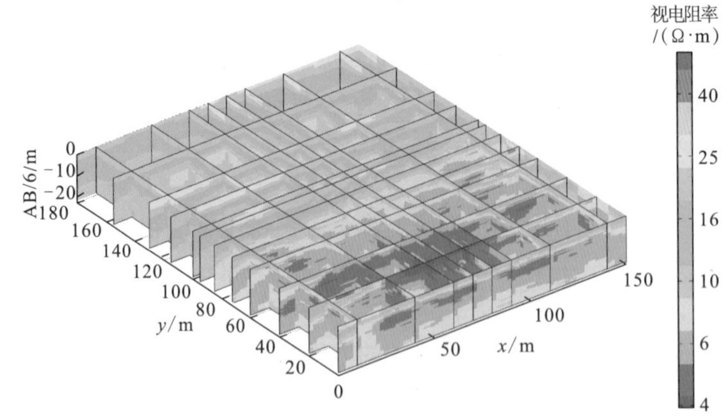

图 8-2-6　桑干河段纵横测线温纳装置高密度电法视电阻率立体剖面图

图 8-2-7 是桑干河地段温纳装置高密度电法视电阻率不同深度的切片图。图 8-2-7（a）是深度为 0m 的切片图，图 8-2-7（b）～（f）分别是深度为 5 m、10 m、15 m、20 m 和 22m 的切片图。从图中可以看出，桑干河地段地下视电阻率，从浅到深，桑干河南北两岸的电性存在一个明显的分界面，对应的 y 坐标为 80～90m，大致呈东西分布，与桑干河岸大致平行。这个电性分段的特征，在浅部 0～5m 更为明显，桑干河北岸的视电阻率较高，一般在 15～30Ω • m，而桑干河南岸的视电阻率，一般在 6～10Ω • m。深度也存在分段的特征，但是电性差异不大。

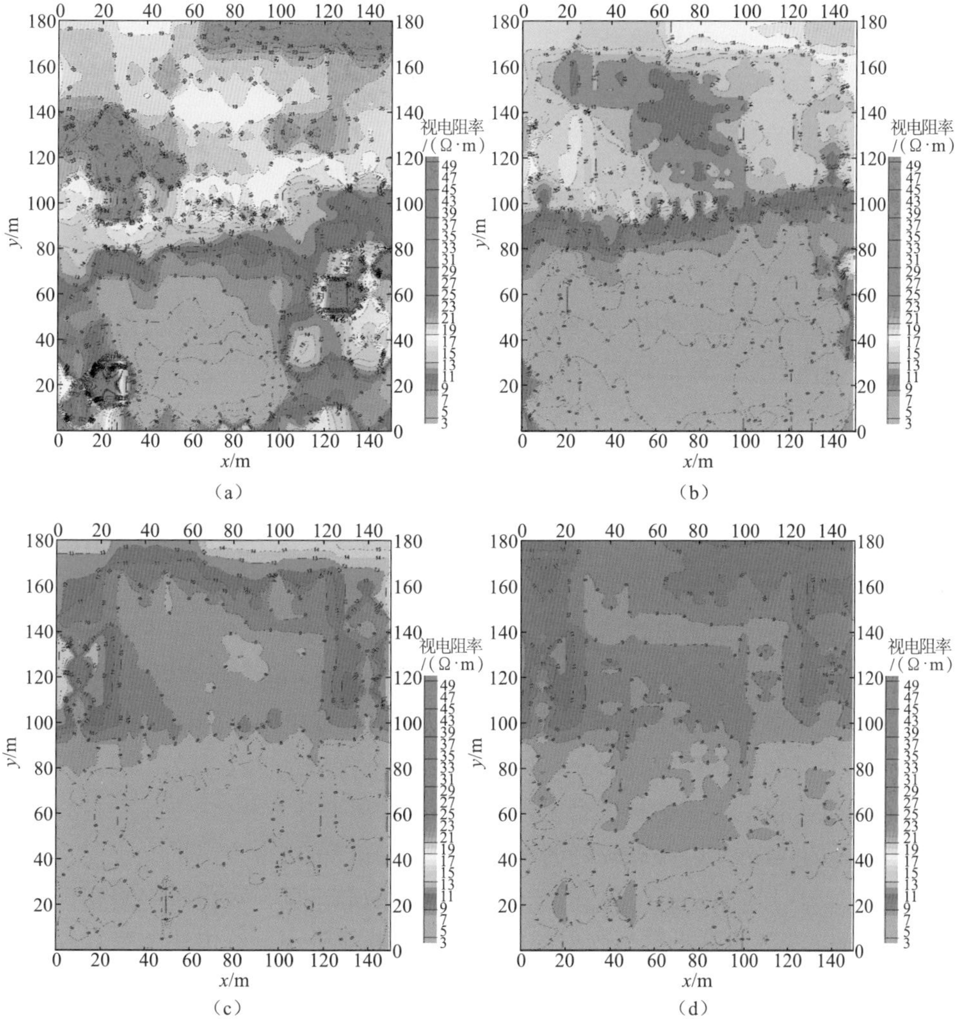

（a） （b） （c） （d）

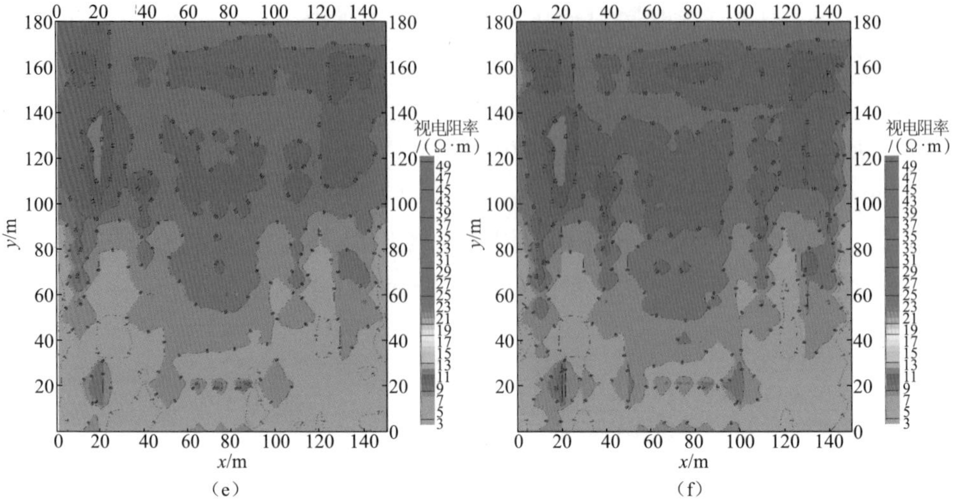

图 8-2-7　桑干河段温纳装置高密度电法视电阻率不同深度切片图

（a）深度为 0 m；（b）深度为 5 m；（c）深度为 10 m；

（d）深度为 15 m；（e）深度为 20 m；（f）深度为 22 m

为了研究视电阻率曲线进行地层分层的情况，选取了 L4 测线的一段剖面与岩心钻孔资料进行了初步对比。图 8-2-8 是钻孔岩心与视电阻率的对应关系图。首先，将地层分为两套，一套是砂层，包括细砂、中砂和粗砂；另一套是有黏土层，包括黏土和粉质黏土。A1、A2、A3 和 A4 钻孔的地层情况如图 8-2-8（b）所示，从图中可以看出，从浅到深，黏土层的分布基本水平，呈层状分布，但是，不同钻井所揭示出来的土层厚度变化较大，横向具有较大的不均匀性。黏土层和砂层相互交错的层位较多，地质情况比较复杂。从图 8-2-8（a）可以看出，温纳装置的高密度电法视电阻率剖面图也具有明显的分层特征，从浅到深电阻率逐渐减小。另外，从图中还可以明显看出，5 m 以上的视电阻率较大，而 8 m 下的视电阻率较小。再往深视电阻率的波动范围非常小，在 1～3 Ω · m。图 8-2-8（c）是钻孔岩心和视电阻率剖面的叠合图。从图中可以看出，视电阻率剖面与钻孔岩心有对应的部分，也有不对应的部分。例如浅部 4.5 m 深度的一个薄黏土层，其起伏形态正好位于视电阻率的梯度带上，两者的起伏形态基本相似。7 m 左右的较厚的黏土层，也与钻孔岩心有较好的对应关系。10 m 和 15 m 左右的黏土层，视电阻率最低，小于 9 Ω · m；深部的 18 m 和 22 m 的黏土层，视电阻率略有升高，约 9 Ω · m。深部的黏土层与砂层的电阻率差异性非常小，给电法的资料解释带来了很大的困难。

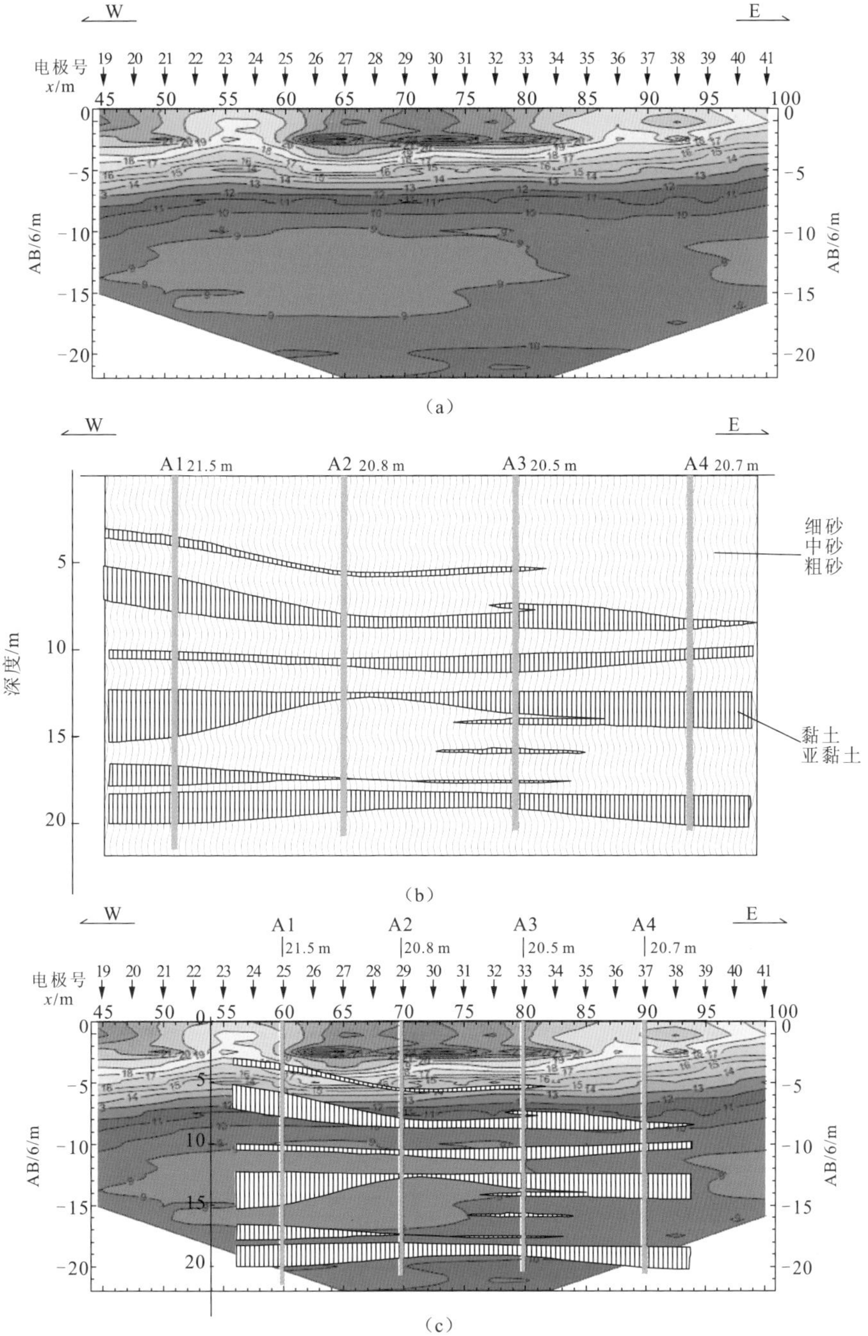

图 8-2-8　钻孔岩心与视电阻率的对应关系图

（a）L4 测线温纳装置高密度电法视电阻率断面图；（b）岩心剖面图；（c）岩心剖面与视电阻率对比图

2. 钻探法

除利用物探法探究潜流带区域内沉积物相及含水层结构外，还可以用传统钻探法对浅层含水层结构完成细化表征，本小节选取我国高砷地下水分布区大同盆地作为钻探法探究潜流带理化性质的示范区域。基于此，项目组在2010年9～10月完成潜流带多水平监测场地的建设，首先完成前期含水层结构探究工作，如图8-2-9（a）所示，场地建设面积约3500m^2，拟建成长期观测井群20个，观测井60眼的巢式多水平监测井，单井群结构示意如图8-2-9所示。运用前述地球物理和钻孔勘探结合的方法对试验场地含水层结构及分布特征进行了详细调查。

山阴试验场南北长80m，东西宽30m。共有20个监测井群，呈长方形矩阵排列。垂直于河岸方向上，井群距河岸的距离分别为5m、10m、20m、45m、80m；平行于河岸方向上，每两个井群之间的距离为10m（图8-2-9）。东榆林水库位于试验场上游约20 km处，是研究区最主要的地表水来源，每年灌溉季（春灌季为4～5月，秋灌季为11月），东榆林水库开闸放水，进行农业灌溉。近十余年来，桑干河一直处于干涸状态，仅在灌溉季出现短期地表水聚集。

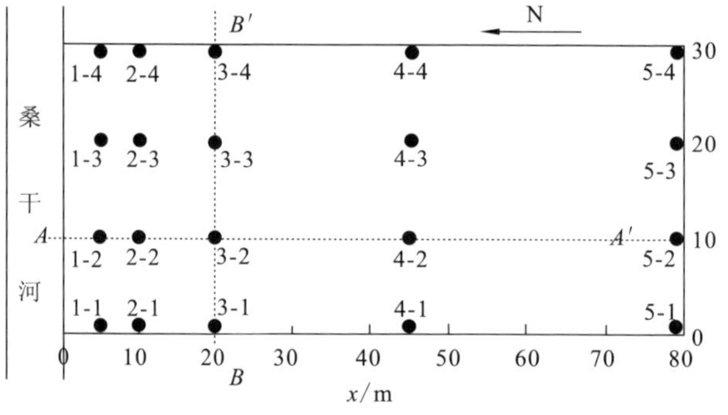

（a）

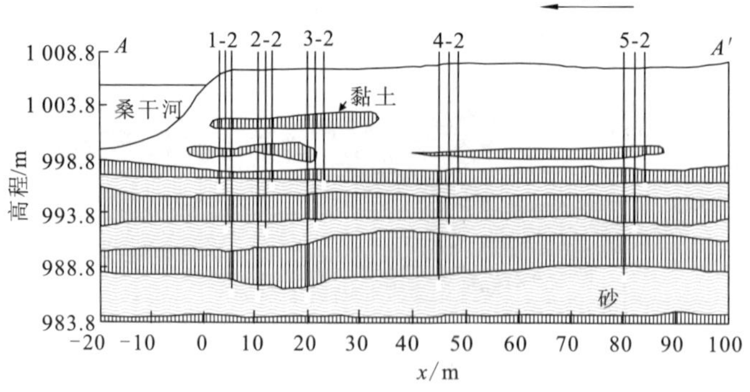

（b）

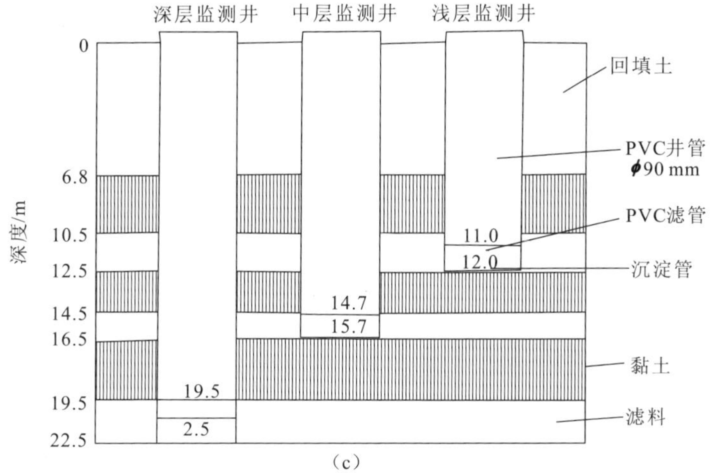

（c）

图 8-2-9　山西大同盆地试验场背景图

（a）山阴试验场平面图和监测井；（b）穿过桑干河的地层剖面图；
（c）“巢式”监测井的剖面示意图［图（b）中的 *AA'* 剖面］

表 8-2-1 给出了 Well 1-2、Well 2-2、Well 3-2、Well 4-2 四个监测孔的地层岩性描述，试验场地的地层在空间上变化相对较均匀，主要为第四系沉积物，中下部多为青灰色或灰黑色的湖积淤泥质黏土、粉质黏土和亚砂土，含丰富的有机质；上部和河流两岸主要为棕黄色的冲积亚砂土，河床两侧分布棕黄色粉砂。第四系冲积-湖积沉积的松散沉积物是其主要含水岩组，可概括为三个含水层（图 8-2-9），从上到下依次为砂 1、砂 2、砂 3，厚度分别为 1.5m、3m、4m；这三个含水层分别被黏土 1、黏土 2、和黏土 3 分隔开，黏土层厚度分别为 1m、3m、2m；粉土层覆盖于黏土 1 层之上，厚度约 10m，中间夹杂着一些不均匀的黏土透镜体。砂 3 之下为黏土层（表 8-2-1）。值得注意的是，砂 3 的实际厚度要大于 4m，但由于本次研究钻孔深度仅有 25m，因此砂 3 的底板不能精确定位。试验场地势总体较平坦，地下水流动缓慢。整体上含水介质比较均匀，可概化成均质各向同性。

表 8-2-1　Well 1-2、Well 2-2、Well 3-2、Well 4-2 的地层岩性描述一览表

Well 1-2		Well 2-2		Well 3-2		Well 4-2	
深度/m	岩性描述	深度/m	岩性描述	深度/m	岩性描述	深度/m	岩性描述
0～<1.7	棕黄色粉砂	0～1.7	棕黄色粉细砂	0～5.3	棕黄色粉细砂	0～2.3	棕黄色细砂
1.7～<2.8	棕黄色中砂	1.7～2.4	棕黄色粗砂	5.3～6.0	棕黄色粉质黏土	2.3～5.3	棕黄色粉砂
2.8～<5.5	棕黄色细砂	2.4～3.3	棕黄色细砂	6.0～10.0	棕黄色粉细砂	5.3～8.4	棕黄色粉砂
5.5～<6.0	棕黄色粉质黏土	3.3～5.3	棕黄色粉质黏土	10.0～11.1	棕黄色黏土	8.4～8.8	棕黄色黏土

续表

Well 1-2		Well 2-2		Well 3-2		Well 4-2	
深度/m	岩性描述	深度/m	岩性描述	深度/m	岩性描述	深度/m	岩性描述
6.0～<6.6	棕黄色粉砂	5.3～6.8	棕黄色粉砂	11.1～12.4	棕黄色粗砂	8.8～10.0	棕黄色粉细砂
6.6～<6.9	棕黄色粉质黏土	6.8～7.5	棕黄色粉细砂	12.4～13.1	棕黄色粉质黏土	10.0～11.3	棕黄色粉质黏土
6.9～<7.9	棕黄色细砂	7.5～11.0	棕黄色粉质黏土	13.1～14.0	青灰色粉细砂	11.3～12.6	棕黄色中粗砂
7.9～<8.7	棕黄色黏土	11.0～12.6	黄色粗砂	14.0～14.5	棕黄色黏土	12.6～14.5	棕黄色粉砂和黏土互层
8.7～<10.5	棕黄色细砂	12.6～14.7	青灰色粉质黏土	14.5～15.9	棕黄色中粗砂	14.5～15.5	棕黄色粗砂
10.5～<11.0	棕黄色粉质黏土	14.7～17.1	黄色粗砂	15.9～16.2	青灰色粉质黏土	15.5～15.8	灰色粉质黏土
11.0～<12.5	黄色粗砂	17.1～17.4	深灰色黏土	16.2～18.1	青灰色粉细砂	15.8～16.6	灰色粉砂
12.5～<12.8	棕黄色黏土	17.4～18.2	深灰色粉细砂	18.1～19.4	灰黑色黏土	16.6～17.0	深灰色粉黏土
12.8～<13.1	黄色粗砂	18.2～19.6	灰黑色黏土	19.4～20.8	灰黑色细砂	17.0～18.1	深灰色细砂
13.1～<14.8	青灰色细砂	19.6～19.9	黑色细砂			18.1～18.8	深灰色粉质黏土
14.8～<16.6	黄色粗砂	19.9～20.8	灰黑色黏土			18.8～20.7	深灰色细砂
16.6～<19.3	灰黑色粉质黏土						
19.3～<20.8	黑色细砂						

8.2.2 潜流带理化性质监测

1. 水位监测

地下水位用地下水简易监测装置（水位计，由标有刻度的电线和警报器组成）进行测量，测量精度为 0.5 cm。每个监测井水位重复测量 2～3 次，取平均值。地下水位用相对高程来表示。连续监测采用水位/水温自动监测仪（Levellogger，Model 3001, Canada）来完成。同时将一个相同型号的大气压力监测探头放置在试验场内，用于同步监测研究区大气压力的变化。

2. 潜流带地下水样品采集

地下水样品的采集用蠕动泵来实现。为尽可能采集新鲜地下水样品，样品采集前，先用蠕动泵以 800 mL/min 速率对监测井进行抽水，约 10 min，然后开始采集水样。样品容器为 550 mL 洗净的聚乙烯瓶，取样时用待测水样润洗 3 次，确保采集的水样充满整个取样瓶。所采集水样均通过 0.45 μm 滤膜（Millipore filter），以除去水中的各种悬浮物，然后分成 3 份进行分装。第 1 份水样加入优级纯 HNO_3，使样品的 pH<2，储存在 50 mL 干净的聚乙烯瓶中，用于主量和微量元素分析；第 2 份水样不加任何试剂，直接储存在 100 mL 干净的聚乙烯瓶中，用于阴离子和碱度的测定；第 3 份水样不加样品任何试剂，直接储存在 50 mL 干净的聚乙烯瓶中，用于总砷含量的分析。

3. 水样现场指标测试

现场采用便携式 pH 计等完成水温、Eh、pH、电导率（Ec）等基础水质参数测试。

利用 HACH DR2800 等便携式分光光度计可完成现场水样中氧化还原敏感元素（HS^-、Fe^{2+}、NH_4^+-N）含量的测定。所有仪器在使用前均进行校正。具体如下。

HS^-的测定：采用亚甲蓝方法。向 10 mL 样品中加入 0.5 mL 的硫化物 1 试剂（产品目录号：1816-32）和 0.5 mL 的硫化物 2 试剂（产品目录号：1817-32），反应 5 min，用 HACH DR2800 在 665 nm 条件下进行检测，检出限为 5～800 μg/L。

Fe^{2+}的测定：采用邻菲咯啉分光光度法。向 25 mL 样品中加入 2.5 mL 乙酸铵-冰乙酸缓冲液和 1.0 mL 0.5%邻菲咯啉（1，10-phenanthroline）溶液，反应 15 min，用 HACH DR2800 在 510 nm 条件下进行检测，检出限为 0.12～5.00 mg/L。

NH_4^+-N^-的测定：采用纳氏（Nessler）方法。向 25 mL 样品中首先加入 3 滴矿物质无机稳定剂（产品目录号：23766-26），混合后再加入 3 滴聚乙烯醇分散试剂（产品目录号：23765-26），最后再加入 1.0 mL 纳氏试剂（产品目录号：21194-49），反应 1 min，用 HACH DR2800 在 425 nm 条件下进行检测，检出限为 0.02～2.50 mg/L。

砷形态的分析采用阴离子交换技术来实现，阴离子交换技术的原理是利用离子交换技术，将 As（V）吸附在阴离子交换柱上，使 As（III）与 As（V）分离。首先用活化液（1∶1 甲醇）对阴离子交换柱（Supelco LC-SAX）进行活化，然后用 10 mL 医用注射器取 10 mL 水样，依次连接过滤器和阴离子交换柱，使水样以 1～2 滴/s 的速度流出，流出溶液装入 50 mL 聚乙烯瓶中，此溶液仅含 As（III）。颗粒态砷保留在过滤器中的滤膜上，As（V）保留在阴离子交换柱上。取 10 mL 0.5 mol/L 盐酸清洗滤膜，洗出溶液装在 50 mL 聚乙烯瓶中，得到含颗粒态砷的溶液；取 10 mL 1.0 mol/L 盐酸清洗阴离子交换柱，洗出溶液装在 50 mL 聚乙烯瓶中，此溶液仅含 As（V）。将所有分离的样品保存好送往实验室检测。分离后的 As（III）和 As（V）浓度均采用氢化物发生-原子荧光光谱法（HG-AFS）（AFS-820，Titan），检出限为 1 μg/L。

4. 水样室内测试分析

水样碱度在采集后 24 h 内立即进行碱度的测定，采用酸式滴定法来完成。主量、微量元素的分析在样品采集后一周之内完成。阳离子的测定采用电感耦合等离子体原子发射光谱（ICP-AES），分析误差为±10%；阴离子的测定采用离子色谱（IC）；微量元素的测定采用电感耦合等离子体质谱（ICP-MS），分析误差为±10%；总溶解砷浓度采用 HG-AFS，检出限为 1 μg/L。

稳定氢氧同位素的测定采用 Finnigan MAT 253 质谱。$\delta^{18}O$ 和 δD 值的确定参考 V-SMOW 标准；同位素组分用标准 δ 来标记，表示相对于 V-SMOW 标准的单位千分偏差。$\delta^{18}O$ 和 δD 的精度分别为±1.0%和±0.1%。锶同位素分析（$^{87}Sr/^{86}Sr$）采用 Finnigan-MAT 261 热电离质谱。通过 NIST SRM 987 标准的重复性分析来进行样品 $^{87}Sr/^{86}Sr$ 比值的重复性测试。

8.3 大同盆地潜流带中砷的迁移转化

洪水期间，地表水与邻近含水层之间发生水体交换，不仅影响潜流带含水层中的水化学组成，而且影响地表水体的水化学组成（Baillie et al., 2007）。截至目前，国际上已有大量学者研究了当水体经过河床与邻近含水层水体进行垂向或侧向交换时，伴随发生的系列地球化学反应，以及这些反应对地下水质的影响，并获得了许多认识。Cardenas 和 Wilson（2007）研究表明，地表水入渗至河床沉积物顶部，会显著影响深部孔隙含水层的流场，而且对河床孔隙水化学也有显著影响。Négrel 和 Petelet-Giraud（2005）利用水文地质和地球化学（稳定同位素和锶同位素）相结合的方法探讨 Somme 区域地表水和地下水之间的相互作用，得到河水水化学的变化主要受地下水入渗补给的影响。Sánchez-Pérez 和 Trémolières（2003）用统计学方法研究 Rhine 洪积平原（法国东部）洪水区和非洪水区内地下水中硝酸盐、磷酸盐、主要阴离子浓度的时空变化，结果表明由于干湿季节的交替，洪水期地表水位的波动十分有利于微生物活动和矿物溶解（如硝化-反硝化作用的交替），而这些过程在非洪水区则削弱很多。然而在大同盆地，从未开展过地表水/地下水相互作用对地表水化学及邻近含水层水化学的影响。

因此，为解决这个难题，基于人工扰动造成地下水物理-化学参数的变化将明显大于其在天然条件下的变化（Vanek, 1995），本节针对大同盆地桑干河山阴县段内开展了人工引入地表水试验。通过连续监测地下水的物理-化学参数，包括 Eh、主要阴阳离子、微量元素及稳定同位素（$^{18}O/^{16}O$、$D/^{1}H$）和锶同位素（$^{87}Sr/^{86}Sr$）组分，实时掌握人工引入地表水前后，地下水和地表水水质及水化学条件的变化，以探讨人工引入地表水是否会对地下水的水化学造成影响及造成怎样的影响。

8.3.1　监测场背景

人工引入地表水试验所需的地表水来源于山阴试验场上游的东榆林水库［图 8-3-1（a）］。2012 年 10 月 27 日，东榆林水库开始开闸放水，流入桑干河，途经山阴试验场段，整个放水和连续监测过程持续 30 d。放水试验开始后，在山阴试验场立即进行地表水和地下水位的连续自动监测，所有自动监测仪的记录时间间隔均为 15 min，监测周期为 32 d（2012 年 10 月 23 日～2012 年 11 月 23 日）。试验结束后，取出所有自动监测探头（包括位于空气中的大气补偿监测探头），连接至计算机，读出每个监测探头的水压和水温的时间序列。然后用大气压力对水压进行校正，得到正确的水位值。地表水位和地下水位均用相对高程来表示。地下水位监测井的平面分布图见图 8-3-1（a）。

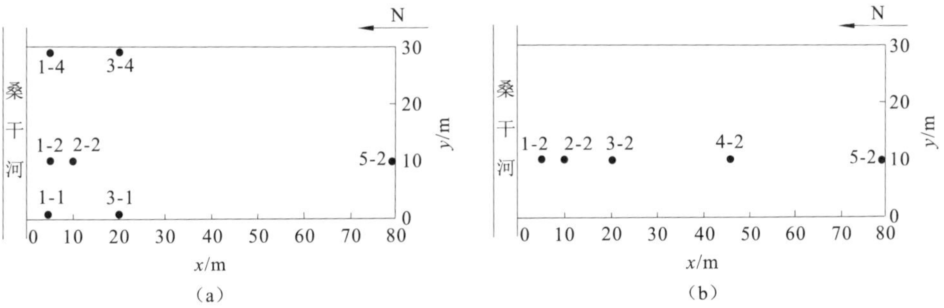

图 8-3-1　地下水水位和水化学监测井平面分布图

（a）为水位；（b）为水化学

放水试验开始后，定期对地表水和地下水进行采样分析，以详细了解地下水化学组分的变化。为了能较好反应场地地下水化学的时空变化规律，本次研究仅对 Well 1-2、Well 2-2、Well 3-2、Well 4-2、Well 5-2（包括浅层、中层和深层）进行连续监测。水化学监测井的平面分布图见图 8-3-1（b）。

2012 年 10 月 26 日（洪水前期）和 2012 年 11 月 23 日（洪水后期），分别对 Well 1-2、Well 2-2、Well 3-2、Well 4-2、Well 5-2 及地表水展开水样采集工作。采集水样前，先用蠕动泵以 800 mL/min 的速率对监测井进行抽水约 10 min，然后开始采集水样。同时，利用环境监测系统（YSI6600V2，USA）现场测定水样的 pH、Eh、温度（T）、电导（EC）；利用 HACH DR2800 现场测定水样中氧化还原敏感元素（HS^-、Fe^{2+}、NH_4^+-N）的含量。所有仪器在使用前均进行校正。采集的所有水样均通过 0.45 μm 滤膜（millipore filter），然后分成两份进行分装，依据上述样品采集过程完成多水平含水层地下水样品采集工作。

8.3.2 水位动态特征

图 8-3-2 为洪水期间地表水和地下水水位的时间序列图。图 8-3-2（a）为 Well 1-1（浅层、中层、深层）及地表水位的波动特征；图 8-3-2（b）为 Well 5-2（浅层、中层）及地表水位的波动特征。Well 1-1 和 Well 5-2 距离桑干河岸的水平距离分别为 5m 和 80m。从图 8-3-2 可观察到地下水位对地表水位波动的响应明显。从洪水前期到洪水后期，靠近桑干河的监测井（Well 1-1）地下水位的波动范围高达 30 cm；而远离桑干河的监测井（Well 5-2），地下水位的波动范围仅为 15cm 左右。这说明距离河岸越近，地下水位受地表水位的影响越大。对比同一监测井不同监测深度的水位变化，不难发现：对于靠近桑干河的监测井（Well 1-1），其浅层地下水位的波动范围高达 30cm，而中层和深层地下水位的波动范围仅为

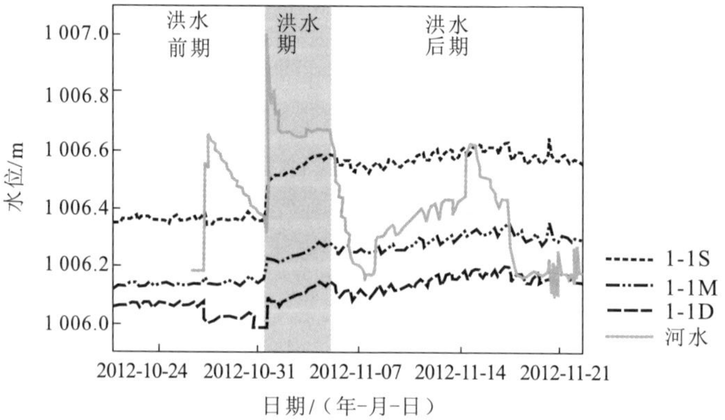

（a）

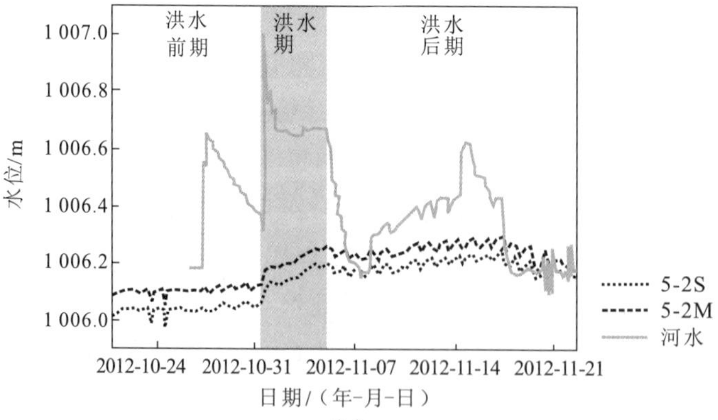

（b）

图 8-3-2　2012 年 10 月 23 日至 2012 年 11 月 23 日地表水位和地下水位的时间序列图

监测井距离桑干河岸的水平距离分别为 5m［Well 1-1，（a）］和 80m［Well 5-2，（b）］

（S、M、D 分别代表浅层、中层和深层地下水）

10 cm 左右［图 8-3-2（a）］；远离桑干河的监测井（Well 5-2）也呈现相同的变化趋势，浅层地下水位的波动范围超过 15 cm，而中层地下水位的波动范围仅 10 cm 左右［图 8-3-2（b）］。以上现象均表明，地表水的波动仅对浅层地下水位有显著影响。

另外，由图 8-3-2（a）还发现洪水期间地表水位迅速抬升，地下水位也随之抬升，但始终远低于地表水位，此期间为地表水补给地下水；当洪水消退后，地表水位迅速下降，但地下水位由于滞后效应，仍然维持洪水期的高水位一段时间后再缓慢下降。因此，出现洪水后期地表水位低于地下水位的情形，此期间地下水补给地表水（图 8-3-3）。以上较好地证明了地表水和地下水（尤其是浅层地下水）之间存在强烈的相互作用。

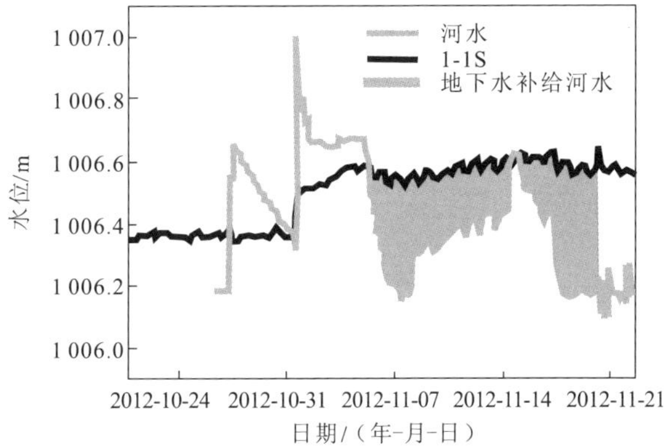

图 8-3-3 人工洪水期间水均衡示意图

8.3.3 稳定同位素组成特征

1. 氢氧同位素

在地表水体环境中，蒸发将导致 D 和 ^{18}O 的富集（Gat, 1996），因此水体凝固及液相蒸发等相态转变过程中会出现显著的氢氧同位素分馏效应，水体中的氢氧同位素组成可用来示踪水体的流动方向（Walker and Krabbenhoft, 1998; Criss and Davisson, 1996）、确定水体的补给机制（Magda et al., 2009; Rodriguez-Rodriguez et al., 2006）、指示地表水和地下水之间的混合（Fette et al., 2005; Hunt et al., 2005; Huddart et al., 1999; Mayo and Klauk, 1991）。

从洪水前期到洪水后期，试验场浅层地下水样品 δD 的平均变化范围为 −85.46～−84.77（‰，SMOW），$\delta^{18}O$ 的平均变化范围为−11.53～−11.46（‰，SMOW）；地表水样品的 δD、$\delta^{18}O$ 变化范围分别为−8.69～−8.92 和−69.9～−72.1

（‰，SMOW）（表 8-3-1）。如图 8-3-4（a）所示，所有地下水样品均落在 GMWL（Craig, 1961）和 LMWL（郑淑蕙 等，1983）附近，指示该区地下水的补给主要来源于大气降水。然而大部分地下水样品点却偏离 GMWL 和 LMWL，这可能是地表水的混合造成的。因为地表水比地下水具有更高的 δD 和 δ^{18}O 值，加上该区蒸发作用强烈，蒸发也将导致地下水样品的实际值偏离 LMWL（Clark and Fritz, 1997）。为了更清晰辨别洪水前期和洪水后期地下水样品氢氧同位素组分的变化，单独绘制浅层地下水样品的 δD - δ^{18}O 散点图［图 8-3-4（b）］。从图 8-3-4（b）可清晰观察到在洪水后期，地下水样品的 δD 和 δ^{18}O 显著增加，向地表水方向演化。由于野外整个试验期间，未发生降水事件，故推测地下水样品 δD 和 δ^{18}O 值的增加应该是由地表水入渗混合造成的。

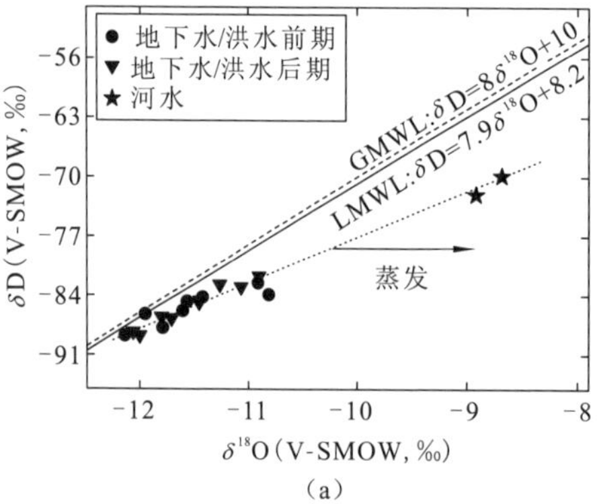

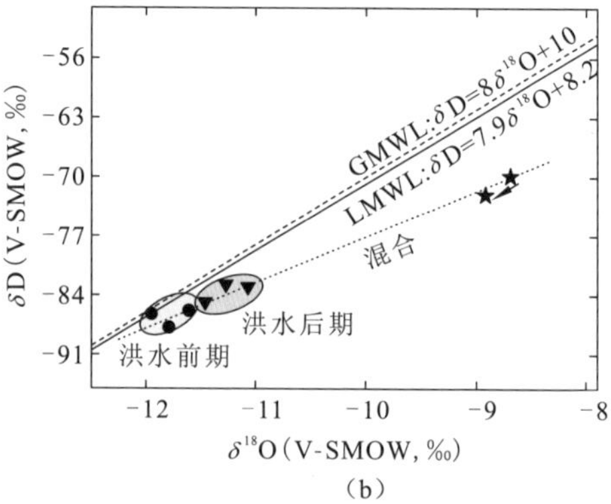

图 8-3-4　洪水前期和洪水后期地表水和地下水样品中 δ^2H（‰, SMOW）和 δ^{18}O（‰, SMOW）的变化

地下水样品采自 Well 1-2、Well 2-2 和 Well 4-2；（a）包括浅层、中层和深层的地下水样品，（b）仅为浅层地下水样品（实心圆表示洪水前期的地下水样品，实心三角形表示洪水后期的地下水样品，实心五角星表示地表水样品）

2. 锶同位素变化特征

矿物沉淀或阳离子交换作用会减小水体中锶元素的含量（Xie et al., 2013a），但在天然条件下锶同位素却非常稳定，被广泛用来示踪水-岩相互作用及地表水/地下水相互作用（Wang et al., 2006; Blum et al., 1993）。洪水前期，9 个地下水样品 ^{87}Sr/^{86}Sr 和 δ^{87}Sr 的变化范围分别为 0.711 793～0.710 619、3.66‰～2.00‰（表 8-3-1）。洪水后期，这 9 个地下水样品的 ^{87}Sr/^{86}Sr 和 δ^{87}Sr 值均比洪水前期的低，变化范围分别为 0.711 561～0.710 578、3.33‰～1.94‰（表 8-3-1）。与地下水相比，地表水的 ^{87}Sr/^{86}Sr 和 δ^{87}Sr 值最低，分别为 0.710 341 和 1.61‰（表 8-3-1）。据苏春利（2006），大同盆地浅层地下水（0～50 m）^{87}Sr/^{86}Sr 的平均值为 0.711 852

（$\delta^{87}Sr$ 为 3.74%），与本区地下水的 $^{87}Sr/^{86}Sr$ 值（0.711 793～0.710 578，即 $\delta^{87}Sr$ 为 3.66‰～1.94‰）非常接近，尽管这些值低于纯硅酸盐的 $^{87}Sr/^{86}Sr$ 值（0.718，$\delta^{87}Sr$ 为 12.4），但仍然指示了本研究区地下水化学组分主要受硅酸盐风化作用的控制。而且苏春利指出大同盆地地下水化学组分主要受硅酸盐和/或铝硅酸盐的风化溶解控制，而不是碳酸盐的风化溶解。因此，从洪水前期到洪水后期，地下水 $^{87}Sr/^{86}Sr$ 值的降低主要受硅酸盐和/或铝硅酸盐的风化溶解的影响。

表 8-3-1　洪水前期和洪水后期地表水和地下水样品 $^{87}Sr/^{86}Sr$ 组分及 δD、$\delta^{18}O$ 组分一览表

样品编号	洪水前期，2012 年 10 月 26 日				洪水后期，2012 年 11 月 23 日			
	$\delta^{18}O$ /‰，SMOW	δD/‰，SMOW	$^{87}Sr/^{86}Sr$	$\delta^{87}Sr$ /‰	$\delta^{18}O$/‰，SMOW	δD/‰，SMOW	$^{87}Sr/^{86}Sr$	$\delta^{87}Sr$ /‰
1-2S	−11.61	−85.8	0.711 129	2.72	−11.46	−84.8	0.710 904	2.40
2-2S	−11.79	−87.8	0.711 793	3.66	−11.07	−83.0	0.711 561	3.33
4-2S	−11.95	−86.2	0.711 741	3.58	−11.27	−82.7	0.710 704	2.12
1-2M	−10.81	−83.9	0.711 244	2.88	−11.45	−84.6	0.711 260	2.90
2-2M	−11.57	−84.7	0.711 204	2.83	−11.80	−86.5	0.711 197	2.82
4-2M	−10.91	−82.5	0.710 881	2.37	−10.90	−81.7	0.710 866	2.35
1-2D	−11.43	−84.2	0.711 022	2.57	−11.71	−86.7	0.710 887	2.38
2-2D	−12.14	−88.7	0.710 619	2.00	−12.06	−88.3	0.710 578	1.94
4-2D	—	—	0.710 875	2.36	−12.00	−88.7	0.710 866	2.35
河水	−8.69	−69.9	0.710 542	1.89	−8.92	−72.1	0.710 341	1.61

注：—表示样品缺失，S、M、D 分别表示浅层、中层和深层地下水。

$^{87}Sr/^{86}Sr$-Mg 的关系图可用来识别不同来源水体的混合（Land et al., 2000; Petelet et al., 1998）。图 8-3-5 为山阴试验场 $^{87}Sr/^{86}Sr$-Mg 关系图，图 8-3-5（a）为包括浅层、中层和深层地下水及地表水的样品，图 8-3-5（b）仅为浅层地下水样品及地表水。从图 8-3-5（a）可识别出两个端元：一个端元是洪水前期的地下水样品，该端元具有较高的 $^{87}Sr/^{86}Sr$ 值和较低的 Mg^{2+} 质量浓度；另一个端元是地表水，该端元具有较低的 $^{87}Sr/^{86}Sr$ 值和较高的 Mg^{2+} 质量浓度。洪水后期，所有地下水样品均落在这两个端元之间，并且向地表水方向演化，较好地指示了地表水和地下水之间的混合过程。

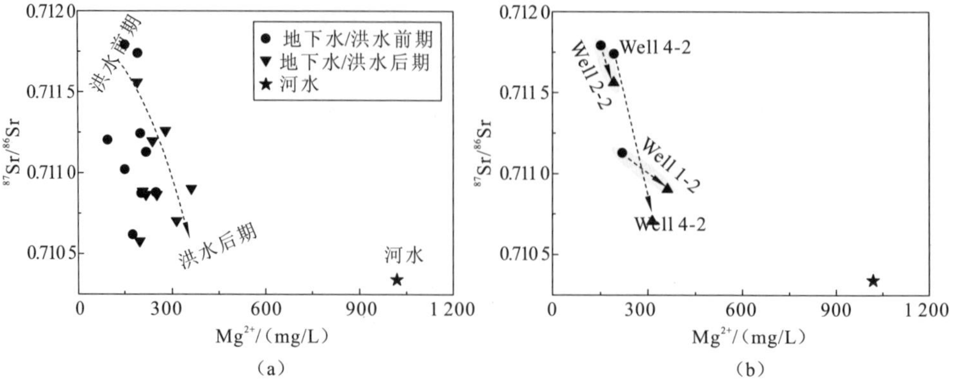

图 8-3-5　$^{87}Sr/^{86}Sr$-Mg 关系图

样品分别采自洪水前期和洪水后期的 Well 1-2、Well 2-2、Well 4-2 及桑干河，

（a）为包括浅层、中层、深层的地下水样品；（b）为仅浅层地下水样品

图 8-3-5（b）更清晰地印证了这一点，Well 1-2、Well 2-2、Well 4-2 从洪水前期到洪水后期，$^{87}Sr/^{86}Sr$ 值均有不同程度的减小，向接近地表水方向演化。

8.3.4　水化学组分变化特征

1. 水化学组成

从水位动态及稳定同位素和锶同位素的讨论可以看出，地表水位波动仅对浅层地下水有显著影响。而且根据样品水化学分析结果，总体上仅浅层地下水样品的水化学变化最显著。因此，本小节仅选取浅层地下水化学数据来探讨人工洪水对潜流带地下水化学组分的影响。

从洪水前期到洪水后期，地下水和地表水的温度显著下降，变化范围分别为 12.9～10.5 ℃、7.8～4 ℃。地表水温度下降可能是由于气候变化，在人工洪水试验后期，研究区出现大雪天气，气温急剧下降，当较低温度地表水入渗补给地下水时，地下水的温度必将下降。从洪水前期到洪水后期，地表水 TDS 质量浓度的平均值分别为 486 mg/L 和 5 318 mg/L；而地下水 TDS 质量浓度的平均值分别为 3 140 mg/L 和 4 355 mg/L。这两个参数的变化提供了关于地表水/地下水相互作用的线索：当具有更低温度及更高 TDS 的地表水入渗至含水层时，地下水的温度和 TDS 势必分别呈现下降和上升的趋势。

图 8-3-6 描绘了山阴试验场浅层地下水主要离子浓度在洪水前期和洪水后期的变化。从洪水前期到洪水后期，地表水 Cl^- 质量浓度显著增加，波动范围为 106.9～1 409.7 mg/L（图 8-3-6）；地下水 Cl^- 质量浓度亦呈现较大的波动，平均变化范围为 1 691.8～2 511.8 mg/L（图 8-3-6）。Xie 等（2012）通过分析大同盆

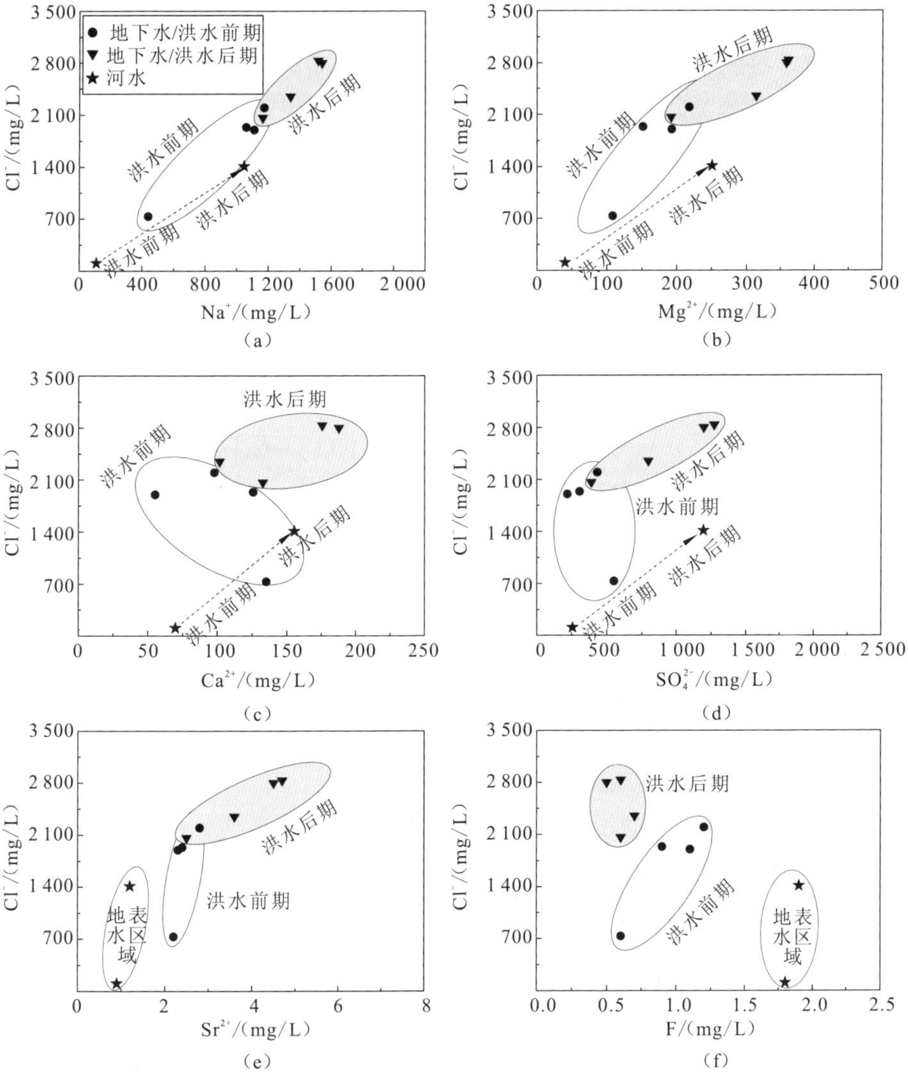

图 8-3-6　地表水和浅层地下水样品中 Cl^- 与 Na^+（a）、Mg^{2+}（b）、Ca^{2+}（c）、SO_4^{2-}（d）、Sr^{2+}（e）、F^-（f）的关系图

样品分别采自洪水前期和洪水后期的 Well 1-2、Well 2-2、Well 3-2、Well 4-2 及桑干河，单位均为 mg/L

地地下水样品 Cl/Br 摩尔比值，得到蒸发盐类矿物是大同盆地地下水 Cl^- 的主要来源。事实上，山阴试验场附近广泛分布着盐渍化土壤，在强烈蒸散发条件下，非饱和带内会累积大量盐岩。Cl^- 是一种保守性元素，因此推测地表水体 Cl^- 质量浓度增加的原因是位于河床底部盐岩的溶解。当具有相对较高浓度的 Cl^- 入渗补给含水层时，地下水体的 Cl^- 质量浓度必然增加，但比较地表水体和地下水体中的 Cl^-

质量浓度，发现地表水体 Cl^-质量浓度远低于地下水体，这说明地下水体 Cl^-质量浓度的增加除受地表水入渗作用外，另一个重要原因可能是储存在非饱和带内或含水层浅部蒸发盐类矿物（如盐岩、芒硝）溶解的结果。

从洪水前期到洪水后期，地下水和地表水样品中 Na^+质量浓度均显著增加，变化范围分别为 947.4～1391.9 mg/L、110.6～1048.7 mg/L［图 8-3-6（a）］。与 Cl^-类似，地表水 Na^+质量浓度增加可能是因为河床底部的蒸发盐类矿物溶解，如盐岩、芒硝。而地下水 Na^+质量浓度增加则一方面可能是具有相对高质量浓度 Na^+的地表水的入渗混合，另一方面可能是非饱和带内或含水层浅部蒸发盐类矿物的溶解。

地表水样品中 Mg^{2+}质量浓度从洪水前期到洪水后期也呈现显著增加，变化范围为 40.5～250.6 mg/L［图 8-3-6（b）］。这可能与硫酸镁的溶解有关，除了盐岩，大同盆地中心还广泛分布着硫酸镁（$MgSO_4 \cdot 7H_2O$），人工洪水将促使其发生溶解，从而抬升地表水中 Mg^{2+}的质量浓度。洪水前期到洪水后期，地下水样品中 Mg^{2+}质量浓度也相应增加，平均变化范围为 167.7～306.5 mg/L，其主要原因可能是具有高 Mg^{2+}质量浓度的地表水与地下水的相互混合。

从洪水前期到洪水后期，地下水和地表水样品中 Ca^{2+}质量浓度也呈现出增加趋势，平均变化范围分别为 103.5～149.5 mg/L、69.8～155.5 mg/L［图 8-3-6（c）］。地表水 Ca^{2+}质量浓度的增加主要可能是受方解石、石膏溶解的影响，另外，阳离子交换也可能影响地表水 Ca^{2+}的质量浓度。地下水 Ca^{2+}质量浓度的增加则是与具有较高 Ca^{2+}质量浓度的地表水入渗有关。

与洪水前期相比，洪水后期地表水样品中 SO_4^{2-} 质量浓度呈大幅度增加，变化范围为 258.3～1 195.4 mg/L［图 8-3-6（d）］。主要原因可能与硫酸镁、芒硝、石膏的溶解有关。另外，也可能与硫化物矿物的氧化有关。与地表水类似，地下水样品中 SO_4^{2-} 质量浓度的波动也较大，变化范围为 378.1～914.8 mg/L［图 8-3-6（d）］。同样，地下水 SO_4^{2-} 质量浓度的增加可能是具有相对较高 SO_4^{2-} 质量浓度的地表水入渗混合造成的。

地下水 Sr^{2+}质量浓度很高，远高于地表水，且从洪水前期到洪水后期增加明显，平均变化范围为 2.4～3.8 mg/L［图 8-3-6（e）］。地表水 Sr^{2+}质量浓度从洪水前期到洪水后期亦呈现增加趋势，但增加幅度很小，变化范围为 0.9～1.2 mg/L［图 8-3-6(e)］。地下水 Sr^{2+}质量浓度的增加可能是富锶蒸发盐岩（如石膏、天青石）溶解的结果。方解石或文石的溶解也可能是另一个原因，这是因为碳酸盐溶解将导致矿物中的 Mg^{2+}和 Sr^{2+}释放至地下水中（Smalley et al., 1994）。

从洪水前期到洪水后期，地表水样品的 F^-质量浓度基本无变化，变化范围为 1.8～1.9 mg/L；地下水样品的 F^-质量浓度较低，略低于地表水，且从洪水前期到洪水后期呈现下降趋势，平均变化范围为 1.0～0.6 mg/L［图 8-3-6（f）］。前人研究结果表明，大同盆地中心第四系湖积沉积物是浅层地下水中 F^- 的主要来源（Li et al., 2012），因此，地下水 F^- 质量浓度的降低可能是受 CaF_2 溶解度的控制。这是因为外源输入地下水中的 Ca^{2+} 将导致地下水产生 CaF_2 沉淀而使地下水的 F^- 质量浓度降低。

值得注意的是，由于洪水期较短，故本文推测地下水中 Na^+、Mg^{2+}、Ca^{2+}、SO_4^{2-} 质量浓度的增加主要是由于地表水/地下水之间的相互混合作用造成的，储存在非饱和带内或含水层浅部蒸发盐类矿物的溶解也可能是另一个重要原因。

2. 氧化还原敏感元素

图 8-3-7 描绘了洪水前期和洪水后期地下水中氧化还原敏感元素［Eh、HS^-、NH_4^+、Fe（II）］的变化特征，从图 8-3-7 可以看出，除单纯的地表水/地下水之间的物理混合作用及非饱和带或含水层浅部的化学物质垂直向下运移的作用之外，地表水的入渗还引起含水层内部发生系列地球化学反应，如 NO_3^- 的还原、Fe（III）氧化物/氢氧化物的还原、SO_4^{2-} 的还原、As（V）的还原等。

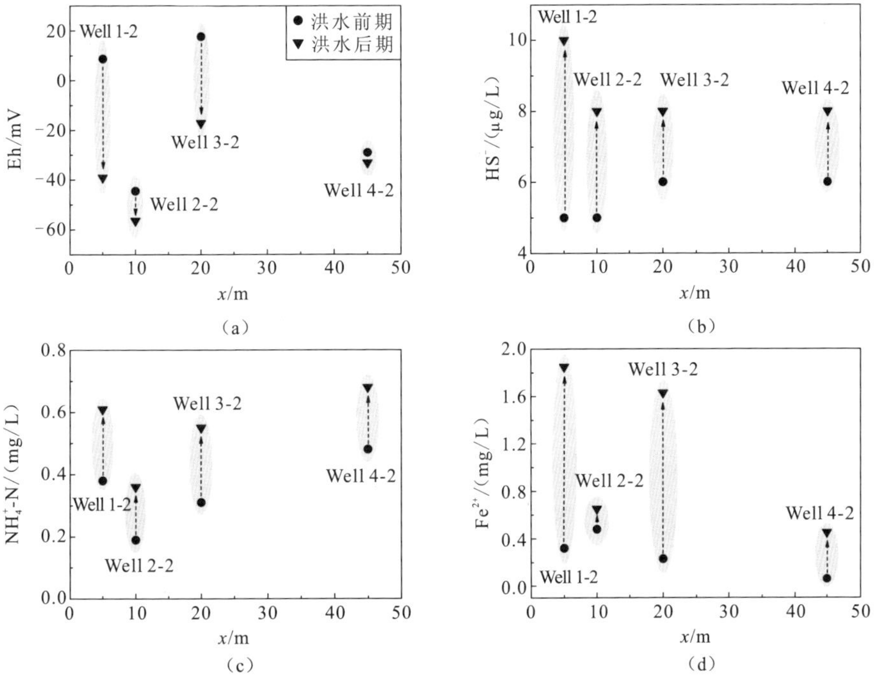

图 8-3-7　洪水前期和洪水后期地下水样品 Eh（mV）（a）、HS^-（μg/L）（b）、NH_4^+-N（mg/L）（c）、Fe^{2+}（mg/L）（d）的变化

（*X* 表示监测井距离桑干河的水平距离，m，样品分别采自洪水前期和洪水后期 Well 1-2、Well 2-2、Well 3-2、Well 4-2）

从洪水前期到洪水后期，浅层地下水的 Eh 值显著下降［图 8-3-7（a）］。普遍学者认为，在微生物呼吸过程中，有机质作为电子供体，被微生物利用，从而促进 NO_3^-、Fe（III）氧化物/氢氧化物、SO_4^{2-} 的还原溶解（Islam et al., 2005; Van Geen et al., 2003b; Harvey et al., 2002; Nickson et al., 2000）。地表水入渗补给含水层时，会携带大量新鲜不稳定有机质及氧气至含水层中。氧气的进入将加速有机质的氧化，随着氧气的不断消耗，地下水将逐渐形成一个强还原的环境，地下水 Eh 值下降及 HS^- 质量浓度的增加（变化范围为 5～10μg/L）［图 8-3-7（b）］恰好印证这一点。HS^- 质量浓度的增加说明在地下水系统中发生了 SO_4^{2-} 矿物的还原（Xie et al., 2008）。大量研究表明，高砷地下水中 NO_3^- 质量浓度较低，Fe 和 HCO_3^- 质量浓度较高（Van Geen et al., 2003a; Harvey et al., 2002; Nickson et al., 2000）。在本研究区，地下水中 NO_3^- 质量浓度非常低（大部分样品均低于检测限），但 NH_4^+ 质量浓度却很高，且从洪水前期到洪水后期显著增加，变化范围为 0.19～0.68 mg/L［图 8-3-7（c）］，这说明在还原性地下水环境中发生了氨化过程（Eby, 2004），即 NO_3^- 被还原为 NH_4^+。地下水中 Fe（II）质量浓度从洪水前期到洪水后期也显著增加，变化范围为 0.06～1.85 mg/L［图 8-3-7（d）］，表明在微生物调控的有机质还原过程中，发生了 Fe（III）氧化物/氢氧化物的还原（Xie et al., 2012）。另外，As（III）质量浓度的增加说明在强还原环境中，可能发生了 As（V）还原为 As（III）的过程（图 8-3-8）。

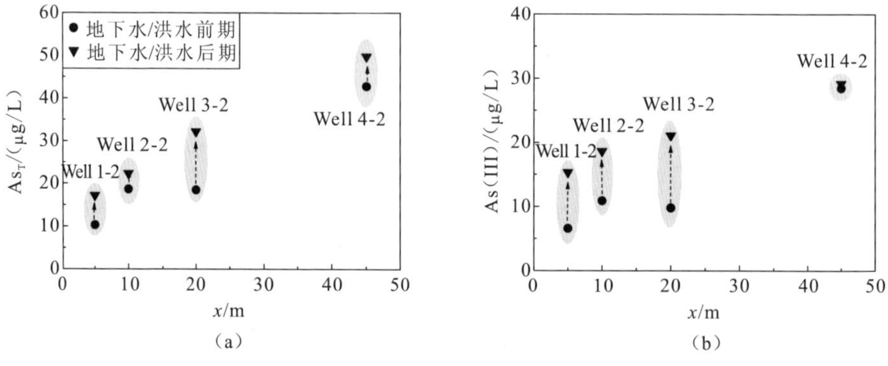

图 8-3-8　洪水前期和洪水后期地下水总 As（a）和 As（III）（b）浓度的变化

x 表示距离桑干河的水平距离

8.3.5　砷在地下水中的迁移

洪水前期，Well 1-2、Well 2-2、Well 3-2、Well 4-2 浅层地下水中总 As 质量浓度分别为 10.3 μg/L、18.7 μg/L、18.5 μg/L、42.8 μg/L；洪水后期，这些样品的总 As 质量浓度分别为 17.2 μg/L、24.8 μg/L、32.2 μg/L、49.8 μg/L。从洪水前期到洪

水后期，地下水中总 As 的质量浓度呈现增加趋势。As（III）与总 As 的变化趋势一致。图 8-3-8 为从洪水前期到洪水后期地下水系统中总 As 和 As（III）质量浓度的变化［（a）表示包括浅层、中层和深层的地下水样品；（b）表示仅浅层地下水样品，Well 5-2 除外］。从图 8-3-8 可以看出从洪水前期到洪水后期，地下水样品中总 As 和 As（III）质量浓度以不同的幅度同步增加。虽然由于监测周期太短，现已捕捉到浅层地下水中砷的增加幅度尚不明显，但仍能观察到地下水中总 As 和 As（III）质量浓度增加的趋势。

Cl 是一种保守性元素，且在天然水体中高度溶解（Cartwright et al., 2006），因此在水文系统中常被作为判别大气输入的参考（Négrel and Petelet-Giraud, 2005）。如 8.3.4 小节所述，地下水 Cl^- 质量浓度远高于地表水，且从洪水前期到洪水后期显著增加（1691.8～2511.8 mg/L，图 8-3-6）。而从洪水前期到洪水后期，地下水中 As 的质量浓度也明显增加（图 8-3-8）将洪水前期和洪水后期地下水中 As 的变化量与 Cl 的变化量投影在二维坐标图上，发现所有数据点位于一条直线上，这说明地下水中 As 的变化与地下水中 Cl 的变化密切相关。含水层中 Cl 质量浓度的增加除受地表水入渗补给作用外，另一个重要原因是储存在非饱和带内和/或含水层浅部的 Cl 在地表水入渗过程中垂直向下运移至含水层。用 SPSS 16.0 进行元素间的相关分析，得到洪水前期到洪水后期，As 的变化与 Cl 的变化呈正相关（所有水样 R=0.77，p<0.01；浅层水样 R=0.99，p<0.01），因此可推测在 Cl 垂直向下运移至含水层的过程中，As 也会从非饱和带和/或含水层浅部垂直向下运移，从而导致地下水 As 质量浓度的升高。由此得出，非饱和带和/或浅层含水层中富砷矿物的风化溶解可能是地下水中 As 质量浓度增加的一个重要原因（Masuda et al., 2012）。

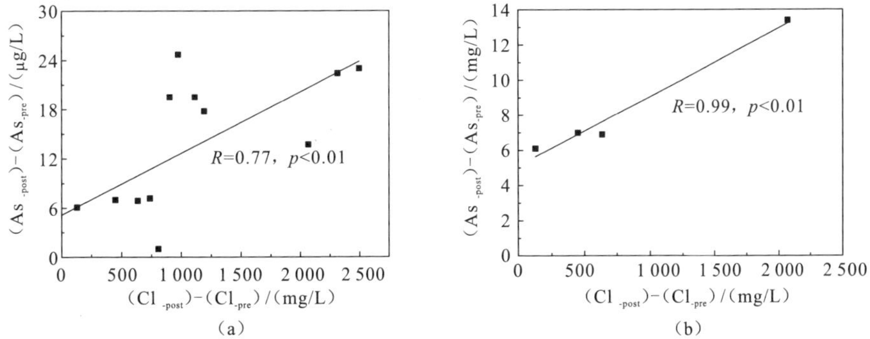

图 8-3-9　洪水前期和洪水后期地下水样品中 Cl 的变化量与 As 的变化量的关系图

（a）包括浅层、中层和深层的地下水样品；（b）仅浅层地下水样品

另外，对比洪水前期和洪水后期 Well 1-2D 的水化学组分变化，发现 As 质量浓度显著增加，变化范围为 31.3～118.5 μg/L；SO_4^{2-} 质量浓度显著减小，变化范围

为 207.4～568 mg/L；HCO_3^- 质量浓度显著增加，变化范围为 410.2～981.1 mg/L；Ca^{2+}质量浓度显著减小，变化范围为 52.1～139.8 mg/L。Ca^{2+}质量浓度的显著减小说明地下水中可能形成了方解石沉淀。

用 PHREEQC 软件计算该水样对矿物的饱和指数，得到方解石的饱和指数为 0.7，表明地下水对方解石处于过饱和状态，也证明地下水中有方解石沉淀的形成。SO_4^{2-} 质量浓度减小近 2 倍，而 As 质量浓度增加近 2 倍，表明含水层可能发生了 SO_4^{2-} 的生物还原过程。含水层中 HS^-质量浓度为 6 μg/L 亦证明 SO_4^{2-} 还原过程的发生。而 HCO_3^- 质量浓度的增加则说明地下水系统中存在 CO_2 气体的溶解，有机质的生物还原过程也会增加 HCO_3^- 质量浓度。以上过程表明在地表水入渗补给地下水的过程中，除单纯地表水/地下水混合作用之外，地下水系统中还发生了氧化还原反应。而且从洪水前期到洪水后期 As（III）质量浓度的增加，也表明在地下水系统中可能发生了系列与砷相关的地球化学反应，例如，As（V）还原为 As（III）、Fe（III）氧化物/氢氧化物的还原溶解、SO_4^{2-} 的还原等。

整体上，在地表水/地下水相互作用过程中，影响砷在大同盆地地下水中迁移富集的过程主要有两个。

（1）储存在非饱和带和/或含水层浅部的砷垂直向下运移的结果。从洪水前期到洪水后期，地下水中 As 的变化量与 Cl 的变化量之间呈显著相关性，表征地下水中 As 的变化与地下水中 Cl 的变化密切相关。由于地表水中 Cl 的浓度远低于地下水，可推测含水层中 Cl 浓度的增加主要是储存在非饱和带内和/或含水层浅部的 Cl 在地表水入渗的推动下垂直向下运移的结果。那么，在这种情形下，非饱和带和/或含水层浅部的 As 也会垂直向下运移。地下水锶同位素分析表明硅酸盐和/或铝硅酸盐的风化溶解主要控制地下水化学组分，故可推测地下水中 As 浓度增加的一个重要原因是非饱和带和/或浅层含水层中富砷矿物的风化溶解，并垂直向下运移至含水层。

（2）氧化还原条件的改变。氧化还原条件是控制砷在地下水系统中迁移的关键因素（Höhn et al., 2006）。研究区含水介质主要由湖积和冲-湖积中细砂、粉砂、粉质黏土和黏土组成，且黏土中含有丰富的有机质。大同盆地前期研究表明，浅层含水层中的砷主要来源于富砷沉积物矿物及富有机质的湖积黏土（Xie et al., 2008）。Xie 等（2009）运用地球化学氧化还原敏感元素和硫同位素手段，结合 As-S-Fe 模型来诠释砷在地下水系统中的衰退与运移过程，得到 Fe（III）氧化物/氢氧化物的还原溶解、As（V）被还原为 As（III）及微生物调控的氧化还原反应是控制砷在地下水中迁移的主要过程。另外，在强还原的高砷地下水环境中，SO_4^{2-} 电子受体（Guo et al., 2008），被沉积物中的微生物还原，生成硫化物释放至地下水中；而这些生成的硫化物能进一步与 Fe（III）氧化物/氢氧化物还原得到的 Fe

(II)形成 FeS_2 沉淀，从而减少地下水中 Fe(II)的含量(McArthur et al., 2004; Anawar et al., 2003; Kim et al., 2002)。同时 Fe（III）氧化物/氢氧化物在还原溶解的过程中，也会释放出表面吸附的砷至地下水中。学者们认为，地下水系统中，Fe（III）氧化物/氢氧化物是砷的主要载体，它主要通过吸附或共沉淀作用来固定砷（Swartz et al., 2004; Smith et al., 2000）。而且已有研究也表明，大同盆地高砷地下水系统中，Fe(III)氧化物/氢氧化物是砷的主要载体(Zhang and Selim, 2008; Xie et al., 2008）。铁的硫化物具有较强固砷能力（Lowers et al., 2007），主要通过吸附或与砷形成共沉淀来固定砷，但由于沉积物中 SO_4^{2-} 含量很低，形成富砷硫化物矿物数量受到很大限制，进而铁的硫化物对砷的吸附能力也受到限制，地下水中砷的浓度仍然呈上升趋势。

8.4　潜流带砷的迁移转化模拟

8.3 节讨论了短期地表水/地下水相互作用对邻近高砷地下水系统的水文地球化学的影响，得到地下水中 Na^+、Mg^{2+}、Ca^{2+}、SO_4^{2-}、Sr^{2+}、Cl^-浓度增加的原因：一方面是受地表水入渗补给的影响；另一方面是地表水在入渗补给地下水的过程中，促使储存于非饱和带内和/或含水层浅部的蒸发盐类矿物（盐岩、石膏、芒硝、硫酸镁）发生风化溶解，并垂直向下运移至含水层。地下水 As 浓度的增加一方面是储存在非饱和带和/或浅层含水层中富砷矿物的风化溶解并垂直向下运移至含水层的结果，另一方面可能是地表水的入渗引起了地下水系统中发生了系列与砷相关的氧化还原反应，如 Fe（III）氧化物/氢氧化物、SO_4^{2-}、As（V）、NO_3 的微生物还原溶解等。因此，为了定量研究非饱和带和/或含水层浅部蒸发盐类矿物和富砷矿物的溶解/沉淀量及地表水/地下水相互作用过程中控制砷迁移的主要因素，本节应用 PHREEQC 软件，结合数值模拟手段进一步研究这些地球化学过程。

8.4.1　潜流带砷的水文地球化学模拟

1. 潜流带矿物相表征结果

为了对地表水/地下水相互作用过程中伴随发生的系列地球化学过程进行定量模拟分析，本次研究特选取山阴试验场钻孔 Well 2-1 不同深度沉积物样品进行了 XRD 分析，结果表明研究区沉积物矿物成分主要由长石、方解石、白云石、石英、闪石、绿泥石、伊利石、高岭石和蒙脱石组成（表 8-4-1）。由此可见，研究区孔隙介质的主要元素矿物为硅酸盐和铝硅酸盐矿物，这些矿物的溶解-沉淀作用是控制孔隙水水化学组成的一个重要水文地球化学过程。

表 8-4-1　山阴试验场不同深度沉积物 XRD 分析结果

样品编号	颜色	岩性	深度/m	矿物粉/%								
				蒙脱石	绿泥石	伊利石	高岭石	闪石	长石	石英	方解石	白云石
Well 2-1-2	棕黄色	粉砂	1.3	5	10	10	5	8	17	34	8	3
Well 2-1-3	黄色	中砂	2	0	12	9	6	5	20	32	12	4
Well 2-1-5	棕黄色	粉砂质黏土	1.7	5	12	10	5	3	12	39	10	4
Well 2-1-7	青灰色	粉质	8	5	15	15	8	0	10	28	13	6
Well 2-1-9	青灰色	粉砂质黏土	10	5	10	12	0	8	12	39	12	2
Well 2-1-10	黄色	中粗砂	12	0	0	5	8	2	23	32	25	5
Well 2-1-12	灰绿色	粉砂夹黏土	14	5	10	10	5	6	15	33	16	0
Well 2-1-15	黑色	黏土	20	8	10	15	7	2	9	28	21	0

从表 8-4-1 可以看出，山阴试验场沉积物中黏土矿物主要为伊利石、蒙脱石、绿泥石和高岭土。伊利石是云母风化时向蒙脱石过渡的中间产物，绿泥石大多是母质岩带来的，也可由黑云母转变而来。钠长石、钙长石、钾长石等矿物的非全等溶解，水解成为蒙脱石和高岭土；表生风化带形成的高岭土和蒙脱石可进一步转化为伊利石和绿泥石（苏春利，2006）。

2. 模拟思路

为了定量探讨洪水前期和洪水后期地下水化学组分的变化及相应的地球化学作用过程，本小节应用 PHREEQC V3.0 软件，结合本次研究获取的水文地球化学数据对其进行了反向水文地球化学模拟。

PHREEQC 软件具有反向地球化学模拟的功能。反向地球化学模拟是根据观测的化学和同位素资料来确定水-岩相互作用机理，即计算造成水流路径上初始和最终水组分差异所必须溶解或析出的矿物和其他物质的量。这类模拟的结果不是“唯一”的，而是一系列的可能路径。这主要取决于人们对研究系统的地质和水文地质条件的认识。反向模拟计算中，最困难的是反应矿物相组分的选择，反应矿物相一般基于对流动系统及沿流动路径上的矿物学的已有认识来确定；对含水介质的显微分析和化学分析及对水体和矿物的同位素组分的分析也能为反应矿物相的选择提供额外的参考。

建立反向模拟模型时，首先假定模拟终点水溶液的水化学组成是由模拟起点水溶液（或起点水溶液与其他溶液混合作用后）与沿模拟路径上的矿物相及气相之间相互作用的结果。每个反向模型必须满足以下 6 个摩尔平衡方程：①矿物相中每种元素及其化合价态的摩尔质量平衡；②每个溶液电荷转移量的摩尔平衡；

③系统的碱度平衡；④系统电子转移量的摩尔平衡；⑤水溶液的质量平衡；⑥同位素的摩尔质量平衡。然后，通过数值迭代计算求解以上质量平衡方程，得到沿水流路径的矿物相及气相的转移量。反向模拟需要用到的数据块包括 SOLUTION 或 SOLUTION-SPREAD 和 INVERSE-MODELING，附加反应物通过数据块 PHASES 或 EXCHANGE-SPECIES 来实现。

值得注意的是，PHREEQC 软件的一个显著优点是对参与反向模拟的水样的各水化学组分进行校准，以消除水样的电荷平衡误差，使水样达到电中性条件。通过设置 INVERSE-MODELING 数据块中的-uncertainty 来实现，默认情况下，-uncertainty 为 0.05（5%）。反向模拟过程中-uncertainty 的选取非常重要，如指定的范围太小，则在该误差范围内无法消除水样的电荷平衡误差；如指定的范围太大，则水样的某些水化学组分将变化过大，可能与真实情形差别较大。故一般设置分析数据的-uncertainty 不超过 0.05。

应用软件 PHREEQC 进行矿物相平衡计算，计算水样中各种矿物的饱和指数（SI），以说明地下水对于各种矿物的饱和状态：

$$SI = \lg\frac{IAP}{K_T} \tag{8-4-1}$$

式中：IAP 为水溶液中组成某矿物的阴、阳离子的活度积；K_T 为水样温度条件下热动力学平衡常数。若地下水中某种矿物的 SI > 0，表示该矿物在地下水中处于过饱和状态；SI = 0，表示该矿物在地下水中处于平衡状态；SI < 0，表示该矿物在地下水中处于未饱和状态。

3. 模拟过程

根据洪水前期和洪水后期，试验场地下水化学组分的时空变化特征，本小节选取一条纵剖面（*AA′* 剖面，图 8-4-1）来模拟地表水/地下水相互作用过程中山阴试验场地下水化学组分的演化。*AA′* 剖面垂直于桑干河，地下水流方向由南至北，指向桑干河，沿该剖面的地下水样包括 Well 1-2、Well 2-2、Well 3-2、Well 4-2。选取四条模拟路径，分别为：Well 1-2（pre）→Well 1-2（post）、Well 2-2（pre）→Well 2-2（post）、Well 3-2（pre）→Well 3-2（post）、Well 4-2（pre）→Well 4-2（post）（pre 和 post 分别表示洪水前期和洪水后期）。Well5-2 由于数据的不完整不予考虑。

据苏春利（2006），硅酸盐与铝硅酸盐矿物的溶解与沉淀是控制大同盆地孔隙地下水地球化学演化的主要地球化学过程。结合对试验场沉积物组成的 XRD 分析结果（表 8-4-1），可确定模型中的矿物相应包括方解石、白云石、石英、钠长石、钙长石、伊利石等；天青石的溶解与沉淀主要控制孔隙水中 Sr^{2+}的浓度，

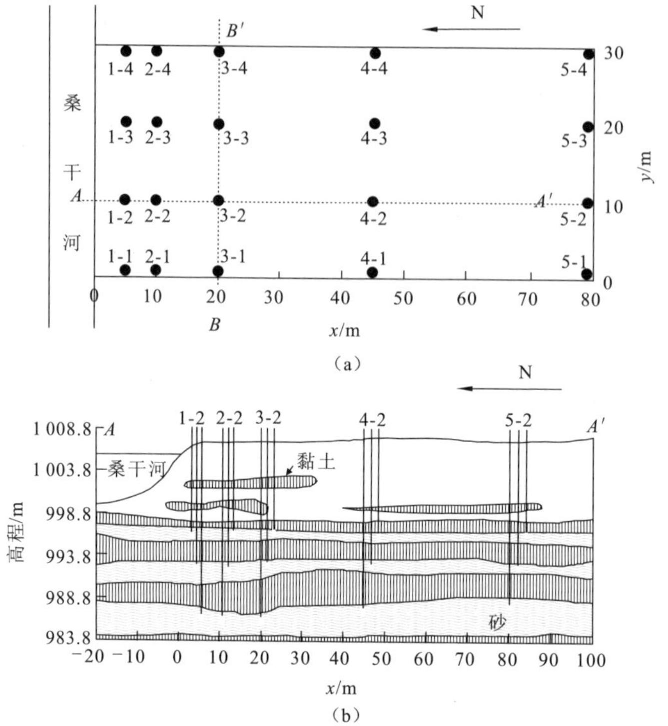

图 8-4-1　大同盆地试验场监测井分布图

所以模型的矿物相还包括天青石；地下水中 Cl^-、SO_4^{2-} 浓度的增加，主要来源于盐岩和石膏的溶解；浅层地下水与大气相通，必须要考虑 CO_2（g）的作用；离子交换作用也应包括在模型中。应用软件 PHREEQC V3.0 进行矿物饱和指数计算可知，无论是洪水前期还是洪水后期，模拟的地下水样对于方解石和白云石均为过饱和状态（表 8-4-2）。因此，模拟过程中，可根据矿物的饱和程度变化情况设置其反应类型为溶解反应或沉淀反应。

表 8-4-2　模型中孔隙水样的饱和指数

样品编号	方解石	白云石	萤石	石膏	盐岩	天青石	菱锶矿	硫酸镁	菱铁矿	石英
	$CaCO_3$	$CaMg(CO_3)_2$	CaF_2	$CaSO_4·2H_2O$	NaCl	$SrSO_4$	$SrCO_3$	$MgSO_4·7H_2O$	$FeCO_3$	SiO_2
洪水前期，2012 年 10 月 26 日										
Well 1-2	1.0	2.50	−1.06	−1.35	−4.33	−1.18	−0.02	−3.13	1.13	0.39
Well 2-2	1.07	2.41	−1.14	−1.34	−4.42	−1.35	−0.12	−3.39	0.74	0.31
Well 3-2	0.87	1.83	−1.37	−0.95	−5.17	−1.03	−0.39	−3.18	0.68	0.41
Well 4-2	0.66	2.04	−1.35	−1.84	−4.38	−1.52	−0.20	−3.43	0.40	0.38

续表

样品编号	方解石	白云石	萤石	石膏	盐岩	天青石	菱锶矿	硫酸镁	菱铁矿	石英
	$CaCO_3$	$CaMg(CO_3)_2$	CaF_2	$CaSO_4·2H_2O$	NaCl	$SrSO_4$	$SrCO_3$	$MgSO_4·7H_2O$	$FeCO_3$	SiO_2
洪水后期，2012 年 11 月 23 日										
Well 1-2	1.07	2.59	−1.54	−0.78	−4.14	−0.64	0.03	−2.57	1.44	0.57
Well 2-2	0.88	2.07	−1.49	−1.25	−4.34	−1.27	−0.31	−3.21	1.23	0.48
Well 3-2	0.81	2.20	−1.81	−0.91	−4.13	−0.67	−0.12	−2.59	1.17	0.55
Well 4-2	1.05	2.75	−1.59	−1.15	−4.23	−0.89	0.14	−2.78	1.39	0.47

为了保证模型精度，设置模型的不确定性小于 0.05。经过多次迭代计算，每步模拟找到的反演模型为 2～3 个，综合分析采样点处的地球化学环境和地下水化学特征，选取与现实最为接近的模型。山阴试验场所选路径的反向模拟模型中所选择的全部矿物相及其质量平衡计算结果见表 8-4-3。

表 8-4-3　山阴试验场选取路径的质量平衡计算结果

路径	钠长石	钙长石	方解石	天青石	白云石	石膏	盐岩	$CO_2(g)$	伊利石	石英	KX	CaX_2
well 1-2（pre）→ well 1-2（post）	0.862 000	0.423 100	−13.170	0.021 910	6.146	8.788	14.230		−0.742 700	−0.770 30	0.464 30	−0.232 10
well 2-2（pre）→ well 2-2（post）	0.004 629		−2.3560	0.001 161	1.673	0.877	4.595	1.295	−0.002 013	0.046 74	0.029 62	−0.014 81
well 3-2（pre）→ well 3-2（post）	0.033 600	0.009 865	−15.730	0.026 550	9.651	7.408	48.300	3.128	−0.023 190			
well 4-2（pre）→ well 4-2（post）		0.460 900	−10.330	0.014 970	5.131	6.029	10.140		−0.400 800	0.508 00	0.230 70	−0.115 30

注：单位为 mmol/kg H_2O，正值与负值分别代表溶解量与沉淀量。

4. 模拟结果

由表 8-4-3 可知，从洪水前期到洪水后期，导致监测井 Well 1-2、Well 2-2、Well 3-2、Well 4-2 水化学组分发生变化的主要化学过程是白云石、钠长石的溶解与方解石的沉淀作用。白云石和钠长石的溶解量最大分别达 9.651 mmol/kg H_2O

和 0.862 000 mmol/kg H_2O。方解石的沉淀量高达 15.73 mmol/kg H_2O。随离桑干河距离的不同，钙长石也有不同程度溶解。以上这些反应与地下水系统中 CO_2（g）的作用密切相关，本次模型的质量平衡计算结果也反映出不同的演化路径会不同程度地消耗 CO_2 气体。另外，不同路径的质量平衡计算结果表明，在洪水后期，距离桑干河不同位置处的地下水样品中 Ca^{2+}、Na^+、Cl^-、SO_4^{2-}、Sr^{2+}浓度均呈现增加的趋势，其原因主要是石膏、盐岩、天青石的溶解，其中石膏和盐岩的溶解量分别高达 8.788 mmol/kg H_2O、48.30 mmol/kg H_2O，天青石的溶解量较小。模型的反演计算表明离子交换作用也不同程度地控制着地下水化学的变化。

8.4.2 潜流带砷的 1D 反应运移模型

山阴试验场选取路径的反演模型计算表明短期人工引入地表水后，硅酸盐和铝硅酸盐不同程度的溶解和沉淀控制着山阴试验场地下水化学组分的变化。但地表水在入渗补给地下水的过程中还可能引起地下水系统发生系列氧化还原反应，如 Fe（III）氧化物/氢氧化物、SO_4^{2-}、As（V）的还原溶解等。因此，为了探究地表水/地下水相互作用过程中控制砷在地下水系统中运移转化的主要过程，本小节运用 PHREEQC V3.0 软件，建立潜流带地下水系统中耦合砷的生物地球化学过程的 1D 反应运移模型。

1. 基本思路

PHREEQC 可描述双重介质中含有多组分化学反应的一维对流-弥散-反应过程。它采用分裂算子（split-operator）技术（Barry et al., 2000），在每个模拟时段内首先进行对流运移计算，接着进行所有化学平衡项和动态化学反应项的计算，然后进行弥散运移项的计算，最后再次进行化学平衡项和动态化学反应项的计算。这种算法能显著提高数值算法的准确性和稳定性，有效地减小数值弥散，降低化学项和运移项之间的迭代次数。

对流-运移计算主要用来模拟水流经一维柱时发生的对流和化学反应过程。用 ADVECTION 数据块来完成。在建模时，用户根据自己的需要可将一维柱剖分为若干个（1～n）单元，每个单元的初始溶液组分用 SOLUTION 数据块来定义。对流过程的模拟通过“shifting”来实现，即首先从单元 0 转移到单元 1，模型进行动态反应和水-气-固集合之间的平衡计算；然后再从单元 1 转移到单元 2，模型再次进行动态反应和水-气-固集合之间的平衡计算；依此类推，直到从单元 n-1 转移到单元 n。对流-弥散-运移的计算过程与对流-运移计算类似，只是在模型中考虑了溶质的弥散或分子扩散过程，用 TRANSPORT 数据块来完成。PHREEQC

假定所有化学物种的弥散系数或分子扩散系数都相同，因此所有化学物种的弥散或分子扩散方程均相同。

PHREEQC 要求一个对流-运移或对流-弥散-运移模型中定义的时阶必须等于对流或扩散时阶，对流的时阶可用下式来确定：

$$(\Delta t)_A = \Delta x / v \tag{8-4-2}$$

式中：$(\Delta t)_A$ 为对流的时阶（T）；Δx 为单元长度（L）；v 为地下水流速（L/T）。另外，模型中必须定义 shift 的数量，shift 表示需要计算的对流时阶或扩散时阶的数目。

2. 模拟条件

考虑到地表水仅对 Well 1-2S 和 Well 2-2S（S 表示浅层地下水）地下水化学组分的影响最显著，本小节将“1D 对流运移模型”的模拟区选定为：x 方向上 0～10m，z 方向上-10～-11m（x 表示距离桑干河的水平距离；z 表示距离地面的垂直距离）（图 8-4-2）。位于模拟区内的监测井包括 Well 1-2S 和 Well 2-2S。模拟区长 10m，宽 1m，剖分为 10 个单元，每个单元长 1m。

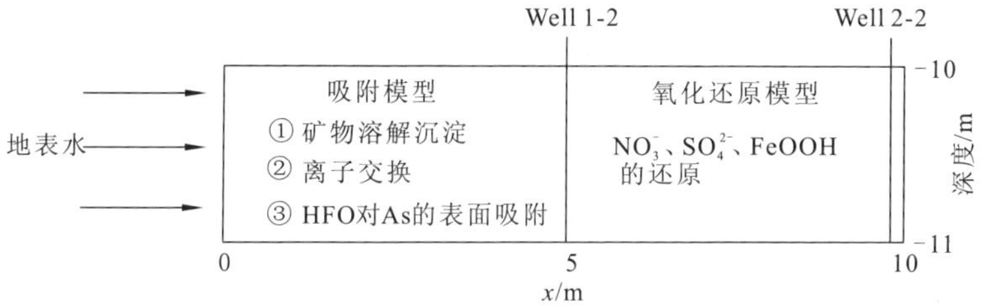

图 8-4-2　“1D 反应运移模型”的概念模型

该模型主要模拟地表水连续注入一维水平流动柱所发生的对流-弥散-反应过程。为探讨地表水/地下水相互作用过程中潜流带高砷地下水系统中控制砷迁移转化的主要影响因素，“1D 对流运移模型”主要包括以下三个子模型。

（1）Fe（III）表面吸附模型：应用 PHREEQC V3.0（Parkhurst and Appelo, 2013）的 WATEQ4F 数据库（Ball and Nordstrom, 1998）进行砷的地球化学形态和吸附过程的模拟。As（III）的质子化常数参考 MINEQL V4.5 数据库（Schecher and McAvoy, 1998），As（V）的质子化常数参考 WATEQ4F 数据库（Archer and Nordstrom, 2003）。As（III）、As（V）与 Fe（III）表面之间的反应用双层表面络合模型来刻画，吸附剂为水铁矿（HFO，FeOOH），且只考虑弱吸附点位≡（w）FeOH，吸附剂的表面点位密度假定为常量。表面吸附反应及对应的平衡常数见表 8-4-4。

表 8-4-4　Fe（III）表面吸附反应及对应平衡常数

Fe（III）表面络合模型	lg *K*（I=0m，25℃）	参考文献
$H_3AsO_3 = H_2AsO_3^- + H^+$	−9.22	Schecher 和 Mcavoy（1998）
$H_2AsO_3^- = HAsO_3^{2-} + H^+$	−12.11	Schecher 和 Mcavoy（1998）
$H_3AsO_3 = H_2AsO_3^- + H^+$	−9.22	Schecher 和 Mcavoy（1998）
$H_2AsO_3^- = HAsO_3^{2-} + H^+$	−12.11	Schecher 和 Mcavoy（1998）
$HAsO_3^{2-} = AsO_3^{3-} + H^+$	−13.41	Schecher 和 Mcavoy（1998）
$H_3AsO_4 = AsO_4^{3-} + 3H^+$	−20.7	Feller 等（2011）
$AsO_4^{3-} + H^+ = HAsO_4^{2-}$	11.50	Feller 等（2011）
$AsO_4^{3-} + 2H^+ = H_2AsO_4^-$	18.46	Feller 等（2011）
≡（w）$FeOH + H^+ =$ ≡（w）$FeOH_2^+$	7.29	Dzombak 和 Morel（1990）
≡（w）$FeOH =$ ≡（w）$FeO^- + H^+$	−8.93	Dzombak 和 Morel（1990）
≡（w）$FeOH + AsO_3^{3-} + 3H^+ =$ ≡（w）$FeH_2AsO_3 + H_2O$	38.76	Dixit 和 Hering（2003）
≡（w）$FeOH + AsO_3^{3-} + 2H^+ =$ ≡（w）$FeHAsO_3^- + H_2O$	31.87	Dixit 和 Hering（2003）
≡（w）$FeOH + AsO_4^{3-} + 3H^+ =$ ≡（w）$FeH_2AsO_4 + H_2O$	29.31	Dzombak 和 Morel（1990）
≡（w）$FeOH + AsO_4^{3-} + 2H^+ =$ ≡（w）$FeHAsO_4^- + H_2O$	23.51	Dzombak 和 Morel（1990）
≡（w）$FeOH + AsO_4^{3-} =$ ≡（w）$FeHAsO_4^{3-}$	8	Dzombak 和 Morel（1990）
≡（w）$FeOH + HS^- =$ ≡（w）$FeS^- + H_2O$	5.3	Afonso 和 Stumm（1992）
≡（w）$FeOH + HS^- + H^+ =$ ≡（w）$FeHS + H_2O$	10.82	Afonso 和 Stumm（1992）

（2）氧化还原模型：去除 Fe（III）的表面吸附反应，仅考虑地下水系统中可能发生的与砷相关的氧化还原过程。化学反应网包括 As（V）还原为 As（III）、SO_4^{2-} 还原为 HS^-、Fe（III）还原为 Fe（II）、NO_3^- 还原为 NH_4^+。使用 WATEQ4F 数据库，氧化还原反应及对应的平衡常数见表 8-4-5。

表 8-4-5　“氧化还原模型”的反应网及对应平衡常数

氧化还原模型	lg *K*	参考文献
$SO_4^{2-} + 10H^+ + 8e^- = H_2S + 4H_2O$	40.644	Yu 等（2018）
$H_3AsO_4 + 2H^+ + 2e^- = H_3AsO_3 + H_2O$	18.89	Yu 等（2018）
$NO_3^- + 10H^+ + 8e^- = NH_4^+ + 3H_2O$	119.077	Yu 等（2018）
$FeOOH + 3H^+ = Fe^{3+} + 2H_2O$	−1.0	Yu 等（2018）
$Fe^{3+} + e^- = Fe^{2+}$	13.02	Yu 等（2018）
$FeS_{2(S)} + 2H^+ + 2e^- = Fe^{2+} + 2HS^-$	−18.479	Davison（1991）

（3）吸附-氧化还原模型：同时考虑 Fe（III）的表面吸附过程及氧化还原过程，即模型（1）和模型（2）的综合。

以上三个模型中同时包括方解石、白云石、石英的溶解沉淀，CO_2（g）的溶解及离子交换作用。模拟初始假定离子交换剂和 HFO 吸附表面与初始含水层溶液达到平衡。含水层的补给来源为地表水，当洪水后期的地表水进入饱水带后，与含水层中的方解石、白云石、石英发生反应，同时伴随 HFO 对 As 的表面吸附、离子交换及氧化还原过程，所有反应再次达到平衡。

含水层水力参数的确定：含水层的水力参数和物理特征见表 8-4-6。山阴试验场孔隙水流速可用达西定律近似估算，已知三维非稳定饱和地下水流模型反演得到试验场砂层的渗透系数为 10 m/d，地表水/地下水相互作用期间 Well 1-2S 与 Well 2-2S 之间的水力梯度约为 0.03，因此可近似计算孔隙水流速为 0.3 m/d。含水层的有效孔隙度为 0.22，含水介质的体积密度为 2.31 kg/L，纵向弥散度为 0.1 m。假定忽略分子扩散，只考虑对流和弥散过程。

表 8-4-6　水力参数及含水层的物理特征

参数	值	来源
总长/m	10	实测
有效孔隙度	0.22	实测
体积密度（容重）/（kg/L）	2.31	实测
孔隙水流速/（m/d）	0.3	计算
纵向弥散度/m	0.1	实测

方解石、白云石、石英含量的确定：据山阴试验场沉积物 XRD 分析（表 8-4-1）可知，研究区沉积物中方解石、白云石、石英的相对质量分数范围分别为 8%～25%、0%～6%、28%～39%。本小节假定方解石、白云石、石英的相对质量分数分别为 25%、5%、32%，结合含水层介质的密度和孔隙度，可估算出方解石、白云石、石英的物质的量浓度分别为 26.3 mol/L、2.9 mol/L、56.0 mol/L。

离子交换剂浓度的确定：根据研究区的地层剖面可知，岩层中的黏土大多为黏土、粉质黏土的混合，因此具有交换性吸附的黏土含量不易确定。本模型参考 Parkhurst 等（1999）给出的离子交换剂的物质的量浓度 1.0mol/L，该参数在模型中用作拟合值。

HFO 表面点位数量的确定：Campbell 等（2006）指出砷在水铁矿表面上的最大吸附点位可近似计算为[≡（w）FeOH]=0.117 Fe_T，式中 Fe_T 为总固态 Fe 浓度。山阴试验场沉积物中提取的总 Fe 质量分数为 17.3～39.1 g/kg（即 1.73～3.91%），平均值为 26.31 g/kg（Xie et al., 2013a）。但只有部分铁的表面点位能被 As 利用，（以下简称有效铁）。有效铁主要为结晶态铁矿物（如针铁矿、赤铁矿）及无定形态铁矿物（如水铁矿），其质量分数可用沉积物中具有还原性的铁含量来近似估计。试验场沉积物中提取的具有还原性的铁氧化物/氢氧化物的质量分数为2.85～17.32 g/kg，占总固态铁的 10.9%～65.8%（Xie et al, 2013a）。该模型中假定还原性铁占总铁的10.9%。已知含水层的孔隙度为 0.22，孔隙介质密度为 2.31 kg/L，那么还原性铁物质的量浓度为 0.42 mol/L，进而吸附点位的数量为 0.049 mol/L。FeOH 的表面特征假定与水合铁氧化物（HFO）（Dzombak and Morel, 1990）一致，即比表面积为 600 m^2/g，摩尔质量为 89 g/mol，则 FeOH 的质量为 37.29 g/L。

含水层初始溶液组分：cell 1～cell 5 用 Well 1-2S 洪水前期的水化学组分表示，cell 6～cell 10 用 Well 2-2S 洪水前期的水化学组分表示。柱子的两端均为通量边界。假定模型中所有反应均达到局部平衡。

3. 模拟过程

用 SOLUTION 关键字定义模型的初始溶液，用 SURFACE 关键字定义 HFO 的表面特征及数量，用 EXCHANGE 关键字定义离子交换剂的数量，用 EQUILIBRIUM_PHASES 关键字定义溶液的溶解沉淀反应，用 TRANSPORT 关键字定义地表水的连续注入。对流运移时阶（time step）为 3.3 d（1 m/0.3 m/d），模拟总时长（total time）为 30 d，shift 为 9。模拟过程中，为使模拟值与观测值达到最好的拟合效果，可适当调节离子交换剂的数量、HFO 吸附点位的数量及化学反应平衡常数。

4. 模拟结果

1）Fe（III）表面络合模型

Fe（III）表面络合模型用于研究地表水/地下水相互作用过程中，吸附/解吸作用对地下水系统中砷迁移富集的影响，模型校正结果见图 8-4-3。为使实测值与模拟值拟合效果最佳，将吸附反应≡（w）FeOH + AsO_4^{3-} = ≡（w）$FeHAsO_4^{3-}$ 的平衡常数由 10.58（Parkhurst and Appelo, 1999）调节为 8。从图 8-4-3（a）可看出，无论监测井 Well 1-2S 还是监测井 Well 2-2S，其 Fe（III）、SO_4^{2-}、HCO_3^-物质的量浓度的模拟值与观测值高度一致。对于 As，监测井 Well 2-2S 拟合效果较好，监测井 Well 1-2S 的拟合效果略差，其模拟值比计算值稍低，但总体变化趋势一致，表征该 Fe（III）表面络合模型的可靠性。山阴试验场钻孔 Well 1-2～Well 5-2 沉积物中磷酸提取的弱吸附和/或强吸附在沉积物表面上的可动态砷的质量分数为4.57～14.64 mg/kg（Xie et al., 2013a），即 0.5～1.6 mmol/L。Fe（III）表面络合模型计算得到 Well 1-2S 和 Well 2-2S 溶液中被吸附的砷物质的量浓度分别为1.06 mmol/L、1.56 mmol/L，与实测值一致，也表明该模型的准确性。

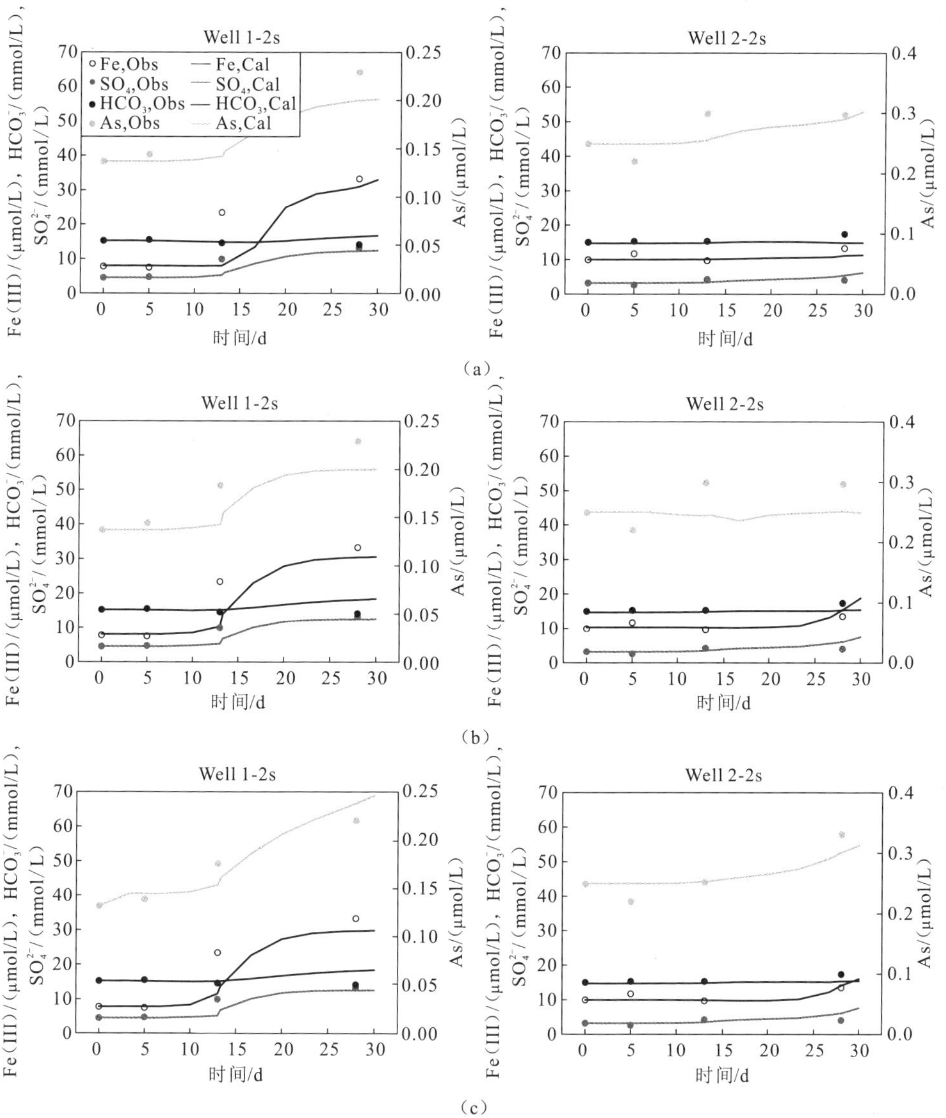

图 8-4-3　“1D 反应运移模型”校正结果

（a）Fe（III）表面络合模型；（b）氧化还原模型；（c）吸附-氧化还原模型

因此，Fe（III）表面络合模型揭示了在地表水/地下水相互作用过程中，Fe（III）氧化物/氢氧化物对砷的吸附作用是控制砷在地下水中迁移的一个重要因素。

2）氧化还原模型

氧化还原模型用于探究地表水/地下水相互作用过程中，As（V）、SO_4^{2-}、Fe（III）、NO_3^-的还原对砷在地下水系统中迁移富集规律的影响，模型校正结果见

图 8-4-3（b）。除监测井 Well 2-2S 的 As 物质的量浓度以外，监测井 Well 1-2S 和 Well 2-2S 的 As、Fe（III）、SO_4^{2-}、HCO_3^- 物质的量浓度都呈现较好的拟合效果，说明该氧化还原模型是可靠的。野外监测数据表明地表水入渗补给地下水过程中，监测井 Well 2-2S 的 As 物质的量浓度呈现小幅度增加趋势，但模型计算结果却表明整个模拟期内该监测井的 As 物质的量浓度几乎无变化。这说明氧化还原过程［As（V）、SO_4^{2-}、Fe（III）、NO_3^- 的还原］对监测井 Well 2-2S 内砷的迁移转化过程影响较小，原因可能是由于地表水与地下水之间的相互作用时间太短，导致地表水的入渗补给对位于距离桑干河较远的地下水监测井的影响较小，仅对靠近桑干河的地下水监测井有显著影响。监测井 Well 1-2S 中 As 物质的量浓度的计算值与观测值的高度吻合也印证了这一点。

氧化还原模型揭示了在地表水/地下水相互作用过程中，氧化还原反应也是控制砷在地下水系统中迁移转化的一个重要过程，尤其对靠近桑干河的地下水监测井影响更为显著。

3）吸附-氧化还原模型

耦合 Fe（III）对砷的吸附反应及系列氧化还原反应［As（V）、SO_4^{2-}、Fe（III）、NO_3^- 的还原］模拟地表水/地下水相互作用过程中砷的迁移转化，模型校正结果见图 8-4-3（c）。对于 As、Fe（III）、SO_4^{2-}、HCO_3^- 物质的量浓度，监测井 Well 1-2S 和监测井 Well 2-2S 均呈现出较好的拟合效果，表明吸附-氧化还原模型是可靠的，也指示了地表水/地下水相互作用过程中，吸附过程及氧化还原过程共同控制着砷在地下水系统中的迁移转化。

4）比较

总体上来看，Fe（III）表面络合模型、氧化还原模型、吸附-氧化还原模型均呈现较为理想的校正结果。但仔细比较三个模型的拟合效果，不难发现对于距离桑干河较近的监测井 Well 1-2S，吸附-氧化还原模型的拟合效果最佳，模型计算得到 As 物质的量浓度变化趋势与实测值几乎完全一致，表明地表水/地下水相互作用期间，造成靠近桑干河地下水中砷迁移富集的过程主要是吸附和氧化还原过程共同作用的结果。而对于距离桑干河较远的监测井 Well 2-2S，Fe（III）表面络合模型及吸附-氧化还原模型对 As 的拟合效果明显比氧化还原模型好，这说明在距离桑干河较远的地下水环境中，吸附过程和氧化还原过程均对砷的迁移富集存在影响，但吸附作用的影响更为显著。

5. 相互作用过程中砷的迁移转化

大同盆地前期研究结果表明铁氧化物/氢氧化物是主要携砷矿物，它对砷的吸附/解吸作用是影响砷在地下水环境中迁移富集的主要因素。Fe（III）表面络合模型与实际情况的高度一致［图 8-4-3（a）］，恰好印证该结论，即人工洪水期间，地表水连续入渗补给地下水，将促进含水层中的铁氧化物/氢氧化物对砷的吸附。另外，从洪水前期到洪水后期，地下水 pH 均呈现不同幅度的减小，pH 的降低将导致吸附反应向正方向进行（表 8-4-2），促进吸附反应的发生，这也表明地表水与地下水之间的相互作用，将促进 Fe（III）对砷的吸附过程。因此，地表水/地下水相互作用过程中，Fe（III）氧化物/氢氧化物对砷的吸附作用对砷在地下水中的迁移转化起着重要作用。

氧化还原过程也是控制砷在地下水系统中迁移转化的一个重要过程。氧化还原模型呈现的良好校正结果［图 8-4-3（b）］也表明地表水与地下水相互作用过程中，氧化还原过程对砷在地下水系统中迁移富集的控制作用。大同盆地已有研究结果指出 Fe（III）氧化物/氢氧化物的还原溶解、As（V）还原为 As（III）、SO_4^{2-} 还原为 HS^-、NO_3^- 还原为 NH_4^+ 主要控制砷在地下水中迁移。而从洪水前期到洪水后期地下水中 Fe（II）、As（III）、HS^-、NH_4^+ 浓度均呈现不同程度的增加趋势，也暗示地表水入渗补给地下水的过程中，诱导地下水环境中发生了系列氧化还原过程。

实际上，在地表水/地下水相互作用过程中，吸附作用和氧化还原过程共同影响地下水系统中砷的迁移转化，尤其是对距离桑干河较近的地下水监测井。吸附-氧化还原模型比 Fe(III)表面络合模型和氧化还原模型具有更好的模型校正结果，亦印证该结论。

8.4.3　小结

应用 PHREEQC V3.0 对地表水/地下水相互作用过程中地下水系统中发生矿物溶解/沉淀反应的反向模拟及对该过程中控制地下水中砷迁移转化主要因素的正向模拟研究，得到以下主要结论。

（1）山阴试验场钻孔 Well 2-1 不同深度沉积物样品的 XRD 分析表明，研究区沉积物矿物成分主要由长石、方解石、白云石、石英、闪石、绿泥石、伊利石、高岭石和蒙脱石组成。黏土矿物主要为伊利石、蒙脱石、绿泥石和高岭土。由此可见，硅酸盐和铝硅酸盐矿物的溶解-沉淀作用是控制孔隙水水化学组成的一个重要水文地球化学过程。

（2）地表水/地下水相互作用过程反向水文地球化学模拟结果表明，从洪水前期到洪水后期导致监测井 Well 1-2、Well 2-2、Well 3-2、Well 4-2 水化学组分发生变化的主要化学过程是白云石、钠长石的溶解与方解石的沉淀作用。白云石和钠长石的溶解量最大分别达 9.651 mmol/kg H_2O 和 0.862 mmol/kg H_2O，方解石的沉淀量高达 15.73 mmol/kg H_2O。同时不同程度地消耗 CO_2 气体。石膏、盐岩、天青石的溶解是造成地下水 Ca^{2+}、Na^{+}、Cl^{-}、SO_4^{2-}、Sr^{2+}浓度增加的主要原因。离子交换作用也不同程度控制着地下水化学组分的演化。

（3）Fe（III）表面络合模型揭示了在地表水/地下水相互作用过程中，Fe（III）氧化物/氢氧化物对砷的吸附作用是影响砷在地下水中迁移转化的一个重要因素。模拟得到 Well 1-2S 和 Well 2-2S 溶液中被吸附的砷物质的量浓度分别为 1.06 mmol/L、1.56 mmol/L。

（4）氧化还原模型及吸附-氧化还原模型均揭示了在地表水/地下水相互作用过程中，氧化还原反应也是影响砷在地下水系统中迁移转化的一个重要过程，尤其对靠近桑干河的地下水监测井的影响更为显著。

（5）地表水/地下水相互作用期间，距离桑干河较近的监测井 Well 1-2S，吸附与氧化还原过程共同影响地下水中砷迁移富集的主要过程；距离桑干河较远的监测井 Well 2-2S，吸附与氧化还原过程均对砷的迁移富集存在影响，但吸附作用的影响更为显著。

参 考 文 献

金光球, 李凌, 2008. 河流中潜流交换研究进展[J]. 水科学进展, 19(2): 285-293.

苏春利, 2006. 大同盆地区域水文地球化学与高砷地下水成因研究[D]. 武汉:中国地质大学(武汉).

滕彦国, 左锐, 王金生, 2007. 地表水-地下水的交错带及其生态功能[J]. 地球与环境, 35(1): 1-8.

郑淑蕙, 侯发高, 倪葆龄, 1983. 我国大气降水的氢氧稳定同位素研究[J]. 科学通报, 28(13): 801-806.

AFONSO M O S, STUMM W, 1992. Reductive dissolution of iron(III) (hydr)oxides by hydrogen sulfide[J]. Langmuir, 8(6): 1671-1675.

ANAWAR H M, AKAI J, KOMAKI K, et al. , 2003. Geochemical occurrence of arsenic in groundwater of Bangladesh, source and mobilization process[J]. Journal of geochemical exploration, 77(2): 109-131.

APPELO C A J, POSTMA D, 2005. Geochemistry, groundwater and pollution [M]. New York:CRC Press: 536.

ARCHER D G, NORDSTROM D K, 2003. Thermodynamic properties of some arsenic compounds of import to groundwater and other applications. Journal of chemical engineering.

BAILLIE M N, HOGAN J F, EKWURZEL B, et al. , 2007. Quantifying water sources to a semiarid riparian ecosystem, San Pedro River, Arizona[J]. Journal of geophysical research: biogeosciences, 112(G3): 13.

BALL J W, NORDSTROM D K, 1998. User's manual for WATEQ4F, with revised thermodynamic data base and test cases for calculating speciation of major, trace, and redox elements in natural waters[M]. Denver: U. S. Geological Survey .

BARRY D A, BAJRACHARYA K, CARPPER M, et al. , 2000. Comparison of split-operator methods for solving coupled chemical non-equilibrium reaction/groundwater transport models[J]. Mathematics and computers in simulation, 53: 113-127.

BLUM J D, EREL Y, BROWN K, 1993. $^{87}Sr/^{86}Sr$ ratios of Sierra Nevada stream waters: implications for relative mineral weathering rates[J]. Geochemica et cosmochimica acta, 57(21): 5019-5025.

BÖHLKE J K, ANTWEILER R C, HARVEY J W, et al., 2009. Multi-scale measurements and modeling of denitrification in streams with varying flow and nitrate concentration in the upper Mississippi River basin, USA[J]. Biogeochemistry, 93(1/2): 117-141.

BORCH T, KRETZSCHMAR R, KAPPLER A, et al., 2009. Biogeochemical redox processes and the impact on contaminant dynamics[J]. Environmental science and technology, 44(1): 15-23.

BOSE P, SHARMA A, 2002. Role of iron in controlling speciation and mobilization of arsenic in subsurface environment[J]. Water research, 36(19): 4916-4926.

BOURG A C M, BERTIN C, 1993. Biogeochemical processes during the infiltration of river water into an alluvial aquifer[J]. Environmental science and technology, 27(4): 661-666.

BOUWER H, MADDOCK III T, 1997. Making sense of the interactions between groundwater and streamflow: Lessons for water masters and adjudicators [J]. Rivers, 6(1): 19-31.

CAMPBELL K M, MALASAM D, SALTIKOV C W, et al., 2006. Simultaneous microbial reduction of iron(III) and arsenic (V) in suspensions of hydrous ferric oxide[J]. Environmental science and technology, 40(19): 5950-5955.

CARDENAS M B, WILSON J L, 2007. Hydrodynamics of coupled flow above and below a sediment-water interface with triangular bed forms: underflow case[J]. Advances water resources, 30(3): 301-313.

CARTWRIGHT I, WEAVER T R, FIFIELD L K, 2006. Cl/Br ratios and environmental isotopic indicators of recharge variability and groundwater flow: an example from the southeast Murray Basin: Australia[J]. Chemical geology, 231(1): 38-56.

CARUSO B S, COX T J, RUNKEL R L, et al., 2008. Metals fate and transport modelling in streams and watersheds: state of the science and USEPA workshop review [J]. Hydrological processes, 22(19): 4011-4021.

CLARK I, FRITZ P, 1997. Environmental isotopes in hydrogeology [M]. New York:Lewis Publishers: 328.

CORWIN D L, DAVID A, GOLDBERG S, 1999. Mobility of arsenic in soil from the Rocky Mountain Arsenal area[J]. Journal of contamination hydrology, 39(1): 35-38.

CRAFT J A, STANFORD J A, PUSCH M, 2002. Microbial respiration within a floodplain aquifer of a large gravel-bed river. Freshwater biology, 47(2): 251-261.

CRAIG H, 1961. Isotope variation in meteoric water[J]. Science, 133(3465): 1702-1703.

CRISS R E, DAVISSON M L, 1996. Isotopic imaging of surface water/groundwater interactions, Sacramento Valley, California[J]. Journal of hydrology, 178(1): 205-222.

CUMMINGS D E, CACCAVO F, FENDORF S, et al., 1999. Arsenic mobilization by the dissimilatory Fe(III)-reducing bacterium *Shewanella alga* BrY[J]. Environmental science & technology, 33(5): 723-729.

DAVISON W, 1991. The solubility of iron sulphides in synthetic and natural waters at ambient temperature[J]. Aquatic sciences, 53: 309-329.

DAVID L T, 2002. sulfur transport and fate in a pulp mill wastewater treatment system [D]. Montana:The University of Montana.

DIXIT S, HERING J G, 2003. Comparison of arsenic(V) and arsenic(III) sorption onto iron oxide minerals: implications for arsenic mobility[J]. Environmental science & technology, 37(18): 4182-4189.

DUAN M, XIE Z, WANG Y X, 2009. Microcosm studies on iron and arsenic mobilization from aquifer sediments under different conditions of microbial activity and carbon source[J]. Environmental geology, 57(5): 997-1003.

DZOMBAK D A, MOREL F M M, 1990. Surface complexation modeling: hydrous ferric oxides[M]. New York:Wiley-Interscience .

EBY G N, 2004. Principles of Environmental Geochemistry[M]. Thomson:Pacific Grove: 114-124.

FELLER D, VASILIU M, GRANT D J, et al., 2011. Thermodynamic properties of arsenic compounds and the heat of formation of the as atom from high level electronic structure calculations[J]. The journal of physical chemistry a, 115(51): 14667-14676.

FETTE M, KIPFER R, SCHUBERT C L, et al. , 2005. Assessing river-groundwater exchange in the regulated Rhone River (Switzerland) using stable isotopes and geochemical tracers[J]. Applied geochemistry, 20(4): 701-712.

GANDY C J, SMITH J W N, JARVIS A P, 2007. Attenuation of mining-derived pollutants in the hyporheic zone: a review [J]. Science of the total environment, 373: 435-446.

GAT J R, 1996. Oxygen and hydrogen isotopes in the hydrologic cycle[J]. Annual review of earth and planetary science, 24(1): 225-262.

GAULT A G, COOKE D R, TOWNSEND A T, et al., 2005. Mechanisms of arsenic attenuation in acid mine drainage from Mount Bischoff, western Tasmania[J]. Science of the Total Environment, 345(1/3): 219-228.

GRIMM N B, FISGER S G, 1984. Exchange between interstitial and surface water: Implications for stream metabolism and nutrient cycling [J]. Hydrobiologia, 11: 219-228.

GUO H M, YANG S Z, TANG X H, et al. , 2008. Groundwater geochemistry and its implications for arsenic mobilization in shallow aquifers of the Hetao basic, Inner Mongolia[J]. Science of the total environment, 393(1): 131-144.

HARVEY L W, FULLER C C, 1998. Effect of enhanced manganese oxidation in the hyporheic zone on basin-scale geochemical mass balance [J] . Water resources research , 34 : 623-636.

HARVEY C F, SWARTZ C H, BADRUZZAMAN A B M, et al. , 2002. Arsenic mobility and groundwater extraction in Bangladesh[J]. Science, 298(5598): 1602-1606.

HENDRICKS S P, 1993. Microbial ecology of the hyporheic zone :a perspective integrating hydrology and biology [J]. Journal of the north american benthological society , 12 :70-78.

HLAVÁCOVÁ E, RULIK M, CÁP L, 2005. Anaerobic microbial metabolism in hyporheic sediment of a gravel bar in a small lowland stream[J]. River research and applications, 21(9): 1003-1011.

HÖHN R, ISENBECK-SCHRÖTER M, KENT D B, et al. , 2006. Tracer test with As(V) under variable redox conditions controlling arsenic transport in the presence of elevated ferrous iron concentrations[J]. Journal of contaminant hydrology, 88(1): 36-54.

HUDDART P A, LONGSTAFFE F J, CROWE A S, 1999. δD and δ^{18}O evidence for inputs to groundwater at a wetland coastal boundary in the Southern Great Lakes Region of Canada[J]. Journal of hydrology, 214(1): 18-31.

HUNT R J, COPLEN T B, HAAS N L, et al. , 2005. Investigating surface water-well interaction using stable isotope ratios of water[J]. Journal of hydrology, 302(1): 154-172.

ISLAM F S, GAULT A G, BOOTHMAN C, et al., 2004. Role of metal-reducing bacteria in arsenic release from Bengal delta sediments[J]. Nature, 430(6995): 68.

ISLAM F S, BOOTHMAN C, GAULT A G, et al., 2005. Potential role of the Fe(III)-reducing bacteria *Geobacter* and *Geothrix* in controlling arsenic solubility in Bengal delta sediments[J]. Mineralogical magazine, 69(5): 865-875.

JAMES A, CRAFT, JACK A, 2002. Microbial respiration within a floodplain aquifer of a large gravel-bed river [J]. Freshwater biology, 47: 251-261.

JEREMY B, JONES J R, STUART G F, 1995. Nitrification in the hyporheic zone of a desert stream ecosystem [J]. Journal of the North American benthological society, 14(2):249-258.

JONES J B, HOLMES R M, FISHER S G, et al., 1994. Chemoautotrophic production and respiration in the hyporheic zone of a Sonoran Desert Stream [C]// Proceedings of the Second International Conference on Ground water ecology. [S. l.]: [s. n.]:329-338.

JONES J B, HOLMES R M, FISHER S G, et al., 1995. Methanogenesis in Arizona, USA dryland streams [J]. Biogeochemistry, 31:155-173.

JUNG H B, CHARETTE M A, ZHENG Y, 2009. Field, laboratory, and modeling study of reactive transport of groundwater arsenic in a coastal aquifer[J]. Environmental science and technology, 43(14): 5333-5338.

KELLMAN L, CLAUDE H, 1998. Nitrate cycling in streams: using natural abundances of NO_{3}-$\delta^{15}N$ to measure *in-situ* denitrification [J]. Biogeochemistry, 43: 273-292.

KIM M J, NRIAGU J, HAACK S, 2002. Arsenic species and chemistry in groundwater of southeast Michigan[J]. Environmental pollution, 120(2): 379-390.

KIRK M F, HOLM T R, PARK J, et al., 2004. Bacterial sulfate reduction limits natural arsenic contamination in groundwater[J]. Geology, 32(11): 953-956.

LAND M, INGRI J, ANDERSSON P S, et al., 2000. Ba/Sr, Ca/Sr and $^{87}Sr/^{86}Sr$ ratios in soil water and groundwater: implications for relative contributions to stream water discharge[J]. Applied geochemistry, 15(3): 311-325.

LARSEN F, PHAM N Q, DANG N D, et al., 2008. Controlling geological and hydrogeological processes in an arsenic contaminated aquifer on the Red River flood plain, Vietnam[J]. Applied geochemistry, 23(11): 3099-3115.

LI J X, WANG Y X, XIE X J, et al., 2012. Hierarchical cluster analysis of arsenic and fluoride enrichments in groundwater from the Datong Basin, Northern China[J]. Journal of geochemical exploration, 118: 77-89.

LOWERS H A, BREIT G N, FOSTER A L, et al., 2007. Arsenic incorporation into authigenic pyrite, Bengal basin sediment, Bangladesh[J]. Geochimica et cosmochimica acta, 71(11): 2699-2717.

MALARD F, TOCKNER K, DOLE-OLIVIER M J, et al., 2002. A landscape perspective of surface-subsurface hydrological exchanges in river corridors [J]. Freshwater biology, 47:621-640.

MALLIK S, RAJAGOPAL N R, 1996. Groundwater development in the arsenic-affected alluvial belt of West Bengal: some questions[J]. Current science, 70(11): 956-958.

MANDAL B K, CHOWDHURY T R, SAMANTA G, et al., 1996. Arsenic in groundwater in seven districts of West Bengal., India: the biggest arsenic calamity in the world[J]. Current science, 70: 976-986.

MASUDA H, SHINODA K, OKUDAIRA T, et al, 2012. Chlorite-source of arsenic groundwater pollution in the Holocene aquifer of Bangladesh[J]. Geochemical journal, 46(5): 381-391.

MATSUNAGA T, KARAMETAXAS G, VON GUNTEN H R, et al. , 1993. Redox chemistry of iron and manganese minerals in river-recharged aquifers: a model interpretation of a column experiment[J]. Geochimica et cosmochimica acta, 57(8): 1691-1704.

MAGDA D A, CUNA S M, BERDEA P, et al. , 2009. Study of mineral water resources from the Eastern Carpathians using stable isotopes[J]. Rapid communications in mass spectrometry, 23(16): 2568-2572.

MAYO A L, KLAUK R H, 1991. Contributions to the solute and isotopic groundwater geochemistry, Antelope Island, Great Salt Lake, Utah[J]. Journal of hydrology, 127(1): 307-335.

MCARTHUR J M, BANERJEE D M, HUDSON-EDWARDS K A, et al. , 2004. Natural organic matter in sedimentary basins and its relation to arsenic in anaerobic Ground water: the example of West Bengal and its worldwide implications[J]. Applied geochemistry, 19(8): 1255-1293.

NÉGREL P H, PETELET-GIRAUD E, 2005. Strontium isotopes as tracers of groundwater-induced floods: the Somme case study (France) [J]. Journal of hydrology, 5(1): 99-119.

NIAZI N K, SINGH B, SHAH P, 2011. Arsenic speciation and phytoavailability in contaminated soils using a sequential extraction procedure and XANES spectroscopy[J]. Environmental science & technology, 45(17): 7135-7142.

NICKSON R T, MCARTHUR J M, RAVENSCROFT P, et al. , 2000. Mechanism of arsenic release to groundwater, Bangladesh and West Bengal[J]. Applied geochemistry, 15(4): 403-413.

OREMLAND R S, STOLZ J F, 2003. The ecology of arsenic[J]. Science, 300(5621): 939-944.

OREMLAND R S, STOLZ J F, 2005. Arsenic, microbes and contaminated aquifers[J]. Trends in microbiology, 13(2): 45-49.

ORGHIDAN T, 1959. Ein neuer lebensraum des unterirdischen Wassres: der hyporheischen Biotope [J]. Archiv für hydrobiologie, 55: 392-414.

PARKHURST D L, APPELO C A J, 1999. PHREEQC[R]. USGS-WRI. [S. l.]:[s. n.].

PARKHURST D L, APPELO C A J, 2013. Description of input and examples for PHREEQC version 3 - A computer program for speciation, batch-reaction, one-dimensional transport, and inverse geochemical calculations[M]. U. S. Geological Survey Techniques and Methods, book. [S. l.]:[s. n.] 497.

PETERS S C, BLUM J D, 2003. The source and transport of arsenic in a bedrock aquifer, New Hampshire, USA[J]. Applied geochemistry, 18(11): 1773-1787.

PETELET E, LUCK J M, OTHMAN D B, et al. , 1998. Geochemistry and water dynamics of a medium-sized watershed: I. Organisation of the different water reservoirs as constrained by Sr isotopes, major and trace elements[J]. Chemical geology, 150(1): 63-83.

RIVETT M O, BUSS S R, MORGAN P, et al., 2008. Nitrate attenuation in groundwater: a review of biogeochemical controlling processes. Water research, 42(16): 4215-4232.

ROBERT M, HOLMES', JEREMY B, et al. , 1996. Denitrification in a nitrogen-limited stream ecosystem [J]. Biogeochemistry, 33: 125-146.

RODRIGUEZ-RODRIGUEZ M, BENAVENTE J, CRUZ-SAN JULIAN J J, et al. , 2006. Estimation of ground-water exchange with semi-arid playa lakes (Antequera region, southern Spain) [J]. Journal of arid environment, 66(2): 272-289.

RORABAUGH M I, 1964. Estimating changes in bank storage and ground-water contribution to streamflow [J]. International association of scientific hydrology, 63: 432-441.

POSTMA D, JESSEN S, HUE N T M, et al., 2010. Mobilization of arsenic and iron from Red River floodplain sediments, Vietnam[J]. Geochimica et cosmochimica acta, 74(12): 3367-3381.

SÁNCHEZ-PÉREZ J M, TRÉMOLIÈRES M, 2003. Change in groundwater chemistry as a consequence of suppression of floods: the case of the Rhine floodplain[J]. Journal of hydrology, 270(1): 89-104.

SCHECHER W D, MCAVOY D C , 1998. MINEQL+ Chemical Equilibrium Modeling System, version 4. 5 for Windows [Z]. Hallowell: ME.

SCHREIBER M E, SIMO J A, FREIBERG P G, 2000. Stratigraphic and geochemical controls on naturally occurring arsenic in groundwater, eastern Wisconsin, USA[J]. Hydrogeology Journal, 8(2): 161-176.

SHARMA V K, SOHN M, 2009. Aquatic arsenic: toxicity, speciation, transformations, and remediation[J]. Environment international, 35(4): 743-759.

SMALLEY P C, BISHOP P K, DICKSON J A D, et al. , 1994. Water-rock interaction during meteoric flushing of limestone: implications for Porosity development in Karstified petroleum reservoirs[J]. Journal of sedimentary research, 64(2a): 180-189.

SMITH A H, LINGAS E Q, RAHAMN M, 2000. Contamination of drinking-water by arsenic in Bangladesh: a public health emergency[J]. Bull of the World Health Organization, 78(9): 1093-1103.

STANFORD J A, WARD J V, 1993. An ecosystem perspective of alluvial rivers: connectivity and the hyporheic corridor[J]. Journal of the North American benthological society, 12: 48-60.

STUCKEY JW, SCHAEFER MV, KOCAR B D, et al. , 2016. Arsenic release metabolically limited to permanently water-saturated soil in Mekong Delta[J]. Nature geoscience, 9(1): 70.

SWARTZ C H, BLUTE N K, BADRUZZMAN B, et al. , 2004. Mobility of arsenic in a Bangladesh aquifer: Inferences from geochemical profiles, leaching data, and mineralogical characterization[J]. Geochemical et cosmochimica acta, 68(22): 4539-4557.

THEIS C V, 1941. The effect of a well on the flow of a nearby stream [J]. Transactions, American Geophysical Union, 22: 734-738.

TRISKA F J , KENNEDY V C, AVANZINO R J , et al. , 1989. Retention and transport of nutrients in a third order stream in northwestern California: hyporheic processes[J]. Ecology , 70: 1894-1905.

TRISKA F J, DUFF J H, AVANZINO R J, 1993. Patterns of hydrological exchange and nutrient transformation in the hyporheic zone of a gravel-bottom stream-examining terrestrial aquatic linkages [J]. Freshwater biology, 29: 259-274.

VALETT H M, HAKENKAMP C C, BOULTON A J, 1993. Perspectives on the hyporheic zone: integrating hydrology and biology. Introduction[J]. Journal of the North American benthological society, 12(1): 40-43.

VAN GEEN A, ZHENG Y, VERSTEEG R, et al. , 2003a. Spatial variability of arsenic in 6000 tube wells in a 25 km^2

area of Bangladesh[J]. Water resources research , 39(5):169.

VAN GEEN A, ZHENG Y, STUTE M, ET A L, 2003b. Comments on “arsenic mobility and groundwater extraction in Bangladesh” (II) [J]. Science, 300(5619): 584.

VANEK V, 1995. Water flows through the River Rhǒne sediments near Lyon, their effect on groundwater chemistry and biology[J]. Ecological importance river bottom, 91: 149-157.

VERVIER P, NAIMAN R J, 1992. Spatial and temporal fluctuations of dissolved organic carbon in subsurface flow of the Stillaguamish River[J]. Archiv für hydrobiologie, 123:401-402.

VON GUNTEN U, ZOBRIST J, 1993. Biogeochemical changes in groundwater-infiltration systems: column studies[J]. Geochimica et cosmochimica acta, 57(16): 3895-3906.

WALKER J F, KRABBENHOFT D P, 1998. Groundwater and surface-water interaction in riparian and lake-dominated systems[J]. Isotope tracers in catchment hydrology: 467-488.

WANG Y X, GUO Q H, SU C L, et al. , 2006. Strontium isotope characterization and major ion geochemistry of karst water flow, Shentou, northern China[J]. Journal of hydrology, 328(3): 592-603.

WELCH A H, WESTJOHN D B, HELSEL D R, et al. , 2000. Arsenic in Ground water of the United States: occurrence and geochemistry[J]. Ground water, 38(4): 589-604.

WINTER T C, 1999. Ground water and surface water: a single resource[M]. [S. l.]:DIANE Publishing Inc.

XIE X J, WANG Y X, SU C L, et al. , 2008. Arsenic mobilization in shallow aquifers of Datong Basin: hydrochemical and mineralogical evidences[J]. Journal of geochemical exploration, 98(3): 107-115.

XIE X J, ELLIS A, WANG Y X, et al. , 2009. Geochemistry of redox-sensitive elements and sulfur isotopes in the high arsenic groundwater system of Datong Basin, China[J]. Science of the total environment, 407(12): 3823-3835.

XIE Z M, WANG Y X, DUAN M Y, et al. , 2011. Arsenic release by indigenous bacteria Bacillus cereus from aquifer sediments at Datong Basin, northern China[J]. Front earth science, 5(1): 37-44.

XIE X J, WANG Y X, SU C L, et al. , 2012. Influence of irrigation practices on arsenic mobilization: Evidence from isotope composition and Cl/Br ratios in groundwater from Datong Basin, northern China[J]. Journal of hydrology, 424: 37-47.

XIE X J, WANG Y X, ELLIS A, et al. , 2013a. Delineation of groundwater flow paths using hydrochemical and strontium isotope composition: a case study in high arsenic aquifer systems of the Datong basin, northern China[J]. Journal of hydrology, 476: 87-96.

XIE X J, WANG Y X, ELLIS A, et al. , 2013b. Multiple isotope (O, S and C) approach elucidates the enrichment of arsenic in the groundwater from the Datong Basin, northern China[J]. Journal of hydrology, 498: 103-112.

XIE X J, JOHNSON T M, WANG Y X, et al., 2013c. Mobilization of arsenic in aquifers from the Datong Basin, China: evidence from geochemical and iron isotopic data[J]. Chemosphere, 90(6): 1878-1884.

YU Q, WANG Y X, XIE X J, et al., 2018. Reactive transport model for predicting arsenic transport in groundwater system in Datong Basin[J]. Journal of geochemical exploration, 190: 245-252.

ZHANG H, SELIM H M, 2008. Reaction and transport of arsenic in soils: equilibrium and kinetic modeling[J]. Advance in agronomy, 98: 45-115.

地下水动态变化对砷迁移富集的影响

第 9 章

9.1 地下水动态变化的概念及类型

9.1.1 地下水动态变化的概念

含水层（含水系统）经常与环境发生物质、能量与信息的交换，时刻处于变化之中。在与环境相互作用下，地下水各种要素（水位、水量、化学组分、气体成分、温度、微生物等）随时间的变化，称为地下水动态变化，为含水层（含水系统）对环境施加的激励所产生的响应，也可理解为含水层（含水系统）将输入信息变换后产生的输出信息。

地下水要素之所以随时间发生变动，是含水层水量、盐量、热量、能量收支不平衡的结果。例如，当含水层的补给水量大于排泄水量时，储存水量增加，地下水水位上升；反之，当补给量小于排泄量时，储存水量减少，水位下降。同样，盐量、热量与能量的收支不平衡，也会使地下水水质、水温或水位发生相应的变化。

开展地下水动态变化研究，可以解决一系列理论与实际问题，例如，可以检验并完善前期水文地质研究结论，查明地下水资源数量、质量及其变化，为数学模拟提供依据，为拟定地下水的合理利用、防治方案与措施提供依据等。

9.1.2 地下水动态变化的类型及主要特征

地下水动态的划分主要依据地下水的补给、径流与排泄因素。不同的研究者，从不同的角度，提出了多种地下水动态分类。曹剑锋等（2006）综合国内外一些地下水动态成因类型分类方案，将地下水动态类型归纳为 8 种基本类型：气候型（降水入渗型）、蒸发型、人工开采型（开采型）、径流型、水文型（沿岸型）、灌溉型（灌水入渗型）、冻结型和越流型。肖长来等（2010）根据影响地下水动态的主导因素，将地下水动态类型分为渗入-蒸发型、渗入-径流型、径流型、水文型、开采型、灌溉型、越流型及冻结型。潜水有蒸发、径流、弱径流型，承压水均属于径流型。动态变化取决于构造封闭条件，开启好则动态变化强烈，水质淡化。当开发利用地下水成为地下水动态变化的主要因素时，地下水的动态类型就成为开采型。沿江和两岸地下水位变化受到江河水位涨落影响的地段，地下水动态类型属于水文型。

1. 地下水天然动态类型

张人权等（2010）参照阿利托夫斯基和康诺波梁采夫（1956）的分类，以补给和排泄组合方式为基础，结合我国气候、地形特征，兼顾地下水水量和水质的时间变化，提出了4种组合的天然地下水动态类型：入渗-径流型、径流-蒸发型、入渗-蒸发型、入渗-弱径流型，4种类型的主要特征如表9-1-1所示。

表9-1-1　天然地下水动态类型及主要特征（张人权 等，2010）

类型	主要特征
入渗-径流型	接受降水及地表水补给，以径流方式排泄；地下水化学作用以溶滤作用为主。此类动态广泛分布于不同气候条件下的山区及山前区。接受入渗补给，地形切割强烈，地下水位埋藏深，蒸发排泄可以忽略。年水位变幅大而不均，由补给区到排泄区，年水位变幅由大到小。水质季节变化不明显，水土向淡化方向演变
径流-蒸发型	以侧向径流补给为主，以蒸发方式排泄；地下水化学作用以浓缩为主。此类动态主要分布于干旱内陆盆地远山及盆地中心部位，地下水埋藏深度浅，年水位变幅小而均匀，水质缺乏明显季节性变化，水土向盐化方向演变
入渗-蒸发型	以接受当地降水补给为主，径流微弱，就地蒸发排泄；地下水化学作用为溶滤-浓缩间杂发生。此类动态主要分布于半干旱平原和盆地内部。受季风影响，季节性干湿变化明显；在微地貌控制下，局部水流系统发育。地下水由补给区向排泄区短程径流，地下水位变幅较小。时间上，溶滤和浓缩作用交替出现；空间上，溶滤作用和浓缩作用间杂发生
入渗-弱径流型	以接受当地降水补给为主，径流和蒸发均微弱；地下水化学作用以溶滤为主。此类动态主要分布于我国湿润平原和盆地，由于气候湿润，降水丰富，地形高差小，径流和蒸发排泄均微弱，地下水位变幅小。水质季节性变化不大，水土向淡化方向演变

上述4大类型，难以完全概括我国复杂的天然地下水动态，需要根据实际情况加以变换应用。例如，干旱内陆盆地的绿洲，地下水埋藏很浅，降水稀少，蒸发强烈，天然地下水位变幅小，且水土长期并不盐化。此处的地下水动态实际应属于径流-径流型，经常性径流排泄，将地下水中盐分不断带走，正是绿洲生态得以维护的根源。

2. 人类活动影响下的地下水动态类型

天然条件下，气候因素在多年中趋于某种平均状态，因此，地下水多年的补给量、排泄量和储存量保持平衡状态，地下水位围绕某一平均水位波动，水质稳定地趋向淡化或盐化。人类活动增加新的补给来源或排泄去路，影响地下水天然均衡状态，从而改变地下水动态和水质演变方向。人类活动影响的地下水动态主要包括开采型和灌溉型两种，前者增加地下水的排泄去路，后者增加地下水的补给来源，两种动态类型的主要特点如表 9-1-2 所示。

表 9-1-2　人类活动影响下的地下水动态类型及主要特征

类型	主要特征
开采型	主要分布在强烈开采地下水的地区。地下水动态要素明显随着地下水开采量的变化而变化。在降水的高峰季节，地下水水位上升不明显或有所下降。当开采量大于地下水的年补给量时，地下水位逐年下降。
灌溉型	主要分布于引入外来水源的灌溉区。包气带土层有一定的渗透性，地下水埋藏深度不是很大。地下水水位明显地随着灌溉期的到来而上升，年内高水位期常延续较长时间。

9.2　地下水动态变化的影响因素

影响地下水动态的因素分为两类：一类是地下水诸要素（水量、盐量、热量、能量等）本身的收支变化，即外界激励（输入）因素；另一类是影响激励（输入）-响应（输出）关系的转换因素（影响地下水动态曲线具体形态的因素），主要是地质因素（张人权 等，2010）。地下水动态的本源因素是随时间变动的因素，包括气象（气候）因素、水文因素、生物因素、地质营力因素、天文因素等。地下水动态的转换因素主要是地质结构及水文地质条件，如地质构造、含水层类型、岩性、地下水埋藏深度等。转换因素只在地质时间尺度内变化，对地下水动态而言，是不随时间变动的因素（张人权 等，2010）。

9.2.1　气象（气候）因素

气象（气候）因素对地下水动态的影响最为普遍。降水的数量及其时间分布，决定地下水水位与水量的时间变化。干旱-半干旱平原和盆地，地下水以蒸发排泄为主，随着地下水水位和水量的变化，水质也随时间有规律地变化。

在气象（气候）影响下，地下水动态呈现昼夜变化、季节变化、年际变化及多年变化。

地下水位的昼夜变化，可由蒸发及植物蒸腾引起。白天植物生长旺盛，蒸腾强烈，地下水位下降；夜晚蒸腾停止，得到来自周围地下水的补充，地下水位上升，由此引起的昼夜变幅可达数厘米（Todd and Mays, 2005）。

我国大多数地区为季风气候区，旱季、雨季分明，地下水水位呈现明显的季节性波动特征。夏季多雨，地下水水位抬升达到最高；雨季过后，地下水通过蒸发及（或）径流排泄，至次年雨季前，水位降到最低，全年地下水水位呈单峰单谷形态。如江汉平原沙湖原种场监测场所在区域属亚热带湿润季风气候，全年气候温和，雨量充沛，区内水系发育。根据区内月降雨量的统计，4～9 月为丰水期，降雨量在 6～7 月达到峰值，11～1 月为枯水期（图 9-2-1）。随着降雨量和地表水水位的变化，地下水水位呈季节性变化。丰水期，降雨量多，地下水得到的补给量增大，补给主要来自大气降水入渗和河流的渗漏补给，地下水水位上升；枯水期，降雨量少，地表水体水位低甚至干涸，局部地区地下水向河流泄流，地下水水位降低（图 9-2-1）。

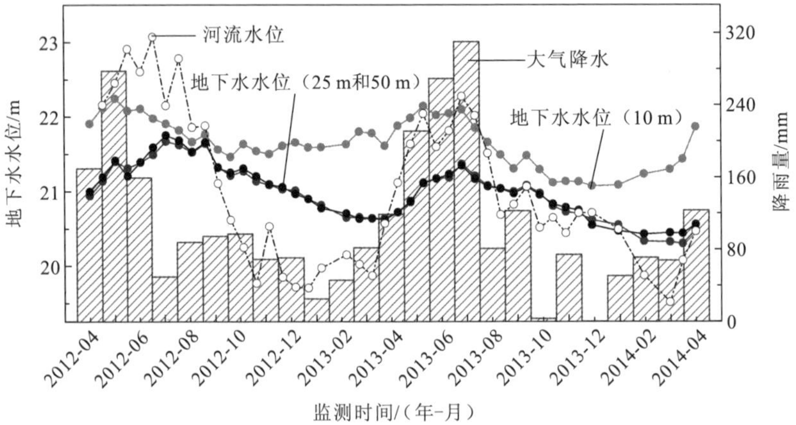

图 9-2-1　江汉平原沙湖原种场野外监测场大气降水及水位动态曲线

气候的周期变化控制地下水动态的多年变化，其中，周期约为 11 年的太阳黑子变化，影响最为显著。太阳黑子平静期，降水丰沛，地下水水位高，地下水储存量增加；太阳黑子活动期，降水稀少，地下水水位低，地下水储存量减少（图 9-2-2）。

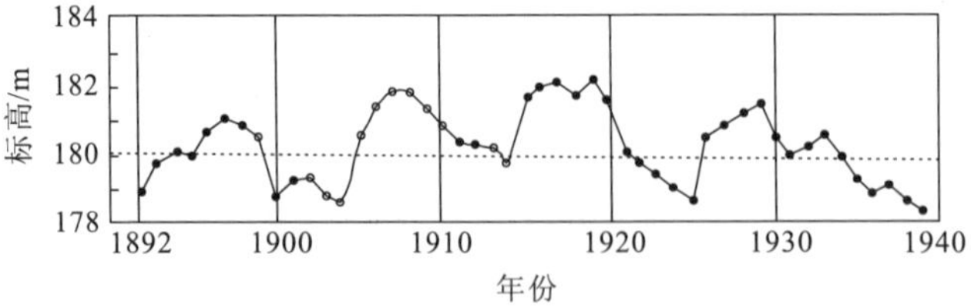

图 9-2-2　苏联卡明草原地下水水位多年变化曲线（阿利托夫斯基和康诺波梁采夫，1956）

根据每年 9 月 1 日平水位资料编绘，实心点为实测水位，空心点为可能水位

大型地下水供水工程设计，要考虑干旱周期地下水供水能力能否满足要求。大型地下水排水工程设计，则要满足湿润周期的排水要求。缺乏地下水动态长期

观测资料，可利用多年气象、水文资料及历史资料推求。

大气压强可通过井孔影响周边小范围地下水位。大气压强变大，井孔压强变大，井孔水位降低；大气压强变低，井孔水位抬升。大气压强变化引起的潜水井孔水位变化很小，通常为 1 cm 左右；大气压强引起的承压水井孔水位变化大，可超过 10 cm（陈葆仁 等，1988）。大气压强引起的井孔水位变化，不能代表地下水真实水位的变化，因此，也有人称之为“伪变化”。

9.2.2　水文因素

河流等地表水体补给地下水时，随着远离河流，地下水水位抬升的时间滞后和延迟增大，波形趋于平缓。河岸及含水层的渗透性愈强，地下水位响应的时间滞后和延迟愈小；含水层给水度愈大，波形愈平缓。河流对地下水水质和温度的影响范围，通常小于地下水水位波动范围（张人权 等，2010）。水文因素对地下水动态的影响可达几百米至几千米，此范围外，主要受气候因素的影响（肖长来 等，2010）。

另外，洪水、潮汐等迅速变化的水文地质显现也会迅速引起地下水的动态变化。洪水期间，河水水位的急剧上升，引起沿岸潜水水位的迅速抬升；潮汐则引起滨海和河口地区地下水水位每昼夜两度的升降变化。

9.2.3　地质因素

如果将影响地下水动态的本源因素看作信息源，那么，含水系统结构便是信息转换器，对输入信号进行滤波或增强，然后输出为观测到的地下水动态（张人权 等，2010）。地质结构及非变动性的水文地质条件，是影响地下水动态的转换因素，包括地质构造、构造运动、地球内热、地球运动、岩石中的放射性元素等缓慢变换因素，以及地震、火山作用、滑坡等急速变换的偶然因素。

大气降水入渗补给抬升潜水时，包气带岩性及厚度对降水脉冲起滤波作用。饱水带岩性也会影响潜水位变幅大小。接受同量补给或增加同等应力时，承压水测压水位抬升幅度比潜水位大得多。潜水含水层水位的变化，通过质量传输完成；承压含水层中测压水位的变化，则是压力传递的结果。压力传递速度远大于质量传输，例如，河水补给承压含水层时，测压水位的变化滞后时间短，波及距离大。承压含水层的隔水顶板限制了承压水和大气及地表水的联系，只能在有限的范围接受补给，因此，承压水水位动态变化通常小于潜水。构造愈封闭，承压水水位的动态变化愈不明显。

河水引起潜水位变动时，含水层的透水性愈好，厚度愈大，含水层的给水度愈小，波及范围愈远。

地下水流系统的不同部位，地下水位的波动幅度不同。区域系统的补给区，地下水位变幅最大，排泄区变幅最小；局部系统的补给区，地下水位变幅较大，排泄区变幅较小。排泄区附近获得补给时，受排泄区高程限制，水力梯度显著增大，径流排泄明显增强，地下水位不可能明显抬升；补给区接受降水补给时，因远离排泄区，水力梯度无明显增加，径流强度也不大，水位得以积累抬升。随后，由排泄区向补给区，水力梯度溯源增大，径流加强，水位逐渐下降。

9.2.4 人类活动因素

人类活动通过增加新的补给来源或新的排泄去路而改变地下水的天然动态。

钻孔采水，矿坑或渠道排除地下水后，人工采排成为地下水新的排泄去路；含水层或含水系统原来的均衡遭到破坏，天然排泄量的一部分或全部转为人工排泄量，天然排泄不再存在，或数量减少（泉流量、泄流量减少，蒸发减弱），并可能增加新的补给量（含水层由向河流排泄变成接受河流补给；原先潜水埋深过浅降水入渗受限制的地段，因水位埋深加大而增加降水入渗补给量）。如果采排地下水一段时间后，新增的补给量及减少的天然排泄量与人工排泄量相等，含水层水量收支则达到新的平衡。在动态曲线上表现为：地下水位在比原先低的位置上，以比原先大的年变幅波动，而不持续下降。采排水量过大，天然排泄量的减量与补给量的增量的总和，不足以偿补人工排泄量时，则将不断消耗含水层储存水量，导致地下水位持续下降。

修建水库，利用地表水灌溉等，增加了新的补给来源而使地下水位抬升。干旱-半干旱平原或盆地，地下水天然动态多属蒸发型，灌溉水入渗抬高地下水位，蒸发进一步加强，促使土壤进一步盐渍化。有时，即使原来潜水埋深较大，属径流型动态，连年灌溉后，也可转为蒸发型动态，造成大面积土壤次生盐渍化。即使气候湿润的平原或盆地，由于地表水灌溉过多抬高地下水位，耕层土壤过湿，也会引起土壤次生沼泽化。地表水灌溉导致地下水动态发生不良变化的地区，可以采用减少灌水入渗（控制灌溉定额，衬砌渠道）或人为加强径流排泄（渠道排水，浅井开发潜水）的办法，使其动态由蒸发型转变为（人工）径流型。

由此可见，地下水的人工补给或人工排泄，都有可能打破原有的地下水均衡，形成新的地下水均衡，进而影响地下水所支撑的水文系统及生态环境系统。地下水人工排泄减少蒸发量，在干旱-半干旱地区，可以减轻乃至消除原有的土壤盐渍化。地下水人工排泄大幅度降低地下水位时，减少向河流泄流，将破坏原来水文系统及相关生态环境系统的平衡。地下水人工补给过多，促使地下水位抬升到离地面很近的位置，则将引起次生沼泽化，在干旱-半干旱地区，还会导致土壤盐碱化。

9.2.5 其他因素

地震、固体潮、潮汐、外部载荷等都会引起地下水诸多要素的动态变化。地震孕震及发震阶段的地应力变化，会引起地下水水位、化学成分、气体成分等的变化；海洋潮汐会增减承压含水层的载荷，使地下水位发生相应的升降。

在内陆地区，承压含水层中可观测到周期为 12 h 的测压水位波动。这是月亮和太阳对地球吸引造成的。当月亮运行到某点“头顶”时，由于月亮的吸引，承压含水层因载荷减少而引起轻度膨胀，测压水位便下降。月亮远离时，承压含水层载荷增加，轻度压缩，测压水位便上升（陈葆仁 等，1988）。由固体潮引起的地下水位变幅可达数厘米。由于地震波的传递，大地震可以使距震中数千公里以外的某些敏感的深层承压水井产生厘米级的水位波动（陈葆仁 等，1988）。据认为，这是地震孕震及发震过程中地应力的变化使岩层压缩或膨胀，从而引起震区以至远方孔隙水压力的异常变化，承压含水层测压水位因而波动。与此相应，有时震前地下水化学成分也会改变。与其他方法配合，监测地下水动态可以作为预报地震的一种重要手段。

应当注意，固体潮、地震等引发的地下水位波动只是能量的传递而不涉及地下水储存量的变化。这种能量传递距离远，速度快。

9.3 地下水动态变化与地下水中砷含量的响应关系

自高砷地下水被发现以来，国内外众多学者对地下水中砷的来源、时空分布规律和迁移转化机制开展了广泛的研究，各国学者普遍认识到地下水中砷的分布存在高度的空间变异性（McArthur et al., 2011; Van Geen et al., 2006, 2003a; Nath et al., 2005; Anawar et al., 2002），但对地下水中砷的时间变异性尚未给予足够的重视。地下水砷含量的时间变异性不仅影响对砷暴露健康风险的评估，而且直接关系到高砷区地下水水源的可持续利用，对含砷地下水的处理也提出了新的挑战。

近几年来，部分学者已经开始关注地下水中砷浓度随时间的变化性，对此开展了多方面的研究，包括定期检测现有水井的砷浓度，设置长期的监测井并在不同的季节连续取样，对比浅深井中砷浓度变化差异等（Brikowski et al., 2013; Guo et al., 2012; Farooq et al., 2011; Fendorf et al., 2010; Dhar et al., 2008）。

地下水中砷含量的时间变化已在全球多个高砷地下水区域发现，包括孟加拉国（Dhar et al., 2008; Stute et al., 2007; Cheng et al., 2005; Van Geen et al., 2003a）、印度西孟加拉邦（Farooq et al., 2011; Savarimuthu et al., 2006）、越南（Berg et al.,

2001）、中国河套盆地（Guo et al., 2012）、银川平原（Han et al., 2012）、江汉平原（Schaefer et al., 2016; 邓娅敏 等，2015; Duan et al., 2015; Deng et al., 2014;甘义群等，2014）、尼泊尔恒河平原（Brikowski et al., 2013）、西班牙杜罗河盆地（Mayorga et al., 2013）、美国内华达州和 Snohomish County（Thundiyil et al., 2007; Steinmaus et al., 2005; Frost et al., 1993）、巴西 Ouro Preto（Goncalves et al., 2007）、墨西哥 Zimapán Valley（Rodríguez et al., 2004）等。已有的研究发现，地下水中砷含量的时间变化几乎都与自然过程或人类活动引起的地下水的动态变化密切相关，不同地区地下水中砷含量与地下水动态变化主要有三种响应关系。

9.3.1 明显的季节性变化特征

在季节性降雨或季节性灌溉活动的影响下，地下水中砷含量随着地下水水位、水质等的季节性波动而呈现明显的季节性变化。

Cheng 等（2005）在孟加拉国 Araiharzar 地区，对 20 口水井开展了为期 3 年的监测，结果显示有 3 口浅井中砷的质量浓度有明显的季节性变化，其中 2 口井在雨季地下水位高时砷质量浓度达到最大，旱季地下水位低时砷质量浓度降到最低值[图 9-3-1（a）]，另外一口正好相反，雨季砷质量浓度低，旱季质量浓度高[图 9-3-1（b）]。

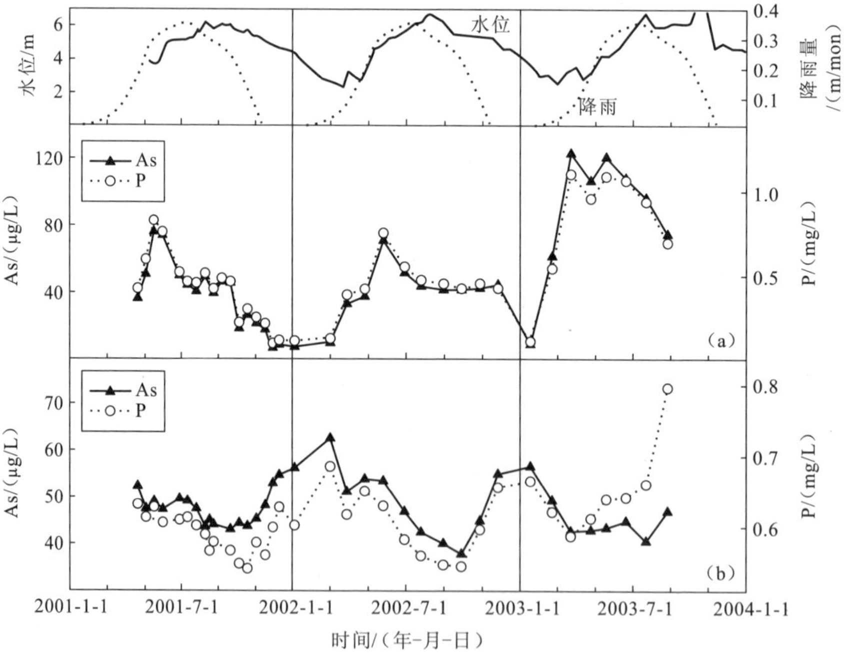

图 9-3-1　孟加拉国 Araiharzar 地区地下水砷含量与地下水水位波动的响应关系

（Cheng et al., 2005）

Farooq 等（2011）对印度西孟加拉邦 Murshidabad 区域 35 口饮水井水砷质量浓度在雨季前后的调查发现，地下水中砷质量浓度具有明显的季节性变化特征，砷质量浓度的平均值在雨季前（63.2 μg/L）、雨季中（59.2 μg/L）和雨季后（54.9 μg/L）逐渐降低。在尼泊尔恒河平原也有类似的发现。Brikowski 等（2013）对恒河平原 Nawalparasi 野外监测场连续 16 个月（2007 年 4 月到 2008 年 7 月）的动态监测发现，地下水中砷的浓度具有明显的季节性变化特征，砷浓度在雨季逐渐降低，雨季过后逐渐增加。

Savarimuthu 等（2006）对印度西孟加拉邦 74 口井水砷浓度的监测发现，砷浓度具有季节性变化特征，最小值出现在夏季，最大值出现在夏季过后的雨季，而且逐年有增加的趋势。Berg 等（2001）对越南 Hanoi 周围 68 口水井的监测表明，地下水中砷的最大浓度出现在雨季与旱季的过渡阶段，在旱季结束时，砷浓度达到最小。Goncalves 等（2007）对巴西 Ouro Preto 地区地下水砷浓度的监测表明，地下水中砷的最大浓度出现在雨季，在旱季砷的浓度较低，有些井甚至检测不出砷。

由 2012～2014 年的连续动态监测数据知，江汉平原典型高砷地下水区域（沙湖原种场监测场）39 口不同深度（10 m、25 m、50 m）监测井中，有 23 口井水砷含量具有明显的季节性变化特征，且地下水中砷质量浓度与地下水水位波动密切相关（图 9-3-2、图 9-3-3）。总体表现为，在雨季地下水水位上升时水砷质量浓度

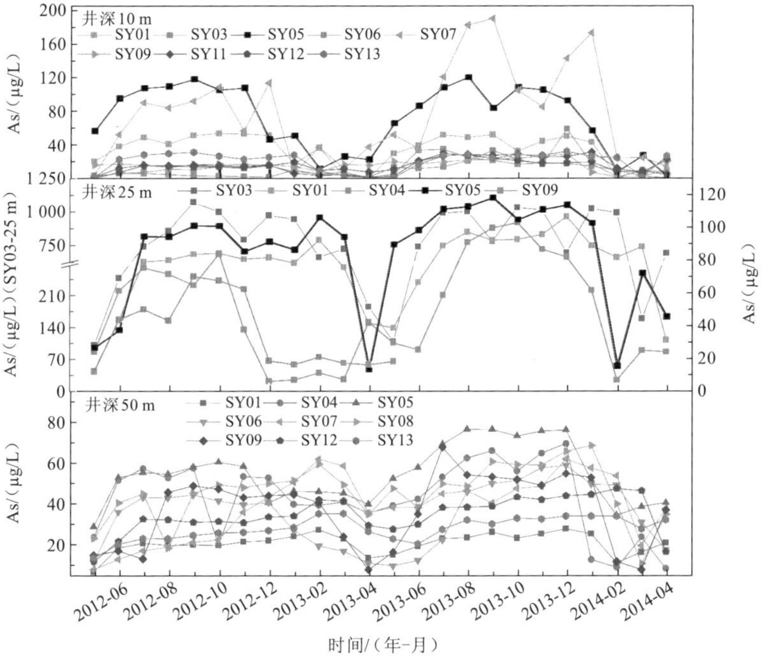

图 9-3-2　江汉平原典型高砷地下水区域地下水中砷质量浓度的季节性波动曲线（Duan et al., 2015）

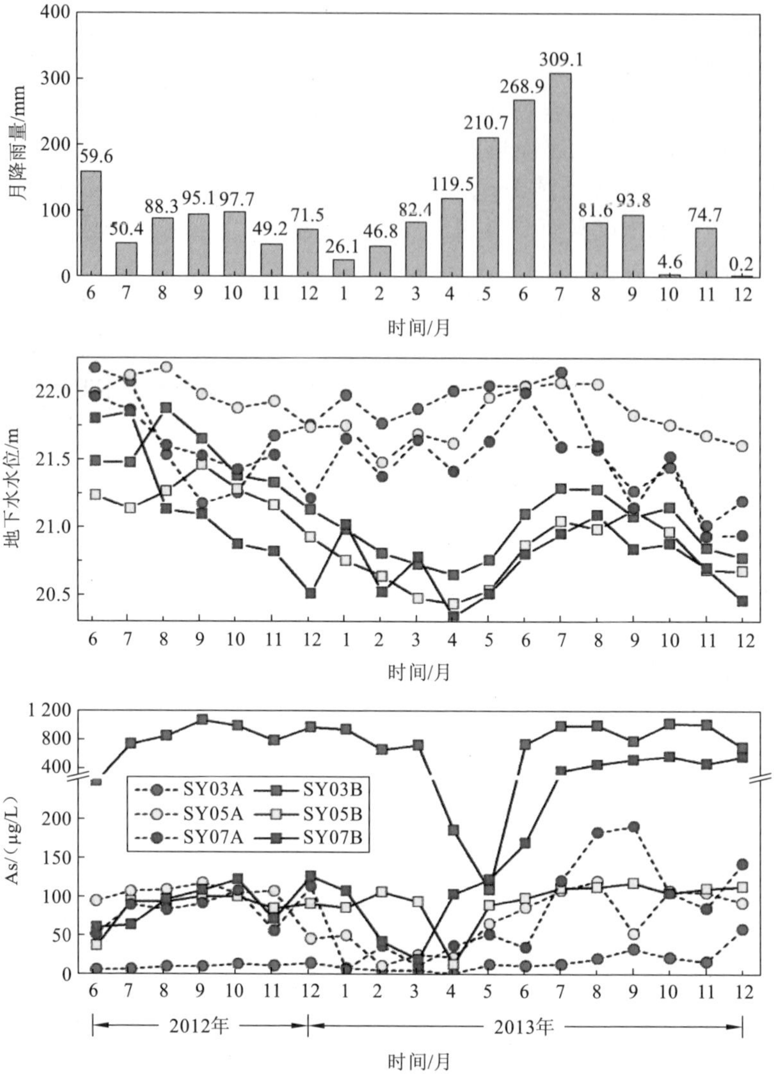

图 9-3-3　江汉平原典型高砷地下水区域不同深度地下水中砷质量浓度季节性变化与降雨量、水位波动的响应关系（邓娅敏 等，2015）

增加，旱季地下水水位下降时水砷质量浓度降低，并在次年雨季前（每年 3～4 月）达到最低值（图 9-3-3）（Schaefer et al., 2016; 邓娅敏 等，2015; Duan et al., 2015; 甘义群 等，2014; Deng et al., 2014）。

季节性农业灌溉引起的地下水水位、水质等的季节性波动也会引起水砷质量浓度的季节性变化。Guo 等（2012）在内蒙古河套地区的研究表明，在夏季灌溉期（6～8 月）和冬季灌溉期（11 月）地下水水位高时，水砷质量浓度也高（图 9-3-4）。

Han 等（2012）对银川平原高砷地下水的连续监测发现，从 2007 年 12 月到 2011 年 8 月，浅层地下水中砷质量浓度具有明显的时间变化特征，其变化主要与农业灌溉引起地下水水位上升有关（图 9-3-5）。

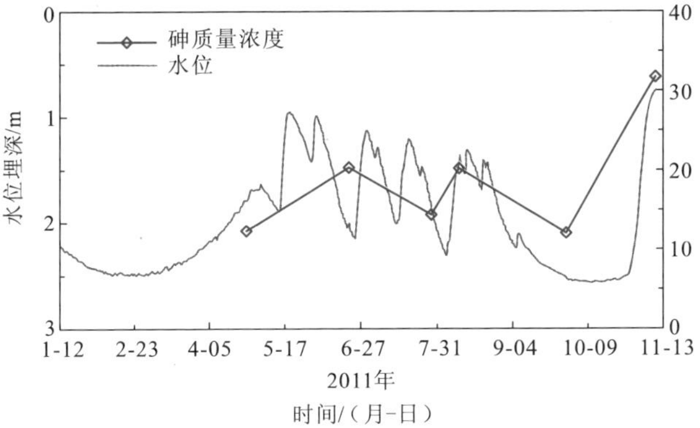

图 9-3-4　河套盆地农业灌溉区地下水位波动与砷质量浓度的响应关系

（Guo et al., 2012）

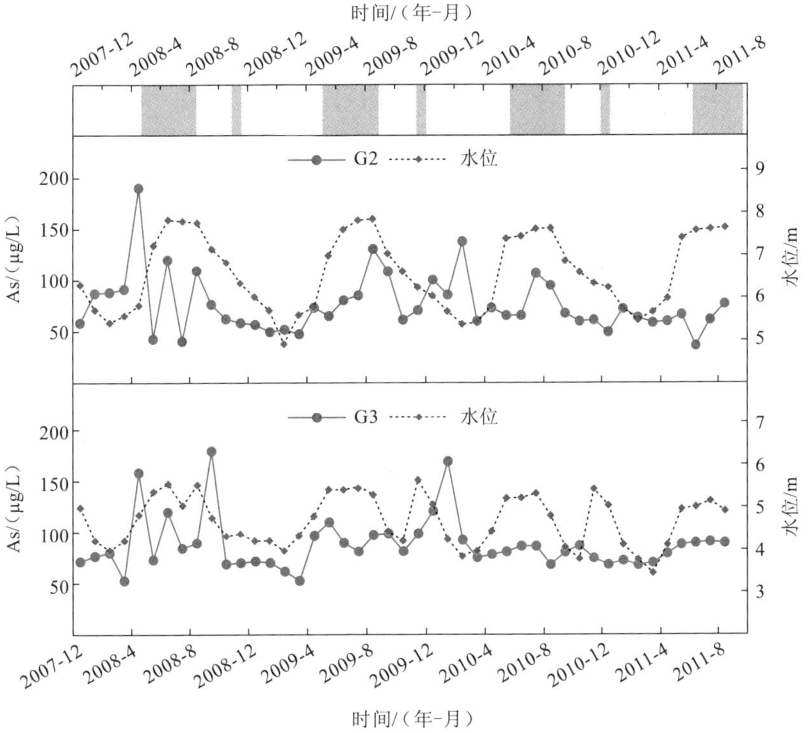

图 9-3-5　银川平原农业灌溉区地下水位波动与砷质量浓度的响应关系（Han et al., 2012）

图中阴影区为农业灌溉活动期

另外，地下水中砷含量的季节性变化也常伴随着砷形态的季节性变化。江汉平原典型高砷地下水区域地下水砷形态动态监测结果表明：从雨季开始（5 月）到雨季中（7～8 月），潜水和承压水中 As（III）的百分含量均增加，As（V）和 Asp 百分含量降低，尤以 SY03B 和 SY07B 变化最为显著（图 9-3-6）。SY03B 井水中 As（V）比例在 5 月高达 87%，7～8 月急剧下降至 3%；SY07B 井水中颗粒态砷和五价砷的比例在 5 月分别为 25%和 21%，到 7～8 月大幅降至 3%以下。表明地下水系统中颗粒态砷和 As（V）转化 As（III），导致水中溶解的砷总量增加。随着雨季的结束，11 月地下水水位明显下降，As（III）的比例降低，水中溶解的砷含量也较雨季降低。其中 SY03B、SY07A、SY07B 井水中 As（III）的比例下降最明显，分别由 8 月的 93%、88%、96%降至 11 月的 77%、41%、66%， SY07A 和 SY07B 颗粒态砷比例在雨季后也略有增加（邓娅敏 等，2015）。

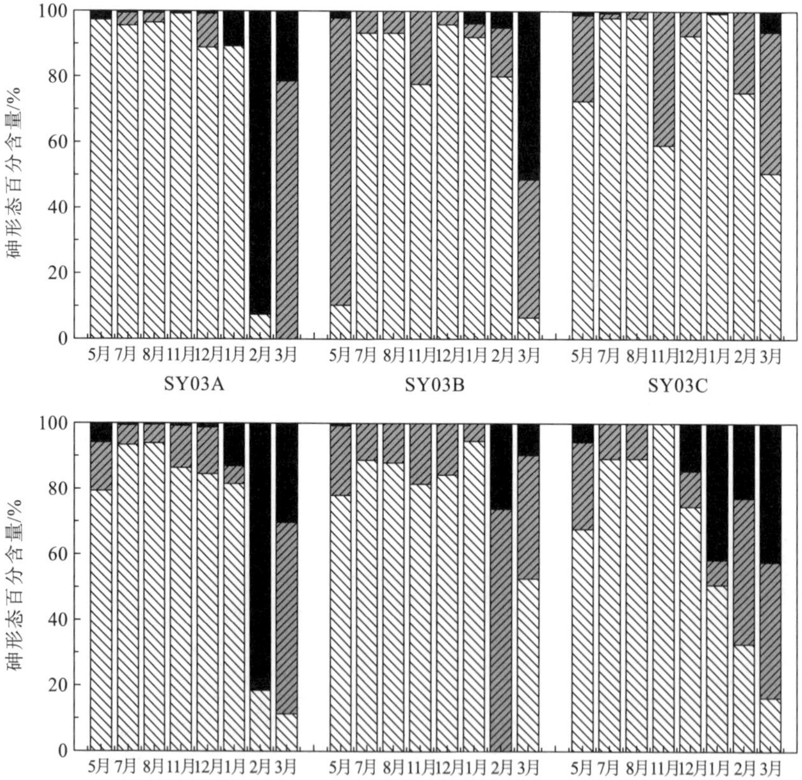

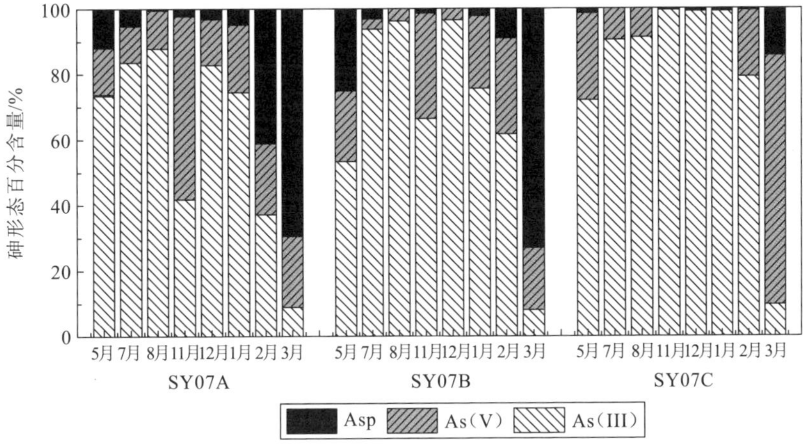

图 9-3-6　江汉平原高砷地下水监测场 SY03、SY05 和 SY07 监测点井水中砷形态的动态变化（邓娅敏 等，2015）

总体来看，从雨季开始（5 月）到雨季结束（11～12 月），伴随地下水水位迅速抬升后缓慢降低，江汉平原高砷地下水监测场潜水和承压水中 As（III）所占比例呈先急剧增加后略有降低的变化趋势，地下水的 DO 和 Eh 呈先下降再缓慢升高的趋势，与总砷质量浓度、As（III）质量浓度及水位波动的变化相反（图 9-3-7）。

部分国外学者也发现 As（III）/As（V）在雨季上升，雨季结束后下降，As（III）/As（V）比值的变化与总砷变化一致（Kumar and Riyazuddin, 2012; Planer-Friedrich et al., 2012），该结果与 Waeles 等（2013）在河口区所观测到的砷形态季节性变化结果一致（Waeles et al., 2013）。但也有学者并未发现地下水砷形态分布有明显季节性变化，As（III）与总砷的季节性变化规律相同（Munk et al., 2011; Romić et al., 2011）。

9.3.2　逐年上升或逐年降低

在自然和人类活动因素影响下，部分地区地下水水位、水质、水量等经常会向某一特定方向发生改变或演化，其对应的地下水中砷含量也表现出单一方向的年变化特征：逐年上升或逐年降低。

早在 1993 年，Frost 等（1993）对美国华盛顿州 Snohomish County 地下水的监测就发现部分井水中砷的质量浓度有逐年增加的趋势。Dhar 等（2008）在孟加拉国 Araiharzar 地区对 37 口井水砷质量浓度 2～3 年的监测发现，有 11 口监测井水的砷质量浓度发生了变化，其中 9 口井水砷质量浓度随时间的变化逐渐降低，2 口井水砷质量浓度随时间的变化逐渐增加。

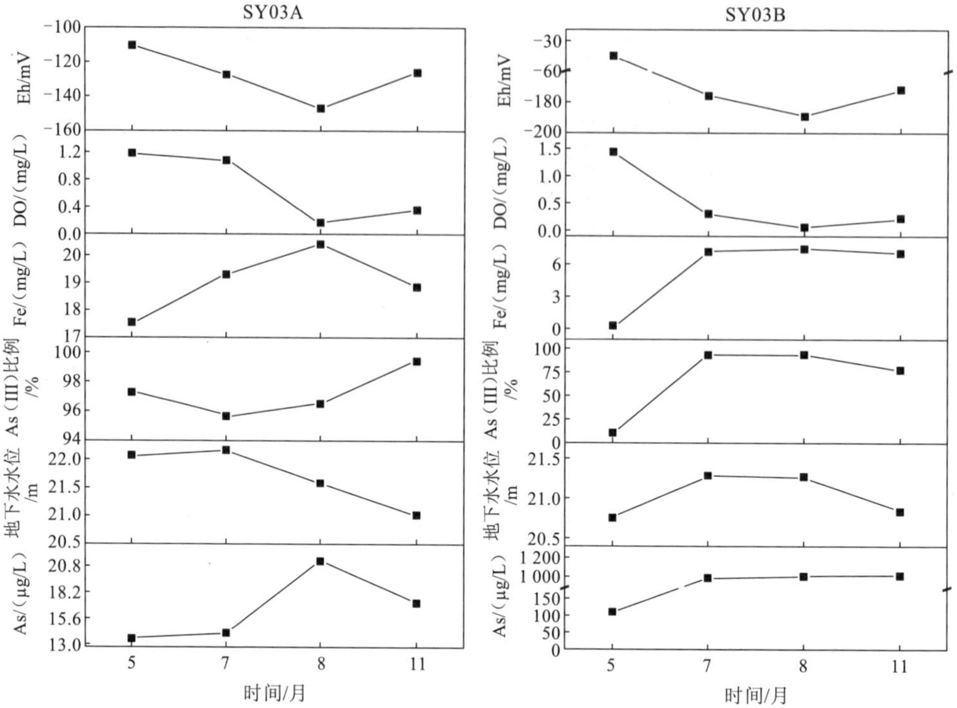

图 9-3-7　江汉平原高砷地下水监测场 SY03 潜水和孔隙承压水砷质量浓度、形态与水位及其他水化学指标的动态响应关系

我国江汉平原沙湖原种场高砷地下水监测场 39 口不同深度监测井中，有 11 口浅层孔隙承压水井（25 m 和 50 m）水砷质量浓度不仅有明显的季节性变化特征，还具有逐年上升的趋势（图 9-3-8）。地下水中砷质量浓度的变化不仅与自然条件下地下水水位波动有关，还与人类活动引起的地下水环境的改变有关（Schaefer et al., 2016; Duan et al., 2015）。

Van Geen 等（2003a）通过分析 5971 口井的砷浓度和井龄数据发现，地下水中砷的质量浓度大致以每 10 年（16 ± 2）μg/L 的速度增加。Stute 等（2007）的研究也显示出类似的规律。他们依据同位素的测年数据和砷的浓度，推断出小于 20m 的监测井中地下水砷的质量浓度以 19 μg/（L·a）的速率增加（图 9-3-9）。这种基于井龄和地下水中砷质量浓度关系得出的砷质量浓度随时间增加不断升高的结论，也存在诸多争议。因为在认识到砷问题的危害性后，人们在钻取新井时有意识地避开了一些可能的高砷区，这给数据造成了明显的系统误差。

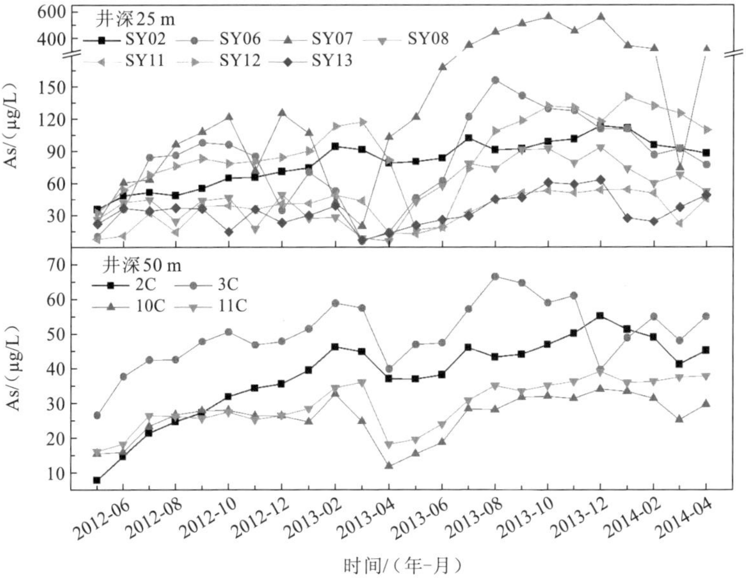

图 9-3-8　江汉平原典型高砷地下水区域地下水中砷质量浓度的动态变化曲线（Duan et al., 2015）

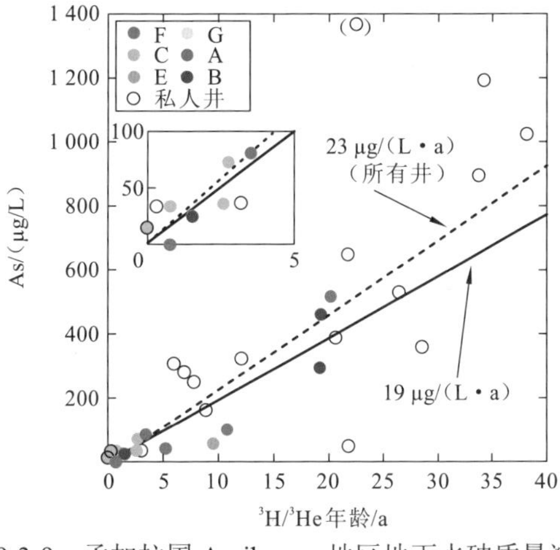

图 9-3-9　孟加拉国 Araiharzar 地区地下水砷质量浓度的年变化特征（Stute et al., 2007）

另外，地下水中砷质量浓度逐年降低的趋势在某些高砷地下水区域也有发现。Mayorga 等（2013）对西班牙杜罗河盆地地下水砷质量浓度的多年监测发现，水砷质量浓度在 2001 年、2003 年、2007 年逐渐降低（图 9-3-10），且砷质量浓度随时间的变化与地表水-地下水的相互作用及营养物质（如硝酸盐）的输入引起含水系统环境的改变有关。

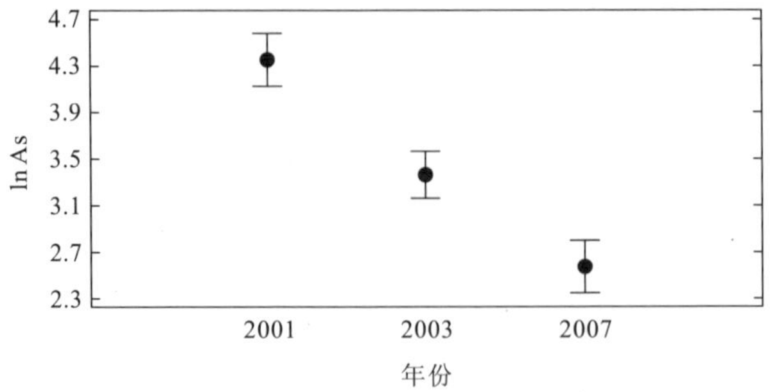

图 9-3-10　西班牙杜罗河区域地下水中砷质量浓度的动态变化

（Mayorga et al., 2013）

9.3.3　基本不随时间变化

部分高砷地下水区域地下水中砷含量几乎不受地下水水位、水质等动态变化的影响，基本不随时间变化，多年维持在一个较稳定的值。

Cheng 等（2005）和 Dhar 等（2008）在孟加拉国 Araiharzar 地区，对井水砷质量浓度的长期监测都发现部分井水砷质量浓度基本维持稳定，没有明显变化，且砷质量浓度一般都小于 10 μg/L（图 9-3-11）。江汉平原沙湖原种场高砷地下水监测场也发现有 5 口监测井水砷质量浓度无明显的动态变化特征，且砷质量浓度大多小于 10 μg/L（Duan et al., 2015）。Steinmaus 等（2005）和 Thundiyil 等（2007）的研究指出美国内华达州地下水中砷质量浓度的动态变化很小，没有明显的季节性变化特征和年变化特征。

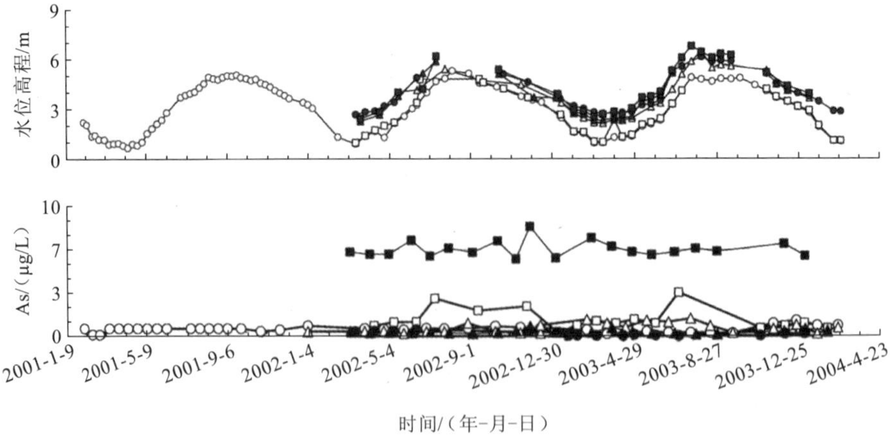

图 9-3-11　孟加拉国 Araiharzar 部分监测井水砷质量浓度与地下水位动态变化曲线

（Cheng et al., 2005）

BGS 和 DPHE（2001）对 32 口监测井以每 2 周 1 次的频率采样，连续 1 年的监测结果表明，大部分监测井砷的质量浓度没有显著的季节性变化。Van Geen 等（2003b）的研究也得到类似结果，他们对 7 口深井开展了 1 年的监测，水砷质量浓度也没有呈现明显的季节性变化特征。

9.4　地下水动态变化对含水层中砷迁移富集的影响

由地下水中砷含量与地下水动态变化的响应关系可知，无论是三角洲平原区还是内陆河盆地区，地下水水砷含量都具有时间变异性，且变化形式多样。

地下水中的砷是一种氧化还原敏感因子，任何氧化还原条件的改变均可能引起其浓度的变化。同时，在人类活动影响下不同含水层间水的混合也会导致砷浓度的变化。主要包括：砷含量低的补给水的稀释作用，氧化还原环境的季节性变化，地下水抽水速率的改变，地下水水位的上升与下降，地下水水流方向的改变等（Brikowski et al., 2013; Guo et al., 2012; Dhar et al., 2008; Polizzotto et al., 2008; Benner et al., 2008; Kocar et al., 2008; Goncalves et al., 2007; Rodríguez et al., 2004; Tareq et al., 2003）。

可以看出，不管是自然过程的控制，还是人类活动的影响，地下水中砷含量的动态变化都与地下水的动态变化密切相关。地下水水位、化学组分、水量、水温等的动态变化改变含水系统原有的平衡环境，含水层中与砷含量相关的吸附、解吸、氧化还原反应等物理、化学平衡过程也遭到破坏，从而进一步影响含水层中砷的迁移富集和砷含量的动态变化。地下水动态变化主要通过以下几个方面的变化来影响砷的迁移富集。

9.4.1　改变含水系统的氧化还原环境

地下水位上升时，包气带含水层变为饱水状态，含水层中 DO 含量降低，还原性增强；地下水水位下降时，包气带含水层变为非饱和状态，易于氧气的输入，含水层的还原性减弱（Guo, 2014; 甘义群 等，2014）。另外，氧气、硝酸盐等含量高的地表水补给地下水时，带入的氧化性物质也会改变含水系统的氧化还原环境（Schaefer et al., 2016）。

含水层的氧化还原环境决定着砷在地下水中的存在形式和迁移能力，在氧化环境中，砷的化合物主要以 As（V）的形式存在，地下水中砷的化合物会被胶体或铁锰氧化物/氢氧化物吸附，使得地下水中砷含量降低。而在还原环境中，胶体变得不稳定或对砷有着强大的吸附性能的铁锰氧化物/氢氧化物被还原，生成了溶解性很大的更为活跃的低价铁锰离子，使得吸附在其表面的砷得以释放到地下水中；另外，As（V）也能直接被还原成吸附性更弱毒性更强的 As（III），增加砷在含水层中的迁移性和毒性（图 9-4-1）（Stuckey et al., 2016; Paul et al., 2015; Fendorf et al., 2010; Guo et al., 2008; Nickson and McArthur, 2005）。

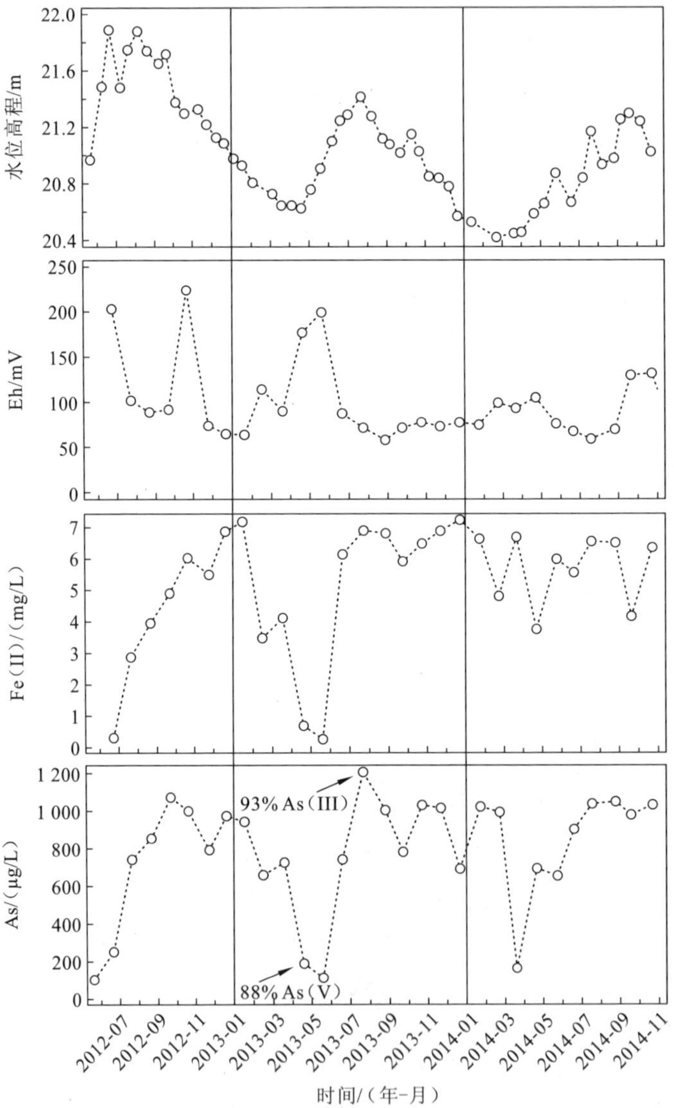

图 9-4-1　江汉平原高砷区地下水水位、Eh、Fe（II）、As 的动态变化曲线（Schaefer et al., 2016）

9.4.2　改变地下水的 pH

自然过程或人类活动影响下地下水补给、径流、排泄的改变经常会引起地下水 pH 的变化。例如，pH 高的地表水补给地下水，会增加地下水的 pH；地下水接受酸雨的补给，pH 会显著降低；人类活动引入的有机酸等也会在一定程度上改变地下水的 pH。

酸碱度对地下水中砷的迁移富集起着重要作用。一般来说，地下水砷的质量浓度随 pH 的增大而增高（图 9-4-2）。砷在地下水中主要以砷酸盐或亚砷酸盐的形式存在，与其他阴离子有着相同的电化学性质，在不同的酸碱条件下与不同数量的氢离子形成不同价态的阴离子。因此，地下水中砷容易被含水介质中带正电的物质，如铁铝氧化物、高岭石、蒙脱石及其他黏土矿物吸附，当地下水环境中的 pH 大于和等于这些物质的零点电荷时，这些物质就会带负电荷，从而降低以阴离子形式存在的砷酸和亚砷酸的吸附（Gan et al., 2014; 丁爱中 等，2007; Smedley and Kinniburgh, 2002）。值得注意的是，当 pH 增加到一定的值后，会影响有机物质生物降解作用过程中酶的活性，而地下水中砷的含量与有机物质的生物降解作用密切相关，该作用的减弱不利于砷向地下水中释放。

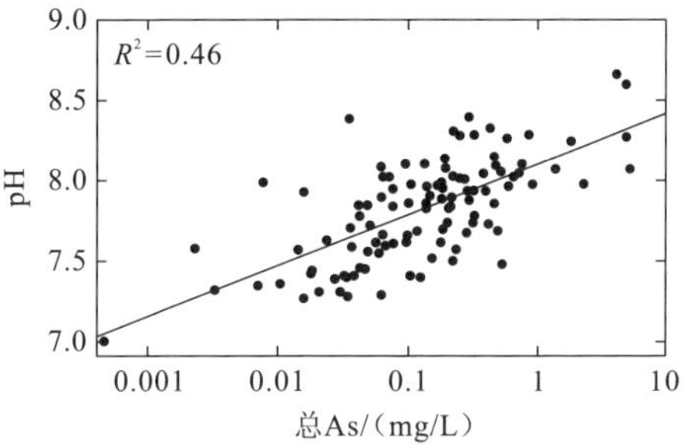

图 9-4-2　阿根廷 La Pampa 地区地下水砷质量浓度与 pH 的关系图（Smedley et al., 2002）

9.4.3　外源物质的输入

1. 外源有机质输入

地下水动态变化，尤其是人类农业活动（如地下水开采、农业灌溉、化肥施用、池塘等地表水体的兴建等）引起的地下水动态变化，常会向地下水系统中输入新的有机物，改变系统中原有的物理、化学平衡过程，从而影响含水层砷的迁移富集。

有机物对于砷的富集存在明显促进作用。除有机物参与 Fe（III） 还原性溶解导致砷的释放外，有机物既可以与砷产生竞争吸附，促进砷从矿物表面解吸，还可以与砷发生络合作用，增强砷的溶解性（Mladenov et al., 2015; Guo et al.,

2011)。微生物驱动下铁氧化物还原性溶解的碳源是地下水中砷含量增加的三个环境要素之一，含水层中砷的释放量取决于含水层系统中活性有机碳的含量和沉积物中砷的含量（Fendorf et al., 2010）。含水层中的砷通常吸附在含氧金属（如铁、锰）矿物表面，不会进入液相中，但是一些特殊的地球化学过程，如微生物作用下的氧化还原反应、竞争吸附、络合反应等，会促进砷的迁移（即释放或活化），导致砷在液相中富集，而有机碳对这些砷释放过程均有显著影响（图 9-4-3）。

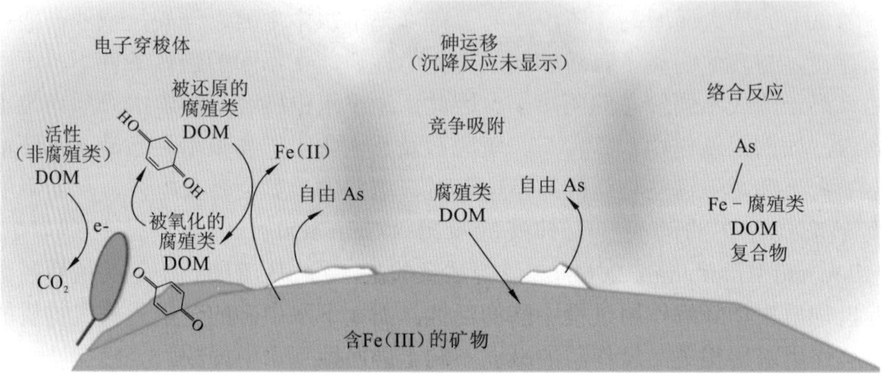

图 9-4-3　地下水中有机物参与下砷的迁移富集过程（Mladenov et al., 2015）

（1）微生物作用下的氧化还原反应。在沉积物中，砷通常以五价形态吸附在含氧金属（如铁、锰）矿物表面，在生物地球化学过程的作用下，铁、锰矿物被还原为易溶离子，使吸附态的砷被释放到地下水中，同时吸附性较强的 As（V）被还原吸附性较弱的 As（III），进一步增强了砷的可溶性，造成砷在地下水中的富集（Stuckey et al., 2016; Paul et al., 2015; Fendorf et al., 2010; Harvey, 2002; Nickson, 2000）。微生物是这一过程的主导者，而有机质为微生物活动提供了不可或缺的能量，而且，有机质也是最主要的电子供体，氧化态的金属离子、As（V）接受有机质释放出的电子，转化为还原态的砷（Mladenov et al., 2010）。此外，特定类型的有机质，如苯醌，还可以充当电子传递者（Mladenov et al., 2010; Ratasuk and Nanny, 2007; Rowland et al., 2007; Cory and McKnight, 2005），加速生物转化过程中的电子转移，从而促进砷的释放。大量原位场地实验（Neighardt et al., 2014; Stucker et al., 2014; Harvey et al., 2002）和室内微生物培育实验（Freikowski et al., 2013; Postma et al., 2010; Anawar et al., 2006; Gault et al., 2005; Islam et al., 2004; Akai et al., 2004; Van Geen et al., 2004）都证明了微生物可利用有机碳，刺激土著微生物的代谢活动，从而导致砷从沉积物中被释放到地下水中。除与地下水中有机物的含量多少有关外，某些地区地下水中砷的富集还与特定种类的有机物有关，Rowland 等（2006）研究与砷富集有关的有机物种类后发现，石油类长链烷烃比原始陆地来源的长链烷烃更易被微生物利用，更显著地促进了砷的释放。

（2）竞争吸附。有机质中的有机酸，如胡敏酸（humic acid, HA）和富里酸（fulvic acid, FA），会与砷（III）和砷（V）竞争矿物表面的有效吸附点位，从而导致砷从矿物表面解吸，尤其是在偏酸性条件下，该过程会显著提高砷的可溶性（Bauer and Blodau, 2006; Redman et al., 2002）。Bowell（1994）发现，高浓度的 FA 会降低砷在含铁矿物上的吸附程度，增加 FA 的浓度或降低 pH 都会增加砷的释放量。Takahashi（1999）报道，HA 会阻碍砷在高龄石和二氧化硅上的吸附作用。Grafe 等（2002, 2001）通过研究 HA、FA、柠檬酸对 As（III）、As（V）在针铁矿和水铁矿表面吸附行为的影响发现，不同有机酸对砷的竞争吸附作用具有选择性，而且这种抑制作用随 pH 的降低而增强。

（3）络合反应。有机质对金属离子和金属氧化物具有较强的亲和力，通过金属离子的桥联作用（metal-bridging），有机质可以和砷形成可溶络合物，从而促进砷的释放。Redman 等（2002）通过研究 6 种有机质与 As（III）、As（V）、赤铁矿的动力学相互作用，发现 6 种有机质中的 4 种可以与 As（III）和 As（V）形成可溶络合物，络合作用的程度与有机质的种类和金属阳离子，尤其是铁离子的浓度有关。另有研究发现，羟基、羰基、亚氨基等官能团均可以与砷络合，而羧基官能团在金属离子与 HA、FA 络合作用中起关键作用（Saada et al., 2003）。Lin 等（2004）通过透析和离子交换技术对 As（V）与有机物的络合物进行了研究，结果发现金属离子，如铁、铝、锰、钙、镁等，均可以充当有机质和 As（V）络合的桥接物，进一步证实了这一观点。Mladenov 等（2015）关于孟加拉地区浅层含水层中有机物的特性研究发现，芳香族化合物，陆生来源的 FA 会促进 As-Fe-FA 的络合反应从而促进砷的迁移。

2. 无机组分输入

地下水动态变化过程中，除有机质输入外，还会带入大量的无机物，尤其是无机阴离子，会与砷化物产生竞争吸附，从而导致砷从沉积物表面释放到地下水中。

一些潜在的阴离子如磷酸根、碳酸氢根、硅酸根及硫酸根等均会促使地下水中的砷含量升高（Smedley and Kinniburgh, 2002）。由于砷酸根与磷酸根具有相似的理化性质，当地下水中存在磷酸根时，它与砷形成竞争吸附，争夺黏土矿物表面吸附点。然而在特定的环境下这些黏土矿物的吸附点基本是恒定的，如果磷酸根进入黏土表面，与其性质相似的砷酸根或亚砷酸根就会脱离黏土矿物的吸附表面，进入地下水（图 9-4-4）。氟离子、钒酸盐与钼酸盐也会与砷化物产生竞争吸附（丁爱中 等，2007）。重碳酸盐溶液可以使沉积物中的砷活化，替换沉积物和矿物表面的砷，使其释放到地下水中（Anawar et al., 2004）。

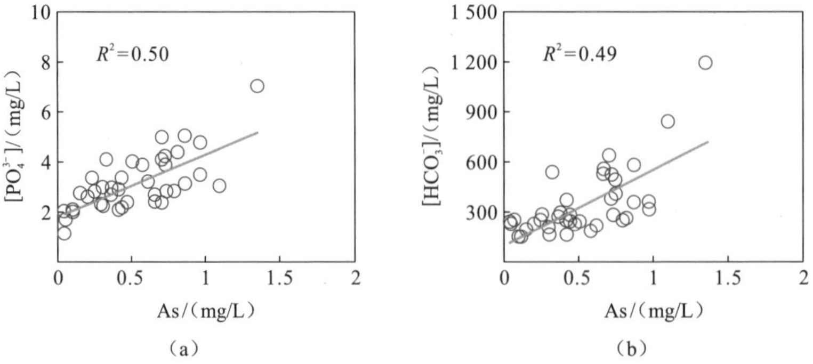

图 9-4-4　孟加拉国恒河三角洲平原区地下水中砷含量与[PO_4^{3-}]、[HCO_3^-]的关系（Halim et al., 2009）

另外，氧化性无机组分，如 O_2、NO_3^-和 SO_4^{2-}等的输入，会改变地下水系统的氧化还原环境而影响砷的迁移富集。Kim 等（2009）的研究显示，在渗透性较好的农业耕作区，地表的 NO_3^-和 SO_4^{2-}等氧化剂渗入地下水中，通过缓解浅层含水层的氧化还原条件，以及深层含水层中砷与硫化物矿物的共沉淀作用，来降低地下水中砷的浓度。而在渗透性弱，NO_3^-和 SO_4^{2-}等氧化剂难以渗入的区域，地下水中砷的浓度要比其他区域高 3～5 倍。Mayorga 等（2013）也指出地下水中砷含量随硝酸盐含量的增加而减小，农业活动中氮肥和猪粪施用量的增加使地下水中硝酸盐的含量增加，促进铁的氢氧化物的沉淀和砷的吸附而使地下水中砷的含量降低。

9.4.4　地下水径流条件改变

地下水的径流条件也是影响砷迁移富集的一个重要因素。地下水流场的改变对地下水中砷的分布和演化起到重要作用，尤其是丰富的地表水体（如河流、池塘、湿地、湖泊等）与地下水系统的相互作用，以及丰水期的降水和枯水期的灌溉活动，都会引起水力梯度的变化，使得地表水和地下水的补排关系发生周期性的变化（余倩 等，2013; Benner et al., 2008; Larsen et al., 2008）。地下水的补径排直接影响着地下水中溶解性有机物、溶解氧和其他与砷释放有关的化学组分的来源，进而影响地下水中砷的含量。低砷地表水/地下水与高砷地下水的混合稀释作用直接影响地下水中砷的含量。

在孟加拉国高砷地下水区域，砷的释放只发生在氧化还原环境交替变化的表层土壤与沉积物的接触带，深层低砷地下水的大量开采，使得浅层、深层含水层之间的水力梯度增加，导致浅层高砷地下水通过越流补给的方式运移到深层含水层中，使得深层地下水中的砷含量也增加（Polizzotto et al., 2008）。Polizzotto 等（2008）认为柬埔寨湄公河区域来源于表层河流来源的沉积物，释放的砷向下迁移，通过下部含水层返回到河流中（图 9-4-5）。砷的释放与迁移对人为扰动引起的水力条件的改变非常敏感。地下水的抽水灌溉、农耕活动的改变、沉积物的开挖、堤坝的建设等都会改变水力条件或是砷的来源，进而影响地下水中砷的质量浓度。

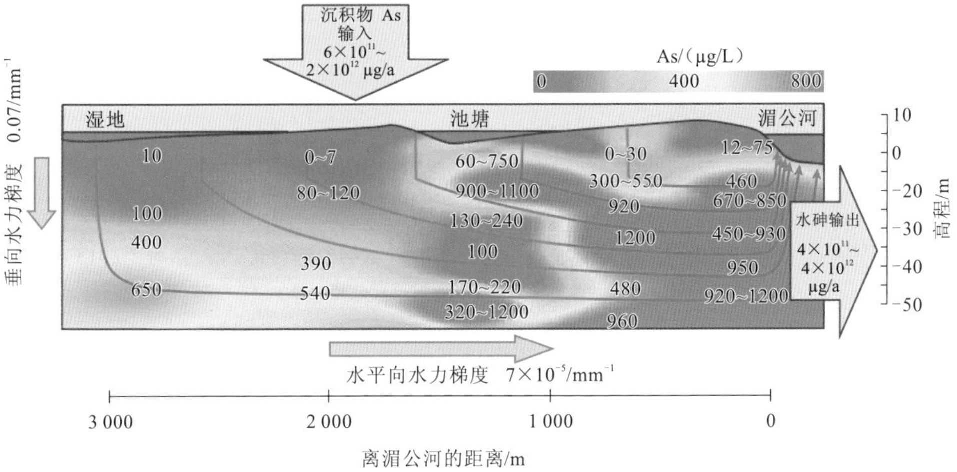

图 9-4-5　孟加拉国高砷地下水区域砷从表层沉积物向河流的迁移（Polizzotto et al., 2008）

余倩等（2013）通过建立大同盆地山阴试验场河岸带未扰动情况下的三维非稳定地下水流模型，刻画了地下水流场对砷在地下水中迁移富集的影响。研究结果表明，灌溉作用不仅使地下水埋深和水平地下水流速减小，而且还加速了不同岩性地层之间的垂向水量交换。灌溉季，大量抽取地下水，同时附近的榆林水库释放地表水，再加上灌溉持续时间较长，导致灌溉水不能及时渗入地下而在地表面积聚。地下水流净交换量计算结果表明，这些积聚的灌溉水，一部分以蒸发的形式损失掉，另一部分则向下垂直入渗，穿过包气带、粉土层和黏土层，进入含水层（饱水带）后，逐渐变成水平方向流向排泄区。该过程也正好诠释了砷在地下水中迁移的一个可能机制：灌溉水和大气降水从地表向下垂直入渗至含水层的过程中，推动了地表和包气带沉积物中的砷逐渐向下迁移，因此地下水砷随深度增加逐渐富集；到达含水层后（即进入饱水带），水平交换量占主导地位，地下水在水平方向上频繁的水量交换加速了砷在含水层中的水平迁移，因此地面以下 17～24m，越靠近排泄区，地下水砷质量浓度越高（图 9-4-6）（余倩等，2013）。

季风气候区，旱季雨季的交替出现，导致地下水流场在不同季节发生明显的变化，一般表现为雨季地表水补给地下水，旱季地下水补给河水，地下水径流方向的变化造成含水层氧化还原条件的改变，从而影响地下水砷的含量（Schaefer et al., 2016; 甘义群等，2014; Harvey et al., 2006）。较多学者认为在雨季，低砷含

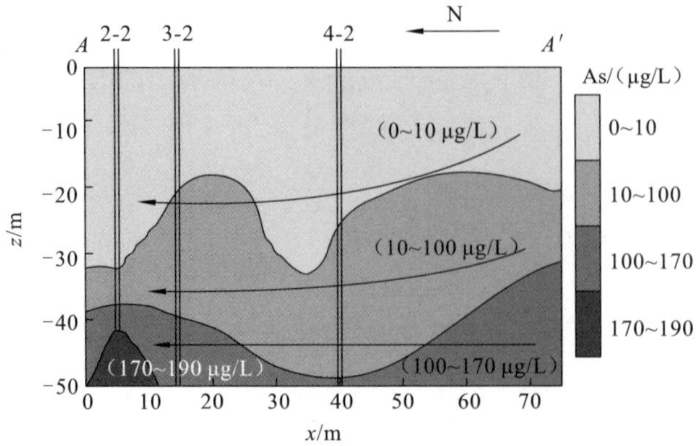

图 9-4-6　大同盆地山阴试验场 *AA′* 剖面地下水砷含量的分布特征（余倩 等，2013）

实线箭头示意地下水流向，垂向坐标轴放大两倍

量地表水的补给、稀释和冲刷作用使得地下水中砷含量降低；雨季过后，水-岩相互使得砷被还原，再次进入地下水而使砷的含量增加。Goncalves 等（2007）则指出砷浓度的变化与季节性水力条件的改变密切相关。最新研究表明地下水砷含量对时间变化的程度和最大砷浓度值取决于砷从黏土层向含水层渗漏的主要水文过程。

综上所述，地下水水位、水质、水量、径流途径等的动态变化改变地下水均衡，打破地下水系统中原有的物理、化学平衡过程，新的物理过程或化学反应会直接或间接影响地下水中砷的迁移富集。在同一高砷地下水区域，地下水的动态变化会同时从多个方面共同影响砷的迁移富集。例如，江汉平原典型高砷地下水区域，地下水中砷含量的季节性变化同时受含水层氧化还原条件、地下水径流方向、氧化剂的输入等因素的控制。在地下水水位降到最低后开始上升的一到两个月内砷浓度降到最低，这主要是因为这段时期地表水补给地下水的速率最大，地表水的补给带入了氧气及其他氧化性的物质，含水层由还原环境变为氧化环境，溶解态 As 被新产生的铁氧化物、氢氧化物吸附而使得地下水中 As 含量迅速降低。当地下水水位上升到一定高度后，地表水的补给速率降低至地下水补给地表水，氧气等氧化性物质输入量减小，含水层系统逐渐由氧化态变为还原态，吸附在胶体或铁锰氧化物、氢氧化物表面的 As 发生解吸进入地下水中，微生物介导的铁氧化物、氢氧化物的还原性溶解和/或 As（V）的还原性解吸也使得地下水中 As 含量上升（图 9-4-7）。

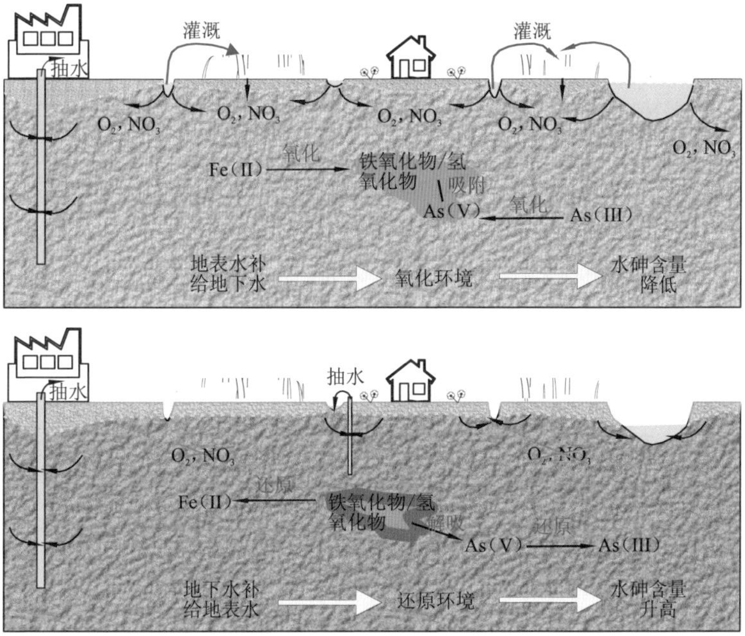

图 9-4-7　江汉平原典型高砷地下水区域地下水动态与水砷含量季节性变化的概念图（段艳华，2016）

参 考 文 献

阿利托夫斯基 M E, 康诺波梁采夫 A A, 1956. 地下水动态研究方法指南[M]. 檀宝山, 张可迁, 译. 北京: 地质出版社.

曹剑锋, 迟宝明, 王文科, 等, 2006. 专门水文地质学:第 3 版[M]. 北京: 科学出版社: 60.

陈葆仁, 洪再吉, 汪福炘, 1988. 地下水动态及其预测[M]. 北京: 科学出版社.

邓娅敏, 王焰新, 李慧娟, 等, 2015. 江汉平原砷中毒地区地下水砷形态季节性变化特征[J]. 地球科学(中国地质大学学报), 40(11):1876-1886.

丁爱中, 杨双喜, 张宏达, 2007. 地下水砷污染分析 [J]. 吉林大学学报, 37(2): 319-325.

段艳华, 2016. 浅层地下水系统中砷富集的季节性变化与机理研究: 以江汉平原为例. 武汉: 中国地质大学(武汉).

甘义群, 王焰新, 段艳华, 等, 2014. 江汉平原高砷地下水监测场砷的动态变化特征分析[J]. 地学前缘, 21(4): 37-49.

余倩, 谢先军, 马瑞, 等, 2013. 地下水流动对砷迁移的影响: 大同盆地试验场的观测与模拟[J]. 地球科学(中国地质大学学报), 38(4): 877-886.

肖长来, 梁秀娟, 王彪, 2010. 水文地质学 [M]. 北京: 清华大学出版社: 66-69.

张人权, 梁杏, 靳孟贵, 等, 2010. 水文地质学基础:第 6 版[M]. 北京: 地质出版社: 101-109.

AKAI J, IZUMI K, FUKUHARA H, et al., 2004. Mineralogical and geomicrobiological investigations on groundwater arsenic enrichment in Bangladesh [J]. Applied geochemistry, 19(2): 215-230.

ANAWAR H M, KOMAKI K, TAKADA J, et al., 2002. Diagenetic control on arsenic partitioning in sediments of the Meghna River delta, Bangladesh [J]. Environmental geology, 41(7): 816-825.

ANAWAR H M, AKAI J, SAKUGAWA H, 2004. Mobilization of arsenic from subsurface sediments by effect of bicarbonate ions in groundwater [J]. Chemosphere, 54(6): 753-762.

ANAWAR H M, AKAI J, YOSHIOKA T, et al., 2006. Mobilization of arsenic in groundwater of Bangladesh: evidence from an incubation study [J]. Environmental geochemistry and health, 28(6): 553-565.

BAUER M, BLODAU C, 2006. Mobilization of arsenic by dissolved organic matter from iron oxides, soils and sediments [J]. Science of the total environment, 354(2/3): 179-190.

BENNER S G, POLIZZOTTO M L, KOCAR B D, et al., 2008. Groundwater flow in an arsenic-contaminated aquifer, Mekong Delta, Cambodia [J]. Applied geochemistry, 23(11): 3072-3087.

BERG M, TRAN H C, NGUYEN T C, et al., 2001. Arsenic contamination of groundwater and drinking water in Vietnam: a human health threat [J]. Environmental science and technology, 35(13): 2621-2626.

BGS(British Geological Survey), DPHE (Department of Public Health Engineering) , 2001. Arsenic contamination of groundwater in Bangladesh[R]// KINIBURGH D G, SMEDLEY P. British Geological Survey. England:British Geological Survey.

BOWELL R J, 1994. Sorption of arsenic by iron oxides and oxyhydroxides in soils[J]. Applied geochemistry, 9(3): 279-286.

BRIKOWSKI T H, NEKU A, SHRESTHA S D, et al., 2013. Hydrologic control of temporal variability in groundwater arsenic on the Ganges floodplain of Nepal [J]. Journal of hydrology, 518: 342-353.

CHENG Z, VAN GEEN A, SEDDIQUE A A, et al., 2005. Limited temporal variability of arsenic concentration in 20 wells monitored for 3 years in Araihazar, Bangladesh [J]. Environmental science and technology, 39(13): 4759-4766.

CORY R M , MCKNIGHT D M, 2005. Fluorescence spectroscopy reveals ubiquitous presence of oxidized and reduced quinones in dissolved organic matter [J]. Environmental science and technology, 39: 8142-8149.

DENG Y M, LI H J, WANG Y X, et al., 2014. Temporal variability of groundwater chemistry and relationship with water-table fluctuation in the Jianghan Plain, central China [J]. Procedia earth and planetary science, 10: 100-103.

DHAR R K, ZHENG Y, STUTE M, et al., 2008. Temporal variability of groundwater chemistry in shallow and deep aquifers of Araihazar, Bangladesh [J]. Journal of contaminant hydrology, 99: 97-111.

DUAN Y D, GAN Y Q, WANG Y X, et al., 2015. Temporal variation of groundwater level and arsenic concentration at Jianghan Plain, central China [J]. Journal of geochemical exploration, 149: 106-119.

FAROOQ S H, CHANDRASEKHARAM D, NORRA S, et al., 2011. Temporal variations in arsenic concentration in the groundwater of Murshidabad District, West Bengal. , India [J]. Environmental earth science, 62: 223-232.

FENDORF S, MICHAEL H A, VAN GEEN A, 2010. Spatial and temporal variations of groundwater arsenic in South and Southeast Asia [J]. Science, 328(5982): 1123-1127.

FREIKOWSKI D, NEIDHARDT H, WINTER J, et al., 2013. Effects of carbon sources and of sulfate on microbial arsenic mobilization in sediments of West Bengal. , India [J]. Ecotoxicology and environmental safety, 91: 139-146.

FROST F, FRANK D, PIERSON K, et al., 1993. A seasonal study of arsenic in groundwater, Snohomish County, Washington, USA [J]. Environmental geochemistry and health, 15: 209-214.

GAN Y Q, WANG Y X, DUAN Y H, et al., 2014. Hydrogeochemistry and arsenic contamination of groundwater in the Jianghan Plain, central China [J]. Journal of geochemical exploration, 138: 81-93.

GAULT A G, ISLAM F S, POLYA D A, et al., 2005. Microcosm depth profiles of arsenic release in a shallow aquifer, West Bengal [J]. Mineralogical magazine, 69(5): 855-863.

GONCALVES J A C, DE LENA J C, PAIVA J F, et al., 2007. Arsenic in the groundwater of Ouro Preto (Brazil): its temporal behavior as influenced by the hydrologic regime and hydrogeology [J]. Environmental geology, 53: 785-793.

GRAFE M, EICK M J, GROSSL P R, 2001. Adsorption of arsenate(V) and arsenite(III) on goethite in the presence and absence of dissolved organic carbon [J]. Soil science society of America Journal, 65: 1680-1687.

GRAFE M, EICK M J, GROSSL P R, et al., 2002. Adsorption of arsenate and arsenite on ferrihydrite in the presence and absence of dissolved organic carbon [J]. Journal of environmental quality, 31: 1115-1123.

GUO X X, 2014. Arsenic mobilization and transport in shallow aquifer system of Jianghan Plain, Central China [D]. Wuhan:China University of Geosciences .

GUO H M, TANG X H, YANG S Z, et al., 2008. Effect of indigenous bacteria on geochemical behavior of arsenic in aquifer sediments from the Hetao Basin, Inner Mongolia: Evidence from sediment incubations [J]. Applied geochemistry, 23: 3267-3277.

GUO H M, ZHANG B, LI Y, et al., 2011. Hydrogeological and biogeochemical constrains of arsenic mobilization in shallow aquifers from the Hetao basin, Inner Mongolia [J]. Environmental pollution, 159: 876-883.

GUO H M, ZHANG Y, JIA Y F, et al., 2012. Dynamic behaviors of water levels and arsenic concentration in shallow groundwater from the Hetao Basin, Inner Mongolia [J]. Journal of geochemistry exploration, 135: 130-140.

HALIM M A, MAJUMDER R K, NESSA S A, et al., 2009. Hydrogeochemistry and arsenic contamination of groundwater in the Ganges Delta Plain, Bangladesh [J]. Journal of hazardous materials, 164: 1335-1345.

HAN S B, ZHANG F C, AN Y H, et al., 2012. Spatial and temporal patterns of groundwater arsenic in shallow and deep groundwater of Yinchuan Plain, China [J]. Journal of geochemical exploration, 135: 71-78.

HARVEY C F, SWARTZ C H, BADRUZZAMAN A B M, et al., 2002. Arsenic mobility and groundwater extraction in Bangladesh [J]. Science, 298: 1602-1606.

HARVEY C F, ASHFAQUE K N, YU W, et al., 2006. Groundwater dynamics and arsenic contamination in Bangladesh [J]. Chemical geology-water pollution control Fed, 50: 493-506.

ISLAM F S, GAULT A G, BOOTHMAN C, et al., 2004. Role of metal-reducing bacteria in arsenic release from Bengal delta sediments [J]. Nature, 430: 68-71.

KIM K, MOON J T, KIM S H, et al., 2009. Importance of surface geologic condition in regulating As concentration of groundwater in the alluvial plain [J]. Chemosphere, 7: 478-484.

KOCAR B D, POLIZZOTTO M L, BENNER S G, et al., 2008. Integrated biogeochemical and hydrologic process driving arsenic release from shallow sediments to groundwater of the Mekong delta [J]. Applied geochemistry, 23: 3059-3071.

KUMAR A R, RIYAZUDDIN P, 2012. Seasonal variation of redox species and redox potentials in shallow groundwater: a comparision of measured and calculated redox potentials [J]. Journal of hydrology, 444: 187-198.

LARSEN M A D, PHAM N Q, DANG N D, et al., 2008. Controlling geological and hydrogeological processes in an arsenic contaminated aquifer on the Red River flood plain, Vietnam [J]. Applied geochemistry, 23(11): 3099-3115.

LIN H T, WANG M C, LI G C, 2004. Complexation of arsenate with humic substance in water extract of compost [J]. Chemosphere, 56: 1105-1112.

MAYORGA P, MOYANO A, ANAWAR H M, et al., 2013. Temporal variation of arsenic and nitrate content in groundwater of the Duero River Basin (Spain) [J]. Physics and chemistry of the earth, 58-60: 22-27.

MCARTHUR J M, NATH B, BANERJEE D M, et al., 2011. Palaeosol control on groundwater flow and pollutant distribution: the example of arsenic [J]. Environmental science and technology, 45: 1376-1383.

MLADENOV N, ZHENG Y, MILLER M P, et al., 2010. Dissolved organic matter sources and consequences for iron and arsenic mobilization in Bangladesh Aquifers [J]. Environmental science and technology, 44(1): 123-128.

MLADENOV N, ZHENG Y, SIMONE B, et al., 2015. Dissolved organic matter quality in a shallow aquifer of Bangladesh: implications for arsenic mobility [J]. Environmental science and technology, 49(18): 10815-10824.

MUNK L, HAGEDORN B, SJOSTROM D, 2011. Seasonal fluctuations and mobility of arsenic in groundwater resources, Anchorage, Alaska [J]. Applied geochemistry, 26(11): 1811-1817.

NATH B, BERNER Z, MALLIK S B, et al., 2005. Characterization of aquifers conducting groundwaters with low and high arsenic concentrations: a comparative case study from West Bengal. , India [J]. Mineralogical magazine, 69: 841-854.

NEIGHARDT H, BERNER Z A, FREIKOWSKI D, et al., 2014. Organic carbon induced mobilization of iron and manganese in a West Bengal aquifer and the muted response of groundwater arsenic concentraitons [J]. Chemical geology, 367: 51-62.

NICKSON R T, 2000. Mechanism of arsenic release to groundwater, Bangladesh and West Bengal [J]. Applied geochemistry, 15: 403-413.

NICKSON R T, MCARTHUR J M, 2005. Arsenic and other drinking water quality issues, Muzaffargarh District, Pakistan [J]. Applied geochemistry, 20: 55-68.

PAUL D, KAZY S K, DAS BANERJEE T, et al., 2015. Arsenic biotransformation and release by bacteria indigeous to arsenic contaminated groundwater [J]. Bioresource technology, 188: 14-23.

PLANER-FRIEDRICH B, HARTIG C, LISSNER H, et al., 2012. Organic carbon mobilization in a Bangladesh aquifer explained by seasonal monsoon-driven storativity changes [J]. Applied geochemistry, 27(12): 2324-2334.

POLOZZOTTO M L, HARVEY C F, LI G C, et al., 2006. Solid-phases and desorption processes of arsenic within Bangladesh sediments [J]. Chemical geology, 228: 97-111.

POLIZZOTTO M L, KOCAR B D, BENNER S G, et al., 2008. Near-surface wetland sediments as a source of arsenic release to Ground water in Asia [J]. Nature, 454: 505-508.

POSTMA D, JESSEN S, HUE N T M, et al., 2010. Mobilization of arsenic and iron from Red River floodplain sediments, Vietnam [J]. Geochimica et cosmochimica acta, 74: 3367-3381.

RATASUK N, NANNY M A, 2007. Characterization and quantification of reversible redox sites in humic substances [J]. Environmental science and technology, 41: 7844-7850.

REDMAN A D, MACALADY D L, AHMANN D, 2002. Natural organic matter affects arsenic speciation and sorption onto hematite [J]. Environmental science and technology, 36: 2889-2896.

RODRÍGUEZ R, RAMOS J A, ARMIENTA A, 2004. Groundwater arsenic variations: the role of local geology and rainfall [J]. Applied geochemistry, 19: 245-250.

ROMIĆ Ž, HABUDA-STANIĆ M, KALAJDŽIĆ B, et al., 2011. Arsenic distribution, concentration and speciation in groundwater of the Osijek area, Eastern Croatia [J]. Applied geochemistry, 26(1): 37-44.

ROWLAND H A L, POLYA D A, LLOYD J R, 2006, Characterisation of organic matter in a shallow, reducing, arsenic-rich aquifer, West Bengal [J]. Organic geochemistry, 37: 1101-1114.

ROWLAND H A L, PEDERICK R L, POLYA D A, et al., 2007. The control of organic matter on mocrobially mediated iron reduction and arsenic release in shallow alluvial aquifers, Cambodia [J]. Geobiology, 5(3): 281-292.

SAADA A, BREEZE D, CROUZET C, et al., 2003. Adsorption of arsenic(V) on kaolinite and on kaolinite-humic acid complexes [J]. Chemosphere, 51: 757-763.

SAVARIMUTHU X, HIRA-SMITH M M, YUAN Y, et al., 2006. Seasonal variation of arsenic concentrations in tubewells in West Bengal, India [J]. Journal of health population and nutrition, 24: 277-281.

SCHAEFER M V, YING S C, BENNER S G, et al., 2016. Aquifer arsenic cycling induced by seasonal hydrologic changes within the Yangtze River Basin [J]. Environmental science and technology, 50: 3521-3529.

SMEDLEY P L, KINNIBURGH D G, 2002. A review of the source, behavior and distribution of arsenic in natural waters [J]. Applied geochemistry, 17: 517-568.

SMEDLEY P L, NICOLLI H B, MACDONALD D M J, et al., 2002. Hydrogeochemistry of arsenic and other inorganic constituents in groundwater from La Pampa, Argentina [J]. Applied geochemistry, 17: 259-284.

STEINMAUS C M, YUAN Y, SMITH A H, 2005. The temporal stability of arsenic concentrations in well water in western Nevada [J]. Environmental research, 99: 164-168.

STUCKER V K, SILVERMAN D R, WILLIAMS K H, et al., 2014. Thioarsenic species associated with increased arsenic release during biostimulated subsurface sulfate reduction [J]. Environmental science and technology, 48(22): 13367-13375.

STUCKEY J W, SCHAEFER M V, KOCAR B D, et al., 2016. Arsenic release metabolically limited to permanently water-saturated soil in Mekong Delta [J]. Nature geoscience, 9: 70-76.

STUTE M, ZHENG Y, SCHLOSSER P, et al., 2007. Hydrological control of As concentrations in Bangladesh groundwater [J]. Water resources research, 43(9):W09417.

TAKAHASHI Y, 1999. Comparison of adsorption behavior of multiple inorganic ions on kaolinite and silica in the presence of humic acid using the multitracer technique [J]. Geochimica et cosmochimica acta, 63(6): 815-836.

TAREQ S M, SAFIULLAH S, ANAWAR H M, et al., 2003. Arsenic pollution in groundwater: a self-organizing complex geochemical process in the deltaic sedimentary environment, Bangladesh [J]. The science of the total environment, 313(1/3): 213-226.

THUNDIYIL J G, YUAN Y, SMITH A H, et al., 2007. Seasonal variation of arsenic concentration in wells in Nevada [J]. Environmental research, 104(3): 367-373.

TODD D K, MAYS L W, 2005. Groundwater hydrology [M]. New York: John Wiley and Sons Inc.

VAN GEEN A, ZHENG Y, VERSTEEG R, et al., 2003a. Spatial variability of arsenic in 6000 tube wells in a 25 km^2 area of Bangladesh [J]. Water resources research, 39(5): 1140.

VAN GEEN A, AHMED K M, SEDDIQUE A A, et al. 2003b. Community wells to mitigate the current arsenic crisis in Bangladesh [J]. Bulletin of the world health organization, 81: 632-638.

VAN GEEN A, ROSE J, THORAL S, et al., 2004. Decoupling of As and Fe release to Bangladesh groundwater under reducing conditions. Part II: evidence from sediment incubations 1[J]. Geochimica et cosmochimica acta, 68(17): 3475-3486.

VAN GEEN A, AZIZ A, HORNEMAN A, et al., 2006. Preliminary evidence of a link between surface soil properties and the arsenic content of shallow groundwater in Bangladesh [J]. Journal of geochemical exploration, 88(1/3): 157-161.

WAELES M, VANDENHECKE J, SALAÜN P, et al., 2013. External sources vs internal processes: what control inorganic as speciation and concentrations in the Penzé Estuary [J]. Journal of marine systems, 109: 261-272.

第10章 地热流体来源砷在水环境中的迁移转化

10.1 国内外地热流体来源砷概况

目前，学界普遍认为环境中的砷主要来源于人类活动（如铜、铁、铅、锌等金属的冶炼，木材和煤炭的焚烧、化工生产、含砷矿床的开采、含砷农药的使用、含砷废物的不合理弃置等）或天然过程（如火山活动、地表岩石风化，地表/地下水-沉积物系统中的含砷矿物对砷的释放等）。此外，值得指出的是，来源于地下热水系统的砷正日益引起国外研究者的注意。例如，意大利南部 Ischia 岛地热水的砷质量浓度达 1 558 μg/L（Lima et al., 2003），新西兰北岛 Tokaanu 地区地热水的砷质量浓度高达 5 200 μg/L（Hirner et al., 1998），俄罗斯 Kamchatka 半岛 Uzon Caldera 地区地热流体的砷质量浓度高达 8 600 μg/L（Cleverley et al., 2003），日本本州 Akita 地区地热水的砷质量浓度高达 13 mg/L（Pascua et al., 2007），智利 Rio Loa 盆地 El Tatio 地热田出露的热泉的砷质量浓度更高达 27.0 mg/L（Romero et al., 2003）。由此可见，地热流体中砷含量一般较高，特别对于具有岩浆热源并受到岩浆水补给的高温地热流体（流体温度在 150 ℃以上）而言，由于其中的砷很可能来自深部岩石重熔过程中分异出来的挥发性物质，砷含量往往还具有异常高的特点（张知非 等，1982）。因此，富砷地热流体的排放（以热泉的形式排放，或经人类开发利用后排入环境）不但是环境中砷的重要来源，而且在进入地表或浅部地下环境后常还具有特别大的危害。我国西部的高温地热资源分布广泛（主要在西藏、云南、四川西部），高温地热流体的砷质量浓度常在 500 μg/L 以上，例如，西藏羊八井热田的地热流体的砷质量浓度最高可达 5 700 μg/L（Guo et al., 2015;Guo et al., 2007），西藏羊易热田地热流体的砷质量浓度达 2 140 μg/L（Guo et al., 2009）；云南腾冲热海热田地热流体的砷质量浓度达 1 350 μg/L（Guo et al., 2017a）。然而，国内外对富砷高温地热流体排出地表后砷的迁移、转化、蓄积过程及其环境效应的系统研究仍有待加强。

富砷高温地热流体在进入地表环境或浅部地下环境后，对附近的地表水体、浅层地下水体、农田、居民等都可能有不利影响，这样，研究富砷地热流体排放后砷的环境地球化学行为将成为评价其环境影响的必要前提。此外，世界各地不同成因的地热流体虽具有不同的砷含量，但其范围一般有别于环境中其他来源的砷（如工业、农业污染源的砷），因此，如果环境中的砷污染来自包括地热流体在内的多种污染源，砷含量分布特征还可用于污染源的分辨，并有效指示地热流体中有害元素对环境污染的贡献。综上，对于以地面热泉为排泄形式或人工开采地热流体后不经任何处理即排入环境的富砷高温热水系统而言，将其与相关地下冷水系统和地表水系统作为整体加以研究，系统考虑砷自排出热水系统起在地表环境中及再次渗入浅部地下环境后的迁移、转化，并在此基础上定量计算地热流体进入地表或浅部地下环境后对环境污染的贡献，无疑可为更有效地利用地热资源，并避免地热流体在天然排泄或开采过程中产生负面环境效应提供科学建议。

鉴于上述原因，本章以我国云南腾冲热海热田、西藏羊八井热田和羊易热田的富砷高温地热流体（砷质量浓度最高分别可达 1350 μg/L、5700 μg/L 和 2140 μg/L）为典型研究对象（Guo, 2012），探讨地热流体排入地表环境后砷元素的环境地球化学行为及其再次进入浅部地下冷水系统后的水文地球化学行为，揭示砷在环境中的迁移、转化、蓄积规律。

腾冲热海热田位于腾冲市西南约 12 km，海拔高度在 1120～1893 m。热田分为东、西两区，东区称为硫磺塘-黄瓜箐-松木箐区，西区称为热水塘区。热田内地热显示类型多样，包括沸泉、热水池、喷汽孔、水热爆炸和冒汽地面等。目前，热海热田的地热流体全部以热泉的形式天然排放，并直接排入澡塘河等地表水体。由于热田的高温地热流体中富含砷等多种可造成环境污染的元素，这对当地居民（以河水作为生活和饮用水源）可能有重大影响。此外，泉水出露地表后的汇流过程也将对附近的土壤和植物等有不利影响。

羊八井热田是我国目前已知的热储温度最高的地热田（热储温度最高可达 329.8 ℃），地处羊八井-羊易断陷盆地中的羊八井子盆地，西北侧与东南侧分别为念青唐古拉山脉和唐山山脉。藏布曲（河）在唐山山脚下蜿蜒流过盆地，而后汇入羊八井河，再经拉萨河流入雅鲁藏布江。羊八井热田的高温地热流体中富含砷等多种可造成环境污染的元素。在 1977 年大力开发热田以前，地热流体以热泉的形式直接排入地表环境时，即造成土壤与植被中富集有害元素，并导致牲畜死亡（佟伟 等，2000）；羊八井第一、第二地热电站建成投产后，地热电站产生的地热废水在回灌处理系统不能正常运行的情况下，直接排入了藏布曲（河），而地热废水中同样富含砷等有害元素（砷质量浓度在 2270～4050 μg/L），这对地热电站排污口下游不远处的 26 个村庄（以河水作为生活和饮用水源）可能有重大影响（张天华和黄琼中，1997）。

羊易热田位于羊八井-羊易断陷盆地中的羊易子盆地，与羊八井热田相距约 40 km（Guo et al., 2014b）。热田最高热储温度达 207.2 ℃。20 世纪 80 年代，西藏地热地质大队在热田开展了勘探和钻探工作，但由于缺乏经费，热田地热流体一直没有用于发电，西藏地热队所施工的热水井也全部废弃。目前，羊易热田的高温地热流体以沸泉或热泉的形式排出地表，或从废弃热水井中自涌而出。热（沸）泉水（及废弃热水井的自涌水）涌出地表后，主要排入恰拉改曲（溪）、囊曾曲（溪）和卜杰母曲（溪），而后全部汇入罗朗曲（河）。罗朗曲为羊易村居民的主要饮用水源，因此，热泉的排放势必对居民健康造成一定影响。此外，泉水出露地表后的汇流过程也将对附近的土壤、牧草、牲畜等有不利影响。

因此，在热海热田、羊八井热田和羊易热田调查地热水排放后（以地热废水或热泉水的形式）其中砷的环境地球化学行为，除可拓展砷元素地球化学在高温热田环境地质研究中的应用外，对国内其他同类型高温热田的环境保护工作也具有借鉴意义。

自 20 世纪 70 年代中国科学院青藏高原综合科学考察队在西藏和云南的地热区进行科考以来，国内许多学者相继在热海和羊八井开展了相关地热研究工作（赵平 等，2003; 赵平 等，2001; 佟伟 等，2000; 赵平和多吉，1998; 赵平 等，1998; 王江海，1995; 白登海 等，1994; 廖志杰和沈敏子，1991; 郑亚新 等，1991; 佟伟和章铭陶，1989; 何世春，1983; 卫克勤 等，1983; 郑淑蕙 等，1982; 佟伟 等，1982; 安可士 等，1980）。以上研究主要探讨了地热流体的水文地球化学特征，并定性分析了流体中主要溶解组分的成因或物质来源，但并未针对地热流体中的砷在进入地表环境后的环境地球化学行为进行系统研究。而在羊易热田，有关地热水排放所引发相关环境问题的系统调查和研究同样未大量见于文献。本章以热海热田、羊八井热田和羊易热田为例，探讨地热流体在进入地表环境和浅部地下环境后的地球化学行为，揭示地热流体来源砷在环境中的迁移、转化和富集规律，并客观评价其地质环境效应奠定了重要基础。

10.2　典型地热系统来源砷的分布、迁移和归宿：云南腾冲热海热田

10.2.1　地热区概况

1. 腾冲火山区

腾冲位于我国西南边陲，西邻缅甸，是通向南亚、东南亚的重要门户（图 10-2-1）。腾冲市地处高黎贡山西侧，地势总体上北高南低，山脉走向呈北东—南西向和南北向，与区域大地构造线一致。最高峰为高黎贡山中段，海拔为 3780m，最低处为盈江县拉沙河和穆雷江交汇处，海拔为 210m。西侧为高、中山地貌，谷深坡

陡；东侧是中山山地，稍为平缓；中部是断陷谷地，地势平坦开阔，河流阶地发育。该地属大陆型亚热带气候，降雨充沛，气候温和，昼夜温差大，多年平均气温14.9℃。每年 11 月至次年 4 月为旱季，5～10 月为雨季，平均降雨量约 1463 mm，雨季降雨量占全年 87%左右。属于怒江-萨尔温江水系，区内地表水系发育，包括大盈江、龙川江等。大盈江由北东向南西贯穿全区，是该区最大河流。

腾冲火山地热区地热资源丰富，构造上处于欧亚板块和印度板块碰撞带东侧。中生代以来，两大板块的碰撞与挤压使地壳活动加剧，岩浆活动频繁，火成岩分布广泛（图 10-2-1）（佟伟和章铭陶，1989）。从燕山期至喜玛拉雅期晚期持续不断发生的强烈岩浆活动形成了花岗岩基底；喜玛拉雅期晚期还出现了强烈的基性-

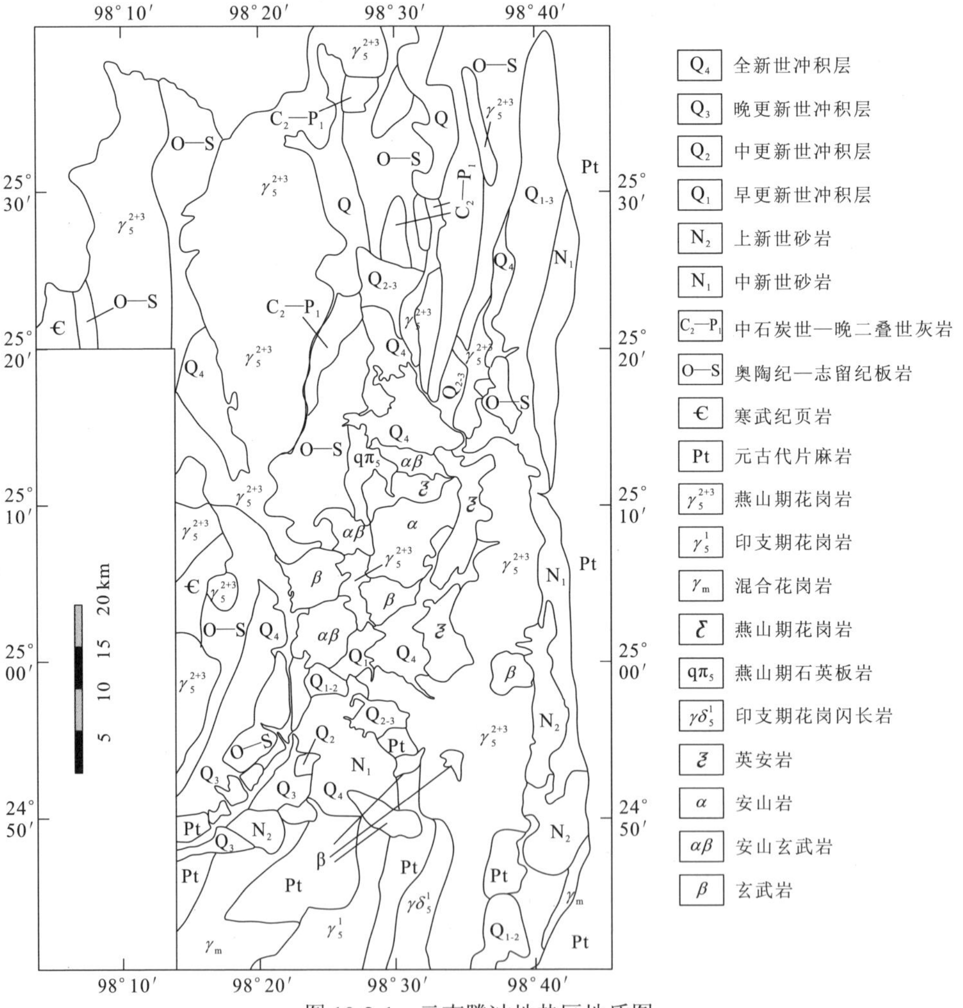

图 10-2-1 云南腾冲地热区地质图

中酸性岩浆喷发，形成了腾冲火山（阚荣举等，1996），包括玄武岩、安山玄武岩、安山岩和英安岩等，出露面积超过 1 000 km^2（佟伟和章铭陶，1989）。区内断裂构造十分发育，由东向西主要为龙陵—瑞丽断裂、龙川江断裂、瑞滇—腾冲断裂、大盈江断裂、槟榔江断裂和苏典—昔马断裂，构成了基本构造框架，控制了水热活动分布（覃玉玺和潘用泛，1982；刘承志，1966）。频繁的岩浆活动与发育的断裂构造为地热活动创造了有利条件，使腾冲地块内热泉广布（姜朝松等，2003）。

2. 热海热田

热海热田位于腾冲市西南 13 km，总面积近 10 km^2，是腾冲地热带内水热活动最强烈的区域（图 10-2-2）。区内高温水热显示广布，包括水热爆炸、沸泉、喷气孔、冒气地面等。其中喷气孔主要分布于黄瓜箐和松木箐一带，热泉则密集分布于硫磺塘和澡塘河一带，如老滚锅、地热体验区、大滚锅、怀胎井、鼓鸣泉、眼睛泉、珍珠泉、仙人澡塘、蛤蟆嘴、忠孝寺等。

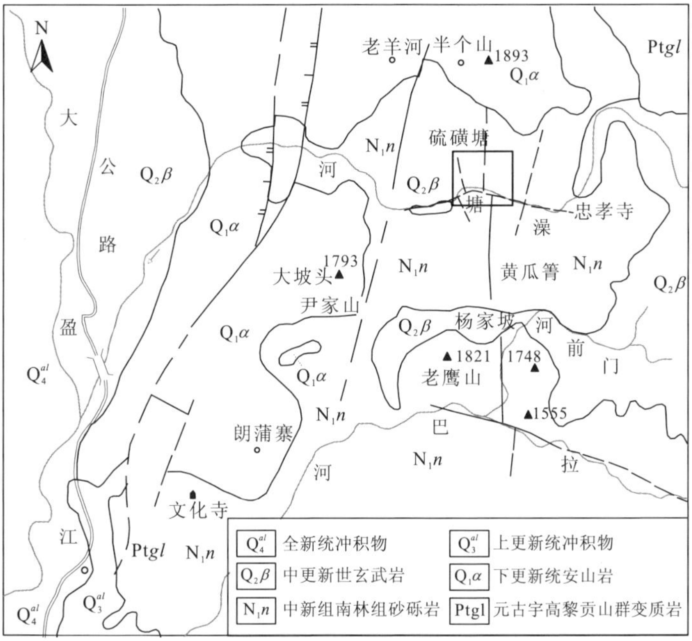

图 10-2-2　腾冲热海热田地质简图

热田内及周边地区发育元古宇、石炭系、二叠系、新近系及第四系。

（1）元古宇，元古宇高黎贡山群为区内出露的最古老地层，属经历后期混合岩化作用的海相沉积地层，主要由一套斜长片麻岩和斜长变粒岩组成，其次为云母石英片岩、云母片岩、石英岩等，夹少量黑云斜长片麻岩和大理岩。此套地层经历数次构造运动后，岩石破碎；在其中裂隙较发育处形成了多级热储。

（2）古生界，热海热田古生界包括石炭系和二叠系。区内石炭系发育较全，为一套滨海-浅海相碎屑沉积，变质作用较普遍。二叠系仅在研究区西北一带出露，岩性为薄层大理岩，中下部（二叠统下段）为块状灰质白云岩，厚度在287 m以上。

（3）新生界，热海热田出露的新生界主要为新近系和第四系。新近系中新统南林组为一套内陆河湖相碎屑沉积，分布较广，与下伏高黎贡山群呈角度不整合接触，是水热系统的主要盖层。岩性主要为花岗质砾岩、泥质粉砂岩、薄煤层及黏土层（含砾岩透镜体）。第四系也较发育，主要为松散堆积的河湖相地层，包括更新统冲积物与全新统洪积/湖积/残坡积物。

热海热田基底为燕山期花岗岩，仅在局部有露头，其年龄为68.8 Ma（上官志冠等，1999）。热储层主要以燕山期花岗岩和元古宇变质岩为围岩，盖层则为强烈蚀变的南林组花岗质砂砾岩（廖志杰和沈敏子，1991）。热海地区现代幔源氦的释放受深浅不同的多组活动断裂控制，其中近南北向断裂切割地壳最深，北西向断裂次之，北东向断裂最浅——以上三组断裂也是地热流体运移的主要通道（廖志杰和沈敏子，1991）。赵慈平等（2011）基于热泉逸出气体中 CO_2-CH_4 的碳同位素关系及其他相关研究认为腾冲火山区之下存在三个岩浆囊，其中位于腾冲—和顺—热海一带的岩浆囊温度在438～773 ℃，深度约6～7 km，是热海热田的直接热源，对其形成有重要作用。

10.2.2 地热流体及相关天然水体中砷的分布规律

我们在腾冲地热区水热活动最强烈的热海热田开展了为期数年的系统研究，测定了热泉、河水及沉积物样品中总砷和砷的主要形态的质量浓度。此外，在邦腊掌、瑞滇和其他腾冲地热带内的水热区也进行了采样，分析了热泉水化学特征及总砷质量浓度。水样分析结果见表10-2-1。

表10-2-1 腾冲热海、邦腊掌、瑞滇及其他水热区热泉样品的现场测试指标与砷质量浓度范围

地热区		采样温度/℃	pH	EC/（μs/cm）	As /（μg/L）	As（III）/（μg/L）	As（V）/（μg/L）
热海	最大值	95.0	9.96	8549	959	549	851
	最小值	24.8	1.38	284	3.1	0.79	0.23
邦腊掌	最大值	94.4	8.71	1336	168	n.a.	n.a.
	最小值	21.1	6.55	80	16.5	n.a.	n.a.

续表

地热区		采样温度/℃	pH	EC/（μs/cm）	As /（μg/L）	As（III） /（μg/L）	As（V） /（μg/L）
瑞滇	最大值	90.0	7.60	2710	811	n.a.	n.a.
	最小值	75.0	6.91	2086	682	n.a.	n.a.
其他	最大值	97.0	9.67	4350	104	n.a.	n.a.
	最小值	20.8	5.93	203	0.1	n.a.	n.a.

热海热田既排泄中性热泉（及偏碱性热泉），也排泄酸性热泉。图 10-2-3 指示酸性热泉的总砷质量浓度远低于中性热泉；事实上，两者的其他水文地球化学特征也大不相同。热海热田酸性热泉和中性-偏碱性热泉的水文地球化学特征的差异是其不同地球化学成因的直接反映。在热海，中性-偏碱性热泉由深部母地热流体经不同冷却过程（绝热冷却、传导冷却、与地下冷水混合）后排出地表所形成，其水化学组成受深部水文地球化学过程的影响，是热田深部岩浆流体补给和热储流体-岩石相互作用的综合体现（Guo and Wang, 2012）；而酸性热泉则是地热流体在绝热冷却过程中分离出来的蒸气加热浅层地下冷水且蒸气中的 H_2S 在浅部偏氧化环境被氧化为硫酸的结果（Guo et al., 2014a），除硫酸盐来自深源 H_2S 的氧化外，其他水化学组分本质上源于入渗水在近地表浅循环过程中对浅层含水层介质的溶滤。

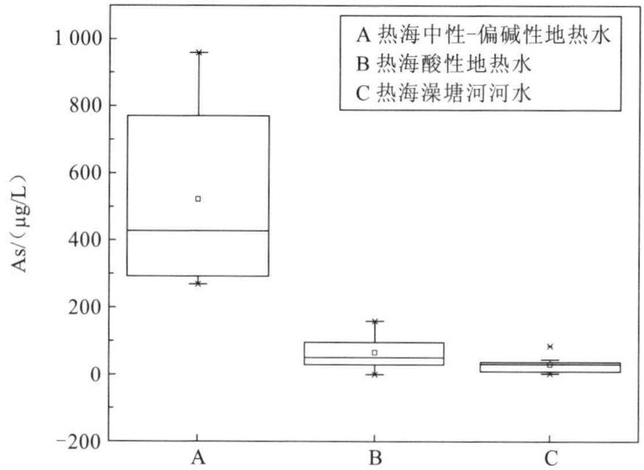

图 10-2-3　热海地热水和澡塘河河水的总砷质量浓度对比

图 10-2-3 显示热海热田内澡塘河河水中也含有一定量的 As，但质量浓度较地热水样品低得多。在热泉汇入河段的上游，河水中的 As 应来自地表岩石风化；但在澡塘河有热泉汇入的河段，河水中的砷主要源于地热水排泄。图 10-2-4 为热海地热水与河水样品的总砷质量浓度与水温和电导率的散点图，其中中性-偏碱性地热水样品中上述指标具线性关系，而酸性地热水和河水的总砷质量浓度较低，与水温和电导率关系不大。这进一步说明热储围岩的溶解是中性/偏碱性地热水中砷的主要来源之一。

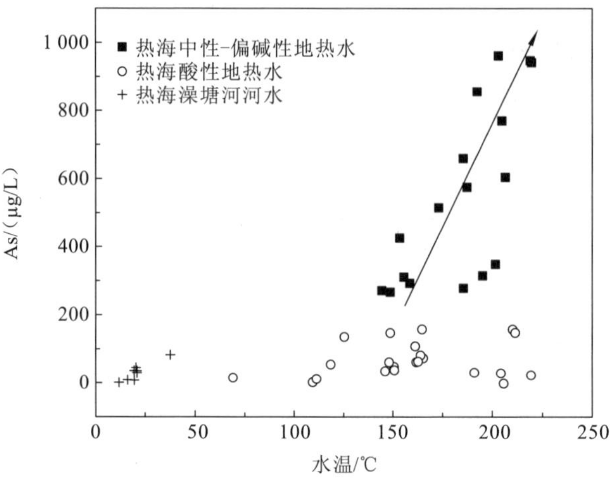

（a）

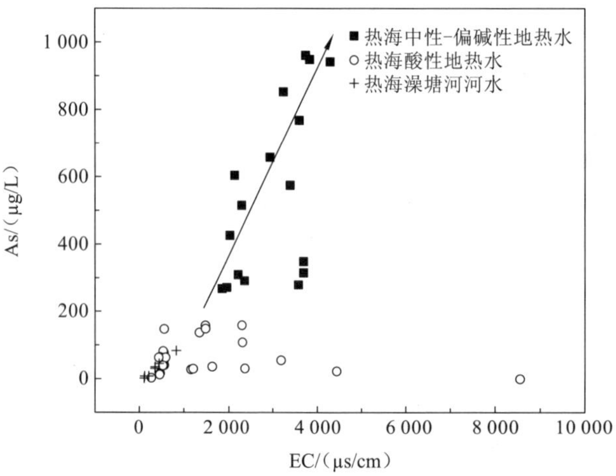

（b）

图 10-2-4　热海地热水及河水样品中总砷质量浓度与水温（a）和电导率（b）关系

进一步对比分析热海中性-偏碱性地热水、酸性地热水和澡塘河河水样品中As（III）和 As（V）的质量浓度（图 10-2-5）。结果表明中性-偏碱性地热水中As（V）平均质量浓度较 As（III）高得多，而酸性地热水中 As（III）平均质量浓度较 As（V）高，澡塘河河水中 As（V）平均质量浓度较 As（III）高。一般情况下，由于热储处于还原环境，在地热水中砷应以 As（III）为主要存在形式。但热海中性-偏碱性热泉中 As（V）质量浓度整体而言较 As（III）高，意味着地热流体在升流和自泉口排出的过程中其中的还原态砷发生了氧化。

对比热海热田和几个相邻地热区的热泉中的总砷质量浓度，结果显示（图 10-2-6），邦腊掌地热水的总砷质量浓度较热海地热水低得多——这应与热海

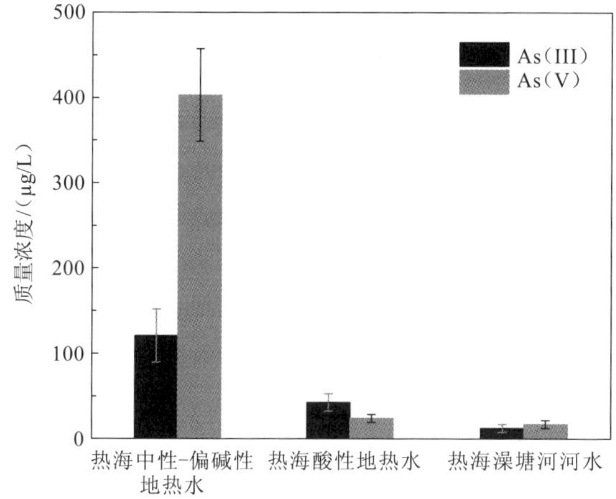

图 10-2-5　热海中性-偏碱性、酸性地热水和澡塘河河水 As（III）和 As（V）质量浓度对比

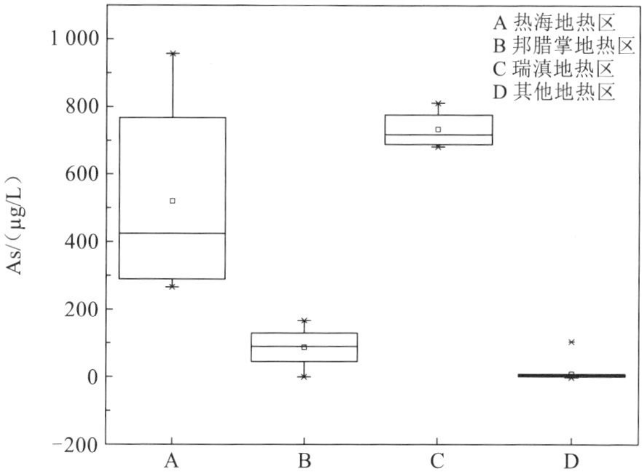

图 10-2-6　热海、邦腊掌、瑞滇及其他地热区总砷质量浓度对比图

和邦腊掌两个水热系统的地质成因有关。根据热泉地球化学特征推断所得的邦腊掌水热系统的地质起源完全不同于热海水热系统——即岩浆流体对地热水存在直接贡献的水热系统。在热海水热系统内，赋存于深部热储的母源地热流体（PGL）是和所有热储矿物处于完全平衡状态的中性氯化物型水，由强酸性的岩浆流体和地下岩石经过相当长时间的反应而形成（先后经历地下岩石的等化学溶解过程和大量水热蚀变矿物的形成）。而在邦腊掌，虽然强烈的水热活动和地球物理观测表明其下可能存在一个岩浆房，但邦腊掌地热水在化学组成上并没有被岩浆流体影响，显然在深部热储内不存在源自岩浆流体的母源地热流体（Guo et al., 2017b）。因此，腾冲地热带虽然火山遍布，但除热海水热区确凿无疑地具备岩浆热源且受到岩浆流体影响之外，其他水热区不见得与岩浆房有联系，至少地热流体的地球化学组成不见得一定受到岩浆流体的影响。这些水热区的热源机制还有待进一步

调查的证实，如深部钻探或深部地球物理调查；但邦腊掌地热水中砷质量浓度较低，似乎与缺乏岩浆流体来源砷的输入有关。这样，邦腊掌地热水中的 As 仅来源于地热水-围岩相互作用，质量浓度因此低于热海地热水。

10.2.3　地热流体来源砷在热田环境中的迁移和转化

1. 酸性热泉中砷的迁移转化

选取热海地热区的代表性酸性热泉——珍珠泉为研究对象。在其泉口及泉水流径，设置了 6 个采样点（图 10-2-7），同时采集水样和沉积物样品，测定水样中总 As、As（III）和 As（V）及沉积物样品中的总砷含量，并结合热泉总体水文地球化学特征来研究其中砷在地表环境的迁移转化。所获水化学参数及 As 含量见表 10-2-2。

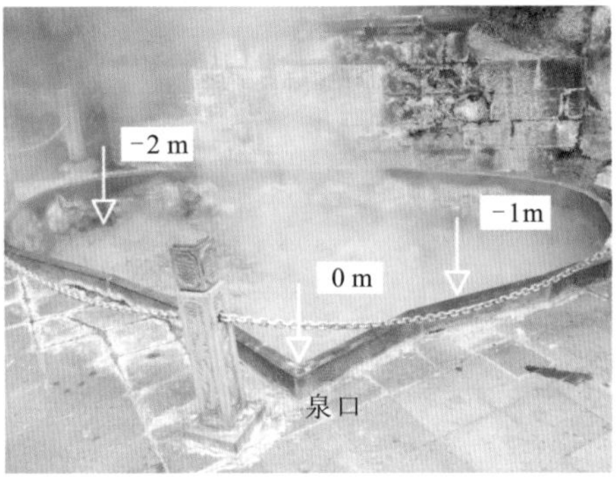

（a）

（b）

图 10-2-7　珍珠泉采样点分布图

（a）珍珠泉泉口；（b）下游采样点的设置

表 10-2-2　珍珠泉水样及沉积物水化学指标和 As 含量

距泉口距离/m	水样							沉积物
	T /℃	pH	溶解氧	硫化物	As（III）	As（V）	总 As	总 As
			/（mg/L）		/（μg/L）			/（μg/g）
−2	90.1	5.10	3.35	0.01	21.0	44.0	65.0	42.2
−1	86.8	2.96	2.92	0.03	11.7	47.0	58.7	41.8
0	89.0	2.81	3.04	0.04	26.4	32.1	58.5	51.6
3	46.5	3.62	4.15	0.00	24.5	48.6	73.1	863.4
9	40.5	3.30	4.59	0.00	7.4	30.0	37.4	739.7

珍珠泉心形泉口内三个热泉的 pH 差别较大(2.81～5.10)，温度(86.8～90.1 ℃)和溶解氧质量浓度（2.92～3.35 mg/L）则相近（表 10-2-2）。沿热泉流径，泉水 pH 从 2.81 升高到 3.30，温度从 89.0 ℃降低到 40.5 ℃，溶解氧从 3.04 mg/L 增加到 4.59 mg/L，总砷质量浓度从 58.5 μg/L 降低到 37.4 μg/L，沉积物中砷质量分数则从 51.6 μg/g 增加到 739.7 μg/g（图 10-2-8）。这说明沿热泉流径，泉水中的 As 有明显的向固相转化的趋势，可能以某种矿物的形式发生了沉淀（或共沉淀），也可能与矿物表面的吸附有关（Ilgen et al., 2011; Pascua et al., 2006; Pascua et al., 2005）。另外，珍珠泉泉口三个样品中 As（V）的质量浓度都高于 As（III），且从泉口到距泉口 3 m 处的位置，As（III）质量浓度降低，As（V）质量浓度升高，意味着在地表氧化环境下，泉水中的 As（III）向 As（V）转化明显。但此后由于向沉积物的迁移，泉水中 As（III）和 As（V）的质量浓度都呈降低趋势（图 10-2-9）。

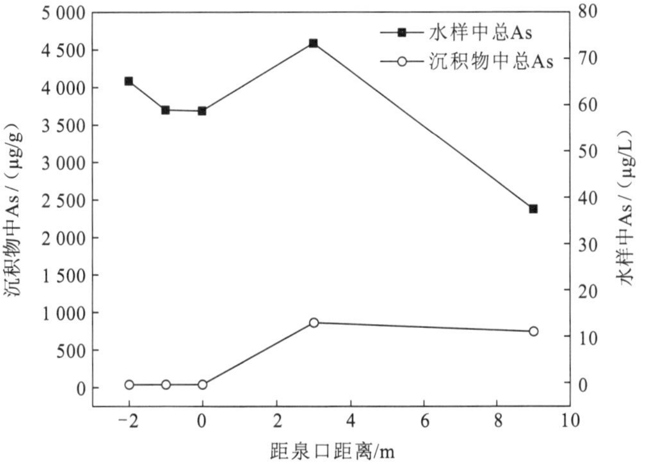

图 10-2-8　珍珠泉水样及沉积物总砷含量变化趋势

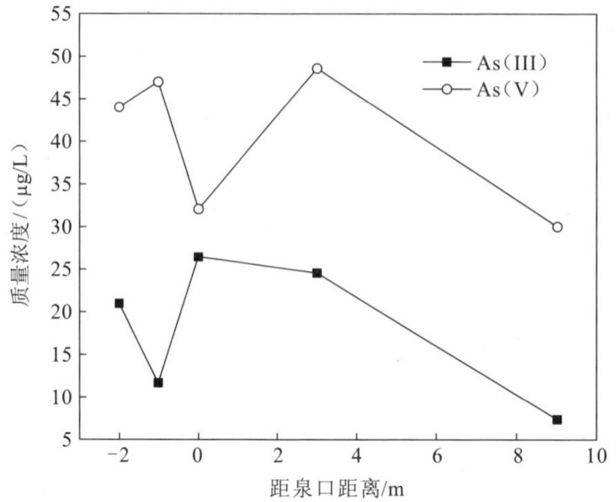

图 10-2-9　珍珠泉水样 As（III）和 As（V）质量浓度对比图

2. 中性/偏碱性热泉中砷的迁移转化

眼镜泉是热海地热区内典型的偏碱性热泉，由左右两个泉口组成，左泉口的泉水流入右泉口，而后再沿同一条流径流出。在眼镜泉泉口及其流径共设置 5 个采样点（图 10-2-10），同时采集了泉水和沉积物，并结合热泉总体水文地球化学特征来研究其中砷在地表环境的迁移转化。

在眼镜泉从泉口流出的过程中，水温从 91.1/81.1 ℃降低到 29.5 ℃，pH 从 9.32 增加到 9.92，溶解氧从 0.07 mg/L 增加到 6.23 mg/L，总 As 质量浓度呈波动式变化，沉积物中总砷含量则变化不大（表 10-2-3，图 10-2-11）。热泉中 As（III）先从 0 m 的 49.7 μg/L 增加到 3.0 m 的 181.7 μg/L，再降低至 8.7 m 的 22.3 μg/L；As（V）从 0 m 处的 628.4 μg/L 降低到 5.7 m 处的 507.3 μg/L，再增加到 8.7 m 的 685.1 μg/L（图 10-2-12）。与酸性热泉不同，眼睛泉中的砷没有向沉积物转化的明显趋势。

（a）

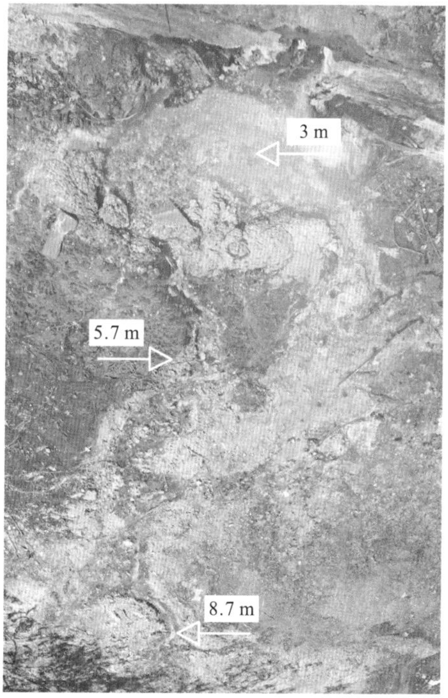

（b）

图 10-2-10　眼镜泉采样点分布图

（a）眼镜泉左右泉口；（b）下游采样点的设置

表 10-2-3　眼镜泉水样及沉积物水化学指标和 As 含量

距泉口距离/m	水样							沉积物
	T /℃	pH	溶解氧 /（mg/L）	硫化物 /（mg/L）	As（III） /（μg/L）	As（V） /（μg/L）	总 As /（μg/L）	总 As /（μg/g）
−1	91.1	8.88	0.63	3.40	31.6	574.8	606.4	155.5
0	81.1	9.32	0.07	2.60	49.7	628.4	678.1	226.2
3.0	61.6	9.51	2.29	0.06	181.7	661.1	842.8	91.2
5.7	40.5	9.62	6.00	0.00	23.0	507.3	530.3	189.1
8.7	29.5	9.92	6.23	0.00	22.3	685.1	707.4	161.9

3. 澡塘河河水中砷的迁移转化

受热泉排放的影响，热海热田内主要地表水体——澡塘河河水中 As 的质量浓度自上游至下游明显增加，对下游居民、农作物和天然植被构成潜在威胁。为分析区内热泉排泄过程对澡塘河水质演化的影响，沿其流向进行了多次采样，并

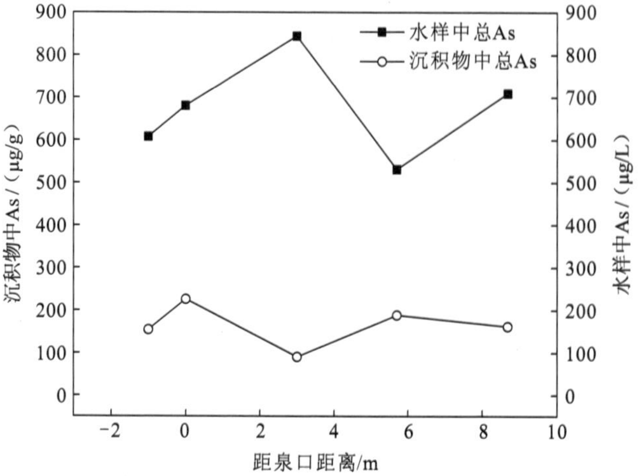

图 10-2-11　眼镜泉水样及沉积物中总砷含量变化趋势

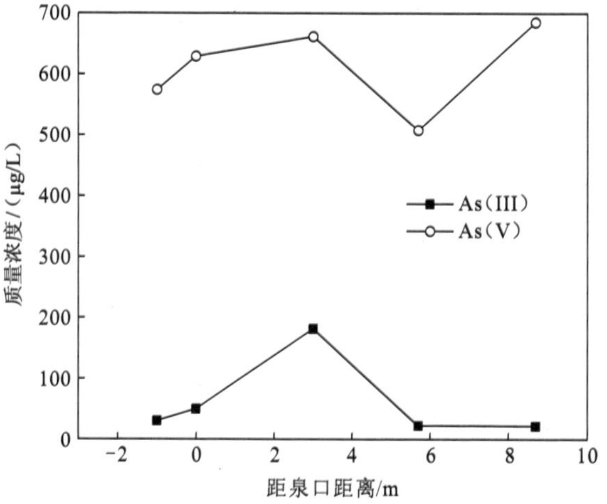

图 10-2-12　眼镜泉水样中 As（III）和 As（V）质量浓度变化趋势

在系统分析河水中主要水化学指标变化规律的基础上，对热泉来源砷在河流系统中的迁移、转化进行详细分析。

1）砷含量及其形态分布在空间上的变化

分别于 2014 年 12 月和 2015 年 3 月沿澡塘河流向进行取样分析，样品常规水化学参数及 As 质量浓度见表 10-2-4。澡塘河河水 As 质量浓度沿其流向的变化趋势显示（图 10-2-13 和图 10-2-14），从澡塘河上游（忠孝寺小桥旁，ZT01）经热海热田至下游（ZT09），总砷含量先急剧增大（在采样点 ZT05 达到最大），此后呈下降趋势。河水中 As 质量浓度的变化趋势与热海热田水热活动的强度及热泉流量有明显的对应关系。澡塘河上游热泉分布较少、流量低，河水中总砷质量浓度也较低；

到河流中段水热活动最强烈的蛤蟆嘴附近，汇入河水的热泉数量激增，河水中总砷质量浓度也急剧增加。但在采样点 ZT05 下游，沿澡塘河仍有不少热泉汇入，河水中砷质量浓度却呈下降趋势，明显违背常理。为此，在河水 As 质量浓度最高的 ZT05 采样点沿河流断面采集 4 个样品（表 10-2-4）进行对比分析。图 10-2-15 显示靠近河岸的两个取样点的 As 质量浓度明显高于河道中心的两个取样点，说明在此河段，由于热泉排泄量大，热泉来源砷在河水中（特别是在靠近热泉排泄口的河岸边）尚未完全混合均匀，河水的实际平均砷质量浓度应远低于河岸边河水样品的实测值，但应高于河道中心样品的实测值。这样，在 ZT05 下游河段，河水中砷质量浓度事实上仍呈上升趋势。

表 10-2-4　澡塘河河水样品水化学参数及 As 质量浓度

No.	pH	水温/℃	EC /（μS/cm）	As	As（III）	As（V）
					/（μg/L）	
ZT01-201412	8.52	11.3	124.5	1.90	0.33	1.57
ZT02-201412	8.01	11.5	131.0	2.20	1.30	0.90
ZT03-201412	7.13	15.7	135.1	9.40	0.72	8.68
ZT04-201412	8.22	19.2	222.6	8.50	3.59	4.91
ZT05-201412	8.33	37.5	839.3	84.30	46.70	37.60
ZT06-201412	8.44	20.6	356.4	36.60	11.40	25.20
ZT07-201412	8.25	19.2	363.5	36.30	16.15	20.15
ZT08-201412	8.29	20.7	365.4	31.20	14.65	16.55
ZT09-201412	8.62	20.2	445.7	45.90	14.72	31.18
ZT01-201503	8.17	15.1	131.3	1.70	0.00	1.70
ZT02-201503	8.39	15.3	132.9	1.80	0.00	1.80
ZT03-201503	7.76	18.7	196.5	7.80	0.00	7.80
ZT04-201503	8.13	21.8	285.6	24.40	1.45	22.95
ZT05-01-201503	8.16	20.9	548.6	56.40	13.21	43.19
ZT05-02-201503	8.44	22.4	188.9	6.40	0.20	6.20
ZT05-03-201503	8.28	22.3	187.7	13.60	0.53	13.08
ZT05-04-201503	8.40	36.3	1038.0	114.40	34.49	79.91
ZT06-201503	8.23	28.2	488.6	43.20	18.08	25.12
ZT07-201503	8.06	24.8	346.7	27.70	9.03	18.68
ZT08-201503	7.84	26.2	454.0	43.50	9.30	34.21
ZT09-201503	8.28	26.4	402.3	31.70	6.09	25.62

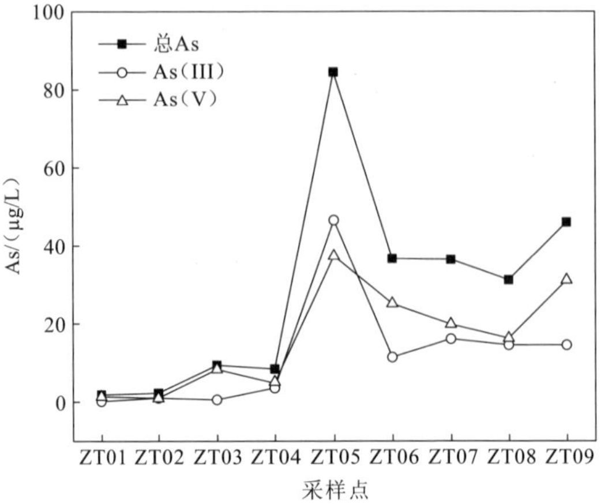

图 10-2-13　澡塘河河水中 As 质量浓度变化趋势（2014 年 12 月）

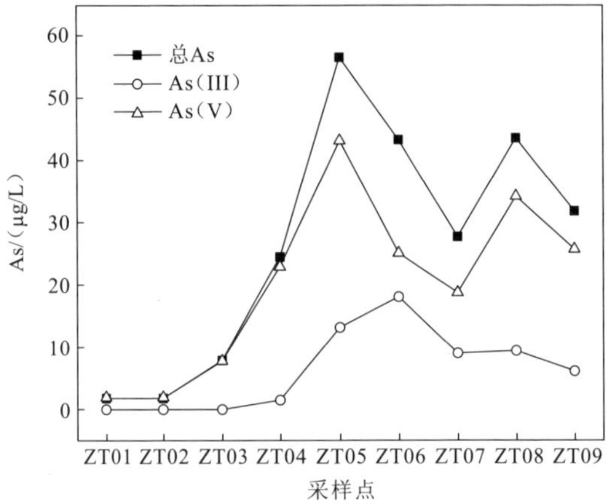

图 10-2-14　澡塘河河水中 As 质量浓度变化趋势（2015 年 3 月）

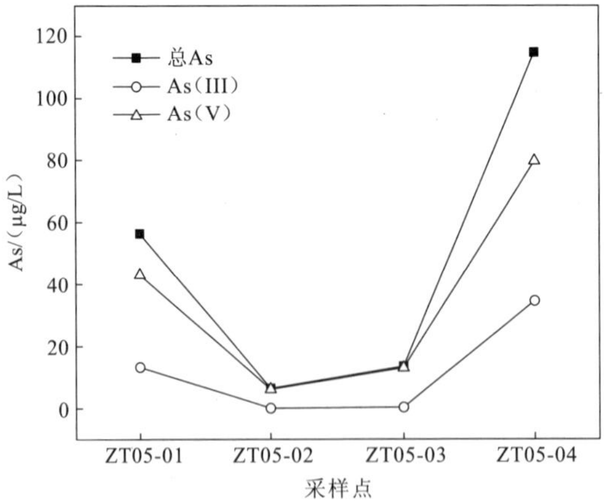

图 10-2-15　澡塘河断面方向 As 质量浓度变化趋势

与热泉相同，澡塘河河水中砷的存在形态包括 As（III）和 As（V），并主要以 As（V）形态存在。图 10-2-13～图 10-2-15 显示澡塘河河水中 As（III）和 As（V）的变化趋势与总砷相似，但在下游可见 As（III）质量浓度总体上呈下降趋势，而 As（V）质量浓度则呈波动式上升，说明沿澡塘河流向河水中同样发生了 As（III）的氧化。

2）砷含量及其形态分布在时间上的变化

为分析不同季节热泉排泄对澡塘河河水中砷质量浓度的影响，2015 年 9 月再次对澡塘河河水进行了系统采样分析，河水样品的电导率和总砷质量浓度见表 10-2-5。图 10-2-16 指示澡塘河河水总砷质量浓度在 2015 年 9 月远低于 2014 年 12 月和 2015 年 3 月，原因为 5～10 月为腾冲地区丰水期，雨量充沛，澡塘河河水流量大大高于枯水期，导致河水中 As 质量浓度偏低。

表 10-2-5　澡塘河河水样品的 EC 和总砷质量浓度（2015 年 9 月）

样品	EC/（μS/cm）	As /（μg/L）
ZT01-201509	120.0	0.00
ZT02-201509	120.6	0.30
ZT03-201509	173.1	6.30
ZT04-201509	174.0	6.00
ZT05-201509	227.3	26.8
ZT06-201509	232.2	12.90
ZT07-201509	327.5	16.10
ZT08-201509	344.4	8.70
ZT09-201509	333.0	12.30

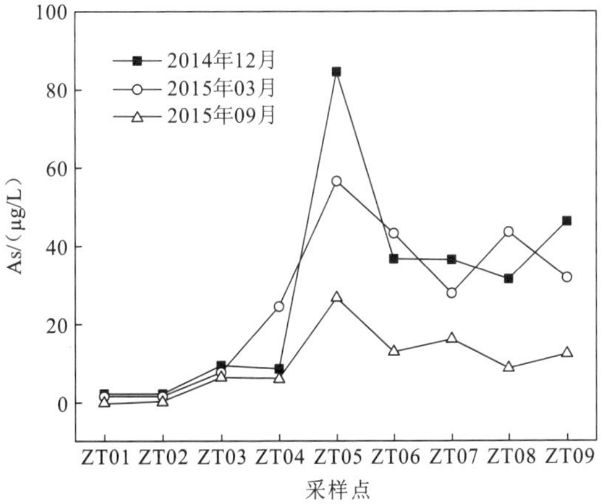

图 10-2-16　澡塘河河水样品总砷质量浓度在不同季节变化趋势的对比

综上，热海热田内不同类型水体中砷的地球化学研究表明，热泉砷质量浓度显著高于其他类型水体的砷质量浓度，其中中性/偏碱性热泉的砷质量浓度明显高于酸性热泉。热海周边的其他水热区（如邦腊掌）的地热水中的砷质量浓度相对来说低得多，与这些水热区的地热水没有受到岩浆流体输入的影响有关。受热泉排泄的影响，澡塘河河水中砷质量浓度自上游至下游显著增加，对环境和居民健康造成潜在威胁。

10.3 典型地热系统来源砷的分布、迁移和归宿：西藏羊八井和羊易热田

10.3.1 地热区概况

1. 羊八井热田

羊八井热田位于我国西藏自治区拉萨市西北约 90km，属当雄县羊八井镇，地理坐标为北纬 30°～31°，东经 90°～91°。热田交通便利，地处中尼公路和青藏铁路交汇处（图 10-3-1），展布于自西南向东北延展的宽阔谷状低地，地形上西北

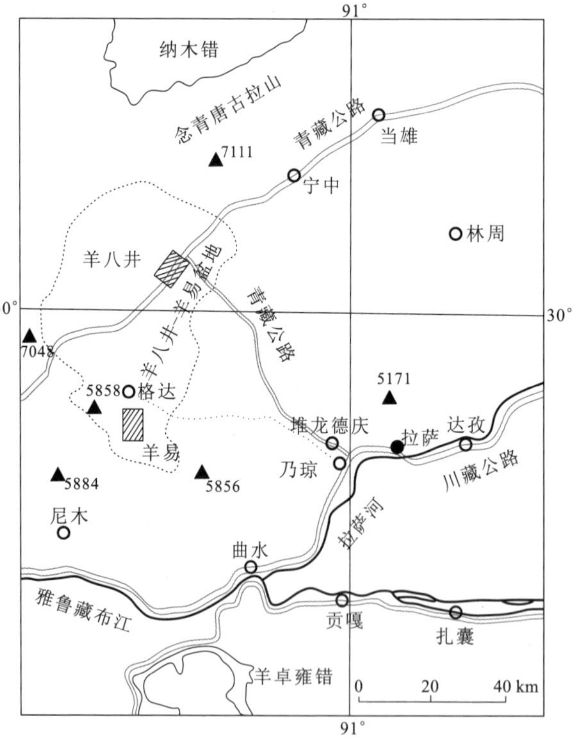

图 10-3-1　羊八井热田和羊易热田地理位置图

高、东南低，海拔在 4290～4500m，西北为主峰高达 7111m 的念青唐古拉山脉，东南为海拔 6000m 以上的唐山山脉。

热田属高原温带半干旱季风气候，冬暖夏凉，日照时间长，平均年均气温为 2.5℃，最高 23.4℃，最低-25.7℃。大气压在 0.580～0.609atm①，平均为 0.597atm，空气稀薄，约为海岸地区的一半。年均降雨量为 382.9mm，约 65%集中在 7～8 月；蒸发量大于 2000mm。区内主要地表水体为蜿蜒于东南边缘的藏布曲（河），河谷最宽处达 4km。河水汇入羊八井河后，经堆龙德庆曲（河）和拉萨河流入雅鲁藏布江。藏布曲（河）源于念青唐古拉山冰川融水，对羊八井地热电站而言，既是电站的冷却水源，又是地热废水的受纳水体。羊八井地热电站每天排放发电后产生的高砷地热废水近 5×10^4 m^3（卜善祥和吴强，2003；张天华和黄琼中，1997），除部分回灌、用于温室种植研究或洗浴外，其余未经处理即排入藏布曲（河），造成河水污染。

羊八井盆地出露的主要地层自老到新依次为前震旦系、白垩系、古近系和第四系（图 10-3-2）。区内岩浆活动强烈，大部分区域古近系或第四系之下即为花岗岩体。盆地基底为喜玛拉雅期花岗岩和花岗质糜棱岩，并在北部出露于地表；南部和中部则出露新近系上新统火山碎屑岩（凝灰岩），其下部为燕山期花岗岩。

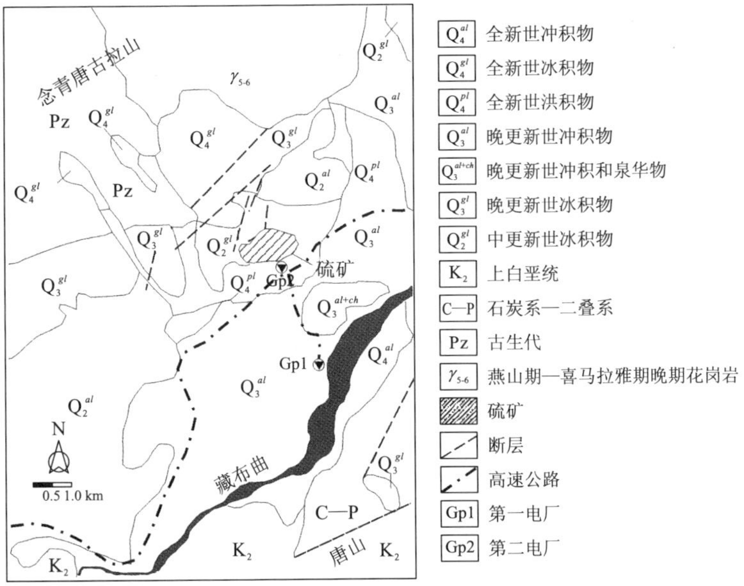

图 10-3-2　羊八井热田地质简图

① 1 atm=1.013×10^5 Pa。

（1）元古宇，主要为前震旦系念青唐古拉山群片麻岩、角闪岩。

（2）中生界，为上、下白垩统火山碎屑岩，主要出露于盆地东南部。

（3）新生界，古近纪由各类火山喷出物形成，在热田西北部与喜玛拉雅期花岗岩呈不整合接触，在热田东南部与燕山期花岗岩呈不整合接触。第四系沉积物主要为由砂、砾、泥等组成的冰河沉积物，分选差。

羊八井盆地属西藏境内走向近东西的若干条活动构造带中规模最大、发育较完整的一个断陷盆地，盆地南端与雅鲁藏布缝合线沟通，北西以念青唐古拉变质岩基底隆起山体为屏障。自新生代以来，盆地构造活动强烈，不同时期形成的断层呈阶梯状排列，其中低角度念青唐古拉韧性剪切带和高角度正断层群是形成地热储层的重要构造（图 10-3-3）。

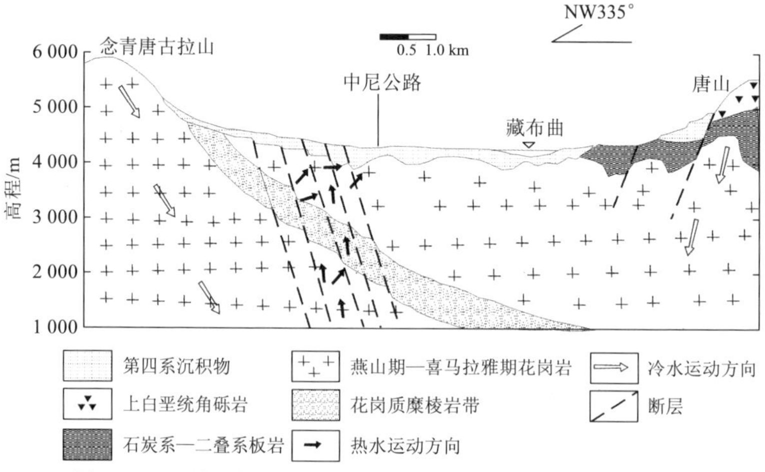

图 10-3-3　羊八井热田成因示意图（据 Guo et al., 2007 修改）

羊八井地热田的普查勘探工作始于 1974 年，由西藏综合地质大队一分队物探组在区内进行了 70km^2 的 1/2.5 万电测深和电、磁综合物探试验工作。其后，中国科学院青藏高原综合科学考察队地热组、西藏第三地质大队和西藏地热地质大队也分别在热田区开展了相应工作。据大型国际合作项目 INDEPTH（International Deep Profiling of Tibet and the Himalayas）的地球物理调查，羊八井热田存在岩浆热源。

羊八井热田属于非火山型高温地热田，由埋藏深度为 180～280 m 的浅层热储和 950～1 850 m 的深层热储组成（Guo et al., 2007）。其中浅层热储为第四系孔隙型，热储围岩包括第四系冲积砂砾石层、冰碛砂砾层、基岩顶部风化壳等，其顶部由厚度不等的泥砾层或粉砂质黏土层构成盖层，底部基岩则为早喜马拉雅期花岗岩和凝灰岩，在热田北区局部见糜棱岩化花岗岩。浅层热储孔隙发育良好，具较强渗透性，热储温度介于 130～173 ℃。深层热储位于热田北区之下，热储温度介于 240～329.8 ℃，热储围岩为糜棱岩化花岗岩、花岗质糜棱岩和碎裂花岗岩，具有遭受韧性剪切和脆性剪切双重作用的特征，蚀变程度较高。热田内已发现的蚀变矿物包括高岭石、蒙脱石、伊利石、绿泥石、冰长石、白云母、石英、玉髓、蛋白石、硬石膏、方解石、硼砂、石盐、自然硫等。热田早期地热开发主要针对浅层热储，但近年来热田深部热储的开发利用强度正逐渐增大，如 2006 年浅层地热流体的开发利用量为 1 351 t/h，而深层地热流体的开发利用量达 296 t/h，占开发利用总量的 18%。

2. 羊易热田

热田位于西藏当雄县羊八井镇吉达乡羊易村西侧，在拉萨市北西西方向约 72km 处。地理坐标范围为东经 90°20′42″～90°23′52″，北纬 29°42′01″～29°45′15″。交通较方便，有简易公路南达尼木县与新修的中尼公路相通，行程 50km；北通羊八井区与青藏公路相接，行程 55km。热田在地理上位于冈底斯与念青唐古拉两大山脉结合或转折部位东侧之羊八井-羊易盆地南端的羊易子盆地中（图 10-3-1）。羊八井-羊易盆地北侧为念青唐古拉山，其主峰海拔 7111m；西侧为念青唐古拉的穷母岗峰，海拔 7048 m；西南侧属于冈底斯的龙不下日，海拔 5884m；东南侧为冈底斯山余脉，海拔 5856m。羊易子盆地在龙不下日及其余脉的环抱之中，总体呈西高东低、南高北低之势；海拔最高约 5050m，最低 4550 m 左右，相对高差 500 m，在羊八井-羊易盆地中属于高位子盆地。其南已接近朗错罗（吓龚拉）分水岭，与安岗-续迈谷地相邻；其北通过狭窄河谷与羊八井-羊易盆地的另一个子盆地——吉达果盆地相接。

区内为高原草甸型半干旱气候，主要特征为气温、气压低，日照时间长，温差、蒸发量大，干燥、少雨、多风沙。据 1986 年 6 月至 1989 年 5 月气象观测资料，区内年平均最高气温为 10℃，出现在 6～9 月；年平均最低气温-8.8℃，出现在 12 月到次年 2 月。年降水量 414.1mm，多集中在 7～9 月；年蒸发量 2434.6mm。平均最高气压 571.2 mbar①；平均最低气压 560.9 mbar。主要河流罗朗曲在东部陷洼地带自南向北蜿蜒而过，纳入雪古曲后为郎牛曲，而后汇入藏布曲，并在羊八井区流出羊八井-羊易盆地，至堆龙德庆区东嘎附近汇入雅鲁藏布江的一级支流拉萨河。罗朗曲西侧支流恰拉改曲、囊曾曲、卜杰母曲自西向东流过热田，接受热田内富砷热泉的排泄。

羊易子盆地地表主要出露第四系沉积物，局部有火山岩出露。据钻探揭露，下伏基岩为喜玛拉雅期花岗斑岩及斑状花岗岩。区内出现共两类岩浆岩：喜玛拉雅期早期酸性侵入岩和喜玛拉雅期晚期中性喷出岩。

据西藏地热地质大队（1990）研究：新近系中新统（N_1）呈南北向地垒展布

① 1 mbar=100 Pa。

于羊易热田中部和西部，由北向南厚度增大，为一套中性火山岩，由粗安岩、粗面岩与相应的火山碎屑岩及石英粗面岩组成，累计厚度 521.5 m。由上而下为：①粗安岩（$N_1τα$），分布于囊曾曲以南及卜母村西侧，覆于凝灰岩或不整合于喜山早期花岗斑岩或斑状花岗岩之上，同位素年龄值 10.57～14.8 Ma，钻探揭露最大厚度 231.5 m；在囊曾曲以北被粗面岩所代替，由于基岩上部被第四系覆盖，接触关系性质不清。②粗面岩（$N_1τ$），分布于囊曾曲以北，覆于熔岩角砾岩或喜山早期花岗斑岩、斑状花岗岩之上，同位素年龄值（9.85 ± 0.26）Ma，揭露厚度最大 77 m。③凝灰岩（$N_1τ$），出露在卜母村以北，覆于火山角砾岩或不整合于喜山花岗斑岩之上，同位素年龄值 25.3 Ma，揭露厚度最大 198.5 m。④火山角砾岩及火山熔岩角砾岩（N_1B）：火山角砾岩在地表零星分布，不整合覆盖于喜山早期花岗斑岩或斑状花岗岩之上，揭露厚度最大 91.5 m；火山熔岩角砾岩不整合覆盖于斑状花岗岩之上，其上为角砾状粗面岩所覆，厚约 55 m；此外，囊曾曲沟口和恰拉改沟局部见熔结火山角砾岩及粗面质集块–角砾岩。⑤石英粗面岩（$N_1λτ$），侵入于粗安岩、凝灰岩与火山角砾岩或火山角砾岩与花岗斑岩之间，同位素年龄值（9.05 ± 0.4）Ma，揭露厚度 197.5 m。

与中新统相比，上新统（N_2）分布范围小，仅出露于夏果息南恰拉改曲沟头。第四系下更新统（Q_1）在中新统火山岩地垒两侧零星出露（钻孔也有揭露），在地垒东侧较厚（>200 m），西侧较薄（<120 m）。中更新统（Q_2）在火山岩地垒西侧地表零星分布，地垒东侧则仅在钻孔中被揭露，与下伏下更新统或中更新统火山岩呈不整合接触，揭露厚度最大 257.5 m。上更新统（Q_3）广泛分布于火山岩地垒西侧，在东侧则除山前冰碛台地外多被全新统覆盖，揭露厚度最大 137.5 m。全新统（Q_4）在火山岩地垒东侧广泛分布，西部零散分布，最大厚度 37.5 m（西藏地热地质大队，1990）。

西藏地热地质大队（1990）研究表明本区构造主要为断裂构造和由断裂控制的地垒及断陷（图 10-3-4），塑性变形（褶皱）不明显。断裂构造大致包括近南北向、北东至近东西向和北西向三组，其中前一组为主体断裂，后两组为次一级的伴生断裂。南北向断裂活动和差异升降使羊易盆地中部形成了中新世地垒，地垒东西两侧则相应形成了地堑断陷。中新世火山岩地垒北起恰拉改曲以北，南至敞次埃曲附近，长约 7.5 km。盆地构造活动在中、晚更新世及其后主要集中于地垒西侧的断裂活动上，这也是羊易热田的地表水热显示集中于此的原因所在。

羊易热田的地表水热显示以分布集中、显示强烈为特征，主要出现于断裂及其交汇部位，以囊曾曲以北最为强烈。水热显示区包括囊曾曲至恰拉改曲沟头区、恰拉改曲沟口区、卜杰母沟口区、屋仁昌母康区、屋仁折马南侧区 5 个子区。据西藏地热地质大队（1990）地表水热蚀变研究，在恰拉改曲以南和卜杰母曲以北的范围内，地表和钻孔中现今都存在不同程度的水热蚀变，在水热活动的中心地

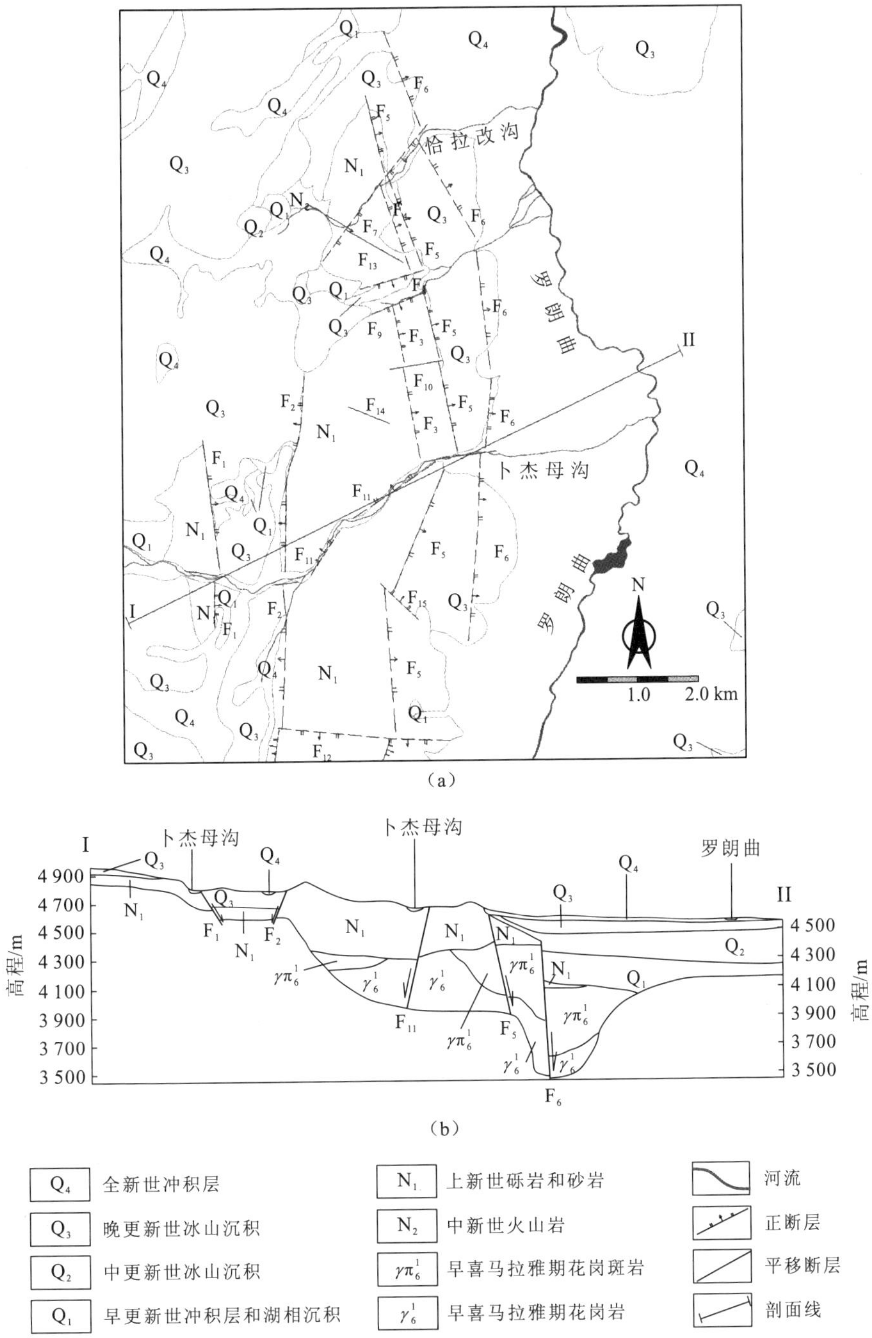

图 10-3-4　羊易热田地质图及剖面[据西藏地热地质大队（1990）修改]

带蚀变更为强烈。敞次埃曲以北的公路西侧现在虽无水热活动显示，但局部可见水热蚀变形迹，表明该地也曾有水热活动。

10.3.2　地热流体及相关天然水体中砷的分布规律

在羊八井热田和羊易热田开展了系统的地球化学采样，并测定了羊八井热田的地热井水、地热废水、地下冷水、地表冷水，羊易热田的地热井水、地热泉水、地表冷水的总砷和砷的主要形态的质量浓度。测试结果分别见表10-3-1和表10-3-2。

表 10-3-1　羊八井热田水样类型、现场测试指标与砷质量浓度

No.	样品类型	水温/℃	pH	EC/（μS/cm）	As/（mg/L）	As（III）/（mg/L）	As（V）/（mg/L）
329	地热水	150.2	6.06	1462	1.142	—	—
359	地热水	172.9	6.57	2026	2.654	2.438	0.217
357	地热水	170.5	6.58	2051	2.531	—	—
05	地热水	169.8	6.73	1983	2.531	1.865	0.666
302	地热水	179.6	6.76	2278	2.895	1.103	1.792
4001	地热水	269.1	6.37	4350	6.822	6.253	0.570
W1	一地热电站热废水	86.0	8.89	2119	2.677	1.238	1.440
W2	二地热电站排污渠水	25.0	9.65	983	1.650	0.011	1.639
W3	二地热电站排污渠水	17.8	8.30	129.5	0.060	0.053	0.007
W4	二地热电站热废水	60.4	7.96	2380	3.175	0.688	2.488
X1	雪	—	8.82	3.3	0.010	—	—
X2	雪	—	8.78	3.1	0.000	—	—
X3	雪水	9.2	7.59	45.4	0.020	—	—
M2	冷泉水	11.5	8.58	88.2	0.020	—	—
C4	浅层冷井水	11.1	8.53	100.0	0.010	0.004	0.006
M1	草原溪水	18.4	8.38	86.1	0.020	—	—
M3	草原溪水	14.7	8.63	73.7	0.010	—	—
M4	草原溪水	18.8	8.48	75.2	0.020	—	—
M5	草原溪水	18.3	8.45	91.0	0.020	—	—
M6	草原溪水	13.6	8.54	89.0	0.010	—	—
M7	草原溪水	18.1	8.30	702.5	1.047	0.006	1.041
M8	草原溪水	12.2	7.32	76.8	0.010	—	—
S1	藏布曲水	12.1	6.31	105.6	0.020	0.000	0.020
S2	藏布曲水	12.9	6.19	106.2	0.013	0.004	0.009

续表

No.	样品类型	水温/℃	pH	EC/（μS/cm）	As /（mg/L）	As（III）/（mg/L）	As（V）/（mg/L）
S3	藏布曲河水	19.4	8.05	224.1	0.202	0.001	0.201
S4	藏布曲河水	15.3	8.63	116.8	0.037	0.012	0.025
S5	藏布曲河水	15.0	9.07	112.4	0.037	0.014	0.023
S7	羊八井河水	10.2	7.17	70.3	0.011	0.000	0.011
S8	羊八井河水	10.1	7.64	70.8	0.014	0.000	0.014
S9	羊八井河水	11.3	8.95	86.8	0.013	0.000	0.013
S10	羊八井河水	13.3	7.36	69.8	0.015	0.000	0.015
S11	藏布曲河水	12.1	7.95	117.8	0.033	0.004	0.029
S12	羊八井河水	12.3	8.01	118.3	0.036	0.019	0.017
S13	藏布曲河水	12.4	8.17	118.2	0.037	0.004	0.033
S14	藏布曲河水	20.3	8.35	278.1	0.070	0.013	0.057
S15	藏布曲河水	20.9	8.25	171.8	0.060	0.002	0.058
S16	藏布曲河水	13.1	8.40	108.5	0.051	0.004	0.047
S17	羊八井河水	12.9	7.65	122.4	0.011	0.006	0.005

注：地热水温度基于石英地热温度计获得（Verma and Santoyo，1997）。

表 10-3-2　羊易热田水样类型、现场测试指标与砷质量浓度

No.	样品类型	水温/℃	pH	EC/（μS/cm）	As /（mg/L）	As（III）/（mg/L）	As（V）/（mg/L）
YYT-1	沸泉水	186.4	9.19	1958	1.948	—	—
YYT-2	热泉水	185.7	9.21	2096	2.010	1.875	0.135
YYT-3	沸泉水	188.9	9.42	2236	2.137	1.425	0.712
YYT-4	沸泉水	184.2	9.12	2106	1.971	1.386	0.585
YYT-5	地热井水	133.8	8.03	1864	1.667	1.615	0.052
YYT-6	地热井水	227.7	7.96	2320	2.063	—	—
YYT-7	地热井水	221.9	7.93	2212	2.081	1.413	0.669
YYT-8	地热井水	178.6	8.02	2512	2.114	2.108	0.007
YYC-1	恰拉改沟溪水	16.0	7.62	104	0.019	—	—
YYC-2	罗朗曲水	13.3	7.14	80.6	0.012	—	—
YYC-3	罗朗曲水	13.6	7.16	89.8	0.020	—	—
YYC-4	罗朗曲水	13.8	7.87	100.3	0.028	—	—

注：地热水温度基于石英地热温度计获得（Verma and Santoyo，1997）。

绘制研究区（羊八井热田和羊易热田）地热水和冷水样品的总砷质量浓度-水温散点图（图 10-3-5），发现两者具有良好的线性关系。这说明地热水和地下冷水中的砷主要来自围岩的溶解，地表冷水中的砷主要来自地表岩石风化，而不论含水层围岩的水解还是地表岩石的风化，温度都是主要的控制因素。然而，也发现在图 10-3-5 中，样品 4001 和 M7 远离拟合线，说明这两个样品中的砷具有其他来源。样品 4001 采自羊八井热田的深部热储，而大型国际合作项目 INDEPTH 的地球物理调查已证明羊八井热田存在岩浆热源。因此，可以推断样品 4001 中的砷除来自地热流体-热储层围岩之间的相互作用外，还来自深部岩浆水的补给作用。这样，地热水的砷质量浓度与其温度关系可指示其地球化学起源。样品 M7 则采自藏布曲南岸小溪，推测在小溪的河床下可能有地热泉，其高砷质量浓度则是受到了地热泉补给的缘故。

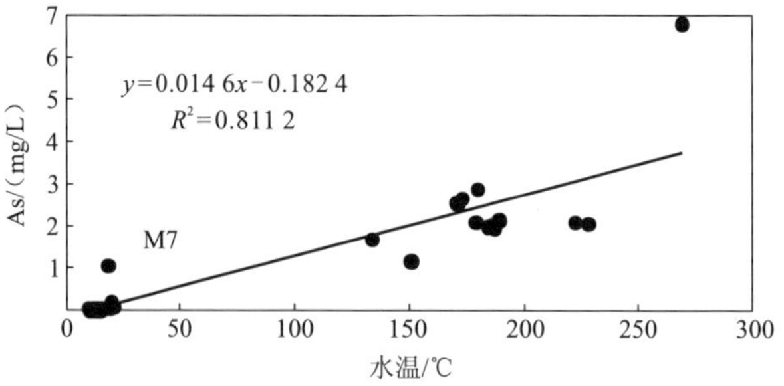

图 10-3-5　研究区地热水及冷水样品的总砷质量浓度与水温关系

此外，还对比了不同类型样品中 As（III）和 As（V）的质量浓度。对比结果表明：除样品 302 外，羊八井热田和羊易热田所有地热水样品的 As（III）质量浓度均大于 As（V）质量浓度（图 10-3-6），指示两个热田的地热储应封闭较好，处于还原环境。与此相反，羊八井热田地热电站排出的地热废水虽具有与地热流体相当的总砷质量浓度，但其 As（III）质量浓度均小于 As（V）质量浓度（图 10-3-6），显然是地热流体在抽出地表后其中的 As（III）发生了氧化的缘故。不出意料，几乎所有羊八井热田的地表水样品和浅层地下冷水样品的 As（III）质量浓度也远远小于 As（V）质量浓度（图 10-3-7）。原因应为：浅层地下冷水系统为开放系统，与外界连通性好，处于氧化环境，地表水则原本就处于氧化环境。综上所述，As（III）和 As（V）质量浓度可指示地热储与地下冷水含水层的氧化还原条件。

在羊易热田，地热水和地表冷水的砷质量浓度分布特征具有和羊八井热田相似的特征。对比羊易热田恰拉改沟地热水、卜杰母沟地热水、罗朗曲河水中的砷质量浓度（图 10-3-8）。结果表明：热田地热水的砷质量浓度（1.67～2.14 mg/L）远大于罗朗曲河水的砷质量浓度（≤0.03 mg/L）。罗朗曲由南向北流经羊易热田，

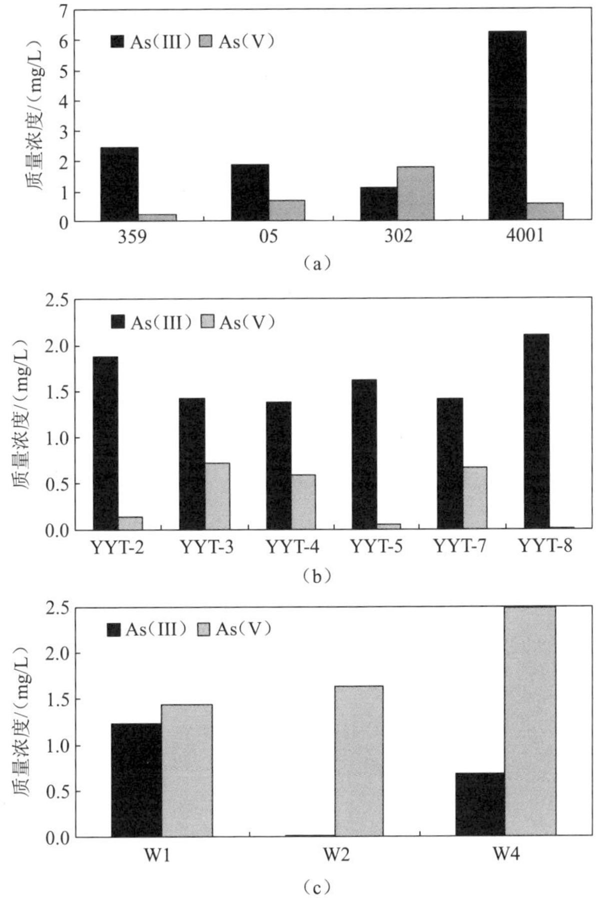

图 10-3-6　羊八井热田地热水样品（a）、羊易热田地热水样品（b）、羊八井热田地热废水样品（c）的 As（III）和 As（V）质量浓度对比

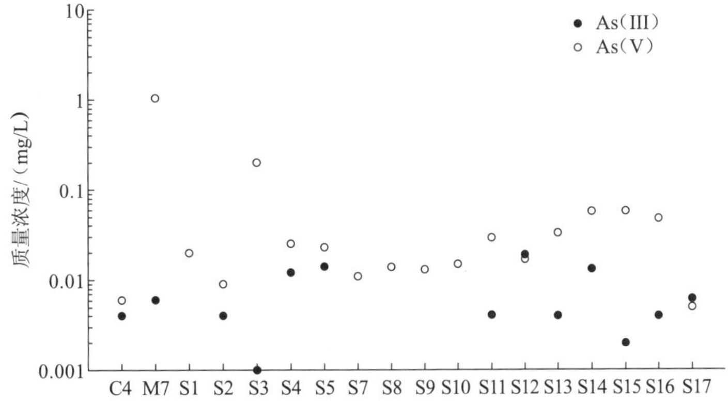

图 10-3-7　羊八井热田地表水样品和浅层地下冷水样品的 As（III）与 As（V）质量浓度对比

为热田主要地表水体，其西侧的 3 条主要支流卜杰母曲、囊曾曲、恰拉改曲均接受了大量地热泉水的汇入，因此，分析罗朗曲的水化学变化、特别是砷质量浓度的变化，对研究地热泉水排泄影响下的热田水环境演化有重要意义。

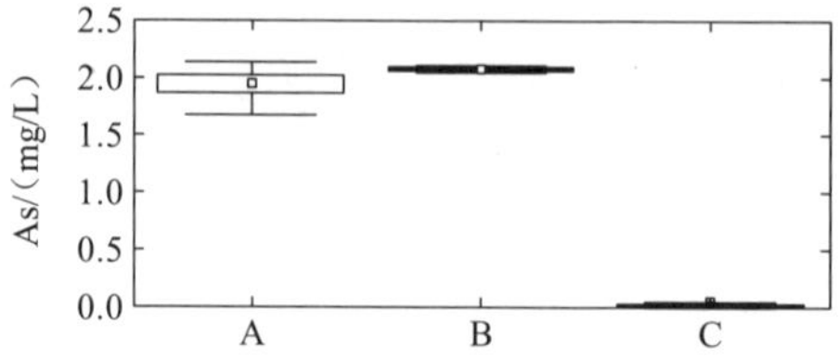

图 10-3-8　羊易热田恰拉改沟地热水（A）、卜杰母沟地热水（B）、罗朗曲河水（C）中砷质量浓度的 Box-whisker 图

分析罗朗曲的水质化学从上游到下游的变化规律。水样 YYC-2、YYC-3、YYC-4 分别采自罗朗曲的上游、中游和下游，图 10-3-9 显示罗朗曲河水中的 SO_4^{2-}、Cl^-、SiO_2、B、F^-、Na^+、K^+、Li^+及 As 的质量浓度均由上游到下游逐渐增加，显示了地热泉水汇入的影响。特别需要指出的是，在地热水排泄的影响下，罗朗曲河水砷质量浓度已经超过了 WHO 的饮用水标准，意味着以其为饮用水源可能导致健康问题。

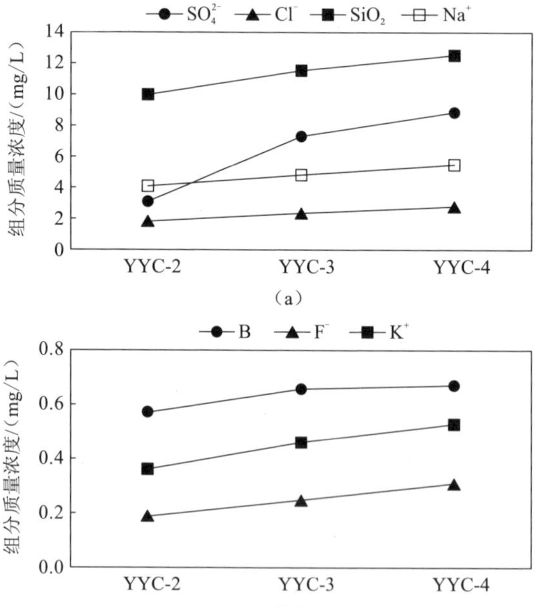

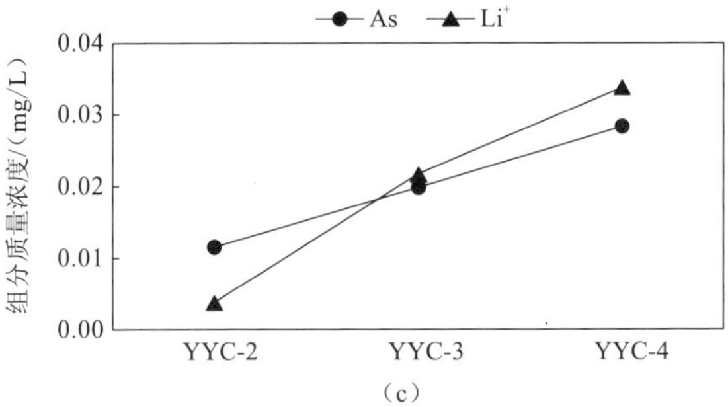

图 10-3-9 罗朗曲河水中 SO_4^{2-}、Cl^-、SiO_2、Na^+（a），B、F^-、K^+（b），Li^+、As（c）的质量浓度变化趋势

10.3.3 地热流体来源砷在热田环境中的迁移和转化

对比地热废水、藏布曲河水、羊八井河水、藏布曲南岸溪水的砷质量浓度（图 10-3-10），结果表明：地热废水的砷质量浓度（最高达 3.18 mg/L）远大于研究区内各类地表水体的砷质量浓度。与羊八井河水相比，藏布曲河水具有明显偏高的砷质量浓度，这显然是地热废水在藏布曲中直接排放的结果。藏布曲南岸小溪（M7）的砷质量浓度高达 1.05 mg/L，推测是因为溪水受到了热田高砷地热水的补给。

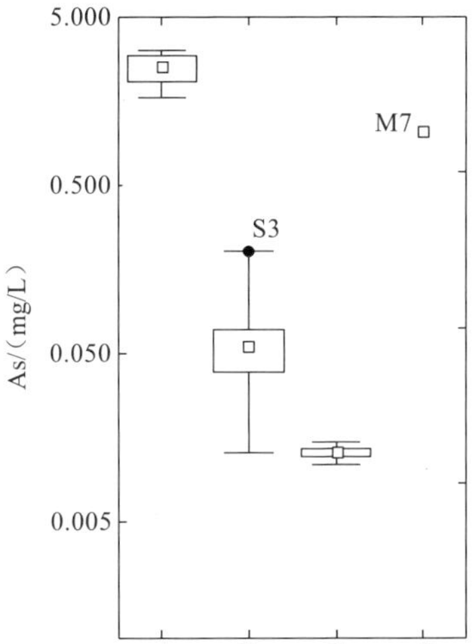

图 10-3-10 地热废水（A）、藏布曲河水（B）、羊八井河水（C）、藏布曲南岸溪水（D）中砷质量浓度的 Box-whisker 图

图中的 ● 代表异常值

藏布曲河水砷质量浓度沿其流向的变化趋势显示（图 10-3-11），河水砷质量浓度背景值较低，表现为一地热电站排污口上游河水的砷质量浓度平均值（由 S1

和 S2 的砷质量浓度计算）仅为 0.016 mg/L。此外，藏布曲河水砷质量浓度的变化趋势与地热电站排污口的位置有明显的对应关系。例如，河水砷质量浓度在 S3 处达到了峰值，而该水样的采样位置恰好位于一地热电站的排污口的正下方。与一地热电站的排污方式不同，二地热电站的废水先排入两条小溪，而后汇入了藏布曲，造成从水样 S5-S16-S15，河水砷质量浓度逐渐升高。藏布曲南岸小溪的汇入则进一步提高了河水的砷质量浓度。由于羊八井河水中的砷质量浓度很低，该河的汇入则降低了藏布曲河水的砷质量浓度。

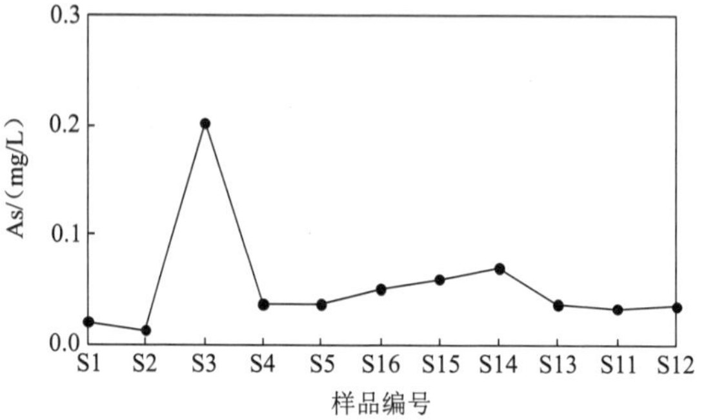

图 10-3-11　藏布曲河水砷质量浓度沿流向的变化趋势

同时也发现从水样 S3 到 S4，河水砷质量浓度有急剧的下降，而该河段中并无其他水体的汇入。这反映了河流对河水中的砷污染物有天然净化作用。从地热废水排入藏布曲起，其中的砷就受到了河水的稀释作用。同时，在河水的流动过程中，其中的砷也受到了河床沉积物的吸附作用，致使在没有其他水体汇入的情况下，河水砷质量浓度沿流向呈下降趋势。

羊八井地热电站排放的含砷地热废水对藏布曲河水的砷质量浓度变化有直接影响，同时，河流对排入其中的含砷废水也具有净化作用。由河水的分子扩散作用、紊流扩散作用、弥散作用组成的混合稀释作用是藏布曲河水砷质量浓度沿流向下降的重要原因。由于沿藏布曲流向共有 3 个地热电站的排污口（渠），同时河水砷质量浓度还受到藏布曲南岸小溪的影响，因此，定量分析河水的扩散作用和弥散作用对地热废水来源砷的影响，并在河道中精细划分竖向混合区、横向混合区和纵向混合区相当困难。因此，不考虑河水的弥散作用，仅把藏布曲视为一个连续快速搅拌反应水槽，采用下面的槽列模型来计算在地热废水排放和其他水体汇入影响下的河水砷质量浓度，并求得藏布曲南岸小溪汇入点下游（即 S14 处）的河水砷质量浓度为

$$C=\frac{Q_{\mathrm{Z}}\times C_{\mathrm{Z}}+Q_{\mathrm{W}}\times C_{\mathrm{W}}+Q_{\mathrm{S}}\times C_{\mathrm{S}}}{Q_{\mathrm{Z}}+Q_{\mathrm{W}}+Q_{\mathrm{S}}}=0.085\ \mathrm{mg/L} \tag{10-3-1}$$

式中：C 为藏布曲下游河水砷质量浓度理论值；Q_{Z}、Q_{W}、Q_{S} 分别为藏布曲流量、地热电站废水排放量、藏布曲南岸小溪流量；C_{Z}、C_{W}、C_{S} 分别为藏布曲河水、

地热电站废水、藏布曲南岸小溪水的砷质量浓度。根据槽列模型获得的藏布曲下游河水砷质量浓度理论值（0.085 mg/L）要大于水样 S14 的实测值（0.07 mg/L），原因应为河水砷质量浓度实际上还受到了河床沉积物吸附作用的影响。

通过计算砷在藏布曲中的综合衰减系数，探讨了藏布曲中的砷沿河水流向的天然衰减作用。综合衰减系数是计算河流水环境容量的重要参数，与河流的流量、流速、河宽、水深等因素有关，还与受污染河段长度有关，可用于评价污染物质量浓度在河流中的天然衰减。该系数越大，表明污染物质量浓度在河水中衰减越快，河流对污染物的自净作用越大。本小节首先建立了藏布曲的一维水质模型，然后推导综合衰减系数的计算公式，进而计算藏布曲不同河段中砷的综合衰减系数。

在藏布曲沿流向任取一断面，断面上的砷质量浓度稳定，不随时间发生变化，则可建立如下的河流一维水质模型基本方程：

$$\frac{\partial C}{\partial t}=-\frac{\partial}{\partial x}\left(-E_x\frac{\partial C}{\partial x}\right)-u\times\frac{\partial C}{\partial x}-k\times C \tag{10-3-2}$$

式中：C 为河水在任一断面上的砷质量浓度；E_x 为河流纵向弥散系数；u 为河水流速；k 为砷的综合衰减系数。如前所述，藏布曲处于稳定流动状态，则 $\frac{\partial C}{\partial t}=0$，上式可简化为

$$E_x\frac{\partial^2 C}{\partial x^2}-u\times\frac{\partial C}{\partial x}-k\times C=0 \tag{10-3-3}$$

求得其解析解为

$$C_{\mathrm{a}}=C_{\mathrm{b}}\exp\left[\frac{u}{2\times E_x}\left(1-\sqrt{1+\frac{4kE_x}{u^2}}\right)x\right] \tag{10-3-4}$$

进而求得任一河段的综合衰减系数 k 的计算公式为

$$k=\frac{u^2}{4E_x}\left[\left(1-\frac{2E_x}{u\times x}\ln\frac{C_{\mathrm{a}}}{C_{\mathrm{b}}}\right)^2-1\right] \tag{10-3-5}$$

式中：C_{a} 和 C_{b} 分别为某一河段下、上游断面的砷质量浓度。藏布曲的纵向弥散系数计算公式为

$$E_x=0.011\times\frac{u^2w^2}{h\times\overline{u}} \tag{10-3-6}$$

式中：u 为河流断面上的平均河水流速；w 为河面宽度；h 为河水深度；$\overline{u}$ 为河流的摩阻流速（剪切流速），其计算公式为

$$\overline{u}=\sqrt{g\times h\times I} \tag{10-3-7}$$

式中：I 为河流的比降。

在本小节中，选择 S1-S2、S3-S4、S14-羊八井河汇入点上游等 3 个河段进行

藏布曲（河）中砷的综合衰减系数的求取，以上 3 个河段内都没有发生其他水体的混合作用。求得以上 3 个河段中砷的综合衰减系数分别为：36.5/d、104.1/d、5.9/d。

此外，配制质量浓度分别为 0.5 mg/L、1 mg/L、2 mg/L、4 mg/L、6 mg/L 的含砷溶液，开展了系统的沉积物样品对砷的吸附试验。在砷的吸附试验过程中，对于每个样品，称取 5 份 2 g 干燥后的子样品，分别与 30 mL 不同砷质量浓度（5 组）的溶液混合，混合液在 25 ℃恒温水浴中振荡 12 h，达到平衡后，取出混合液进行过滤，对于个别过滤后达不到分析要求的样品进行离心（离心速率为 10 000 r/min），最后用原子荧光光谱法测定过滤后滤液或离心后上清液中的砷质量浓度，并计算出不同原始质量浓度的砷溶液中样品吸附砷的质量浓度。

通过等温吸附试验获取的采集于藏布曲（河）的河床沉积物样品 R2、R4、R9 对砷的吸附特征（以上 3 个样品分别对应于河段 S1-S2、S3-S4、S14-羊八井河汇入点上游）指示，3 个样品对砷的吸附行为都符合线性关系（图 10-3-12），吸附分配系数分别为 119.79 L/kg、140.28 L/kg、86.07 L/kg。绘制了 3 个河段的综合衰减系数（k）和对应的河床沉积物吸附分配系数（K_d）的散点图（图 10-3-13），发现两者之间的变化符合指数关系，说明河水中的砷的综合衰减系数受到河床沉积物吸附作用的控制，而且，随着河床沉积物吸附作用的加强，河水中砷的天然衰减将呈指数形式增加。因此，河水的纵向弥散作用虽然可以引起水中砷含量的变化，但并未实现污染物在整个河流系统中总量的减少，而河床沉积物的吸附作用才是使河水中砷含量发生天然衰减的根本原因。

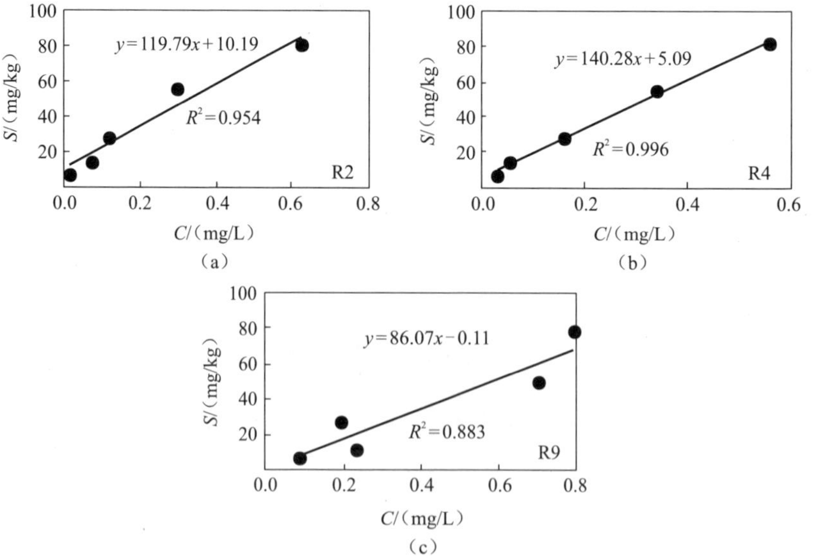

图 10-3-12　河床沉积物对砷的等温吸附线

S 为吸附平衡时固相砷浓度；*C* 为吸附平衡时液相砷浓度

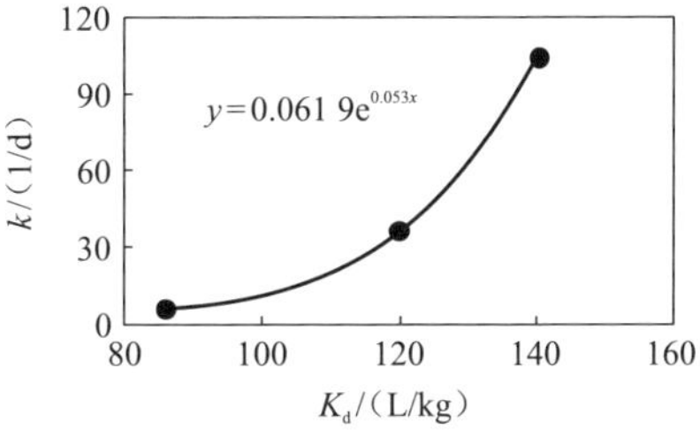

图 10-3-13　藏布曲不同河段中砷的综合衰减系数与河床沉积物吸附分配系数的关系

为深入研究地热流体来源砷在河床沉积物中的迁移和转化过程，开展羊八井热田藏布曲（河）河床沉积物的矿物组成分析及其中各种形态砷的浸提试验，并分析了沿藏布曲（河）流向河床沉积物中的总砷、弱吸附态砷、强吸附态砷的含量的变化规律。

藏布曲河床沉积物的矿物组成分析结果见表 10-3-3，其中各种形态砷的质量分数见表 10-3-4。沿藏布曲流向河床沉积物中弱吸附态砷、强吸附态砷、总砷的质量分数变化分别见图 10-3-14～图 10-3-16。位于一地热电站排污口上游的样品 R1 和 R2 的弱吸附态砷、强吸附态砷、总砷的质量分数都非常低，说明这两个样品未受到地热废水的污染。而采集于一地热电站排污口与藏布曲交汇处的样品 R3 的弱吸附态砷、强吸附态砷、总砷质量分数则明显高于 R1 和 R2，显示了地热废水排放对河床沉积物的影响。此外，采集于二地热电站两条排污渠的样品 R5 和 R7 也具有非常高的弱吸附态砷、强吸附态砷、总砷质量分数，在其影响下，样品 R6 和 R8（采集于两条排污渠和藏布曲的交汇处）的弱吸附态砷、强吸附态砷、总砷质量分数要高于采自其下游的沉积物样品。因此，河床沉积物中总砷、弱吸附态砷、强吸附态砷的质量分数变化与排污口位置有良好的对应关系，表明河床沉积物可有效吸附羊八井地热电站废水中的砷，成为废水中污染组分的一个汇。

表 10-3-3　藏布曲河床沉积物样品的矿物组成　（单位：%）

No.	绿泥石	伊利石	石英	长石	方解石	闪石
R1	10	10	40	35	0	5
R2	10	10	35	40	0	5
R3	10	15	40	30	0	5
R4	5	10	40	40	0	5
R5	10	10	35	40	5	0
R6	5	10	35	45	0	5
R7	5	10	40	45	0	0
R8	5	10	40	40	0	5
R9	5	10	45	35	0	5
R10	5	15	40	35	0	5

表 10-3-4　藏布曲河床沉积物中各种形态砷的质量分数　　（单位：ppm[①]）

土样名	弱吸附态砷	强吸附态砷	AVS、碳酸盐、氧化锰和完全非晶态氢氧化铁结合砷	非晶态氢氧化铁结合砷	晶态氢氧化铁结合砷	总砷
R1	2.45	21.92	3.80	0.18	0.30	30.80
R2	0.62	11.83	2.74	0.21	0.22	29.60
R3	2.85	55.11	5.52	3.17	1.98	84.50
R4	1.13	35.52	4.68	0.33	0.22	43.50
R5	3.75	41.87	18.24	3.24	1.02	87.00
R6	2.89	24.99	4.79	2.00	1.18	52.25
R7	12.35	111.87	17.59	2.67	1.78	160.00
R8	4.15	27.78	6.46	1.56	0.54	52.50
R9	0.18	6.84	1.92	1.22	0.28	14.25
R10	0.22	5.59	1.00	0.24	0.36	10.30

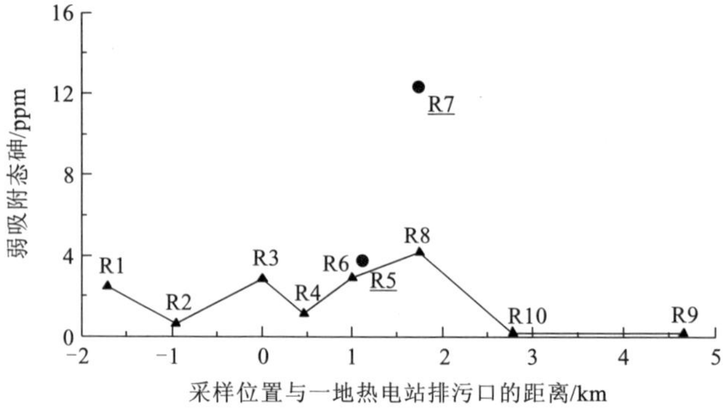

图 10-3-14　藏布曲河床沉积物中弱吸附态砷的质量分数变化

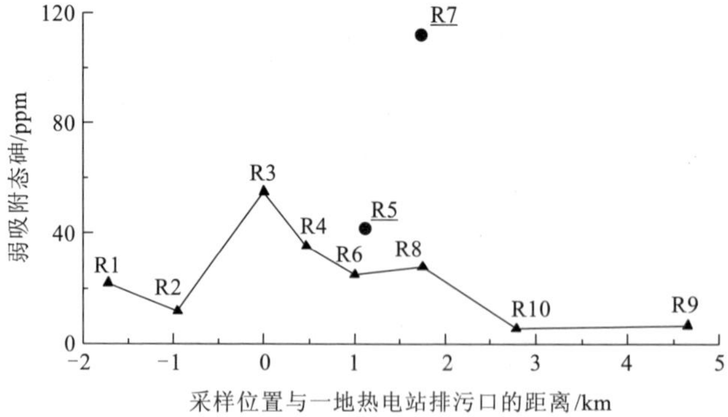

图 10-3-15　藏布曲河床沉积物中强吸附态砷的质量分数变化

① 1 ppm=1×10^{-6}。

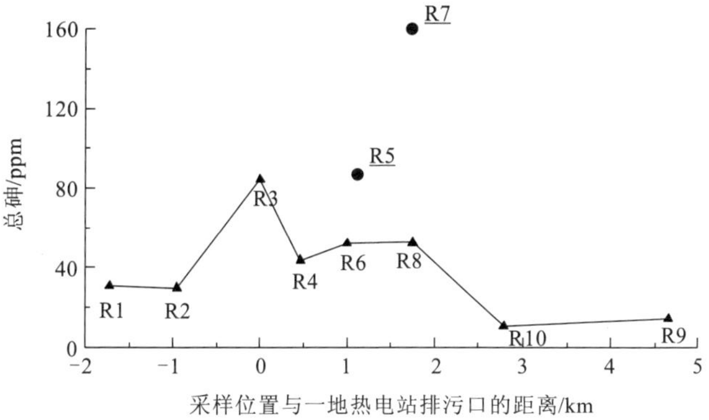

图 10-3-16　藏布曲河床沉积物中总砷的质量分数变化

总体来看，西藏羊八井热田和羊易热田高温地热流体来源砷的环境地球化学研究揭示了热田的富砷高温地热流体自排出地表后（羊八井热田以地热电站尾水的形式，羊易热田以地热泉水的形式）在地表水、浅层地下冷水、河床沉积物等环境介质中的迁移、转化和蓄积机理，在野外调查（包括水样、沉积物样品的采集）、样品测试、室内实验、理论分析等研究工作的基础上建立了刻画砷在不同环境介质中迁移模式的定量模型，探讨了砷对地热流体排放的水环境效应的指示意义。羊八井热田的工作查明了地热废水排放与其他水体汇入对藏布曲河水砷含量变化的影响，以砷含量为指示因子，通过对沿河水流向砷浓度变化过程的分析，确定了地热废水在藏布曲所造成污染的范围和程度，指出河水在地热废水之外还受到了藏布曲南小溪的污染；分析了砷在藏布曲河水-河床沉积物之间的迁移、转化过程，探讨了河床沉积物的吸附与河水的稀释对地热废水的净化作用，计算了藏布曲不同河段内砷的综合衰减系数，并与河床沉积物对砷的吸附分配系数进行了对比，指出河床沉积物的吸附是河水得以自净的重要原因；开展了藏布曲河床沉积物中各种形态砷的浸提试验，并分析了沿藏布曲流向河床沉积物中的总砷、弱吸附态砷、强吸附态砷的含量的变化规律，指出藏布曲河床沉积物是地热废水来源砷的一个汇。羊易热田的工作查明了地热水和地表冷水的砷含量，分析了罗朗曲水质（特别是砷含量）沿河水流向的变化规律，探讨了热（沸）泉水排泄对其水质变化的影响。

参 考 文 献

安可士, 张锡根, 何世春, 1980. 羊八井地热田地球化学特征[J]. 水文地质工程地质(1): 16-20.

白登海, 廖志杰, 赵国泽, 等, 1994. 从 MT 探测结果推论腾冲热海热田的岩浆热源[J]. 科学通报, 39(4): 344-347.

卜善祥, 吴强, 2003. 从羊八井地热利用看西藏矿业发展[J]. 矿业研究与开发, 23(4): 1-4.
邓娅敏, 2008. 河套盆地西部高砷地下水系统中的地球化学过程研究[D]. 武汉: 中国地质大学(武汉).
郭华明, 王焰新, 李永敏, 2003. 山阴水砷中毒区地下水砷的富集因素分析[J]. 环境科学, 24(4): 60-67.
韩双宝, 张福存, 张徽, 等, 2010. 中国北方高砷地下水分布特征及成因分析[J]. 中国地质, 37(3): 747-753.
何世春, 1983. 羊八井地热田水文地球化学特征[J]. 中国地质(6): 19-21.
侯少范, 王五一, 李海蓉, 等, 2002. 我国地方性砷中毒的地理流行病学规律及防治对策[J]. 地理科学进展, 21(4): 391-400.
姜朝松, 周瑞琦, 赵慈平, 2003. 腾冲地区构造地貌特征与火山活动的关系[J]. 地震研究, 26(4): 361-366.
阚荣举, 赵晋明, 阚丹, 1996. 腾冲火山地热区的构造演化与火山喷发[J]. 地震地磁观测与研究, 17(4): 28-33.
廖志杰, 沈敏子, 1991. 云南腾冲热海热田的热储特性[J]. 地质学报, 65(1): 73-85.
林年丰, 1991. 医学环境地球化学[M]. 长春: 吉林科学技术出版社.
林年丰, 汤洁, 卞建民, 1999. 内蒙古砷中毒病区环境地球化学特征研究[J]. 世界地质, 18(2): 83-88.
刘承志, 1966. 云南温泉之分布规律及其与地质构造关系[J]. 地质论评, 24(3): 211-222.
刘鸿德, 曹学义, 1988. 砷及地方性砷中毒的有关特征概述[J]. 国外医学(医学地理分册)(2): 49-52.
刘五洲, 林年丰, 汤洁, 等, 1996. 呼包平原环境地质特征与砷中毒的关系[J]. 水文地质工程地质, 23(5): 20-22.
上官志冠, 孙明良, 李恒忠, 1999. 云南腾冲地区现代地热流体活动类型[J]. 地震地质, 21(4): 436-442.
覃玉玺, 潘用泛, 1982. 云南省温泉区划与地震空间关系的初步探讨[J]. 地震研究(2): 65-77.
汤洁, 卞建民, 李昭阳, 等, 2014. 吉林省饮水型砷中毒区地下水砷的分布规律与成因研究[J]. 地学前缘, 21(4): 30-36.
佟伟, 章铭陶, 1989. 腾冲地热[M]. 北京: 科学出版社.
佟伟, 朱梅湘, 陈民扬, 1982. 西藏水热区硫同位素组成和深源热补给的研究[J]. 北京大学学报(自然科学版)(2): 81-87.
佟伟, 廖志杰, 刘时彬, 2000. 西藏温泉志[M]. 北京: 科学出版社.
王国荃, 1983. 环境中砷的分布及其对健康的影响[J]. 新疆环境保护(1): 43-45.
王华东, 郝春曦, 王建, 1992. 环境中的砷[M]. 北京: 中国环境科学出版社.
王江海, 1995. 腾冲热海钙华中化学振荡的发现及形成机制[J]. 科学通报, 40(10): 917-920.
王敬华, 赵伦山, 1998. 山西山阴, 应县一带砷中毒区砷的环境地球化学研究[J]. 现代地质(2): 243-248.
王连方, 1997. 地方性砷中毒与乌脚病[M]. 乌鲁木齐: 新疆科技卫生出版社.
王焰新, 2004. 浅层孔隙地下水系统环境演化及污染敏感性研究[M]. 北京: 科学出版社.
卫克勤, 林瑞芬, 王志祥, 1983. 西藏羊八井地热水的氢、氧稳定同位素组成及氚含量[J]. 地球化学(4): 338-346.
西藏地矿局地热地质大队, 1990. 西藏自治区当雄县羊易地热勘探报告[R]. 拉萨: 西藏地矿局地热地质大队.
杨洁, 林年丰, 1996. 内蒙河套平原砷中毒病区砷的环境地球化学研究[J]. 水文地质工程地质(1): 49-54.
张天华, 黄琼中, 1997. 西藏羊八井地热试验电厂地热废水污染研究[J]. 环境科学学报, 17(2): 252-255.
张知非, 朱梅湘, 刘时彬, 等, 1982. 西藏水热地球化学的初步研究[J]. 北京大学学报(自然科学版)(3): 90-98.
赵慈平, 冉华, 陈坤华, 2011. 腾冲火山区壳内岩浆囊现今温度:来自温泉逸出气体 CO_2、CH_4 间碳同位素分馏的估计[J]. 岩石学报, 27(10): 2883-2897.

赵平, 多吉, 1998. 西藏羊八井地热田气体地球化学特征[J]. 科学通报, 20(7): 407-411.

赵平, 金建, 张海政, 等, 1998. 西藏羊八井地热田热水的化学组成[J]. 地质科学(1): 61-72.

赵平, KENNEDY M, 多吉, 等, 2001. 西藏羊八井热田地热流体成因及演化的惰性气体制约[J]. 岩石学报, 17(3): 497-503.

赵平, 多吉, 谢鄂军, 等, 2003. 中国典型高温热田热水的锶同位素研究[J]. 岩石学报, 19(3): 569-576.

郑淑蕙, 张知非, 倪葆龄, 等, 1982. 西藏地热水的氢氧稳定同位素研究[J]. 北京大学学报(自然科学版)(1): 102-109.

郑亚新, 章铭陶, 朱炳球, 等, 1991. 云南腾冲热海热田痕量元素分带研究[J]. 地质科学, 2(13): 137-147.

ACHARYYA S K, 2005. Arsenic levels in groundwater from quaternary alluvium in the Ganga Plain and the Bengal Basin, Indian Subcontinent: Insights into influence of stratigraphy[J]. Gondwana research, 8(1): 55-66.

ANAWAR H M, TAREQ S M, AHMED G, 2013. Is organic matter a source or redox driver or both for arsenic release in groundwater?[J] Physics and chemistry of the earth, parts A/B/C, 58: 49-56.

ARNÓRSSON S, 2003. Arsenic in surface-and up to 90 ℃ ground waters in a basalt area, N-Iceland: processes controlling its mobility[J]. Applied geochemistry, 18(9): 1297-1312.

BAUER M, BLODAU C, 2009. Arsenic distribution in the dissolved, colloidal and particulate size fraction of experimental solutions rich in dissolved organic matter and ferric iron[J]. Geochimica et cosmochimica acta, 73(3): 529-542.

BIAN J, TANG J, ZHANG L, et al., 2012. Arsenic distribution and geological factors in the western Jilin Province, China[J]. Journal of geochemical exploration, 112: 347-356.

BIBI M H, AHMED F, ISHIGA H, 2008. Geochemical study of arsenic concentrations in groundwater of the Meghna River Delta, Bangladesh[J]. Journal of geochemical exploration, 97(97): 43-58.

BOYLE D R, TURNER R J W, HALL G E M, 1998. Anomalous arsenic concentrations in groundwaters of an island community, Bowen Island, British Columbia[J]. Environmental geochemistry and health, 20(4): 199-212.

CLEVERLEY J S, BENNING L G, MOUNTAIN B W, 2003. Reaction path modelling in the As-S system: a case study for geothermal As transport[J]. Applied geochemistry, 18(9): 1325-1345.

CURRELL M, CARTWRIGHT I, RAVEGGI M, et al., 2011. Controls on elevated fluoride and arsenic concentrations in groundwater from the Yuncheng Basin, China[J]. Applied geochemistry, 26(4): 540-552.

DENG Y, WANG Y, MA T, et al., 2011. Arsenic associations in sediments from shallow aquifers of northwestern Hetao Basin, Inner Mongolia[J]. Environmental earth sciences, 64(8): 2001-2011.

DHAR R K , ZHENG Y, SALTIKOV C W, et al., 2011. Microbes enhance mobility of arsenic in Pleistocene aquifer sand from Bangladesh[J]. Environmental science and technology, 45(7): 2648-2654.

FENDORF S, MICHAEL H A, GEEN A V, 2010. Spatial and temporal variations of groundwater arsenic in South and Southeast Asia[J]. Science, 328(328): 1123-1127.

GUO Q, GUO H, 2013. Geochemistry of high arsenic groundwaters in the Yinchuan Basin, P. R. China[J]. Procedia earth and planetary science, 7: 321-324.

GUO H, LIU C, LU H, et al., 2013. Pathways of coupled arsenic and iron cycling in high arsenic groundwater of the Hetao basin, Inner Mongolia, China: an iron isotope approach[J]. Geochimica et cosmochimica acta, 112: 130-145.

GUO Q H, WANG Y X, LIU W, 2007. Major hydrogeochemical processes in the two reservoirs of the Yangbajing geothermal field, Tibet, China[J]. Journal of volcanology and geothermal research, 166(3/4): 255-268.

GUO H, YANG S, TANG X, et al., 2008. Groundwater geochemistry and its implications for arsenic mobilization in shallow aquifers of the Hetao Basin, Inner Mongolia[J]. Science of the total environment, 393(1): 131-144.

GUO Q H, WANG Y X, LIU W, 2009. Hydrogeochemistry and environmental impact of geothermal waters from Yangyi of Tibet, China[J]. Journal of volcanology and geothermal research, 180(1): 9-20.

GUO H, ZHANG B, WANG G, et al., 2010. Geochemical controls on arsenic and rare earth elements approximately along a groundwater flow path in the shallow aquifer of the Hetao Basin, Inner Mongolia[J]. Chemical geology, 270(1/4): 117-125.

GUO H, ZHANG B, LI Y, et al., 2011a. Hydrogeological and biogeochemical constrains of arsenic mobilization in shallow aquifers from the Hetao basin, Inner Mongolia[J]. Environmental pollution, 159(4): 876-883.

GUO H, ZHANG B, ZHANG Y, 2011b. Control of organic and iron colloids on arsenic partition and transport in high arsenic groundwaters in the Hetao basin, Inner Mongolia[J]. Applied geochemistry, 26(3): 360-370.

GUO Q H, 2012. Hydrogeochemistry of high-temperature geothermal systems in China: a review[J]. Applied geochemistry, 27(10): 1887-1898.

GUO Q H, WANG Y X, 2012. Geochemistry of hot springs in the Tengchong hydrothermal areas, Southwestern China[J]. Journal of volcanology and geothermal research, 215: 61-73.

GUO Q H, LIU M L, LI J X, et al., 2014a. Acid hot springs discharged from the Rehai hydrothermal system of the Tengchong volcanic area (China): formed via magmatic fluid absorption or geothermal steam heating?[J]. Bulletin of volcanology, 76(10): 1-12.

GUO Q H, NORDSTROM D K, MCCLESKEY R B, 2014b. Towards understanding the puzzling lack of acid geothermal springs in Tibet (China): Insight from a comparison with Yellowstone (USA) and some active volcanic hydrothermal systems[J]. Journal of volcanology and geothermal research, 288: 94-104.

GUO Q H, CAO Y, LI J, et al., 2015. Natural attenuation of geothermal arsenic from Yangbajain power plant discharge in the Zangbo River, Tibet, China[J]. Applied geochemistry, 62: 164-170.

GUO Q H, PLANER-FRIEDRICH B, LIU M, et al., 2017a. Arsenic and thioarsenic species in the hot springs of the Rehai magmatic geothermal system, Tengchong volcanic region, China[J]. Chemical geology, 453: 12-20.

GUO Q H, LIU M, LI J, et al., 2017b. Fluid geochemical constraints on the heat source and reservoir temperature of the Banglazhang hydrothermal system, Yunnan-Tibet Geothermal Province, China[J]. Journal of geochemical exploration, 172: 109-119.

HAN S, ZHANG F, ZHANG H, et al., 2013. Spatial and temporal patterns of groundwater arsenic in shallow and deep groundwater of Yinchuan Plain, China[J]. Journal of geochemical exploration, 135: 71-78.

HAQUE S, OHANNESSON K H, 2006. Arsenic concentrations and speciation along a groundwater flow path: the Carrizo Sand aquifer, Texas, USA[J]. Chemical geology, 228(1/3): 57-71.

HAQUE S, JI J, JOHANNESSON K H, 2008. Evaluating mobilization and transport of arsenic in sediments and groundwaters of Aquia aquifer, Maryland, USA[J]. Journal of contaminant hydrology, 99(1/4): 68-84.

HIRNER A V, FELDMANN J, KRUPP E, et al., 1998. Metal(loid)organic compounds in geothermal gases and waters[J]. Organic geochemistry, 29(5/7): 1765-1778.

ILGEN A G, RYCHAGOV S N, TRAINOR T P, 2011. Arsenic speciation and transport associated with the release of spent geothermal fluids in Mutnovsky field (Kamchatka, Russia)[J]. Chemical geology, 288(3/4): 115-132.

JESSEN S, POSTMA D, LARSEN F, et al., 2012. Surface complexation modeling of groundwater arsenic mobility: Results of a forced gradient experiment in a Red River flood plain aquifer, Vietnam[J]. Geochimica et cosmochimica acta, 98: 186-201.

JIANG Z, LI P, WANG Y, et al., 2014. Vertical distribution of bacterial populations associated with arsenic mobilization in aquifer sediments from the Hetao plain, Inner Mongolia[J]. Environmental earth sciences, 71(1): 311-318.

KORTE N E, FERNANDO Q, 1991. A review of arsenic(III) in groundwater[J]. Critical Reviews in Environmental science and technology, 21(1): 1-39.

KOURAS A, KATSOYIANNIS I, VOUTSA D, 2007. Distribution of arsenic in groundwater in the area of Chalkidiki, Northern Greece[J]. Journal of hazardous materials, 147(3): 890-899.

LIMA A, CICCHELLA D, FRANCIA S D, 2003. Natural contribution of harmful elements in thermal groundwaters of Ischia Island (southern Italy)[J]. Environmental geology, 43(8): 930-940.

LUO T, HU S, CUI J, et al., 2012. Comparison of arsenic geochemical evolution in the Datong Basin (Shanxi) and Hetao Basin (Inner Mongolia), China[J]. Applied geochemistry, 27(12): 2315-2323.

MAMINDY-PAJANY Y, HUREL C, MARMIER N, et al., 2011. Arsenic (V) adsorption from aqueous solution onto goethite, hematite, magnetite and zero-valent iron: Effects of pH, concentration and reversibility[J]. Desalination, 281: 93-99.

NATH B, MAITY J P, JEAN J S, et al., 2011. Geochemical characterization of arsenic-affected alluvial aquifers of the Bengal Delta (West Bengal and Bangladesh) and Chianan Plains (SW Taiwan): Implications for human health[J]. Applied geochemistry, 26(5): 705-713.

NI P, GUO H, CAO Y, et al., 2016. Aqueous geochemistry and its influence on the partitioning of arsenic between aquifer sediments and groundwater: a case study in the northwest of the Hetao Basin[J]. Environmental earth sciences, 75(4): 1-13.

PASCUA, CHARNOCK C, POLYA J, et al., 2005. Arsenic-bearing smectite from the geothermal environment[J]. Mineralogical magazine, 69(5): 897-906.

PASCUA C, SATO T, GOLLA G, 2006. Mineralogical and geochemical constraints on arsenic mobility in a Philippine geothermal field[J]. Acta geologica sinica, 80(2): 330-335.

PASCUA C S, MINATO M, YOKOYAMA S, et al., 2007. Uptake of dissolved arsenic during the retrieval of silica from spent geothermal brine[J]. Geothermics, 36(3): 230-242.

PETERS S C, BURKERT L, 2008. The occurrence and geochemistry of arsenic in groundwaters of the Newark basin of Pennsylvania[J]. Applied geochemistry, 23(1): 85-98.

ROBERTSON F N, 1989. Arsenic in ground-water under oxidizing conditions, South-West United States[J]. Environmental geochemistry and health, 11(3): 171-185.

ROMERO L, ALONSO H, CAMPANO P, et al., 2003. Arsenic enrichment in waters and sediments of the Rio Loa (Second Region, Chile)[J]. Applied geochemistry, 18(9): 1399-1416.

SMEDLEY P L, KINNIBURGH D G, 2002. A review of the source, behaviour and distribution of arsenic in natural waters[J]. Applied geochemistry, 17(5): 517-568.

SMEDLEY P L, KNUDSEN J, MAIGA D, 2007. Arsenic in groundwater from mineralised Proterozoic basement rocks of Burkina Faso[J]. Applied geochemistry, 22(5): 1074-1092.

SZRAMEK K, WALTER L M, MCCALL P, 2004. Arsenic mobility in groundwater/surface water systems in carbonate-rich Pleistocene glacial drift aquifers (Michigan)[J]. Applied geochemistry, 19(7): 1137-1155.

VERMA S P, SANTOYO E. 1997. New improved equations for NaK, Na Li and SiO_2 geothermometers by outlier detection and rejection[J]. Journal of volcanology and geothermal research, 79(1): 9-23.

WANG Y, SHVARTSEV S L, SU C, 2009. Genesis of arsenic/fluoride-enriched soda water: a case study at Datong, northern China[J]. Applied geochemistry, 24(4): 641-649.

WANG S W, KUO Y M, KAO Y H, et al., 2011. Influence of hydrological and hydrogeochemical parameters on arsenic variation in shallow groundwater of southwestern Taiwan[J]. Journal of hydrology, 408(3/4): 286-295.

WANG Y, JIAO J J, CHERRY J A, 2012. Occurrence and geochemical behavior of arsenic in a coastal aquifer-aquitard system of the Pearl River Delta, China[J]. Science of the total environment, 427: 286-297.

WEN D, ZHANG F, ZHANG E, et al., 2013. Arsenic, fluoride and iodine in groundwater of China[J]. Journal of geochemical exploration, 135: 1-21.

WHO(World Health Organization), 1984. Health criteria and other supporting information[S]. Geneva :World Health Organization.

WHO(World Health Organization), 1996. Guidelines for drinking-water quality. Volume 2: Health criteria and other supporting information[S]. 2nd ed. Geneva :World Health Organization: 796-803.

XIE Z, WANG Y, DUAN M, et al., 2011. Arsenic release by indigenous bacteria Bacillus cereus from aquifer sediments at Datong Basin, northern China[J]. Frontiers of earth science, 5(1):37-44.

ZHANG Y, CAO W, WANG W, et al., 2013. Distribution of groundwater arsenic and hydraulic gradient along the shallow groundwater flow-path in Hetao Plain, Northern China[J]. Journal of geochemical exploration, 135: 31-39.